# 다원주의 사회에서의
# 현대건축의 재발견

**Rediscovery of MaCA in Pluralist Society**

**Modern architecture, Contemporary Architecture**

존경하는 부모님께

**虛靜 길성호**는 한양대학교, 서울대학교 대학원 건축학과에서 수학하고 서양 현대건축에 나타난 건축적 사고의 변화현상을 주제로 한 논문으로 공학박사학위를 취득하였다. (주)종합건축사사무소 아키플랜에서 다년간 실무에 종사한 후, 1993년부터 한밭대학교 건축학과 교수로 건축이론과 설계를 가르치고 학생처장, (사)도시건축연구원장 등을 역임하였다. 주요 작품으로 〈부천대성교회〉, 〈인천한샘성결교회〉, 〈충북과학교육원신축 현상설계(우수상)〉, 〈KAIST 캠퍼스마스터플랜 현상설계(1등 당선)〉 등이 있으며, 『현대건축사고론, 1997』, 『수용미학과 현대건축, 2003』을 저술하였다.

다원주의 사회에서의

**현대건축의 재발견** vol.01

Rediscovery of MaCA in Pluralist Society

Modern architecture, Contemporary Architecture

**虛靜 길성호 지음**

1판 1쇄 2013년 2월 5일

발행인 **김기현**

발행처 **시공문화사**

등　록 1993년 3월 12일

주　소 서울시 서대문구 현저동 200 극동빌딩 5층(120-796)

전　화 02) 3147-1212, 2323

전　송 02) 3147-2626

ISBN 978-89-5592-246-9

http://www.spacetime.co.kr, spacetime@korea.com

편　집 Design_Battery

인　쇄 예림인쇄사

제　본 (주) 서정바인텍

용　지 대림지업(주)



**정가 33,000원**

Rediscovery of MaCA
in Pluralist Society

**Modern architecture, Contemporary Architecture**

다원주의 사회에서의

# 현대건축의 재발견

Vol.1

虛靜 길성호 지음

Spacetime

# Contents

## Vol.1

# 목차

## 02 구축성의 전통과 구조적 건축

〈근간 예정 목차〉

## Vol.2

### 03 기하학적 질서와 개념의 건축

031. 기하학과 수학적 질서의 추구 / 032. 대상의 1차적 의미와 새로운 재현방식 / 033. 탈-기능주의와 랜드스케이프의 회복 / 034. 다시보기

### 04 심상의 표현과 연상의 건축

041. 디자인의 출발점 / 042. 감각적 경험과 표현성의 탐구 / 043. 다시보기

### 05 유형의 탐구와 유추의 건축

051. 착상의 출발점 / 052. 유형의 해석 관점 / 053. 다시보기

주(註) / 참고문헌 / 도판출전 / 찾아보기 / 에필로그 / 서평(書評)

## Vol.3

### 06 신체(몸)의 중심성과 지각의 건축

061. 건축 속의 인간 / 062. 건축의 체험 구조와 신체의 중심성 / 063. 다시보기

### 07 맺음말 - 현대건축의 지평

주(註) / 참고문헌 / 도판출전 / 찾아보기 / 에필로그 / 서평(書評)

부록 - 현대건축사고론(2003)초판본 원고발췌

# 머리말

"우화의 형식을 통해 다른 사유체계가 이국적 매력을 풍기는 것은 우리 자신의 사유체계가 거기서 경계선을 이루고 있기 때문이다. 우리는 정말로 그것을 생각하는 것 자체가 불가능하다."

미셸 푸코 Michel Foucault

이 책은 20세기 모더니즘과 그 이후의 현대 건축에 나타난 건축적 사고를 다룬다.

이 책에서 필자가 전개하고자 하는 내용과 방법이 무엇인지를 3가지 비유로 설명하고자 한다. 첫 번째 비유는 이 책의 목적과 관련된 파노라마의 비유이다. 알프스와 같은 높은 산봉우리에 올라가면 낮은 곳에서는 보지 못한 기막힌 장관과 극적인 파노라마가 펼쳐진다. 우리는 20세기 모더니즘과 그 이후 현대건축에서 전개되어 온 건축적 변화라는 파노라마 전체와 이를 구성하고 있는 부분들을 더 선명하게 보기 위해서는 초점을 맞추고 윤곽을 잡을 수 있는 조망대에 서야만 한다. 전체와 부분을 함께 볼 수 있게 해주는 파노라마적인 시야는 1910-2010년 동안 전개되어온 현대 건축(주1)의 변화하는 관점과 지평을 고찰함으로써 현대건축의 지형도를 파악하는 데 매우 유용하다. 따라서 이 책에서 필자는 모더니즘 건축의 형성기인 1850년대까지 거슬러 올라가 건축계에 지대한 영향력을 끼친 건축 담론과 건축가들의 작품 특성을 분석할 것이다. 이 책(총 3권)에서 필자는 프로그램의 해석과 리얼리티 건축, 구축성의 전통과 구조적 건축, 기하학적 질서와 개념의 건축, 심상의 표현과 연상의 건축, 유형의 탐구와 유추의 건축, 신체의 중심성과 지각의 건축이라는 6가지의 해석의 틀을 통해 현대건축의 새로운 지형도를 제시할 것이다.

두 번째 비유는 이 책의 주제와 관련된 빙산의 비유이다. 우리는 수면 위에 드러난 빙산은 전체 빙산의 1/10에 불과하다는 사실을 잘 알고 있다. 그래서 보이는 현상보다 보이지 않는, 감추어진 사실을 주목하라고 할 때, 이것은 수면 위의 빙산보다 수면 밑의 보이지 않는 빙산을 주목하라는 것이다. 이 책의 목적은 모더니즘 이후의 건축, 특히 1960년 이후 건축의 다양한 현상들에서 발견되는 심층적 뿌리를 이해하는 작업을 통해 현대건축에서 재발견 되는 다양한 주제들을 발굴해 내는 것이다. 필자가 여기서 시도하려는 작업은 패러다임이라는 새로운 개념적 틀로 모더니즘과 현대 건축에 대한 해석과 접근방식의 다양성을 인식하여 새로운 통찰을 얻는 것이다. 따라서 이 책은 모더니즘과 현대 건축에서 건축의 본질에 관한 건축가의 사고와 디자인 개념을 다룬다. 필자는 무엇보다도 '건축가가 왜 그러한 공간구성과 형태를 만들어내고자 했으며, 이를 통해서 표현하고자 한 본질과 의도가 무엇이었는가?' 하는 문제에 주목할 것이다. 이러한 작업은 모더니즘과 현대 건축에서 변화되어 온 건축적 담론을 기존의 사조, 양식, 전기적인 접근을 탈피하고 디자인 개념과 그 변화라는 새로운 시각으로 이해하는 데 유용하기 때문이다.

세 번째 비유는 이 책의 구성(방법)과 관련된 그물의 비유이다. "지혜로운 어부는 그물을 촘촘히 짜지 않는다"는 옛말이 있다. 지혜로운 어부는 자신이 잡고자 하는 고기를 생각하며 날줄과 씨줄로 엉글게 짠 그물을 준비한다. 그물을 지나치게 촘촘하게 짜 새우와 멸치 같은 잔챙이와 큰 물고기를 모두 잡으려고 욕심을 내면 그물은 찢어지게 마련이다. 이 책에서 필자는 공시적(共時的) 관점(씨줄)과 통시적(通時的) 관점(날줄)을 직조하는 방식을 선택하여 연구를 위한 건축가를 한정하고 걸러내 그들의 건축이론과 개념, 그리고 이를 구현하는 주요 작품을 분석하는 작업을 하였다. 따라서 이 책을 읽는 독자는 이 책이 근대 및 현대 건축의 역사를 망라하는 역사서(歷史書)가 아니며, 특정 건축가를 심층적으로 연구한 전기서(傳記書)도 아님을 쉽게 알아챌 것이다.

## 서로 인식하기 어려운 다른 사유방식이 공존한다.

프랑스 후기구조주의 철학자 푸코(Michel Foucault, 1926-1984)는 『말과 사물 : 인문과학의 고고학 *Les Mots et les choses, The Order of Things*, 1966, 이광래 역, 1971』에서 우리가 수많은 유사한 사물들과 상이한 사물들을 분류하고자 할 때, 어떤 사유 방식에 따라서 사물들을 질서화하는지를 흥미롭게 묘사하고 있다. 여기서 그는 사유를 지배하는 질서의 법칙을 호모토피아homotopia와 헤테로토피아heterotopia의 대립 개념으로 서술한다. 호모토피아는 상이성을 배제하고 통일성만을 확고한 기반으로 삼는 정신의 상태를 의미한다. 그러므로 호모토피아는 연속성, 가족유사성, 반복성을 선호하며 동질화를 추구한다. 이러한 정신은 세계의 통일된 구성체를 암시하는 감추어진 소수의 단서만을 인식하려는 성향이 있다. 그러나 푸코는 서양 합리주의자들이 불신하고 경멸적으로 무질서라고 부르는, 또 하나의 질서의 모습인 헤테로토피아가 존재한다고 주장한다. 이 헤테로토피아는 (어의적인 의미로) 사물들이 서로 상이한 방식으로 중첩되거나 위치하고 있어 이들 모두에게서 공통되는 위치locus를 정의하는 것이 불가능한 '사물의 상태' 를 말한다.

헤테로토피아적 사유 체계에서 발견되는 '혼란 속의 질서' 라 불리는 현상을 이성과 합리성을 중시하는 서구 이원론의 개념으로 이해하고자 한다면, 그것은 이미 설정된 인식론적인 도식에 상충되기 때문에 매우 혼란스러운 부분으로 간주될 소지가 있다. 이것은 우리가 이분법적 논리에 친숙해져 있는 탓이며, 현상을 단순히 질서와 무질서, 이성과 비이성(푸코는 이를 광기로 설명한다), 합리성와 비합리성, 서양적 질서의 개념과 동양적 질서의 개념으로 양분하여 어느 하나만을 인정하려는 성향에 기인한 것이다. 푸코가 통찰하여 상정한 두 가지의 사유 체계의 모델은 우리가 간과하기 쉬운 또 다른 사유 영역의 존재를 인식시켜 주고 있다는 점에서 인간의 사유 체계의 다양성에 대한 인식을 확장하는 데 기여해 왔다. 오늘날 우리는 이성의 잣대로 볼 때 인정되는 사유체계 외에 또다른 사유체계가 존재한다는 점을 인식하고 있다.

20세기 모더니즘 건축을 서술한 여러 문헌들을 검토해 보면, 많은 문헌들에서 세계관과 사유방식의 차이로 다양한 해석을 시도하고 있는 것을 발견할 수 있다. 모더니즘 초기의 비평이론가 페브스너(N. Pevsner)의 『유럽건축 개관 *The Outline of European Architecture*, 1943, 1982』, 기디온(S. Giedion)의 『공간, 시간, 건축 *Space,Time and Architecture*, 1943, 1967』 등은 모더니즘 건축의 본류적인 흐름을 동시대의 과학기술, 합리적 이성 등 시대정신zeitgeist이라는 하나의 관점에서 기술하여 모더니즘 건축의 정당성을 지지하였다. 반면에 레스니코프스키(Wojciech G. Lesnikowski)의 저서 『건축에서의 합리주의와 낭만주의 *Rationalism and Romanticism in Architecture*, 1982』는 서양 건축 사상의 흐름을 합리와 낭만, 지성과 직관, 이성과 감성이라는 이원론적 도식을 전제로 서술한다. 그러나 최근의 건축 역사서나 이론서들은 건축현상의 다양성을 하나 또는 두 개의 양분된 틀이 아니라 다양한 시각에서 해석을 시도한다. 콜린스(Peter Collins)의 『근대건축의 이념의 변천 *Changing Ideals in Modern Architecture* : 1750-1950, 1965』, 젠크스(Charles Jencks)의 『근대 건축의 운동 *Movement in Modern Architecture*, 1973』, 프램톤(Kenneth Frampton)의 『근대건축과 현대의 위기 *Modern Architecture and Critical Present*, 1982』, 람뿌냐니(V.M.Lampugnani)의 『20세기의 건축과 도시계획 *Architecture and City Planning in the Twentieth Century*, 1985a』, 스틸(James Steele)의 『오늘날의 건축 *Architecture Today*, 1997』, 도던(Dennis P. Doordan)의 『20세기 건축 *Twentieth-Century Architecture*, 2002』 등은 20세기 초 모더니즘 건축운동과 현대건축에 내포된 다양한 사고의 흐름과 디자인 접근들을 다원론pluralism의 관점에서 서술하고 있다.

그러나 이 문헌들에서 발견되는 서술방식은 공통적으로 한 시대 속에서 전개되고 있는 주도적인 건축운동의 이념이 전면적으로 등장하고 다른 이념들이 배경으로 쇠퇴하는 현상을 서술하는 방식을 전제하고 있다. 따라서 건축현상의 다양성은 여러 가지 사조들로 분류되어 서술된다. 람뿌냐니, 젠크스, 콜린스 등이 택한 사조ism (思潮)중심의 서술방식은 동일한 상황 속에서 왜 개인 또는 집단 건축가들이 서로 상이한 접근방식과 태도를 보여주는지를 설명하는 데 어려움이 따른다. 그것은 건축의 본질에 대한 해석과 접근방식, 그리고 궁극적으로는 건축을 통해

제시하여 경험시키고자 한 건축가의 의도와 이것을 실현하기 위한 디자인 개념들에서 발견되는 건축적 사고(思考)의 다양성을 설명할 수 없기 때문이다.

### 현상의 본질은 사조가 아니라 사고의 모형(模型)으로만 들여다 볼 수 있다.

우리는 역사라는 시대의 큰 흐름에서 사회적 조건과 사조의 변화에 따라 다양하게 전개되어 온 건축 운동을 고찰하는 데 익숙해져 있다. 그러나 20세기 모더니즘과 현대 건축에 담지된 본질을 이해하기 위해서는 이분법적인 사고에서 벗어나 현상의 다양성 속에서 핵심 이슈와 가치를 발견하는 혜안(慧眼)이 요구된다. 우리가 건축에 대해 사고하고 접근하는 방식, 다시 말하면 그 시대의 집단 구성원들에게 나타나는 건축적 사고의 다양한 모습과 변화 현상에 주목해야 하는 이유가 여기에 있다. 이러한 새로운 통찰력을 얻기 위해서 건축가가 창조한 공간과 형태에 담고자 한 의도가 무엇인지, 그가 디자인의 출발점으로 전제한 건축의 본질과 중심개념, 그리고 이것들을 구체화하기 위한 도구로서의 수법 등이 어떠한 사유 체계의 영역에 바탕을 두고 있는지를 파악하는 것이 필요하다. 우리가 모더니즘 건축의 거장들이 전개해 온 디자인의 형태 언어나 요소, 그것에 끼친 외적 영향 요인들만을 분석의 대상으로 한다면, 그것은 수단 자체를 목적이나 의도와 동일시하는 오류를 범하게 되는 것이다.

그러면 한 시대의 건축가 개인이나 집단 속에서 발견되는 사고 체계의 모형을 그려내기 위한 서술 방식을 모색하는 일은 가능한가? 이것은 현대 건축의 다양한 현상 배후에 담긴 본질적 가치와 이슈를 발견하려는 우리에게 매우 중요한 질문이다. 왜냐하면 이것은 다양한 개념과 방식으로 건축에 접근하여 온 건축가들의 사고와 접근 태도의 상이함을 어떤 틀을 설정하여 해석화하는가 하는 문제이기 때문이다. 심리학자 로이스(J. R. Royce, 1970)는, 인간은 세계에 대해 자신의 고유한 사유방식을 전개하기 때문에 개인이나 또는 집단 내에서 사고 패턴의 다양성이 발견된다고 보았다. 과학사가 쿤(Thomas S.

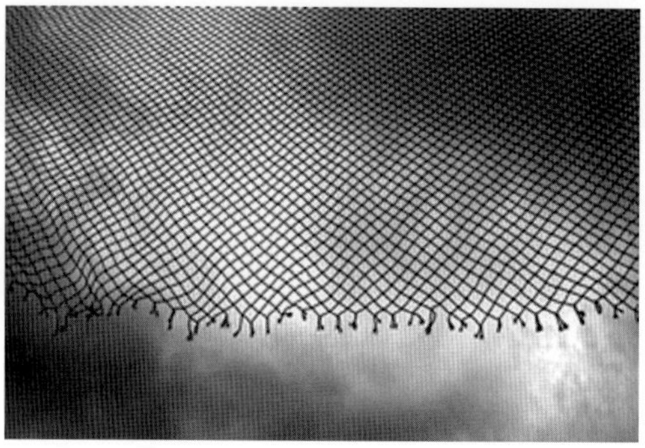

Kuhn, 1962)은 과학자 집단에서 이루어진 과학적 성취와 그 변화 과정을 규명하기 위해 패러다임paradigm이라는 개념을 도입하였다. 쿤은 패러다임의 개념을 한 시대에 통용되는 가치 공약성으로 개인이나 집단에게 공통적으로 인정되는 '의견일치' 또는 '사고를 지시하는 개념적 참조틀' 로 사용하였다.

쿤이 정의한 패러다임의 개념은 과학의 발전과 변혁이 사고의 연속성 속에서 이루어지는 것이 아니라 이전 사고의 전통과의 '인식론적 단절' 을 통해서 진행되어 왔다고 본 바슐라르(Gaston Bachelard, 1934)의 견해와도 상통한다. 그것은 또한 사유와 담론(談論)의 세계가 오랫동안 지속되다가 어느날 갑자기 변한다는 가설을 제기한 푸코의 주장과도 매우 흡사하다. 건축비평가 라만(P. G. Raman, 1974)은 한 시대에 새로운 건축적 이념이 출현하는 상황은 마치 쿤이 과학사의 혁명에 대해 언급한 것과 매우 흡사하다고 지적한다. 여기서 우리가 주목할 점은 건축가의 창작 행위와 디자인 접근 태도 및 작품의 특성은 건축가 개인의 건축적 사고라는 내적 사유체계뿐 아니라 그 시대의 주도적인 담론을 형성하는 패러다임과도 불가분의 관계가 있다는 사실이다.

## 이 책은 『현대 건축의 재발견』(주2) 이라는 제하(題下)로 총 3권으로 구성된다.

필자는 (천 페이지가 넘는) 방대한 분량의 내용들을 외재적, 내재적, 상관적 연구 관점에서 3권으로 나누어 구성하였다. 먼저 출간되는 1권에서는 패러다임적 해석방법(00), 프로그램의 해석과 리얼리티의 건축(01), 구축성의 전통과 구조적 건축(02)의 주제를 다룰 것이다. 필자는 00 '패러다임적 해석방법' 에서 패러다임의 개념과 특성, 그 변화와 유형을 검토하고 패러다임과 건축적 사고의 관계에 대해 고찰하였다. 그리고 독일 문학 이론가 야우스(H. R. Jauss, 1969)가 문학연구 방법으로 제시한 4가지 패러다임의 도식적 모델을 차용하여 패러다임의 유형에 따른 건축적 사고의 범주를 6가지 유형으로 제시할 것이다. 이것은 현대 건축의 변화하는 관점과 지평을 고찰하기 위한 6가지 해석의 틀이며,

동일한 건축 패러다임 내에서 건축가들이 인식하는 중심개념, 이것을 구체화하기 위한 수법devices, 그리고 디자인 접근 방법이 지닌 가치와 한계가 무엇인지를 아는 데 매우 유용하기 때문이다. 다소 딱딱하고 난해하더라도 일독(一讀)을 권한다.

01 '프로그램의 해석과 리얼리티의 건축' 에서 필자는 디자인의 출발점으로서 기능과 프로그램에 관련된 담론들을 모더니즘 이전pre-modernism 건축가들의 이론과 작품을 통해 개관하였다(011). 그리고 필자는 20세기 모더니즘 건축의 기반이 되어 온 3가지 유추의 모델을 적용하여 모더니즘 건축의 발전에 영향을 끼쳐온 건축가들을 분석하였다. 이러한 과정을 통해서 유물론적인 기계적 기능주의, 유기적 기능주의, 그리고 심리적 기능주의가 전개되어 온 흐름을 살펴볼 것이다(012). 또한 1960년 이후 현대건축의 담론에 지대한 영향을 끼치며 작품 활동을 해 온 건축가들에게서 발견되는 프로그램의 재해석과 방법론적인 접근, 그리고 이와 관련된 건축의 탐구 주제들에 주목할 것이다(013, 014). 02 '구축성의 전통과 구조적 건축' 에서 필자는 모더니즘 건축의 태동 이전에 논의되어 온 구축성의 전통과 구조적 건축의 담론들을 다루었다(021). 이러한 전통 속에서 모더니즘 시기에 테크놀러지와 형식의 표현성에 대한 새로운 해석과 미스, 칸 등을 통해 구축성의 전통 안에서 새로운 건축담론을 생성한 사실에 주목할 것이다(022). 특히 1960년 이후 현대건축에서 주목받아온 테크놀러지와 건설과정의 미학, 물성의 탐구와 이미지를 생성하는 건축에 대한 담론들을 현대건축가의 이론과 작품들을 통해서 살펴볼 것이다(023, 024). 1권에서 다루는 건축적 사고의 전통과 관련된 내용들은 야우스가 언급한 패러다임의 도식적 모델의 관점에서 역사적-실증주의적 패러다임에 속하며 연구대상의 측면에서 작품을 주변 세계와 함께 관련지어 해석하는 '외재적 연구' 의 입장을 대변한다.

2권에서는 기하학적 질서와 개념의 건축(03), 심상의 표현과 연상의 건축(04), 유형의 탐구와 유추의 건축(05)을 다루고 있다. 03 '기하학적 질서와 개념의 건축' 에서 필자는 건축 담론의 주제의 하나인 기하학과 수학적 질서의 전통이 모더니즘 건축의 탄생 시기에 논의되어 온 현상을 살펴보았다(031). 이러한 전통이 모더니즘 건축에서 대상의 1차적 의미와 새로운 재현방식의 주제를 탐구하는 기반이 된 점, 그리고 이와 관련된 건축가와 작품들을 살펴볼 것이다(032). 또한 현대건축의 흐름 속에서 발견되는 탈-기능주의 경향과 랜드스케이프를 회복하려는 다양한 시도에서 건축의 텍스트성과 자율성, 자연과 랜드스케이프에 대한 건축담론이 새롭게 재발견되고 있는 현상에 주목하였다. 04 '심상의 표현과 연상의 건축' 에서 필자는 디자인의 출발점으로서 건축가의 주관적 심상의 표현과 관련된 오브제의 아우라aura에 대해 언급하였다(041). 아울러 모더니즘 건축 시기에는 주목받지 못한, 감각적 경험과 표현성의 탐구라는 새로운 영역을 탐구해 온 모더니즘 건축의 또 다른 전통, 그리고 오늘날 전위적인 조형구성과 공간미학을 탐구해 온 현대 건축가들의 담론을 살펴볼 것이다(042, 043, 044). 05 '유형의 탐구와 유추의 건축' 에서 필자는 착상의 출발점으로 유형과 유형학을 중시하는 건축적 사고의 전통을 살펴볼 것이다(051). 아울러 모더니즘 이후 유형을 새로운 관점으로 해석하고 역사와 전통, 지역성의 수용, 문화적 상징성과 의미를 탐구해 온 현대건축가들의 주요 담론들을 고찰할 것이다(052, 053).

따라서 2권에서 다루고 있는 내용 중 기하학적 질서와 개념의 건축, 심상의 표현과 연상의 건축 부분은 야우스가 언급한 패러다임의 도식적 모델의 관점에서 형식주의적-심미적 패러다임의 범주에 속하며, 유형의 탐구와 유추의 건축은 고전적 - 인본주의적 패러다임에 해당된다. 이것은 작품세계의 자율성과 내재적 구성원리에 주목한다는 점에서 연구대상의 측면에서 '내재적 연구' 를 대변한다. 여기서 우리는 대상(오브제) 자체의 형식과 자율적 구성원리에 주목하는 입장(03)과 여기서 한걸음 더 나아가 이러한 대상이 관찰자에게 야기하는 감각적 경험을 위한 수법의 하나로 건축가의 주관적 심상에 기반을 둔 아우라aura(개인적 차원의 아우라)의 발생을 중시하는 입장(04), 그리고 이러한 아우리가 건축가 개인의 주관적인 아우라가 아니라 역사와 전통 속에서 부여된 아우라(사회적 차원의 아우라)를 강조하는 입장(05)의 차이에 대해 주목할 필요가 있다.

3권에서는 06 '신체의 중심성과 지각의 건축'을 다루고 있다. 따라서 필자는 건축 속의 인간이라는 주제와 관련된 다양한 개념들을 중시한 건축적 사고의 전통을 살펴볼 것이다(061). 특히 이러한 사고의 전통이 1960년대 이후 건축의 체험구조와 신체의 중심성이라는 지배적인 담론으로 전개되어 온 점에 주목할 것이다(062, 063). 사회적 접촉과 장소적 공간, 복합성과 대립성, 상징과 기호에 대한 탐구, 신체-상body-image과 관련된 공간의 영역성, 신체와 공간경험의 현상학 등과 관련된 건축 담론들은 필자의 두 번째 저서인 『수용미학과 현대건축, 2003』에서 이미 다룬 바 있다. 3권에서 다루는 건축적 사고의 전통과 관련된 새로운 담론들은 야우스가 언급한 패러다임의 도식적 모델의 관점에서 수용미학적 패러다임의 범주에 해당된다. 이것은 대상을 외재적 속성과 관련지어 해석하거나 내재적인 자율적 논리로 해석하는(작가-작품 중심의 해석방법) 대신에 대상을 인식하고 경험하는 신체의 중심성을 바탕으로 주체와 객체를 '관계론'의 시각인 상관적 연구 관점에서 해석(작가-작품-독자 중심의 해석방법) 하려는 것이다. 여기서는 객체, 주체의 이분법을 벗어나 객체-주체라는 상호주체적inter-subjective인 관점을 수용한다

07 맺음말에서 필자는 모더니즘 이후, 현대건축에서 재발견 되는 다양한 주제들과 핵심 가치들을 정리하고, 새롭게 부상하는 신진 건축가들의 담론을 고찰하여 향후 현대건축의 지평을 인식하는 데 유용한 프레임을 제공하였다.

필자는 3부작으로 구성된 이 책을 다년간 구상하고 집필하면서 앞으로 건축에 입문하게 될 후학들과 이미 건축의 길을 걷고 있는 동학들이 현대건축 담론의 초석을 다지는 데 도움이 되도록 의도하였다. 모쪼록 이 책을 통해서 독자 제현께서 우리가 살아가는 세상 속에서 선한 건축good architecture을 만드는 데 혜안(慧眼)을 얻기를 기대한다.

# Paradigmatic Interpretation

# 00 패러다임적 해석방법

# 001 패러다임, 디자인, 건축적 사고

"하나의 주어진패러다임은 해석의 기법은 물론 해석의 대상까지도 만들어낸다."

로버트 C. 훌럽 Robert C. Hulob, 1984

## 왜 패러다임인가?

미국의 과학사가 쿤(Thomas S. Kuhn)이 『과학 혁명의 구조 *The Structure of Scientific Revolution*, 1962, 조성 역, 1980』에서 제기한 패러다임paradigm의 개념은 과학사 뿐만 아니라 미학, 사회학, 문학, 심리학 등 여러 분야에서 새로운 사상 및 이념의 출현과 해석방법의 변화 현상을 설명하는 데 지대한 영향을 끼쳐왔다. 여기서 쿤은 과학적 사고와 과학 혁명의 구조에 관한 통찰력 있는 주제를 다루기 위해서 패러다임이라는 용어를 '과학자들이 공통적으로 이해하고 있는 일련의 사고방식' 이라는 의미로 처음 사용하였다. 쿤에 따르면, 소위 정상과학이라고 불리는 과학연구 분야의 모든 행위의 배후와 법칙, 프로세스, 전제들에는 과학자들이 공통적으로 이해하고 있는 일련의 사고방식으로서 패러다임이 깔려 있다. 쿤은 패러다임을 '보편적으로 인정되어진 해결책universally recognized solution', '합의된 의견일치concensus' (주1), '어느 영역에 있어서 어떤 시대의 과학적 대상 파악의 방법' 이라는 다양한 의미로 정의한다.(T. S. Kuhn, 1962, pp.58 - 64) 그것은 일반적으로 인정되는 과학적 성취를 말하며 일정 기간 동안 전문집단에게 모형문제와 해답을 제공해 준다. 하나의 선택된 패러다임은 과학자에게 문제를 선택하는 기준을 제시하며 일련의 개념적, 이론적, 도구적, 방법론적인 강력한 입장 선택을 가능케 하는 역할수행에 영향을 끼친다.

이 점에서 쿤은 "공통된 패러다임에 기반을 둔 과학자들은 과학 연구에 있어서 동일한 원칙과 기준을 갖게 된다(T. S. Kuhn, 1962, p.28)" 고 말한다. 쿤은 과학 연구 분야에서 지금까지 일어난 거의 대부분의 중요한 업적은 과학자가 기존의 전통, 낡은 사고방식, 그리고 낡은 패러다임을 파괴하는 데 실현되었다는 사실에 주목하였다. 쿤은 수세기 동안 이루어져 온 과학적인 혁명과 성취는 연속적인 누적적(累積的) 과정이 아니라 단속적(斷續的) 과정이라는 구조를 통해 이루어져 왔다는 사실을 역설하였는 데, 이러한 해석은 과학사의 발전을 누적적 과정으로 보아온 종래의 견해를 뒤집은 혁신적인 시각이었다. 쿤의 이러한 해석은 오늘날 지식 사회학자 버거(Peter Berger)가 신념의 사회적 조건화를 설명하기 위해 언급한 '타당성 구조plausibility structure' 라는 용어와 유사하다. 버거는, 타당성 구조는 사회가 일반적으로 수용하는 신념과 행위의 유형으로서 어떤 신념이 그럴듯하고 또 어떤 것이 그럴듯하지 않은지를 결정하는 기준이라고 언급한다. 이러한 타당성 구조는 시대와 장소에 따라 다르게 나타나면서 변화한다는 것이다.

## 패러다임은 건축 디자인 사고의 기저체계를 서술하는 데 유용하다.

그러면 쿤이 제기한 패러다임의 개념은 (과학자 집단처럼) 건축 디자인 행위와 관계된 건축가 집단의 사고방식을 설명하는 데도 유용한가? 라만(P. G. Raman)은 『디자인의 사회 심리학적 탐구 *Toward a Social Psychology of Design*, 1974』라는 소 논문에서, 건축 디자인 분야에 새로운 건축 이념이 출현하는 상황은 쿤이 과학자 집단의 속성에 대해 묘사한 것과 매우 흡사하다고 지적한다. 라만의 고찰에 의하면, 건축가들은 물리적 환경이 어떠해야 한다는 상호 모순되는 여러 연구들의 주장들에도 불구하고 계속해서 일련의 디자인 작업을 수행하고 있다. 이러한 사실은 건축가들이 디자인 작업 행위에 있어서 자신의 관점에 따라 '세계' 를 관찰하고 그 의미를 평가하는 나름대로의 고유한 방식을 전개하여 왔다는 점을 암시한다. 라만은 쿤과 마찬가지로 패러다임의 개념을 "어느 한정된 집단의 모든 사고 과정을 고무하고 지시하는 일종의 개념적 참조 틀" (P. G. Raman, 1974, pp.87-89)로 정의한다. 그는 패러다임의 개념이 건축가들의 디자인 작업 행위에 대한 태도나 관점, 습성, 관찰방식 등 복잡한 현상들을 이해하는 데 뿐만 아니라, 특정 건축가 집단이 문제를 탐구하는 사고방식과 디자인 작업행위를 분석하는 데도 유용한 도구라고 보았다.

도0-1
건축의 전형으로서 파르테논 신전, B.C 447-432년

과학자와 건축가의 집단에서 이루어지는 행위의 유사성을 비교한 브로드벤트(G. Broadbent, 1977b, pp.277-278)도 쿤이 과학자들에게 적용한 패러다임의 개념이  디자이너의 영역에도 적용될 수 있다고 보았다. 그는 특정 시대의 영향력 있는 양식(樣式)의 변화

에 따른 디자인 행위의 변화는 건축 작품의 특성과 밀접한 관계가 있다는 사실에 주목하고 양식의 개념을 패러다임과 동일시한다. 디자이너(건축가)들에게 "양식의 개념과 양식의 변화는 무엇보다도 건축가들이 행하는 것에 근본적이다" (G. Broadbent, 1979b, p.280)라고 그는 지적한다. 브로드벤트는 어느 특정 시대에 통용된 디자인을 위한 패러다임을 과학의 영역과 유사하게 4가지 구성요소—기술적 지식, 전문적 지식, 이데올로기, 모범 예—로 비교하여 제시한다.(주2)

도0-2
A. 팔라디오, 빌라 카프라(일명 빌라 로툰다), 비센자, 이탈리아, 1550년경

건축의 착상과정에서 하나의 모형이 선택되고 그것이 디자인 프로세스에서 변환되는 방식을 패러다임의 관점에서 논의한 연구(*Perspecta 22 : Paradigms of Architecture*, 1986, pp.8 - 9)』에서, '건축 패러다임'의 용어는 특정 건물의 영향과 건물 유형, 이념ideas, 이미지, 이론 또는 텍스트, 개인의 역할, 개념과 물리적 세계의 관계성 등과 같이 다양한 의미로 해석되었다.(주3) 액커먼(James Ackerman) 교수는 『패러다임으로서의 빌라 *The villa as paradigm*, 1986, *Perspecta 22*, 1986, pp.11 - 12』라는 소 논문에서, 패러다임을 건물 유형의 측면에서 정의한다. 그는 빌라를 실용성과 생산성이라는 제약을 초월한 하나의 이상적인 패러다임적 가치를 지닌 것으로 보았다.(도0-1, 0-2, 0-3) 역사적으로 빌라는 수세기 동안 프로그램의 변화에도 불구하고 실용적 요구라는 물리적 차원을 넘어 심리적, 이데올로기적인 측면에서 해석되었다는 점에서, 건축가의 무의식 속에 확고하게 뿌리박고 있는 개념, 비전(秘傳)과 같은 이데올로기적인 패러다임으로 해석된다는 것이다. 패러다임의 이러한 속성은 본질적으로 메타포metaphor이다. 스티븐스(G.Stevens, 1990, p.329)는 메타포로서의 패러다임의 개념은 매우 강력한 것이어서 비과학적인 모든 분야에까지 확장될 수 있다고 주장한다.

도0-3
르 꼬르뷔지에, 빌라 사보와, 포아지, 파리, 프랑스, 1929

**패러다임은 집단사회의 사고과정을 고무하고, 지시하는 개념적 참조 틀이자 메타포이다.**

건축 디자인 사고행위를 패러다임의 시각으로 언급한 문헌들은 건축가들의 사고체계와 디자인 특성을 이해하는 데 패러다임의 개념이 유용한 해석의 도구임을 시사한다. 이러한 문헌들에서 건축 패러다임의 개념은 개념적 참조 틀(라만), 메타포(스티븐스), 양식(브로드벤트), 건물 유형(액커먼), 이론, 이미지, 개인의 역할 등과 같이 다양한 관점으로 해석되고 있다. 패러다임을 건물 유형의 관점에서 해석하는 경우, 건축 디자인 행위는 특정의 유형 즉, 모범 형식의 모방과 변형으로 이해하는 것이다. 형태학적 유형학의 관점에서 역사적 분위기aura를 내포한 건축 형태의 중요성을 강조한 크리어 형제(Leon & Rob Krier), 기억과 이미지로부터 유형화된 건축 형태을 탐구한 로시(Aldo Rossi) 등은 넓은 의미에서 역사적 유형을 하나의 모범 형식으로 보는 패러다임적 해석을 공유한다.(그러나 패러다임을 유형과 관련된 모범 예로 보는 경우, 크리어 형제의 경우처럼 물리적 특성과 그것의 형태학적인 변형만을 중시하는 경향에 빠지기 쉽다.)

패러다임을 이론이나 텍스트의 관점에서 해석할 경우, 특정 시대의 공인된 건축 이론서, 유명한 건축가의 저서나 이론이 보편적 가치 기준으로 중시된다. 그것은 보편적으로 공인된 이론이 건축적인 당면과제에 적절한 해답을 제공해주기 때문이다. 비트루비우스(Pollio Vitruvius)의 『건축 10서 *The Ten Books on Architecture*, 1484』, 알베르티(Leon Battista Alberti)의 『건축 10서 *De re aedificatoria*, 1485』나 팔라디오(Andrea Palladio)의 『건축 4서 *I Quattro Libri dell'Architettura*, 1570』, 꼬르뷔지에(Le Corbusier)의 『근대 건축의 5원칙 *Les 5 points d'une architecture nouvelle*, 1926』 등은 한 시대를 지배해 온 보편적인 가치 기준으로서 패러다임의 역할을 수행한 것으로 해석 가능하다.

마찬가지로 어떤 기존의 건물이나 개념 또는 건축가들이 집착하는 이미지 등도 지배적인 패러다임의 속성을 지닐 수 있다. 패러다임의 변화를 한 시대의 주도적인 '양식' 의 변화와 관련지어 해석한 브로드벤트의 견해는 건축 양식의 변화 속에 내재한 건축가들의 사고의 다양성을 이해하려는 시도이다. 패러다임을 개인의 역할과 영향력으로 해석하는 경우에 특정 개인의 사상과 작품성향이 추종되며 그 또는 그녀가 만들어낸 건물, 개념, 이미지 등이 주도적인 패러다임으로 간주된다. 모더니즘의 거장 미스나 꼬르뷔지에의 건축관이 '합의된 진실' 로 받아들여져 소위 미스적 스타일Miesian Style이나 꼬르뷔지에 스타일Corbusier Style을 많은 건축가들이 자신의 디자인 모형으로 수용하는 경우가 이에 해당된다.

라만과 스티븐스가 언급하였듯이, 우리는 패러다임을 어느 집단사회의 사고과정을 고무하거나 지시하는 개념적 참조 틀의 역할을 수행하는 '메타포' 의 속성으로 이해하는 것이 바람직하다. 왜냐하면 패러다임은 집단 내 구성원들의 사고 성향을 묶어줄 수 있는 사고체계의 범주이기 때문이다. 집단적 차원에서 패러다임은 그 집단 구성원의 사고 성향의 틀과 건축 디자인 접근태도에도 영향을 끼친다. 뿐만 아니라 개인적 차원에서도 건축가 자신의 사고 성향과 이에 따른 모형 선택에도 영향을 끼친다. 패러다임의 개념을 이와 같이 건축적 사고의 틀을 형성하는 기저체계로 해석할 때, 디자인 행위에서 건축가들이 보여주는 '동일한 주제의 표현에 대해 상이한 접근방식의 차이' 라는 문제를 이해하는 것이 가능해진다.

그런데 여기서 언급된 건축가 집단이 실제로 쿤이 말한 바처럼 과학적 집단과 동일한 구조를 지닌 것인가? 하는 의문이 제기될 수 있다. 쿤이 연구대상으로 삼은 과학 사회집단에는 과학자들이 제도화된 방법에 따라 어느 정도 틀에 박힌 연구활동을 계속하는 장시간의 '정상과학' 의 기간이 존재한다. 그리고 이 기간 동안에는 경쟁적인 패러다임보다는 하나의 지배적인 패러다임이 존재한다는 사실이 전제되어 있다. 그러나 필자는 과학과 예술적 속성을 모두 지닌 건축의 학문적 속성의 차이 때문에, 과학의 연구방법에서 채택되듯이 동일한 패러다임의 전개방식을 기대하기는 실제적으로 곤란하다고 생각한다. 사실과 가치의 문제가 개입되어 사물을 해석하는 연구방법은 사실의 문제만을 탐구하는 과학적 해석이나 연구방법과는 본질상 그 성격이 다르기 때문이다. 실제로 과학자 집단은 가치문제보다 사실문제를 심층적으로 탐구하는 학문적 특수성을 지닌다. 반면에 건축가 집단은 사실 뿐만 아니라 가치의 문제 - 무엇이 좋은 건축인가? 건축의 목적과 본질은 무엇인가? 하는 예술적 속성과 관련된 문제 - 에 더 관심을 갖는다. 그러므로 디자인은 구체적인 목적에 답을 하기 위해 독특한 물질적인 대상를 만들어내는 데 관심이 있다. 이에 반하여 과학은 주어진 조건 하에 대상이나 현상 일반적 항목이 지닌 특징적인 행태behavior에 대해 진술하고, 이러한 항목들과 그 행태에 한계를 설정하는 작업에 관심이 있다. 그러므로 문학과 예술 영역에서는 과학에서처럼 시대의 낡은 패러다임이 폐기되는 것이 아니라 여전히 순환적으로 존재하며 생명력을 이어간다는 점을 인식할 필요가 있다.

이런 관점에서 스티븐스는 건축 연구방법이나 본질 해석에 대한 입장의 차이, 그리고 건축가들의 서로 다른 다양한 사고의 차이 등은 과학적 패러다임과 건축적 패러다임의 형성 배경과 그 기준이 다르기 때문이라고 지적하였다. 그는 "건축가들 집단 내에는 하나의 공유된 의견 일치보다는 다양한 의견의 대립으로 존재한다" (G. Stevens, 1990, p.279) 고 주장한다. 이러한 이유 때문에 모더니즘 이후의 현대건축에서는 과학처럼 단일한 패러다임의 존재를 전제하기 보다는 한 시기를 이끌어 가는 주도적인 패러다임과 함께 다양한 패러다임의 공존 가능성을 배제할 수 없다.

TEATRO

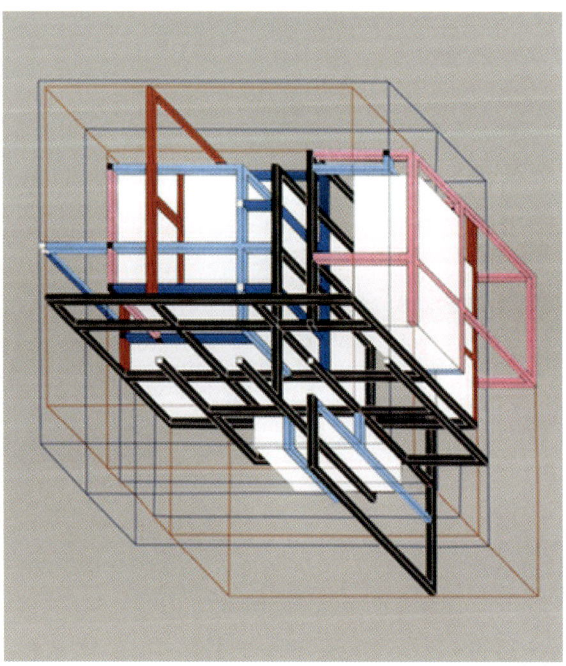

# 002 4가지 패러다임의 가설:

고전적-인본주의적 패러다임, 역사적-실증주의적 패러다임
형식주의적-심미적 패러다임, 수용미학적 패러다임

## 4가지 패러다임과 6가지 건축적 사고 유형

문학 이론가 야우스(Hans Robert Jauss)는 『학문적 문학 연구에 있어서의 패러다임의 변화 *Paradigmawechsel in der Literaturwissenschaft*, 1969』라는 소논문에서 문학적 연구 방법의 역사를 분석한 후 패러다임의 유형을 통찰력 있는 시각으로 도식화하여 제시하였다. 그는 한 시대의 문학연구를 주도하던 패러다임은 문학연구가 제기하는 요구사항을 만족시킬 수 없으면 버려져 새로운 패러다임으로 대체된다고 보았다. 그것은 패러다임이 문학연구의 접근에 사용되는 방법론적 절차 뿐만 아니라 공인된 문학의 정전 canon까지도 한정하는 역할을 하기 때문이다. 패러다임의 변화와 함께 과거에 좋은 작품으로 인정되던 것의 가치 기준은 바뀌게 되며, 그 결과 정전의 조절과 재편성이 일어나게 된다는 것이 야우스의 견해이다. 야우스는 1960년대 이전까지 문학 연구 방법론의 기조가 되어 온 패러다임의 유형을 (1) 고전적-인본주의적 패러다임Classical-Humanistic Paradigm (2) 역사적-실증주의적 패러다임Historicist-Positivist Paradigm (3) 형식주의적-심미적 패러다임Formalistic-Aesthetic Paradigm으로 대별하였다.

그러나 야우스는 이러한 패러다임들은 근본적으로 낡은 패러다임들로 1960년대 이후 문학 연구 방법론으로는 부적절하다고 비판한다. 그는 이것들을 대체할 (4)번째의 새로운 패러다임으로 수용미학적 패러다임 Rezeptions%oesthetik Paradigm을 제시하였다. 야우스가 제시한 4가지 패러다

임의 유형과 접근방법은 문학작품 뿐만 아니라 사회학, 예술을 포함한 다양한 분야에 지대한 영향을 끼쳐왔다. 일부의 학자들은 야우스의 패러다임의 유형 분류가 여전히 그 자신의 이론적인 한계를 지닌다고 지적한다. 그럼에도 불구하고, 필자는 야우스의 패러다임의 유형분류와 이에 따른 연구방법론을 차용하여 재해석하는 것은 모더니즘과 현대건축의 담론을 고찰하고 중심개념의 변화를 이해하는 데 매우 유용하다고 생각한다.

## 고전적-인본주의적 패러다임 : 18세기 산업혁명 이전의 시기

야우스에 따르면, 고전적-인본주의적 패러다임은 산업혁명 이전의 전(前)-과학적 단계를 지배해 온 문학 연구 방법이다. 여기서 문학 연구의 규범은 문학 작품을 공인된 고대의 모델과 비교하는 과정을 수반한다. 이러한 패러다임의 전통에서 확립된 고전주의적 예술관은 "작품의 예술성이란 심미적 가치, 즉 완전성, 총체성으로서의 형식 또는 내용과 형식의 일치"(차봉희, 1985, p.20)를 바탕으로 한다. 따라서 비평가의 역할은 작가의 의도나 작품의 감추어진 의미를 찾아내는 데 있다. 아울러 고정된 법칙(규범)을 기준으로 현대의 작품을 평가하고 그 작품들이 정전으로 확정된 시작방법(詩作方法)을 얼마나 충족시키고 있는지의 여부를 결정하고 판단하는 일이다. 여기서 고전 작품을 성공적으로 모방한 작품이 훌륭한 것으로 인정되며, 전통적 관례의 모델에 어긋나는 것은 잘못된 작품으로 평가된다.

도0-4a
에꼴 데 보자르 건축구성

고전 시대 동안 인본주의자들이 전통적인 경전 해석에 적용해 온 해석학적 방법은 이러한 연구 방법의 전형적인 예이다. 해석학적 방법은 해석, 즉 문헌 텍스트의 해석, 텍스트로서의 역사의 해석, 텍스트로서의 인간의 행위의 해석 등에 주목한다. 이 방법의 성패 여부는 외관상 혼란스럽게 나타나는, 작가가 의도한 텍스트의 감추어진 의미를 드러내는 데 있다. 여기서 묘사되고 있는 독자관은 고독한 관조(觀照)라는 독자의 자세를 지닌 '수동적 독자' 또는 '이상적 독자'를 전제한다. 왜냐하면 독자는 명상하는 존재로 작품을 경배하거나 작가가 작품 속에 투입시킨 '의도'나 '도식'에 자신을 일치시킴으로써만 작품을 이해했다고 간주하기 때문이다. 여기에는 '이상적 독자'가 작가와 동일한 약호code를 지니고 있다는 점이 전제되어 있다. 이러한 해석과 연구 방법은 수용자로서의 독자보다는 작가-작품 중심적인 관찰이 중심이 되고 있다. 따라서 텍스트의 주변 세계나 독자(수용자) 의

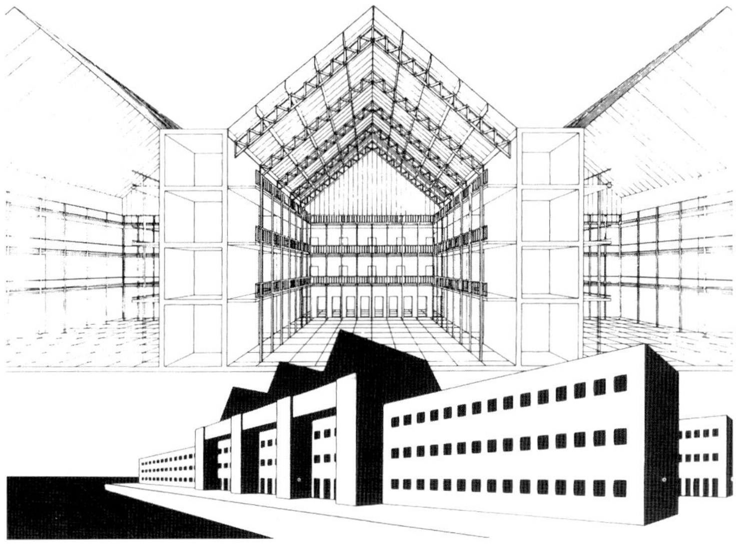

도0-4b
H. 테세노, 리듬체조훈련센터 드로잉, 헬레라루, 드레드센, 1910

도0-4c
A. 로시+G.브라그히에리, 트리에스터 시청사 건물 드로잉, 드라우츠맨, 1974

상호작용에 대한 분석을 간과하는 문제를 내포한다.

야우스가 언급한 문학에서의 고전적-인본주의적 패러다임은 건축이론 연구의 많은 문헌들과 디자인 접근 방법들을 해석하는 데도 적용할 수 있다. 고전 건축 작품의 규범과 수학적 조화에 바탕을 둔 르네상스 건축의 디자인 원리는 18세기의 계몽시대가 도래하기까지 지속하여온 고전적-인본주의적 패러다임의 대표적인 예라 할 수 있다. 고전 시대의 건축가들에게 훌륭한 건축은 보편적인 우주의 법칙을 따라 질서화된 것이라는 생각이 통용되었다. 규범, 원리, 요소 등의 개념을 바탕으로 형태 구성의 법칙과 미적 구성 원리들을 분석하는 형식 미학 계보의 여러 연구 문헌들(T. Hamlin : 1952, M. Danby : 1963, K. W. Smithies : 1981, S. Abercrombie : 1984)이 이러한 전통을 따르고 있다.

이러한 문헌들은 심미적 특질과 관련된 규범적 원리와 이에 내포된 표현적 의미를 탐구하는 데 관심이 있다. 이들은 건축적 본질과 중심 개념이 공간 개념보다 새로운 형식구성 개념의 창조에 있음을 강조한다. 모더니즘 건축이 태동하기 시작한 18, 19세기의 근대사회에서 과학에 대한 거부감과 함께 공인된 고전 전통의 규범을 선호한 프랑스 에꼴 데 보자르(École des Beaux Art) 건축은 고전적-인본주의적 패러다임에 바탕을 둔 해석태도를 취하였다. 이 당시 19세기의 신고전주의 건축가들은 고대의 훌륭한 건축 규범을 정전으로 삼고자 한 태도를 보여준다.(도0-4a, b, c) 콜훈(A.Coluhoun, 1981, p11)은 이러한 시대를 지배한 역사관을 "과거의 역사를 보고(寶庫)로 간주한 규범적 역사관을 반영하는 것" 이라고 지적한다.

## 유추의 건축을 추구하는 전통은 '유형의 탐구'에서 시작한다.

그러므로 역사적 규범과 유형의 탐구를 중시하는 건축가들은 사회 문화적, 역사적인 환경과 건축의 관계성을 중시한다. 건축을 고립된 대상이 아닌 문화의 산물로서 인식하는 건축가들에게 고전 건축의 전통에 바탕을 둔 규범은 지적인 작업에서 강력한 논리를 제공해 주기 때문이다. 이들은 건축 형태와 형태 구성의 내적 자율성, 유형화 된 형태 요소, 도시적 연속성 및 문화적 맥락에서의 건축의 존재 의미를 중시한다. 따라서 건축의 고전 언어와 원리, 법칙, 역사와 전통 등이 중요한 참조의 대상이다. 건축의 해석과 접근은 역사적 유형, 재현, 인유, 사회적 적절성, 규약화, 맥락, 장소성, 언어적 의미 체계, 전통적인 구성체계와 추상화된 고전 형태 언어 등과 같은 개념적 어휘를 바탕으로 하고 있다. 여기서 유형에 대한 탐구는 고전건축의 규범과 추상적으로 환원된 기하학의 형태를 바탕으로 역사 속에 존재해 온 문화적인 의미를 표현하는 출발점이다.(주1) 이러한 다양한 접근방식들은 문화적 규범 속에서 건축형태가 생성해 온 의미와 그것을 체험하는 인간 사회의 다양성과 특수성을 반영시켜 주는 가치를 중시한다.

야우스는 고전적-인본주의적 패러다임에 근거한 문학 연구방법론이 18세기에 종말을 고했다고 말한 바 있지만 필자의 생각은 이와는 다르다. 유형과 유형을 착상의 출발점으로 삼고 유형의 심층적 해석을 중시하는 사고의 전통은 원형으로서의 건축적 질서(로지에, 까밀로 지테, 프리드리히 쉥켈)를 효시로, 합리적 건축의 전통(지우세페 테세노, 헤인리히 테라그니)을 추구한 모더니즘 건축가들에게서 발견할 수 있다. 뿐만 아니라 1960년대 이후 역사적 기본 형태와 장소성(알도 로시), 유형의 형태학적 접근(오스왈드 마티아스 웅거스, 크리어 형제, 제임스 스털링), 문화적 상징성과 의미의 탐구(필립 존슨, 마이클 그레이브스), 지역성과 전통의 수용(마리오 보타) 등과 같이 다양한 시각으로 접근해 온 현대 건축가들의 담론과 작품에서도 이 패러다임은 여전히 존속하고 있음을 알 수 있다. 이러한 사고의 전통은 재현 체계를 통해서 역사 속에 존재해 온 전통적인 분위기aura를 대상에 환기시키려는 노력을 보여준다는 점에서 인간의 대상에 대한 지각과 의미의 중요성을 인식하는 데 기여하였다. 전통과 고전적 규범 원리에 바탕을 둔 디자인을 중시하는 건축가들의 사고는 유형학적 사고typology - oriented thought를 보여주는 것이며, 본질적으로 고전과의 연속성 및 재현을 중시하는 고전적-인본주의적인 패러다임을 따르는 것이다. 이러한 역사적 규범에 기초한 형식 구조를 유형의 탐구에서 출발하는 건축가들은 사회 구성원의 총체적 기억, 의미체계와 소통되는 유추의 건축architecture of analogy을 지향한다.

## 역사적-실증주의적 패러다임 : 19세기 과학혁명에서 1차 세계 대전까지

야우스는 18세기 이후에 고전적 - 인본주의적 패러다임을 표방하는 고전적 전통의 사고는 붕괴되기 시작했다고 지적한다. 이것은 18세기 후반의 정치 및 산업 혁명의 시대를 통과하면서 싹튼 19세기의 지적 혁명 때문이다. 이러한 눈부신 지적혁명은 이성과 과학적 사고방식을 통해 그 이후의 학문 연구의 방법에 심오한 영향을 끼쳤다. 이 시기에 과학 중심 세계관의 태동으로 고전 시대의 세계관을 지탱해 온 규범의 가치는 낡은 것으로 간주되었으며, 역사적이고 인과적인 설명을 중시하는 역사적-실증주의적 패러다임이 지배적이었다. 근대 사회 초기에 과학과 기술이 이루어 놓은 공헌에 깊은 감명을 받은 사회학자들은 사회학의 목표를 설정함에 있어서도 물질세계의 설명에 성공한 자연 과학을 복제하여 인간의 사회현상을 연구하려고 시도했다. 사회학자 꽁트(I. A. M. F. X. Comte, 1798 - 1857)가 사회학을 포함한 모든 과학들이 논리와 방법에 관한 일반적인 특성을 공유한다고 주장한 것처럼, 이 시기의 모든 과학은 각자가 다루는 특수한 현상들을 지배하고 있는 일반적인 법칙들을 밝혀내고자 하였다.

뻬레즈-고메즈(Pérez-Gómez A., 1983, pp.3-6)는 이 시기에 유행한 실증주의적 사고는 인간을 무한한 이성의 힘이라는 환영에 이끌려 살게 함으로써, 세상의 모든 현상들(그것이 물, 불, 지각, 인간행태 무엇이든 간에)이 객관적으로 설명될 수 있다는 신념을 갖는 계기가 되었다고 지적한다. 따라서 그 이전까지 인간 사회에 존재해 온 '신화적 불가해성' 과 '시적 정서' 의 영역은 꿈과 광기로 치부되어 배척되었다. 수학적 논리가 고전시대에 사고의 모델로서 통용된 메타포를 대체하기에 이르렀다. 과학이 가치와 사실을 분리시키고 물리적 현상의 창조 행위의 중요성만을 강조한 탓에 인간의 실존에 중요한 초월적인 가치는 상실되었다. 야우스는 이 패러다임은 19세기 역사주의의 과학 혁명기에 태동하여 민족주의적, 국수주의적인 문학 연구 태도의 기반이 되어 왔지만 기계적, 실증주의적 접근 방법의 한계로 인해 1차 대전까지만 유효했다고 지적한다.

이러한 관점에서 볼 때, 모더니즘 건축의 태동기인 18세기 중반 이후부터 많은 이론가와 건축가들이 건축의 문제를 근대사회가 제기해 온 기능, 구조 등과 같은 개념으로 파악하고 이에 대해 과학적이고 합리적인 방법으로 접근해온 것은 야우스가 언급한 역사적-실증주의적 패러다임으로 해석이 가능하다. 이 시기의 역사적-실증주의적 패러다임에 의한 학문 연구 방법과 접근을 보여주는 문헌들은 블롱델(J. F. Blondel)의 『건축 강의 *Cours D'architecture*,

도0-5a
E-E. 비올레-르-뒤크, 주철과 세라믹 타일로 마감된 파사드 디자인, 1872

도0-5b
E-E.비올레-르-뒤크, 주철 지지부재위의 마켓건물(market building), 투시도, 1865

1750 - 1770』, 뒤랑(N. Durand)의『건축 과제의 개요 *Précis des leçons données á l'Ecole Polytechnique,* 1802-1809』, 가데(Julien Guadet)의『건축의 요소와 이론 *Elements and Theory of Architecture,* 1902』등이 대표적이다. 역사적-실증주의적 패러다임의 영향은 '건축의 진실한 문제 해결은 구조와 프로그램의 논리적, 합리적인 분석과 분류화라는 과학적인 방법에 의해서만 얻어질 수 있다' 고 강조한 19세기 구조 합리주의자 비올레-르-뒤크(E-E. Viollet-le-Duc)의 사고와 건축이론에서도 찾아 볼 수 있다.(도0-5a, b, 도 0-6)

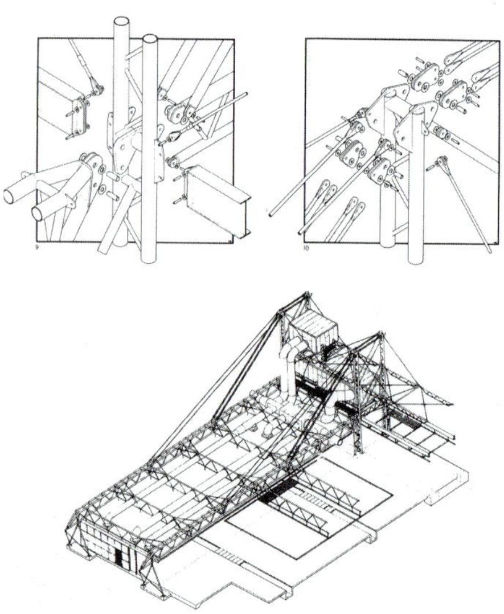

도0-6
R. 로저스, 인모스 공장 구성요소와 조립 개념도, 1982

## 리얼리티 건축의 전통은 '프로그램의 새로운 해석'에서 출발한다.

20세기 초 모더니즘 건축가들이 열정적으로 추구했던 기계의 논리적, 합리적인 기능, 그리고 기능미의 개념에서 발견되는 실증주의 철학의 합리적, 분석적인 사고방식은 그때까지 지배적 규범인 질서order의 원리와 옛 전통의 관습에 젖어있는 건축가들에게 새로운 인식을 촉구하는 계기가 되었다. 산업혁명으로 야기된 새로운 과학기술과 사회제도의 영향은 문제해결을 위한 영감의 근원으로 당시에 만연한 기계와 새로운 테크놀러지에서 찾고자 한 태도에서도 나타난다. 이 당시에 만연된 진보적 역사관에 바탕을 둔 기술 결정론biotechnological determinism적 태도에는 이러한 패러다임의 영향이 반영되어 있다.

19세기와 20세기 초 상당수의 모더니즘 건축가들은 건축의 본질을 시대의 외적 상황 조건과 관련된 프로그램, 구조, 재료 등 건축의 본질적인 속성에서 파악하려고 시도하였다. 이들에게 건축 형태는 기능적, 구조적 본질을 객관적으로 파악한 결과에서 생성되는 것으로 인식되었다. 따라서 형태는 개인이 자의적으로 해석하여 창조되기보다는 집단적으로 제어할 수 있는 논리적인 실체로 인식되었다. 건축은 기능과 프로그램 등 내재적인 것과 이것을 수용하는 미적 형식의 일치성, 즉 내부의 기능과 외부 형태의 일치라는 본체론 ontology적인 관점에서 해석되었다. 특히 유럽의 모더니즘 건축가들은 기계를 작용성의 측면에서 뿐만 아니라 시대의 '완벽성'의 이미지를 위한 하나의 은유로 미학적 측면에서 해석되었다. 형태의 의미 체계는 고전 규범의 가치 체계보다는 내부의 용도(기능)를 드러내는 이미지, 즉 작업성능을 반영하는 이미지와 관련된 형태 표현이 중시되었다. 유기적 건축가들은 이 작용성의 개념을 기계가 아닌 자연을 모델로 하여 유기체적 속성을 지닌 실체로 해석하였다.

이 시기에 디자인의 출발점으로 기능과 프로그램의 해석을 중시하는 사고의 전통은 과학으로서의 건축(카를로 로도리, 장 니콜라-루이-뒤랑), 합리성의 결과로서의 효용양식(고트프리트 젬퍼, 오토 바그너)등을 위시하여 라움플랜과 문화적 실체로서의 건축(아돌프 로스), 기계적 정신과 기계미학의 탐구(헤르만 무테지우스, 이태리 미래파), 기능의 표현과 기능주의 교육이론(발터 그로피우스, 한네스 마이어), 유기적 건축의 전통(루이스 설리반, 프랭크 로이드 라이트), 유기적 기능주의와 심리적 공간경험(유고 해링, 한스 샤로운, 권터 베니쉬) 등과 같이 새로운 시대의 사회가 요구하는 건축의 기능과 관련된 프로그램을 해석하는 데서 발견된다. 특히 이러한 전통은 오늘날 현대건축에서 프로그램과 기능의 의미를 현대사회의 리얼러티에서 발견하여 재해석하고자 하는 새로운 방식으로 전개되고 있다. 프로그램과 데이터스케이프에 대한 탐구(OMA의 렘 쿨하스, FOA의 자하라 폴로, MVRDV의 위니 마스), 다이어그램 건축에 대한 실험적 접근(UN STUDIO의 벤 반 베르켈, SANNA의 카즈요 세지마) 등처럼 현대 건축가들의 이론과 작품에서 프로그램을 새로운 시각으로 확대, 해석하고 있는 현상을 발견할 수 있기 때문이다. 기능과 프로그램의 새로운 해석을 현대사회의 리얼리티에서 출발하여 디자인의 출발점으로 삼는 이러한 사고의 전통은 기능적 사고function-oriented thought를 보여주는 것이며, 프로그램의 새로운 해석, 그리고 윤리적, 도덕적 측면을 중시하는 리얼리티의 건축architecture of reality을 지향한다.

## 구조적 건축의 전통은 '구축성의 논리와 물성의 탐구'에서 시작한다.

우리는 역사적-실증주의적 패러다임의 또 하나의 모습을 구축성의 논리와 합리성을 중시하는 건축가들의 사고에서 찾아볼 수 있다. 모더니즘 시기의 건축가들은 새로운 공간구성과 형태표현에 있어서 그 시대 이전의 건축가들이 직면했던 구조적 제약으로부터 벗어나는 데 상당히 자유로웠다. 따라서 이 시기의 건축가들은 새로운 미학을 구조의 가능성에서 이끌어내고자 시도하였다. 밴험은 이 점을 "근대건축 시기에 모든 세대는 기술 공학적인 작품의 미학에 감격했으며, 철, 콘크리트, 유리, 플리스틱 같은 경량 재료를 찬양하여 이들 공학적 재료의 감성을 표현하고자 하였다."(R.Banham, 1962, p.43)고 지적한다. 따라서 이 시기에 테크놀러지 중심적인 기계의 합리성, 그리고 건축의 구축성 논리에서 생성되는 구조적 건축을 추구하는 이러한 태도에는 내용과 그 형식의 일치라는 형태표현의 개념이 전제되어 있었다.

그러므로 건축형태의 결정인자로 구조적 논리성과 새로운 재료의 물성을 중시하는 사고의 전통은 구조, 재료의 구축성을 강조한 구조 합리주의 건축담론(윌리엄 챔버 경, 오귀스트 쇼아지, 비올레-르-뒤크, 고트프리드 젬퍼), 그리고 철, 유리, 콘크리트 건축에 대한 탐구(앙리 라브르스트, 오귀스트 페레, 페트르스 베를라헤)를 위시하여 구조적 건축의 생성원리(미스 반 데어 로에), 공간의 특성화와 구축의 시학(루이스 칸), 신 부르탈리즘의 미학과 하이 - 테크 건축 미학의 탐구(스미슨 부부, 아키그램, 노먼 포스터, 리차드 로저스, 렌조 피아노) 등에서 지속되고 있는 것을 발견할 수 있다. 특히 오늘날 현대건축에서 물성과 투명성의 공간에 대한 탐구(토요 이토, 장 누벨), 물성과 구축의 논리로서의 건축(헤르조그와 드 뫼롱, 피터 줌터) 등과 같이 영향력 있는 건축가들의 이론과 작품에서도 모더니즘의 구축성의 전통과 물성을 새롭게 해석하고 있는 것을 발견할 수 있다. 이러한 전통은 역사적 - 실증주의적 패러다임의 노선을 따르는 구조-재료 지향적 사고structure-material-oriented thought를 보여주는 것이며, 구축성의 논리와 물성의 속성으로부터 생성되는 구조적 건축structural architecture을 지향한다.

## 형식주의적-심미적 패러다임 : 20세기 초에서 2차 세계 대전까지

문학사의 연구에서 20세기 초에 러시아 형식주의(주2)나 신비평으로 대변되는 형식주의적-심미적 패러다임은 작품 자체에 관심을 집중하는 태도로의 전환을 시도하였다. 형식주의자들은 문학 작품의 구성을 중시하고 그것을 자족적 연구 대상으로 파악한다. 따라서 문학 작품 자체를 중시하는 태도를 취한다. 이를 위해 채택된 언어적 기법, 문학적 수법, 전체의 구성 및 조직에 관한 정확한 기술 등은 (이 패러다임을 지지하는 이론가들에게) 분석을 위한 새로운 해석적 도구를 제공한다. 무엇보다도 형식주의자들의 공적은, 미적 지각을 문학 작품을 탐구하는 이론적 무기로 도입하고 '예술을 위한 예술l'art-pour-l'art'의 미학을 지향한 점이다. 이 점에서 야우스는 "형식주의 이론에서 예술에 있어서의 지각과정은 그 자체가 목적이고, 형식의 지각가능성tangibility of form은 그 고유의 특성이고, 수법verfahre(주3)의 발견은 하나의 이론의 원리인 것 같다." (H. R. Jauss, 1969, pp.16-17, R. C. Holub, 1984, 최상규 역, 1984, p.92 재인용)고 지적한다.

더욱이 이러한 '형식 미학'의 이론은 예술 비평을 역사적 인식을 의식적으로 거부하는 이성적 방법으로 바꾸어 놓았다. 따라서 형식미학 이론은 역사적 - 실증주의적 패러다임의 영향 하에 문학을 다만 외적인 세계를 반영하는 수동적 거울로 간주한 마르크스주의의 '생산 미학'과는 대립되는 태도를 취한다. 야우스는 20세기 초 러시아 형식주의 문예비평, 1950년대의 신비평 등의 모습으로 등장하였던 형식주의적-심미적 패러다임은 2차 세계 대전의 종료와 함께 그 생명이 끝났다고 지적한다.

형식과 그 구성수법에 대한 새로운 탐구는, 20세기 초에 형식 자체의 자율적 구성 원리를 추구한 모더니즘 건축의 미학이론의 기반이 되었다. 모더니즘 시기에 미학적인 새로운 형태를 발견하는 작업은 근대적 공간개념과 구축성에 대한 탐구 못지않게 중요한 당면과제 중의 하나였기 때문이다. 이러한 현상은 이 시기의 모더니즘 건축가들의 상당수가 새로운 테크놀러지 자체보다 그 이미지를 반영하려고 시도한 데에 잘 나타난다. 건축을 "빛 속에서 훌륭하고 장엄하게 연출되는 매스" (Le Corbusier, 1923, p.91)로 정의한 꼬르뷔지에, "이념은 형태에 거의 영향을 미치지 못하며 형태가 곧 더 많은 형태를 낳는다" (P. Collins, 1978, p.16 재인용)고 주장한 존슨(Philip Johnson) 등의 선언은 기능이나 구조의 영역보다도 형식의 개념과 자율성을 더 중시한 것이다. 따라서 형식주의적-심미적 패러다임의 노선을 따르는 건축가들은 대상 자체의 자율적 형식 구조나 형식의 표현성을

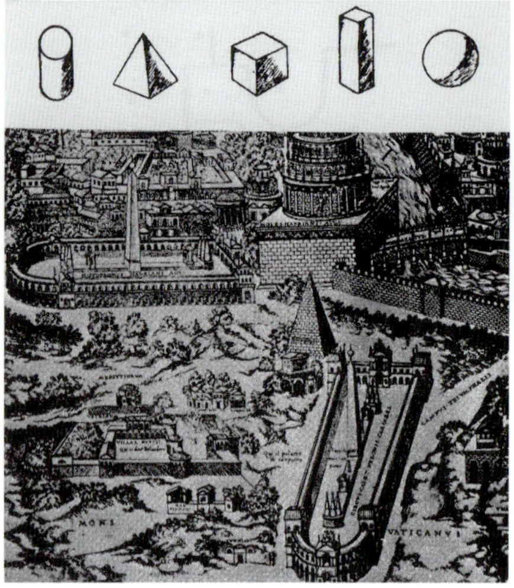

도0-7
르 꼬르뷔지에, 원초적인 기하학 형태들과 로마의 교훈(출전 :Le Corbusier, 1923)

도0-8
코르반 에스테렌과 데오 반 도스부르그, 예술가를 위한 주택, 등각투상도, 1922-1923

중시한다. 이들에게 건축은 기능과 구조의 해결만으로 충족될 수 없으며, 자연과 우주의 질서를 반영하는 플라톤적인 특질을 지녀야 하는 것이다. 그것은 건축 창조의 본질이 기하학이 지니고 있는 절대 미의 개념, 기하학적 질서의 개념에 기초하여 객관적 보편성을 지닌 건축 형식의 표현을 탐구하는 데 있기 때문이다.

여기서 형식주의적-심미적 패러다임에서 중시하는 형식의 개념은 '오브제object로서의 형식' 그 자체를 의미한다. 그것은 고전적-인본주의적 패러다임에서 중시하는 것처럼, 고전주의의 공인된 모델로 언급되는 '규범적 형식'의 개념이 아니다. 오브제로서의 형식의 구성수법에 대한 새로운 탐구는 20세기 초 아방가르드 예술이론을 전개한 입체파Cubism, 신-조형주의Neo-Plasticism, **데 스틸**De Stijl, 러시아 구성주의Constructivism 등에서 발견된다.(도

0-7) 이들의 공통점은 내용보다 형식 그 자체(그리고 이러한 형식이 만들어내는 새로운 공간성)와 그 생소화의 수법을 중시한다는 점에 있다. 이러한 형태적 실험은 기계 미학에 근거하여 추상적인 순수 형태를 표현하는 방향으로 전개되어 나갔다. (도0-8)

## 개념의 건축을 추구하는 전통은 '기하학적 질서의 개념과 절대 미의 개념'을 중시한다.

그러므로 20세기 모더니즘 건축가에게 이성에 바탕을 둔 기하학적 질서를 반영하는 개념의 건축은 중요한 과제였다. 이 시기에 건축가들은 순수 기하학의 이미지를 바탕으로 하는 형태 미학의 개념에서 출발하였으며, 이성, 질서, 선험적 형태, 기하학, 원초성 등과 같은 개념을 건축을 해석하는 중요한 개념적 도구로 채택하였다. 이들이 추구한 자연에 내포되어 있는 플라톤적 이데아(모형으로서)와 결부된 본질과 추상성(자연의 플라톤적인 특질)은 순수 기하학적인 형상, 환언하면 대상 자체가 주는 선험적인 원초적 의미를 지각하는 것을 전제로 한 것이다. 이러한 이유로 자연은 영속성과 본질을 내포하는 하나의 모형으로 간주되었다. 따라서 자연의 형상에서 발견되는 기하학적인 질서와 법칙들은 착상과 영감의 원천이다. 건축가들에게 미적 대상으로 인식된 원초적 형태와 기하학적 매스, 무장식성, 수와 비례에 근거한 순수 형상 등은 자연을 추상화한 작업의 결과였다.

본타(J.P.Bonta, 1979)는 이러한 대상이 주는 의미는 대상 자체로서의 신호signal의 이미지를 드러내는 무장식된 원초적인 형태들이라고 지적한다. 이처럼 대상 자체의 미학에 근거한 형식 구조의 개념은 만인에게 공통되는 미적 지각의 특성을 전제로 한 것이다. 여기에는 공간인식의 추상성과 개념화 과정이 전제되어 있다. 관찰자보다 대상의 작용과 이미지를 더 중시하기 때문에 대상 자체의 형식 구조와 생소화의 수법에 의존한다. 빛과 음영 속에서 연출되는 매스로서의 건축(르 꼬르뷔지에), 해체된 기하학으로 인식되는 개념의 건축(반 되스부르그) 등은 공통적으로 건축 형태의 형식과 그 구성이 지닌 효과구조의 개념을 전제로 한 것이다. 20세기 초 모더니즘 건축가 뿐만 아니라 오늘날 현대건축가 중에는 형식의 질서에 의해서 규정되는 공간의 속성과 유클리드 기하학적 공간의 해체에 바탕을 둔 개념화된 공간구성을 탐구하는 것을 발견할 수 있다. 그러나 여기에는 기능, 구조 등 건축의 1차적 필요조건을 수용하는 것과 문화적, 역사적인 맥락에서 형성되어 온 건축 형태 의미의 다양성을 종종 간과하는 경향이 보여진다.

기하학과 수학적 질서, 대상의 1차적 의미의 탐구를 중시하는 이러한 사고의 전통은, 모더니즘 건축의 여명기에 기하학과 매스로서의 건축(앙뜨와느 루이스 블레, 끌로르-니콜라스 르두)을 추구한 담론을 포함하여, 반-입방체 공간개념과 개념적 이미지의 탐구(반 되스부르그, 게리 리트벨트, 러시아 구성주의), 질서의 감각과 오브제로서의 건축(르 꼬르뷔지에)에서 찾아볼 수 있다. 특히 오늘날 현대건축에서 자율적 구성원리와 텍스트로서의 건축(피터 아이젠만), 자연과 인공적 랜드스케이프 건축(도미니끄 페로, 자하 하디드) 등과 같은 건축가들의 이론과 작품들은 자연의 내재된 질서와 관련된 건축의 영역을 새로운 방식으로 해석하여 접근하고 있다는 점에서 주목되고 있다. 기하학적 질서의 개념과 형식을 중시하는 이러한 사고의 전통은 기하학적 사고geometry-oriented thought이며, 본질적으로 형식주의적 - 심미적 패러다임을 따르는 '개념의 건축architecture of concept' 을 지향한다.

## 연상의 건축을 추구하는 전통은 '감성에 호소하는 심리적 효과'를 추구한다.

건축의 역사를 고찰해 보면, 인간의 감각적 경험을 토대로 한 건축의 형식과 그것에 대한 인간의 경험구조의 다양성에 가치를 부여해 온 건축가들을 발견할 수 있다. 이들은 건축의 본질을 기능, 구조 등과 같은 프로그램보다는 대상 자체의 고유한 아우라aura, 상징성과 연상적 이미지, 감각적 경험 구조, 심리적 효과, 공간의 특성화 등과 같은 개념적 어휘를 바탕으로 탐구한다. 기하학적 사고의 건축가들이 형태를 대상 자체의 내재적 속성에서 탐구하는 반면, 이들은 건축가의 내적 감성의 분출로서 구현된 이미지, 대상 자체가 발현하는 고유한 분위기와 형태의 자율성을 중시한다. 여기서 생소화의 수법을 통해 유기적 공간과 형태로 표출되는 연상적 분위기, 그에 의한 표현적 힘과 심리적 효과는 건축체험의 중요한 기반이 되고 있다.

20세기 모더니즘 건축에서 일부 건축가들은 건축 형태의 효과 구조가 야기하는 이미지를 인간의 심층적인 감흥 구조와 관련시켜 탐구하여 왔다. 이것은 인간의 심리적 반응 효과와 연상 등에 관련된 다양한 측면들을 중시하여 접근하는 것이다. 이러한 형식이 주는 풍부한 의미들은 고전적인 유형학적 형태처럼 전통적인 사회적 관념에 따라 대중들에게 인지되거나 지각되는 의미와는 다르다. 그것은 기하학적 형상 속에 내재하는 의미도 아니다. 오히려 그것은 건축가의 주관적 감성에 의해 대상에 부여된 의미 체계에 뿌리를 두고 있다. 포르피리우스(D. Porphyrios, 1982, p.43)는 이러한 의미구조를 개인이 건축의 정서적 힘의 해독자가 되어버리는 '의미의 개인화' 라고 지적한다. 이러한 경험방식은 건축가의 주관적 감성과 대상이 관찰자에게 부여하는 상징적 의미와 분위기를 전제하고 있다는 점에서 여전히 형식주의적-심미적 패러다임의 영역 안에 머무르고 있다.

그러므로 디자인의 출발점으로 직관과 영감, 심리적 강압효과와 감각적 경험을 중시하는 이러한 사고의 전통은 환상적인 공간 이미지(지오반니 바티스타 피레네시), 유기적인 조소적 건축(안토니오 가우디), 동굴의 공간 이미지와 판타지 건축(한스 페르지히, 부르노 타우트, 헤르만 휜스테를린), 조각적인 상징 형태와 영혼의 건축(루돌프 슈타이너), 기능적 역동성과 건축적 상징(에릭 멘델존, 이에로 사리넨)을 탐구한 모더니즘 건축가들에게서 발견된다. 특히 오늘날 현대건축에서 감각적 형상과 파상공간의 미학(프랭크 게리, 쿱 힘멜블라우)을 중시하는  건축가 이론과 작품에서도 여전히 직관과 심상의 표현을 중시하는 건축적 전통을 찾아볼 수 있다. 건축형태가 지닌 조소적인 효과와 그것이 인간심리에 미치는 감각적 경험을 중시하는 이러한 건축적 사고는 심상(心象)적 사고image-oriented thought이며, 인간의 감성과 심리적 반응을 고려한 감성적인 건축적 이미지, 건축가의 주관적 심상의 표현을 중시하는 연상의 건축architecture of association을 지향한다.

## 생산미학과 서술미학은 역사적 · 심미적 인식에 고유역할을 하는 수용자를 빠뜨렸다.

야우스의 분석에 따르면, 앞에서 언급한 3개의 패러다임은 연구 대상의 측면에서 볼 때 작품 자체의 분석에 치중하는 작품 내재적 연구(고전적-인본주의 패러다임, 형식주의적-심미적 패러다임)와 작품과 관련된 주변 세계도 함께 관찰하는 작품 외재적 연구(역사적-실증주의적 패러다임)로 대별된다. 그리고 그 방법론의 시각에서 볼 때, 크게 형식-심미적formal- aesthetic 자세(고전적-인본주의적 패러다임, 형식주의적-심미적 패러다임)와 역사-사회적 자세(역사적-실증주의적 패러다임)의 두 가지 측면 중 어느 한 쪽에 속하게 된다.

작품 내재적 문학 연구 자세에는 서술미학의 영역인 정신사적, 현상학적, 실존철학적 방법론과 러시아 형식주의, 구조주의, 신 비평주의 등이 포함된다. 이러한 연구 자세는 정신적인 객관화의 총체로서의 예술을 강조한다. 이 입장은 건축을 작품 속에 구현된 시대정신zeitgeist, 이념, 또는 형이상학적인 것으로 해석하고자 한 여러 이론서들(S.Giedion, 1941, 1973, N. Pevsner, 1943, 1981) 뿐만 아니라 현상학적인 이론서(C. N-Schulz, 1968, 1971), 구조주의적 이론서(A. Colquhoun, 1981) 등에서 찾아볼 수 있다. 이들은 연구 대상으로 작품의 자율성을 전제하는 '작품 내재적 미학' 의 연구를 중시한다. 로우(P. G. Rowe)가 『디자인 사고행위 *Design Thinking*, 1987』에서 제시한 해석의 유형에 따르면, 이것은 건축의 자율성을 중시하는 참조적 해석referential interpretation의 영역에 해당된다.

반면, 작품 외재적 문학 연구의 자세는 19세기 말의 실증주의, 유물론적인 문학관에 입각한 생산 미학, 문학 사회학 등에서 찾아볼 수 있다. 건축의 이데올로기의 분석(M. Tafuri, 1987), 건축의 사회학적인 고찰(N. L. Prak, 1968), 기술과 사회 상황에 대해 고찰한 이론서(Bill Risebero, 1983) 등이 이러한 전통에 의해 쓰여진 건축 문헌들이다. 이러한 연구 자세는 로우의 분류에 따르면, 건축 외적 상황과의 관계를 중시하는 사실주의적 해석naturalistic interpretation이라는 세계관과 밀접하게 관련되어 있다. 그러나 야우스는 이러한 관점의 두 가지 연구방법은 작품 내재적인 형식주의적 관찰 방법과 작품 외재적인 역사적 관찰 방법 간에 존재하는 간격gap을 메워 주지 못할 뿐만 아니라, 무엇보다도 역사적 인식과 심미적 인식을 위해서 고유한 역할을 하는 '독자(수용자)' 를 빠뜨리고 있다고 지적한다. 따라서 그는 작가 또는 작품 중심적인 자세를 비판하고, 그 대안으로 독자 중심적인 작품의 이해를 바탕으로 한 새로운 연구 방법론을 제기한다.

## 수용미학적 패러다임 : 1960년 말 이후의 시기

"작품을 창작하는 작가나 한 작품을 전통 속으로 분류해 넣고 역사적으로 해석하는 문학사가들도 그들 스스로 문학 작품을 연구하고 그것을 글로 생산해 내기 이전에 일단은 독자이다."(H. R. Jauss, 1975, p.127, 차봉희, 1985, p.27 재인용)

야우스가 제기한 수용미학(주4)은 1960년대 말 서독 문예학계에서 시작된 문학 연구의 한 방법론으로 문학 작품의 이해와 평가를 독자, 즉 수용자의 입장에서 접근한 것이다. 수용미학은 당초 '문학과 사회' 또는 '심미적 인식과 역사적 인식' 의 간격을 해결하고자 출발하였다. 이것은 작품 내재적, 형식주의적 관찰 방법인 '서술미학' 과 작품 외재적, 역사적 관찰 방법인 '생산미학' 의 간격을 메워 보려는 것이다. 따라서 수용미학은 이 두 학파가 역사적 인식뿐만 아니라 심미적 인식에서 고유한 역할을 하는 독자를 빠뜨리고 있다는 점을 지적하는 데서 출발한다. 야우스는 "문학 작품의 역사성은 수용자의 능동적인 참여 없이는 생각할 수조차 없다"는 관점에서, 문학사는 "작품과 독자간의 대화의 역사"로 새롭게 쓰여져야 한다고 주장한다. 그는 전통적인 문학사관 및 문학사 기술을 비판하고 예술의 역사성을 수용 미학적으로 이해하는 독자 중심적인 문학 연구의 새 장을 여는 데 기여한 인물로 평가받고 있다.

수용미학에서 예술이란 헤겔이 말한 것처럼 하나의 고정된 의미를 전달하는 "진리의 현현 양식"이 아니다. 오히려 그것은 수용자의 작품 경험에서 그 내용 의미(또는 진리)가 비로소 활성화되고 구체화되는 "경험을 전달하는 매체"(H. R. Jauss, 1975, 차봉희, 1985, p.66 재인용)를 의미한다. 왜냐하면 문학 작품의 수용은 작가와 독자 사이에, 텍스트와 독자간에 소통되는 대화를 전제로 하여 작가-작품-독자의 삼각관계에서 이루어지기 때문이다. 이런 의미에서 야우스는 "독자란 문학 작품의 일차적 조건인 수취인으로서 문학사 내에 빠뜨릴 수 없는 존재"이며, "작가-작품-독자의 삼각 관계에서 독자는 수동적인 대상이나 단순한 연쇄반응이 아니라 역사를 형성하는 원동력"(H. R. Jauss, 1975, 차봉희, 1985, p.28 재인용)이라고 강조한다. 따라서 수용 미학은 문학 작품의 역사성과 예술성이 수용자의 작품 체험 속에 내재해 있다고 전제한다. 예술 인식의 근본은 심미적 영역에 놓여 있다는 점을 강조한다. 수용미학에서 문학 텍스트 이해의 기준을 수용자의 '심미적 경험'에 두고 문학 작품의 역사적, 심미적 연관성을 성찰하여 작품의 예술성을 해명하는 것을 중요한 과제로 삼는 것은 이러한 이유에서이다.

독자반응 비평이라는 새로운 분야를 개척해 온 문예비평가 이저(Wolfgang Iser, 1970, 1972, 1976)는, 야우스의 이론을 확장하여 "작품은 독자의 독서 행위를 통해서 완성된다"고 강조하였다. 이저는 문학 작품을 작가에 의해 생성된 '예술적인 것'과 독자에 의해 이루어진 '심미적인 것'이라는 양극을 지닌 것으로 구분하였다. 그는 수많은 독자에 의해 문학 텍스트는 상이한 여러 작품들로 탄생된다는 수용미학적 텍스트관과 작품관을 제시한다. 여기서 텍스트text는 작가가 창작해 놓은 작품을 의미하며, 작품work은 이것을 독자가 읽고 이해하여 재생해 낸 문학 텍스트이다.(주5) 따라서 이저는 '텍스트의 의미가 무엇인가' 하는 문제보다는 오히려 '텍스트가 어떻게 파악되는가' 하는 문제에 더 주목하고 있다. 텍스트가 독자의 의식 속에서 재정비되어 다시 구성되는 것은, 텍스트의 효과 구조와 (독서 시) 독자의 경험 구조가 수용자의 심미적 경험에서 얽혀 짜여지는 가운데 심미적으로 구체화 되는 과정을 통해서이기 때문이다.

If you've ever been totally lost and asked directions of someone who knows the city perfectly, you know the difference between having a clear and an unclear cognitive map. (Drawing by Stevenson; © 1976. *The New Yorker Magazine*, Inc.)

도0-9
환경이미지와 의사소통의 풍자, 스티븐슨 그림(출전 : New Yorker Magazine, 1976)

그러므로 수용미학적 관점에서 보면, 독자는 표현된 어휘, 구문, 구조, 운율, 형태, 이미지 등 텍스트에 얽혀 짜여 있는 구조(문학적인 효과를 발휘하는 구조)에 동화되면서 텍스트에 반응해 나가는 가운데 텍스트가 담고 있는 의

도0-10a, b
환경과 신체 이미지

도0-10c
K. C. 블루머, 무어인간, 1977

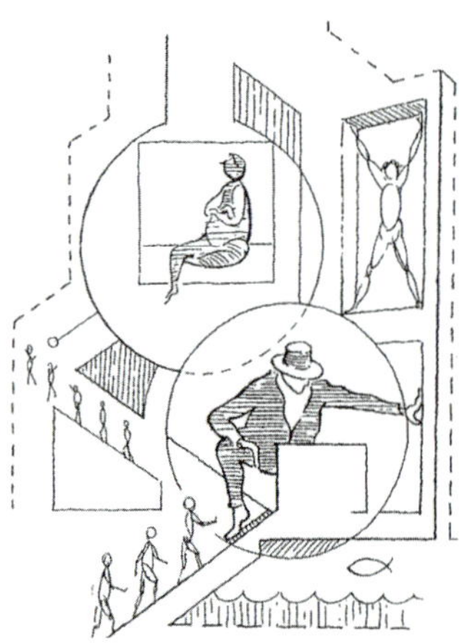

미 내용을 포착한다. 여기서 의미 내용은 작가가 작품 속에 투입시킨 의도 내지 도식에 감추어진 의미가 능동적인 독자에 의해서 텍스트와 독자와의 소통과정에서 이루어지는 소통내용이 구체화된 것을 말한다. 독자는 작가의 의도나 텍스트의 의도를 찾기 위해서가 아니라, 텍스트의 각 부분에서 스스로 반응하고 이것을 그의 의식 속에서 '이해' 로 얽어 짜기 때문이다. 그 결과 텍스트의 구조와 독자의 구조가 얽혀 짜이는 공동유희에서 작품의 심미성이 발휘된다. 야우스와 이저가 제시한 이러한 연구방법은 사회학, 예술사 같은 인접 학문 분야의 연구 방법론에 지대한 영향을 끼쳐 왔다. 이것은 연구방법과 연구대상의 관점에서 기존의 작가-작품 중심에서 텍스트-독자 중심으로 관심의 전환을 야기하였다. 또한 이것은 생산(작품)에서 수용(경험)으로의 연구 관심사의 변화를 가져오는 데 기여하였다.

## 현대건축 담론은 '생산'에서 '수용'으로 변화되어 왔다.

이러한 인식의 변화는 작가 또는 작품 중심적인 연구방법론을 탈피하고 독자(사용자, 관찰자) 중심적인 건축 작품 이해의 중요성을 강조한 1960년대 이후 현대건축에서도 발견된다. 특히 텍스트와 독자의 상호 작용에 주목하는 연구방법은 건축과 인간의 관계를 논하는 데 매우 유용한 개념이 될 수 있다는 점이다. 수용미학적 관점에서 건축가가 만든 작품을 하나의 텍스트(주6)로 전제한다면, 이에 대한 이해는 건축가가 아니라 사용자인 인간(수용자)에 의해 이루어지는 것이다. 따라서 건축 텍스트로서의 건물은 사용자와의 의사소통이라는 체험 과정을 통해서 하나의 작품으로 완성된다. 작품으로서 건축에 대한 체험은 독자의 의식 속에서, 즉 텍스트와 독자의 상호행위에서 이루어지기 때문이다.

건축공간과 형태에 대한 이러한 연구자세는, 작가-작품 위주의 예술작품의 창조라는 패러다임에서 수용, 반응, 의미를 중시하는 수용자(독자) 위주의 예술작품의 해석 패러다임의 전환을 의미한다. 그것은 '어떻게 만드느냐' 보다 '어떻게 수용되느냐' 의 관점으로의 전환이다. 이것은 관심의 대상이 객체object에서 주체subject로 바뀐 것을 의미한다. 이러한 이유로 건축담론에서도 구축성, 기능의 해석보다 의미, 상징성 등이 더 중시되어 왔다. 과거에 좋은 건축의 기준이었던 훌륭한 미학적 구성이나 의도된 기능의 수행 여부보다는 사용자의 심리적 요구를 수용하는 것이 중요한 기준이 되었다. 오늘날 현대 건축가들은 인간이란 모더니즘 건축 시기에 건축가들이 전제한 것보다 능동적이고 예측 불가능한 창조적인 반응을 보여주며 행태의 다양한 측면을 지닌 존재로 인식한다. 따라서 건축가는 인간 행태에 대해 완전한 예측을 한다는 것은 불가능한 일이며, 다만 인간의 환경적 앎과 이미지의 속성을 이해함으로써 그 실패의 가능성을 줄일 수 있다는 입장에 전적으로 공감하고 있다.

그러므로 1960년대에 환경-인간의 상호 작용의 관계성을 탐구한 환경-행태의 연구 방법론, 사용자 참여 디자인 방법론user-participation design methodology, 그리고 인간의 경험 현상을 중시하는 건축가들의 디자인 개념과 이론 등에서 우리는 텍스트로서의 건축(작품)의 효과구조 뿐만 아니라 수용자의 경험 구조의 제 특성에 대한 관심을 발견할 수 있다. 1970년대 중반 건축을 하나의 텍스트라는 기호체계로 파악하는 기호학적 방법론으로 접근한 연구도 건축의미의 발생과 의사소통 과정을 중시한 것이었다. 여기서 우리는 1960년 이후 현대 건축가들의 '신체-공간 담론' 에서 발견되는 개념들이 환경-행태 연구

분야에서 강조하는 인지-행태 속성과 관련된 개념들과 많은 유사성을 지닌다는 사실에 주목할 필요가 있다. 왜냐하면 인지-행태의 개념(주7)은 환경-행태 연구분야에서 뿐만 아니라, 건축 공간과 형태를 경험하는 인간의 체험 구조를 의식하고 물리적 디자인의 효과 구조를 고려하여 디자인 하는 데 유용한 개념적 도구이기 때문이다. 환경 심리학자들의 연구 성과는 인지가 건축의 미적 이해에 영향을 줄 뿐만 아니라, 공간 환경 속에 존재하는 인간의 행태적 경험을 조절한다는 점을 보여주었다. 또 건축적 체험에서 인지와 이미지는 행태(이동, 움직임)를 통해 행태적 속성의 원리들(축, 공간적 리듬, 시퀀스 등)에 대한 경험을 강화하고 체계화하는 것과도 관계가 있다.(도0-9, 도0-10a,b,c )

그러므로 인간이 건축 공간과 형태를 지각하고 반응하는 방식은 오늘날 건축가들의 주요 관심사 중의 하나이다. 이러한 접근 태도는 벤츄리(Robert Venturi, 1966, 1977), 무어(Charles W. Moore, G. Allen & Lyndon, 1977, C. W. Moore & G. Allen, 1976), 안도(Tadao Ando, 1988), 홀(Steven Holl, 1989, 1996), 츄미(Bernard Tschumi, 1990, 1994 a, b, 2000), 리베스킨드(Daniel Libeskind, 1991) 등과 같은 건축가들의 이론과 작품에서 찾아볼 수 있다. 이들의 이론과 작품에서 발견되는 상징성, 장소성, 이미지, 쉐마, 기억, 신체-상 body-image(身體-象), 신체-공간 개념들은 건축을 인간의 지각적 경험에서 해석하여 접근하려는 태도를 보여준다.

## 지각의 건축을 추구하는 전통은 '신체(몸)의 중심성'을 강조한다.

그러므로 인간이 세계를 어떻게 지각하고 인지하며 행태적 반응을 보이는가 하는 문제는 과거 어느 때보다 오늘날 큰 관심의 대상이 되고 있다. 건축에서 신체(몸)의 중심성이 지닌 가치를 인식한 건축가들은, 건축의 본질을 기능적, 합리적 프로그램과 구조 및 재료의 합리성, 그리고 건축가의 직관적 영감에 기초하여 해석하기 보다는 인간의 지각, 인지, 행태적 속성을 바탕으로 탐구한다. 따라서 이들은 인간이 건축의 중심적 위치에 존재하지 않는 상태에서 이해된 사회적 환경이나 미적 대상의 질서, 그리고 기술 중심적인 논리가 갖는 한계에 대해서 비판적이다. 이들은 모더니즘 건축이 배제한 형태의 의미와 문화적 상징성의 회복을 위해서 역사와 전통적 형태를 다시 참조하고, 그것이 지닌 이미지, 기억, 연상 등을 형태 표현의 수법으로 활용하고 있다. 이들에게 기능의 개념은 단지 물리적 측면에서 뿐만 아니라 인지-행태적 속성과 관련된 심리적, 상징적 측면으로 확장되어 해석된다. 따라서 신체의 중심성, 체험 구조, 인지, 행태, 심상, 의미, 신체-상, 쉐마, 맥락, 장소성 등과 같은 개념적 어휘들은 매우 중요하다. 특히 공간 개념에 대한 탐구는 교감적 공간, 위상적 공간, 행태적 공간 등 새로운 사고를 반영하고 있다.

여기서 우리는 쉐마, 신체-상 등 신체의 중심성에 기반을 둔 이러한 공간 개념에는 '공간의 인간화' 라는 의도가 담겨 있다는 점에 주목하여야 한다. 이러한 접근 태도는 인간의 주관적 감정과 관련된 경험 현상만을 강조하여 대상 자체의 속성을 무시하는 주관적 경험주의와는 다르다. 또 그것은 건축가의 주관성의 표출에 바탕을 두고 건축 형태의 효과 구조가 주는 심리적 효과만을 의도하는 심상적 사고와도 다르다. 이러한 접근태도는, 건물은 그것이 위치한 도시의 물리적, 문화적 맥락 및 주변 환경과 조화되도록 역사적 요소를 반영하고 도시적 맥락을 수용한다는 점에서 유형학적 사고와 많은 점을 공유한다. 그러나 그 의도와 수법에 있어서 상이한 차이점을 보여 준다. 이러한 공간의 경험은 단지 건축가의 주관적 감정을 전제한 공간 경험이거나 규범화된 고전적 공간 개념과 그 성격을 달리하기 때문이다. 그것은 또 추상화된 기하학적 공간 개념과는 다른 공간적 속성을 갖고 있다. 왜냐하면 신체(몸)의 중심성이 반영된 건축에서 인간과 건축은 괴리된 관계가 아니라 신체를 통해 건축 공간과 새로운 '관계' 가 설정되기 때문이다.

무엇보다도 신체(몸)의 중심성을 통해 지각의 건축을 강조하는 이러한 태도는 건축 형태를 건축가가 의도한 작품의 효과 구조와 인간의 경험 구조의 '관계성' 의 측면에서 해석하려고 한다. 이것은 건축 공간과 형태를 체험하는 인간의 인지 구조와 행태적 속성에 부합하는 건축을 만들고자 하는 것과도 무관하지 않다. 건축 속의 인간, 건축의 체험구조와 신체의 중심성을 중시하는 이러한 사고의 전통은 모더니즘 시기에 공간지각의 범주와 다차원성(엘 리시츠키, 모홀리 나기), 풍토성과 휴머니즘 건축(알바 알토, 루이스 바라간, 카를로 스카르파) 등을 추구한 건축가들에게서 발견된다. 뿐만 아니라 오늘날 현대건축에서 사회적 접촉과 장소적 공간(알도 반 아이크, 헤르만 헤르츠베르거), 복합성과 대립성의 건축, 상징과 장식된 쉐드(로버트 벤츄리, 한스 홀라인), 신체-상과 공간의 영역성(찰스 무어), 신체와 공간 경험의 현상학(알바로 시자, 안도 다다오, 스티븐 홀), 신체와 기억의 새로운 담론(베르나르 츄미, 다니엘 리베스킨드) 등과 같은 건축가들의 이론과 작품에서도 발견되고 있다. 인간의 지각적 속성을 디자인의 출발점으로 하는 이러한 건축적 사고는 인지-행태 지향적 사고cognition-behavior-oriented thought이며 지각의 건축architecture of perception을 지향한다. 이러한 건축적 사고는 1960년 이후 현대 건축가들의 건축담론과 작품 속에서 두드러지게 발견되며, 야우스가 주장한 수용미학적 패러다임이 지배적인 현상임을 보여준다. (이러한 현상에 주목한 필자는 두 번째 저서 『수용미학과 현대건축, 2003』에서 생소화, 미정성, 구체화라는 개념적 틀로 현대건축의 신체-공간 담론과 작품들을 분석하고 틈의 공간과 미학담론을 제안한 바 있다.)

## 현대의 다원주의적 사회에서 패러다임의 변화현상을 주목할 필요가 있다.

필자가 지금까지 야우스가 제시한 4가지 패러다임의 도식적 모델을 차용하여 건축적 사고의 모형을 6가지로 설정한 것은, 20세기 모더니즘 건축과 현대건축에서 나타나는 다양한 건축적 사고의 틀을 그려보기 위해서였다. 쿤과 야우스가 패러다임의 전개와 발전과정을 통시적인 시각에서 파악하여 시도한 패러다임적 해석 방법은 모더니즘 건축과 현대건축이 지향해 온 건축의 본질과 디자인 특성을 새로운 시각에서 해석할 수 있을 뿐만 아니라, 건축가의 사고와 관련된 건축 담론의 중심 개념들과 그에 따른 작품 특성을 분석하고 이해하는 데도 유용한 도구이다.

그러나 필자는 앞에서 언급하였듯이, 쿤과 야우스가 각각 과학과 문학사에 적용하였던 패러다임을 통시적 관점에서 해석하는 입장을 수용하는 한편 이것을 공시적 관점으로도 재해석하여 확대 적용하고자 하였다. 쿤과 야우스는 패러다임의 폐기와 변화 현상을 강조함으로써 당대를 이끌어가는 주도적인 패러다임만이 생존하고 낡은 패러다임은 소멸되는 것으로 묘사하였다. 통시적인 관점으로 보면, 야우스가 분석한 4가지 패러다임의 변화와 생성은 건축계의 현상에서도 관찰된다. 여기서 1960년 이후 신체의 중심성과 관련된 건축 담론을 중시한 건축적 사고의 흐름은 야우스가 언급한 수용미학적 패러다임으로 해석이 가능하다. 그러나 이러한 흐름과 함께 지역적인 토착건축과 고전적 건축의 전통을 새로운 시각으로 재해석하여 수용해 온 건축적 사고와 같은 흐름이 공존하는 현상을 어떻게 해석할  것인가? 하는 문제에 여전히 직면하게 된다.

역사적으로 그리스, 로마, 르네상스와 같은 고전 건축의 시대에는 고전적-인본주의적 패러다임이라는 단일의 패러다임이 지배하였다고 해도 과언이 아니다. 그러나 모더니즘 사회로의 이행 과정에서 새로운 사고와 인식의 전환을 통해 형성된 다원적 패러다임이 공존(여기에는 주도적인 패러다임이 존재한다)하는 현상이 오늘날 현대 사회의 특징이다. 오늘날 고전적-인본주의적 패러다임의 회복을 강조하는 건축가들조차도 과거와 동일한 가치 기준과 인식의 틀을 지닌 패러다임이 아니라 그것이 수정, 확장된 패러다임을 하나의 대안으로 제시한다. (이것은 마치 헤겔이 말한 바의 정-반-합의 과정과 유사하다고 비유할 수 있다.) 20세기 모더니즘 건축에서 전개된 건축적 사고의 변화현상과 이에 대한 비판적 해석들을 추적해 보면, 우리는 하나의 패러다임은 서로 경쟁하는 패러다임 상호간의 영향으로 인해 수정, 확장되어 새로운 패러다임을 탄생시키는 촉진제 역할을 하였다는 사실을 발견할 수 있다.

## 모더니즘 건축은 다원적 가치를 지닌다는 점에서 패러독스적이다.

모더니즘에 대한 재해석을 시도한 독일 사상가 하버마스(U. Harbermas, 1982)는, "모더니즘 시대를 위한 건축 담론에 있어서 실질적으로 추구된 것은 모더니즘 시대를 위한 '미학' 이었다"라고 예리한 통찰력으로 새로운 관점을 제기하였다. 마찬가지로 영국의 건축 비평이론가 밴험도 모더니즘의 본질에 대한 새로운 평가와 해석을 내린다. 밴험은 "1920년대의 가설적인 합리적 형태라는 것이 실제로 발상에 있어서 기능적인 것만큼 형태주의였으며, 건축형태의 역사가 거의 독자적인 전개과정을 지녔다."(R. Banham, 1962, p.30)고 지적한다. 스티븐스(G. Stevens, 1990, p.298)도 20세기 초 모더니즘은 에꼴 데 보자르의 반(反)과학적인 태도의 노선에 반대하여 과학적 입장을 취하였지만, 아이러니하게도 과학 또는 과학적 가치를 결코 받아들이지는 않았다고 지적한다. 이것은 모더니즘 건축이 과학을 실체가 아니라 단지 '이미지' 로 채택하였기 때문이다. 모더니즘 건축이 미학적 측면에 보여준 관심만큼이나 근대적인 공학기술에 관심을 보이지 않았다는 사실은, 1920년대 유럽의 아방가르드 건축가들을 미국의 공학자이자 수학자, 건축가인 풀러(B. Fuller)가 비난한 데서도 알 수 있다. 하버마스와 밴험의 예리한 통찰에서 알 수 있듯이, 모더니즘 시기에 고전 규범의 무너진 가치 체계를 대신할 새로운 미학에 대한 탐구는 매우 중요한 과제의 하나였다.

모더니즘 건축의 시기에 역사적-실증주의적 패러다임과 형식주의적-심미적 패러다임은, 건축적 사고를 지배하는 주도적 패러다임이었다. 이것은 모더니즘 건축이 내용과 형식의 문제를 동시에 해결해야 하는 시대적 요청에 기인한 것이다. 역사적-실증주의적 패러다임은 구시대의 낡은 사고방식을 탈피하고 새로운 시대적 요구에서 발생한 프로그램과 건축적 과제의 새로운 영역을 합리적으로 탐구하는 작업의 기반을 제공하였다. 다른 한편으로 고전적-인본주의적 패러다임의 관점에서 이제까지 하나의 보편적 해(解)로 용인되어 온 건축형식의 자율성의 문제는, 내용과 형식의 일치성을 강조한 헤겔 미학적인 문제 제기로 도전 받게 되었다. 그 결과 새로운 미적 형식에 대한 탐구 작업이 역사적-실증주의적 패러다임뿐만 아니라 형식주의적-심상적 패러다임이 제공하는 틀 안에서 모색된 것이다. 따라서 형식주의적-심미적 패러다임의 관점에서 볼 때, 건축 형태의 미학과 감성의 영역에 접근한 기하학적 사고와 심상적 사고는 이 시기에 많은 건축가들의 사고와 건축 담론을 형성하는 근간(根幹)이 되었다는 점이다.

그러나 1960년대에 모더니즘의 원리에 동조했던 제2세대 건축가들은 모더니즘 건축의 모순과 한계를 인식하고 새로운 방향을 모색하기 시작했다. 이들은 인간의 감성, 문화적 연속성, 지역성과 장소적 특성, 인간의 경험 현상을 중시하여 접근하는 태도를 취하였다. 이러한 현상은 1950년 후반 영국에서 전개된 브루탈리즘, 미국을 중심으로 한 형태주의 건축, 이태리를 중심으로 한 합리주의 건축 운동, 일본의 메타볼리즘 등에서도 발견된다. 1960년대 중반 이후에는 지역성, 역사성, 장식의 도입, 장소성 등을 중시하며 태동한 포스트 모더니즘, 그리고 1980년대 후반 탈구조주의 영향을 반영하는 해체주의 건축운동 등에서, 우리는 유형의 탐구(유추의 건축), 심상의 표현(연상의 건축), 신체의 중심성(지각의 건축) 등을 중시하는 건축적 사고와 그 근간이 되는 패러다임의 변화현상을 발견하게 된다. 이것은 현상학, 환경 심리학, 지리학, 사회학 등이 제시한 장소 이론의 영향과 데리다, 들뢰즈 등과 같은 해체주의 사상가들이 모더니즘이 지닌 가치 부재의 속성을 비판하는 데서 시작되었다. 따라서 현대 건축가들은 사회적, 물리적인 환경은 개인이 그것을 이해하는 방식과 그것이 개인에게 의미하는 것에 의해서 경험된다는 사실을 인식하기 시작했다. 그 결과 건축의 영역에서 과학적인 합리적 사고로 인해 배제되었던 '가치'는 다시 회복되고, 건축과의 관계 속에서 발생하는 인간 행위와 그 의미가 중시되었다. 이러한 현상들은 본질적으로 건축적 사고의 기반이 되고 있는 패러다임의 변화현상과도 밀접한 관계가 있다는 사실이다.

20세기 모더니즘의 건축의 탄생과 발전과정을 더듬어 보면, 우리는 18세기와 19세기의 역사적-실증주의적 패러다임과 20세기 초기의 형식미학적-심미적 패러다임이 근대 사회라는 특수한 시대적 상황 속에서 새로운 건축의 본질을 탐구한 건축가들의 사고에 지대한 영향을 끼쳤다는 사실을 발견하게 된다. 프로그램과 기능에 대한 유물론적 해석과 과학적 접근의 논리는 이 시기의 건축적 사고의 근간이 되었다. 여기서 1960년대 이전 모더니즘 건축가들의 건축적 사고와 디자인 접근 방식에서 우리가 주목해야 할 점은, 프로그램의 새로운 해석(리얼리티 건축)과 구축성의 전통과 물성(구조적 건축), 그리고 오브제의 미적 특질과 관련된 기하학적 질서(개념의 건축), 심상의 표현과 감각적 경험(연상의 건축) 등과 관련된 패러다임(역시적-실증주의적 패러다임, 형식주의적-심미적 패러다임)이 주도적이었다는 사실이다. 그러나 1960년대 이후 장소성, 역사성 및 건축과 사회

문화와의 관계를 바탕으로 한 유형의 탐구(유추의 건축)뿐만 아니라, 건축 체험과 관련된 신체의 중심성(지각의 건축)을 강조하는 경향이 두드러지게 나타나고 있다는 점에서 야우스가 언급한 또 다른 패러다임의 유형(고전적-인본주의적 패러다임, 수용미학적 패러다임)이 주도적인 현상임을 직시할 수 있다.

따라서 필자는 오늘날 다원주의 사회에서 야우스가 말한 의미의 19세기 이전의 고전적-인본주의적 패러다임은 폐기되었으며, 역사적-실증주의적 패러다임과 형식적-심미적 패러다임 또한 사라졌다는 사실에 전적으로 동의하지 않는다. 오히려 시대의 흐름에 따라 우리의 관심이 '생산에서 수용으로' 전환되었듯이 수용미학적 패러다임이 주도적인 것은 분명하지만, 모더니즘 시기에 주도적이었던 역사적-실증주의적 패러다임과 형식주의적 - 심미적 패러다임이 폐기되거나 소멸되기보다는 새로운 주도적 패러다임의 영향으로 과거의 제한된 관점과 해석의 방법들이 수정, 확장되어 공존한다고 생각한다.

오늘날 우리는 다원주의 사회에서의 사고의 다양성과 현실사회의 복잡성을 인식하고 프로그램과 과학적인 데이터 분석으로 접근하는 건축가들(OMA의 렘 쿨하스, MVRDV의 위니 마스, FOA의 자에라 폴로, UN STUDIO의 벤 반 베르켈, SANNA의 카즈요 세지마 등)은 물론, 현대사회의 테크놀러지의 발전과 물성을 중시하는 건축가들(리처드 로저스, 노만 포스터, 렌조 피아노, 장 누벨, 헤르조그와 드 뫼롱, 피터 줌터)은 여전히 모더니즘 시대의 지배적이었던 패러다임의 전통을 따르고 있음을 발견할 수 있다. 그러나 이들은 모더니즘 시대의 사회과학적인 방법에 전제된 결정론적인 태도가 아니라 현대사회의 복잡한 현상과 새로운 삶을 양식, 기술, 인간의 감성 등을 수용하여 개방성과 미확정성의 가치를 중시하는 태도를 보이고 있다는 사실을 다시 한번 숙고할 필요가 있다. 한 시기를 지배하던 주도적 패러다임이 나타나면 과거의 패러다임은 영원히 소멸되는 것인가? 과거의 패러다임의 관점과 해석의 틀이 수정되고 확장(변칙과정)되어 나가면서 공존하는 것이 아니라 전혀 새로운 패러다임만이 생성되는 것인가? 필자는 기존의 패러다임의 틀에 머물지 않고 새로운 패러다임의 관점과 가치를 수용하는 방향으로 우리의 인식과 사고를 바꾸는 패러다임의 전환을 시도할 때, 비로소 건축적 사고의 확장이 지속적으로 이루어지게 된다고 전망한다.

# 01 프로그램 해석과 리얼리티의 건축

# Program and the Architecture of Reality

하나님이 이르시되 빛이 있으라 하시니 …(창 1:3)

# 011 디자인의 출발점 : 기능과 프로그램의 해석

"예술의 유일한 지배자는 필요이다." 오토 바그너 Otto Wagner
"기능과 형태는 하나이다." 프랭크 로이드 라이트 Frank Lloyd Wright
"거대함은 궁극적인 건축이다." 렘 쿨하스 Rem Koolhass
"건축은 장치이다." 위니 마스 Winy Mass

## 모더니즘 건축은 기능을 작용성의 관점에서 해석하였다.

18세기의 계몽사상과 산업혁명 이후, 근대과학의 발전은 물질세계뿐만 아니라 사회현상 전반에 걸쳐 합리성과 실용적인 것을 중시하는 태도를 야기하였다. 따라서 인간 활동의 영역이 확대된 모더니즘 사회에서 건축가들은 역사적-실증주의적 패러다임의 시각으로 인간의 삶을 해석하기 시작하였다. 특히 20세기가 시작되는 시기에는 실증 과학적 방법에 기초한 객관성 추구와 더불어 이성의 힘과 합리성에 대한 믿음으로 현대성modernity의 이상(理想)이 가속화 되었으며, 세계를 기계론적, 유기론적, 도덕적 담론으로 해석하는 흐름이 지배적이었다. 그리고 이러한 사회적 담론은 건축을 해석하는 데도 영향을 끼쳐 건축가의 디자인 사고에 반영되었다. 밴험은 이 시기의 모더니즘 건축담론에 담지된, 기능에 대한 새로운 해석과 표현을 중시한 사고의 한 단면을 다음과 같이 기술한다.

> "근대 건축의 시기 동안 건축의 형태는 그것이 충족시켜야만 하는 기능에 의하여 절대적으로 결정되었으며, 건물의 형태 전체가 기능의 총화에 의해 결정되는 것처럼 이야기되었다 ."(Reyner Banham, 1960, p.18)

여기서 밴험이 언급한 기능의 개념은 오늘날 현대건축에서 통용되는 프로그램과 동일한 의미인가? 모더니즘 시기에 건축가들은 왜 기능이라는 용어로 자신의 건축담론의 논리를 구축하려고 했는가? 또 오늘날 현대 건축가들은 왜 프로그램program(주1)에 대한 새로운 해석을 중시하는가? 이러한 질문은 현대건축의 다양한 흐름에서, 빙하의 하부처럼 건축가들의 의식 속에 깊이 뿌리박혀 있는 기능과 관련된 프로그램을 건축가들이 어떻게 해석하여 왔는지 되돌아보게 만든다.

기능의 개념은 로마 시대에 건축가 비트루비우스가 건축의 본질과 목적을 효용성Utilitas, 미Venustas, 견실함Firmnitas의 3가지 측면에서 정의한 이후, 효용성과 관련된 의미로 시대를 통해 다양하게 해석되어 왔다. 비트루비우스가 언급한 효용성의 문제는 사물에 대한 기능적 기술functional description의 방법을 제기한 아리스토텔레스의 건축관에까지 거슬러 올라간다. 아리스토텔레스(Aristotelés, BC 384-BC 322)는 『영혼론 *De Anima*』에서 사물을 기술하는 일에는 그 형태와 재질을 지정하는 방법뿐만 아니라, 기능을 지정하는 방법이 있음을 지적하였다. 그는 한 채의 집을 기술하는 데 있어서 (석재, 벽돌 및 목재로 표현하는 형태적 기술formal description의 방법이 아닌) 기능적 기술의 방법을 적용하여 집의 본질은 바람, 비, 더위로부터 우리의 몸을 보호해 주는 쉘터라는 공식으로 규정한다. 모더니즘 시기에 합리성과 유용성을 중시한 근대과학의 발달로 기능의 개념은 대상의 역할, 즉 '작용성' 의 관점에서 해석되었으며, '건축이 그 목적과 기능에 적합해야 한다' 는 기능주의의 토대가 되었다.

모리다게이찌(森田慶一, 1977, 양광용 역, 1985, p.81)는 모더니즘 건축에서 발견되는 "기능은 전체적 개체에 있어서 그것을 구성하는 각 인자가 부담하는 고유의 역할을 의미하였다" 고 지적한다. 이것은 모더니즘 건축이 기능의 개념을 단지 수량적, 정량적 측면에서 과학적으로 분석 가능한 인자의 개념으로 이해한 것이다. 미첼(William J. Mitchell, 1990, 김경준 역, 1993, p.211)은 기능에 대한 이러한 해석은 건축적 요소와 부분 체계들이 건물 내에서 그 역할을 얼마나 잘 수행하고 있는지의 여부와 직결되는 것이라고 지적한다. 여기서 건물의 기능은 프로그램에 의해 확립되며, 요소와 부분 체계의 실행은 프로그램과 관련하여 평가되는 것으로 인식되기 때문이다. 이 작용성의 개념은 후에 살펴보겠지만 기계의 합목적성, 생물학적 유기성의 개념과도 연관된다.

따라서 20세기 초 모더니즘 건축에서 발견되는 기능주의는 대상의 본질을 실체보다는 작용성의 측면에서 해석하는 데 치중하였다. 기능주의 건축의 목적은 구조적 체계와 기타 물질의 부분 체계 상호간의 적합한 실행을 달성하기 위해 지정된 활동을 위한 적합한 공간을 제공하는 것이었다. 여기에는 '건축물이란 가장 단순하고, 경제적이며, 디자인 문제에 직접적인 해답이어야 한다' 는 전제가 깔려있다. 따라서 미적 형태는 곧 유용성과 동일한 개념으로 인식되었다. (소크라테스가 말한 '유용한 것이 아름답다' 는 견해는 모더니즘 시대에 '기능적인 것이 아름답다' 는 모토로 재생된 것이다) 이 시기의 기능주의자들에게 미란 대상의 속성에서 나오며, '목적에 맞는 형태의 적합성이 미의 결정인자' (Bruce Allsopp, 1977, p.96)라는 신념이 지배적이었다.

이러한 논리에 따르면, 좋은 건축 디자인은 전통적인 역사적 양식 형태의 남용을 피하고 실용적이고 실제적인 목적만이 적절하게 수용될 때 가능하다는 것이다. 건축 디자인에서 평면 뿐만 아니라 3차원적인 입체 구성은 기능과 구조의 관점에서 합리적으로 설명되어야만 그 존재의 근거가 인정되었다. 외부는 내부 구성의 결과이며, 그것은 목적을 합리적으로 표현하는 데서 발생하는 논리적 프로세스의 결과로 간주되었다. 이것은 형식 구성의 논리에 어느 정도의 자율성이 인정된 고전주의 건축구성의 논리와는 상치되는 것이다. 이러한 논리적 과정은 대상의 내재적 속성(기능과 프로그램)과 관련된 순수한 건축적 표현만을 중시하는 결과를 야기하였다. 따라서 역사적인 재현적 형태가 지니고 있는, 내포적인 의미의 세계와 그 미적 가치는 경시되었다. 포르피리우스(D. Porphyrios, 1982, p.120)는 이러한 논리적인 사고는 '실용성과 외양(外樣)의 본체론적 결속' 을 지향하려는 것으로, 20세기 초 기능주의를 신봉한 모더니즘 건축의 중요한 사상적 기반이 되었다고 지적한다.

섬머슨 경(Sir John Summerson, 1904-1992)은 모더니즘 건축의 기능주의가 '건축은 기능적인 합리적 근거rationale를 지녀야 하며, 그 목적을 관찰자에게 합리적인 방식으로 보여주어야 한다' 고 강조한 점에서 기능을 변증법적으로 해석한 합리주의 철학을 반영한다고 지적한다. 그러나 기능의 측면을 지나치게 강조하는 일부 유물론적 기능주의 건축가들은 건물의 기능을 형태의 도출 이전에 선행하는 것으로 정의하였다. 이러한 사고는 유물론적인 철학에 근거한 것이다. 여기에는 형태가 기능을 효율성과 경제성의 측면에서 정의하는 데서 자동적으로 나오며, 기능만이 전적으로 형태의 결과를 결정한다는 믿음이 전제되어 있다. 영국의 비평가 콜훈(A. Colquhoun, 1967, pp.394-398)은 이 점을 "근대건축 초기의 기능주의적 교의의 본질은 미, 질서, 의미가 불필요하다고 생각한 것이 아니라, 이러한 것들이 과거의 형태를 탐구하는 데서는 결코 발견되거나 획득될 수 없다는 점을 인식한 데 있었다"고 지적한다. 따라서 이 시기에 많은 건축가들은 디자인의

해(解)는 프로그램에 포함되어 있는 정보로부터 직접적으로 도출되거나 또는 프로그램의 내용과 건축가의 직관적 창조 능력의 상호 작용의 결과로부터 획득된다고 전제하였다. 건물은 그 자신을 어떤 방식으로든 설명해야 하며, 디자인 과정에서 건물의 기능과 구조에 대해 합리적으로 접근하여야 한다는 점이 강조되었다. 이러한 실증과학적 사고는 분석과 분류화라는 과학적 방법이 최우선으로 신봉된 그 당시의 기술 결정주의bio-technical determinism 신념을 반영한다. 그러나 여기서 우리는 건축의 예술적이고 상징적인 차원을 배제하고, 일상생활의 도구와 같이 기능적이고 효율적인 성능performanec 이라는 기준만으로 평가되는, 순순하게 기능적인 건축을 만드는 것이 가능한가? 하는 의문을 던지지 않을 수 없다.

## 프로그램을 해석하고 창조하는 것이 곧 디자인을 구성하는 것이다.

모더니즘과 현대건축의 흐름을 살펴보면, 우리는 모더니즘 건축이 탄생하는 여명기에 근대 사회라는 리얼리티reality를 인식하고, 그 새로운 요구를 수용하기 위해 기능과 프로그램에 대해 논의해 온 사실을 발견하게 된다. 이 시기에 근대적 삶modern life의 양식과 건축에 영향을 미치는 여러 사회 · 경제적 조건들은 동 시대의 리얼리티에서 출발하여 건축의 실천적 과제를 찾고자 한 건축가들에게 중요한 관심사였다. 우리는 이러한 전통을 뒤랑, 젬퍼, 바그너, 마이어, 로스 등과 같은 건축가들의 담론과 작품에서 발견할 수 있다. 이들은 기능과 관련된 프로그램과 다이어그램을 근대적 삶을 해석하고 건축 창작의 토대가 되는 리얼리티를 해석하는 도구로 간주하였다. 이들에게 있어서 근대 산업사회와 불가분의 관계인 기능주의의 개념은 특정공간 안에, 또는 영역 안에 인간의 활동들을 효율적으로 조직화하는 것을 의미하였다. 이들의 건축 담론에서 발견되는 유물론적, 실용주의적 사고는 프로그램을 기계론적이고 결정론적인 관점에서 해석하는 태도에 영향을 끼쳤다.

우리는 모더니즘 건축에서 발견되는 유물론적 기능주의와 윤리성을 중시하는 이러한 태도 이외에도 설리반, 라이트가 주창한 유기주의의 전통과 해링, 샤로운, 베니쉬 등의 건축담론들에서 발견되는 심리적 기능주의 흐름을 주목할 필요가 있다. 이러한 흐름은 사회의 리얼리티가 요구하는 프로그램의 물질적 영역뿐만 아니라, 인간의 심리적 영역과 관련지어 기능과 프로그램의 의미를 새롭게 해석하고 있음을 보여주고 있기 때문이다. 모더니즘 사회의 근대적 삶이라는 리얼리티에서 출발하여 건축의 실천적 과제를 찾고자 한 전통은, 오늘날 디지털 정보사회의 새로운 생활양식과 실재를 해석하여 프로그램화하려는 현대 건축가들에서도 재발견된다. 그러므로 우리가 모더니즘 시대 이후 현대에 이르기까지 전개되고 있는 리얼리티 건축이 의미하는 실체를 이해하기 위해서는 프로그램을 해석하여 이를 건축으로 구체화하는 건축가의 작업과정과 작품 특성을 살펴보는 작업이 필요하다.

무엇보다도 오늘날 정보사회에서 사람들의 개별적인 활동들을 모더니즘의 산업사회에서처럼 공간으로 분류화하는 것이 더 이상 불가능하다는 인식이 확산되면서 건축가들은 사회적 제 현상에서 발견되는 리얼리티의 다층적 의미를 점점 더 의식하게 되었다. 오늘날 현대건축에서 프로그램을 새롭게 해석하고 창조하는 일은 곧 건축공간과 형태를 '구성' 하는 것을 의미한다. 건축가들에게 건물의 기능을 규정하는 프로그램은 그것이 무엇을 직접적으로 지시하지 않으며, 다의적인 의미를 지니는 속성 때문에 기능 이상의 의미로 해석되고 있다. 그 결과, 프로그램은 기능의 의미보다 덜 확정적인 속성으로 이해되고 있으며, 시간 속에서 변하기 쉬우며 변형이 가능한 속성을 지니는 것으로 해석되고 있다.

이러한 현상은 OMA의 렘 쿨하스가 프로그램을 공간적 차원이 아니라 시간 차원에서 재해석하고 프로그램들 사이의 경계가 모호한 공간 구성을 탐구한 점, 그리고 그의 영향을 받은 MVRDV의 위니 마스, FOA의 자에라 폴로 등과 같은 건축가들이 건축을 리서치라는 과학적 방법을 통해 분석된 데이터를 바탕으로 프로그램을 해석하고 다이어그램화하여 생성되는 물질적 구축으로 인식한 데서 나타난다. 이들의 담론에서 건축은 리얼리티를 충족시키고, 기능적, 사회적, 경제적 프로그램으로 이루어지는 '데이터 스케이프data scape' 를 구축하는 것을 의미한다. 따라서 건축과 공간의 관계는 건축가의 예술적인 직관으로 접근한 복합적인 공간적 위계라는 개념과는 달리, 리얼리티와 그 데이터들의 역할을 다시 정교하게 작업한 결과로 간주된다.

오늘날 다원주의 사회에서는 리얼리티에 관한 리얼리티적인 작업행위를 통해 점점 고밀화되어 가고 압축되어진 공간의 개념과 새로운 건축담론을 요구하고 있다. 현대 건축에서 다이어그램diagram은 디자인 과정에서 (단순한 도형, 도식의 의미를 넘어) 다양한 데이터들의 정보를 새롭게 재조직하여 시각적으로 나타내는 의사소통의 도구일 뿐만 아니라, 건축가들의 디자인 착상을 위한 새로운 도구로 채용되고 있다. 들뢰즈와 가타리(Gilles Deleuze & Félix Guattari, 1980)가 '추상기계abstract machine' 로 언급한 다이어그램은 현대 건축가들이 다이어그램을 다양하게 해석하고 형태생성을 위한 구축적 다이어그램 도구로 사용하는 데 영향을 끼쳐왔다. 이러한 현상은 UN STUDIO의 벤 반 베르켈, SANNA의 카즈요 세지마, (03에서 살펴볼) 피터 아이젠만과 같은 건축가들이 다이어그램이 지닌 유동적이고 생성적인 힘 또는 관계로서의 특성을 인식하고, 프로그램의 독특한 해석에서 출발하는 '다이어그램 건축'을 탐구하는 흐름에서 발견된다. 따라서 모더니즘 건축에서 현대건축에 이르기까지 건축가들이 현대 사회의 리얼리티를, 그리고 기능과 관련된 프로그램을 어떻게 해석하여 디자인 주제와 개념들을 발전시켜 왔는지를 살펴보는 것은 우리 앞에 놓여 있는 과제이다.

## | 과학으로서의 건축 : 카를로 로도리 | 쟈끄-프랑스와 블롱델 | 장- 니콜라-루이 뒤랑 |

### 건축은 명확한 기능을 지니고 있어야 한다.

20세기 모더니즘의 건축담론에서 건축의 과학적 속성과 기능주의적인 접근의 필요성에 대한 논의는 18세기까지 거슬러 올라간다. 도미니코파 수도사인 로도리(Carlo Lodoli, 1690-1761)는 고전주의 건축의 가치와 규범이 지배하고 있던 그 당시에 형태가 기능이나 기술과 무관하게 바로크적인 장식적 경향으로 흐르는 것은 근본적으로 잘못되었다고 인식하였다. 데카르트(René Descartes, 1596-1650)의 합리주의 정신과 그 당시 만연한 자연과학의 객관적이고 실증적인 방법에 기초한 자연철학의 지적 풍토에서 로도리는 "건축에 있어서 가장 중요한 것은 명확한 기능을 가지고 있고 그 기능이 엄격한 필요성에서 나온 것이며.... 재료의 참다운 성질과 일치하지 않는 건축은 존재해서는 안된다" (Edward Robert de Zurko, 1957, p.178)라고 강조하였다. 그의 이러한 주장은 2세기 후에 근대적 기능주의의 초석이 되는 개념들을 예견한 것이다.

로도리에 따르면, 건축의 아름다움은 기능 및 필요성, 그리고 재료에 대한 정직하고 직접적인 반응의 결과이다. 그것은 합리성과 유물론의 시각에서 건축의 본질을 이해하려고 한 것으로, 르네상스의 건축 이론가 알베르티(Leon Batista Alberti)가 기능과는 무관한 고전적인 규범, 법칙 등에 기초하여 구성composition과 디자인design 의 속성을 강조한 고전건축 담론의 전통에 정면으로 대치하는 것이다. 이것은 관념보다 물질적 조건을, 고전주의적인 구성보다 실제적인 기능과 재료를 중시하는 사고로 17세기 자연과학 분야의 기계적 유물론과 실증주의 사고에 근거하여 생물학적, 기계론적 관점에서 건축 형태와 기능과의 인과론적 관계를 유추한 것이다. 이러한 유물론적 사고는 기능의 관점에서 불필요한 장식은 어느 것도 허용되어서는 안된다는 로도리의 주장에 반영되어 있다.

건축을 물적인 개별적 요소와 기능 요소로 분석하고 그 인과관계로 분석하려는 태도는 19세기와 20세기 초에 뒤랑, 젬퍼를 거쳐 바그너, 로스 등으로 이어져 근대건축의 합리성과 현실성(현실적 물적 조건)에 바탕을 둔 유물론적 기능주의 담론의 전개로 이어진다. 클라센(Winand W. Klassen, 1980, p.192)은 "로도리가 제시한 합리적 사고와 기능주의적 해석

도1-1
J-F. 블롱델, 고전건축의 상세연구

은 1900년 이후 기능과 재료의 본성에 대한 관심이 증가하는 기능주의 시대를 예견한 점에서 모더니즘 건축의 발전에 기여하였다" 고 평가한다.

로도리 사후 18세기 중반 이후부터 서구 사회는 고전사회가 붕괴되어가는 급격한 변화를 겪게 되는 시기였다. 산업화에 의해 공장, 병원, 창고, 전시홀 등과 같은 다양한 건물 유형이 출현하면서 건축가들은 고전시대의 건축 이론으로는 해결할 수 없는 심각한 문제에 봉착하게 된다. 따라서 그때까지 기능과 기술적인 문제보다 미적인 문제가 우선시 되던 예술로서의 건축 담론은 심각한 딜레마에 처하게 되었다. 이러한 시대적인 현실을 직시한 18세기에 프랑스 건축가 블롱델(Jacques-François Blondel, 1705-1774)은 『건축학 강의, *Cours d'architecture, 1771-177*』에서 당시 건축 이론가들의 관심사였던 고전 건축의 비례와 구성 개념보다는 건물의 특성character과 기능성functionality에 주목하였다. 그는 비트루비우스의 유용성, 미, 견실함의 개념을 질서ordonance(한 건물 전체의 부분에 그 용도와 관련하여 적절한 크기를 제공하는 것), 배열disposition, distribution(모든 부분의 편리한 배열), 적절성bienseance(사용되고 있는 여러 요소의 성질과 용도에 맞는 배열 원리)으로 대체한 꼬르드므와(Cordomoy)의 개념을 다시 수정하여 장식decoration, 구조construction, 배열disposition이라는 3부론으로 제안하였다(도1-1). 블롱델은 "건축의 외부와 내부 사이의 참된 일치, 배열과 장식과 구조 사이에 인식되어야 하는 관계" ( Van de Ven, 1980, p.52)를 수립하는 일을 중요한 과제로 인식하였다. 이 실용적인 전집에서 블롱델은 건축재료의 적절한 사용과 성질, 기초의 설계, 구조적 경제성과 강도, 그리고 건물의 계획planning 등에 대해 다루었다. 그는 새 시대에 출현한 새로운 유형의 건물들은 새로운 기능을 지니고 있기 때문에, 오로지 실용성을 목적으로 이것을 디자인에서 반영해야 한다고 주장한다. 무엇보다도 블롱델은 계획이라는 주제와 관련하여 편리성convenience, convenace 의 개념을 강조하였다. 이것은 '거주자들이 최소한의 노력과 움직임으로 자신들의 적절한 활동을 추구할 수 있도록 건물의 여러 가지 부분들(양호한 방위, 전망, 바람, 배수시설 등 일상생활을 편리하게 해주는 것들)의 정확한 관련성' (E.R.de Zurko,1957,p.154)을 갖도록 하는 것을 의미한다.

## 건축은 과학이다. 그것은 유용성과 경제성을 반영해야 한다.

로도리에서 촉발된 건축의 과학적 속성에 대한 탐구는 프랑스 에꼴 폴리테크닉...cole Polytechnique의 건축과 교수인 장-니콜라-루이 뒤랑(Jean-Nicolas-Louis Durand, 1760-1834)에게서 체계적인 이론으로 확립되었다. 뒤랑은 건축을 하나의 과학으로 인식하였다. 그는 고전사회에서 근대사회로 넘어가는 과도기의 시대에 고전건축이 지닌 건축의 예술성뿐 아니라 건축의 과학적 속성을 아우르며 탐구한 점에서 근대 기능주의의 미학을 위한 법칙을 수립하는 데 크게 기여한 인물로 평가된다. 그는 블롱델이 제시한 장식, 구조, 배열의 개념을 비판하고, 이것을 요소elements (벽, 볼트, 기초 등), 구성composition(평면의 레이 아웃layout), 기능분석, 즉 프로그램program의 3부론으로 대체하였다. 그에게 미는 요소들을 수단으로 하여 유용성을 배치하는 것으로 간주되었다. 건축의 요소들에 대한 연구와 이러한 요소들을 구성의 원리로 결합하는 합리적 건축 구성론은 근대적 의미에서 기능주의의 정신을 이론적으로 제시한 것이다.

뒤랑은 원시 시대부터 현재에 이르기까지 유용성이 모든 건축의 기반이라고 생각하였으며, 이 유용성이 건축의 목표이자 즐거움의 원천이라고 주장한다. 그는 블롱델과 마찬가지로 '건축이 절충주의적인 고전적 틀에서 벗어나 효용성과 최소비용의 경제성의 측면에서 합리적이어야 한다' 는 점을 강조하였다.

> "건축의 일차적 목적은 결코 누구를 즐겁게 하려는 것이 아니다... 따라서 건물을 아름답게 하거나 즐겁게 만들려고 애쓸 필요는 없다. 왜냐하면 실제적인 요구사항들이 충족되기만 하면 그 건물은 즐거울 수밖에 없기 때문이다."(J-N-L. Durand / Winand, W. Klassen, 1980, p.198 재인용)

그러므로 뒤랑에 따르면, 즐거움은 미적 대상의 아름다움이 아니라 기능적인 내용과 관련된 즐거움을 의미한다. 이러한 논리에는 후에 근대건축의 기계적 기능주의의 담론의 전제가 되는 기능 = 미(美)라는 등가 논리의 전제가 내포되어 있다. 그러나 '필요를 충족시키는 기능이면 다 아름다운가?' 라는 문제는 여전히 논쟁의 여지가 있지만, 무엇보다도 뒤랑은 "건축의 주된 목적은 사회에 대한 그 유용성에 있다" (J-N-L. Durand 1802-1805, (eds.)Veronica Biermann, 2003, p.328)고 주장함으로써 로도리처럼 건축의 과학적 속성에 더 큰 비중을 두었다는 점이다. 뒤랑은 건물의 사회적 적절성appropriateness과 시공의 경제성profitability의 개념(주2)은 이러한 유용성의 원칙에 따라야 한다고 강조한다. 왜냐하면 유용성은 '최대한의 적절성과 경제성을 결합시키는 배치' (E.R.de Zurko, 1957, p.170)를 통해서 성취되기 때문이다. 로도리처럼 뒤랑도 "건축은 필요를 충족시킬 때만 미적일 수 있기 때문에 장식은 건축미와 아무런 관계가 없다"고 주장한다. 그는 "경제성이 미의 주요 원인 중 하나"이며, 건축가의 독창성은 미적인 측면보다는 건물의 기능적 성질(공적 및 사적 용도, 기존 것의 보존, 그리고 개인, 가족, 사회의 복지에 대한 관심에서 나오는)을 이해할 때 나오는 것이라고 생각하였다.

뒤랑이 건축의 경제성을 보증하기 위한 방법으로 도입한 체계적인 원리 systematic principle는 벽과 기둥과 같은 지지 부재들의 규준선으로 작용하는 정방형 격자 그리드squard grid 체계와 관련되어 있다.(주3) 뒤랑의 이러한 구성방법은 특정한 건물 유형을 특정의 기능적 요구조건과 조합하기 위해 건축의 기본 요소들—입구 홀, 아케이드, 중정 등—을 단순히 용도에 따라 유형학적으로 구성하는 작업에 근거한 것이다.(도1-2a, b) 뒤랑은 구(球) 형태인 원형 평면을 가장 이상적인 형태로 선호하였는 데, 이것은 구가 미적인 효과보다는 최소의 표면적으로 최대의 볼륨을 가능케 하여 최대의 경제성과 적합성의 조화를 이루는 형상이기 때문이다.(뒤랑의 이러한 주장은 블레나 루드가 구 형태를 우주의 이상적인 모형의 표상으로서 우주와 자연 속에 내재한 기하학적 질서의 이상적인 형태로 간주한 것과는 그 판단기준이 다른 데 기인한다.) 뒤랑의 관점에서 보면 실제로 구 형태는 방형의 형태보다 동일한 조건에서 사용되는 재료와 비용이 적게 들 뿐만 아니라 동일 모듈을 적용하는 것이 가능하기 때문에 훨씬 더 경제적인 형태였다.

도1-2a, b
J. N. L. 뒤랑, 에꼴 폴리테크닉 강의록 요약에 나오는 구성방법과 계획과정, 1802-1805

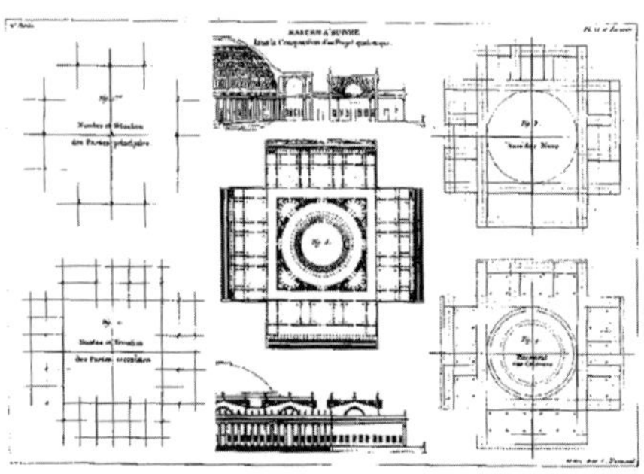

뒤랑의 이러한 접근방법은 이제까지 당연한 규범적 가치로 용인되어온 건축의 전통, 표현의 상징적 차원, 지형학 등을 근본적으로 배제한 것이다. 이 때문에 사회에 대한 유용성이라는 개념에는 역설적으로 건축 본래의 목적에 위배되는 모순이 담겨 있다. 뒤랑이 건축 디자인의 효용성과 경제성을 구성을 위한 결정 인자로 인식하고 고전 건축의 유형학적 형태를 현실에 맞도록 재구성 하였지만, 실제 프로젝트의 기술적, 공학적인 측면에 대해서는 심각하게 고민하거나 새로운 실험적 대안을 제시하지 않았다는 점에서 그는 고전주의 건축의 패러다임의 한계를 완전히 벗어던지지 못하였

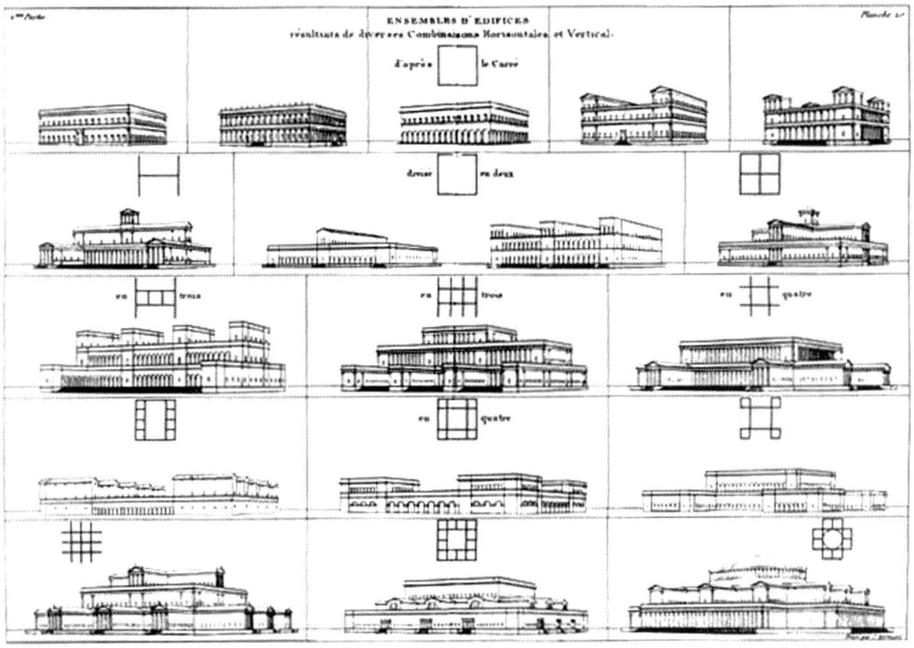


던 것이다. 뒤랑이 제시한 '요소, 구성, 프로그램' 이라는 3부론의 개념은 약 100년 뒤 줄리앙 고데(Julien Gaudet)가 미와 유용성이 조화되어야 할 정수로서 평면plan의 개념을 진척시키는 데 동일한 방식으로 반복되어 적용되었다.

## | 합리성의 결과로서의 효용양식 : 고트프리드 젬퍼 | 오토 바그너 |

### 건축은 구축되는 물질적 특성과 그 시대를 특징짓는 초월적 이념의 산물이다.

로도리, 블롱델, 뒤랑 등에서 알 수 있듯이, 형태의 구성을 새로운 건축 유형의 용도와 관련된 기능의 관점에서 출발하는 태도에는 당시에 만연된 자연 과학, 사회 전반에 싹트기 시작한 합리적, 논리적인 역사적-실증주의적 패러다임의 씨앗이 반영되어 있다. 이들이 제시한 기능주의적 견해는 후에 젬퍼(Gottfried Semper, 1803-1879), 바그너(Otto Wagner, 1841-1918) 등으로 이어지는 '유물론적 기능주의' 의 토양이 되었다. 쥐르꼬(E. R. de Zurko, 1957)는, 유물론적 기능주의를 기능을 유물론의 관점에서 기능과 관련된 물질적, 정량적 측면을 강조하는 입장으로 정의한다. 이러한 태도는 20세기 초 모더니즘 건축이 보여준 기계적 기능주의 사상에 내포되어 있다고 지적한다.(따라서 여기에는 인간의 심리적, 정신적 차원, 상징적 의미가 배제되어 있다.)

이러한 유물론적 기능주의가 만연한 19세기 근대사회에서, 건축은 사회 속에서 존재한다는 신념을 가진 젬퍼의 건축론은 기능주의의 토대를 제공하였다. 젬퍼는 뒤랑의 도식적인 구성방식과 고전적인 역사적 양식을 표절하는 행위를 심히 비판하였다. 그것은 뒤랑이 건축의 존재 목적을 평등주의 사회에 대한 유용성의 측면에서 삶과 관련지어 이해하기는 하였지만, 건축 양식의 유형학적인 분류와 적용에 지나치게 집착하였기 때문이다. 뒤랑과는 달리, 젬퍼는 사회 공동체의 삶과 정신세계를 관련지어 건축 양식의 발전과정을 규명하려고 하였다. 그는 (고대사회의 도시가 공동체의 정신과 운명을 지배한 것처럼) 건축은 근대 사회라는 삶과 정신적 가치를 물적 조건으로 담아 표현해야 한다는 점을 역설하였다. 이것은 그가 '건축을 그 사회의 상황조건들과 관련지어 다루고 있다는 점에서 정치적이고 문화적인 프로그램의 조건(상황)으로 인식한 것' (G. Semper, 1834 (eds.)Veronoca Biermann, 2003, p.628)을 의미한다.

따라서 젬퍼는 역사적 건물의 양식을 면밀히 조사하는 행위 속에서 자신이 사는 동시대 건축의 새로운 표현 형식을 발견하고자 하였다. 그는 조형 예술–특히 물적 생활, 경제생활과 직접 결부되는 응용예술인 기술예술technische kunst–의 예술성과 합목적성의 관계를 비교 발생론적인 방법에 근거하여 과학적, 실증적으로 고찰한다. 물질을 모든 인공 창조물을 만들어 내는 조직의 출발점으로 인식한 젬퍼의 궁극적 관심은 구조적, 기술적 요소와 예술적 요소를 통합하고, 공학기술과 예술 상호작용을 규명하여 건축이 지닌 예술과 과학의 영역을 통합하는 것이었다. 젬퍼는『양식론 *the style in technical and tectonic art*, 1876, 1879』에서 미(美)를 미 일반으로서가 아니라 미가 현실로서 발생하는 양태, 즉 양식(樣式)으로 파악하여 그것이 어떠한 물적 조건에 의해서 발생하는가를 분석한다. 여기서 젬퍼는 현실 속의 예술이란 칸트(I. Kant)가 말한 것처럼 관념적인 근원에서 발생하는 것이 아니라, 세 가지의 외적인 물적 조건에 의해 규정된다는 점을 강조한다. 그는 "예술의 형식은 사용목적 Gebrauchs-Zweck, 재료stoff, 제작 기구 및 제작 과정werkzeug und prozedur 이라는 3가지 동인에 의해 결정된다"고 강조하였다.(젬퍼가 언급한 '건축의 4가지 요소'와 관련하여 전개한 벽의 피복과 장식의 상징적 의미 등 구축성과 표현성의 개념들은 모더니즘 건축에 많은 영향을 끼치었다. 이에 대해서는 02에서 살펴볼 것이다.)

젬퍼는 형태적 미의 3가지 특질을 논하는 과정에서 대우주적인 통일성 또는 질서로서의 균제symmetry, 소우주적인 통일성 또는 질서로서의 비례성 proportionality, 방향의 통일성 또는 질서로서의 방향성direction을 제시하고, 이에 더하여 4번째 통일성의 요소로 내용에의 적합성fitness of content을 가장 높은 차원의 질서로 제시하였다. 여기서 젬퍼가 강조하는 4번째 요소는 목적의 통일성과 관련된 것으로 결과적으로 (블롱델이 언급한 바 있듯이) 특성이나 표현이 될 수가 있다. 내용의 적합성은 형태적 미에 선의 개념을 부가하여 '진실한 것만이 아름답다'는 격언을 따르고자 한 모더니즘 건축의 윤리성을 예견한 것이다. 젬퍼는 건축과 같은 응용예술에는 이 물적인 조건없이는 미의 존재가 불가능하다고 보았다. 무엇보다도 젬퍼는 이러한 제작과정에 의해 결정된 예술형식은 유기적인 목적체로서의 형식 법칙을 따를 뿐 아니라 물질을 초월한 생명력과 의지력이 담겨 있어야 한다는 점을 강조한다.(도1-3) 이러한 태도는 '사물의 근원을 정신으로 파악한 칸트의 관념론적 미학에 반대한 것으로, 정신을 사물에서 도출하고자 한 유물론적 사고를 보여주는 것'이라고 모리다게이찌(森田慶一, 1977, p.77)는 지적한다.

도1-3
G. 젬퍼, 그리스 신전건축의 색채와 피복

그러므로 젬퍼가 건축양식의 개념을 형태적 관점이 아니라 외재적인 계수coefficient들로 기술되는 기능적 관점에서 정의하고 있다는 것은 그리 놀라운 일이 아니다. 그러나 젬퍼는 또한 건축양식은 물질적 제약조건 뿐만 아니라 시대의 사회적, 정치적, 정신적, 종교적인 조건들을 반영한다고 주장하여 재료와 실용적인 기능인자만이 형태를 생성하는 데 결정적이라고 주장한 유물론적 철학에는 반대하는 입장을 분명히 하였다. 젬퍼는 양식을 "기본적인 주제, 그리고 예술 작품의 주제를 구현(구체화)하는 것을 변경시키는 내재적 및 외재적인 계수(변인)를 강조하고 이것에 예술적인 의미를 부여하는 것"(Wolfgang Hermann, 1984, p.243)으로 정의한다. 여기서 젬퍼는 재현을 위한 예술형태의 내재적 계수에 실제적 목적, 유용성, 이상적 목적 등과 같이 대상의 모든 목적, 수중의 과업을 구성하는 예술적 처리사항, 이용 가능한 재료, 작업에 사용하는 도구, 재료를 처리하는 다양한 과정들을 포함시킨다. 반면에 외재적 계수에는 지역적 및 개인적인 영향인자들과 기후, 지형, 국가의 교육수준, 정치-종교적, 사회적 기관, 역사적 기억과 전통, 국지적 환경조건, 개인이나 집단의 취향과 태도 등이 포함된다. 따라서 젬퍼는 특정 사례에 적합한 가치를 다양한 변인들에 부여함으로써, 다음과 같은 공식으로 문제해결에 도달할 수 있다고 주장한다.

U = C(x, y, z, v, w.....) 여기서 소문자는 계수임

## 예술의 유일한 주인은 '필요'이다

건축은 그 물질적 특성과 시대의 사회적 이념idea을 반영해야 한다고 강조한 젬퍼의 유물론적 예술 이론은 20세기가 시작하는 문턱에서 바그너(Otto Koloman Wagner, 1841-1918)에 의해 모더니즘 건축의 기능주의 담론으로 구체화되어 계승되었다.(주4) 바그너가 살던 19세기 중반과 20세기 초의 비엔나Vienna는 새로운 산업화의 도래로 인해 근대적 사회가 성숙된, 진정한 의미에서 근대적 생활이 일상에 침투되어 있던 시기였다. 따라서 바그너는 『근대건축 *Moderne Architektur*, 1895』에서 "오늘날 도처에 만연해 있는, 건축을 고찰하는 모든 기반들은 예술적 창조를 위한 유일하고 가능한 출발점이 '근대적 생활(삶)' 이라는 인식으로 교체되어야 한다."(William. J. R. Curtis, 1996, p.53 재인용)고 주장한다. 그는 보자르 풍의 고전적 디자인의 거만함과 아르누보의 지나친 퇴폐적 방종을 모두 혐오하였으며, 과학적이고 현실주의적 접근태도를 보인 젬퍼가 그랬듯이 20세기 대도시의 '근대적 생활' 의 일상적 리얼리티에서 단순성을 지닌 새로운 양식을 탐구하였다. 커티스(William J. R. Curtis, 1996, pp.66-67)에 따르면, 바그너는 새로운 양식은 현실

주의자realist의 양식이 되어야 한다고 주장하였는 데, 이것은 '구축수단의 솔직한 표현, 근대적 재료와 수법technique의 존경, 변화하는 사회의 열망에 대한 책임있는 반응을 의미하는 것' 이었다.

따라서 바그너는 "실용적인 것은 아름다울 수밖에 없다"는 태도로 고급예술의 이상보다는 예술성과 합목적성을 통합할 수 있는 새로운 이념과 양식의 필요성을 다음과 같이 주장한다.

> "우리의 예술 창작의 유일한 출발점은 근대 정신 뿐이라는 인식을 철저하게 파악하지 않으면 안 된다. 신양식(新樣式)은 새로운 재료와 구조 방식, 그리고 새로운 인간 생활이 기성 형식의 개혁과 변화가 요구되는 과정을 통해서 이전 시대의 양식에서 벗어나 서서히 성립한다..... 예술의 유일한 주인은 필요이다. Artis sola domina necessitas" (森田慶一1977, p.80 재인용)

바그너는 근대 사회의 신양식으로서 효용양식Nutzstil(效用樣式)은 목적 적합성Zweckmassingkeit, 재료의 정당성Materialgerechtigkeit, 구조의 논리성Logik der Konstruktionen 등이 충족될 때 새로운 형식을 획득하여 새로운 양식으로 출현된다고 주장한다. 바그너가 주장한 근대사회의 신양식의 개념은 젬퍼가 언급한 바 있는 예술 형식을 결정짓는 3가지 외적인 물질적 조건을 재해석하여 체계화한 것이다. 바그너는 "새로운 목적은 새로운 구축의 방법을 생성하여야 하며, 이러한 추론작업으로 새로운 형태를 생성하는 원인이 되어야 한다"고 주장하였다. 그는 구축의 중요성에 대해서 다음과 같이 강조한다.

> "모든 건축 형태는 구축에서 탄생하여 점진적으로 예술-형태가 되어왔다. 그러므로 새로운 목적은 새로운 구축 방법의 원인이 되어야 하며, 이러한 추론에 의해 또한 새로운 형태의 원인이 되어야만 한다는 것은 분명한 사실이다. 건축가는 항상 예술-형태를 발전시켜야만 한다. 그러나 단지 구조적인 계산이나 비용산정만으로는 인간에게 공감하지 못하는 (건축)언어를 말하게 될 뿐이다. 한편으로 만일 건축가가 예술-형태를 창조할 때 구축으로부터 출발하지 않는다면, 건축가의 표현 양식은 이해할 수 없는 상태로 남게 될 것이다. 잘 창안된 구축은 모든 건축 작품의 선결조건일 뿐만 아니라, 그것은 또한 현대의 창조적인 건축가에게 새로운 형태를-그 완전한 의미에서 - 창조하는데 필요한 긍적적인 아이디어들을 제공한다는 사실은 거듭 반복하여도 부족하지 않다. 구축에 대한 지식이나 경험없이는 "건축가"라는 개념은 생각조차 할 수 없을 것이다."(Otto Wagner,1902 / K. Frampton, 1995, p.90 재인용)

따라서 바그너는 역사적 선례와 관습은 당시의 건축의 문제를 해결하는 데 부적절하다고 생각하였다. 그는 "모든 근대적 창조가 근대인에게 적합한 것이 되려면 새로운 재료와 현 시대의 요구사항에 대응해야 한다" (O.Wagner, 1895, p.178)고 주장한다. 특히 여기서 우리는 바그너가 언급한 근대적 생활의 요구와 관련된 필요의 개념, 그리고 후에 그가 신 양식의 3가지 조건 중 하나로 언급한 목적 적합성의 개념은 모더니즘의 기능주의 건축이 프로그램을 기능의 관점에서 해석하는 기반이 되었다는 사실에 주목할 필요가 있다. 바그너가 언급한 기능과 필요의 개념, 그리고 목적 적합성의 개념은 근대 사회라는 리얼리티와 일상성을 예술작품의 유일한 기반으로 해석한 것이었다.(리얼리티에 바탕을 둔 이러한 건축담론은 후에 바그너의 영향을 받는 로스에게서 사회적 일상성과 문화적 맥락에 바탕을 둔 합리적 건축이론으로 전개된다.) 바그너의 이러한 접근태도는 로도리처럼 자연철학에 근거한 기계적 유물론의 영향으로 기능을 단지 요소, 작용성의 관점에서 분석하는 기계적 기능주의와는 그 성격을 달리한다. 왜냐하면 목적 적합성에는 근대적 생활요구라는 프로그램을 반영하는 것과 아울러 근대적 시민 사회가 구가하는 자유와 평등, 그리고 해방의 상징적 표현이 포함되어 있기 때문이다.

도1-4 a, b, c
O. 바그너, 우편저금국, 비엔나, 오스트리아, 1904-1906

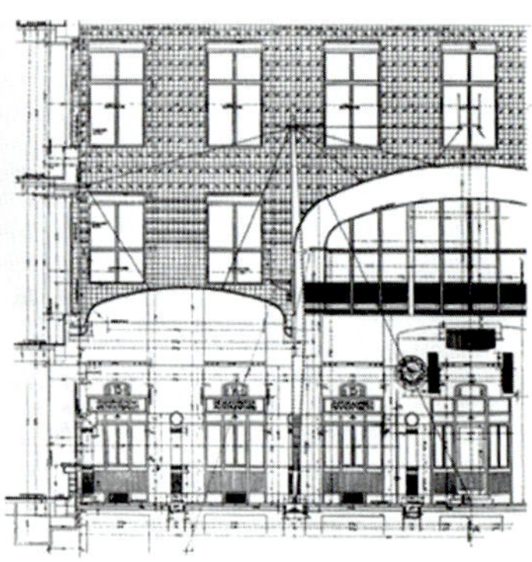

바그너가 설계한 비엔나 소재의 **우편저금국**(Post Office Saving Bank, Vienna, Austria, 1904-1906)(도1-4 a, b, c)은 새로운 시대의 근대적 공간의 프로그램을 반영하고, 수평적 선들과 평지붕, 평탄한 표면 등과 같이 기능, 재료, 구조적 원리를 엄격히 따르는 절제된 표현으로 공공 건축의 기념비성에 대해 새롭게 재해석함으로써 현대성modernity이라는 신선함을 보여주는 작품이다. 이 건물의 외부는 여전히 보자르적인 대칭 구성의 평면을 바탕으로 고전건축의 양식적 구성을 따르면서 부분적으로 그 시대의 산물인 철재 부재의 디테일(현관 캐노피의 금속부재의 기둥과 추상화된 거친돌 쌓기방식 등)을 일부 사용하여 접합에 대해 구축적으로 고심한 흔적을 보여준다. 특히 장식이 배제된 중앙 홀의 내부공간은 기능적 필요성이 반영된 근대적 프로그램과 철재의 강구조 및 유리의 천창(天窓)이 구조적으로 통합된 견고한 보울트vault 구조로 구성되어 근대적 건축공간으로 평가되고 있다. 이 내부공간에서 유리 덮개는 우유빛의 경량의 외피skin를 세심하게 절단하고 우아하게 사라지는 철재 지주 위에 솟아있어 실크와 같은 투명성이라는 특성을 내부공간에 부여하고 있다. (바닥면도 반투명의 유리블럭으로 이루어졌다.) 커티스는 이것은 "19세기에 만연한 도시적 유형인 유리로 된 철도역사 건물을 반투명의 사회적 메타포로 변형시킨 것으로, 정직성, 투명성, 경량감, 효율성, 이용가능성 등 건물의 사회적 목적에 적합한 모든 가치들을 환기시킨 것" (William J. R. Curtis, 1996, p.67)이라고 평가한다.

# 012 기능의 표현과 3가지 유추의 모델:

## 도덕적, 기계론적, 생물학적 유추

20세기가 시작되는 근대사회는 건축의 사회적 당면 과제들을 해결하는 다양한 실험들이 전개된 시기였다. 특히 이 시기는 18세기와 19세기를 통해 전개된 건축의 과학적 속성에 대한 유물론적 기능주의의 담론에서 한걸음 더 나아가 새로운 기계의 시대를 표방하는 기계미학에 대한 탐구, 그리고 근대사회가 제기한 건축의 사회성에 대한 해법을 모색하는 시기였다. 새 포도주는 새 자루에 넣어야 하듯이, 근대적 프로그램이 만들어 내는 새로운 내용을 담는 새로운 형식을 탐구하는 문제도 이 시기의 건축가들이 당면한 과제였다.

빼레즈-고메즈(Pérez-Gómez Albert, 1983)는 '모더니즘 건축의 초기에 발생된 건축이론의 기능주의화는 건축이론이 일련의 작용성의 법칙으로 전환되고 기술적 특성의 도구로 변형되었음을 의미한다' 고 지적한다. 그의 지적처럼 모더니즘 시기의 건축가들은 건물을 지어야 하는 이유와 그러한 행위가 기존의 맥락에서 정당화될 수 있는지에 대한 문제보다는 오히려 경제적이고 효율적으로 짓는 방법에 더 관심이 있었다. 댄포드(George Danforth)도 20세기 모더니즘 건축의 시기에 만연된 기능주의는 그 자체가 목적이 아니라 합리적 건축의 목적을 달성하기 위한 수단에 불과하였다고 지적한다. 20세기 초의 기능주의 이론은 건물을 그 작용성의 측면에서 해석할 뿐만 아니라, 과학적 인식, 미적 인식과 같은 모든 인식을 방법론적으로 기능이라는 개념에 기초하여 설정한 것이다.

이러한 사실은 리고(Larry L. Ligo, 1984)가 20세기 건축가들의 담론에서 발견되는 기능의 개념이 다양한 의미를 내포하고 있다는 사실에 주목하고, 이것을 구조적 분절structural articulation, 물리적 기능physical function, 심리적 기능psychological function, 사회적 기능social function, 문화-실존적 기능cultural-existential function으로 세분하여 논하고 있는 데에서도 발견된다.(주1) 리고는 기능의 개념에 대한 전통적인 이해는 시대에 따라 변화되어 왔지만, 비투르비우스가 언급한 효용성, 미, 견실함의 3가지 영역 중 특히 유용성과 관련하여 효용성, 목적에의 적합성, 편리성, 작업과제 등 가시적인 속성들의 의미로 해석되어 왔다고 지적한다. 그러나 그는 건축의 기능은 비투리비우스가 언급한 다른 영역들과 분리하여 이해할 수 없으며, 건축이 인간에게 끼치는 심오한 영향을 기능의 차원에서도 해석할 필요가 있다는 점을 강조한다. 리고의 분석이 기능의 개념 자체보다 건축이 지녀야 할 본질적 속성들과 연관된 의미 차원들까지 포함하는 색채가 농후하다는 점이 없지 않아 있지만, 모더니즘 건축의 거장들은 기능주의자들처럼 편협된 의미로 건축의 기능을 해석하지 않았다는 점을 강조한 것은 정확한 지적이다.(우리는 이러한 사실에 대해 후에 근대 및 현대 건축가들의 이론과 작품을 살펴보면서 다룰 것이다.)

쥐르꼬(E. R. de Zurko)는 『기능주의 이론의 기원 *Origins of Functionalist Theory*, 1957』에서 모더니즘 건축의 지배적 이데올로기인 기능주의에서 발견되는 기능의 개념과 가치체계를 철학적, 사상적, 종교적인 기원으로 거슬러 올라가 고찰하였다. 여기서 쥐르꼬는 기능의 개념이 본래 도덕적, 윤리적, 사회적, 형이상학적 가치까지 포함한 다의적 가치체계multivalent value system였지만, 모더니즘 시대에 그것은 일의적 가치체계univalent value system로 변질되었다고 지적한다. 이러한 사실은 20세기 이전의 기능주의 건축 담론의 문헌들에서는 기능과 형태의 미적인 관계를 함께 다루어 온 반면에, 20세기 기능주의 문헌들에서는 미 자체에 대한 미적 기준보다 건축물의 가치를 다루거나 기능을 목적을 위한 수단이 아닌 그 자체의 목적으로 취급하기 시작한 데서 나타난다. 이 점에서 20세기 초 기능주의는 기능의 개념에서 형이상학적 가치를 배제한 채 그것을 도덕성의 개념, 목적에의 적합성, 유기적 개념 등으로 편협하게 해석하는 오류를 저지르게 되었다고 쥐르꼬(E. R. de Zurko, 1957, p.232)는 지적한다.

쥐르꼬는, 20세기 초의 기능주의는 기능과 경제성의 개념을 기계적 유추를 통해 단지 작용성과 효용성의 측면에서 해석한 것에 불과하다고 지적한다. 그것은 기능의 여러 영역 중에서 단지 정량적이고 측정 가능한 변수와 관련된 기능 인자만을 중시하였기 때문이다. 쥐르꼬가 20세기 초 기능주의에서 나타난 개념적 유추의 근원으로 분류한 도덕적 유추moral analogy, 기계론적 유추mechanical analogy, 생물학적 유추biological analogy 3가지 방식은 19세기 중반인 1850년 이전 시대에 국한하여 검토한 것이지만, 20세기 근대 건축이 전개해온 기능주의 건축 담론의 속성과 다양성을 해석하는 데 유용한 관점을 제시한다는 점에서 주목할 만한 가치가 있다.

## 도덕적 유추방식은 윤리성과 표현의 진실성을 중시한다.

도덕적 유추방식은 윤리성, 유용성, 표현의 진실성 등의 기준을 미적 판단의 근거로 삼는다. 쥐르꼬에 따르면, 도덕적 유추방식은 기계론적 유추와 함께 20세기 초 모더니즘 건축가들에게 영향을 끼친 중요한 사상적 기반이었다. 모더니즘의 시기에 많은 이론가들과 건축가들은 건물의 구조와 재료, 그리고 내부공간의 기능들이 외부에서 보았을 때도 명확하고 솔직하게 그 특징적 형상들을 인지할 수 있도록 표현되어야 한다는 점을 강조하였다. 따라서 건물을 구성하는 각 부분들이 명확한 기능을 가져야 한다는 것만으로는 충분하지 않았으며, 여기서 한 걸음 더 나아가 건물이 기능을 지니고 있는 것처럼 보여야 하고, 기능이 외적으로 드러나야만 한다는 점이 강조되었다. '건축의 기능이 인식되는 형태' 라는 이러한 미학적 개념은 역사적 절충주의의 가식적 형태의 표현을 거부한 모더니즘 건축가들에게 강력한 사상적 기반이 되었다. 우리가 앞에서 살펴본 바처럼 건축의 기능과 목적의 표현에서 건축미의 기반을 찾고자 했던 모더니즘 시기의 기능주의 논리는 '형식 자체보다 형식에 수용된 내용과 그 표현성' 의 개념을 중시하였기 때문이다. 모더니즘 건축에서 이러한 사실을 통찰한 영국의 건축사 D. 와트킨(D.Watkin, 1983)은 모더니즘 건축의 사상적 전통에는 윤리성morality을 중시하는 사고가 강하게 전제되어 있다고 지적한다.

근대사회에서 도덕적 유추의 전통은 모더니즘 건축의 여명기인 19세기에 활동한 영국의 퓨긴(A. W. Pugin, 1812-1852), 러스킨(J. Ruskin, 1819-1900), 모리스(William Morris, 1834-1896)에까지 거슬러 올라간다. 퓨긴은 건축의 가치판단의 기준으로 윤리적, 도덕적 기준을 강조하였다. 그는 "건물의 양식은 그 건물이 세워진 목적을 곧바로 지각할 수 있도록 그 용도와 일치" 해야 하며, "건물의 외적 측면은 물론 내적 측면도 그것이 의도하는 목적을 설명해 주고 그것과 조화를 이룰 때 건축적 타당성이 성취된다" (E. R. de Zurko, 1957, p.127 재인용)고 주장하였다. 퓨긴이 '목적에 대한 적합성' 과 기능주의적인 프로그램을 중시한 사실은 재료의 사용, 평면의 전개, 디자인 방법론 등을 강조한 데서도 잘 드러난다. 퓨긴은

『진실한 원리 *True Principles,* 1841』에서 "편리함convenience, 구축construction, 적절성propriety이라는 필요에서 나오지 않은 건물의 특성이 존재해서는 안되며(제1원리), 모든 장식은 건물의 본질적인 구축의 가치를 높이도록 구성되어야만 한다(제2원리)" (Peter Blundell Jones, 1995, p.100 재인용)(주2)고 강조하였다. 그는 여기서 더 나아가 건물은 사회적, 문화적 의미를 지니기 때문에, 건축 양식은 그것을 생산하는 문화의 속성을 반영하여야만 한다고 주장하여 그 당시 영국의 건축문화 사고에 영향을 끼쳤다.

러스킨도 퓨긴처럼 모든 예술은 용도, 즉 기능을 따라야 한다는 원리를 도덕적 견지에서 받아들였다. 뿐만 아니라 그는 기능의 개념(주3)에 종교적, 도덕적, 윤리적인 요소를 포함하여 확대 해석하였다. 러스킨은 '새로운 건축에 대한 요구로 그 자체가 도덕적이고 진실된 것, 다수에게 건강과 실제적인 필요, 그리고 도덕적 행복에 공헌하는 건축에 대한 요구' (E. R. de Zurko, 1957, p.139) 등과 같이 후에 기능주의의 토대가 되는 내용들을 강조하였다. 러스킨은 단순성, 유용성, 진실성을 위대한 예술(건축, 회화, 조각 등)을 만드는 3가지 성질로 비례와 추상을 디자인의 특별한 표준으로 제시한다. 또 그는 모든 미는 자연적 형태의 법칙에 바탕을 두고 있다고 주장하고, 건축과 자연의 관계를 법칙, 장식, 진실의 관계라는 유기적인 관점에서 접근하였다.

퓨긴과 러스킨의 영향을 받은 모리스가 전개한 예술 수공예 운동Arts and Crafts Movement

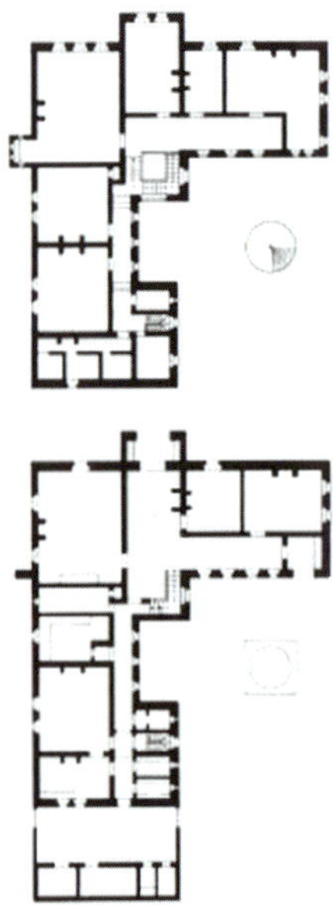

의 이념은 19세기에 만연한 절충주의의 불성실함과 아카데믹한 디자인 기준에서 탈피하고 공업화가 생산한 기계 산물의 추함을 극복하기 위한 대안으로 수공예적 예술성과 합목적성의 결합을 중시한 것이다. 모리스도 러스킨처럼 "예술은 인생에 기쁨을 주는 것이며, 예술은 노동에서 인간이 느끼는 기쁨의 표현"이라고 주장하였다. 특히 모리스는 공예와 같이 민중들이 늘 사용하는 예술작품을 기능에 충실하면서도 장식으로 아름답게 치장된 것으로 간주하였다. 여기서 논리적인 기능주의, 개방적인 디자인 태도, 특유의 재료의 사용 등을 서로 결합시키려는 근대적인 기능주의 사고의 징후가 발견된다. 웨브(Philip Speakman Webb, 1831-1915)가 (모리스와 협력하여) 전통적인 고전적 대칭구성의 규범을 탈피하고 설계한 모리스의 저택 **붉은 집**(Red House at Bexleyheath, Kent, UK, 1859-1860)(도1-5a, b, c)은 그 내적인 논리로부터 전개하여 진실된 형태를 만들어낸 작품으로 평가되고 있다. 여기서 웨브는 자유롭고 비대칭적인 1층 평면, 쾌적하고 논리적으로 연관된 방, 교묘한 공간배치, 내부의 요구조건 등을 외부로 표현한 불규칙적인 창내기, 재료의 정직한 사용, 과장되지 않은 정면 등 기능적 구성으로 표현하여 근대적 의미의 주거라는 새로운 양식으로 제시하였다.

도1-5a, b, c
P. 웨브, 붉은집, 켄트, 영국, 1859-1860

## | 라움플랜과 문화적 실체로서의 건축 : 아돌프 로스 |

### 건축은 예술이 아니다. 단지 일부의 건축만이 예술에 속한다.

영국의 모리스에서 시작된 수공예 운동, 프랑스의 19세기 말 아르누보 운동, 그리고 오스트리아 비엔나의 분리파Sessesion운동 등에서 나타났던 장식화경향은 20세기를 전후하여 쇠퇴하기 시작하였다. 이 시기에 아르누보 운동이 지나치게 자의적이고 주관적이며 장식적이라고 인식한 로스(Adolf Loos, 1870-1933)는, 18세기의 계몽주의 합리적 사상, 설리반의 기능주의 사상 그리고 바그너의 합리주의 이론을 바탕으로 건축에 합리적으로 접근하여 근대 건축의 담론형성에 많은 영향을 끼쳤다. 로스는 일상의 실용적인 대상들은 공동체의 생활양식 속에 깊이 침투되어 있기 때문에, 아무리 사소한 것이라 할지라도 그것들은 문학이나 예술보다 더 분명하게 한 시대의 문화를 형성하는 데 기여한다고 주장하였다. 그에게 건축이란 삶의 방식이 표상되는 형식의 한 부분이다. 이러한 이유때문에, 로스에게 삶의 방식과 주택을 짓는 방식의 관계를 이해하는 일은 매우 중요한 과제였다. 로스의 이러한 사고에서 발견되는 합리성은 현실주의의 원리에 그 뿌리를 둔 것이다.

로스는 문명의 성장과 변화의 과정에서 일상의 문화가 수행하는 중요한 역할을 이해한 사람이다. 그는 "모든 건축은 예술이 아니다. 단지 일부의 건축만이 예술에 속한다"고 주장하였는 데, 이것은 그가 건축을 구축construction의 영역과 관련지어 이해하기 보다는 실생활의 영역, 즉 관습habitation으로 해석하였기 때문이다. 로스는 동시대에 활동한 크라우스(Karl Kraus)의 다름difference의 개념을 차용하여 건축에서 기념비와 주택을, 예술과 실용적 대상(오브제)을, 주택의 내부와 외부를 구별하는 다름의 이론theory of difference을 제시하였다. 그는『*건축 Architektur*, 1910』에서 폭넓은 사회적 요구에 대응해야만 하는 건물과 예술로 분류되는 건물을 구별하여 다음과 같이 주장하고 있다.

> "주택은 어떤 사람이라도 만족시켜 줄 필요가 없는 예술과는 달리, 모든 사람들을 즐겁게 해주어야만 한다. 예술 작품은 이 세상에 필요한 존재가 아닌 상태에서 (이 세상에서) 만들어졌다. 반면에 주택은 필요를 만족시킨다... 예술 작품은 혁신적이며, 주택은 보수적이다.... 그래서 주택은 예술과 아무런 관계가 없다. 그러면 건축은 예술 작품에 속하지 않아야만 하는가? 바로 그렇다. 단지 무덤과 기념비와 같이 일부의 건축만이 예술에 속한다. 목

적에 봉사하는 모든 나머지 것들은 예술의 영역에서 배제되어야만 한다."
(Adolf Loos, 1910)

여기서 로스는 그 순수 형태의 목적 없는 명상적 특성 때문에 "시적인 거주성"을 암시하는 기념비(記憶의 건축)와 무덤(死者의 건축)을 제외하고, 모든 건물들은 이러한 조건들을 반영하는 데 충실해야 한다는 점을 역설한다. 로스는 여러 글에서 '실용적인 대상만이 삶의 방식을 보여주는 진실한 표상'이라고 강조하였다. 그는 『장식과 범죄 Ornament and Crime, 1908』라는 평론에서, "형태는 오로지 그 기능을 반영한 경우에만, 그리고 그 구성 요소가 전체를 형성할 경우에만 아름답다"는 사실을 주장한다. 그는 "장식이 아니라 형태에서 미를 찾는 것은 모든 인류가 분투하고 있는 목적이다"라고 주장한다. 여기서 그는 장식을 배제한 작품만이 순수하고 명확한 사고의 표현이며, 수준 높은 문명의 증거라고 다음과 같이 강조한다.

"어린 아이는 도덕적 관념이 없다. 그리고-우리의 기준으로 보면 파푸아 원주민도 그러하다. 만일 파푸아인이 적을 학살하여 그를 먹는다면, 이것이 그를 범죄자로 만들지는 않는다. 그러나 현대인이 누군가를 죽이고 그를 먹는다면, 그는 범죄자이거나 아니면 타락한 자임이 분명하다. 파푸아인은 자기 몸에 문신을 하고, 자기들의 배와 노, 그리고 그들이 손에 얻을 수 있는 모든 것에 장식을 한다. 그러나 자신의 몸에 문신을 하는 현대인은 범죄자이거나 타락한 자이다. 왜냐하면, 감옥에 있는 죄수의 80%가 몸에 문신을 한 상태이며, 감옥에 있지 않지만 문신을 한 사람은 잠재적인 범죄자이거나 타락한 상류층이다. 문신한 사람이 자유의 상태에서 죽을 때, 그것은 그가 범죄를 저지를 시간을 갖지 못했었다는 것을 의미한다.... 어린아이나 파푸아 야만인에게 자연스러운 것은 현대인에게 타락의 징후이다. 그러므로 나는 다음과 같은 금언을 전개하여 왔으며, 이것을 온 세상에 선언한다 ; 문명의 진화는 유용한 대상으로부터 장식을 제거하는 것과 함께 나아가는 것이라고."(Adolf Loos,1908 / William. J. R. Curtis,1996, p.71 재인용)

그러므로 로스는 시대의 진실한 양식은 장식이 배제되고 형태, 비례, 명료성, 척도 등과 같은 형태의 본질적인 특성들이 꾸밈없이 드러나도록 할 때 발견될 수 있다고 보았다. 이러한 사실은 로스가 "좋은 형태는 형태가 갖는 유용성의 정도에 따라 그 아름다움이 나타나야 하며, 각 부분들이 유기적으로 조합되어 전체를 이루어야 한다"고 주장한 데서도 알 수 있다. 로스는 자신은 "용도가 문명화된 삶의 형태, 오브제(대상)의 형상을 결정짓는다"(Benedetto Gravagnuolo, 1982, p.194 재인용)고 주장하는 반면에, 유럽의 전위적인 합리주의 건축가들은 "새로운 형태가 문명화된 삶의 형태에 영향을 미친다"고 생각한다는 점에서 자신과 다르다고 보았다. 로스가 일상적인 생활이 필요에 의해 지배되는 것으로 이해한 점은, 유물론적 기능주의를 주창한 바그너가 현대 사회의 생활이 요구하는 필요와 기능에 바탕을 둔 신 양식을 주장한 것을 상기시킨다. 로스에게 있어서 '특별한 목적을 지닌 일상적인 대상(주4)은 목적에 대응하는 엄격한 법칙에 종속해야 하며, 그것은 유용성의 원리가 부과된 즉물성의 법칙을 따르는 것' 이었다. (이러한 이유로 그는 객차의 엔진과 자전거는 '퍼스낼러티' 와 '미적 취향' 과는 전혀 무관한 특징을 갖는 것으로 보았다.) 따라서 로스가 산업제품은 그 목적에 충실한 실용적인 대상이므로 그것을 예술적인 것으로 만들고자 하는 행위는 범죄와 동일하다고 강조한 것은 당연한 이치이다.(이것은 후에 르 꼬르뷔지에가 증기선과 자동차와 같은 순수한 기계화된 대상들을 진실한 모더니즘이 드러나는 것으로 사용한 것을 예견하고 있다.)

## 전통은 현재가 과거라는 기억 위에 세워지는 초석이다.

로스는 역사란 새로운 것이 그 위에 지어지는 기초라고 인식하였으며, 과거와 현재를 연결하는 작업을 중시하였다. 그는 오랜 기간 동안 누적되어온 역사의 성과를 무시하고 '환타지' 를 지닌 새 것 만을 창조하려고 몰두한 그 당시의 건축계를 허황된 교만을 지닌 것이라고 비판한다. 또 그는 과거에 향수적으로 집착하는 것이 의사-골동품pseudo-antique에 이르는 것처럼, 지나친 반-역사주의 또한 의사-새로움pseudo-new의 함정에 빠질 위험성을 경고하였다. 그가 '최상' 에 대한 욕구의 이름으로 지나치게 '새 것' 에 집착한 그 당시의 모더니즘의 이데올로기를 반대한 것도 이러한 이유에서이다.(그는 독일공작연맹(Deutscher Werkbund, 1907)을 이끈 무테지우스의 즉물적 기계주의, 바우하우스를 이끈 그로피우스의 기능주의 미학에도 반대하는 입장을 취하였다.)

로스(A. Loos 1913)는 "현재가 과거 위에 세워지는 것은 마치 과거가 그 이전의 과거라는 시간 위에 세워진 것과 같다"(B. Gravagnuolo, 1982, p.21재인용)고 주장한다. 그는 전통의 개념을 당면한 디자인 문제를 열린 태도로 접근하는 데 도움을 주는 '기억' 과 동일한 것으로 간주하였다. 특히 로스는 기억의 개념을 '사고의 경제성' 을 보여주는 논리적인 원리로 간주하였다. 여기에는 훌륭한 고대 유산과 거장들에게서 역사의 교훈을 배운다는 '선택성의 원리' 가 전제되어 있다. 그는 역사의 발달은 장식으로부터 해방되는 과정이며, 이 발달의 사슬이 끊어지지 않도록 우리 자신은 보다 단순한 상태로 되어야 한다고 주장한다. 이러한 생각은 기억에 바탕을 둔 부재의 언어language of absence라는 개념에 근거하여 장식을 배제한 침묵의 표현으로 드러난다.(주5) 따라서 로스에게 역사는 도시에서 그 살아있는 실재를 보여준다. 그의 작품에서 건축적 오브제와 도시의 장소성 locus의 긴밀한 유대관계는 중요한 원리의 하나이다. 이것은 기존 구조물과 대화하는 과정을 통해서 도시의 구조로 융합되어 나타나는 것으로, 르 꼬르뷔지에와 같은 모더니즘 건축가들이 취한 이상 도시나 유토피아적인 시각과는 그 성격을 달리한다. (오히려 로스의 이러한 생각은 오늘날 유럽의 알도 로시(Aldo Rossi)가 도시와 건축의 관계를 기억의 소통과 형태로서의 유형을 통해 장소성을 회복하려는 것과 유사하다.)

로스가 설계한 일명 로스하우스Looshaus로 알려진 **골드만 & 살라취 빌딩**(Goldman & Salatsch Building, Michaelerplatz, Vienna, Austria, 1909-1911)(도1-6 a, b)은 대도시의 생성과정에서 역사적인 기억들로 층화되어 있는 연속성을 중재하는 작업과 함께 상업 건물의 새로운 근대적 유형학을 만들어 내는 과제를 해결하고자 시도한 작품이다. 여기서 로스는 가로에 면한 저층부의 공적인 상업 공간을 대리석으로 마감하고 이와는 대조적으로 상부의 사적인 주거영역을 동일한 형상의 창문이 규칙적 간격으로 배열된 무장식의 벽으로 처리하였다. 이것은 20세기 전환기의 문화적 현상인 대도시의 특징없는 침묵의 언어가 곧 장식이 없는 부재의 언어임을 보여주고자 한 것이다. 상점 내부의 큰 공간에서 작은 공간에 이르기까지 중간층의 레벨 변화가 있는 매우 복잡한 공간적 형상은 각 공간적 조건에 구체적인 비례관계의 체계를 적용한 것으로, 후에 주택 작품에서 발전되어 나타나는 라움플랜Raumplan의 초기 단계를 보여주고 있다.

도1-6a, b
A. 로스, 로스하우스, 비엔나, 오스트리아, 1909-1911

로스는 **스타이너 주택**(Villa Steiner, Vienna, Austria, 1910)(도1-7a, b, c)에서 그가 주장한 내부와 외부의 다름에 대한 개념, 내부공간의 주요 개념인 라움플랜을 구체화하였다. 여기서 건물 형태는 공간구성이나 표면의 분절에서 모두 대칭을 이루는 고전적 형태구성의 이미지뿐만 아니라, 평지붕, 수평적인 창내기, 무장식의 기하학적인 입체 형태들로 합리주의라는 단순성을 보여주고 있다. 로스는 가로변측의 파사드를 높이 제한의 법규에 대응하여 반구형의 금속마감의 지붕으로 처리한 반면에, 정원측의 파사드는 3층의 대칭적인 형태로 구성하였다. 여기서 외부는 주택의 공적 영역으로, 벽돌로 구축된 벽을 치장회반죽으로 마감하고 무장식으로 처리하였다. 그러나 사적 영역인 내부는 다양한 레벨의 유기적 공간으로 거주자의 개인적 취향을 반영한다. 이 공간은 목재, 대리석 등을 사용하여 바닥, 벽, 천장을 풍부한 장식으로 처리하였다.

도1-7a, b, c
A. 로스, 스타이너 주택, 비엔나, 오스트리아, 1910

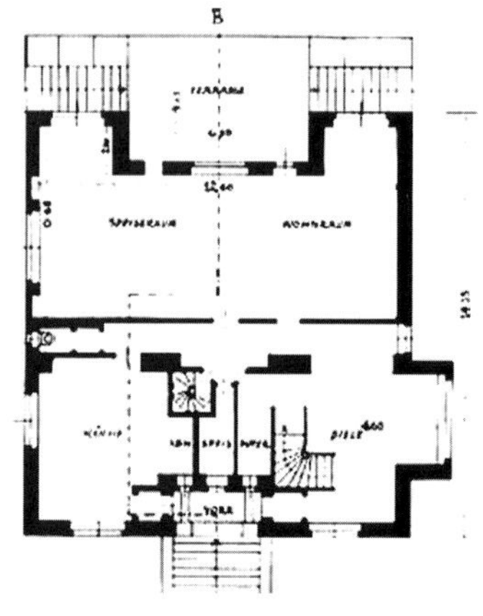

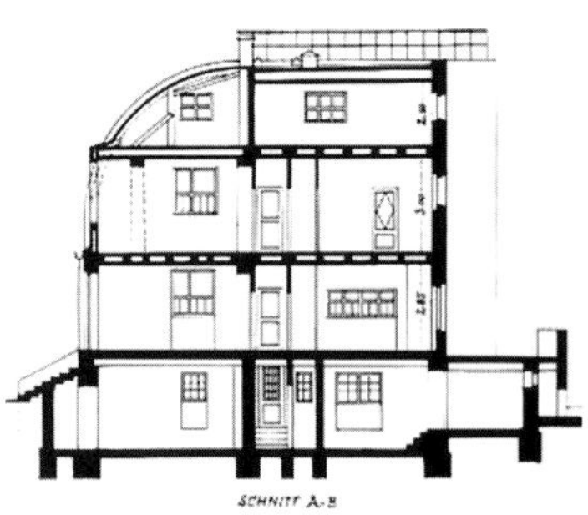

## 건물의 외부는 공적인 문명의 상징으로 내부와는 다르게 표현되어야 한다.

로스는 "건물은 외부에 대해 침묵하여야 하며, 내부에 대해서는 그 풍요로움을 드러내야 한다."(A. Loos, 1914)고 주장하였는 데, 이러한 사고는 장식을 죄악으로 동일시하는 논리로 전개되었다. 그에 따르면, 외부는 '문명'에 속하는 것이며, 내부는 '개인'에 속하는 것이다. 따라서 내부는 우리 자신이 생활하는 곳이자 보호해 주는 껍질인 반면에, 외부는 그 시대의 비개인적인 기술technique을 반영하는 것으로 국한되어야만 한다는 것이다. 여기서 외부와 내부의 타자성otherness 또는 외부의 서로 다른 얼굴들이라는 다름의 시학poetics of difference이 출현한다. 파사드의 침묵과 내부공간의 거주성이 분리되어야 한다는 논리에는 (칼 크라우스의 저서에서처럼) '건축은 공공의 윤리성morality에서 사적인 영역을 보호하는 것'이라는 태도가 전제되어 있다.(주6)

그러므로 로스는 시어바트(Paul Sheerbart)의 『유리건축 *Glasarchitektur,* 1914』의 시적인 에세이의 영향으로 내, 외부의 경계가 구분되지 않는 투명성의 이데올로기를 추구한 동시대의 문화적 분위기에 휩싸이지 않았다. 1920년대에 W. 그로피우스, B. 타우트, 미스 반 데어 로에 등의 작품에서처럼 '유리 건축'이 유행하던 시기에, 로스의 주택은 이와는 달리 사적인 영역을 공적인 영역과 분리해 주는 견고한 벽이 마치 보호하는 '스크린'처럼 가로에 대응하여 당당하게 서있는 방식으로 표현되었기 때문이다.

로스는 윤리적, 미학적, 경제적인 관점에서 장식을 죄악이라고 공박하였다. 그는 현대 산업 문명 속에서 목적, 비용과 생산기술의 문제들을 포괄적으로 다루고 경제적 관점에서 장식의 불합리성을 논리적으로 입증하려고 하였다. 그는 '장식은 더 이상 우리 시대의 문화의 자연스런 산물이 아니며, 그것은 후퇴의 현상 즉, 타락의 징후'라고 단정한다. 로스에게 "장식은 노동의 낭비요 건강의 낭비였다. 게다가 그것은 오늘날 재료의 낭비이기도 하다. 이 두 가지는 곧 자본의 낭비이기도 하다"(A. Loos, 1908) 또 로스는 윤리적인 선택의 관점에서도 장식을 비난하였다. 그에게 장식은 그것이 재료와 노동(그 결과 자본)의 이중적인 낭비이기 때문에, 그리고 무엇보다도 가장(假裝)하려는 욕망으로 승화되어 있는, 퇴보한 향수를 무심코 드러내기 때문에 그것은 분명한 범죄였다. 그는 이러한 장식화의 성향을 정신병리학적인 관점에서 "육욕적인 욕망의 흐름이 상징적으로 변형된 것"(A. Loos, 1908)으로 해석한다. 그러므로 로스에게 문명의 진보는 "실용적인 대상에서 장식을 제거하는 것"과 같은 의미였다. 로스가 주장한 바처럼, 표면에 아무것도 없는 무장식성의 단순한 매스, 내부의 자유로운 공간성, 외관의 소박함 등은 모더니즘의 건축가들이 장식이 배제된 형태 미학을 탐구하는 데 지대한 영향을 끼쳤다. 프램톤(K. Frampton, 1980, p.92)은 로스의 이러한 형태 개념에는 후에 르 꼬르뷔지에가 (사회적 기능에 바탕을 두고 공업생산에 의한 규범적 대상이라는 의미로) 추구한 무장식성의 건축적 특성인 오브제-유형object-type의 개념을 예견한 것이라고 지적한다.

## 라움플랜 Raumplan은 기능과 공간 경험을 위한 것이다.

로스는 공적인 외부 파사드의 무장식성과는 달리, 내부공간은 사적인 영역으로 즐거움을 위한 장소여야 한다고 주장한다. 내부공간에 대한 이러한 생각은 그가 1910년경 제안한 공간개념인 라움플랜의 방법론적인 원리로 전개되었다. 다양한 레벨의 단차와 방들간의 개방된 시각적인 연결성을 갖는 라움플랜의 개념은 단순히 공간적 경제성이라는 합리적인 기준 이상의 의미를 지니고 있는 매우 독특한 개념이다. 그것은 방들이 그 안에서 거주가능하며 환대하는 공간으로 분명한 건축적 특징을 구비하고 있는 것을 의미한다. 여기서 벽은 개인을 사회와 분리시키고, 친밀감 있는 방안에 자신의 경험과 자신에게 가치가 있는 기억들을 보호하는 역할을 한다. 그라바그누올로(B. Gravagnuolo, 1982, p.139)는 "로스의 내부공간의 비밀은 바로 이와 같은 거주가능성habitability에 존재한다" 고 지적한다.

> "건축은 엄밀한 형태를 사람의 정신에 부여하는 것이며, 방은 친밀하게 보여지고 주택은 그 안에서 살 수 있도록 보여져야 한다."(A. Loos, 1910)

프램톤의 지적처럼, 라움플랜의 개념은 건물의 외부 형태와 내부의 영역을 공존시키기 위한 과제로 '플라톤적 매스의 특성과 부정형 볼륨형상의 편리성을 결합하는 방법' 을 탐구한 결과였다. 엄격한 볼륨의 껍질(외피) 안에 서로 다른 높이의 공간들을 복합적으로 잘 적합화한다는 개념에는 객체와 주체 간에, 살아있는 공간과 그 안에서 사는 사람 간에 감정이입Einf. lung을 만들어 내려는 심리적인 의도가 반영되어 있다. 여기서 시각적인 환영(幻影)과 책략(策略)을 통해 구성되는 내부공간의 복잡한 조직화는 기능의 중요성에 따라서 각기 다른 규모뿐만 아니라 다양한 높이로 이루어진다. 공간은 다양한 바닥 레벨과 각 레벨의 이동을 축으로 하여 역동적으로 구성된다. 방이 작으면 작을 수록 그 방들의 친밀도는 더 높아지듯이 이러한 공간개념의 최종 목표는 장소가 제공하는 '즐거움(쾌감)' (주7)이다.

로스가 제안한 라움플랜의 공간 개념은 모리스의 예술 수공예운동에서 시작된 영국식 주택의 비형식적인 실내 공간의 안락함과 고전적 형태의 엄격함을 절충하여 조화시킨 결과이며, 한편으로는 유물론적 기능주의를 넘어 인간의 심리적인 공간 경험의 차원이 반영된 것이다. 우리는 라움플랜 개념에서 로스가 구축적인 구조의 표현보다는 공간의 감각을 우선적으로 고려한 점에 주목할 필요가 있다. 프램톤(K. Frampton, 1980, p.95)이 지적한 것처럼, 로스의 주택 공간에서 발견되는 라움플랜은 구축적 구조의 논리보다는 공간의 감각적 경험과 관련된 (그리고 후에 르 꼬르뷔지에게서 '건축적 산책로' 의 개념으로 실현된) 건축적 산책을 제공하기 위해 평면을 다양한 레벨로 자유롭게 구성한 독특한 수법이기 때문이다. 람뿌나니(V. M. Lampugnani, 1985, p.45)는, '로스의 라움플랜은 자유로운 공간의 표현, 다양한 레벨에 연속된 층고에 구애받지 않는 여러 공간의 계획, 조화를 이루고 있어 분리할 수 없는 단위와 공간적으로 경제적인 실체를 형성하도록 상호 연관된 공간을 배열하는 작업에 근거한 것' 이라고 지적한다. 이 라움플랜에서 발견되는 내부공간의 복잡한 분절과 원심적인 공간의 속성은 후에 평면에서 명료하게 인지가능한 공간을 생성하는 기하학의 질서 안에서 모더니즘 건축이 추구한 자유로운 평면free plan의 개념을 예견하고 있다.

또한 로스는 '건축가의 작업은 사용한 재료의 물질적 속성을 통해서 형태의 표면이 만들어 내는 공간적 분위기ambience의 이미지를 창조하는 것' 이라고 주장하였다. 그에 따르면, 건축가는 그가 목표로 하는 효과를 먼저 생각하고, 자신의 마음의 눈으로 창조하게 될 공간의 이미지를 구성하는 것이 필수적이다. 그 효과는 공간이 관객에게 만들어내는 감각이다. 로스는 거주를 위한 무대로서 내부 환경은 재료가 지닌 특성들을 신중하고 균형있게 활용함으로써 사용자에게서 이끌어내는 감정을 강화할 수 있다고 보았다. 이러한 내부 환경은 그 공간을 담고 있는 형상 때문이 아니라, 그 재료의 특성 때문에 지각되고 경험되고 기억되기 때문이다. 그러므로 로스에게 '장식의 천박함은 재료가 거짓말을 하도록 그 재료에 저질러진 폭력에서 생기는 것' 을 의미하였다.

로스가 스타이너 주택에서 '볼륨들의 평면' 에 대한 개념으로 전개한 라움플랜은 이후 루퍼 주택(Rufer House, Vienna Austria, 1922)을 비롯하여 입방체 형상의 후기 작품들에서 단차split-level에 의한 다양한 공간구성 방식으로 전개되었다. **몰러 주택**(Moller House, Vienna, Austria, 1927-1928)(도1-8 a, b)은 외부의 무장식성의 공허함emptiness과 내부의 침묵적 공간으로 부정의 건축architecture of negation의 특성을 보여주고 있다. 가로변 파사드는 매스와 창내기, 현관 입구 등이 모두 대칭적으로 구성된 추상성이 강한 반

도1-8a, b
A. 로스, 몰러주택, 비엔나, 오스트리아, 1927-1928

면에 정원측 파사드는 기능에 대응하는 비대칭적 형상과 창내기, 정원으로 돌출된 테라스 등으로 건물의 전체 매스의 균형을 깨트리고 외부의 다양한 면들 사이의 타자성을 강조하는 현실주의 태도를 반영한다. 특히 이 건물의 내부에서 라움플랜은 주 생활 공간인 2층에 있는 거실, 음악실, 식당, 부엌 공간들 사이의 시각적 연결관계와 레벨 차이가 있는 공간 구성에서 비대칭적인 방식으로 신중하게 계획된 이동경로를 따라 발생한다. 이 실내에서 스타이너의 주택과는 달리 치장회반죽으로 마감한 외벽의 무장식의 금욕적 표현이 내부에서도 반복되고 있다는 점이 특이하다. **뮐러 주택**(Villa Müller, Prague, Czechoslovakia, 1928-1930)(도1-9a, b, c)은 로스의 라움플랜의 개념이 가장 발전되어 구체화된 작품으로, 여기서 스크린처럼 보여지는 금욕적인 파사드와는 대조적으로 내부는 호사스러운 다양한 재료들로 마감되었으며 매우 복잡한 공간적 시퀀스를 보여주고 있다. 여기서 1층에 서비스 영역을 배치하고 상부층은 주간영역(2층)과 야간영역(3층)으로 명확히 구분하였다. 특히 이 주택은 깊숙한 곳까지 관류하는 커다란 거실공간과 단차를 이루는 식당 공간, 서가와 주부독서실 등처럼 서로 연결된 공간이 친밀한 시각적 접촉이 가능하도록 공간적 상호관입을 만들어 내는 수법으로 라움플랜의 원리를 발전시켰다. 상호 연관된 각 방들의 표면 마감은 서로 다른 재료로 다르게 처리하여 방들의 정신적-기능적psycho-functional 다양성을 물질적으로 상징화하였다.

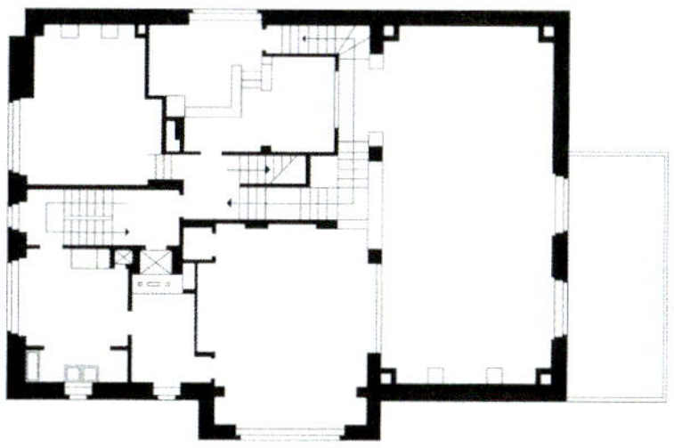

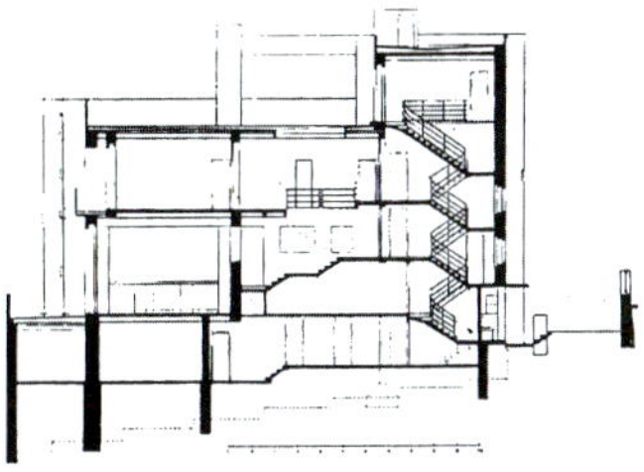

도1-9a, b, c
A. 로스, 뮐러 주택, 프라하, 체코슬로바키아, 1928-1930

## 기계론적 유추방식은 유럽의 유물론적 기능주의의 모토였다.

쥐르꼬가 언급한 기계론적 유추방식은 기계의 효율성, 즉 합목적성을 추구할 때 미(美)가 획득될 수 있다고 전제한다. 20세기 모더니즘 건축에서 알 수 있듯이, 건축의 기능적 미의 기준을 합목적성과 효용성이라는 잣대로 해석하는 기계론적이고 유물론적인 건축적 사고는 이러한 유추방식에 근거한 것이다. 이 기계론적 유추는 심신 이원론의 개념을 발전시킨 철학자 데카르트(René Descartes, 1596-1650)와 근대과학의 눈부신 발전에 많은 빚을 지고 있다.

기계론적 유추방식에서 기계는 새로운 관찰을 인도해주는 하나의 모델이자 유추의 기반으로, '기계적 원리' 에 따라 모든 유기체의 작동원리 뿐만 아니라 인간의 만든 예술품들의 원리를 해석하는 토대가 되었다. 기계론적 유추방식은 경제성과 효율성, 합리성이라는 기능주의의 미학적 토대를 제공하였다. 또한 19세기 건축담론과 20세기 초기 합리주의 건축가들이 기계와 같은 새로운 재료나 생산 과정에 부합되는 새로운 형태를 추구하는 사고의 기반이 되어왔다. (기계론적 유추방식은 살아있는 유기체를 그 작동방식을 설명하기 위해 하나의 기계장치로 간주한다는 점에서 뒤에서 살펴보게 될 유기적 유추방식과도 연관되어 있다.)

스티드만(Philip Steadman, 1979, p.14)은 20세기 모더니즘 건축담론에는 "유기체, 기계, 건축술, 예술작품 등 여러 메타포와 유추 등이 중첩되어 있다"는 점에서 기능주의 미학에 이중적 측면이 발견된다고 지적한다. 유기적 유추(디자인을 위한 모델로서의 유기체)와 기계론적 유추(예술작품을 위한 모델로서의 기계)의 방식에서 파생된 기계로서의 유기체organism as machine와 유기체로서의 기계machine as organism와 같은 기계론적인 생물학mechanical biology적 유추방식이 전개되었기 때문이다. 여기서 기계로서의 유기체의 개념은 기계-이론적인 생물학적 개념을 강조하는 반면에, 유기체로서의 기계의 개념은 기계의 진화, 적응을 강조한다. 기계와 유기체를 동일시하는 이러한 사고는 (일부 반대자들에 의해 많은 비판을 받아 그 타당성을 상실하였음에도 불구하고) 전체를 구성하는 각 부분들의 목적, 재료, 구축수단의 정직한 표현을 중시하는 윤리적 태도(도적적 유추)를 강조한 모더니즘의 기능주의 토대가 되어왔다. 모더니즘 건축의 이념적 배경을 분석한 콜린스(Peter Collins, 1965, 1978, p.166)도 기계적 유추와 유기적 유추가 모더니즘 건축의 담론에서 중요한 이론적 토대를 제공했다고 지적한다. 그러나 콜린스는 건축 이론의 당면과제를 해결하기 위해 사용된 '기계적 유추의 치명적 결함은 건축물을 고립된 오브제로 취급하여 그것이 놓혀진 환경의 일부(유기적 유추처럼)가 아니라 도시나 랜드스케이프에 임의적으로 삽입된 대상으로 간주하였다는 점' 이라고 지적한다.

그러므로 20세기 초 모더니즘에서 발견되는 기능주의 건축은 대상의 본질을 실체보다는 기계의 작용성의 측면에서 해석하였으며, 미적 형태는 그 목적에의 적합성, 유용성 등과 동일한 개념으로 인식하였다. 이러한 사고의 전통은 건축에서 기능의 중요성과 합리주의 건축을 강조한 로도리, 18, 19세기에 유물론적 접근을 강조한 블롱델, 뒤랑, 젬퍼, 바그너 등 모더니즘 이전의 건축가들에 기원을 두고 있다. 20세기 초에는 독일 공작연맹German Werkbunt의 무테지우스(Herman Muthesius, 1861-1927), 꼬르뷔지에(Le Corbusier, 1887-1965), 그로피우스(Walter Gropius, 1883-1969), 마이어(Hannes Meyer, 1889-1954), 이태리 미래파Futurism 건축, 엔지니어 건축가 풀러(Buckminster Fuller, 1895-1983)의 공학건축, 그리고 1960년대의 영국의 아키그램Archigram 운동 등에서 발견된다. 이들은 모두 기계 시대에 있어서 기능의 충족과 최대의 효율성 탐구를 작용성의 측면에서 해석하거나 기계의 이미지가 제공하는 기계 미학을 중시하여 접근한 것이다.

## 기계의 정신으로 규격화된 예술을 창조해야 한다.

건축 예술분야에서 대상(오브제)들의 디자인에 대한 '객관적' 이고 '기능주의적' 인 의미를 뜻하는 즉물성의 개념은, 독일공작 연맹을 이끈 중심적 인물인 무테지우스가 산업 사회의 개혁을 지향하며 대량생산을 위한 규격화된 기계생산의 규범적 디자인이라는 이념과 보편성의 가치를 중시하는 예술 이념을 강조한 데서 잘 나타난다. 1907년 뮌헨에서 설립된 독일공작 연맹은 건축가, 디자이너, 산업가, 교육가, 장인 등으로 구성되었으며, 건축, 예술, 과학, 공업기술의 자유로운 교류와 융합을 추구한 그룹으로, 기계 그 자체의 정신으로부터 발전된 규격화(표준화)와 단순화된 형태를 대량생산의 시스템에 가장 적합한 디자인 전략으로 제시한다. 무테지우스는 좋은 디자인의 기반으로 기능과 경제성을 중시하고 기계적 의식이라는 합리주의를 강조하였다. 그는 인간의 정신도 기계가 만든 것과 같은 형태를 발전시켜 예술화해야 한다고 주장하였다.

> "건축, 그리고 이와 함께 이루어지는 독일공작연맹 활동의 모든 영역은 규격화를 지향하여 나아가고 있다. 그리고 규격화를 통해서만 조화로운 문화의 시대에 존재한 건축의 특성이었던 보편적인 의미를 회복하는 것이 가능하다."(Herman Muthesius, (ed.) Ulrich Conrad, 1970, p.28 재인용)

무테지우스는 "건축이 본질상 유형적이며 질서를 부여한다"는 점을 강조한다. 젬퍼와 마찬가지로 무테지우스는 "개성을 존중하는 입장에서 유형을 창조하는 방향으로 나가는 유기적인 발전과정"(K. Frampton, 1980, p.114)을 강조하고, 생산과정에서 이러한 유형을 "제품으로서의 오브제product object"와 "구축법적 오브제tectonic object"의 두 가지로 제시하였다. 여기서 제품으로서의 오브제는 생산되어 사용됨으로써 서서히 세련되어지는 반면에, 구축으로서의 오브제는 더 이상 분할할 수 없는 건축요소이며 건축 언어의 기본 단위로서 기능을 수행하는 것을 의미한다.(주8) 객관적인 새로운 것에 대한 접근과 신즉물성Die Neue Sachlichkeit에 사회 · 정치적인 함축의미가 내포된 이러한 예술적 분위기는 후에 마이어(Hannes Meyer) 등을 주축으로 구성된 좌익적인 ABC 그룹이 과학적 원리에 따라 새로운 객관적, 사회주의적인 태도로 접근하여 건축의 객관화된 표현방식을 탐구하도록 하는 데도 영향을 끼쳤다.

## 기계 미학은 새로운 기계시대를 위한 인식의 모델이다.

20세기 초에 합리성과 객관성을 모토로 한 기계미학은 구조 기술적 혁신, 전위 예술의 새로운 공간개념 등과 동화되면서 모더니즘 건축의 새로운 미학의 규범으로 정착해 갔다. 이 시기의 이태리 미래파Futurism(1909)는 건축의 영원한 인식의 모델로서 기계 미학을 강조한 대표적인 경우이다. 밴험(R. Banham, 1962, p.31)의 지적처럼, 본래 문학 운동으로 시작되었다가 점차 시각 예술로 파고든 미래파는 제1기계 시대의 테크놀러지에서 기계화된 삶을 표현하는 영감을 구했고 그 형태와 재료를 기계 시대 예술에 적합한 것으로 환영하였다. 테크놀러지의 도래를 찬양한 이탈리아의 급진적인 시인 마리네티(Filippo Thommaso Marinetti, 1876-1944)는 『미래파 선언 *Manifeste of Futurisme*, 1914』에서 "세계의 미가 새로운 형태의 미, 즉 속도의 미에 의해 풍요롭게 되었다"고 강조한다. 무엇보다도 그는 예술과 미에 대한 전통적인 개념을 거부하고, 현대 생활의 기술적, 사회적 변혁을 찬양하였다. 현재는 과거와 필연적으로 다르기 때문에, 역사적인 선례들은 결코 타당하지 못하다는 것이 그의 주장이었다.

미래파의 전위적인 건축가와 예술가들은 자신들이 사회의 구성원을 위해 근대적 생활이 지닌 잠재력과 진실한 속성을 구체화하는 데 특별한 역할을 수행하고 있다고 확신하였다. 이들은 무엇보다도 디자인을 동시대의 생활(삶)에 건설적으로 참여하는 형식으로 간주하였다. 따라서 이들은 새로운 시대에 적합한 예술로서 새로운 재료의 사용과 기술적 구조의 미학을 바탕으로 창조되는 예술을 탐구하였다.(이러한 전위적인 사고는 예술과 생활의 분리라는 전통적인 개념을 탈피하고 근대적 공업 기술과 기계미를 사회적, 문화적 프로그램으로 영속화하고자 한 러시아 구성주의 건축에서도 발견된다. 이에 대해서는 2권의 03을 참조할 것) 그러나 미래파는 합리적, 논리적인 분석에 바탕을 둔 기계적 논리나 기능의 작용성 측면을 강조한 것이 아니기 때문에, 엄밀한 의미에서 미 의식의 측면에서 기계를 찬양한 것이었다. 이러한 현상은 이탈리아의 미래파 운동이 입체파가 탐구해 온 대상의 동시성과 변형의 개념을 수용하고, 여기에 기계시대의 시간적 계기(繼起)로서 기계시대의 속도와 역동성이라는 미적 개념을 도입하여 새로운 형태를 탐구한 데서 발견된다.

미래파가 기계를 '작용성' 보다는 '역동성' 이라는 미의식의 측면에서 해석한 사실은 동시대 엔지니어 건축가 풀러(Richard Buckminster Fuller, 1895-1983)가 조립식 부재로 대량생산을 위해 제안한 **다이막시온 주택**(Dymaxion House, 1927) **계획안**(도1-10a, b)에서(다이막시온이라는 합성어가 역동성dynamism과 최대의 효율성maximum efficiency을 의미하듯) 기계미학적 측면보다는 쉽게 변화가능한, 쾌적한 생활(삶)의 공간과 그것을 지지하는 기계 설비의 복합체로 고안한 것처럼, 기계를 기능의 작용성으로 해석하여 '생활을 담는 용기' 로 구체화한 것과 상당히 대조를 이루고 있다는 점에서도 알 수 있다.

도1-10a, b
B. 풀러, 다이막시온 주택 계획안, 1927

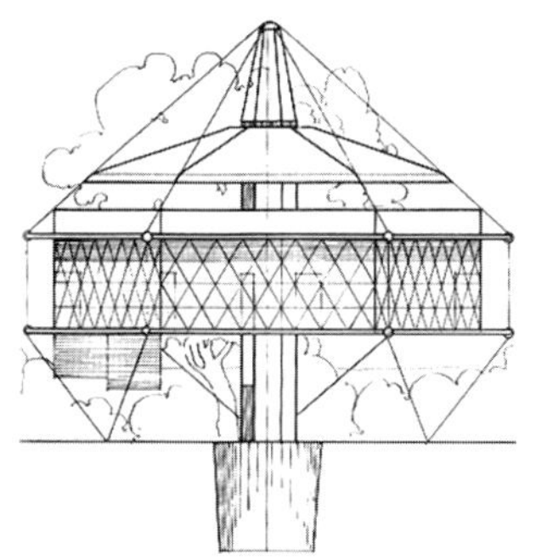

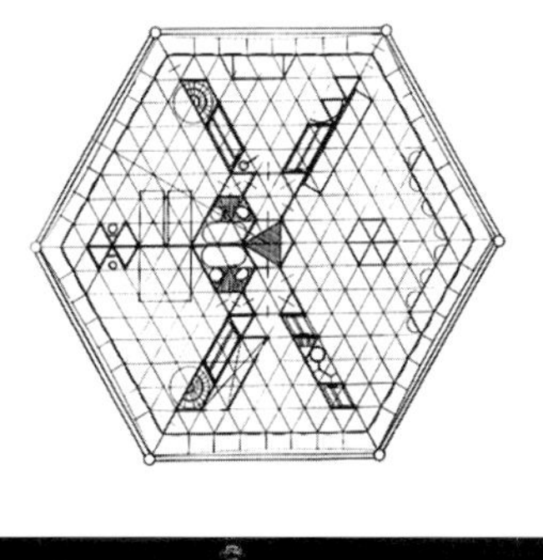

미래파 건축가이자 시인인 산텔리아(Antonio Sant'Elia, 1888-1916)는 『미래파 건축 선언, *Manifesto of Futurist Architecture*, 1914』에서 "건축물은 기계를 닮아야 하며, 건축가는 과거와 단절하고 근대적인 재료와 테크놀러지에 의지하여야 한다" 고 선언하였다. **새로운 도시**(Una Cittá Nuova, 1914)를 위한 스케치(도1-11a, b)에서, 그는 과거와의 의식적인 단절, 새로운 기술세계의 기계 숭배, 혁신적인 역동성의 건축에 대한 탐구를 통해서 '새로운 미의 이상' 을 제안하였다. 그가 제시한 계획안들은 도시 공간에 대한 기존의 사고와는 다른 급진적인 변혁을 보여주고 있다. 이 미래파 도시에서는 연속적인 건물의 벽들로 한정되는 전통적인 가로 대신에 교량, 철로, 가로 등으로 상호간 복합적으로 이루어진 네트워크 위에 솟아오른 독립적인 타워의 형태로 나타나는 데, 이것은 '평면으로 도시를 구성하는 전통적인 2차원 매핑 수법을 거부하고 속도, 흐름flux, 다양한 복합성에 기반하여 예측된 것' 이다. 따라서 미래파 도시는 중심이나 명료한 경계가 없으며, 산텔리아식의 건물들은 도시의 공공 공간을 구체화하기 위해 함께 결합되지 않는다. 오히려 "정교한 서비스와 동선의 네트워크 안에서 개별적인 결절nodes의 역할을 담당한 것" (D. P. Doordan, 2002, p.9)이다. (이러한 개념은 현대사회를 네트워크 도시로 인식하고 시간, 흐름의 개념을 강조하는 UN STUDIO의  벤 반 베르켈의 건축담론을 예견하고 있다.)

도1-11a, b
A. 산텔리아, 신도시를 위한 계획안, 드로잉, 1913-1914

# | 기능의 표현과 기능주의 교육이론 : 발터 그로피우스 | 한네스 마이어 |

## 종합예술로서의 건축 탐구 : 발터 그로피우스

### 형태를 통해 기능을 이해할 수 있는 건축을 창조하여야 한다.

그로피우스(Walter Gropius, 1883-1969)는 바우하우스에 기능주의 교육을 도입하여 근대 건축이 기능주의 정신에서 출발하는 데 지대한 영향을 끼쳤다. 그는 1919년 교장으로 취임한 바이마르의 국립 바우하우스Bauhaus의 새로운 교육시스템을 정초하면서 건축에 대한 윤리관이나 방법론에서 예술적인 것뿐만 아니라 사회적, 기능적, 공학 기술적, 미학적 문제에 대한 관심을 보였다. 그로피우스는 이미 만들어진 해결책을 제시하기 보다는 주어진 환경조건의 관점에서 문제에 접근하여 해결하는 객관성의 방법을 통해 예술적이고 실제적인 디자인을 수행하는 것을 중시하였다. 무엇보다도 그는 "건물의 형태는 그 본질과 기능에서 나와야 한다"는 점을 강조한다. 따라서 기능을 암시하는 형태가 새로운 질서의 특성이라고 보았다. 그는 건축의 기능에 대한 성실한 관심에서 파생되지 않은 채 직관적으로 표출된 형태를 주관적인 것이라고 비판하였다. 그로피우스도 (아돌프 로스와 마찬가지로) 이전 시대가 장식과 모티브를 사용하여 건물을 죽은 장식 상태로 전락시킨 복고주의 건축을 비판하였다. 그러나 로스와는 달리 디자인에 과거의 역사적인 유형을 채용하는 것은 창조성을 저해하는 요인이기 때문에 거부하였다.

그로피우스는 "시각예술의 모든 궁극적인 목적은 완전한 건축이다"라고 선언한다. 『국제주의 건축 *International Architecture, Internationale Arkitektur,* 1925』 서문에서, 그로피우스는 새로운 건축의 특징으로 "엄밀하게 정의된 형태, 다양성 속의 단순성, 기능에 따른 재분배, 전형적인 기본 형태에 대한 거부" 등을 강조한다. 그는 "건물은 가식과 유희가 없는 내적인 법칙으로 만들어져야 하며, 불필요한 것, 온전한 디자인을 포장하는 것들은 폐기되어야 한다"(W. Gropius 1925, (eds.)Veronoca Biermann, 2003, p.725)고 주장했다. 따라서 그로피우스는 "우리는 가식적인 외관과 기교를 벗어 던지고, 명료한 유기적 건축을 창조하고자 한다. 기계와 라디오와 빠른 자동차로 이루어지는 세계에 걸맞는 건축, 곧 그 형태를 통해 기능을 분명히 이해할 수 있는 건축을 창조해야 한다"(Winand W. Klassen, 1980, p.245 재인용)는 점을 강조하였다. 예술과 기술의 새로운 통합을 추구한 그로피우스는 형태와 기능의 관계에 대해 다음과 같이 기술한다.

> "변화되어 심화된 정신과 그에 따른 새로운 기술적 방법과 수단들은 결과적으로 이전과는 다른 하나의 건축 형태를 가능하게 한다. 그것은 그 자신의 의지에 따라 그곳에 있는 것이 아니며, 건축의 실체Wesen에서, 즉 건축이 만족시키지 않으면 안 되는 기능에서 태어난다. 과거의 형식주의 시대는 어떤 건물의 실체가 그 기법을 결정하고, 그것이 다시 그 형태를 결정하는 자연의 법칙에 역행하고 있어 형태의 외양(外樣) 및 그 표현 수단에 관해 본질적인 것, 근원적인 것을 망각하고 있었다. 그러나 서서히 싹트기 시작한 새로운 조형 정신은 대상의 근원으로 소급해 간다. 즉 가구, 집과 같은 대상이 올바르게 기능하도록 구성하기 위해서는, 먼저 그 실체와 본질이 탐구되어야 할 것이다. 건축 작품의 본질 탐구는 그것이 비례의 법칙과 관련되어 있는 것과 마찬가지로 역학, 광학, 음향학의 영역과도 긴밀하게 관련된다. 비례는 정신세계의 중대사이며, 재료와 구조는 그 담당자로서 나타난다. 비례는 재료와 구조의 도움을 받아 건축가의 정신을 표명한다. 비례는 건축의 기능과 밀접한 관계를 갖고 건축의 실체를 표현하며, 처음으로 건축에 긴장을 부여하고 효용가치를 초월한 고유한 정신적 생명을 부여한다."(Walter Gropius, 1925 / 森田慶一, 1977, p.83 재인용)

위 글에서 알 수 있듯이, 그로피우스는 건축을 실증주의라는 사회학적 관점에서 해석하여, 미적인 형태는 본질과 기능에 기초를 두고 있어야 한다는 점을 강조하였다. 그러나 그는 미적 형태의 원인으로 비례를 언급한 점에서, 미의 원인을 단지 기능에 돌리는 유물론적인 기능주의의 옹호자는 아니었다. 오히려 그는 형태와 기능의 새로운 통합이 이루어지려면, "정신적 세계에 대한 관심"으로서 "비례"의 통합과 같은 개념이 요구된다고 보았다. 그에게 이러한 시적인 영역은 기능과 구축에 의존해 있을 뿐만 아니라, 건물을 순수한 통일성의 높은 경지로 이끌어 주는 것이다. 이 점에서 모리다게이찌(森田慶一, 1977, p.84)는 그로피우스의 기능주의적 사고에는 "조형은 물적 인자와 정신적 인자도 포함하고 있으며, 기능은 아름다운 형태에 선행하는 동시에 아름다운 형태는 기능을 예상하고 포함하여 양자는 상호침투하여 불가분의 일체를 형성한다"는 사고가 깔려 있다고 지적한다.

그로피우스가 이끈 바우하우스는 마이어(Hannes Meyer), 미스 반 데어 로에(Mies van der Rohe) 등을 거치면서 초창기의 '수공예적인 이상'을 이해하는 교육과정을 중시하는 데서 '산업화된 생산 형태의 가능성'을 추구하는 방향으로 전환되었다. 테크놀러지와 재료의 진보가 건축가들에게 역사에 전례없는 선택의 기회를 제공한다는 신념을 바탕으로, 바우하우스는 '재료와 기술tecniques을 가지고 부단한 실험을 통한 교육'에 기반을 둔 디자인 개념을 중시하였다. 이러한 실험은 세계를 관찰하는 방식으로서 객관성을 전제하는 과학적 방법을 디자인에 적용하는 것이다. 따라서 바우하우스 교육은 예술적인 전위운동의 미학적 성취, 구축과정에서 테크놀러지의 진보가 혁신의 정신을 손상시키지 않고 건축문화에 어떻게 통합될 수 있는가 하는 방식을 보여주고 있다. 이 점에서 도던(D. P. Doordan, 2002, p.99)은 "바우하우스는 모더니즘 건축의 3가지 주요 관심사인 형태적 창안, 기술적인 혁신, 진보적인 사회적 어젠다agenda를 성공적으로 통합한 것"이라고 평가한다.

도1-12
W. 그로피우스, 파구스 공장, 알펠드 알 라이네, 독일, 1911-1913

그로피우스가 아돌프 마이어(Adolf Meyer, 1881-1929)와 함께 설계한 **파구스 공장**(Fagus Shoe-last Factory, Alfeld/Leine, Germany, 1910-1914)(도1-12)은 모더니즘 시기에 공장건축에 유리를 이용한 커튼월 표면과 단순한 구조를 혁신적으로 사용한 작품이다. 이 건물은 베렌스(Peter Behrens)가 설계한 AEG 터빈공장(AEG Turbine Factory, Berlin, Germany, 1908-1909)의 육중한 모서리 부분과는 달리 모서리 부분에 기둥을 없애고 전부 유리로 '탈물질화' 하여 투명성의 볼륨을 연출하고 있다. 내·외부가 투명하게 보이는 볼륨에서 기둥들을 유리 외벽면 안쪽으로 후퇴시켜 마치 평탄한 유리판넬이 매달린 듯한 커튼 효과를 연출하고 있다. 기능적으로 분리하되 서로 비대칭적인 형상이며, 유기적으로 연결하는 건물 배치방식을 보여주는 뎃소우의 **바우하우스 교사**(敎舍)(Bauhaus Building, Dessau, Germany, 1925-1926)(도1-13a, b)는 축에 의한 경직된 대칭형태의 모습을 탈피하여 비대칭적 군집이 보여주는 율동적인 균형을 이루고 있다. 기디온(S. Goedion, 1962)은 작업공방의 커다란 유리 커튼월과 모서리의 탈물질화 수법으로 얻어지는 내·외부 공간의 연속성과 투명성은 입체파가 발전시킨 상호침투적인 공간적 관계의 표현 방식을 반영한 것으로, 이것은 "시-공간의 개념에 바탕을 둔 공간의 투명성, 즉 비물질화 개념을 유동적 공간, 개방 평면과 함께 탐구한 결과"라고 평가한다.

도1-13a, b
W. 그로피우스, 바우하우스 교사, 뎃소우, 독일, 1925-1926

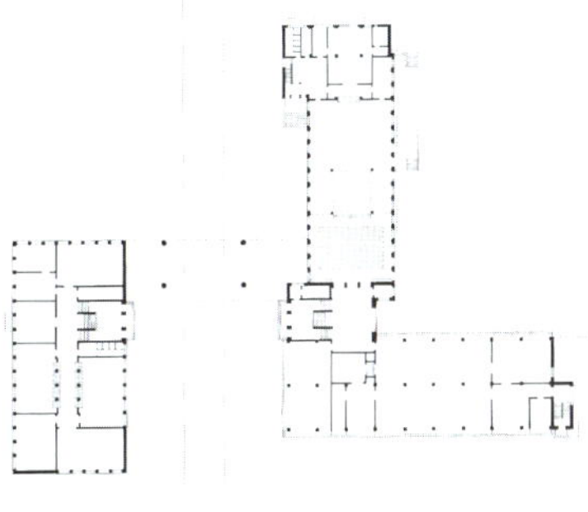

## 사회적 프로그램으로서의 건축 : 한네스 마이어

### 건축은 기능 × 경제성의 산물이다.

바우하우스 2대 학장을 역임한 마이어(Hannes Meyer, 1889-1954)가 추진한 기능주의 이론과 교육방식에는 합리성, 경제성 등을 강조하는 유물론적인 사고가 강하게 반영되어 있다. 마이너는 그로피우스가 강조한 바우하우스 초기 교육과정이 개인의 상상력과 예술적 형태구성에 치우쳐 개인의 심미적 특성만을 중시한 것이라고 비판하였다. 마르크스 사상과 당시의 러시아 구성주의와 같은 아방가르드 운동에 심취한 마이어는, 건축을 예술형태가 아니라 민중의 삶과 일치하는 사회적 요구와 기능에 따르는 과학으로 인식하였다. 따라서 그는 그로피우스와는 달리 건축교육에 있어서 미학적인 측면보다는 민중의 필요와 현실 사회의 요구에 대응하는 건축의 사회적, 기술적, 기능적인 측면과 관련된 영역을 강조하였다.

마이어는 건축은 본질적으로 새로운 사회적 프로그램에 따른 기능에 대한 연구에서 출발하여야 한다고 주장한다. 건축은 예술형태가 아니라 과학적 법칙을 따라야 하는 것이 그의 신념이다. 그에게 디자인 프로세스는 건물의 요구조건인 프로그램을 과학적, 체계적으로 분석하는 것으로 이루어지며, 이러한 과정을 통해서 형태, 재료, 그리고 심지어 사용해야할 텍스춰, 색채 등이 자동적으로 나오는 것으로 인식되었다. 그는 "건축물 그것은 삶의 프로세스의 구성으로 간주된다. 그러므로 기술적 프로세스로서의 건축물은 프로세스의 일부이다. 기능적 다이어그램과 경제적인 계획schedule은 건물 프로젝트에 결정적인 지침이 된다."고 강조한다.

마이어는 심리학은 사회적 체계와 긴밀하게 연결되어 있기 때문에, 건축 교육과정에 체계적, 과학적 방법으로 심리학 이론을 적용하는 것이 중요하다고 강조하였다. 그가 바우하우스 교육과정에 심리학, 사회학, 경제학과 같은 사회과학 분야를 도입한 것은 이러한 이유 때문이다. 무엇보다도 마이어는 형태를 개인의 심미적 기준보다는 과학적 테이터와 프로그램의 객관적 조합의 결과로 인식하는 기능주의적인 접근을 표방하였다. 이것은 건축을 '기능과 경제성의 산물' 이라고 한 그의 선언에서, 그리고 근대적인 재료의 생산 시스템과 조립방식 등을 객관적인 방법으로 표현하여 외관 구성에서 건축가의 심미성을 배제하려고 한 태도에서 나타난다.

"이 세상의 모든 사물들은 기능과 경제성이라는 공식의 산물이다. 그러므로 이러한 것들의 어느 것도 예술 작품들이 아니다. 모든 예술은 구성이며 따라서 특정한 목적에는 부적합하다. 모든 삶은 기능이며, 따라서 예술적이 아니다. 부두를 구성한다는 개념은 고양이를 웃길 만큼 우습기 짝이 없다. 그러면 도시계획은 어떻게 고안되며, 주택의 계획은 또 어떠한가? 현상설계인가 기능인가? 예술인가 삶인가?(Hannes Meyer, 1928 / K. Frampton, 1980, p.160 재인용)"

그러므로 마이어는 건축을 "삶을 위한 디자인"으로 정의한다. 그는 생물학적 유물론의 관점에서 건물을 살아있는 유기체로 간주하였다. 그는 "모든 생활은 기능이며 비예술적이다"라고 주장한다. 따라서 그에게 건축은 기술적, 경제적, 심리적 구조의 복합체로 정의되는 생물학적 과정이지 결코 예술적인 과정이 아니다. 마이어는 살아있는 유기체는 얼굴(형태)을 부여받지 않아도 되기 때문에, 건축가가 건물에 형태를 통해 개별성(설리반은 이를 유기적 장식으로 부여되는 '특성'이라고 하였다)을 부여하는 것은 무의미하다고 생각하였다. 이러한 이유때문에 마이어는 르 꼬르뷔지에처럼 '구성'을 강조하는 태도는 예술가 개인의 주관적인 정서의 성취에 근거한 건축을 만드는 것에 불과한 것이라고 강하게 비판한 것이다.(주9) (이러한 주장은 아돌프 로스가 건축은 기능적 고려가 필요없는 기념비와 무덤뿐이며, 그 이외는 모두 건축이 아니라고 말한 것과 유사한 주장이다.) 마이어의 이러한 사고에는 뒤랑과 젬퍼, 바그너 등처럼 건축의 사회적 효용성, 경제성, 재료의 표현적 가치 등을 주장한 유물론적 사상이 강하게 흐르고 있다.

도1-14
H. 마이어, 국제연맹본부 현상설계 계획안, 1927

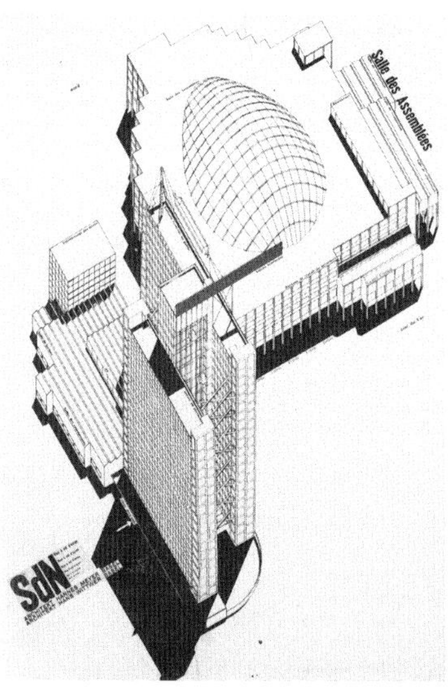


마이어가 위트버(Hans Wittwer)와 공동으로 설계한 **국제연맹본부 현상설계 계획안**(Palace of the League of Nations, Geneve, Switzerland, 1927)(도1-14)은 건물이 요구하는 기능이나 그 사회적 요구를 반영하여 민중의 집단적 삶을 구성하려고 시도한 기능주의적 접근을 보여주는 작품이다. 여기서 마이어는 명확하게 구획된 효율적인 평면구성을 위한 기능적 격자체계, 대량생산된 공업화된 부재의 표준화와 반복적인 모듈체계 등을 도입하였다. 뿐만 아니라 음향적 계산을 통하여 강당의 윤곽을 결정하는 객관적이고 기능적인 접근을 택하여 모더니즘 건축이 지향한 형식성과 개인적 심미성의 표현방식을 거부하였다. 마이어가 (바우하우스 2대 교장으로 재임 당시 현상설계공모에 당선되어) 설계한 **독일종합무역조합협회학교**(ADGB, Federal School of the German General Organization of Trade Unions, Bernau, Germany, 1928-1930)(도1-15a, b)는 "다이어그램적 행위로서의 건축"이라는 독특한 방법을 보여주는 작품이다. 마이어는 ADGB 건물을 심

도1-15a, b
H. 마이어, 종합무역조합협회학교(ADGB), 베르나우, 독일, 1928-1930

미적 대상이 아니라 프로그램으로, 사회-기능적 영역들이 기계적으로 번안되어 지각되는 대상으로 인식하고 출발하였다. 여기서 그는 노동자들을 짧은 기간 동안 재교육하는 교육기관으로서 사회-교육적 조직형태를 제시하고, 이것을 기능적 다이어그램의 직설적인 모사로 번안하고자 하였다. 이러한 작업결과는 노동자의 공동체적 사회성을 인식시키기 위한 도구로 일정 인원을 수용하는 유니트 단위 모듈을 '사회적 관계에 대한 공간적 다이어그램' (K. Michael Hays, 1996)으로 구성(조직)하는 방식으로 배치하는 데서 나타난다.

## 생물학적 유추방식은 유기주의 건축의 출발점이다.

건축의 본질을 대상 자체의 속성과 작용성의 측면에서 해석하는 기계론적 유추방식은 20세기 초 유럽 건축계의 지배적 담론이었다. 그러나 이 시기에 북미 건축계에서는 쥐르꼬가 언급한 유기론적인 생물학적 유추의 개념을 바탕으로 접근한 기능주의 이론이 오래 전에 싹트고 있었다. 생물학적 유추방식은 전체와 부분들간의 유기적 관계를 보여주는 유기체의 속성을 건축형태의 발생 개념으로 파악하여 접근하는 것이다. 고대 그리스 이래로 철학자와 비평가들은 자연의 유기체를 디자인의 부분들 사이에 조화로운 균제와 비례—미의 고전적인 이상으로서—를 제공해주는 완벽한 모델로 간주하였다. 각 부분들은 전체의 목적에 기여하는 구조 안에서 전체성, 통합성, 통일성의 특성을 지니며, 전체를 손상시키지 않고서는 부분들이 제거되는 것이 불가하다는 이러한 개념은 아리스토텔레스의 미학과 자연사에서 발견되는 중심개념들에서 유래한 것이다.

유기적 유추방식은 시각적 외양이나 구성이라는 관점과 기능이라는 관점에서 두 가지로 해석되어 왔다. 유기적 유추를 '구성의 관점에서 해석' 하는 입장은 부분과 전체의 균형 있는 비례적 관계를 통해 얻어지는 예술작품의 유기적 전체성organic wholeness을 예술작품에서의 미의 원천으로 강조한다. 이와는 달리 유기적 유추를 '기능적 관점에서 해석' 하는 입장은 유용성 또는 유용성의 표현을 미와 동일시한 것으로 기능주의의 미학의 토대가 되었다. 따라서 이것은 (생물체의 각 부분들의 구조와 기관들의 기능이 전체와 부분이라는 유기적인 관점에서 기능적인 의미를 지닌 것처럼) 그 목적에 부합되게 합리적으로 잘 디자인된 예술품은 이러한 용도의 적합성을 인식시킴으로써 미적으로 보여질 수 있다는 개념을 강조한다.

19세기에 건축과 예술의 디자인을 이러한 관점에서 해석한 많은 이론가들은 자연의 유기체의 속성은 마치 기계장치처럼 간주하였다. 실제로 생물학적 유추에 대한 두 가지 해석은 서로 밀접하게 관련되어 있다. 이 점에서 쥐르꼬(E. R. de Zurko, 1957)는 유기적이라는 생물학적 개념은 기능과 관련성이 있는 의미로 해석되어 왔다고 지적한다. 이러한 개념상의 유사성으로 인해 설리반(Louis Henry Sullivan, 1856-1924)이 말한 것으로 자주 인용되는 '형태는 기능을 따른다' 는 주장(이것은 미국의 생물학자 그리노우(Horatio Greenough)가 언급한 것으로 생물학적인 유추의 의미를 지닌다)은 당시 유럽 건축계에서 싹트기 시작한 기계적 기능주의가 형태의 발생논리를 기능을 변인으로 하여 설명하는 데 자주 오용되어 왔다.(주10)

람뿌나니(V. M. Lampugnani, 1985)는, 자연은 건축사를 통해서 각 과제마다 독특하고 전혀 다른 다양한 형태를 생성하는 규범으로 인식되어 왔다고 지적한다.(고전건축의 시대에는 자연을 우주적 질서를 반영하는 존재로 인식한 반면에, 중세와 같은 낭만주의적 자연관은 자연을 생명과 자유를 부여하는 대상으로 간주하였다. 자연계에 존재하는 식물의 유기적 형태는 19세기 아르누보Art Nouvea 건축가들에게 건물의 조각적 장식이나 추상적인 건축적 장식을 위한 모델로 사용되었다.) 특히 건축적 사유의 모델로서 자연은 생물학적 유추와 관련된 해석을 제공하는 원천이 되어 왔다. 스티드만(Philip Steadman, 1979)은 이러한 생물학적 유추의 다양한 양상들은 유기체 기관의 부분과 전체의 통일성을 강조하는 유기적 유추organic analogy, 동물의 골격의 해부학적 특성에서 공학건축의 구조적 특성을 해석하는 해부학적 유추anatomical analogy, 유기체와 인공품의 환경의 공생관계에 주목하는 생태학적 유추ecological analogy, 건물의 유형과 자연의 종의 관계를 규명하려는 분류학적 유추classification analogy, 그리고 형태의 발생과 성장, 변형 과정을 진화론인 관점에서 해석하는 다윈적 유추darwinian analogy 등으로 구별한다.(주11)

특히 건축을 유기체로 보는 생물학적 유추에서 전체와 부분과의 관계를 상호 보완적인 관계로 파악하는 '유기론의 개념' 과 유기체의 성장, 소멸, 진화의 관점으로 파악하는 '생물학적 개념' 은 모더니즘의 건축에서 중요하게 인식되었다. 이 유기론은 유기적 형태는 본질상 생득적이며, 그 형상은 내부로부터 스스로 성장하여 나온다고 전제한다. 이러한 입장은 모더니즘 초기에 "형태는 기능을 따른다" 고 인식한 설리반을 비롯하여 그 영향을 받은 라이트(Frank Lloyd Wright, 1867-1959), 해링(Hugo Häring, 1882-1958), 한스 샤로운(Hans Scharoun, 1893-1972) 등과 같이 유기주의와 유기적 기능주의 건축 담론을 제시해 온 건축가들에게서 발견된다. 형태의 작동방식 보다는 성장하는 방식에 주목하는 생물학적 개념은 1960년대에 일본의 건축가 키쿠다케(Kiyonori Kikutake 1928-2011), 구로카와(Kisho Kurokawa, 1934-2007), 마키(Fumihiko Maki, 1928- ) 등을 중심으로 전개된 메타볼리즘Metabolism 건축운동이 '성장과 변화' 라는 신진대사의 생물학적 개념을 건축에 적용한 데서 찾아볼 수 있다. 단게(Kenzo Tange, 1913-2005)가 융통성 있는 기능적인 그리드 플랜의 형태로 제시한 도쿄만 계획(Plan for Tokyo Bay, Tokyo, Japan, 1960)의 거대도시 개념에까지 소급되는 메타볼리즘 운동은, 성장하는 거대도시에서 변화하는 기능들이 적응성을 갖도록 자연의 프로세스를 도시계획 디자인에 적용할 수 있다고 전제하였다.

## | 유기적 건축의 전통 : 루이스 설리반 | 프랭크 로이드 라이트 |

### 유기체로서의 건축 탐구 : 루이스 설리반

#### 형태는 기능을 따른다 Form follows Function

19세기 말 유럽에서 태동한 유물론적, 기계적 기능주의와는 달리, 미국의 시카고 학파 Chicago School 건축가인 설리반(Louis Henry Sullivan, 1856-1924)은 마천루 건축의 구조와 기능적인 문제를 탐구하여 마천루 건축의 기술적이고 기능적인 해결방식들을 의미있는 형태로 통합하려고 시도했다. 설리반은 비올레-르-뒤크, 젬퍼, 그리노우 등의 영향력 있는 건축 담론들을 수용하여 유기적 관점에서 새로운 건축 양식을 탐구하였다. 특히 "기능과 형태의 유기적 통합이야말로 유기적인 삶의 표현이며, 행위는 아름다움보다 우위에 있는 것"으로 생각한 그리노우의 생물학적 유추의 개념(주12)은 설리반의 건축 사상의 형성에 많은 영향을 주었다. 설리반은 "삶은 그 표현에서 인식할 수 있으며, 형태는 기능을 따른다"라고 주창하여 유기적 기능주의 건축을 공식화한 인물로 평가되고 있다.

그러므로 설리반은 "모든 삶은 유기적이다. ... 삶은 감각 기관, 구조, 그리고 기능을 통하여 그 자체를 드러낸다. 이것은 하나의 법칙이다. .... 실질적 삶의 행위, 이것이 유일한 진실이다."(W. G. Lesnikowski, 1982, p.214 재인용)라고 주장한다. 그는 기능은 본질적이고 구체적인 아이덴티티를 지니며 직접적이고 정직한 표현을 추구하여야 한다고 보았다. 따라서 설리반에게 "기능이 모든 문제의 근본이며, 해결책을 내포할 뿐만 아니라 해결책을 제시하는 것"(V. M. Lampugnani, 1983, p.254 재인용)으로 간주되었지만, 기능을 넘어서 표현성의 문제도 중요하게 다루어졌다. "형태는 기능을 따른다"고 한 설리반의 주장은 기능이 완전히 형태상에 표출되어 있고, 형태의 모든 부위가 기능에 의해 해석될 수 있는 유기체인 생물에서 건축 형태의 모델을 구한 것이다.(주13) 이러한 논리적 개념은 기능과 형태의 관계에 대한 기능주의의 논쟁, 즉 실용성과 미의 관계에 대한 본질적 논쟁을 촉발시켰다.

그러나 기능에 대한 설리반의 강조는 단순히 건물이 그 용도를 외관에 표현해야 한다는 것과는 무관하다. 오히려 건물의 형태는 그 형태의 특성character을 드러내는 기능의 표현에서 나와야 한다는 것이 설리반의 생각이다. 이것은 건축가 개인의 주관적인 결정과 판단이 선험적인 개념idea에 의해 결정되기 보다는 작업의 본질 속에 이미 잠재되어 있는 실체substance를 이해하는 데서 시작하는 것을 의미한다. 설리반이 언급한 기능의 개념에는 유럽의 기계적 기능주의가 강조한 기술적 및 경제적 요구사항들 뿐만 아니라 심리적이고 미학적인 요구사항들까지도 포함된다는 점에서 매우 중요한 의미를 갖는다. 이러한 사실은 설리반이 기능과 감성간의 유대를 중시하였으며(이 점은 설리반의 유기적 사상을 수용한 로스의 라움플랜에서도 발견된다), 건축물에 인간성을 부여하고자 유기적 장식에 관심을 기울인 데서도 알 수 있다.

설리반은 『예술적으로 고려한 고층 사무소 건축 *The Tall Office Building Artistically Considered*, 1896』에서 마천루 건물이 지녀야 하는 특성을 다음과 같이 언급한다.

> "우리는 이제 감정이라는 피할 수 없는 목소리에 유의하여야 한다. 이것은 우리에게 무엇이 오피스 건물의 주된 특성인가? 라는 질문을 요구한다. 그리고 우리는 즉시 대답한다. 그것은 우뚝 솟아야 하며, 높아야 한다. 높이의 힘과 파워가 그 안에 있어야 한다. 환희의 영광과 자부심이 그 안에 있어야 한다. 그것은 철두철미하게 자랑스럽게 표효하는 대상이 되어야만 한다. 꼭대기에서 바닥까지 완전한 환희 안에서 솟아오르면서 그것은 단 한개의 불일치하는 선이 없는 하나의 통일체이다."(Louis Henry Sullivan / William J. R. Curtis, 1996. p.47 재인용)

## 건축은 유기체이다.

여기서 우리는 설리반이 자연과 건축의 유사성의 개념을 기계론적이 아니라 존재론적으로 해석하였다는 점에 주목할 필요가 있다. 그는 "건물은 생명의 힘이 구현되고, 또 실제적으로 작용하도록 되어 있는 유기체"라고 주장한다. 설리반은 고층건물의 구조가 만들어 내는 물질적 형상에 만족하지 않았으며, 외관을 유기적 장식으로 피복하여 시적 상상력의 옷을 입혀야 한다고 생각하였다. 설리반에게 영향을 준 그리노우는 유기적, 기계적 유추에서 얻는 교훈은 그 당시 조잡한 상업건축을 개선하는 데 기여할 수 있다고 보았듯이 설리반도 장식을 기능적인 건축에 방해가 되는 것으로 생각하지 않았다. 오히려 그는 유기적 장식이 구조를 분절하고 기능의 상징적 표현을 전개하는 데 기여할 수 있다고 보았다.

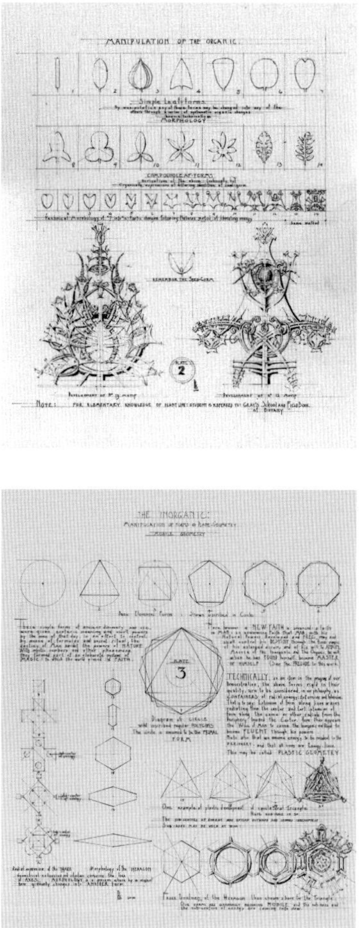

도1-16a, b
L. 설리반, 유기체 형상과 비유기적 형상의 건축적 장식의 체계를 보여주는 도판, 1924

설리반이 주장한 형태는 단순히 기능만을 따르는 것이 아니었다는 사실은 그가 건축과 자연에 존재하는 사물들 간의 관계를 중요하게 여기고, 상상력이 풍부한 유기적 장식을 창안한 데서도 알 수 있다. 설리반은 자신이 죽던 해에 출간한 『인간 능력의 철학에 따른 건축적 장식의 체계 *A System of Architectural ornament According with a Philosophy of Man's Power, 1924*』에서 형태학적 변형과 기하학적인 변형을 통해서 유기적 형상과 복잡한 다면체의 비유기적인 형상으로 구성되는 장식을 탐구하였다.(도1-16a, b) 프램톤(K. Frampton, 1995, p.99)은 '설리반의 범신론적 성향의 장식에서 보여지는 의사-과학적인 속성의 형태들은 에머슨의 초월주의와 이슬람 문화의 추상적 보편성을 가교하는 역할을 한다' 고 지적한다. 따라서 설리반의 후반기 작품에서 보여지는 장식들은 마치 신비스러운 문신처럼, 구조의 모든 표면에 침투되어 있는 우주론적인 신앙(믿음)이라는 주술적인 주장으로 간주되었다.

설리반은 이러한 유기적 장식을 사용하여 구조체의 솔직한 노출보다는 재료의 표면 질감을 독창적인 다양한 방식으로 피복함으로써 물질성을 초월한 표현적 특질과 상징을 추구하였다. 젬퍼가 장식을 구축하기보다는 구축을 장식하여야 한다고 강조한 것처럼, 설리반도 자연에서 유도한 유기적 장식을 직물 메타포textile metaphor를 사용하여 해석하였다. 건물과 인체 사이에는 특별한 유사성과 연관성이 있다고 생각한 설리반은, 사람이 옷을 입듯이 건물도 그 특성에 맞게 유기적 장식으로 피복되어야 한다고 생각한 것이다. 설리반에게 고층건물은 사회적, 기술적인 필수불가결한 산물이며, 적절한 형태학을 탐구하는 데서 발견되는 새로운 유형의 건물로 간주되었다.

"우리는 이 메마른 구조물에, 이 잔인하고 거칠고 야수 같은 덩어리에, 영원히 살아남으려 투쟁하면서 부르짖는 날카로운 절규에, 어떻게 정열하고 맹렬한 열정을 억누를 수 있는 고급한 형식의 감수성과 문화에서 우러나오는 우아함을 부여할 수 있을까? 이를 달성하기 위해서는 강하고 단단한 근육적인 형태에 시적인 상상력이라는 옷을 입혀야 한다."(Louis Sullivan, 1896 / Winand Klassen, 1980, p.224 재인용)

여기서 설리반은 인체의 특성을 표현하는 기능적인 고층건물의 모델로 기단부, 층층으로 된 수직부, 정상부의 지붕 코니스로 구별되는 개념을 제시한다. 이러한 태도는 형태의 특성을 대상 자체의 속성뿐만 아니라 생물학적인 관점에서 발견하려고 시도하였다는 점에서 앞에서 살펴본 기계론적, 유물론적 기능주의자들의 접근과 그 성격을 달리하는 것이다. 커티스(William J. R. Curtis, 1996, p.47)는 '기능과 구조로부터 개념과 표현성의 단계로 나아가는 설리반의 주장은 과업에 대한 합리주의적 정의로부터 상징적 해석으로 진보해 나가는 것을 의미하며, 이것은 과거 시대에 실용적인 구조물이 예술적 수준으로 끌어올려진 방식을 관찰했던 젬퍼의 해석을 상기시킨다' 고 지적한다. 설리반의 유기적 사상은 후에 라이트에게 계승되어 라이트가 유기적 건축 이론을 바탕으로 독창적인 '유기적 공간' 개념을 창안하는 데 영향을 끼쳤다.

설리반이 애들러(Dankmar Adler, 1884-1900)와 함께 설계한 버팔로의 **웨인라이트 빌딩**(Wainwright Building, St. Louis, Missouri, USA, 1890-1891)(도1-17)은 그의 과도기적 작품인 시카

도1-17
L. 설리반, 웨인라이트 빌딩, 성 루이스, 미조리, 미국, 1890-1891

도1-18
L. 설리반, 개런티 빌딩, 버팔로, 뉴욕주, 미국, 1894-1896

고 오디토리엄 빌딩(Auditorium Building, Chicago, IL, USA, 1886-1889)에서 보여준 새로운 구축적 표현방식들(건물을 기단부, 중간부, 상부로 구분하는 3분 구성법, 선형적 장식으로 수직성의 힘을 강조하는 수법 등)을 더욱 진척시켜 수직적 형태에 대한 열망을 표현하기 위해 조소적인 수단으로 뼈대의 개념idea of frame을 강조한 작품이다. **개런티 빌딩**(Guranty Building, Buffalo, NY, USA , 1894-1896)(도1-18)에서 설리반은 기능을 따르는 형태란 구조가 노출된 개방된 강철 상자의 형태가 아니라 똑바로 선 강인한 인체의 형태를 의미하는 개념을 표현하고자 하였다. 여기서 저층부는 신인동형론적 특성을 지닌 원통 형상의 지지 기둥들이 독립해 서 있는 성격으로 인해 웨인라이트 빌딩보다 더 투명성을 보여주고 있다. 또 당시의 시카고 학파의 건축가들이 수평적인 '시카고 창chicago window'으로 구조적인 골격의 표현을 강조한 것과는 달리, 설리반은 건물의 수직성과 조소적인 특성을 강하게 표현하였다. 여기서 기계론의 개념은 살아있는 유기체로서의 고층 건물의 개념으로 변화되는 것을 발견할 수 있다. 인체 이미지를 유추하여 적용한 개런티 빌딩과는 달리, 시카고의 **카슨- 피리에 & 스코트 백화점**(Carson, Pirie & Scott Department, Chicago, IL, USA, 1899-1904)(도1-19a, b)에서 설리반은 건물로 가로나 광장과 같은 도시공간을 규정짓는 사무소 건물의 새로운 유형을 제시하였다. 이 건물의 파사드는 모서리 부분을 제외하고 수평적 연속성을 지니도록 처리되었다. 특히 수평적인 시카고 창 주변과 저층부에는 19세기 아르누보의 장식적 수법을 이용한 유기적 장식이 벌집 모양의 복잡한 디테일과 강력한 윤곽선으로 표현되어 있어 건물의 피복에 대한 유기적 개념을 보여주고 있다.

도1-19a, b
L. 설리반, 카슨 피리에 & 스코트 백화점, 시카고, 미국, 1899-1904

# 유기적 건축의 탐구와 공간의 시학 : 프랭크 로이드 라이트

## 기능과 형태는 하나이다.

설리반의 유기적 건축 사상은 라이트(Frank Lloyd Wright, 1867-1959)에 이르러 자연의 유기적 구조를 형태 생성의 출발점으로 삼는 유기적 건축organic architecture 이론과 독창적인 유기적 공간개념으로 전개된다. 라이트는 형태는 기능을 따른다는 설리반의 사상을 "기능과 형태는 하나이다"(F. L. Wright, 1941, p.189)라는 경지까지 발전시켜 유기적 건축의 개념을 완성한 인물로 평가된다. 그는 건축이란 "생명 자체가 형식을 취하고 있는 것"이며 "위대한 창조력이 풍부하게 살아있는 정신"(F. L. Wright, 1939)이라고 생각하였다. 그는 인간 개개인의 영역을 무한히 확대하는 건축은 기능에 충실할 뿐만 아니라, 기능이 도저히 미치지 못하는 정신의 표현을 담지하고 있다고 보았다. 그에게 유기적 건축은 무엇보다도 무용지물의 형태가 배제된 살아있는 건축living architecture을 의미하였다. 결정체와 유기체의 성장은 본질상 동일한 과정이라고 주장한 스펜서의 생물학적 사상과 설리반의 영향을 받은 라이트는, "건축적 문제가 지닌 내재적 속성은 항상 해답을 그 자체 안에 지니고 있다"(J. Joedicke, 1969, p.31 재인용)고 주장하였다. 그는 "유기적 건축은 유기적인 간결함 속에 표현되어 있는 아름다운 감각과 그것을 사용하는 뛰어난 감각을 추구한다"(F. L. Wright, 1931 b)고 주장한다.

> "모든 문제는 그 자체 속에 해결을 내포하고 있다. 건물의 평면, 형태나 특성은 부지의 자연, 사용하는 재료의 성질, 건축방법, 그리고 영위하는 생활방식이나 건물 자체의 목적에 따라 결정되는 것이다. 그리고 그것들을 결정하는 요소는 언제나 건축가의 성격이다."(F. L. Wright, 1937, (ed.) Edgar Kaufmann, 1969, 윤정섭 역, 1985, p.90 재인용)

그러므로 에틀린(Richard A. Etlin, 1994, p.48)은 라이트에게 있어서 유기적 건축은 '자연과 조화되며 자연의 영역의 일부처럼 보여진다는 의미 뿐만 아니라, 자연세계의 식물과 동물군에서 발견되는 적합성과 전체성과 동일한 유형을 얻기 위해 모든 행위의 합리적인 특성들과 각 부분들을 전적으로 통합하는 것' 을 의미한다고 지적하고 있다. 라이트에게 건축은 그 씨앗 속에 성장의 가능성을 지닌 자연계의 유기체처럼, 자연과 일정한 관계를 갖는 유기적 속성을 지닌 존재이다. 라이트의 건축에서 건물은, 대자연 속에서 성장해 온 유기적 생명체처럼, 자신이 놓여있는 바로 그 대지와의 관계 속에서 자연 경관의 일부로서 특별한 그 무엇으로 존재한다.

> "마치 꽃이 그 씨 속에 내재하는 법칙에 따라 그 자체를 형성하는 것처럼 형태는 그 구조(structure)를 자연과 재료의 특성, 그리고 그 조건으로부터 유추한다."(F. L. Wright / W. C. Lesnikowski, 1982, p.220 재인용)

라이트의 작품에서는 전체에 대한 부분들의 관계가 하나의 본질적인 속성으로 중시된다. 따라서 모든 부분들은 그 자체의 개체적 특성을 지니지만, 동시에 각 부분들은 전체에서 분리될 수 없는 유기적인 관계를 갖는다. 람뿌나니(V. M. Lampugnani, 1982, p.7)는 라이트가 자신이 표현하고자 의도한 것들을 하나의 통합체로 생성하기 위해서 대상의 본질적인 '구조의 속성에서 출발하는 것'을 중시하였다고 지적한다. 여기서 모든 형태는 구조의 문제이기 때문에, 형태와 구조의 명백한 진실- 기능과 연결된 실제의 형태나 성격을 결정하는 선의 재질적인 특징-을 연구하는 것이 중요하다. 성장하는 사물 속에서 미를 발견하듯이, 참된 형태는 그 성격에 있어서 유기적이기 때문이다. 유기적 속성을 지닌 건축은 자연의 형상을 단순히 모방하는 것이 아니라, 개개인의 개성적인 삶을 구체화하고 표현하여 3차원 건축으로 탄생하는 것을 의미한다. 이러한 유기적 건축 개념에는 인간은 자연과 하나라는 강한 인식이 반영되어 있다.

람뿌나니(V. M. Lampugnani, 1985, pp.75-76)는 라이트가 자유로운 민주적 건축으로 간주한 유기적 건축의 본질적인 특징을 다음과 같이 언급한다. 첫째, '자연적 요소로서의 건축'으로 이것은 대지와 경관의 통합, 자연 재료의 활용을 추구한 점이다. 둘째, '개인화된 요소로서의 건축'으로 이것은 모든 사람의 요구는 동일하지 않으며 각 개인은 서로 다른 정서를 지니고 있다는 전제에서 출발한다. 셋째, '전통적 요소로서의 건축'으로 이것은 주변 대지나 전통, 재료, 구조 방식, 형태 언어 등의 선택을 고려한다. 그러므로 라이트가 추구한 유기적 건축은 당시의 현대적 생활을 반영하는 기능의 표현뿐만 아니라 대지의 지형, 기후, 지질과 같은 그 주변 환경과의 통합을 지향한 것이었다. 이러한 유기적 건축에는 대지의 생태학, 건축적 기능과 공간, 건축적 장식, 현대의 기술 등이 모두 반영되었다. 이것은 모든 것이 하나로 통합된다는 유기주의 개념에도 부합되는 것이다.

그러므로 람뿌나니가 '모델로서의 자연의 신비'라고 언급한 개념이 라이트의 건축적 사고의 중심개념이자 영감의 원천이라고 지적한 것은 매우 설득력 있는 통찰이다. 라이트가 건물을 그 주변의 자연과 통합시키는 여러 방법들—수평성의 강조, 조경 요소의 자연으로의 흡수, 재료의 올바른 사용 등—에는 대자연에서 '쉘터shelter로서의 강한 심리적 존재 의미'와 자연을 향한 조망을 확보하는 '장소로서의 존재 의미'를 강하게 표현하려는 의도가 담겨 있다. 라이트는 이러한 개념들을 20세기 모더니즘 건축의 공간개념의 전개에 지대한 영향을 끼친 프레리 스타일prairie style의 주택을 통해서 발전시켜 나갔다. 라이트가 19세기 말부터 발전시켜 온 프레리 주택은 4가지 구성요소－(1)건물이 대지로부터 유기적으로 솟아오르는 것처럼 보여지는 낮은 '기단부', (2)이 기단부에서 지붕 아래의 연속적인 수평 창까지 이르면서 공간을 에워싸는 스크린으로 고안된 '벽체', (3)긴 수평창으로 벽체와 분리되어 피난처의 의미를 상징하는 외부로 길게 돌출된 처마 '지붕', (4)그리고 가장 중요한 요소로 가정의 제단처럼 처리되고 수직적인 굴뚝으로 마무리된 '통합적인 벽난로' －를 중심으로 이루어진다.(주14)

힐데브란트(Grant Hidebrand)는 벽난로, 지붕, 벽 등으로 자연과의 일체를 지향하는 프레리 주택 작품들에서 애플톤(Jay Appleton, 1975)이 말한 바 전망prospect과 은폐refuge라는 대립 쌍의 개념이 발견된다고 지적한다.(주15) 이 전망과 은폐의 개념은 라이트의 작품에서 현상학적 경험과 디자인에 질서를 부여하는 기반이 되고 있다. 라이트는 실제로 자신의 작품에서 강조되고 있는 수평선을 쉘터의 선the line of shelter(건물의 대지와 관련시킨다는 의미에서)이자 자유함의 선the line of freedom(주변의 랜드스케이프로 구속됨 없이 확장된다는 의미에서)으로 해석하였다. 그는 프레리 주택에서 수직적인 방향성을 갖는 벽난로 굴뚝으로 주택을 대지에 뿌리내리게 하면서 동시에 하늘에 연결하는 개념으로 사용하였다. 그리고 이러한 개념은 대지로부터 성장해 온 것같이 에워싸는 벽들로 그 이미지가 강화된다. 여기서 불로 중재되는 대지와 하늘이라는 시적인 요소가 공존한다. 라이트는 이러한 방식으로 프레리 주택에서 자연환경과의 조화가 이루어지도록 자연의 재료를 활용하고 대지와 결합시켜 유기적 건축의 이념을 구체화한 '인공적 랜드스케이프artificial landscape' 를 만들고자 하였다.

## 유기적 건축은 깊이가 있는 스크린화된 공간 screened space 을 지향한다.

우리는 라이트가 건축의 형태는 기능에 따르는 것일 뿐만 아니라 '에워싸고 있는 공간으로서 표현되는 건축' 을 추구하여 새로운 공간의 시학을 전개하였다는 점에 주목할 필요가 있다. 라이트의 건축에서 중요한 사실은 "에워싼 내부공간이야말로 건물의 실체"(주16)라고 그가 주장하였다는 점이다. 그는 "건물의 실체는 4면의 벽과 지붕에 있는 것이 아니라 그것들로 둘러싸인 살기 위한 공간"(F. L. Wright, 1938, (ed.) Edgar Kaufmann, 1969, pp.232 재인용)이라고 주장한다. 라이트에게 건축은 방 자체가 생활할 수 있는 내부공간의 표현이며, 내부와 외부는 서로 통하는 연속된 하나로 간주되었다.

> "...그러나 지금 여기에 출현한 것은 기계시대의 좋은 기회에 대해 새로운 해방을 갖는 하나의 유기체로서의 감각이다. 이 내부공간의 개념은, 건축을 조각이나 그림에서 완전히 분리하고 또 이전에 사람들이 건축이라고 생각했던 것과는 전혀 다른 것이다. 건물은 이제 빛이 드는 내부공간의 창조가 되었다. 그리고 이 내부공간의 감각이 건물의 실체로서 작용함과 동시에 벽으로서의 벽은 자취가 사라졌다. 이 없어진 벽은 사라져 가는 동굴과 합류한다. 둘러싼 스크린과 건축적인 성격을 가진 보호의 역할을 하는 것이 단단한 벽을 대신하게 된 것이다."(F. L. Wright, 1931c, (ed.) Edgar Kaufmann, 1969, p.233 재인용)

라이트는 진보된 건축재료를 조정하여 공간을 개방하기 위한 방법의 하나로 벽을 그 자체가 "내부공간을 위한 독립된 스크린의 역할을 하는 것"(F. L. Wright, 1932 b)으로 만들기 위해 고심하였다. 그는 국제주의 양식이 추구하는 '상자형 건축' 을 파괴하고, 자유로이 떨어져 독립적으로 서있는 벽들은 무엇을 포위하고 있는 벽이 아니라 지붕을 지지하고 있는 '스크린' 으로 인식하였다. 그 결과 이 스크린으로서의 벽은 건물의 위로부터 보호를 받는다는 쉘터의 감각과 함께 외부가 안으로 침입하고 내부공간이 외부로 뻗어나가 구속에서 해방되는 참된 자유를 제공한다. 공간은 그 생활을 구성하는 성분으로서 이제 외부로 향하고, 또 내부로 향해 흐르는 것이 가능하다. 라이트는 "유기적 건축은 이러한 모든 것을 제 3차원적으로 하여 느끼고 보는 건축"(F. L. Wright, 1952)이라고 강조한다.

> "유기적 건축은 제 3의 차원을 결코 무게나 두께로 인식하지 않고, 항상 깊이로 인식한다. 깊이는 공간의 요소이다. 즉, 그것은 공간 차원으로 변환된 제3의 차원을 의미한다. 광대함spaciouseness 속에서 공간의 내적 깊이의 관입은 디자인에서 건축적이고 가치 있는 주제가 되었다."(F. L. Wright / W. G. Lesnikowski, 1982, p.219 재인용)

라이트가 유기적 디자인의 원리의 하나로 제시한 이러한 공간지각의 효과는 "항상 깊이로 인식되어지는 스크린화된 공간을 지각하는 것"(F. L. Wright, 1960, p.84)을 의미한다. 그러므로 라이트가 주장한 유기적 건축의 실체인 내부공간은 단순히 지붕이나 벽체 등과 같은 구성 수법에 의해서 인식되는 '에워싸인 공간' 을 의미하지 않는다. 여기서 공간은 유기적 구조의 개념이 스스로를 공간 속에서 전개하여 개인의 삶에 정확하게 일치되는 형식으로 창조된 것이기 때문이다. 더욱이 이 내부공간은 유클리드적인 오브제 중심의 기하학적 개념을 구현하는 것과는 무관하다. 라이트가 추구한 유기적 공간개념은 하나의 기능적인 영역이 인접한 영역으로 막힘없이 흐르면서 확장되는 공간감을 전제로 한 것으로, 역동적인 행위와 동선 상호간 연속적인 공간 관계에서 발생하는 유동적 공간flowing space의 속성을 띠고 있다. 이러한 공간은 그 자체가 흐르는 것이 아니라, 공간 속에서 움직이는 인간에 의해 그렇게 경험되도록 구성된 것이다.

이 점에서 람뿌냐니(V. M. Lampugnani, 1983, p.254)는 '라이트의 작품에는 관찰자가 하나의 공간에서 다른 공간으로 넘어갈 때 항상 그 차이를 느끼게 하는 공간흐름의 존재를 인식시키는 제 3의 공간이 존재하는 것 같다' 고 지적한다. 이러한 유동적 공간 개념에서 공간들은 서로서로 구분되어 유기적으로 연결되어 있지만, 이것들은 '공간 사이에 삽입되는 작은 공간 구성 요소들로 연결되어 있기 때문' 이라는 것이다. 라이트의 초기 작품인 프레리 스타일의 주택들은 내부에 있는 각 방들이 독자적인 성격을 지니면서 자유롭게 옆방과 상호 관입하고 있어 전체가 활기찬 연속체를 형성한다. 이러한 실험들은 그가 윈슬로 저택(1893-1894) 이후, 유니티 교회(1905-1907), 라킨 빌딩(1904-1905), 로비 하우스(1908-1909) 등에서 줄기차게 '상자형 건축의 파괴' 를 시도하고, 건물의 실체가 벽과 지붕으로 둘러싸인 것이 아니라 내부공간임을 보여주는 데서 알 수 있다.

라이트는『평면의 논리 *The Logic of the Plan*, 1928』라는 에세이 글에서, 건물의 평면은 공간의 축과 위계적 구성을 강조한 보자르(Beaux-Arts)의 논리가 아니라 평면, 그리고 볼륨, 에워쌈, 개구부 등의 속성과 관련된 것이어야 하며, 사용하는 재료에 따라 고안되어야 한다고 강조한다. 따라서 디자인 개념화의 과정에서 뒤랑처럼 하나의 상정된 구체적 도상(圖象)에 바탕을 둔 유형이나 선험적인 형태pre-form에서 출발하는 것을 거부한다. 오히려 현대건축에서 필요한 것은 질서에 대한 예리한 감각이라고 그는 주장한다. 왜냐하면 형태 자체는 목적이나 기능에 대해 질서 정연한 관계가 있으며, 각 부분은 그 자체의 형태와 질서를 유지하고 작품의 재료와 구축, 이 양자에 질서를 갖는 것을 의미하기 때문이다.

여기서 우리는 라이트가 중시한 식물의 유기체적인 씨앗(핵)과 같은 구조적 속성을 건축 형태 생성뿐만 아니라 지각경험의 구조라는 관점에서 해석할 필요가 있다. 왜냐하면 라이트는 건물에 대한 총체적 인상이 볼륨, 기하학적 법칙, 비례 등의 효과에서 나오는 것이 아니라, 건물의 각 부분들이 전체 형태와 동등한 의미를 지니는 '건축적 총체의 산물' 이라고 생각하였기 때문이다. 지각적 관점에서 건축형태와 공간은 빛과 음영을 통해서 분리되어 있는 독립된 형태gestalt로 인식되는 데, 이러한 사실에 주목한 라이트는 고전적 규범의 법칙보다 구조화된 패턴의 지각의 중요성을 강조하였다. 이러한 사실은 라이트가 통합된 장식integral ornament의 개념을 그것이 눈에 보이도록 "건물 속에 뚜렷히 표현된 단순한 구조적인 패턴" 이며, "형태의 내적인 리듬의 표현" (F. L. Wright, 1932a, (ed.) Edgar Kaufmann, 1969, p.235)으로 해석한 데서 알 수 있다. 구조 자체의 명백한 추상적인 패턴으로 해석되는 장식은 설리반의 주장처럼 정신적인 요구를 반영한 것이다. 이 점

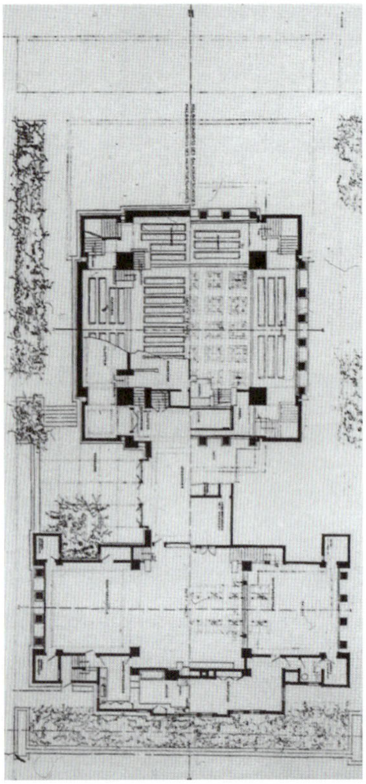

도1-20a, b, c
F. L. 라이트, 유니티 템플, 시카고, 일리노이드, 미국, 1905-1907

에서 라이트도 설리반처럼 건축에서 표면surface의 표현적인 변화, 선의 강조, 재료의 배합과 상상력이 풍부한 패턴을 강조하는 것은 유기적인 단순성을 통해서 실제 건물의 표정을 더 풍부하게 하고 형태를 의미있게 하는 행위라고 강조하였다.

따라서 라이트의 유기적 건축의 개념에는 기능을 따른 형태라는 단순한 논리 이외에도 인간의 심리적 차원이 고려된 기능의 개념이 담지되어 있다. 유기적 건축의 본질인 유기적 공간 개념에는 전체와 부분간의 상호 관계성의 개념을 바탕으로 한 공간의 유기적 연결 방식, 그리고 인간의 심리적 효과를 의식하여 접근하려는 태도가 담겨 있기 때문이다. 주택을 훌륭한 쉘터 아래에 있는 내부공간으로 간주한 라이트는 이러한 심리학적 함축 의미가 담긴 쉘터의 감각이 건물의 외관에 표현되는 것을 선호하였다. 쉘터로서의 피난처의 개념과 자연과 동화되는 조망의 개념은 건물의 내부와 외부는 다르다는 인식에 바탕을 둔 것으로, 이것은 내·외부의 상호관입과 투명성을 강조한 모더니즘의 투명성의 미학과는 그 성격을 달리한다.(오히려 동시대에 활동한 아돌프 로스가 내·외부의 차이(다름)를 강조한 것에 더 유사하다. 하지만 로스에게는 라이트가 강조한 내부와 외부의 공간적 연속성은 발견되지 않는다.)

시카고에 있는 **유니티 교회**(Unity Temple, Oak Park, Illinois, USA, 1905-1907)(도1-20a, b, c)는 라이트가 라킨빌딩(Larkin Company Administration Building, USA, 1904-1905)에서 의식적으로 상자형 건축을 타파하기 위해 만들어낸 수직적인 개방공간 구성과 조형 개념(주17), 철근 콘트리트 구조, 형태, 비례, 장식, 난방과 환기, 기능적 계획 등을 구조와 재료, 건설방법이라는 구축적 논리에 기반하여 구체화한 작품이다. 여기서 라이트는 프로그램적으로 종교적 기능과 비종교적 기능을 두 개의 볼륨으로 나누어 입구부로 연결하는 독특한 배치개념뿐만 아니라, 예배당의 내부공간에 이르는 독특한 진입 방식을 전통적인 것과 다르게 도입하였다. 특히 예배당 주 볼륨의 중앙부에서 상부 채광이 되는 개방공간은 (벽과 지붕으로 둘러싸인 것이 아니라) 내부공간이 외부로 향해 열려 있고 외부가 내부로 포용되고 있어, 건물의 내부공간이 두께가 아니고 깊이 및 공간의 감각으로 3차원적인 실체임을 보여주고자 한 라이트의 아이디어를 구체화한 것이다. (모서리에 세워진 4개의 콘크리트 기둥은 속이 비어진 것으로 열을 경제적으로 균등하게 배분하는 도관(導管)의 역할을 수행한다. 이러한 개념은 후에 칸과 이토의 작품에서도 발견된다. 이에 대해서는 02를 참조할 것)

라이트가 전통적인 박스를 해체하여 유기적으로 해석한, 자유롭고 유동적인 개방 평면

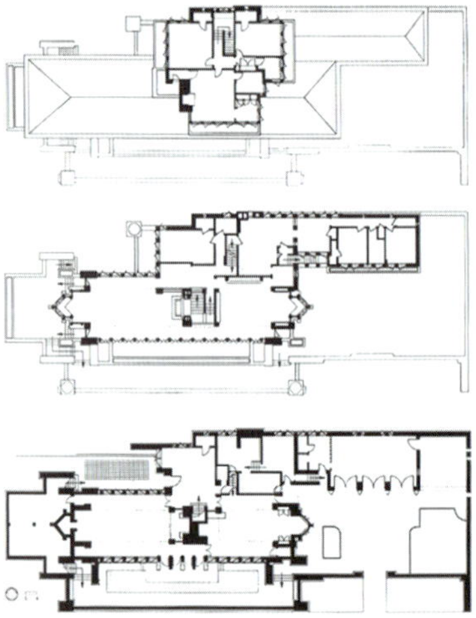

도1-21a, b, c
F. L. 라이트, 로비하우스, 시카고, 일리노이, 미국, 1908-1909

open plan의 개념을 실현한 **로비 하우스**(Robie House, Chicago, IL, USA, 1908-1909)(도1-21a, b, c)는 라이트 자신의 말처럼 "건축에서 새로운 실제는 물질이 아니라 공간" 임을 보여주는 프레리 스타일의 대표적인 주택 작품이다. 초기의 프레리 주택 작품인 윈슬로우 주택(Winslow House, Illinois, USA, 1893-1894)에서처럼, 라이트는 이 주택에서도 벽난로를 중심으로 십자형 평면의 공간을 구성하는 방식으로 공간의 연속성과 내, 외부에서의 조형성을 위해 상자형태를 파괴하는 수법을 발전시켰다. 그 결과 강한 수평성으로 쉘터감을 제공하고 입구에서 중심부의 벽난로까지 이르는 이동의 경험을 통해서 극적 공간을 경험하도록 의도하였다. 이 주택의 내, 외부에 존재하는 평면상의 모든 요소들은 하나의 통합된 단일공간으로 경험될 뿐만 아니라, 내부공간이 중앙의 벽난로에서 시작하여 외부공간으로 흘러나가 무한하게 확장된다. 여기서 라이트는 구축 시스템을 장식하는 모든 디테일들을 구조와 장식의 통합적 의미로 사용하였다. 또 근대 산업사회의 새로운 재료인 철골구조를 긴 수평의 캔틸레버 지붕에 사용하였으며, 유리를 새로운 공간개념인 '개방공간을 나타낼 수 있는 재료' 로 인식하고 그 본질에 부합되는 방식으로 사용하였다.

### 집은 살기 위한 기계가 아니라 집에 대한 이 개념이 끝나는 곳에서 건축이 출발한다.

라이트는 근대사회의 산물인 기계의 효용성은 인정하였지만 기계 미학을 절대적인 것으로 추종하지는 않았다. 그는 (아마도 르 꼬르뷔지에가 말한 것을 염두한 듯이) "집은 살기 위한 기계가 아니라 집에 대한 이 개념이 끝나는 곳에서 건축이 출발한다" (F. L. Wright, 1931b)는 점을 강조하면서 "형태는 전혀 고려하지 않고 기능과 실용성만을 찬양하는 것" 을 반대하였다. 라이트에게 "집이란 외부의 자연과 일체가 되어 우아한 매력이 있는 것으로 만들고 전체를 조용히 화합하는 조화와 안정을 가져야 하는 것" (F. L. Wright, 1931a, (ed.) Edgar Kaufmann, 1969, p.93 재인용)이다. 따라서 그는 "내부에서는 인간 생활과 결부되고 외부에서는 자연의 풍물과 결합하여 최고의 기능을 발휘하는 건물" 을 강조한다. 그리고 "그와 같은 내부와 외부 사이에 있는 참된 조화를 유지 발전시켜 인생을 고양하는 참된 감각을 자아내는 건물에는 필연적으로 유연하고 단순한 표현과 양식화된 훌륭한 형태가 갖추어져 있다" (F. L. Wright, 1908, (ed.) Edgar Kaufmann, 1969, p.29)고 라이트는 주장하였다.

라이트를 포함한 모더니즘 시기의 유기적 건축가들은 20세기 초 유럽 합리주의 건축가들처럼 기술적 혁신을 인정하였다. 이들은 기계적, 유물론적 기능주의처럼 재료나 생산

과정에 맞는 새로운 기계미학적 형태를 찾기 보다는 기계를 자신들이 관념적으로 이끌어낸 개념을 표현하는 수단으로 활용하였다. 그러나 라이트는 기계를 재료의 본질적인 속성을 고양하고, 디자이너의 창조적인 상상력을 자극하기 위한 도구로 활용할 수 있다고 주장한다. 라이트는 장식의 창조를 금기로 여긴 동시대의 로스와는 달리, 제작fabrication 과정-그것이 기본적인 빌딩블록으로 이루어지는 기계화된 제조이든, 조립화된 모듈화 목재로 시스템적으로 조립하는 작업이든 상관없이-으로부터 진정한 장식을 유도해내고자 시도하였다. 그는 유기적 건축의 디자인 접근과 현대적 수단(기계)에 대한 자신의 입장을 다음과 같이 언급한다.

> "유기적 디자인은 현대적 수단과 기계, 그리고 (이러한) 새로운 인간 척도에 적합한 디자인을 의미한다. 나는 결코 기계를 주제로 택한 적이 없다. 항상 기계는 인간을 위한 것이었지 결코 인간이 기계를 위해 존재하는 것이 아니다... 또한 나는 기계 그 자체를 계획이나 건설 혹은 양식에 있어서 목적으로 보지 않았다. 양적인 것이 절대로 질적인 것을 능가할 수 없다."(F. L. Wright / W. C. Lesnikowski, 1982, p.219 재인용).

라이트가 1930년대 대공황에 따른 뉴딜정책에 호응하여 중산층이라는 사회경제학적인 기반을 토대로 탐구한 유소니언 주택Usonian House들은 유기적 건축의 원리에 기초하여 경제적인 공간계획을 기능과 프로그램 측면에서 접근한 결과였다. 이 유소니언 주택은 전적으로 에워싸인 공간이라는 새로운 건축의 감각을 보여준다. 여기서 라이트는 근대생활이 가져온 새로운 삶의 양식을 주거에 도입하기 위한 프로그램을 수용하기 위해서, 초기의 프레리 주택작품의 주요 특징인 벽난로와 굴뚝을 중심으로 한 십자형 평면의 공간구성의 개념을 일부 포기한다. 야콥스 주택(Jacobs House, Madison, Wisconsin, USA, 1936-1937), 스튜르게스 주택(George D. Sturges House, Brentwood Heights, CA, USA, 1939), 밀러 주택(Alvin Miller House, Charles City, Iowa, USA, 1946) 등 일련의 유소니언 주택들에서, 주부의 거주성을 고려해 종래의 폐쇄적인 부엌은 거실공간에 인접된 작업 영역으로 변화되었고 채광창을 통해 조명이 되도록 하였다. 또한 침실을 포함한 모든 실들을 심리적인 은신처가 되도록 유기적으로 결합하여 유동적인 공간의 특성을 지니도록 만들었다. 라이트는 이 점을 다음과 같이 설명한다.

> " 유소니언의 평면에서는 부엌은 작업공간이고, 거실과 거의 동일한 것으로 취급된다. 부엌은 사실상 거실 안쪽의 사적인 방이 되어 환기가 잘 되고, 넓게 하기 위해 한 단 높게 하였다. 부엌은 냄새가 나는 장소이므로, 우리는 그것을 거실보다 높게 해서 집 전체의 환기 통로가 되게 한다. 이렇게 하면 집 주위의 공기는 전부 부엌을 거쳐 흘러 나가게 된다... 유소니언의 부엌에서는 모든 것이 편리하고, 그렇게 되도록 현대식이고 매력적이어야 한다.

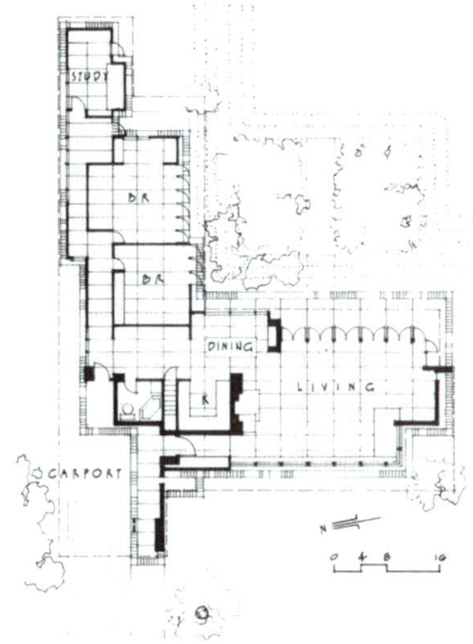


도1-22a, b
F. L. 라이트, 야콥스 주택, 매디슨, 위스콘신, 미국, 1936-1937,

왜냐하면 그것은 거실과 통합되어 있으므로 부엌(작업공간)은 거실과 같이-아마도 그 이상으로-매력적인 것이라야 한다."(F. L. Wright, 1954, (ed.) Edgar Kaufmann, 1969, p.175 재인용)

근대적인 단순성이라는 삶의 이상을 추구한 유소니언 주택평면들은 엄격한 그리드를 적용한 대각선의 기본평면에서 출발하여 벌집의 단면도가 만들어낸 패턴으로 구성되어 있지만, 내부공간은 다양한 기하학적 구조를 통해 상호관입하며 해체되는 듯한 형태의 자유로운 조합을 보여 준다. 라이트는 이러한 둔각은 직각보다 인간 활동에 있어 더 유연성이 있는 것이라고 확신하였다. 최초로 지어진 유소니언 주택인 **야콥스 주택**(도1-22a, b)은 이후 지어진 유소니언 주택의 모든 요소들-플래닝 그리드, 바닥 슬래브, 복합적인 이중 또는 삼중으로 직조된 벽체woven walls 등-을 포함하고 있을 뿐만 아니라 구축법적 혁신성과 모듈러 기하학modular geometry의 개념을 보여주는 작품이다.

## 자연은 형태 생성의 이상적 모델이다.

라이트는 대지 그 자체는 지반으로부터 성장해 나오는 '자연의 건축'을 보여준다고 인식하였다. 그가 주택을 대지의 확장으로 인식하는 이러한 사고에는 자신이 성장하며 자연으로부터 얻은 '지질학적 상상력'과 아즈텍, 잉카, 마야 등과 미국의 원주민 건축에서처럼 인간이 자연을 추상화한 것이라는 생각이 깔려 있다. 그는 대지에 속하고 대지로부터 성장해 나온 이러한 건축을 대지의 건축earth-architecture라고 불렀다. 라이트는 그 토지나 지세 또는 그 지방의 산업상태나 재료의 성질, 건물의 목적에서 출발한 건축은 필연적으로 훌륭한 건물의 형태와 특성을 결정한다고 주장한다. 건축을 자연이라는 전체의 한 부분으로 인식하는 이러한 태도는 그가 인공적인 재료가 아니라 돌, 나무, 벽돌, 조적조와 같은 자연 재료의 특성을 드러내는 방식으로 사용하여 건물이 주변 경관과 대지로부터 생성하여 나온 것처럼 보이도록 추구한 데서 잘 나타난다.

라이트의 작품에서 프레리 주택이 벽난로를 중심으로 '대지와 하늘' 의 연결을 극대화한 반면, 도시의 컨텍스트 속에 존재하는 공공의 건축물(라킨 빌딩, 유니티 교회, 존슨왁스 빌딩, 구겐하임 미술관 등)은 상부로부터 유입되는 '자연채광과 물' 을 도입하여 내부 지향적인 중심성과 수직성을 지닌 연속적인 공간 개념을 보여준다. 라이트는 도시 속에 위치하는 건물들을 한결같이 외부세계로부터 닫혀진 내부의 개방적인 대규모 아트리움 공간을 중심으로 상부에서 자연 채광을 받도록 처리하고, 주변부는 복도와 발코니로 에워싸여지는 다층의 공간을 병치하여 구성하였다. 이것은 그가 프레리 주택에서부터 지속적으로 탐구해 온 피난처로서의 공간개념과 자연을 향한 조망의 개념들을 물질적인 상상력을 통해서 안정과 해방감을 제공하는 내부 조망의 개념으로 재현하고자 한 것이다. 라이트는 이러한 수법으로 영적인 분위기를 갖는 살아있는 공간을 만들고자 한 것이다.

특히 새로운 건축형태를 창안하려는 열망에 사로잡힌 라이트는 근대적 재료와 구축방법을 바탕으로 구조와 미학의 새로운 관계를 탐구하였다. 이를 위해서 그는 (고전적 건축에서처럼) 벽, 천장, 바닥을 각각 구분하여 구성하는 것을 탈피하고, 이것들을 하나로 융합시키는 방법을 자연에서 유추하여 탐구하였다.

> "모든 진실한 미학은 자연을 암시한다. 그러므로 이러한 미학적 이상이 구축의 원리로서 건물 그 자체를 실제로 세우는 데에 도입되기 위해 발견되어야 한다. 구조적 연속성을 선호하여 지주와 보를 개별적인 두 개의 대상이 아니라 하나로 통합하기 위해 지주와 보를 실제로 제거하려고 노력하는 과정에서, 나는 평범한 엔지니어로부터 어떤 도움도 얻을 수 없다는 것을 나중에야 깨닫게 되었다. 벽이 바닥, 천장과 하나로 만들어져서 융합되었지만 여전히 서로 상호작용하는 구조체를 엔지니어들은 한번도 만나본 적이 없었다. 그래서 엔지니어들은 연속성을 해석할 수 있는 충분한 과학적인 공식을 갖고 있지 못했다. 마치 웨이터의 접시가 똑바로 세운 손가락 위에 놓여 있는 것처럼, 그리고 내가 3차원성을 강조하기 위해, 대지에 평행한 평탄면을 얻기 위해 사용하기 시작한 것처럼, 중심의 지지부재 위에 있는 캔틸레버처럼 견고해져서 뻗어나가는 바닥 슬래브는 이제 (동경 제국호텔 Imperial Hotel, Tokyo, Japan, 1911에서 사용했던 것처럼) 새로운 것이 되었다. 그러나 엔

지니어들은 그들이 늘 그랬던 것처럼 바닥 슬래브에서 연속성의 요소들을 다루는 법을 곧 터득하였다. 캔틸레버는 이제 건축에서 새로운 디자인의 특징이 되었다."(F. L. Wright, Richard / A. Etlin, 1994, p.54 재인용)

"현재까지 '건축'이라는 이름으로 불리며 존속해 온 오래된 구조적 형태들은 쇠퇴하였다. 그들의 생명은 오래 전에 끝났으며, 이제 특히 철, 콘크리트, 테라코타 등과 같은 공업적으로 새로운 조건들이 육체와 뼈의 관계처럼 피복covering과 구조의 관계를 보여주며, 이전보다 더 진실되고 아름답게 표현적인 조형예술plastic art을 예견하고 있다."(F. L. Wright, Richard / A. Etlin, 1994, p.55 재인용)

그러므로 라이트에게 철과 콘크리트와 같은 재료로 가능해진 새로운 건축 형태를 새로운 구축방식이라는 건축 시스템의 관점에서 탐구하는 작업은 중요한 과제였다. 특히 라이트는 캔틸레버 구축방식이라는 근대적 수단을 통해서 설리반이 유기적 장식을 통해서 보여주었던 조소성plasticity의 원리를 발전시켜 연속체continuity라는 미학적 개념으로 완성하였다. 이것은 건물 자체의 내부에서 구조와 형태와 공간이 통합되어 하나의 유기적 대상으로 만들어지는 것을 의미한다. 이러한 조형성은 건물의 표현적인 선이나 면에서 구체화되는 데, 라이트는 이것은 마치 "내부의 딱딱한 골조의 관절과 대조적인 손의 표면에서 사물의 외관을 볼 수 있는 것과 같다"(F. L. Wright, 1936, (ed.) Edgar Kaufmann, 1969, p.228)고 설명한다.(이러한 개념은 현대건축에서 UN STUDIO 베르켈의 벤츠 뮤지엄과 이토의 대만 타이칭 오페라 하우스 작품에서도 발견된다.)

후기 작품에 속하는 **카우프만 주택**(Villa for Edgar J. Kaufmann, Bear Run, Penn, USA, 1935-1939)(도1-23a, b, c, d)(일명 낙수장 Falling Water)에서 라이트는 생활의 장소와 자연을 통합하는 유기적 건축의 이상을 실현하였다. 여기서 라이트는 자연과 개방적으로 맞닿아 있는 거실과 침실공간의 기능적인 요구사항을 반영하였을 뿐 아니라, 철근콘크리트의 구조적 가능성을 활용하여 서로 맞물린 수평적인 발코니형 테라스들을 부유하는 것처럼 지면에 띄워 올려 자연 경관의 연장으로 처리하였다. 초기 프레리 주택인 로비 하우스처럼, '유심형'의 십자형 평면에서 직교하는 짧은 벽체들은 모서리에 서로 닿지 않고 독립적으로 스크린처럼 위치하여 내·외부로 자유로이 유동하는 개방공간을 정착시키는 뼈대의 역할을 한다. 여기서 공간을 구성하는 요소로 자연 암반과 재료 등이 사용되었을 뿐만 아니라, 대지, 공기, 불, 물 등과 같은 근본적인 요소들로 인공과 자연의 세계가 하나로 이루어진 세계를 만들어 내고 있다. 그 결과 이 주택은 대지로부터 성장해 나오고 그 대지의 영역에 속하게 만든 '지질학적 상상력'이 완벽하게 실현된 것을 보여준다.

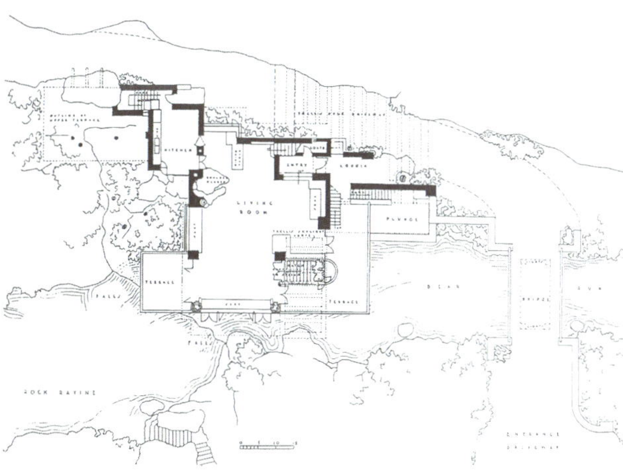

도1-23a, b, c, d
F. L. 라이트, 낙수장. 베어런, 펜실바니아, 미국, 1935-1939

도1-24a, b, c
F. L. 라이트, 탈리에신, 위스콘신, 미국, 1911- 1937

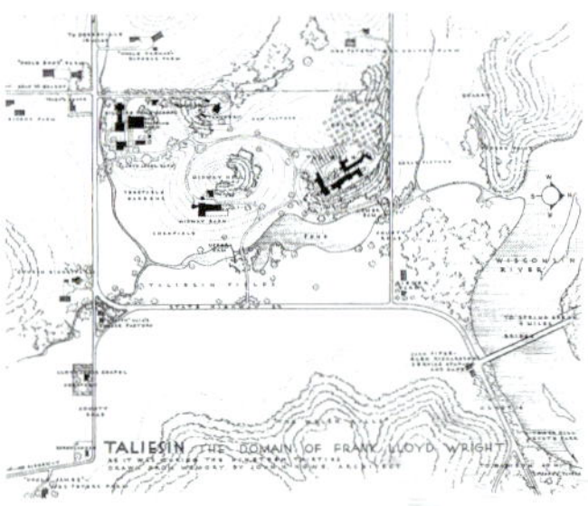

지역의 풍토 환경과 대지에 일체가 된 듯 자연과의 강한 유대감, 재료와 장소에 대한 감수성, 미국문화를 위한 자연-인식의 중심성에 대한 믿음 등 유기적 건축의 개념들은 라이트가 주택, 건축 스튜디오, 농장, 학교, 그리고 음악, 미술, 댄스, 디자인 등의 삶을 담아 자연과 일체화된 이상적인 건축을 만들어 아틀리에와 교육기관으로 사용한 위스콘신의 **탈리에신**(Taliesin, Spring Green, Wisconsin,USA, 1911-1937)(도1-24a, b, c)과 아리조나의 **탈리에신 웨스트**(Taliesin West, near Scottsdale, Arizona, USA, 1937-1959)(도1-25a, b, c)에서도 찾아볼 수 있다. 라이트 자신이 "돌과 나무가 추상화된 조합"이라고 말한 탈리에신은 광활한 자연 속의 언덕 위에서 건물과 랜드스케이프가 우아한 관계를 보여주는 방식으로 구성되었다. 여기서 주택과 스튜디오가 감싸는 가든형 안뜰garden courtyard은 위요감과 보호감을 제공한다. (언덕 위에 놓인 건물은 주택 내부에서 주변 시골 풍경을 내

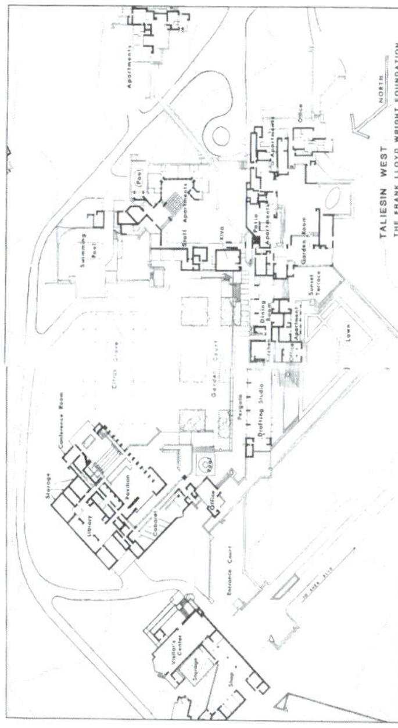


도1-25a, b, c
F. L. 라이트, 탈리에신 웨스트, 스콧데일 인근 : 아리조나, 미국, 1937- 1959

려다보는 조망을 제공하는 방식에서 알 수 있듯이) 여기서 랜드스케이프는 건축과 동등한 비중으로 다루어져 인공의 건물과 자연의 환경은 서로 보완적이다.(라이트가 70대에 부활을 꿈꾸며 지은) 탈리에신 웨스트는 먼 산을 배경으로 서로 중첩되어 있는 파빌리언의 군집을 통과하면서 경험하는 극적인 조망, 설정된 랜드스케이프 등을 담아내는 이동(움직임)을 의도하여 디자인한 작품이다. 여기서 그 지역에서 생산되는 석회암과 목재 등 자연재료들을 사용하고, 목재의 거친 마감, 경사 대지를 활용한 건물배치와 기하학적인 각(角)진 형태와 구성 등의 수법을 통해서 돌과 나무와 건물이 하나가 되는 인공적인 자연을 만들었다. 개방성과 폐쇄성으로 텐트와 동굴이라는 이중성을 표현하고 있는 탈리에신 웨스트의 육중한 벽은 내부와 외부를 서로 연결시키듯이 주택과 주변 경관을 향해 열려 있어 라이트가 말한 바처럼 '랜드스케이프가 건축으로 인해 더욱 아름다워지는 유기적인 건축의 특성' 을 보여준다. 여기서 건물은 더 이상 꼬르뷔지에 스타일의 순수형태나 미스 스타일의 철골조 유리상자의 산업제품의 엄밀성을 추구한 것처럼 기념비적이지 않고 오히려 랜드스케이프에 그 존재 자체를 드러내고 있다.

라이트는 위스콘신 주에 위치한 **존슨 & 왁스 본사건물과 연구동**(S. C. Johnson & Son Administration Building, 1936-1939 and Research Tower, 1943-1950, Rasine, Wisconsin, USA, )(도1-26a, b)에서 자신이 약 30년 전 라킨빌딩에서 실험했던 공간개념, 즉 상부에서 빛이 들어오는 수직적인 거대한 개방 공간을 수평적으로 번안하여 적용하였다. 여기서 공용 비서구역(관리동)은 거대한 공간을 지탱하고 있는 수련 잎(또는 버섯)모양의 철근 콘크리트 슬래브 기둥들이 구조체를 지지하면서 그 사이로 빛이 들어오는 지붕의 일부를 이루도록 하였다. 수련 잎 모양인 기둥의 콘크리트 패드 사이의 지붕 공간에, 주변 벽체의 상부에 있는 고창 층에, 건물 내부의 유리표면 등에 사용된 파이렉스 유리튜브pyrex glass tube에 혁신적인 샌드위치 벽돌 벽 등이 함께 어우러져 유기적인 건축 공간을 만들어내고 있다. 특히 업무동의 공간을 에워싸고 구획하는 곡선형의 모서리 없는 유리튜브를 벽돌처럼 쌓아 만든 벽체는 벽과 천정 사이에서 내부의 모퉁이를 없애고 공간을 연속적으로 흐르게 하는 효과를 부여함으로써 내부에서 상자 속에 갇힌 속박된

도 1-26a, b
F. L. 라이트, 존슨 & 왁스 본사빌딩, 위스콘신, 미국, 1936-1939, (연구동, 1943-1950)

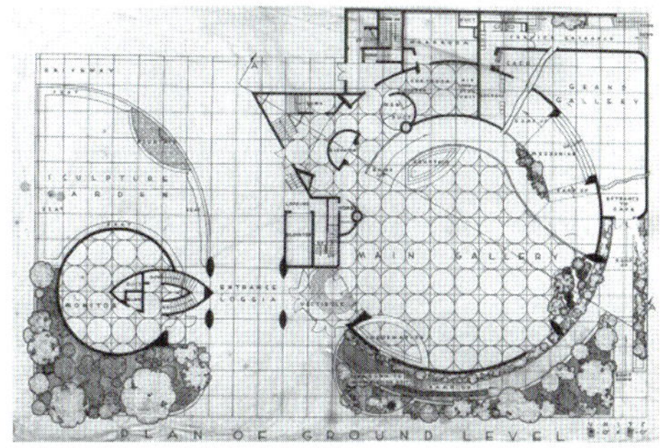

도1-27 a, b, c, d
F. L. 라이트, 구겐하임 미술관, 뉴욕, 미국, 1943-1959

공간의 느낌이 제거되었다. 뉴욕에 있는 **구겐하임 미술관**(Solomon R. Guggenheim Museum, New York, NY, USA, 1943-1959)(도1-27a, b, c, d)은 라킨 빌딩에서 보여준 상부 채광 방식의 단일 공간 개념, 유니티 교회에서 채택한 것처럼 전체 기능을 둘로 나누고 가운데에 입구를 두어 서로 연결하는 방식, 그리고 존스 & 존슨왁스 본사 건물과 연구동에서 보여준 '연속체로서의 조형성의 원리' 등의 개념들을 통합하여 대규모 공공건물에서 실현한 작품이다. 여기서 건물 중앙부가 나선형 통로(램프)로 둘러싸인 거대한 수직공간(주18)은 서로 일체로 연속되는 바닥판 위에 전체가 하나의 큰 공간으로 이루어진 것으로, 건물의 실체가 라이트가 말한 바처럼 "물질적 형태가 아니라 공간"임을 극명하게 보여준다. 뿐만 아니라 수직적 차원을 강조하는 아트리움은 공간을 관통하며 이동하는 관찰자에게 지속적인 참조점을 제공하는 역할을 한다. 연속된 램프의 공간 개념은 라이트가 그림 전시 프로그램을 위한 기능적인 문제보다는 미술관을 찾는 장애자를 포함한 다양한 계층의 관람객(주19) 들에게 더 적합한 극적이고 독창적인 경험을 제공하려는 것으로, 인간 중심의 민주적인 건축으로서의 유기적 공간성을 우선한 것임을 엿볼 수 있다.

It's better not to know.
There is something you should know.
I'm closer than you think.

## | 유기적 기능주의와 심리적 공간경험 : 유고 해링 | 한스 샤로운 | 귄터 베니쉬 |

### 기관으로서의 건축 : 유고 해링

#### 건축은 내부에서 외부로 출발하여야 한다.

20세기 초 유럽에서 이루어진 라이트의 순회작품 전시회(1910) 이후, 건물을 하나의 유기체로 해석하는 건축적 사고의 전통은 유럽 건축계에 영향을 끼쳤다. 그 결과 유럽 건축계에서 유물론적 기능주의가 생물학적 유기주의와 결합하여 유기적 기능주의organic functionalism라는 독특한 사고가 출현하게 된다. 이러한 현상은 동 시대의 비평가 베네(Adolf Behne)가 『근대기능주의 건물 *Der Moderne Zweckbau*, 1923』에서 해링(Hugo Häring, 1882-1958), 샤로운(Hans Scharoun), 라딩(Adolf Rading) 등의 작품에서 발견되는 유기적이고 표현주의적인 특성을 새롭게 출현하는 '신 기능주의new functionalism' 라고 명명한 데서도 발견되고 있다.

1920년대 초 링 그룹(Der Ring Group, 1923)의 멤버로 활동하면서 자신의 건축이론을 구축해 온 해링은 인간의 생물학적 독특성과 '작업성능performance을 반영한 형태' 를 탐구하여 유기적 기능주의라는 새로운 영역을 제시하였다. 해링은 유기주의 건축을 제창한 라이트처럼 모든 사람을 각기 독특한 행위, 생활 양식과 서로 다른 정서를 지닌 존재로 상정하고, 이러한 독특한 현상을 반영하여 설계하고자 하였다. 따라서 그는 모든 사람들의 기본적 욕구가 동일하다고 보았던 합리주의에 반대한다. 그는 건축가가 자신이 상정한 주관적이고 선험적인 형태에 기능을 구속시켜 해결하는 것은 지속적으로 변화하는 삶의 요구와 사회가 필요로 하는 공간적 융통성을 상실할 위험이 있다고 경고하였다. 그는 건축가란 자신의 개성이 아니라 과제의 내용을 드러내어 건물이 탄생되도록 돕는 일종의 산파라고 생각하였다. 그러나 해링은 내용을 융통성이라는 실용주의 이상의 의미로 해석하여 '디자인 프로세스의 혈액' 으로 간주하였다.

해링은 『형태에 대한 접근, *Approaches to Form*, 1925』이라는 에세이에서, 건물의 특성은 선입견적인 형태를 부과하는 대신 건물이 봉사해야 하는 '과제의 본질적인 속성' 으로부터 성장해 나온 것이어야 한다고 다음과 같이 주장한다.

> "우리는 사물에 호소하여 그것이 자신의 형태를 (스스로) 전개하도록 해야 한다. 이것은 사물에 형태를 부여하고, 근거 없이 형태를 결정하며, 어떤 종류의 법칙을 그것에 강요하여, 그것들을 지시하려는 우리의 성향에 반대되는 것이다. 우리는 형태를 역사적 장식을 연출하는 것으로 만들려고 하는 잘못을 행하였다. 또한 우리는 그것을 개인적 취향의 대상으로 만들고자 할 때 여전히 동일한 잘못을 행하였다. 우리는 또한 기하학적이거나 수정체에 기반을 둔 형상으로 회귀하라고 강요할 때, 그것은 여전히 독재(르 꼬르뷔지에)를 의미하기 때문에, 우리는 그릇 행하는 것이다. 기하학에 기반을 둔 형상은 원형urformen가 아니며, 본래의 모습urgestalten도 아니다. 기하학에 기반을 둔 형상은 추상이며, 법처럼 엄격한 것이다. 우리가 기하학적 형상에 근거하여 여러 사물에서 얻는 통일성은 단지 '형태의 통일성' 이지 '삶(생활)의 측면에서 얻어지는 통일성' 은 아니다." (Hugo Häring, 1925, p.5)

여기서 해링이 주장한 바처럼 건물이 삶(생활)에서 수행하는 역할과 그 맥락context으로부터 얻어지는 형태의 개념, 그리고 기하학에 대한 선입관을 피하는 것 등은 그의 건축이론이 러얼리티에서 출발하고 있음을 암시한다. 해링은 기능주의자들처럼 여러 실용적인 도구와 건물에서 형태가 목적에 적합화 되어있다는 사실에 주목하였다. 그러나 그는 '삶에 의해 결정되는 기능적인 형태만이 자연적이고, 영원하며, 자율적인 것' (Peter Blundell Jones, 1995, p.96)이라고 주장하였다.

그러므로 해링은 '건축은 내부에서 외부로 출발하여 하나의 기관organ, 즉 유기적 구조처럼 지어져야 한다' 고 주장한다. 인간의 유기체 조직이 그 기능을 충족시키듯이, 건물은 충족해야 하는 기능으로부터 자신의 형태를 부여받아야 한다는 것이 그의 생각이다. 그는 건축 과제를 성취하기 위해 발견되어야 할 본질적인 질서inherent order로부터 그 형태가 도출되어 유기체처럼 만들어질 때 비로소 유기성의 개념이 구현된다고 보았다. 이 본질적인 질서는 삶의 질서에서 나온 것으로, 이것은 기하학이라는 미명하에 외부로부터 규정된 형태를 부여하여 만든 가용된 질서와는 다르다. 또한 대상의 작용성의 측면에서 기능의 의미를 해석하고자 한 유물론적 기능주의와도 다르다. 이것은 '삶의 과정들' 이라는 총체적 다양성과 결부시켜 새롭게 해석하고, 형태를 주변의 삶의 과정, 용도, 상황 등을 해석하는 프로그램 속에서 찾아야 한다는 것을 의미한다.

따라서 해링은 뒤랑이 주장한 형태학적인 유형학과 파르티parti의 개념, 그리고 르 꼬르뷔지에처럼 건축을 엄격한 직사각형 플래닝, 대칭, 비례 등으로 구성하는 자율적인 형태 시스템으로 보는 것을 거부한다. 그 대신 그는 모든 건물은 기능, 형태, 그리고 대지와의

관계에 있어서 독특한 유일성을 지녀야 하기 때문에, 그것이 수행해야 할 다양한 '기능'과 놓여지게 될 '맥락'으로부터 건물의 복합적 형태를 이끌어내는 태도를 강조하였다. 따라서 건물의 형태는 상징적 의미보다는 철저하게 요구항목들과 기능들을 표현한 결과여야만 했다. 이 점에서 해링의 건축 이론은 '모든 건물이 그 자신의 정체성을 가져야 하며, 그 자신의 속성에서 자라난 것이고, 그 자신의 법칙에 따르며, 내용과 맥락에 반응하는 것이어야 한다'는 점을 강조한다. 따라서 해링은 단지 실용적인 차원의 기능에만 머물지 않았다. 그는 설리반처럼 기능적 형태의 특성character을 중시함으로써 용도 그 자체 보다는 용도가 의미를 부여하는 방식, 즉 기능과 표현의 관계에 대해 주목하였다. 이러한 태도는 유기적 건축의 사상을 주장한 설리반, 라이트에서 한 걸음 더 나아가 사물들에 관한 연구 방법을 통해 대상 자체 속에 담지된 본질적인 형태를 발전시키려는 것이다.

이런 의미에서 해링의 작업 행위는 '부여'의 작업이라기보다는 '발견' 또는 '내부로부터의 발전'이라는 의미가 강하다. 그에게 건축은 비인간적인 엄격한 형식적 법칙이 아니라 작업성능에서 나온 유기적 구조를 바탕으로 접근한 결과이기 때문이다. 해링은 아르누보 건축가들처럼 단순히 생물학적 형태를 모방한 곡선이나 불규칙한 형상을 선호한 것이 아니라, 작업의 과제에 적합한 질서화의 방식과 (작업성능을 성취하는) 형태를 발견하고자 한 것이다. 따라서 그는 대상을 기하학적인 형태나 결정체와 같은 원초적인 형식으로 환원하여 얻어지는 통일성은 대상에 압력을 가하는 강압적인 통일성에 지나지 않는다고 비판한다. 이러한 이유로 그는 기하학에 근거한 선험적 건축 형태를 추구한 르 꼬르뷔지에의 합리주의에 대립되는 반(反) 미학주의 입장을 취하였다. 또한 미스 반 데어 로에, 그로피우스 등이 강조한 직각 그리드 시스템에 의한 단순한 추상 형태를 창조하는 것에도 반대하였다. 해링이 건축의 '보편성'을 강조한 미스 반 데어 로에와는 달리 '특수성'을 더 중시하는 입장을 취하면서 미스와 벌인 논쟁은 유명하다.

## 디자인은 다양한 욕구를 지닌 인간의 움직임을 반영해야 한다.

해링은 주택을 인간의 제2의 피부로 간주하고 기관으로서의 건축Architecture as Organ, organ-like building이라는 개념으로 진척시켰다. 그는"아직도 많은 사람들이 유기적 총체로서 주택을 개발하고, 기능을 충족시키는 형태 이상으로 성장하게 하거나 인간의 조직과 피부로서 주택을 바라보는 생각을 품지 못하고 있다."(Heinrich Klotz, 1984, p.37, 재인용)고 주장한다. 주택을 "인간의 거주라는 기능을 수행하는 도구"라고 전제하는 이와 같은 생각에는 생물학적 의미와 유물론적 의미가 다분히 내포되어 있다는 점이다.

> "중요한 것은 내부로부터, 그리고 실질적 삶의 과정으로부터 시작하여 주택을 계획하는 것이며, 또한 배치에 있어서도 이런 원칙을 적용하여 진행시키는 것이다. 건물의 외피는 시작부터 이루어지는 것이 아니라 모든 유기체의 외피처럼 결과로써 도출된 것이다. 직사각형 평면내부에 가구를 배치하는 대신에 가구의 주위에 벽을 설치해야 하며, 이 경우 벽들은 직사각형 건물의 최종 결과물이 되지 않을 것이다.... 공간은 그 목적에 맞게 조성되어야 하며, 그 속에서 삶을 영위하는 사람들과 생활로부터 그 형상을 부여 받게 될 것이다. 즉 그것들은 스스로의 삶의 부분이 되어야 하며, 그것을 감당해야 한다."(Hugo Häring, 1927)

따라서 해링은 "외부가 사전에 미리 결정되어서는 안되며, 모든 유기적인 발달과 동일한 방식으로 전개되어야 한다"고 주장하였다. 그는 이러한 작업행위를 기관작업Organwerk을 거쳐서 발생하는 "기관과 같은organ-like, organhaft실체"가 거주자들과 그 주거 습관에서 공간의 형태gestalt를 얻게 되는 형태작업Gestaltwerk을 통해 "존재와 같은being-like, wesenhaft 실체"로 드러나는 과정으로 설명한다.(주15) 해링이 언급한 '기관과 같은 실체'의 개념은 생물학적 자연에 상응하는 것이다. 그리고 이로부터 부과되기보다는 발견되는 존재와 같은 형태being-like form가 생성된다. 그러므로 샤프(Dennis Sharp, 1966, p.79)의 지적처럼, 해링은 시대의 변화된 요구들에 대한 탐구와 기능적 효율성을 얻는 작업으로서 '건축적 유기체를 개발해 내는 작업Organwerk'과 아울러 '적절한 건축적 표현 이미지를 발견하는 작업Gestaltwerk' 등 두 가지 측면을 전제로 접근하였다. 해링이 주장하는 '존재와 같은 형태' 개념이라는 생성과정을 거쳐 만들어지는 건축에 관한 담론은 후에 샤로운에게 영향을 끼쳤다.

도1-28a
H. 해링, 주택계획안, 1923

도1-28b
L. 미스 반 데어 로에, 벽돌주택계획안, 1923

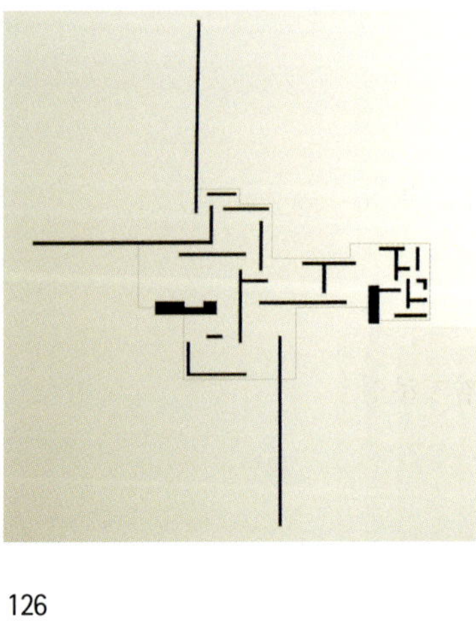

그러므로 해링은 안락한 의자가 인간의 육체에 잘 맞는 것처럼, 주택을 인간의 활동에 적합하도록 인간 행위의 양식과 움직임을 통해 유추해야 한다고 주장한다. 그의 작품에서 비대칭적, 불규칙적인 연속공간의 유기적 형태로 나타나는 공간의 형상은 "인간의 움직임에 대해서 직관적으로 상정함으로써 모든 행위에 대응하는 특정한 물리적인 형태를 부여하고자 한 결과"(W. G. Lesnikowski, 1982, p.216)이다. 평면 구성에 있어서도, 공간에서 포착되는 역동적 행위들의 연속체에 대응하여 각 공간들은 개별화되며 정체성과 다양한 각도와 형상을 갖는다.(주16) 이러한 평면의 형상은 투사

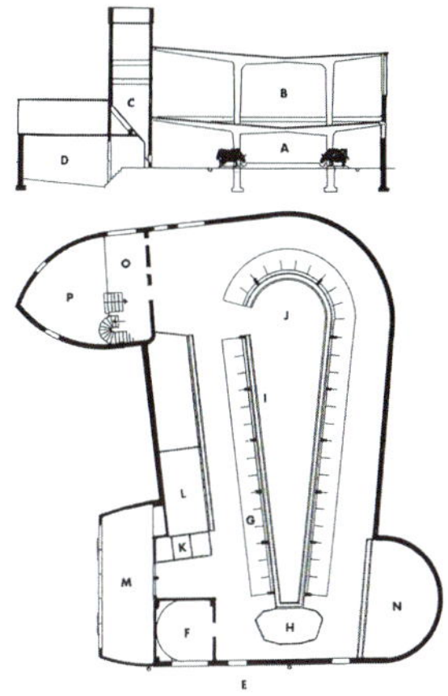

도1-29a, b
H. 해링, 구트 가르카우 농장건물, 독일, 1922-1928

된 거주습관, 가상적인 공간의 사용, 그리고 이들 상호관계에 대한 이해를 바탕으로 내부에서 외부로 작업하는 프로세스의 결과이다.

해링의 **주택 계획안**(Design for a House, 1923, 1946)(도1-28a)은 용도, 거주자의 움직임과 동선의 흐름 등 개개의 기능을 반영하여 생성된 불규칙한 곡선 평면으로 유기적 기능주의를 보여주고 있다. 이 계획안에서 개개의 방들은 특정의 가구의 배치와 이들 사이를 움직이는 인체의 이동의 패턴에 대응하여 구성되었다. 이것은 외부 형태 자체보다는 내적인 해부적 구조, 외부 세계와의 구체적인 연계의 필요성을 반영한 것이다. 해링은 유기적 공간은 같은 시기에 미스가 제시한 **벽돌 전원주택계획안**(Brick Villa, 1923)(도1-28b)의 기하학적인 개방 평면이 방의 구체적인 용도가 명시되지 않고, 단지 교차하는 벽의 면들과 지붕으로 추상적인 공간을 한정하는 방식으로 전개된 것과는 사뭇 대조적이다.

작업 성능에서 나온 유기적 형태의 개념은 뤼베크(Lübeck) 근처 소재의 **구트 가르카우 농장건물들**(Gut Garkau, near Lübeck, Germany, 1922-1928)(도1-29a, b)에서 구조, 시공, 실제적인 운영의 효율성 등 기능과 프로세스의 측면에서 생성된 타원형 평면이라는 독특한 형상으로 표현되었다. 여기서 해링은 가축을 돌보고 먹일 수 있도록 농장의 하루 일과와 관련된 세부요건들을 조사하고, 가축의 움직임, 조명, 환기, 사료의 저장 및 분배 등 여러 문제들을 분석하고 이것을 축사와 헛간 디자인에 반영하여 평면형상을 결정하였다. 그 결과 이 형태들은 기능적인 기준에 대응할 뿐만 아니라, '작업성능이 성취된 형태' 를 보여준다.

## 개별화와 장소의 사회성을 지닌 건축의 탐구 : 한스 샤로운

### 형태는 '본질'에서 나온다.

라이트, 해링 등이 보여준 유기적 건축의 개념은 샤로운(Hans Scharoun, 1893-1972)에게서 인간의 심리적 기능이라는 영역으로 확장되었다. 샤로운은 해링처럼 기능적 프로그램에 대한 심리학적 해석을 바탕으로 독특한 불규칙성을 지닌 공간과 형태를 탐구하였다. 그는 건축이란 기술이 아니라 장소의 속성과 그 안에서 수용해야 할 행위에 의해 형상화되어야 한다고 주장한다. 그는 사람들이 살고, 일하고, 휴식을 취하며 행동하는 공간을 창조할 때 진정한 유기적 건축의 본질이 실현된다고 주장한다. 따라서 샤로운은 공간의 크기와 형태, 비례 등을 인간의 행동과 생활(삶)을 중심으로 계획하고, 이것을 건축가의 이미지에 의해 포착된 부정형의 불규칙한 공간구성에 담아내고자 하였다. 실제로 그의 작품과 스케치에서 볼 수 있는 움직임은 단순히 형태의 역동성 뿐만 아니라 현실적인 인간의 움직임, 즉 동선시스템을 반영한 고뇌의 산물이다. 이 점에서 샤로운의 유기적 건축은 설리반처럼 식물형상에 바탕을 둔 장식적 모티브를 개발하거나 라이트처럼 요새와 같은 쉘터의 감각을 제공하는 것과는 그 특성을 달리한다. 오히려 그는 미리 결정된 엄격한 기하학적 구상scheme에 순응하기보다는 오히려 구성을 이루는 개별적인 볼륨들이 그 자신의 형상이나 위치를 발견하도록 허용하는 데 더 관심이 있었다.

도1-30a
H. 샤로운, 건축의 원리, 드로잉, 1919

그러므로 샤로운은 기능적 측면에 대해서는 해링이 주장한 기관(器官)과 같은 건물the theory of organ-like building에 관한 이론에 전적으로 공감하여 유기적 기능주의를 지지하였다. 펜트(Wolfgang Phent, 1973, p.103)에 따르면, 1920년대에 링the Ring멤버로 활동하면서 해링과의 대화를 통해서 그의 영향을 받은 샤로운은 유기적 건축을 '생명력 있는 기관' 으로, '본질로부터 얻어진 형태' 로 해석하는 개념으로 진척시켰다. 여기서 샤로운은 본질- 조건화essence-conditioning에 근거한 접근을 강조한다. 이것은 '직관적 상상력' 과 같은 예술가의 주관적 영역과 객관적인 설계조건으로서의 '요구' 라는 두 가지가 서로간 밀접한 관계에서 생성되는 것을 의미한다.

"직관은 본질을 인식하며, 본질은 단지 직관에 의해서만 그 스스로를 드러낼 것이다."(Hans Scharoun, Wolfgang Pehnt, 1973, p.103 재인용)

그러므로 샤로운은 '형태란 건축 계획안의 본질에서 만들어내는 것' 이라고 생각하였다. 그에게 형태는 건축가가 자신의 감각을 근거로 우선적으로 선택하거나 부가하는 치장 요소가 아니라 건축가의 심사숙고를 통해 가장 순수한 의미에서 직관적으로 인식되는 본질에서 나온 것이다. 여기서 '순수' 는 대상자체의 본질과 관련된 작업의 근본적인 해결을 의미한다. 따라서 샤로운은 1920년대 근대건축의 구성원리에 영향을 끼친 추상미술의 내재적인 미적 구성원리를 건물과 평면구성에 적용하는 것을 거부하였다. 오히려 그는 공간, 맥락, 용도 등과 같이 외적 조건들을 수용하는 태도를 취하였다. 그의 계획안들과 작품들에는 프로그램의 근원에서 시작한 건물 개념뿐만 아니라 여기에 형태적, 공간적 표현을 접목시키고자 노력한 흔적이 보인다.(도1-30a, b)

도1-30b
H. 샤로운, 콘서틀 홀, 드로잉, 1920

## 건축은 공간경험을 고양시키는 장소를 만드는 작업place-making이다.

샤로운에게 건축은 기능적 프로그램을 직관적으로 해석하고 대지의 조건과 다양한 요소들을 병치하는 작업을 통해서 인간의 공간경험을 고양시키는 '장소를 만드는 작업' 이었다. 그의 작품에서 발견되는 비기하학적인 유기적 구성은 장소를 만드는 사건들place-making accidents의 속성과 이들 상호간의 움직임에 바탕을 둔 것이다. 샤로운은 해링과 마찬가지로 동선을 평면의 발생기circulation as generator in plan(Peter Blundell Jones, 1995, p. 38)로 사용하여 움직임을 더 직접적으로 표현하고자 하였다. 해링과 샤로운에서 발견되는 흐름flowing은 움직임의 경로route에서 발전된 것으로 마치 동선 다이어그램처럼 나타나는 벽으로 표현된다. 이것은 샤로운이 멘델존(Erich Mendelsohn)의 작품에서 보여지는 시각적 차원의 역동성을 넘어서 인간의 이동(움직임)을 반영하여 새로운 방식으로 표현하려고 한 결과였다.(샤로운은, 멘델존과 같은 표현주의 건축가들이 미래파 건축이 시도한 도시의 흐름과 건축형태의 발생장치로서의 움직임movement as a generator of architectural form을 수용하여 역동성을 표현하는 방식에는 공감하였다.) 여기서 우리는 람뿌나니(V. M. Lampugnani, 1985, p.84)가 지적한 것처럼 '샤로운의 형태 언어가 직각 대신 유기적인 역동적 형태를 보여줄지라도 전반적으로 그것은 합리주의적인 검토의 결과로 결정된 것' 이라는 사실에 주목할 필요가 있다.

특히 샤로운은 신체의 이동에 따른 시각적 움직임을 암시하고 조망 등을 제공하면서 공간의 시퀀스를 만들어내는 공간구성의 장치로 '대각선 계단' 의 효과에 주목하였다. 그

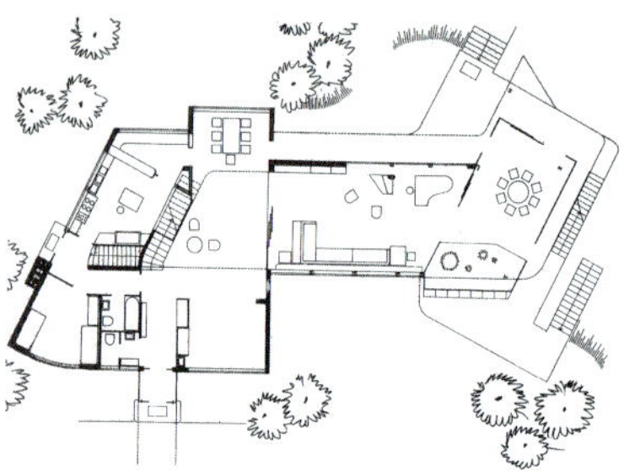

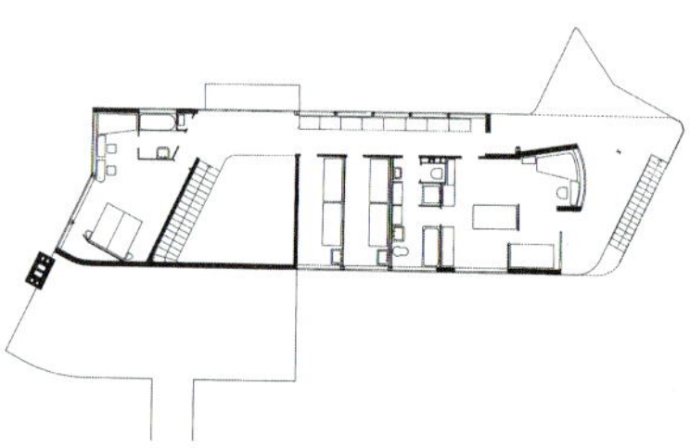

도1-31a, b, c
H. 샤로운, 슈밍케 하우스, 뢰바우, 독일, 1930-1933

는 평면상에서 대각선으로 배치된 계단은 공간들을 모호하게 만들고 움직임을 부여하는 장치로 도입하였다. 그의 **초기의 주택 작품들**(Schminke House in Löbau, Germany : 1930-1933(도1-31a, b, c), Mattern House in Potsdam, Germany : 1932-1934(도1-32a, b), Moll House in Berlin Germany : 1936-1937)에서 보여지는 공간의 개방성은 미스가 추구한 것처럼 융통성 있는 평면이 아니라 시각적, 공간적으로 연결된 일련의 방들의 관계로 보여준다. 이 개방 평면 안에 구체적인 활동을 위해 할당된 장소인 개별적인 공간들(주17)은 서로 자신의 아이덴티티를 유지하면서 통합되는 방식으로 관계를 갖는다. 따라서 이것은 기능주의 건축가들이 조닝의 개념으로 각 부분들을 개별화했던 방식과는 그 성격을 달리한다. 샤로운은 이러한 개념을 후에 독일 신학자 부버(Martin Buber)가 『나와 너 *Ich und Du*, 1954』에서 언급한 관계 개념을 차용하여 관계/거리realtionship/distance, Beziehung/ Distanz(Peter Blundell Jones, 1995, p. 84)라는 자신의 건축담론으로 정립하였다. 샤로운은 이러한 관계/거리의 개념을 건축과 사회의 관계에 대응시킨다. 그의 주택에서 각 장소들이 맺는 연계성은 주택 평면이 '장소의 사회성' 을 지닌 존재가 되기 위해서 필수적이다. 샤로운은 이것을 개별장소들의 아이덴티티(정체성)만큼이나 중요하게 간주하였다.

샤로운이 자신의 초기 주택 작품들에서 지속적으로 탐구해 온 것처럼, 평면에서 '장소들' 사이의 관계와 인간의 동선의 흐름과 관련된 '경로' 의 개념들은 그의 후기 작품인 베를린 필 하모닉 음악당(Philharmonie Concert Hall, Berlin, Germany, 1956-1963), 베를린 국립 도서관(The State Library for Prussian Cultural Possessions, Berlin, Germany, 1964-1978)에서 성공적으로 실현되었다. 베를린 **필하모닉 음악당**(도1-33a, b, c)은 다양한 공간들의 여러 레벨이 관여하여 이루어진 유기적 공간개념을 보여주는 대표적인 작품이다. 샤로운은 여기서 기능의 상관관계 뿐만 아니라 다양한 공간들 안에서 관계/거리의 개념으로 발생하는 본질적인 과제를 탐구하였다. 그는 내부공간이 음악적 동기를 부여하고 몰두할 수 있도록 청중의 한 감각기관이 되어야 한다고 제안하였다. 특히 음악가와 청중들의 관계를 더욱 긴밀하게 하는 아레나arena 형식으로 배열된 청중석은 '중심에 위치한 음악당이라는 개념으로부터 전개된 것' (J. Joedicke, 1969, p.59)이다. 여기서 다양한 레벨로 구성된 관객석의 작은 공간의 영역들은 개개인이 아이덴티티를 유지하면서 보다 큰 공동체의 일부분임을 동시에 느낄 수 있도록 분할되었다. 이 건물에서 조각적인 외관과 관객의 흐름에 따라 배치되어 다양한 각도로 뻗어나가는 계단, 미궁과 같은 현관, 여러가지 레벨, 중앙에 위치한 오디토리움의 동굴과 같은 불규칙한 평면구성은 1960년대에 유행한 신 표현주의 성향의 하나로 비평가들은 언급해 왔다. 그러나 이러한 평가는 단지 드러나는 현상만 보고 판단하는 오류를 보여준다.

도1-32a, b
H. 샤로운, 매턴 하우스, 포츠담, 독일, 1932-1934

도 1-33a, b, c
H. 샤로운, 필하모닉 음악당, 베를린, 독일, 1956-1963

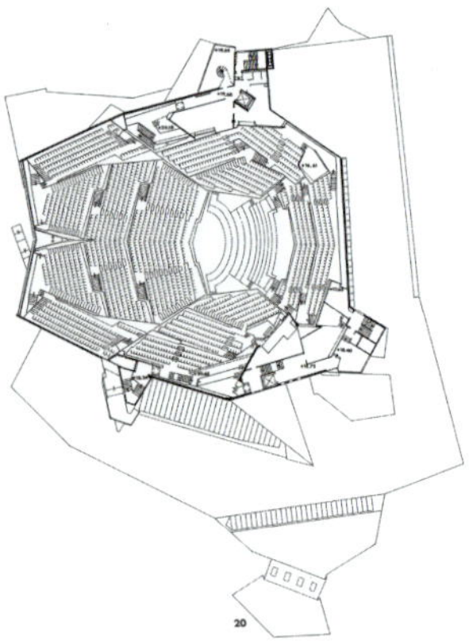
20

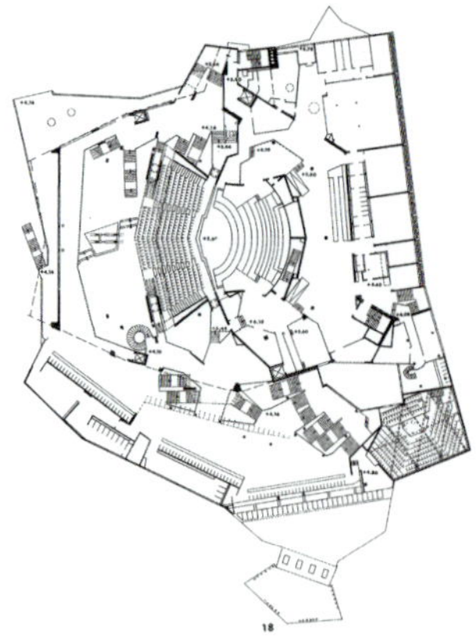
18

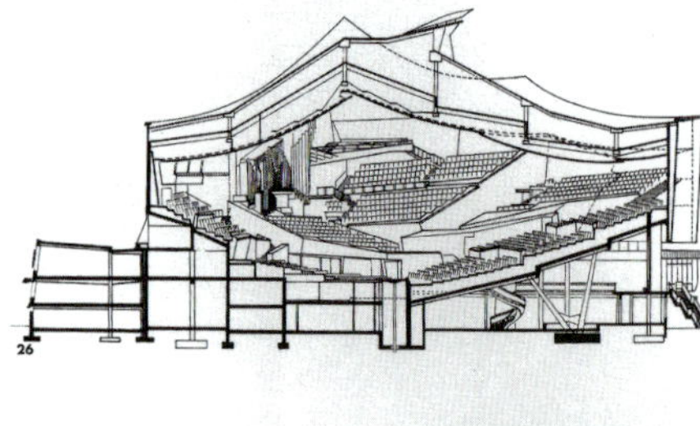
26

도1-34a, b
H. 샤로운, 국립 도서관, 베를린, 독일, 1964-1978

샤로운은 **베를린 국립 도서관**(도1-34a, b)에서 사용자들의 서로 다른 행태들을 수용할 수 있도록 평면을 다양한 부분들로 분할하여 복합적인 유기적 형태로 구성한다는 개념을 발전시켰다. 여기서 그는 공간이 인간에게 어떻게 체험되는가 하는 심리적 차원의 문제와 주변 환경의 맥락을 반영하여 공간에 새로운 긴장을 부여하였다. 열람실 내부공간은 다양한 크기로 분할되어 있으며, 도서관 안에 있는 관찰자가 각 공간의 국면마다 독특한 체험을 하면서 이동할 수 있도록 구성되었다. 여러 각도로 굽은 평면 구성이 연출하는 시각적인 감동과 함께 상이한 레벨에 따라서 전개되는 다양한 풍경은 단지 미적인 관점보다는 공간 속에서 인간의 이동을 인식하고 공간에서의 다양한 해프닝을 의식하여 접근한 결과이다.

## 시튜에이션 건축Situations-architektur, Situation Architecture의 실현 : 귄터 베니쉬

이제까지 살펴본 바와 같이 라이트의 유기적 건축과 구조의 개념, 해링의 기능적 유기주의와 작업성능, 샤로운의 심리적 기능주의 등 다양한 접근 태도에서, 우리는 유기적으로 연속된 공간구성의 개념과 그것에 대한 인간의 경험 현상의 다양성에 대한 새로운 인식이 확장되어 가는 것을 발견할 수 있다. 제비(Bruno Zevi, 1957)가 지적하였듯이, 유기적 건축의 전통을 따르는 건축가들은 기술적, 경제적인 요구에 부응하고자 한 기계론적 기능주의를 거부한다는 점이다. 이들은 공통적으로 공간과 인간의 상호 관계 속에서 이해되는 공간 체험의 개념을 바탕으로 대상 자체가 주는 이미지가 아니라 인간의 공간에 대한 이미지화과정과 관계를 중시한다. 따라서 우리는 유기적 건축에는 대지나 주변 환경과의 조화 뿐만 아니라, '공간 경험의 인간화' 라는 측면이 담겨져 있는 사실을 주목해 왔다.

**건축작업의 목적은 본질적으로 더 많은 상황 situation 이 발생되도록 하는 것이다.**

해링의 유기적 기능주의, 샤로운의 심리적 기능주의라는 유기적 건축의 전통은 유기적, 기능적, 그리고 해체주의적인 성향의 작품을 보여주는 독일 건축가 베니쉬(Günter Behnisch, 1922 -2010)의 건축이론과 작품에서 독특한 모습으로 계승되고 있다.(일관된 스타일 보다는 다양성을 보여주는 그의 작품을 어느 하나의 카테고리로 분류하는 데 다소 어려움이 있다.) 베니쉬는 해링과 샤로운이 추구해온 유기적 개념을 사회적 분절, 기하학적 불규칙성, 상호관입하는 공간의 측면에서 뿐만 아니라, 자신의 철학적 사고의 측면에서도 확장시켜 온 건축가로 평가되고 있다. 그에게 있어서 "건축물은 삶에 속하는 것" 을 의미한다. 그리고 그것은 "인간의 행위가 담긴 장소와 부지의 일부" 가 된다고 그는 주장한다. 따라서 그는 건축이 너무 완벽하거나 명확해서는 안되며, 또 기술적이거나 조각적인 오브제로 우선적으로 간주되어서는 안된다고 강조한다. 샤로운처럼 베니쉬도 건축적 표현을 개념이나 정치적 이데올로기의 표현이라기보다는 대상 고유의 성격에서 나오는 것이라고 생각하였다. 무엇보다도 베니쉬의 작품에서 발견되는 개방성과 투명성의 건축에서는 그 중심에 '인간' 을 일관성 있게 설정하는 건축을 추구하려는 의도가 강하게 담겨있다는 점이 주목된다.

베니쉬는 활동 초창기인 1950대와 1960년대 중반에는 모더니즘의 전통을 따라 표준화와 대량생산, 경제성을 기반으로 하는 공업화라는 합리적 건축을 탐구하여 왔다. 이 시기에 프리케스트 콘크리트 시스템을 적용하여 학교 건축의 전형을 만들어 낸 회헨스타우펜 학교(Höhenstaufen School, Germany, 1959), 울름 학교(Ulm School Building, Ulm, Germany 1963-1985) 등이 이에 해당된다. 그러나 이러한 공업화와 표준화라는 기하학적인 질서 시스템이 강요하는 비인간성에 한계를 느낀 베니쉬는, 1960년대 후반 이후에 사회적 맥락과 부지의 장소적 특성에 반응하고 정치적, 생태적 환경을 중시하는 방향으로 전환하였다. 이러한 태도의 변화는 그가 훗날 "만일 건축이 순수한 기술적인 방향만을 지향한다면, 그것은 필히 일방적이어서 다양한 종류의 희망사항이나 요구조건들을 표현하는 것이 불가능하며, 그 결과 우리가 사는 세계의 다양성에 반응하거나 이것을 반영하는 것이 불가능할 것"(Günter Behnisch, 1987, Peter Blundell Jones, 2000, p.12 일부 재인용)이라고 주장한 데서도 알 수 있다.

따라서 1960년 후반 이후에 베니쉬는 현대 민주사회의 인간을 기본으로 하는 자유와 평등, 참여, 비형식성의 감각을 중시하는 휴머니즘적 건축을 탐구하여 왔다. 그는 자신의 건축에 공간적, 재료적, 구축적인 개별화로 특징지어지는 작업을 통해서, 환경의 의미를 자연적 요소가 포함된 환경뿐만 아니라 인간적인 삶이 공유되는 환경까지 확장하여 모더니즘에 담아내고자 시도한다. 특히 그가 인간과 자연환경의 공존을 바탕으로 제안한 '그라운드스케이프groundscape 건축'의 개념은 랜드스케이프와 형태에 대한 새로운 태도를 보여주는 것이다. 대지의 하부에 있는 것과 상부에 있는 것들을 대비시켜 상호 시너지 효과를 만들어 내는 이 개념은 이후의 여러 작품들에서 기평면groundplane을 적용하여 건물을 대지에 가라 앉혀 공존시키는 선큰 형식의 개념으로 발전되었다. (이러한 그라운드스케이프의 개념은 오늘날 FOA, 하디드, 페로 등처럼 자연과 랜드스케이프의 통합을 지향하여 인공적인 랜드스케이프 건축을 추구하는 현대 건축가들의 작품을 예견하고 있다.)

1970년대와 1980년대에 정치적 이슈와 생태환경 문제 등에 관심을 보이기 시작한 베니쉬는, 자신의 건축에 대한 사고를 프로그램의 새로운 해석을 통해서 지역주민과 사회에 공간(장소)을 환원하려는 사회생태학적 사고로 확장시켜 나갔다. 베니쉬에게 건물은 생명체에 속하며, 장소의 한 부분이다. 또한 그것은 기술적, 조각적 대상이 아니라 인간 활동을 위한 부지site이기도 한다. 이 시기에 그는 유기적 전통 속에서 발전시켜 온 유기적 공간언어를 바탕으로 끊임없이 변화하는 공간 속에서 사람의 행위가 주체가 되는 복합적인 건축공간을 탐구하였다. 베니쉬는 샤로운처럼 부분과 전체의 관계를 중시하고, 공간에 본질substance을 부여하고자 하였다. 이것은 그가 부분들과 전체의 관계에 대한 인식을 바탕으로 각 부분들에 '개별화된 특성'을 부여하고 이들 상호간 적절한 관계를 발견하려는 데서 알 수 있다. 따라서 베니쉬는 자유와 개성, 비기하학적인 질서, 장소의 성격과 수용되는 행위에 의해 내부화된 공간 전개를 중시한다. 그는 샤로운처럼 개별적인 부분들의 이러한 형태적 자유성을 민주주의 사회에서 개인을 위한 자유성과 연결지어 의미를 부여하고 있다.

그러나 샤로운의 유기적 건축이 공간적 측면에서 주로 접근하여 구축의 문제를 이차적으로 다룬 반면에, 베니쉬는 이것을 모더니즘 건축의 기술적, 재료적인 수단이라는 구축의 논리성에 근거하여 확장시켰다. 그의 작품에는 투명성과 개방성에의 선호, 조형수단으로서 기계적 요소의 사용 및 주변 환경에 적응하는 건축재료, 그리고 기존의 형태에 적응하기 보다 순수한 형태를 발견하고자 하는 태도가 강하게 나타난다. 따라서 샤로운이 추구해온 유기적 개념은 베니쉬의 작품에서 중첩되고 가로지르는 구축의 켜들로 새로운 물질적 아이덴티티를 획득하게 된다. 특히 그는 부지와 주변환경을 중요한 인자로 간주하고 각 프로젝트의 구체적인 측면들, 즉 상황situation에 점점 더 관심을 보여 왔다. 그에게 개개 건물은 명확한 오브제나 사물 그 자체라기 보다는 방들이나 볼륨들의 집합체society of rooms or volumes(Peter Blundell Jones, 2000, p.14)로 간주된다.(이것은 부분과 전체라는 관점에서 접근한 것이기는 하지만, 02에서 살펴보게 될 루이스 칸이 공간을 개별적 아이덴티티를 지닌 방들의 집합체로 정의한 것과 유사하다. 또한 개개 프로젝트의 구체적 측면, 즉 상황에 적합한 건축 형태를 탐구하는 이러한 태도는 2권의 04에서 다루어질 이에로 사리넨에게서도 찾아 볼 수 있다.)

따라서 베니쉬는 그가 1950년대와 1960년대 초기에 추구하였던 공업화시스템을 포기하고 그 대신 건물의 개별화된 부분들이 장소와 필요라는 독특한 상황으로부터 생성되는 시튜에이션 건축situation architecture 이라는 개념을 다음과 같이 제시한다.

> "건축 작업의 목적은 단순히 건물을 만드는 것이 아니라, 더 많은 상황이 창조되도록 하는 것이다. 어떤 경우에는 다행히도 이미 존재하는 상황을 해석하고 보강하며 강화하는 작업을 해야 하지만, 그렇지 못한 경우에는 상황을 창조해야 하는 그러한 수단만이 고려되어야 한다. 이것은 구체적 상황의 특수성이 결정적인 역할을 하며, 새롭고 구체적인 해결책이 항상 탐구되어야 한다는 것을 의미한다."(Günter Behnisch, 미출간 연설문, 1984/85 / Peter Blundell Jones, 2000, p.14 재인용)

베니쉬에게 있어서, 상황의 의미는 기존 맥락과 각 대지의 상황에 대한 해석에서부터 그 사회에서 발생한 삶의 다양한 양태들을 포함하는 것이다. (이것은 그가 리얼리티를 해석하는 하나의 방법이기도 하다.) 여기에는 건축이 독립적으로 존재하는 것이 아니라 자연적, 인공적인 상황과의 상호작용 속에서 이루어진다는 사고가 깔려 있다. 따라서 건물을 에워싸고 있는 환경 전체와 관계를 맺으며 건축의 개방성을 지향하여 다양한 변화와 여건들을 수용하려는 태도를 중시한다. 특히 베니쉬는 자신의 작품에서 명확하게 규정되지 않은 열려진 공동의 공간의 성격을 지닌 공공공간public space의 개념을 중시한다. 이 공공공간은 인간 활동의 군집과 분산, 흐름을 수용하고, 자연요소와 외부 경관 등 사람과 사람, 사람과 환경이 만나는 장소의 의미를 갖는 공간이다. 그의 작품에서 이러한 내부의 공공공간은 다양한 인간활동이 프로그램적으로 규정되지 않은 로비공간, 복도 등에서 사용자들이 다양한 모습으로 사용 가능하도록 열려 있는 공간으로 구성되어 있다.

이처럼 프로그램을 확정하지 않은 채 비워두려는 태도는 건물을 확정된 대상(오브제)이나 사물 그 자체 보다는 '방 또는 볼륨들의 집합체'로 인식하여 장소성과 맥락을 중시하는 베니쉬의 디자인 접근방식에서도 나타난다. 그의 작품에서 독립적인 부분들과 전체들로 구성되는 군집조형의 개념은 민주적 사회에서 개개인들처럼 건물의 각 부분들도 독립성과 자율성, 차별성을 가지면서 유기적으로 존재하는 방식을 의미한다. 이것은 어떤 단일한 질서가 전체를 규정하는 것을 허용하지 않으려는 태도를 보여주는 것이다. 따라서 베니쉬는 모더니즘의 합리주의 건축가들이 중시한 축, 그리드 구성의 형태가 아니라, 평면과 단면에서 정형적인 기하학적 질서를 일탈하면서 각 부분들이 독자적인 요구에 대응하는 기하학적 불균형의 개념을 중시한다. 그리고 이러한 형태구성에서의 자유함의 결과로 얻어진 자유로운 평면, 유리 파사드의 중첩에 의한 투명성, 내·외부의 연속성 등에서 보여지는 비원근법적 공간수법 등은 인간의 새로운 감성을 반영하려는 고뇌의 결과이다. 여기서 비원근법적 공간은 투시도적인 고정된 관점이 아니라 인간의 위치와 시간의 변화가 고려된 4차원의 공간으로, 장면들이 구성방식에 따라 다양하게 변화하는 가능성을 지닌 공간적 특성을 지닌다. 베니쉬가 투명성, 움직임(이동), 기하학적 불규칙성과 시각적 복합성, 공간의 상호관입과 중첩, 장식이 아닌 시각적 효과를 위한 색채의 도입 등을 보다 많은 시튜에이션과 강한 공간적 효과를 연출하기 위한 수법으로 사용하는 것은 개방성과 예상치 못한 사회적 상호작용을 촉진시키려는 의도에서이다.

도1-35a, b
G. 베니쉬, 올림픽 공원, 뮌헨, 독일, 1967-1972

FC BAYERN
WATTENSCHEID 09
3 : 1
AGFA FILM
HEIMSTATT
HOLSTEN

독특한 스카이라인으로 건물들이 주변경관과 어우러지는 그라운드스케이프 건축의 개념을 보여주는 **뮌헨 올림픽 공원**(Olympic Sportstadium, Munchen, Germany, 1967-1972)(도1-35a, b)은 베니쉬 건축의 새로운 방향을 보여주는 작품이다. 여기서 그는 경기장의 좌석을 (고대의 원형극장처럼) 인공적으로 조성된 대지를 파낸 언덕의 중턱에 묻고, 상부를 진보된 테크놀러지 기술을 적용한 개방적인 텐트 지붕으로 덮어 캐노피의 형태가 랜드스케이프로 확장되도록 디자인하였다. 이와 같이 경량 구조형태를 활용하여 주변 환경과 어우러지면서 분절된 다양한 기능군들을 통합하는 방식은 건축적 랜드스케이프architectural landscape(Jürgen Jeoedick, 1998, p.182)의 개념을 실현한 것이다.

베니쉬는 **우편박물관**(Post-Museum, Frankfrut, Germany, 1982-1990)(도1-36a, b, c)에서 자연적인 환경과 인위적인 환경의 특수한 제약조건(상황)을 수용하여 사회적, 장소적인 중심이 되는 시튜에이션 건축을 성공적으로 만들어 내고 있다. 여기서 그는 정원이 있는 오래된 저택의 역사적인 부지의 특수성과 인접 건물의 높이 제한, 수목 보존의 필요성 등의 상황(제약조건)을 수용하기 위해서, 프로그램상의 요구조건인 박물관의 주 전시공간을 대부분 지하에 배치하였다. 그리고 이 내부공간과 지상층의 공간을 모두 응시하는 문제는 사회적 초점의 역할과 빛을 유입하는 원통형의 투명한 아트리움을 도입하여 해결하였다.

도1-36a, b, c
G. 베니쉬, 포스트-뮤지엄, 프랑크프르트, 독일, 1982-1990

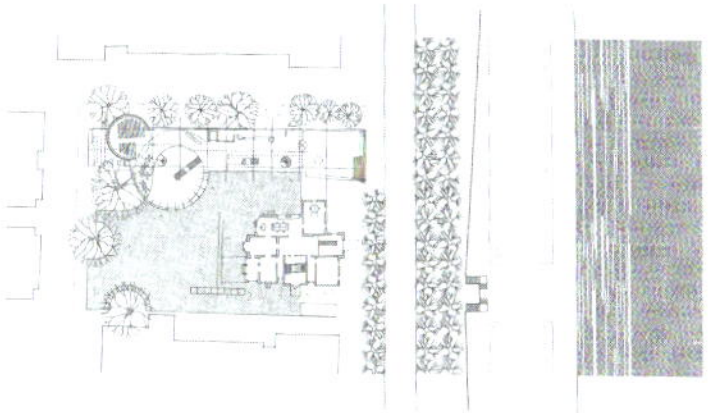

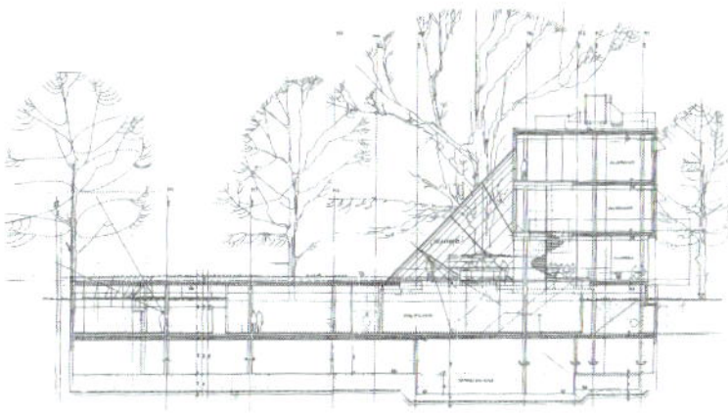

도1-37a, b, c
G. 베니쉬, 독일연방 국회의회당, 본, 독일, 1980-1992

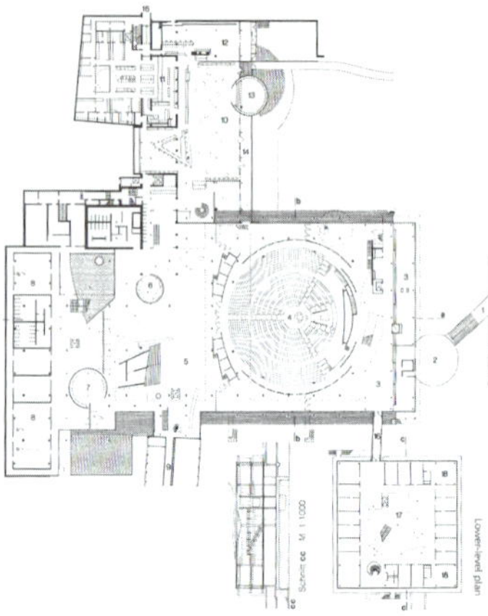

본에 소재한 **독일연방 국회의회당**(Deutsch Parliament, Bonn, Germany, 1980-1992)(도1-37a, b, c)은 인간과 환경, 프로그램을 고려한 공간개념, 그리고 사회적 목적을 지닌 장소를 제시하여 사회적 평등을 실현한다는 베니쉬의 철학이 가장 성공적으로 이루어진 작품이다. 여기서 베니쉬는 민주주의라는 사회적 평등의 개념을 불완전하고 상충되는 조직화시스템을 사용하여 비위계적인 전체를 구성하고 획일화된 질서를 탈피하고자 하였다. 다양한 개별 요소들의 집합을 통해 얻을 수 있는 건축적 합일체를 개방성과 자율성, 대립이 아닌 화합으로 표현하는 방식은 건물의 외부와 내부의 상호관계, 그리고 내부영역에서의 상호 조합방식 및 각 영역의 형성 등에 반영되어 있다. 특히 공용의 홀에서 투명한 유리로 에워싸이고 다양한 레벨의 계단과 램프 등이 중첩되어 만들어내는 복합적인 순환동선은 자연과 강한 시각적인 연결을 강화하며, 공간 안에 있는 신체의 경험을 통해서만 이해되는 공간적인 다양성을 제공하고 있다. 또한 외부 파사드에서 보여지는 중첩의 개념들은 부지 주변의 강이 만들어내는 비대칭적인 상황에 반응한 것으로 건물에 특별한 특성을 부여한다. 주 입구홀에서 주 기둥을 삭제한 것은 구조적 질서의 이상보다는 경로와 공간의 중요성, 그리고 시간의 개념을 더 중요하게 취급한 결과이기도 하다. **테렌스 도넬리 연구센터**(Terrence Donnelly Centre for Cellular and Biomolecular Research, Toronto, On, Canada, 2001-2005)(도1-38a, b)에서 베니쉬는 투명한 유리 파사드로 공간의 내·외부의 새로운 관계설정을 위한 투명성과 융통성, 자연 친화적인 실내정원을 도입한 내부공간의 쾌적성, 기존 도시의 가로, 광장 등 도시 맥락과의 상호작용의 개념 등으로 역사적 맥락과 다양한 상황을 해석하여 이에 민감하게 반응하는 건축을 만들고자 하는 태도를 보여준다.

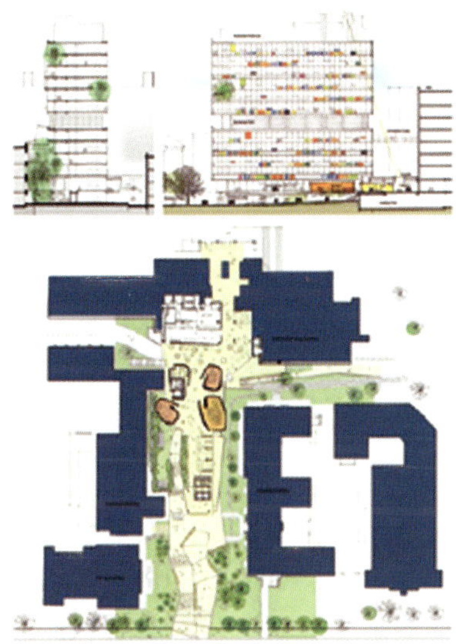

도1-38a, b
G. 베니쉬, 테렌스 도넬리 연구센터, 토론토, 캐나다, 2001-2005

# 013 프로그램과 다이어그램 건축의 탐구

프로그램과 데이터스케이프, 다이어그램 건축

## 모더니즘의 유물론적, 유기적 기능주의는 심리적 기능주의로 확장되어 왔다.

우리가 앞에서 살펴본 바와 같이 20세기 근대 건축은 기능과 프로그램에 대한 유물론적, 기계론적인 해석에서 유기론적인 해석을 거쳐 점차적으로 인간의 심리적 차원을 고려하는 심리적 기능주의로 발전되어 온 것을 알 수 있다. 특히 20세기 중반에 여러 건축가들은 프로그램을 기능의 목록과 동의어가 아니라 범주화할 수 없는 개별성과 특이성, 차이 등과 같은 개념으로 해석하고 이에 대해 주목하였다. 이러한 현상은 근대건축의 전통 속에서 작업을 해오던 샤로운, 베니쉬와 같은 건축가들이 기능의 개념을 인간의 감성과 프로젝트의 개별적 상황의 특수성을 고려하는 차원으로 확장해 나간 태도의 변화에서 찾아볼 수 있다.

그러나 이러한 인간 중심적인 접근은 그것이 우리에게 일깨워 주는 가치에도 불구하고, 날로 복잡해져 가는 현대 사회의 리얼리티와 관련된 프로그램의 복잡성을 합리적, 분석적으로 해석하는 데 어려움이 있다는 사실이 제기되었다. 이러한 현상은 1960년대 이후 모더니즘 건축이 추구해 온 프로그램과 기능적 공간의 개념은 본질적으로 인간 행태의 다양성을 만족시킬 수 없다는 심각한 비판이 제기되면서 가속화되었다. 제비(Bruno Zevi, 1957)는 20세기 초 기능주의는 기능과 관련된 인간의 심리적, 정신적인 차원들을 배제하거나 간과하였다고 지적한다. 슐츠(Christian Norberg-Schulz, 1968)도 모더니즘 시기의 건축가들은 형태 미학적 사고를 거부하고 단지 실용적인 측면에서 모든 복잡한 실체를 단편적으로 분석하여 파악하였다고 비판하였다.

이러한 비판들은 모두 실증주의와 합리주의적 사고의 논리를 따랐던 20세기초 모더니즘 건축가들이 기능들을 분석하고 정량화하는 기계적이고 합리적인 과정을 통해서 인간을 프로그램화할 수 있는 대상으로 간주하였다는 사실을 지적한 것이다. 심리학자 리프먼(Alan Lipman, 1969)이 지적하였듯이, 이러한 태도에는 "건물 사용자의 사회적 행태는 그 행태가 일어나는 물리적 환경에 의해서 영향을 받으며, 심지어 그것에 의해서 결정된다"는 신념이 반영되어 있다. 모더니즘 건축에는 공간 안에서 발생하는 인간의 행태가 물리적 장치를 통해 조절될 수 있다는 건축 결정론적인 신념이 강하게 전제되어 있기 때문이다.

따라서 1960년대 중반 이후, 현대건축에서 기능의 개념과 관련된 프로그램의 해석은 보다 다양한 양상으로 모색되어 왔다. 건축 결정론적인 신념으로 사용자를 조정하거나 통제하려 했던 모더니즘 건축의 한계를 해결하기 위해서 디자인 과정에 과학적 조사와 프로그래밍 기법의 도입(주1), 사용자 참여 디자인user-participation design 방법론, 환경심리학 등 타 학문적 연구 성과를 바탕으로 사용자의 심리적, 사회적, 생리적인 욕구를 반영하려는 다양한 시도들이 있었다.(그러나 한 예로 영국의 건축가 에르스킨(Ralph Erskin, 1914-2005)이 완성된 건축의 최종적인 수용자는 건축가나 비평가가 아니라 주민, 즉 그 건물의 사용자라는 전제하에 디자인 과정에 사용자를 참여시키는 다양한 방법을 도입하였으나 곧 현실적인 벽에 부딪혔다.)

특히 이 시기에 기능을 인간의 심리적인 제 측면과 관련지어 해석하여야 한다고 강조한 환경-행태 연구분야environment-behavior studies는 의미, 상징성, 신체-공간성 등의 가치를 중시하는 건축가들의 주목을 끌기 시작하였다. 심리학자 퍼슨(Talbott Parson)이 "인간이 지각하고 생각하며 환경에 정서적 또는 공간적으로 반응하는 것은 그들의 생리적 특성, 퍼스넬러티, 문화, 사회 조직, 환경 등의 지배를 받는다.(Jon Lang, 1977, p.13 재인용)"고 주장한 대로 건축가들은 인간의 심리적 차원들을 디자인 과정에 반영하고자 하였다. 그러나 건축을 과학의 한 분야로 설정하고 접근한 디자인 방법론, 인간과 공간행태의 관계를 생물학적으로 설정하여 고안된 '인간-환경 패러다임'에 근거한 환경심리학적 접근방법 등은 그 실제적인 한계를 드러내면서 쇠퇴하였다. 1960년대를 분기점으로 전개된 다양한 시도들과 흐름을 분석한 쉬름벡(Egnon Schirmbeck, 1987)

은, 모더니즘 건축의 디자인 이념과 원리가 합리적 원리에서 심리적 원리 및 상징적 원리를 중시하는 방향으로 변화되어 왔다고지적한다. (주2)

## 현대건축은 프로그램에 내재한 미확정성과 다층적인 의미를 새롭게 해석하여 왔다.

오늘날 현대 사회는 다니엘 벨(Daniel Bell, 1973)이 후기-산업사회로의 변화를 예측한 것처럼, 후기 산업주의와 정보화 사회의 도래로 빠르게 변화하고 있다. 더욱이 오늘날과 같은 다원주의의 현대사회를 사회학자 카스텔(Manuel Castells)은 '네트워크 사회' 로, 기든스(Anthony Giddens)는 전문가 시스템과 다수의 '추상적 시스템' 이 지배하는 사회로 진단한다.(주3) 현대의 다원주의 사회는 거대도시의 네트워크 사회화 되어가는 현상과 더불어 사회학자 기든스가 진단한 것처럼, 개인화individuation(사회에 의해 영향을 받아 형성되는 개인)와 개별화individuality(개인의 이해를 스스로 강조하는 개인)의 상호작용을 통하여 개인의 자유와 그 개인에 대한 통제의 정도가 동시에 증가하는 사회의 특성이 두드러지고 있다.

카스텔은 『네트워크 사회의 도래 *The Rise of the Network Society*, 2000, 김묵한 외 공역, 2003』에서, "정보기술을 중심으로 한 기술혁명이 1980년대부터 진행되어 온 자본주의 체제의 근본적인 재구조화 과정과 사회의 물질적 기반을 급속도로 재구성하였으며, 세계를 지구적 수단의 네트워크로 통합시키고 있다" 고 주장한다. 여기서 그는 세계의 도시를 하나의 장소가 아니라 하나의 과정으로 파악한다. 카스텔은 "새로운 사회는 지식에 기반하고 네트워크를 중심으로 조직되며 부분적으로는 흐름들로 구성되는 특성이 있기 때문에, 정보화 도시는 형태라기보다는 과정으로 파악되어야 한다" (M. Castells, 2000, p.521) 고 역설하고 있다. 따라서 그는 정보화 도시에서 발견되는 새로운 공간을 역사적이고 전통적 의미의 공간조직인 '장소의 공간' 에 대비되는 것으로 구분하여 '흐름의 공간' (M. Castells, 2000, p.496)으로 명명한다.(주4)

카스텔의 지적처럼, 정보를 기반으로 하는 새로운 시공간 형태의 네트워크 사회는 정보의 지리적 집중, 기술변화, 시장의 탈대량화demassification, 시장의 지구화 등으로 인한 불확실성이 증가하여 네트워킹의 집적을 위한 유연성과 적응성이 요구되는 개방구조를 강조한다. 따라서 현대도시는 정치, 경제, 사회의 변화와 첨단기술에 의한 복합화 현상이 보편화되고 있으며, 프로그램도 과거와는 달리 명확한 경계가 모호해지고 불명확해져가는 다층적 성격을 띠게 된다. 이는 20세기의 산업혁명이 야기한 기계시대에는 건축가들이 기계로부터 디자인 담론을 전개한 반면에, 20세기 후반의 인공두뇌 혁명이 야기한 정보 시대에는 정보와 컴퓨터 논리에 기반을 둔 조직화 방법이 지닌 공간적 함축 의미를 탐구하는 담론을 중심으로 전개되고 있기 때문이다.

따라서 1980년 중반 이후 오늘날 현대 건축가들은 건축의 토대를 이루는 '리얼리티'를 모더니즘의 그것과는 달리 새로운 시각에서 해석하고 접근하여 왔다. 이들은 전통적인 디자인 방법과 과학적 프로그래밍 기법으로는 인간사회의 복잡성을 수용하는 것이 불가능하다고 인식하였으며, 프로그램에 대해 보다 유연하게 해석하는 태도를 취하기 시작하였다. 따라서 현대 도시에서 발생하는 프로그램에 내재한 미확정성과 다층적인 의미를 해석하고, 프로그램을 시간 차원에서 해석하는 영향력 있는 담론들을 제시하여 왔다. 그 대표적인 인물인 쿨하스(Rem Koolhass)는 도시와 건축을 해석하는 담론을 뉴욕과 같은 거대도시(카스텔의 지적처럼 지구적 경제를 접합시키고 정보 네트워크를 연결시켜 세계적 힘을 집중시키는 메가시티mega - city의 특성을 지닌 도시)라는 리얼리티에 대한 새로운 인식에서 출발한다.(주5) 카스텔이 쿨하스의 건축을 "건축이 탈지방화 과정에 적응해야 할 필요와 흐름의 공간을 표현하려는 자의식을 보여주는 것"(M. Castells, 2000, p.548)이라고 평가한 데에는 쿨하스가 변화하는 현실 사회의 리얼리티를 꿰뚫어보는 안목이 있기 때문이다.

쿨하스는 『정신 착란증의 뉴욕: 맨하탄을 위한 반동적 선언 *Delirious New York : A Retroactive Manifesto for Manhattan*, 1978』에서, 초현실주의의 잠재의식과 그 미학적인 수법보다는 이들이 취했던 편집병적인 방법에서 차용한 "비-합리성, 비-선형성, 방법으로서의 무의식적 프로세스 등을 또 다른 논리를 발견하기 위한 방법의 하나이며, 리얼리티를 획득하기 위한 방법"으로 제시하였다. 그는 이러한 해석의 틀을 도입하여 거대도시가 지닌 혼잡문화 속에서 밀도, 기능, 공간, 형태 등의 발생과정과 해결방식을 새로운 관점에서 고찰한다. MVRDV의 마스(Winy Mass)는 기든스의 이론을 수용하여 데이터베이스에 토대를 둔 디자인 방법으로 시각화하여 왔다. 마스의 디자인 방법론은 '개별적 참여자(독자, 구경꾼, 연주자, 건축가)의 역할이 더 불분명하고 전문가 집단 상호간의 협의체계를 통해서 또 다른 형태의 의미 탐구와 형태도출을 제시한다는 점에서 개방적인 속성을 띤다. FOA의 자에라 폴로(Alejandro Zaera Polo)는 프로그램과 관련된 물질의 개념을 모더니즘의 그것과는 달리 새로운 차원으로 확대하여 해석한다. 그는 "모더니즘은 문제해결에서 직접적으로 의사결정을 유도해 낸 것이라고 확신한 반면, (자에라 폴로) 자신은 직관, 성향, 욕망, 형태적 선호와 같은 영역을 거부하지 않는 입장"(EL Croquis vol. 115 / 116, 2003, p.16)을 취한다는 점에서 모더니즘의 유물론적인 사고의 전통과 현실에 기반을 둔 실용주의의 태도로 (유토피안적인 이상를 추구한) 모더니즘과의 차별성을 강조한다.

그러므로 쿨하스, 마스, 자에라 폴로 등과 같은 현대 건축가들은 과학적이고 통계학적인 데이터 분석을 시각화하여 프로그램과 디자인 생성언어를 추출하고 이에 대해 다이어그램적 해석을 중시한다. 이러한 접근은 혼돈과 미확정성, 그리고 고밀화 현상을 보이는 현대 도시문화에서 과학적인 리서치 방법으로 분석된 데이터와 추상화된 다이어그램 등을 통해 현대사회의 리얼리티가 지닌 현상과 관련된 프로그램을 해석하여 이를 수용하려는 개방적인 태도에 기인한 것이다. 오늘날 많은 건축가들은 프로그램과 다이어그램을 건축가의 지속적인 사고과정을 드러내고 동시에 프로세스를 생성시키는 하나의 언어로 인식하고 있다. UN STUDIO의 베르켈(Ben van Berkel), SANNA의 카즈요 세지마(Kazuyo Sejima) 등과 같은 건축가들은 프로그램과 다이어그램을 자신만의 독창적인 방식으로 해석하여 디자인 사고와 디자인 프로세스의 도구로 사용하고 있다.

베르켈은 글로벌 네트워크 사회에서 건축가들은 건축적 상상력과 가능성 있는 과학적 기술을 통해서 현대 사회의 조직적 구조를 도구화하는 정책수립과 아울러 새로운 공공의 중재된 공간을 현대의 건축적 효과로 도구화하는 작업이 필요하다고 역설한다. 그는 "흐름의 공간은 흐름을 통해 작동하는 시간을 공유하는 사회적 실천의 물질적 조직"이라는 카스텔의 주장을 수용하여 "흐름의 공간은 글로벌 네트워크와 연결하는 로컬화된 네트워크로 구성된다"(Ben van Berkel & Caroline Boss, 2006, p.314)고 강조한다.(주6) 이러한 이유로 베르켈은 현대와 같은 정보화 사회에서 요구되는 복잡한 프로그램의 분석은 디지털 도구의 기술과 전문가들의 네트워크 협력작업이 필수적이라 강조한다. 일본의 건축가 세지마는 현대도시의 라이프 스타일을 리서치 작업과 직관적 분석작업으로 추상화하는 방식으로 접근하여 정보화 사회에서의 라이프 스타일과 인간관계에 대한 기존의 관습적인 전형이 지닌 전제들을 의심하고, 그 불확실성을 개인화된 현실(리얼리티)의 다양성을 표현하려고 시도한다. 필자는 이러한 건축가들의 담론과 작품을 분석하는 작업을 통해서 이들이 프로그램을 해석하고 리얼리티를 반영한 건축을 추구하는 다양한 모습에서 발견되는 가치에 주목할 것이다.

## | 프로그램과 데이터스케이프 : 렘 쿨하스, MVRDV의 위니 마스 | FOA의 자에라 폴로 |

### 프로그램의 재해석과 보이드void 공간의 탐구 : 렘 쿨하스

**미확정성은 현대도시의 혼돈으로부터의 질서를 구축하기 위해 필요하다.**

오늘날 현대사회에서 인식되는 혼돈chaos과 미확정성indeterminancy의 개념은 혼잡과 형태적 무질서로 표현되는 20세기 현대의 거대도시metropolis가 만들어낸 미학적 특질 중의 하나이다. OMA(Office for Metropolitan Architecture)라는 설계집단을 이끌면서 현대건축의 담론과 디자인 방법에 영향을 끼쳐온 쿨하스(Rem Koolhass, 1944- )는 도시와 건축에 대중문화가 끼친 영향과 거대도시 형태의 혼잡현상에서 발견되는 혼돈과 미확정성에 주목하고 이것을 자신의 도시와 건축 담론의 출발점으로 삼고 있다. 그는 혼돈과 미확정성을 현대사회의 "리얼리티를 형식화하기 위한 프로세스"(EL Croquis vol.53+79, 1998, p.34)로 인식한다. 쿨하스가 현대건축에 끼친 영향력은 현재 활동하고 있는 네덜란드 건축가 집단인 MVRDV, FOA, UN STUDIO 등이 객관적인 리서치 방법과 데이터스케이프datascape를 기반으로 한 프로그램과 다이어그램적인 건축형태를 탐구하는 데 영향을 끼친 사실에서도 알 수 있다.

쿨하스는 『정신 착란증의 뉴욕: 맨하탄을 위한 반동적 선언,1978』에서 맨하탄과 같은 거대도시가 갖는 독특한 혼잡의 문화culture of congestion를 형성한 사회적 교류의 특정 형태와 요소들에 주목한다. 여기서 그는 경제논리라는 현실적 요구에 의해 생성된 맨하탄 도시와 같은 거대도시의 혼성적인 밀집문화의 특성을 분석하고 혼돈과 불확실성을 현대 도시 문화의 특징으로 수용한다. 그는 (도시와 건축을 연속적이고 통합적인 구성물로 본 로시(Aldo Rossi), 레온 & 롭 크리어(Leon & Rob Krier) 형제 등 유럽의 합리주의 건축가들과는 달리) 현대 도시를 혼잡과 거대함이라는 독자성을 가진 건물들로 채워진 이질적이고 단편적이며, 상충과 대립 가운데서 미적 특질을 지니는 존재로 인식한다. 쿨하스가 자신의 도시와 건축담론에서 통제할 수 있는 것과 통제할 수 없는 것을 구분하고, 도시문화의 미확정성과 혼돈을 수용하여 그 안에서 질서를 찾으려는 것은 바로 이러한 이유에서이다.

> "당신은 미국의 건물들에서 분명하게 『정신 착란증의 뉴욕』을 인식한다. 그러한 종류의 인위성은 궁극적으로는 고전적-구성classical-composition에 기반을 둔 건축의 해석에 도전한다. 그것은 우리가 알고 있는 구성 방법, 내·외부의 연계성을 제거한다. 그것은 확실성을 제거하고 완전히 예측불가능한 시퀀스로 대체한다. 그것은 건축적 대립항을 제거하고 임의성으로 대체한다."(Rem Koolhass, EL Croquis vol.53+79, 1998, p.37)

도시와 건축에 대한 쿨하스의 생각은 전통과의 과감한 단절을 꾀하면서 경제와 시간의 문제 그리고 도시에서 일반적으로 관심을 돌리지 않은 영역들에 주목하는 데서 출발한 것이다. 그는 르 꼬르뷔지에의 빛나는 도시(Ville Radieuse, 1930-1936)처럼 모더니즘 건축의 도시 이론이 보여주는 이상적 질서의 환상에서 벗어나 현대도시의 미확정성을 담을 수 있는 장(場)을 마련할 필요가 있다고 강조한다. 따라서 도시를 질서에 의해서 통제하겠다는 생각은 근본적으로 잘못된 것이며, 오히려 혼돈, 시간과 같은 측면을 수용함으로써 최소한의 통제 속에 사용자들의 자유와 가능성을 보장해 주어야 한다는 것이 그의 생각이다. 왜냐하면 도시는 변화하고 인간 활동은 예측 불가능하며, 확고한 질서로 도시를 통제하려는 건축가의 시도는 근본적으로 무의미하기 때문이다. 쿨하스가 현대도시에서 발견되는 "실제적인 미확정성을 건축적인 구체성으로 조합할 수 있는 방법"(EL Croquis vol.53+79, 1998, p.24)을 탐구해온 것은 이러한 이유에서이다.

## 건축은 프로그램을 초월한 미확정적인 질서를 만들어내는 것이다.

쿨하스는 거대도시의 밀집문화라는 특성에서 건물의 기능적 다양성이 마천루 도시에서 취하는 자의적인 형태에 의해 흡수되는 독특한 현상에 주목한다. 그는 거대도시의 진정한 야망은 총체적으로 인간에 의해 만들어진 세계를 창조하는 것, 즉 '내부'에서 살아가는 환상을 창조하는 것이라고 보았다. 쿨하스가 미국 도시에서 찾고자 했던 건축은 프로그램이 지배하는 특정형태와는 전적으로 무관한 것으로, 도시 안에서 가정되는 규모와 구축이라는 관점에서 건물이 형태를 취하는 그런 건축이다. 그는 『대도시의 삶 또는 혼잡의 문화 '*Life in the Metropolis*' or '*The Culture of Congestion*', 1977』에서 마천루의 특성을 다음과 같이 기술한다.

> "마천루라는 매체를 통해서 거대도시의 대지들은—적어도 이론적으로—동시적으로 중첩된 행위들의 불안정하고 예측 불가능한 조합을 수용한다. 그 행위의 배경은 기본적으로 건축가나 계획가의 통제를 벗어나 있다. 도시론의 도구로서, 마천루의 미결성(미확정성) 상태는—거대 도시에서—그 어떠한 단일한 특정 기능도 단일한 장소와 고정적인 짝을 이룰 수 없음을 시사한

다. 이와 같은 불안정성을 통해서 건물의 틀에는 영향을 미치지 않는 끝없는 적응의 과정 속에 있는 개별적인 층들 위에 연속적으로 재배열되는 기능들에 의해 '그 자체가 삶인 변화'를 흡수하는 것이 가능해진다."(Rem Koolhass, 1977, (ed.) K. Micahel Hays, 1998, p.438 재인용)

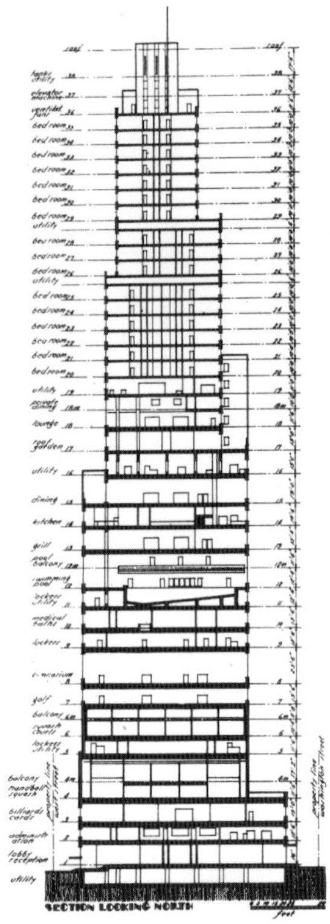


도1-39
스타레테 앤 반 블렉, 중심가 헬스클럽, 뉴욕, 미국, 1931

따라서 쿨하스는 거대도시의 마천루 건물에서 발견되는 불확정성은 이질적인 프로그램과 행위들이 병치되어 생긴 결과라고 진단한다. 그것은 모더니즘 건축이 추구한 기능과 형태의 일치라는 논리보다는, 오브제로서의 외부와 프로그램과 행위를 담는 내부가 서로 다른 두 가지 종류의 건축으로 그 모습을 드러내는 것이다. 여기서 쿨하스는 **뉴욕 중심가 헬스클럽**(Downtown Athletic Club, New York, USA, 1931)(도1-39) 건물의 형태는 평면 내부에 수용되는 프로그램으로부터 자유롭다는 사실과 건물의 구조와 수직연결 샤프트(계단, 엘리베이터 등)에 의해 연결되는 다양한 공간 이용방식에 주목하였다. 이러한 건축과 도시 형태는 거대도시의 시민들의 다양한 행위와 프로그램에 자유롭게 사용될 수 있는 개방감과 자유를 허용해 왔기 때문이다. 쿨하스는 이처럼 자생적으로 통제되지 않은 개발의 결과로 생겨난 혼잡문화의 도시에서, "맨하탄의 건축은 모든 가능한 수준에서 혼잡의 상태를 촉진하고 있으며, 이와 같은 혼잡성이 독특한 종류의 혼잡의 문화를 형성하면서 특별한 형태의 사회적인 관계를 촉발하고 지탱할 수 있도록 만들고 있다." (Rem Koolhass, 1977, (ed.) K. Micahel Hays, 1998, p.430 재인용)고 주장한다.

그러므로 쿨하스에게 있어서 건축이란 현대문화를 특징짓는 행위와 이동(움직임)의 자유를 제한하지 않는 프로그램을 동반하는 것과 밀접하게 관련된 것으로 해석된다. 그에게 건축 작업이란 건축가가 통제할 수 없는 영역을 그대로 허용하고 때때로 프로그램을 초월한 '이벤트 - 구조'와 같이 미확정적인 질서를 만들어내는 것이다. 프로그램은 건축가의 예상보다 훨씬 더 혼란스러운 것이기 때문에 프로그램에 대한 지나친 의존을 경계해야 한다는 것이 그의 생각이다. 따라서 그는 이질적인 다양한 프로그램을 병치하거나 가변적으로 설정하여 각각의 정보의 변화에 따라 비선형적 방식으로 형태발생morphogenesis이 일어나는 방식을 택한다. 1980년대에 쿨하스는 신과학 이론의 불확정성, 띠이론band theory, 위상기하학 등의 개념을 기반으로 프로그램과 행위를 수용하는 특이한 형태적 실험을 하여 왔다. 특히 쿨하스가 '시간에 근거한 프로그램 해석'의 논리를 전개하여 공간이 하나의 행위와 프로그램을 수용한다는 모더니즘적인 사고를 벗어나 프로그램 사이의 경계가 모호한 '유동적인 공간구조'를 탐구한 점은 주목할 만하다.

도1-40
R. 쿨하스, 감금된 지구의 도시 계획안, 1972

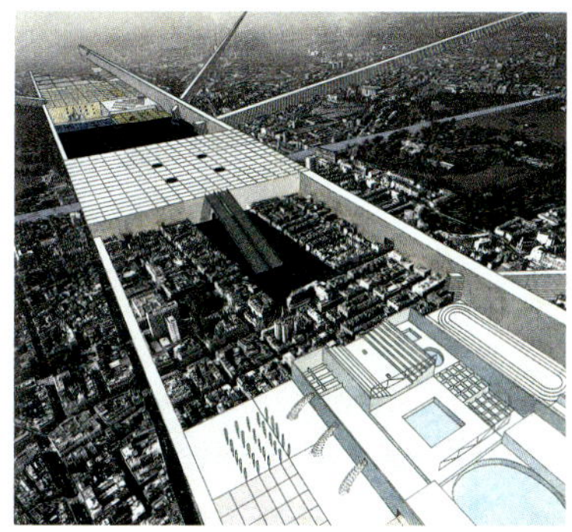

도1-41
R. 쿨하스, 대 탈출 혹은 건축의 자발적 죄수들, 1972

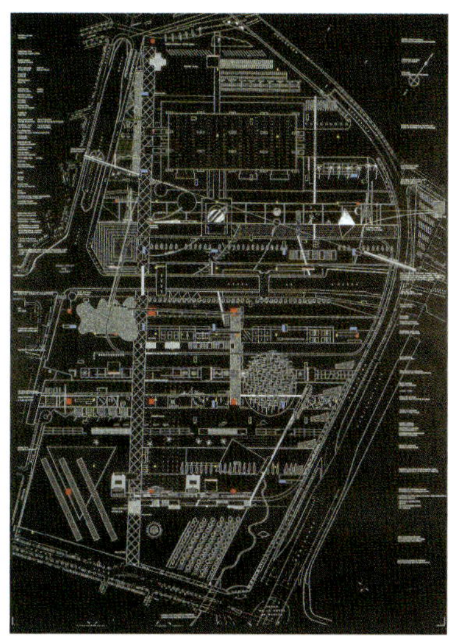

도1-42
R. 쿨하스, 라 빌레뜨 공원계획안, 파리, 프랑스, 1982

쿨하스의 1970년대 초 도시계획과 건축작품들은 러시아 구성주의의 영향으로 전위적이고 초현실주의적인 경향을 보여주고 있다. 그는 **'감금된 지구의 도시 계획안**(City of the Captive Glove Project, 1972)' (도1-40)에서 맨하탄의 구조를 그대로 모사하여 20세기 초 모더니즘에서 실험된 다양한 마천루의 집합으로 다양성을 수용하는 도시구조를 제안하였다. 이태리 슈퍼스튜디오Superstudio 그룹의 영향을 보여주는 **'대탈출 혹은 건축의 자발적 죄수들**(Exodus or The Voluntary Prisoners of Architecture, 1972)(도1-41)은 건축적 거대구조물megastructure이 어떻게 단순히 기존도시에 겹쳐질 수 있는지를 보여주기 위한 실험작이다.

쿨하스의 건축가로서의 재능과 프로그램에 대한 독특한 해석을 보여주는 작품인 **라 빌레뜨 공원** (Parc de la Villette, Paris, France, 1982)의 현상설계 참가작(2등 당선)(도1-42)은 "건축적인 특이성을 프로그램상의 미확정성과 결합하는 방법"(R. Koolhaas & Bruce Mau, 1995, p.921)을 제안한다. 여기서 그는 과거의 전통적인 공원처럼 자연을 복제하는 것이 아니라, 프로그램의 미확정성과 공원에서 발생하는 다양한 행위들을 계획 대상의 대지와 공존시키고자 하였다. 프로그램 띠를 여러 층위로 중첩시키는 수법으로 그는 프로그램에서 예측치 못한 이벤트를 수용하고 공원에서 발생되는 비기능성disfunctionality을 허용하려는 태도를 취하였다.(주7) 라 빌레뜨공

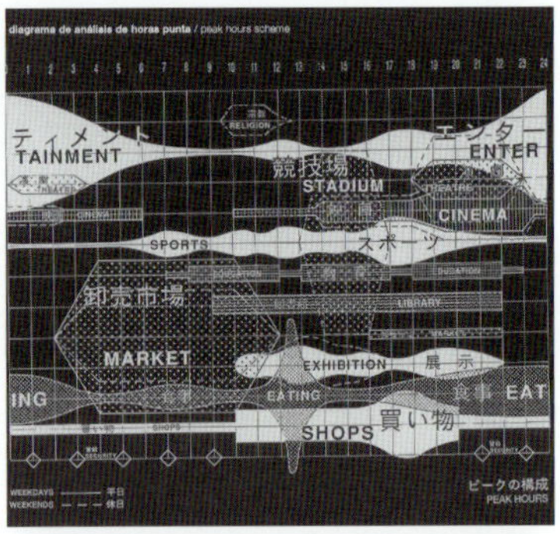


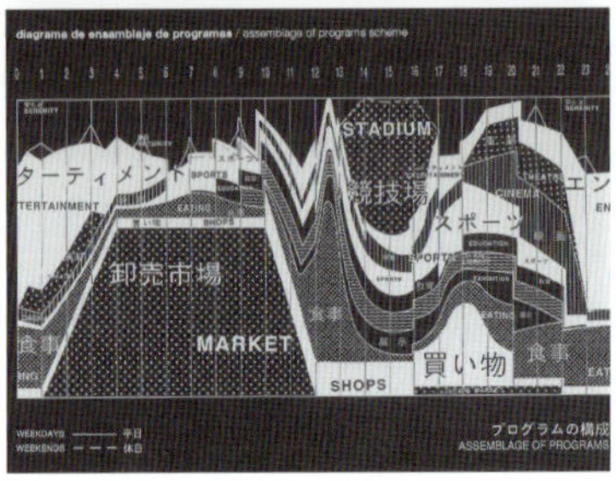


도1-43
R. 쿨하스, 요코하마 도시계획안, 요코하마, 일본, 1992

원 프로젝트처럼 혼돈과 미확정성의 개념을 바탕으로 한 프로그램 띠의 개념은 후에 믈룽-세나르 도시계획안(Melun-Sénart Urban Planning, 1987)(주8)에서 도시계획의 골격 개념으로 적용되어 나타난다. 쿨하스는 **요코하마 도시계획안**(Yokohama Urban Ring, 1992)(도1-43)에서 프로그램을 공간 차원이 아닌 시간 차원에서 해석하여 프로그램 용암programmatic lava이라는 독창적인 개념을 제안하였다. 여기서 그는 프로그램의 시간대별 배분으로 이어져 비어있는 공간이 아니라 비어있는 시간을 모두 채워 24시간 내내 고밀도의 상태를 유지함으로써 '주어진 도시기반시설을 최대한 활용할 수 있게 하는 시간 - 프로그램의 분석 다이어그램' 을 제안하였다.

내부공간에서 수직적 공간의 통합요소로 사용된 '램프의 공간화' 라는 개념은 **쿤스탈**(Kunsthal, Temporary Art Center. Rotterdam, Holland, 1987 - 1992)(도1-44a, b, c)에서 램프가 단순히 통로의 역할을 넘어 순환체계와 맞물린 공간을 통합하는 장치로 도입한 데서 잘 나타난다. 여기서 램프는 '연속적인 회로라는 개념을 구현하는 장치' (EL Croqius. vol.53+79, 1998, p.198)' 로써 전체 구성의 단순함과 복잡성, 질서와 무질서가 전개되는 데 중요한 역할을 한다. 이 건물의 단순한 형태는 기존의 외부도로와 내부의 램프에 의해서 4부분으로 분할되면서 복잡해진 내부공간의 볼륨들로

도1-44a, b, c
R. 쿨하스, 쿤스탈, 로테르담, 네덜란드, 1987-1992

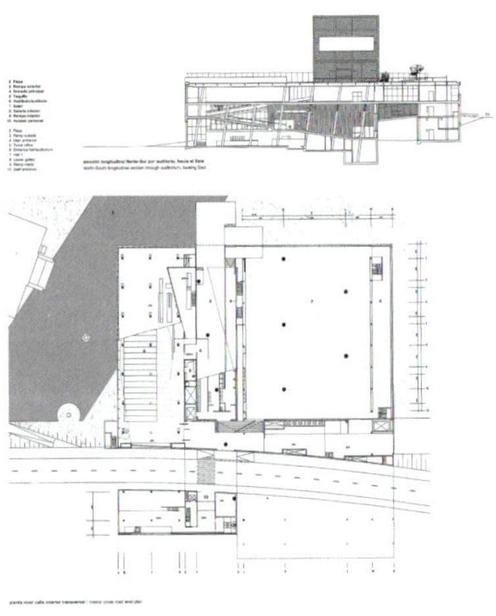

구성된다. 건물의 북쪽 입구에서 내부로 상승하는 두 개의 램프는 지형의 레벨차를 연결해 주고 공간 속에 삽입되어 내·외부를 연결하면서 공간의 규칙성을 불규칙성으로 전환하는 역할을 하고 있다. 이 두 개의 램프는 서로 다른 방향으로 상승하여 부딪히는 공간감을 만들어냄으로써 엔트로피의 원리에 따라 무질서를 증가시킨다. 내부에서는 다양한 이동을 발생시키고 상·하층을 연결하는 통합요소로 사용된 중첩된 램프에 의한 공간감, 천장의 높이와 공간폭의 변화, 기둥들의 그리드의 변화 등에 의해서 내부공간은 나선처럼 연결되는 연결성과 연속성을 갖는 구성을 이루고 있다.

## 보이드void 공간은 수직적으로 단절된 공간을 통합하기 위한 장치이다.

브루스 마우(Bruce Mau)와 공동저술한 『*S, M, L, XL*, 1995』에서 쿨하스는 스케일scale을 자신의 작업방식을 조직화하고 보여주는 하나의 틀로 사용하고 있다. 그는 산업화된 생산시스템의 사회에서 적합한 스케일을 찾는 데 관심이 있다. 쿨하스는 스케일이 개인과 대중들이 건축을 사용하는 방식과 복잡하게 연결되어 있다고 주장한다. 특히 스케일에 대한 그의 관심은 건축이 수행하는 용도에 중요성을 부여하는 데서 잘 나타난다. 왜냐하면 스케일은 사적인 것에서 공적인 것에 이르는 범주에 해당하며, 이것은 건축이 사적 영역에서 발생하는 요구를 만족시키고 대중들의 공간적 요구에 대응하는 데 기여한다고 보았기 때문이다. 쿨하스는 '능숙한 스케일 조작'을 통해서 건축은 스스로를 대중문화에 의해 규정된 사회에 대한 서비스로서 자리매김하여 과거에 건축이 지녔던 유용성을 회복할 수 있다' (R. Moneo, 2004, p.316)고 강조한다.

쿨하스는 오래 전부터 대규모 스케일의 건물과 어반 플래닝urban planning에 깊은 관심을 보여 왔다. 분열, 분리, 상보성, 대비, 파열 등에 기반을 둔 어바니즘을 탐구하기 위해 쿨하스는 도시를 하나의 조직tissue으로 해석하는 것을 포기한다. 그 대신 어바니즘의 속성을 '순전한' 공존으로, 시각적 또는 형태적 방식으로는 결코 분명하게 드러나지 않는 오브제들 사이의 관계성으로, 그리고 결코 건축적인 연관성으로는 '포착할 수 없는' 조직 이상의 대상으로 이해한다.(EL Croquis vol.53+79, 1998, p.30) 따라서 그는 현대도시에서 인구 통계학, 경제성장, 국제시장과 같이 시각적으로나 물질적으로 구체화 되지 않은 특수성에 담지된 가능성을 찾아내는 작업을 중요하게 여긴다. 그는 세계화, 근대화가 곧 동질화를 가져오기보다 새로운 구체성과 독특함이라는 상이한 결과를 가져온다고 주장한다.

여기서 쿨하스는 중심의 공동화와 (중앙집권적인) 정체성의 속박으로부터 해방된 도시이며, 현실적 필요의 반영일 뿐 역사가 없는 도시로서 보편적 도시generic city의 개념을 강조한다. 그는 보편적 도시는 '중앙집중화 대신 개별적인 동일한 단순구조 단위의 무한반복인 프랙탈fractal'과 같다고 강조한다. 이 보편적 도시는 (맨하탄의 마천루처럼) '수평에서 수직으로 옮겨가고 있으며, 자유로운 형식의 미학' (Rem Koolhass, 1995, pp.1248 - 1253)을 갖는다. 쿨하스가 자신의 건축에서 역사적 도시와 정체성 등과 같은 특수한 장소적 조건과 결합되기 보다는 유용한 보편적 건축의 속성을 추구하는 것은 이러한 이유에서이다.

그러므로 쿨하스는 모더니즘의 선상에서 현대도시의 새로운 공간 구축을 위한 개념적 대안으로 거대함bigness이라는 개념을 제시하였다. 특히 쿨하스는 이러한 대규모 스케일에 함축된 인위성과 그것이 만들어내는 파편화에 주목한다. 그는 자기충족적인 신체처럼 대규모 스케일의 구조가 갖는 거대함의 개념을 '파편화, 혼돈 등에 대한 해독제로 전환하는 방식을 탐구하는 데 절대적으로 필요한 건축적 도구' 로 간주한다.

> "어떤 스케일을 넘어서면 건축은 거대함이라는 특성을 획득하게 된다. 거대함을 끄집어내는 최상의 이유는 에베레스트 산을 오른 등산가가 한 말 '거기에 산이 있기 때문' 이다. 거대함은 궁극적인 건축이다. Bigness is ultimate architecture"(Rem Koolhass, EL Croquis VOL.53+79, 1998, p.43)

쿨하스가 거대함의 개념을 구체화하기 위한 수법으로 채택한 '공간의 수직적 통합화' 의 개념은 수직 이동을 공간 구축에 이용해 새로운 공간 형식을 창출하여 공간 통합의지를 외적으로－형태적으로－나타내려는 일련의 과정이다. 이것은 건물을 수평적 레벨의 중첩이 아니라 단면으로부터 사고하는 독특한 태도이다. 이 점에서 모네오(R. Moneo, 2004, pp.318-319)는 "쿨하스는 거대도시의 밀도가 정당한 것임을 입증함으로써 우리로 하여금 건축을 수직적으로 사고하게 만들었다" 고 지적한다. 이것은 그가 미국 현대도시에 대한 해석과 이로부터 가장 적합한 규모를 찾아내는 데 관심을 갖고, 수직적 거대공간 및 자유로운 단면free section이라는 개념에 근거한 새로운 디자인 방법론을 제시함으로써, 건물의 형상을 통해 건축에 대한 보편적이고 통합적인 시각을 회복하려고 탐구한 결과라고 모네오는 지적한다.

건축을 단면적으로 사고하는 수직적 공간의 개념이라는 이러한 아이디어는 쿨하스가 뉴욕 중심가 헬스클럽 건물에 대한 연구에서 얻은 것이다. 여기서 그는 맨하탄 고층건물에서 발견한 자유로운 단면의 개념을 대규모 스케일의 건물을 계획할 때 '이미지와 상징성을 포함한 형태를 가시화하는 전략적 도구' 로 사용한다. 쿨하스는 건물을 수평적 레벨로 계속 중첩시켜 구축하는 것이 아니라고 보았기 때문에, 컨테이너와 같은 보편적이고 단일 형상 안에 거대한 수직공간을 단면적으로 통합하여 사고하는 것을 선호한다. 모네오는 "르 꼬르뷔지에가 우리에게 자유로운 평면free plan의 관점에서 건축을 어떻게 사고해야 하는지에 대해 가르쳤다면, 쿨하스는 자유로운 단면의 개념을 20세기 말의 건축문화와 통합시켰다" (R. Moneo, 2004, p.318)고 지적한다. 쿨하스가 수직적으로 단절된 공간을 통합하기 위한 장치로 수직이동 체계와 결합된 보이드void를 도입하는 것은 이러한 이유에서이다. 수직이동에 따라 변화하는 각 공간들의 관계에 대한 경험은 공간의 관찰자를 둘러 싼 모든 공간요소들의 상대적 위치 변화를 담고 있다. 따라서 쿨하스는 공간의 수직적 통합을 위한 빈 공간을 통해서 공간 내에 있는 물체들 상호간의 관계, 그리고 이 관계와 인간과의 상호관계의 개념을 새로운 관점에서 해석한다.

## 미확정성의 비어있는 공간은 분화된 유연한 공간의 개념을 바탕으로 한다.

쿨하스에게 미확정성의 개념은 맨하탄과 같은 거대도시의 문화를 이루는 특성의 하나이다. 그는 이러한 미확정성의 개념을 표현하기 위해 새로운 혼돈이론, 위상기하학 등 신과학 이론(주9) 뿐만 아니라 들뢰즈(Gilles Deleuze)와 같은 철학 사상들에서 차용한 개념들을 바탕으로 접근하였다. 도시의 혼돈과 미확정성을 수용하는 데서 새로운 질서를 창조하려는 태도는 안정된 질서로부터 벗어나 건축공간에 역동성, 변화, 복합성을 부여한 그의 건축 이론과 작품에서도 나타난다. 최근의 작품들은 비대칭적, 유기적, 다차원적인 형태 등과 같이 비기하학적인 형태가 사용되고 반(反)형태주의적인 특징을 보여준다. 이러한 반형태주의적 특징은 그의 건축에서 '비어있는 공간' 의 형상으로 나타나며, 여기에는 미확정성, 다수성, 유연한 공간개념, 탈영역화 등이 포함되어 있다.

쿨하스의 작품에서 미확정성과 관련하여 경험되는 다수성의 개념은 시간과 공간에 있어서 선형성과 균질성의 개념에 대한 의문에서 생성된 것이다.(이것은 벤츄리, 그레이브스 등 포스트모던 건축가들이 보여준 기호학적 형태라는 의미론적 차원과는 다르다.) 그는 공간적인 비분절을 움직임의 동시성과 비결정성에 대한 경험과 연관시켜 해석한다. 이 시간-공간의 경험은 단일 공간 내에 서로 다른 경로들을 병치함으로써 다양한 층위의 속도를 만들어내는 방식 또는 두 공간 사이의 관계를 대응화하는 방식을 통해 종종 왜곡되어 나타나고 있다. 그의 작품에서 '유연한 공간의 개념은 균질하지 않고 분절되지 않은 공간, 공간을 통한 형태의 연속적인 변화, 벡터적인 방향성을 지닌 비등방성의 공간 질서를 다양한 행위와 프로그램의 발생을 위해 수용한 결과' 로 나타난 것이다. 자에라 폴로(Alejandro Zaera Polo, 1998, p.412)는, 이러한 유연한 공간이라는 개념은 본질상 "분절articulated이 아니라 분화된differential 공간의 속성을 지닌 것" 이라고 지적하고 있다.

쿨하스는 두 개의 실현되지 않은 도서관 프로젝트에서 수직적 보이드 공간과 프로그램의 해석으로 수평, 수직적인 통합의 개념을 보여주는 독창적인 아이디어를 제안하였다. **프랑스 국립도서관 계획안**(Bibliotheque de France, Paris, 1989)(도1-45 a, b, c)에서, 쿨하스는 보이드void의 수직적 통합이라는 개념을 반투명한 입방체 형태solid 안에 상이한 프로그램을 갖는 5개의 도서관 기능들을 다섯 가지의 서로 다른 형태의 보이드들로 구조화하여 구성하는 방법으로 해결하였다. 여기서 그는 도서관을 정보의 집적체로 고안한다. 각 블록의 주요 공간들이 정보의 덩어리로부터 파내어진 빈공간은 여러 이동체계들(자동차 통행을 위한 접근램프, 에스컬레이터, 엘리베이터 등)의 공간과 병치되는 수법으로 나타나 순환구조와 형상 없는 물방울 같은 형상들blobs로 시작된 형태가 회전, 왜곡되면서 생성된다. 단면상으로 공공의 공간들은 블록 전체를 통해서 분배된 빈 공간들이 편심적으로 구성되면서 드러난다. 또한 쿨하스는 **쥐시에 대학을 위한 두 개의 도서관 계획안**(Two Library for Jussieu University, Paris, 1992)(도1-46a, b)에서 공간의 수직적 통합과 수평적 통합의 개념을 함께 적용하는 실험을 혁신적인 방식으로 제안하였다. 여기서 그는 프로그램 상 두 개의 도서

1-45a, b, c
R. 쿨하스, 프랑스 국립도서관 계획안, 파리, 프랑스, 1989

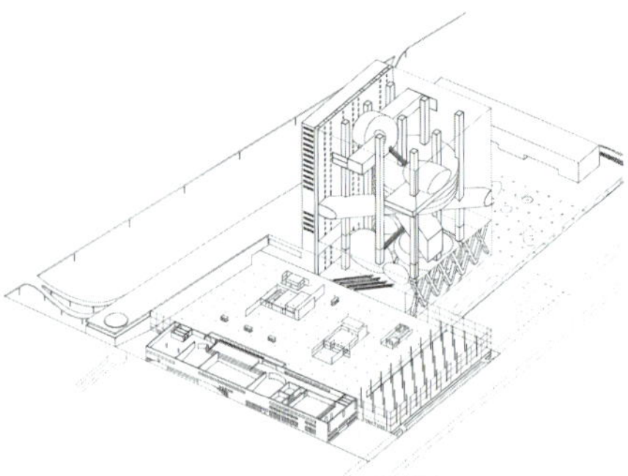

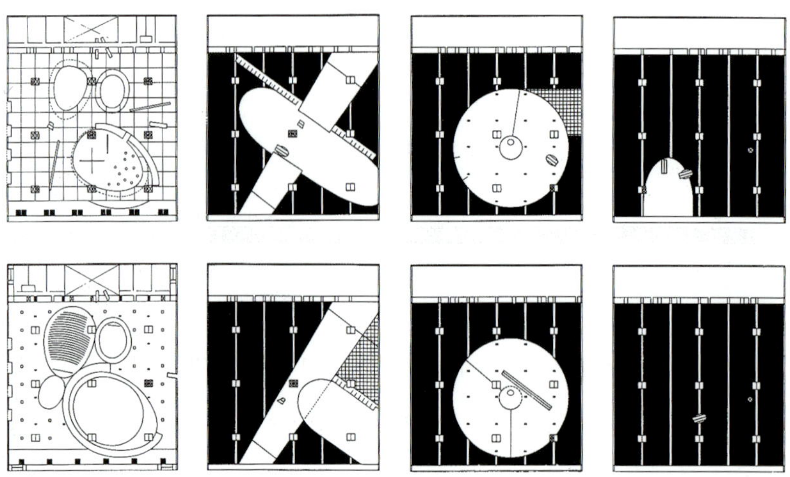

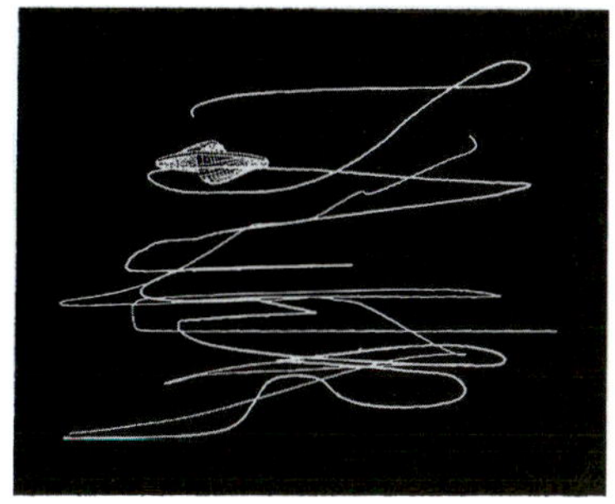

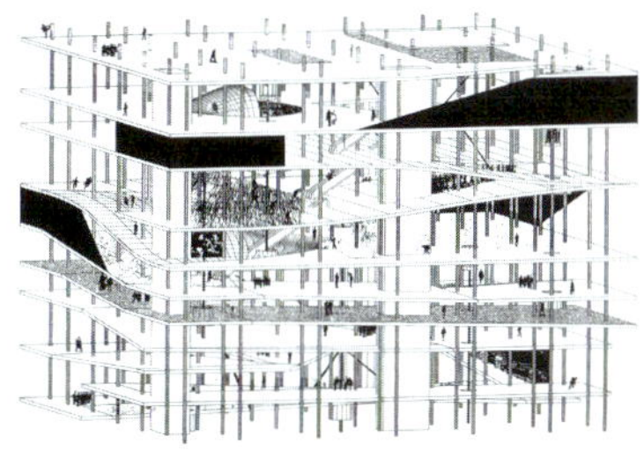

도1-46a, b
R. 쿨하스, 쥐시에 도서관 계획안, 파리, 프랑스, 1992

관을 하나로 통합하고 수평판의 적층과 수평적인 단면의 깊이로 공간의 통합을 시도하였다. 따라서 공간의 수직적 통합은 '기울어진 판들의 연결과 적층' 에 의한 공간의 수직적 연속성으로 나타난다. 이러한 연속적 순환구조를 통해서 평면 내부에서는 프로그램을 초월하는 도시적 요소의 시스템, 광장, 공원, 기념비적 계단, 까페, 상점 등이 배치되어 있어 방문객들은 도시의 공공 가로와 같은 공간을 경험하게 되는 것이다.

쿨하스가 프랑스 국립도서관 계획안에서 제안한 것처럼 프로그램을 재해석하고 다양한 층위의 수직적 보이드를 만들어내는 구성방식은 10년 후 미국 **시애틀 도서관**(The Seattle Central Library, Seattle, USA, 1999-2004)(도1-47a, b, c, d)에서 독창적인 방식으로 실현된다. 여기서 그는 프로그램을 전통적 용례에 따르는 '안정된 영역' 과 확정되지 않은 용도에 대응하는 '불안정된 영역' (주10) 2개로 나누어 재해석하였다. 따라서 그는 안정성을 나타내는 특정한 기능의 띠들을 수직적으로 5개의 띠로 분리시키고, 수평적으로 각각 이동시킨 후 그 사이에 불안정한, 미확정적인 비정형의 5개의 띠들을 배치하였다. 그 결과 불안정한 영역에서 생성되는 내적인 구조는 건물 내부에 연구, 상호작용, 자유로운 활동을 위한 공간으로 이루어지는 다양한 층고의 빈 공간을 발생시켜 역동적인 성격을 부여한다. 연속된 바닥판으로 이루어진 나선형 서고는 그가 쥐시에 도서관 계획안에서 도입한 것처럼 연속적인 리본의 형식으로 콜렉션을 배열하여 방문객들이 각 영역에 단절

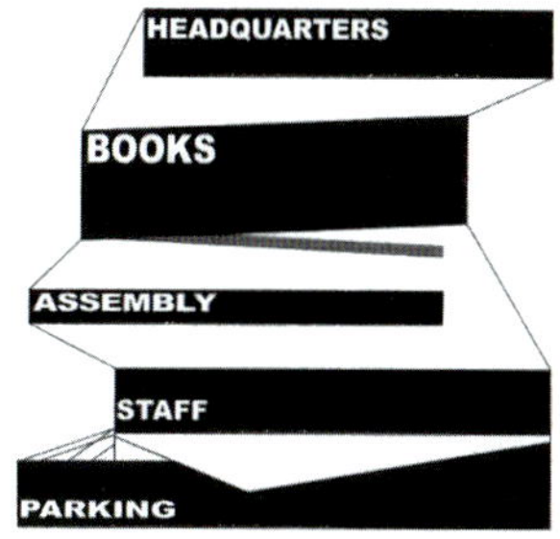


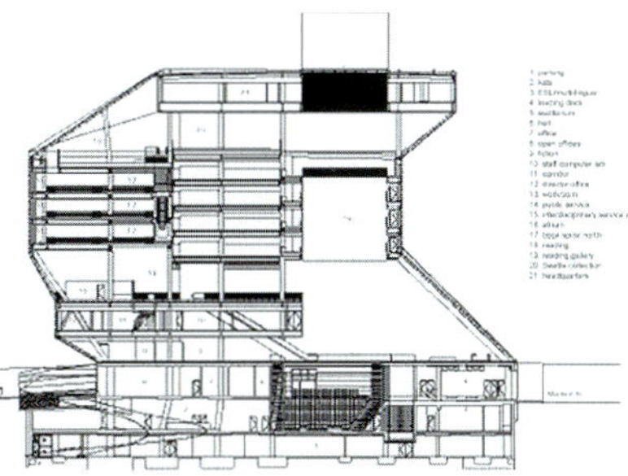

도1-47a, b, c, d
R. 쿨하스, 시애틀도서관, 시애틀, 미국, 1999-2004

되지 않고 쉽게 접근이 가능하다. 최근에 3개의 크기가 다른 갤러리의 프로그램을 적층한다는 개념을 도입하여 역사적 건물과 공원이라는 맥락에 대응하도록 만든 독특한 형상의 건물은 캐나다 퀘벡의 **보자르 미술관 증축 설계 당선안**(The Beaux Arts Museum in Quebec Expansion, Canada, 2010- )(도1-48a, b)에서도 나타난다. 여기서 그는 3개의 수평 프로그램 박스를 공원에서 도시를 향하는 방향으로 계단식으로 적층하여 만든 독특한 형태로 도시, 공원, 미술관을 함께 통합하고 있다.

도1-48a, b
R. 쿨하스, 보자르 미술관 증축설계 당선안, 퀘벡, 캐나다, 2010-

쿨하스가 순수한 입방체 안에 다양한 프로그램 요소들을 수용하기 위한 장치로 도입한 보이드 공간, 틈, 유연한 순환구조 등의 개념은 (실현되지는 않았지만 그의 작품에서 중요하게 평가되고 있는) 모로코 **아가디르 호텔 및 컨벤션센터 계획안**(Agadir Hotel and Convention Center Project, Moroco, 1990)(도1-49a, b)에서 독창적인 방식으로 제시된 것들이다. 모네오(R. Moneo, 2004, p.344)는, 이 계획안에서 쿨하스가 정방형 형상의 외피 속에서 자유로이 굴곡된 공간적 틈이 만들어내는 인공적 풍경, 그리고 호텔의 보이드 공간이 만들어내는 빛과 그림자의 효과 등으로 공간적 풍부함을 만들어냈다고 지적한다. 여기서 쿨하스는 르 코르뷔지에의 구성 메카니즘을 암시하는 사각형 평면의 입방체를 호텔이 앉혀지는 모래언덕의 풍경을 재구축하는 출발점으로 삼았다. 각형의 입방체는 두 쪽으로 갈라져 둘 다 위쪽으로 들려져 있으며, 분열된 틈새 공간은 공적인 것과 사적인 것을 분리하는 영역으로 존재한다.(하부에는 컨벤션 센터를 배치하고 중정으로 구멍이 뚫려 있는 상부에는 호텔 기능의 프로그램을 수용하고 있다.) 그 결과 중정, 길, 움직임을 유도하는, 사각형 안에서 경험되는 낯선 '이집트 도시풍의 이미지'는 에스컬레이터와 엘리베이터에 의해 (지형을 있는 그대로 반복함에도 불구하고) 상당히 기묘한 연속성을 만들어내는 인공적인 모래언덕의 어두침침한 세계로 연결되고 있다. 두 개의 파동치는 면 사이에 삽입되어 있는 기둥/원통형의 필로티 기둥들은 **빌라 달라바**(Villa dall'Ava in Saint-Cloud, Paris, France, 1985-1991)(도1-50)에서처럼 방문자

도1-49 a, b
R. 쿨하스, 아가디르 호텔 및 컨벤션 센터 계획안, 모로코, 1990

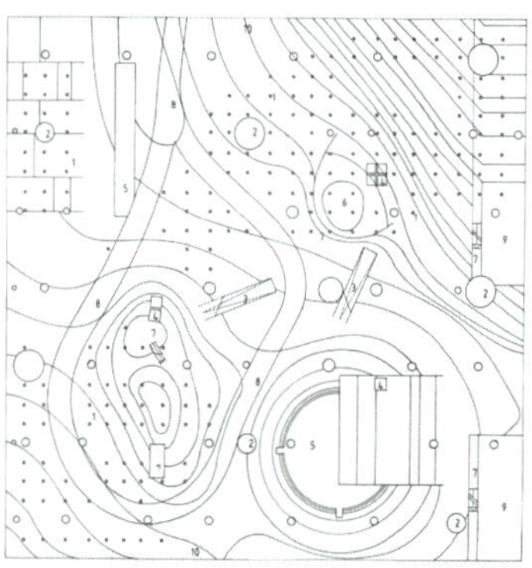

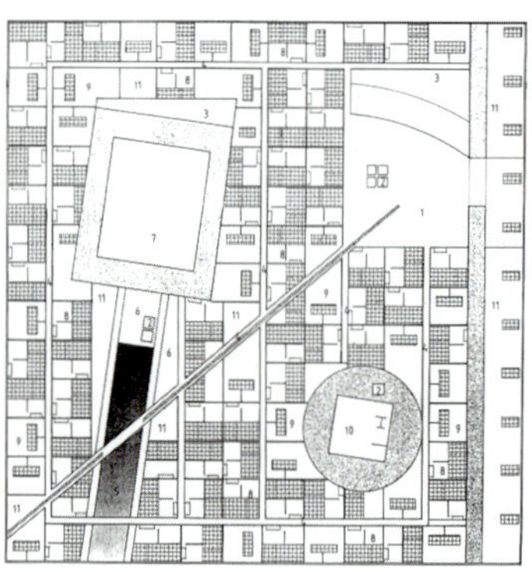

가 기둥들의 숲 속에서 인공적인 풍경을 부각시키는 프리즘 형태를 발견하는 데 기여한다.

도1-50
R. 쿨하스, 빌라 달라바, 파리, 프랑스, 1985-1991

쿨하스가 쿤스탈, 쥐시에 도서관, 아가디르 호텔 및 컨벤션센터 계획안 등에서 다양한 프로그램 요소들을 수용하기 위한 장치로 도입한 보이드 공간, 유연한 바닥판과 순환구조의 개념들은 최근에 완성된 **코넬대학 건축학과 증축건물**(Milstein Hall at Cornell University, New York, USA, 2006-2011)(도1-51a, b, c)에서 통합된 방식으로 실현하였다. 여기서 그는 인접한 기존 4개의 건물에 분산된 프로그램적 요소들을 통합하여 새로운 공간적 관계를 만들기 위해서 연속적인 바닥으로 이루어진 통합된 복합체를 구성하였다. 아가디르 호텔과 컨벤션 센터의 형상을 연상시키는 박스형태의 거대한 수평판으로 인접한 두 기존 건물들을 연결해 주고 있는 2층의 오픈된 스튜디오 공간은 인접 학과들과의 상호작용과 예상하지 않았던 용도들에 시간의 흐름 속에서 유연하게 대응할 수 있도록 의도한 것이다. 스튜디오 공간의 하부 지상층은 다양한 기능을 수용하는 돔 형상의 크리틱 공간, 강당 등과 같은 프로그램 요소들을 수용한다. 이 지상층은 차량, 보행자 공간, 인접한 역사적 건물들의 파사드 등으로 에워싸여 있고 마치 '도시의 방과 같은 외부공간'이 내부에까지 확장되고 있어 두 공간의 경계가 모호하게 경험된다.

도1-51a, b, c
R. 쿨하스, 코넬대학 건축학과 증축건물, 뉴욕, 미국, 2006-2011

## 데이터스케이프로서의 건축 : MVRDV의 위니 마스

### 건축은 생성 데이터generic data를 해석하여 데이터스케이프를 만드는 것이다.

최근 유럽 건축계에서 가장 주목을 받고 있는 설계 집단 MVRDV를 리스(Jacob van Rijs, 1964- ), 브리(Nathalie de Vries, 1965- )와 함께 이끄는 마스(Winy Mass, 1959- )는 테크놀러지와 미디어 사회에서 '정보시대에 적합한 건축은 무엇인가?' 에 대해 탐구해 왔다. 마스는 국가간 경계가 허물어지고 추상적인 데이터 위주로 변해가는 디지털 사회에서 건축을 리서치research의 한 유형으로 간주한다. 그는 도시와 건축이 우리의 행위를 적합하게 수용하기 위해서는 어디에나 존재하는 데이터를 다룰 수 있는 리서치와 실무작업의 조합이 필수적이라고 강조한다. 따라서 그는 광범위한 리서치를 수행하고, 방대한 데이터를 수집한 후 이를 통계적 방법, 추상적 다이어그램, 정보의 맵핑mapping 등을 통해 문제를 객관적이고 합리적으로 해결하는 실용주의적 분석작업을 지향한다.

쿨하스의 영향을 받은 마스는 도시를 하나의 독립체가 아니라 한 지역의 특수성과 구체성, 상이함으로 인식하고 다양한 여러 요소들로 구성된 결합체로 간주한다. 마스는 거대화, 세계화로 치닫고 있는 현대도시는 이미 과포화 상태로 통제 불가능한 영향력의 범위와 규모를 지닌 상태이지만, 통계의 도움을 받아 고르게 분포되지 못한 요소들을 다시 조절하였을 때 그 발전가능성은 무한하다고 주장한다. 그는 건축가들이 전통적인 관습에 따르는 사고를 탈피해 논리적인 규칙을 적용하여 주어진 제약조건들을 새로운 해결책으로 재조직화하는 작업을 수행하여야 한다고 강조한다. 따라서 그의 관심사는 건축의 속성에 대한 역사적, 형태적, 의미론적인 연구가 아니라 비역사적이고 통계학적인 연구이며, 형태보다는 위탁과 제의 커뮤니케이션을 위해서 데이터를 일종의 형태장치로 사용하는 것이다.

그러므로 마스는 건축을 집합적 물체와 정보를 활성화하는 일련의 스위치, 곧 '회로 중계기' 로 정의한다. 그는 프로젝트에서 예술적 직관보다 실용주의적 관점으로 추상적 통계정보를 구체적인 형태로 변환하는 작업을 중시하고 있다. 도시와 건축의 합리적인 해결을 제약하는 여러 요소들(플래닝, 건축법규, 기술적 제약, 자연적 조건, 이해집단의 내 · 외부적인 압력, 최소한의 작업조건에 관한 규정 등)을 수치나 정보로 파악하고 광범위한 통계학적 연구를 수행하여 상당한 데이터를 조합하는 과정은 실제적이고 창조적인 해결책을 생성하기 때문이다. 마스는 이러한 복잡한 데이터를 그 한계까지 탐구하여 새로운 유형의 공간을 구성하는 방법과 다양성을 보여주기 위한 기법, 즉 데이터스케이프를 자신의 건축담론의 출발점으로 삼고 있다.

> "세금의 차이때문에 벨기에와 네덜란드의 국경에는 수 많은 주택들이 건설되었고, 국경을 따라 선처럼 긴 형태로 마을이 형성되었다. 네덜란드에서는 시장의 수요로 인하여, 작은 정원이 딸린 호화로운 빌라가 유행하였다. 홍콩에서는 정치적인 제약으로 인해 국경 주변의 주거군이 대규모화 되었다.... 암스테르담의 역사적 건물과 동상들에 대한 규정은 현대적 프로그램의 요구를 제한하는 데, 이로 인해 엄청난 프로그램이 중세풍 건물의 입면 뒤에 숨겨지고 거리에서 잘 보이지 않게 된다.... 이상과 같은 심리적인 문제들, 재난관리 유형, 조명 규정, 음향처리 등 이로 인해 나타난 모든 현상들은 그 이면에 존재하는 '데이터data' 의 '스케이프scapes' 로 보여질 수 있다."(Winy Mass, 1998, pp.101-102)

여기서 마스가 제안하는 데이터스케이프datascape는 (지형, 이데올로기, 재현, 형태적 생소함에 관한 미학적 실험이 아니라) 건축에 영향을 끼치는 정보에 의해 묘사되며 방대한 양의 데이터와 숫자로 된 문화현상과 직결된 것이다. 그것은 건축가의 작업에 영향을 미치며, 심지어 작업을 정의하고 통제하는 모든 수량적인 힘들을 다이어그램을 통해서 시각적으로 재현하는 것을 의미한다. 따라서 축척된 데이터의 시각적 표현으로서의 다이어그램은 프로그램을 균형적으로 배열하고 디자인을 시각화하는 도구이다. 이 다이어그램은 무정형적인 프로그램과 데이터를 건축형태로 전환하는 매체로 기여한다. 이 점에서 마스는 "주어진 프로그램에 대한 다이어그램적 해석과 재배치가 건물의 형태를 결정한다"고 말한다. 그의 관점으로 볼 때, 건축가의 작업은 다루기 어려운 데이터를 구체적인 랜드스케이프, 즉 그가 데이터스케이프라고 부르는 것으로 변환하는 것에 다름 아니다.

루타마(Bart Lootama, (ed.) Véronique Patteeuw, 2003, p.39 재인용)에 따르면, "마스는 데이터를 다른 언어들 사이의 중재적 언어, 즉 하나의 언어를 다른 언어로 변환하는 것을 가능하게 하는 언어이거나 적어도 이들 사이의 중재적 무대를 형성하는 언어로 사용하고 있다." 이러한 사실은 마스가 디자인에 관련된 모든 이해 집단들과 기든스가 말한 '추상화된 관료주의적인 시스템' 과의 협상의 결과를 중시하는 데서 알 수 있다. 여기서 디자인은 가능한 한 많은 개인들의 요구를 수용하기 위해 최대한의 개별화differences를 발생시키는 기계로서 일종의 추상화 시스템으로 간주된다. 따라서 그는 역사적으로 고정화된 유형학을 사용하는 것을 거부한다. 마스가 추구하는 데이터스케이프는 단순히 은유나 형태적인 암시가 아니라 협상, 수행, 건설 등 디자인이 끝난 뒤 표면화되는 제반사항들과 관련된 프로세스를 위한 모델의 성격이 강하다. 이러한 프로세스는 프로그램을 상징적으로 재현하는 대신 프로그램과 형태 사이에 유연한 관계를 제시하여 사용자들의 일시적 변화에 적응할 수 있는 '미확정성의 구조' 를 지향한다.(주11) 이것은 데이터 분석에 기초한 프로그램의 다양한 복합적인 관계에서 발생하는 미확정성을 수용하려는 태도를 반영하는 것이다. (이 점은 네덜란드의 구조주의 건축가 헤르만헤르츠가 사용자를 고려하여 미확정성의 융통성 있는 공간구성을 중요시한 것과도 유사하다. 이에 대해서는 3권 06을 참조할 것)

## 건축은 장치이다 Architecture is a Device .

마스는 현대사회에서 건축가는 건물 뿐만 아니라 지역계획에 대해서도 작업해야 한다는 점을 강조하여 왔다. 이러한 이유는 "건축이 과거보다 훨씬 다양한 미디어와 스케일을 통해서 광범한 영역의 커뮤니케이션 가능성을 점유할 수 있는 잠재력을 지니고 있기" 때문이라고 그는 설명한다. 이 점에서 마스는 '건축은 장치' 라고 다음과 같이 언급한다.

> "... 건축은 제안과 분석을 결합시킬 수 있는 '장치' 의 개발, 그리고 개별화된 정보 입력정보input를 지닌 거대 규모의 과제로 나아갈 수 있다. 소비자 지향, 상향식과 하향식을 결합하는 것... 결과적으로, 건축적 생산품이 일반적인 관찰의 '도구' 로서, 도시적 교류의 전달자messenger로서, 보다 넓은 프로세스의 소통자communicator로서 보여질 수 있다.(Winy Mass, 2002, (ed.) Véronique Patteeuw, 2003, p.171 재인용)

그러므로 마스는 팽창해 가는 현대도시에서 밀도라는 개념으로 양적, 규모적으로 사회를 조직화하는 연구를 지속적으로 수행하여 파르맥스(Farmax, 1998), **메타시티/데이터타운**(Metacity/Datatown, 1999)(도1-52), 리전메이커(Regionmaker) 프로젝트(주12) 등을 제안하여 왔다. 특히 마스는 컴퓨터 프로그래밍기법으로 다차원적인 디자인 프로세스를 통해 지속가능한 데이터베이스와 다양한 정보들을 통합하여 개발한 펑션믹서(The Function Mixer, 2001)라는 S/W 모델을 "정량적인 공간적 매개변수(밀도화와 공간적 다양성)의 변화를 정성적인 매개변수(환경적 지속가능성, 경제성, 사회적 건강 등)와 관련지어 적용하기 위한 도구"(EL Croquis vol.111, 2002, p.26)로 활용한다. 여기서 마스는 믹스 맥스(Mix Max)이론을 통해서 2차원적으로 수행되어온 도시계획을 3차원적인 집약된 어바니즘으로 대체하기 위해서는 특정분야별로 지역을 구획하지 않고 기능혼합function-mixing, 복수의 공간사용법multiple-space-usage과 같은 패러다임의 전환을 주장하고 있다. 마스는 안정과 위생의 이유로 주거와 작업의 기능별 조닝을 강요한 산업사회의 모더니즘 방식에서 벗어나, 기능 혼합방식으로 다양성을 요구하는 현대사회에 적합한 새로

도1-52
W. 마스, 메타시티/데이터타운 계획안, 1999

운 가능성을 탐구한다. 마스가 제시한 **피그 시티**(Pig City, 2000)(도1-53a, b), 3D 시티(3D City, 2001) 프로젝트 등은 일련의 대규모 건물 모형들이 허락하는 범위 내에서 밀도가 매우 높고 조밀한 상황이 가질 수 있는 한계를 탐구하여 도시의 특정한 프로그램을 제시한 것이다. 그는 세계 인구 성장과 환경보호와 관련되어 발생할 수 있는 문제점들을 예상할 수 있는 유토피아적 도시를 창조하기 위한 시도로 3D 시티를 제시한다.

도1-53a, b
W. 마스, 피그 시티 계획안, 2000

마스는 "역사란 발견된 실체를 설명하기 위한 총체적인 도구"(EL Croquis vol.86, 1997, p.12)로 간주한다. 그는 맥락을 건축적 형태나 기념비적인 것을 의미하는 차원을 넘어 사회적 삶의 수량적 측면, 즉 경제적, 정치적 데이터는 물론 과학과 기술의 모든 근원에서 이끌어낸 모든 정보라는 의미로 해석한다.(주13) 마스는 계획되는 건물과 실제로 그것이 놓여지는 부지 사이에는 언제나 불확실한 관계가 존재하기 때문에, 부지를 형태적 요소가 아니라 부지의 구체적 속성을 반영하는 랜드스케이프로 해석한다. 따라서 부지는 피할 수 없는 자연의 힘이 아니라 필요한 경우 언제든지 부지를 재정의하고 새로운 부지를 만들어 새 영역을 창조할 수 있는 대상으로 간주된다. 이것은 도시의 부지나 바닥 평면을 확장하여 공간을 확장하는 것과도 관련된다. 특히 바닥면은 계단이나 램프, 언덕 등이 필요한 경우에 언제라도 비선형적인 배경화법scenography을 만들기 위해서 자유롭게 조작 가능하다. 이러한 기법으로 랜드스케이프는 건축 안으로 도입되어 "내부 · 외부라는 추이(推移)의 연속된 상태"(EL Croquis vol.86, 1997, p.23)를 보여주고 있다.

그러므로 마스의 작품에서 데이터와 자연은 새로운 맥락으로 해석되어 다루어진다. 여기서 자연은 실제 자연보다는 사람들의 요구에 따라 조작되고 도구화되어 개량되고 적응된 인위적인 자연으로 '랜드스케이프의 인위성artificiality' (EL Croquis vol.111, 2002, p.35)이 강하게 나타난다. 따라서 인공적인 자연과 자연적인 자연의 영역은 구별되지 않으며, 랜드스케이프는 건축이 되고 건축은 랜드스케이프가 되는 것을 지향한다. 마스는 내부공간을 랜드스케이프의 전이가 발생하는 영역으로 간주한다. 따라서 그는 공간이 볼륨들 사이보다는 면들 사이에서 존재한다는 생각으로 면의 결과로서 볼륨을 구성하는 작업을 중시하여 왔다. 이를 위해 마스는 하나의 연속적으로 접혀진 면folded plane으로 바닥, 천정, 벽과 조각적인 평면들에 형태와 연속성을 부여한다. 그 결과, 내부는 면 내부에 존재하기도 하며, 때로는 면 밖의 존재로도 인식되고 있다. 또 이러한 면들은 실내 랜드스케이프interior landscape처럼 지형학적인 형태를 만드는 데 기여한다. 특히 연속된 바닥면들을 횡단면적으로 중첩하는 방식은 공간에 특성을 부여하며, 내부의 개별 공간의 방들이 볼륨의 외부에 드러나도록 하는 효과를 만들어내는 데 기여한다. 따라서 중첩된 다수의 레벨들을 동시에 조망할 수 있는 가능성으로 인해 관찰자는 지각적 불확실성 속에서 생동감 있는 경험을 하는 것이 가능하다.

마스는 공간을 위한 데이터들의 층위layer들이 무수히 얽혀 있는, 순수한 데이터스케이프로 구축된 건축적 개념을 **빌라 VPRO**(Broadcasting Studio Villa VPRO, Hilversum, The Netherlands, 1993 - 1997)(도1-54a, b, c, d)에서 독창적인 방식으로 제시하였다. 여기서 그는 대지에 부여된 법적 제약조건의 영향을 최소로 하고 옥상정원을 다시 자연화하는 방식

도1-54a, b, c, d
W. 마스, 빌라 VPRO, 힐베르섬, 네덜란드, 1993-1997

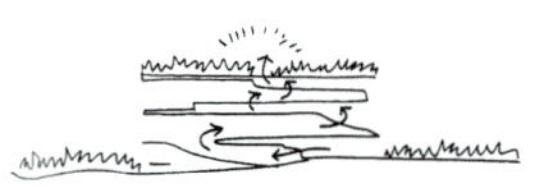

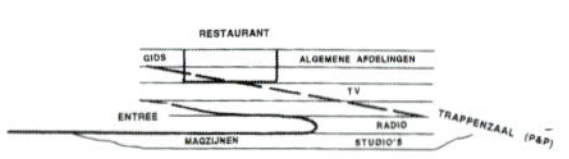

으로 내부와 주변 랜드스케이프가 연속성의 관계를 갖도록 설정하였다. 층고가 서로 다른 다양한 실들로 구성된 공간적 개별화spatial differentiation를 통해서, 내부공간을 지속적으로 변화하는 요구에 대응하는 오피스 유형학으로 제시하였다. 공간 내부에서 다양한 프로그램의 요구를 채우는 방식으로 강화되는 개별화 작업은 채광, 조망 등을 위한 생태적 사이 공간in-between의 창조를 통해서 더 한층 증대된다. 바닥판들의 중첩으로 공간의 시점은 고정되지 않고 계속 변화되어 중첩된 면들의 사이 공간으로 인해 공간의 내부화 효과가 강화된다. 그 결과, 부지는 사라져 내부화로 변환되어 랜드스케이프의 연장으로 그 모습을 드러낸다. 면의 조작을 통해 공간을 재정의하는 이러한 독특한 방법은 입면에서 요구조건인 데이터스케이프로 드러나고 있다. 알랭(Stan Allen, (ed.)Véronique Patteeuw, 2003, p.101 재인용)은 이 건물을 인공생태학artificial ecology이 독창적 방식으로 실현된 건물로 평가한다.

암스테르담의 노인을 위한 집합주거인 **보조코**(WoZoCo's Apartments for Elderly People, Amsterdam - Osdrop, Holanda, 1994 - 1997)(도1-55a, b, c)에서 마스는 데이터들의 분석을 통해 부지의 제약조건과 프로그램상의 요구로부터 고밀도의 문제를 해결하고, 녹지의 오

도1-55 a, b, c
W. 마스, 보조코 하우징, 암스테르담, 네덜란드, 1994-1997

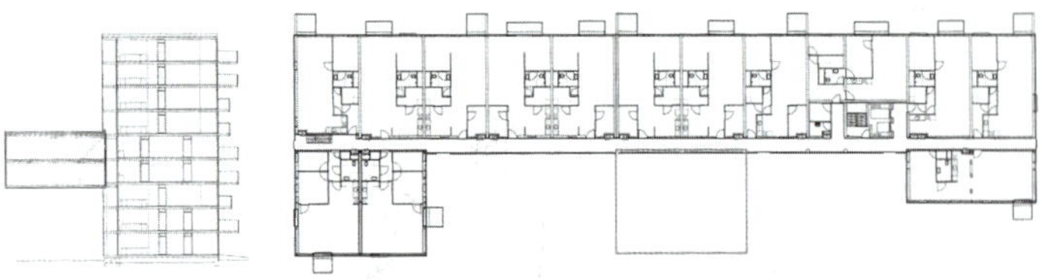

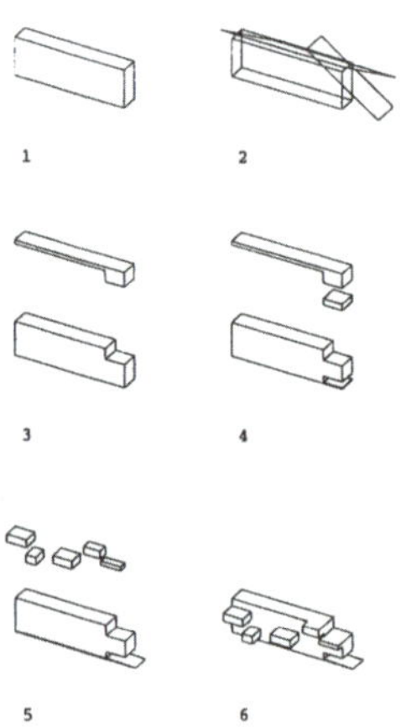

픈 스페이스와 주거의 개별성을 증진시키는 독창적인 형태로 세인들의 주목을 받았다. 여기서 그는 주변 건물에 충분한 일조를 확보할 수 있는 법적 요구조건을 충족시키기 위해 100개의 아파트 중 동서축을 갖는 13개의 아파트 단위 유형들을 북쪽 입면에 띄워 공중에 매다는 독창적인 방식으로 해결하였다.

## 건축은 공간의 내부화 개념을 통해 도시 공간의 사회적 측면을 수용해야 한다.

마스는 점점 밀집화 되어가는 현대도시 사회에서 건축은 어바니즘urbanism과 내부interior라는 두 가지 방향으로 분기해 나가고 있다고 진단한다. 그는 고밀도화의 프로세스 작업의 일부로 실제적인 3차원 공간을 디자인하고, 3차원을 지닌 도시를 생성시키는 작업을 통해서 공간의 내부화spatial interiorization라는 작업에 깊은 관심을 보여 왔다. 마스에게 프로그램을 통한 공간조직화는 건축을 도시 및 사회와 연속적으로 확장하여 연결해 주는 매개체로서의 역할을 수행한다. 이것은 극대화된 프로그램이 공간 안에서 다양한 형태로 표현되며 채워진 밀도 안에서 사회적 요구나 그 외의 조건 등에 의해서 공간을 비우는 방식으로 이루어진다. 그 결과, 밀도를 최대화시켜 채워진 볼륨 안에서 내부화된 외부로서 보이드void 영역을 만들어 내 · 외부의 관계를 모호하게 만드는 것이다. 도시와 건축의 관계를 연속성으로 보는 이러한 개념은 건물 내부에 대지를 연속된 경사면의 형태로 구축하여 대지의 확장성을 갖게 하고 내부와 외부공간의 경계를 모호하게 하는 방식으로 나타난다.

이를 위해서 마스는 사회적 측면에 관심을 갖고 "기능을 혼합하고, 개별성을 통합하며, 미래에 그 특성과 속성을 변경할 수 있는 오브제(대상)" (EL Croquis vol.111, 2002, p.14)를 디자인하는 개념으로 작업한다. 이와 더불어 그는 건축적인 비어있는 상자 안에 형태보다는 거주가능한 내부환경의 공간을 만드는 작업을 중시한다. 그 결과 일종의 은신처로서 볼륨은 내부로부터 외부로 디자인되고 외부는 내부의 특성에 의해 결정된다. 집합주거 디자인에서 공간적인 내부화를 위한 전략은 다양한 주거유형의 목록을 고안하여 이것들을 3차원적으로 조합하는 프로세스로 진행된다. 이러한 내부화 현상에 대해 마스는 다음과 같이 언급한다.

> "건물들이 점점 더 서로 간에 근접하게 됨에 따라 세상은 내부화 되어가기 시작한다. 건축은 다음의 두 가지 방향으로 분기해 가고 있다는 것이 (우리의) 관찰의 결과이다. 하나는 어바니즘의 방향이며, 또 다른 하나는 매우 효과적인 역할을 수행하기 시작한 내부의 방향이다. 이 내부화는 건물들이 매

우 근접해 있는 위치로만 표현되지 않는다, 그것은 또한 램프, 벤치, 화단 등이 있는 '중간영역의 공공 공간들 intermediate public spaces'을 집약적으로 디자인하는 데서도 나타난다. 이러한 공간들은 내부가 되어간다."(Winy Mass, EL Croquis vol.86, 1997, p.16)

여기서 마스가 강조하는 중간영역은 흥미를 유발하며 빈번하게 이용될 수 있는 것으로, 새로운 환경에 순응하는 미확정된 공간을 의미한다. 마스는 이러한 영역은 "명확하게 분화된 공간을 만드는 대신 건물 내부에 서로 다른 환경조건을 만들어내는 것"(EL Croquis vol.111, 2002, p.15)이라고 말한다.(이러한 개념은 공공 영역에서의 다양한 사회적 접촉을 강조한 알도 반 아이크, 헤르만 헤르츠베르거의 공간과 유사하면서도 그 공간의 속성이 실내 기후 환경과 같은 물질적인 환경인자에 의해 규정된다는 점에서 다르다. 이것은 개별화된 공간의 분화와 다양한 요구에 대응하는 상이한 환경조건을 제공하려는 것이다.) 마스는 이러한 중간영역의 공간을 통한 내부화의 개념을 "비어진 공간empty space으로서 보이드void"(EL Croquis vol.86, 1997, p.16)가 지닌 잠재성을 극대화하는 방법으로 탐구하여 왔다.(주14) 이 보이드가 지닌 모호성은 미지의 것에 대해 확정적인 판단보다는 융통성과 자유함을 부여하기 때문이다.

## 수직적 미로는 사회적 접촉을 위한 미확정의 비어진(사이 공간) 중간영역의 공간이다.

마스가 베를린 보이드(Berlin Void, 1991)에서 제시하였던 것처럼, 횡단면을 마치 바닥층처럼 발전시킨다는 아이디어에서 출발한 수직적 미로vertical labyrinth의 개념(주15)은 공간의 내부화, 즉 적층된 프로그램의 일부를 삭제하여 만들어진 보이드를 실현하기 위한 수법이다. 이 수직적 미로의 개념은 2차원적인 미로로 구성되는 평면과는 달리, 단면적으로 병치하는 수법과 서로 얽혀 연결된 통로 등으로 3차원적으로 구성한 개방된 미로의 성격을 지닌다. 사이 공간interstices으로서 비어진 공간은 중정, 계단, 테라스, 갤러리 등이 다양한 주거의 유형과의 상호관계를 통해서 만들어진 것, 거주자들에게 예상 밖의 공간경험을 제공하는 부재의 공간체계라 할 수 있다. 아탈리(Jean Atali, (ed.) Véronique Patteeuw, 2003, p.87 재인용)는 "이 3차원의 미로에서 부분들은 폐쇄된 공간에 갇혀 있는 것이 아니라, 개방적인 네트워크의 전 영역으로 확장되어 만남의 가능성을 지닌 광장이 된다"고 지적한다.

건물을 횡단면적으로 생각하여 다양한 변화를 발생시킨다는 이러한 개념은, 쿨하스가 공간을 수직적으로 생각하고 보이드 공간을 통해 다양한 공간의 층위를 만들어내려는 것과도 유사하다.(쿨하스 사무실인 OMA에서 실무경험을 쌓은 마스는 쿨하스의 프로그램과 수직적 공간의 개념을 3차원적으로 발전시켰다.) 마스는 건축을 "다수의 표면들로 이루어진 것이 아니라 다수의 공간들로 이루어진 것"(EL Croquis vol.86, 1997, p.13)으로 인식하였다. 여기서 공간적 내부화의 개념은 "내부와 외부가 점차적으로 상호의존성을 갖게 되는 새로운 유형의 투명성transparency"(EL Croquis vol.111, 2002, p.15)으로 공간의 내부를 보여주고자 하는 강한 의지를 반영한다. 따라서 마스의 작품에서는 네덜란드 구조주의 건축가 헤르만 헤르츠베르거가 강조한 바처럼 공간 안에서 일어날 수 있는 다양한 행위의 측면이 더 강하게 나타난다.(이러한 개념은 토요 이토, 장 누벨의 작품에서 처럼 내부의 흐름이 유지되는 투명성의 개념과도 유사하다. 그러나 이토는 내, 외부의 유동성과 흐름에 대한 인식이 강하고 장 누벨 또한 물성의 반사와 투명성의 지각적 효과를 통해 인지되는 개념이 강하다. 이에 대해서는 02를 참조할 것) 전통적으로 파사드는 외부에서 보여지는 것을 의미하지만, 마스의 작품에서는 내부에서 보는 조망이 더 중시된다. 마찬가지로 파사드는 내부의 구성원리를 보여주는 일종의 단면의 상태로 표현되고 있다.

마스의 작품들에서 발견되듯이 "점점 부족해지는 오픈 랜드스케이프를 보존하고 사회적인 접촉을 증대시키기 위해 건물의 밀도를 증대하는 것, 건축을 랜드스케이프의 연장으로 해석하는 것, 기능을 혼합하고 프로그램을 병치(중첩)하는 것, 그리고 분화된 바닥 평면을 만들어내는 것"(EL Croquis vol.86, 1997, p.40) 등은 중요한 디자인 전략들이다. 건물의 표현을 복잡한 프로세스의 결과로 간주하는 마스는, 형태란 그것이 기호화되는 정

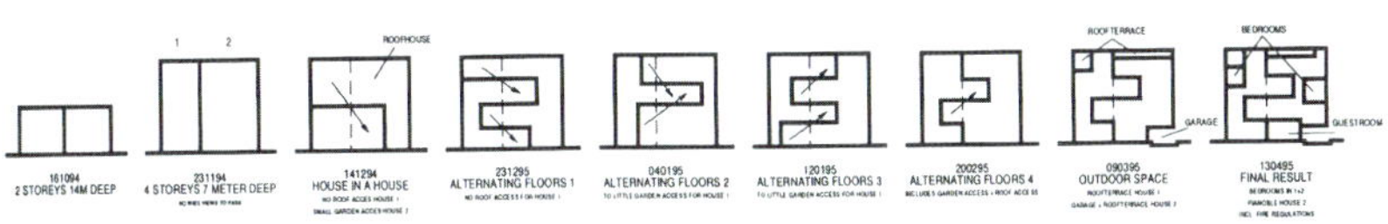

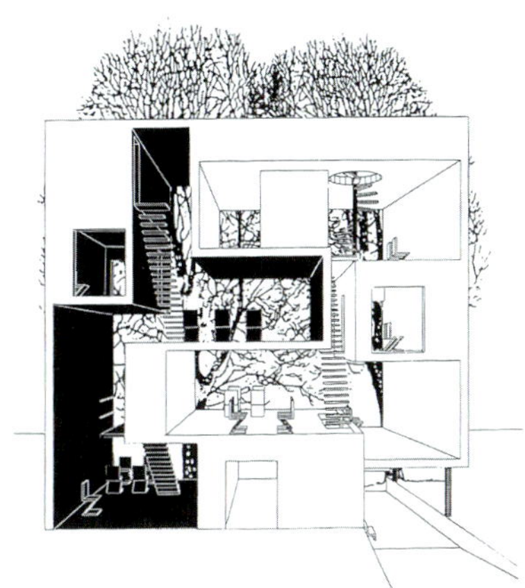

도1-56a, b
W. 마스, 더블하우스. 우츠레흐, 네덜란드, 1995-1997

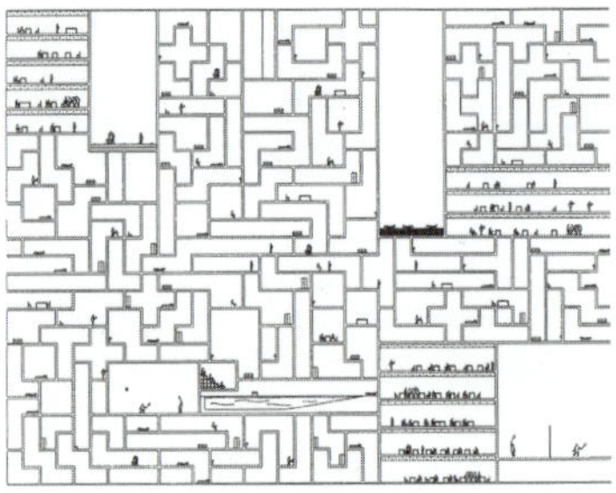

도1-57a, b
W. 마스, 베를린 보이드 계획안, 베를린, 독일, 1991

보와의 관계 속에서만 설명가능하다고 강조한다. 이러한 이유로 그는 건물의 외피skin에만 치중하는 일부 경향과는 달리, 프로그램을 담은 공간을 구성하는 데 더 관심이 있다.

마스는 **더블 하우스**(Double House in Utrecht, The Netherlands, 1995-1997)(도1-56a, b)에서 다양성을 수용하는 개별화의 원리, 이질적인 프로그램의 공존과 적층된 횡단면의 개념 등을 독창적인 방식으로 구체화하였다. 여기서 그는 '횡단면을 마치 바닥층처럼 발전시킨다는 아이디어로 서로 상반되는 요구조건을 지닌 두 세대 주거공간의 프로그램상 요구를 해결하였다. 마스가 **베를린 보이드 계획안**(Berlin Void in Berlin, 1991)(도1-57a, b)에서 제안했던 횡단면을 활용한 수직적 보이드void의 개념(주16)은 **실로담**(Housing Silo in Amsterdam(SILODAM), The Netherlands, 1995-2002)(도1-58a, b, c)에서 다양한 유형의 주거유형과 공간들 목록(주17)의 상호작용의 결과로 얻어진 3차원적인 형상의 '사이 공간' 인 수직적 미로의 개념으로 실현되었다. 여기서 마스는 보행접근 시스템을 휴식 통로, 복도, 브릿지, 통행로 등 다양한 유형으로 구성하고, 다양한 색채를 사용하여 그 개별성을 부여하였다. 이러한 단면의 일부는 외부 파사드의 구조물에 동일한 방식으로 표현되면서, 개별주거 유형마다 다른 재료와 내부의 수직적 공간의 다양성을 반영한 결과로 나타난다. 아탈리(Jean Atali, (ed.)Véronique Patteeuw, 2003, p.89 재인용)는 "이 건물은 2차원적인 평면이 아니라 횡단면에서 고안된 공간으로 도시 생활자의 다양한 생활양식을 수용함으로

도1-58a, b, c
W. 마스, 실로담(Silodam), 암스테르담, 네덜란드, 1995-2002

써 주거유형의 특성화된 다양성을 갖는 건물"이라고 평가한다. **미라도 하우징**(Mirador Housing in Sanchinarro, The Netherlands 2001-2004)(도1-59a, b)에서 마스는 현대사회의 다양성과 개인화를 하나의 건물에 담아 표현하려는 의도로 작은 그룹들로 적층된 건물의 한 가운데를 비워 만든 외부의 보이드를 도시 가로의 성격을 지니도록 수직적으로 내부화한 공공 공간으로 만들었다.

마스는 하노버의 **엑스포 네덜란드관**(Dutch Pavilion for the Expo 2000 in Hanover, Germany, 1997-2000)(도1-60a, b, c, d)에서 인구밀도가 증대하는 미래사회에 수직적으로 적층된 랜드스케이프의 개념을 독특한 방식으로 해결하여 제시하였다. 마스 자신은 "이 건물은 밀도와 기능의 다양성이 새

도1-59a, b
W. 마스, 미라도 하우징, 산치나로, 네덜란드, 2001-2004

도1-60a, b, c, d
W. 마스, 엑스포 네덜란드관, 하노버, 독일, 1997-2000

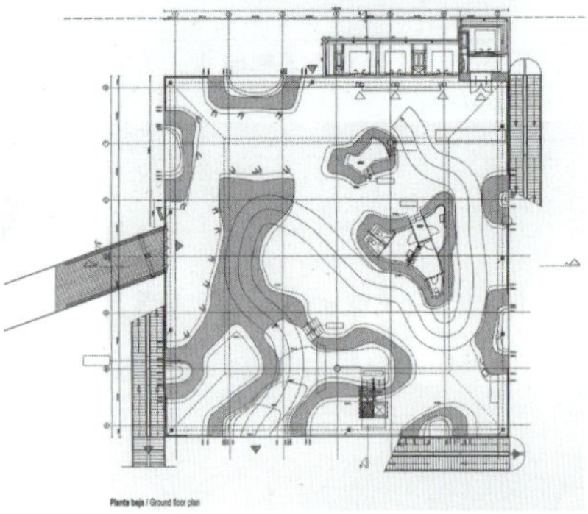

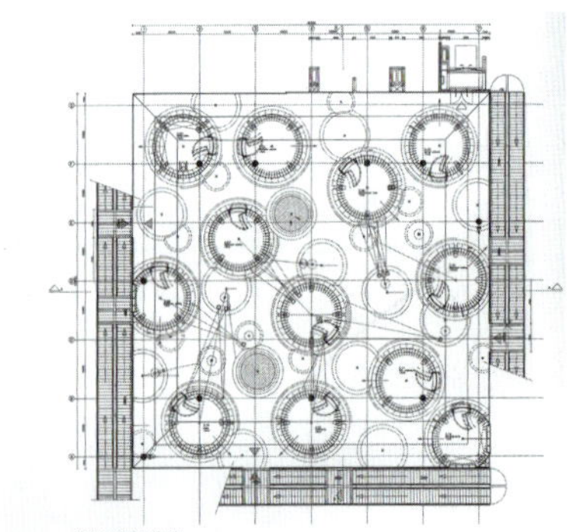

로운 관계를 만들어 네덜란드 사회의 여러 면의 속성을 보여주는 상징이자, 수직적으로 적층되어 이루어진 기념비적인 공원으로 의도한 것"(EL Croquis .111, 2002, p.43)이라고 설명한다. 따라서 테크놀러지와 자연을 통합한 '새로운 자연'의 개념이 기능적으로 서로 관련지어진 공간과 에너지를 절약하는 에코시스템의 형태로 제안되었다. 이를 위해서 마스는 산소생산을 실내화하는 방법, 지면보다 높은 상층부와 건물 내부에 식재를 하여 숲을 가꾸는 방법을 탐구하기 위해 빛, 환기, 바람의 영향 등과 관련된 기술적인 분석데이터를 활용하였다. 또한 기존 프로그램을 수직적으로 재배치함으로써 가능해진 여분의 공간들로 인해 자연에 대한 가독성과 접근성이 용이하게 되었다.

마스에게 있어서 도시의 맥락에 반응하는 방식으로 프로그램을 해석하여 독특한 형상을 만들어내는 방식은 중요하다. 뉴욕의 **미디어 갤럭시**(Media Galaxy in New York, USA, 2001-2002)(도1-61)에서 마스는 직사각형의 매스 안에 채워진 프로그램들을 제약조건들에 따라 전체의 틀 안에 새로운 방식으로 배치하고, 나머지 공간들은 확장될 가능성에 대비하여 비워두는 방식으로 도시의 맥락에 반응하는 독특한 형상을 제안하였다. 그 결과, 내부의 프로그

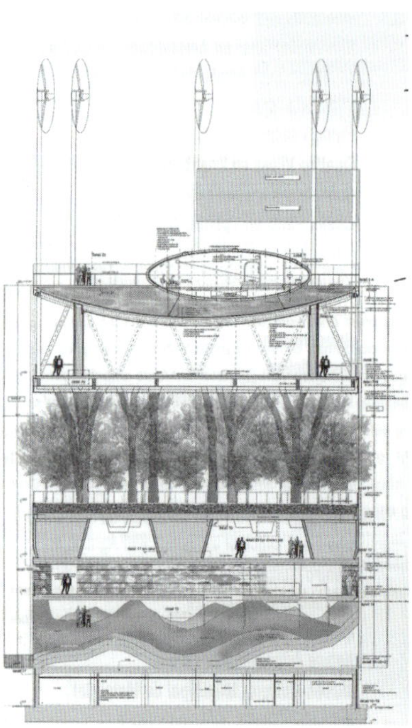

도1-61
W. 마스, 미디어 갤럭시, 뉴욕, 미국, 2001-2002

도1-62
W. 마스, 브라반트 중앙도서관 계획안, 2000

램 덩어리들은 외부에서 볼 때 투명한 피막으로 처리된 반면, 내부의 비워진 공간들은 외부에서 보면 불투명한 픽셀pixel 이미지의 파사드로 표현된다. 프로그램을 담는 공간을 도시적 스케일에서 해석한 **브라반트 중앙도서관 계획안**(Central Library Brabant, 2000)(도1-62)에서는 내부에 들어갈 프로그램을 선형적으로 배치한 뒤 정보의 흐름을 사람들의 흐름과 교통의 흐름, 프로그램을 내재한 띠(바닥판)를 연속적으로 감아올려 형성한 거대구조의 형태를 제시하였다. 최근에 **문화활동센터**(House of Culture and Movement, Frederiksberg, Denmark, 2009-2015)(도1-63a, b)에서, 마스는 유리로 된 직사각형의 입방체 볼륨 안에 커뮤니티 센터, 전시와 공연, 놀이터, 공원, 건강센터 등 6개의 이상적인 프로그램 요소들이 할당된 개개의 박스 공간들을 적층하는 방식으로 구성하여 새로운 도시의 유형학을 제안하였다. 여기서 적층된 박스의 볼륨들 사이에서 만들어진 사이 공간은 다양하게 변하는 활동과 동선이 포함된 유희 영역으로 상황에 따라 유연하게 프로그램화 된다.

도1-63 a, b
W. 마스, 문화활동센터, 프레데릭스버그, 덴마크, 2009-2015

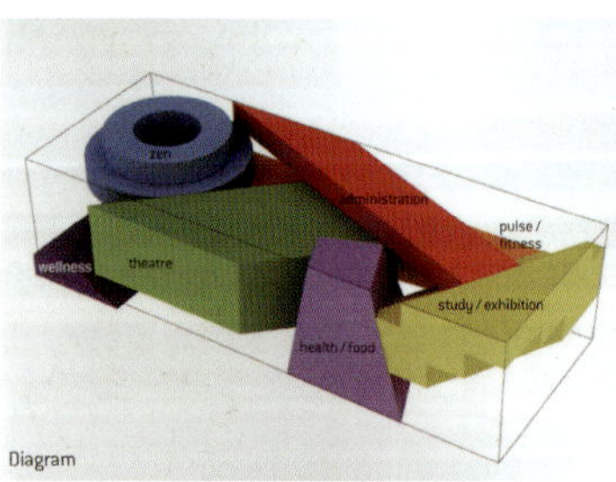


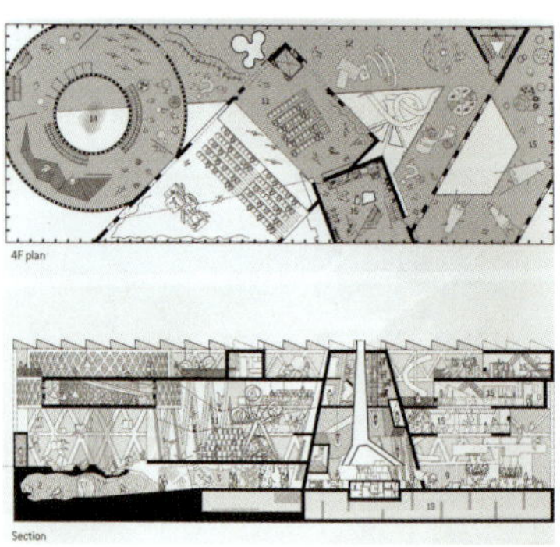

## 물질적 조직화로서의 건축 : FOA의 알레한드로 자에라 폴로

### 건축은 물질적 실천이다.

건물의 기능에 대한 철저한 리서치와 분석을 토대로 지속가능한 물질적 조직화로 구성되는 건축을 탐구해 온 현대 건축가로는 FOA(Foreign Office Architects)를 1992년에 공동으로 설립한 자에라 폴로(Alejandro Zaera Polo, 1963- )와 모사비(Farshid Moussavi, 1965- )가 주목된다. 자에라 폴로는 "가상의 정보로 넘쳐나는 문화에서 건축가에게 가장 중요한 도전은 아마도 어떠한 정보를 공간적이고 물질적인 조직의 생성으로 전이시킴으로써, 그러한 물질적 분열의 과정을 뒤엎고자 하는 것"이라고 주장한다. 그는 건축이란 본질적으로 이론과 실천에 있어서 모호한 불확정성이나 무형적인 것이 아니라 역동적이고 복잡한 시스템과 불안정한 구조를 포함하는 생산과 구축의 프로세스를 통해 새로운 질서를 추구하는 작업이라고 생각한다. 따라서 자에라 폴로는 현대도시의 복잡성, 무작위성, 불확실성의 무질서를 모방하기보다는 현대도시의 이면에 존재하는 질서를 찾아 조절하는 것이 건축가의 작업이라고 강조한다. 그가 모더니즘의 대안적 개념으로 무작위성, 임의성, 비정형성, 복합성, 대립성, 불확정성 등에 대해 탐구하는 일부 현상에 대해 비판적인 입장을 취하는 것은 바로 이러한 이유때문이다.(주18)

자에라 폴로는 "모든 것이 물질"이라고 주장하고 있다. 따라서 그는 "건축은 물질적 실천이며, 물질적 토대가 없는 모든 개념은 궁극적으로 건축을 만드는 데 쓸모가 없다"(EL Croquis vol.115/116, 2003, p.28)고 강조한다. 그에 따르면, 건축을 만들기 위해서 사용할 수 있는 모든 것들은 물질적 특성, 프로그램, 흐름, 스케일, 일관성, 밀도, 중량, 방향 등을 갖고 있다. 따라서 건축도 물질적, 기하학적, 구축적인 토대를 갖고 있어야 한다는 것이다. 건축가의 작업은 프로젝트의 서로 다른 구성요소들의 물질적인 특성들을 이해하고 이것들을 일관성 있게 만드는 작업이다. 이 점에서 자에라 폴로는 물성materiality의 역할을 단순히 물리적 재료뿐만 아니라 프로그램, 동선, 밀도, 속도 등과 같이 상당히 포괄적인 의미로 다음과 같이 확대하여 해석한다.

> "우리는 항상 물질에 대해 폭넓은 의미로 이야기한다. 물질은 또한 동선, 밀도, 속도이다. 사실상 우리는 건축이란 새로운 물질들을 더 복잡하고 일관성 있게 종합하고, 물질적 재료를 흐름, 긴장감...등과 통합할 수 있는 방식으로 종합하는 것에 다름 아니라고 생각한다. 이것이 우

리가 건축가로서 기본적으로 리서치를 수행하고 있는 이유이다. 우리를 1960년대와 밀접하게 연결지어주는 어떤 것이 있다: 우리가 프로젝트를 시작할 때, 우리는 가지고 작업해야 할 수많은 물질들을 즉각적으로 규명한다. 동선, 콘크리드, 철, 벽돌 등과 같은 자료가 그것이다. 그러므로 프로젝트의 전체적인 구성과 디테일 모두에 동시에 집중하며, 프로젝트는 이 두 영역을 탐구하는 중에 그 모습을 드러낸다."(A. Zaera Polo, EL Croquis vol.115/116, 2003, p.12)

그러므로 자에라 폴로는 세계의 시스템과 지역적 특성간의 충돌, 도시와 건축에 대한 명료한 표현의 필요성, 건축 및 도시적 조직화의 중대한 측면인 동적 경과의 문제화, 활동과 공간의 정보화, 디자인 과정에서의 정보기술의 통합 등과 같이 공간의 현대적인 측면을 생산하고 물질적으로 조직화하는 작업을 주요 당면과제로 인식하고 있다.(주19) 그는 (모더니즘 건축 시기에 건축의 경제성과 필요의 개념을 주장한 젬퍼, 바그너, 마이어처럼) "건축은 근본적으로 과잉이 아니라 필요에 관한 것"(EL Croquis vol.115/116, 2003, p.13)이라고 선언한다. 그는 1980년대 풍요의 시대가 건축을 과잉에 관한 것으로, 이미지의 증식으로, 욕망의 표현으로 만들어낸 것이라고 비판한다. 따라서 오늘날 현대 건축가들에게 필요한 것은 속박되지 않은 욕망과 과도함에서 벗어나 기본적인 '필요' 와 '경제성' 에 기반을 둔 건축을 추구하는 것이라고 주장한다. 이것은 프로젝트에서 환원과 경제성을 지향하고, 구조와 형태, 물질과 구성 상호간의 밀접한 관계를 탐구하기 위해 리서치research라는 실행도구적이고 기술적인 측면에 깊은 관심을 갖는 데서 가능하다는 것이다. 자에라 폴로의 이러한 사고에는 모더니즘 건축가들이 건축의 본질적 부분으로 필요의 개념을 중시하였던 '윤리성' 의 개념이 강하게 뿌리 박혀 있다.

그러므로 자에라 폴로에게 "건축은 그 자체로 하나의 실체이며, 궁극적으로 리서치의 주제"(EL Croquis vol.115/116, 2003, p.16)이다. 그는 단순히 문제를 해결하는 차원이 아니라 서로 다른 문제들을 중첩하는 리서치 과정을 통해 물질을 점점 더 복잡한 방식으로 조직화하려고 시도한다. 물질적 토대의 구축에 대해 탐구는 분석과 생산 상호간, 아이디어와 기술 상호간, 정보와 형태 상호간에 연속성을 부여하는 방식으로 이루어지고 있다. 따라서 그는 프로젝트를 발생시키는 시스템으로 데이터, 통계학, 정량분석 등 과학적인 분석모델과 리서치에 기반을 둔 공학적 다이어그램engineering diagram으로 추상화하는 작업, 즉 건축을 유연한 물질적 조직화로 만들어가는 프로세스를 강조한다. 그가 건축 외에 경제학, 사회학, 심리학 등 주변 학문분야에 광범한 관심을 갖고, 건축의 역사보다 과학, 기하학, 정량적 분석기법 등 문제지향적인 실용주의적 접근을 더 중시하는 것은 바로 이러한 이유에서이다.

## 유형학은 건축을 증식시키기 위해 사용가능한 준-형태화semi-formed된 재료이다.

『**계통발생** *Phylogenesis*』에서, 자에라 폴로는 컴퓨터 테크놀러지의 도움으로 수행되는 계통발생적 수형tree도식을 통해서 점점 일관적으로 다루기 힘든 다양한 프로젝트들의 개체 집합들을 가로지르는 어떠한 유사성을 그려내는 분류학적 구축의 가능성을 제시한다.(도1-64) 여기서 그는 계통발생적 수형의 도식을 여러 프로젝트에서 서로 다른 공간구성, 특히 공간의 형태적 구성을 분류화하는 방식을 찾아내기 위한 분석의 형태이자 생산의 도구로 사용하고 있다. 이러한 작업의 목적은 공간 형태 구성들을 단순히 반복하거나 복제하는 것이 아니라, 다른 에코시스템 안에서 자라고 경작 가능한 개개의 프로젝트로부터 공간적 특성들을 규명하는 것이다.

여기서 자에라 폴로는 자연과학의 종species과 건축의 유형type과의 유사성에 주목한다.(주20) 그는 자연과학에서 종이 기술되는 방식에 근거하여 유형의 개념을 마치 생물학적 종의 개념처럼 이용가능한 건축정보의 창고이며, 건축실무를 위한 생산 도구로서 설계의 출발점으로 간주하고 있다. 그의 작업과정에서 추상적인 과학적 모델을 통해서 이루어지는 프로세스는 보편적인 시스템에서 개체들을 만들어내는 것이다. 그리고 이러한 개체들을 융합하여 시스템을 만들어내는 작업은 유형학의 분석과 수정작업에 기반을 두고 있다. 이것은 물질적 실천으로서 프로젝트를 진행하는 과정에서 개요, 맥락과 상황 속에 존재하는 가능성을 규명하여 내적 일관성을 갖는 전형prototype을 생산하는 것과 밀접한 관계가 있다.

도1-64
A. 자에라 폴로, 계통발생도

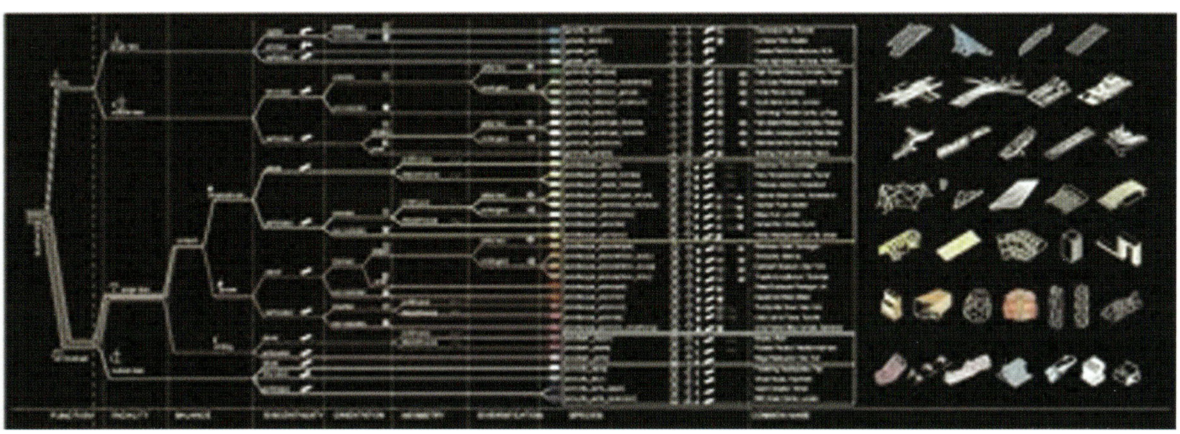

> "우리는 기하학과 구조를 발생시키기 위해 유형학적 물질(재료)을 사용한다. 프로그램 그 자체는 건축에서 오히려 부적절하다: 프로그램의 형태 구성, 그 밀도, 그 스케줄이 중요하다. 우리는 프로그램을 구성으로 전환하지 않으면 프로그램을 가지고 어느 것도 할 수 없다. 전통적으로 유형학은 어떤 하나의 프로그램이나 구조와 관련된 '파르티parti'로 이해되었다. 그럼에도 불구하고 우리가 유형학적 선례들과 우리의 프로젝트 사이에서 사용하고 있는 전환은 항상 추상적이다. 그것은 더 이상 파르티가 아니라 수 또는 양이다. 그러므로 우리가 유형을 찾는 방식은 어떤 정보를 추출하고 그것을 추상화하고, 그것을 프로젝트에 재구성하는 작업을 통해서이다."(A. Zaera Polo, EL Croquis vol.115/116, 2003, p.21)

따라서 자에라 폴로는 "유형학은 복제할 필요가 있는 구성의 개념으로서가 아니라, 오히려 건축을 증식시키기 위해 사용가능한 준-형태화된 재료라는 개념"(EL Croquis vol.115/116, 2003, p.21)이라고 정의하고 있다. 이러한 개념은 로시(Aldo Rossi)가 유형을 역사적 도시형태 속에 존재해 온 형식 이전의 개념으로 파악한 것과는 다르다. 오히려 그것은 19세기에 뒤랑이 기능과 프로그램에 의해 접근한 분류학적 유형학의 개념과 더 유사하다.(이에 대해서는 2권 05를 참조할 것)

## 프로그램은 미결정성의 개념이 내포되어 있는 질료이다.

자에라 폴로는 "프로그램은 질료이며, 프로그램에 형태를 부여하는 작업은 형태 부여자form-giver로서의 건축가의 고유 임무"(EL Croquis vol.115/116, 2003, pp.21-22)라고 주장한다. 그는 프로그램을 그 자체가 목표가 아닌, 정량적인 데이터의 리서치를 위한 수단으로 인식한다. 프로그램과 관련하여 리서치하는 작업은 "프로그램들 사이의 일치가 존재하는 회색 영역grey zones을 만들어내는 방법에 관한 것"을 의미한다고 그는 강조한다. 이러한 작업을 수행하기 위해서 그는 "밀도, 유형학, 스케줄, 형태 등을 가지고 프로그램을 하나의 구체적인 물질적 조직화로 전환하는 작업을 해야한다"고 강조한다. 유형학과 프로그램의 관계에 있어서, 유형학은 우리가 사용할 수 있는 물질을 복잡화하거나 누적화하는 데 기여한다는 것이다. 이 때문에 그는 유형학에는 프로그램적인 미결정성의 개념이 내포되어 있는 것으로 전제하고 있다.

전통적으로 유형학은 어떤 하나의 기능이나 구성 상호간에 명백한 연결을 이루고 있지만, 자에라 폴로는 이러한 기능들의 경계를 모호하게 다루고 있다. 그는 이미 고정화되어 색깔이 뚜렷한 프로그램, 다이어그램과 픽토그램pictogram을 거부한다. 따라서 자에라 폴로는 유형학을 추상화하여 그것을 일련의 유형학적이거나 수리적인 관계로 전환하는 작업을 중시한다. 왜냐하면 이러한 관계를 통해서 서로 다른 상황에 다시 적용되는 관점을 통해 국지적인 에코시스템에 반응하는 것이 가능하기 때문이다. 또 이러한 추상화된 유형학과 부지의 구체적인 특성 사이의 관계에서 존재하는 새로운 건축적인 가능성을 찾는 것이 가능하기 때문이다.

> "...우리는 건축의 최상의 부분들은 모방화resembling나 기호화 작업에 입각하여 구성되는 것이 아니라, 물리적이고 기술적인 관련된 변인들로부터 나온 형태나 구성조직을 통합하는 것이라고 믿는다. 역사속에서 최상의 프로젝트는 기능과 기술이 효율적으로 통합되어 새로운 의미화의 영역을 열어주는 형태, 이미지, 구성을 발생시키는 경우이다. 우리는 건축이 진실로 혁신적이 되는 때는 바로 이러한 경우라고 믿는다."(A. Zaera Polo, EL Croquis vol.115/116, 2003, p.18)

그러므로 자에라 폴로는 특정 시대의 선언적인 개념이나 형태의 스타일을 관습적으로 답습하여 작업하는 것과 프로젝트를 이미지에서 시작하는 것을 거부한다. 그에게 건축은 '이미지, 의미 등과 같은 상징의 문제가 아니라 기술적 관점에서 실용주의적으로 접근하는 문제' 이기 때문이다. 그는 상징이나 메타포에 의존하는 재현적 건축은 구성의 논리보다 이미지나 상징의 스토리에만 제한적으로 공명하기 때문에 프로세스의 가능성에 대해 개방적인 입장을 취하는 데 한계가 있다고 지적한다. 자에라 폴로가 지향하는 유연성과 개방성에는 주변 환경과의 관계에 있어서, 프로그램상의 기능과의 관계에서, 빛이 건물에 비춰지는 방식에 있어서, 그리고 건물이 인지되는 방식과의 관계에 있어서 건축을 항상 역동적으로 인식하는 개념이 반영되어 있다. 그는 건축이란 구체적인 것과 관련된 것이라고 주장한다. 그에게 프로그램, 대지, 상황에 따라 건축물이 들어서는 구체적인 시간, 공간에 적합한 기하학적 형태와 공간조직은 중요한 탐구의 과제이다. 자에라 폴로의 작품이 추상화된 다이어그램에서 생성된 조각적 형상으로 표현되고 있지만, 그는 건축과 랜드스케이프가 일체화된 건축을 지향한다.

자에라 폴로가 순환하는 다이어그램의 개념을 적용한 **요코하마 국제 항만터미널**(Yokohama International Port Terminal, Japan, 1995-2002)(도1-65a, b, c, d)은 여객터미널, 도시 공공시설, 거대한 공원이라는 복합적인 기능들을 수용하는 가변적 공간을 만들기 위해 프로그램들의 여러 판들을 겹쳐 연속적으로 구성한 작품이다. 이를 위해서 그는 외부의 공적 공간과 내부의 공간을 긴밀히 연결하는 순환하는 부두no - return pier의 개념을 도입하였다.(주21) 따라서 건물의 순환 시스템은 여러 방향으로 다양화한 선택적 통로와

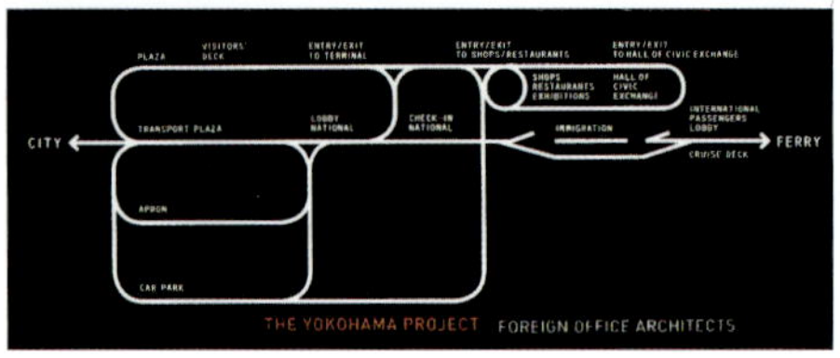


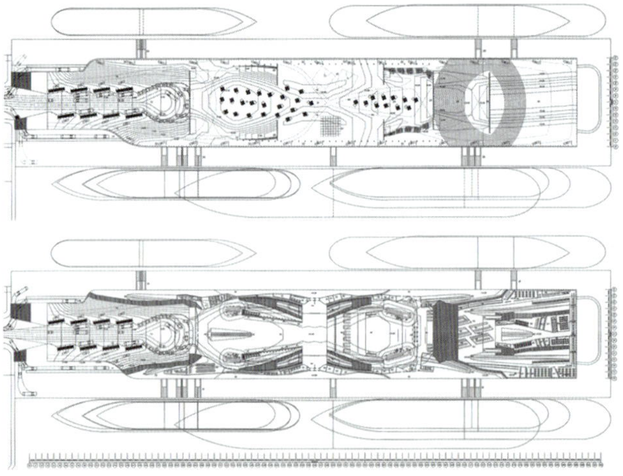

도1-65a, b, c, d
A. 자에라 폴로, 요코하마 국제 항만터미널, 요코하마, 일본, 1995-2002

갈림길들을 따라 많은 이벤트들을 접할 수 있도록 함으로써, 건물 내부를 순환하는 과정에서 긴장감이 극대화되도록 의도하였다. 그 결과, 건물의 일부를 도시 지면에까지 연속시키고, 각 프로그램이 수용한 판들이 그대로 외피로 이어져 내부의 구성방식과 구조, 외피가 통합되어 경계와 구분이 모호해진 체계를 만들어낸다. 이것은 여러 기능들을 명확히 분절하지 않고 특수한 영역으로 설정하고자 프로그램을 해석한 결과이다. 프로그램 판들의 접힘fold으로 생성된 다양한 레벨의 고저차를 지닌 형상들은 유동성fluxes의 랜드스케이프를 만들어내고 있다. 자에라 폴로(Tom Avermaete, 2009, (eds.) pp.447-449)는 "지면 위에서 갈라지는 모든 분기점과 평면상의 모든 선들을 연관시킴으로써 2차원적이었던 다이어그램을 프로그램의 요구사항들을 충족시킬 수 있는 3차원 지형으로 변형" 시켜 건물을 구성하는 바닥면들이 주변 공원의 공공공간의 연장선으로 활용되고 건물 안팎으로 침투시키는 효과를 만들어내고자 하였다. 건축과 도시공간을 통합한다는 이러한 개념은 건축적 랜드스케이프architectural landscape라는 새로운 영역을 제시한 것으로 평가되고 있다.

**세계무역센터 현상설계 계획안**(WTC NY The Bundle Tower, New York, USA, 2002)(도1-66a, b)에서 자에라 폴로는 마천루 유형의 진화양상에 대한 리서치 분석을 통해 초고층 건물의 새로운 유형학을 제시하였다. 여기서 그는 타원의 매스 형상은 어떤 전형적인 특성을 갖는 방식으로 수직동선과 구조와 밀접하게 관련되어 있다는 사실을 발견하고, 높이에 비례하여 평면의 깊이를 계속 증가시키는 독창적인 해결 방안을 제시한다. 건축을 도시적 차원에서 랜드스케이프를 만들어내는 장치로 생각하는 개념은 **라 리오하 기술이전센터**(La Rioja Technology Transfer Centre, Logrono, Spain, 2003-2007)(도1-67a, b)에서 건물을 랜드스케이프와 통합한 데서 발견된다. 여기서 자에라 폴로는 랜드스케이프를 건물의 공간 내부로 통합하고 외부와의 접촉면을 극대화하기 위해 3개의 입주 기관을 하나로 조직화한 선형의 구조를 채택하였다. 그리고 이것을 경사지를 따라 부지의 일부를 '내부화된 외부공간' 으로 에워싸는 방식으로 배치하였다. 여기서 자연과 테크놀러지를 서로 통합하여 만든 생태적 환경 개념은 2개의 바닥층이 만들어내는 단면적인 전위로 인해서 정원쪽으로 뻗어나간 테라스 지붕이 햇빛으로 반사되지 않도록 파사드를 보호하는 역할을 하도록 만든데

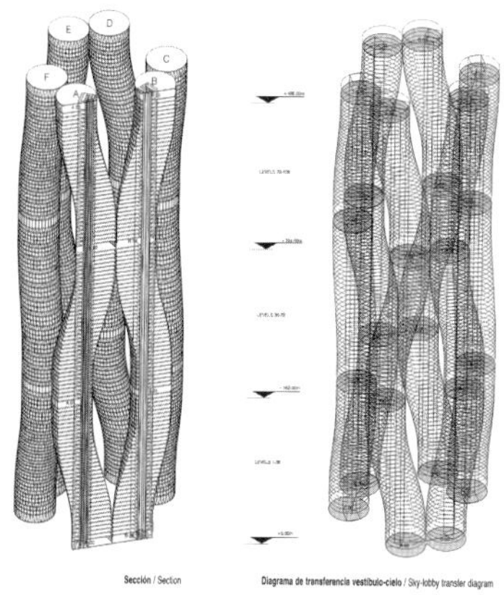


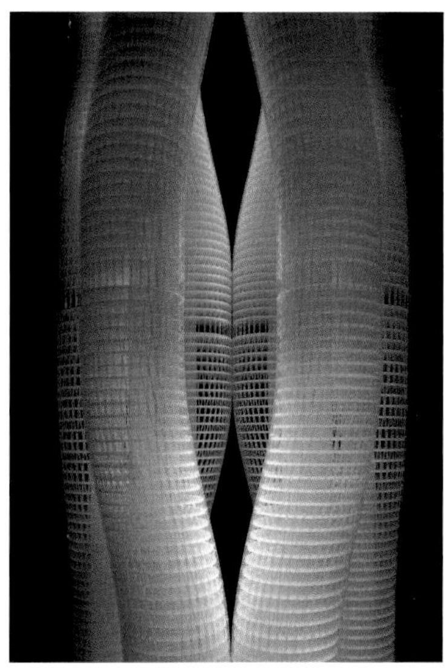

도1-66a, b
A. 자에라 폴로, 뉴욕 세계무역센터 현상설계 계획안, 미국, 2002

도1-67a, b
A. 자에라 폴로, 라 리오하 기술이전센터, 로그로노, 스페인, 2003-200

서 찾아볼 수 있다. 최근에 폴로가 역사적 환경자원을 재활용하고 자연친화적인 지속가능한 건축을 만들고자 하는 작업방식은 **에어로스페이스 캠퍼스**(Aerospace Campus, Toulouse, France, 2007-2011)(도1-68)에서 건물들을 아트리움, 차양을 단 파사드, 솔라 패널을 가진 망사르 타입의 녹색 지붕green roof 등 에너지 효율적인 유연한 건물 형상으로 디자인한 데서 찾아볼 수 있다.

도1-68
A. 자에라 폴로, 에어로스페이스 캠퍼스. 프랑스, 2007-2011

## | 다이어그램 건축의 탐구 : UN STUDIO의 벤 반 베르켈 | SANNA의 카즈요 세지마 |

### 물질적 실무행위로서의 액상의 건축 : 벤 반 베르켈

#### 액상의 건축은 시간-기반 플래닝으로 현대사회의 유동적인 힘을 반영하여야 한다.

UN 스튜디오(United Network Studio)를 이끌고 있는 베르켈(Ben van Berkel, 1957- )과 보스(Caroline Bos, 1959- )는 디지털 정보화로 네트워크화 되어가는 글로벌 사회에서 새로운 유형의 건축가의 역할과 디자인 실무행위가 어떻게 변해야 하는지를 제시한다. 베르켈은 『모바일 포스 *Mobile Forces*, 1995)』와 『무브 *Move*, 1999』에서, 사회의 모든 방면의 조직적 구조가 균질한 선형적인 시스템에서 경제적, 문화적, 정치적인 다양한 정보들을 종합하는 힘들의 자유로운 흐름으로 변화되어가는 현상들이 건축적 상상에 미치는 영향에 주목한다. 여기서 그는 현대 사회의 조직적 구조의 유형을 변형시키는 유동적인 힘mobile forces의 특성(주22)을 인식하고 물질적 실무행위로서의 건축architecture as a material practice을 새롭게 규명하는 작업이 필요하다고 주장한다.

베르켈은 발전된 과학기술은 건축적 총체로서의 새로운 액상의 상태를 기록하고 인식하고 상상하는 것을 도와준다(Tom Avermaete, 2009, (eds.) p.434)고 주장한다. 그에 따르면, "건축의 유동적인 힘은 공공적이고 정치적인 차원들이 구조적인 기술, 위상기하학적 해석, 그리고 기반시설의 계획들과 교차되는 집중된 복합적 접속점"(공간 vol.442, 2004.09, p.59)과 같은 역할을 수행한다. 따라서 오늘날 건축적 과제는 현재의 징후들에서 발견되는 액상liquidity과 이동성mobility을 인식하고 이것들을 건축적 어휘로 재정의하는 것이다. 베르켈은 카스텔이 언급한 것처럼 디지털 글로벌 네트워크 사회의 유동적인 힘들에서 생성되는 '액상의 건축' liquid architecture을 제시한다. 그가 주장하는 액상의 건축은 현대사회의 시간과 공간의 본질에 대한 새로운 이해의 확장과 새로운 디지털 프로세스의 도입으로 가능해진 비표준 건축non standard architecture이라는 특성을 지닌다.(주23)

그러므로 베르켈은 오늘날 "건축가란 힘의 정책가가 아니라 거대하고 복합적인 생산 프로세스와 청중들을 가지고 있는 예술가와 같다"(Ben van Berkel & Carloine Bos, 2006, p.12)고 주장하였다. 그는 장인적 성격의 기존 건축가의 개념은 공공 과학자public scientist라는 건축가의 개념으로 대체되어야 한다고 강조한다. 공공 과학자로서의 건축가는 다양한 분야의 전문가들과의 네트워크 공동작업을 기반으로 도시계획, 도로, 교량, 그리고 다양한 프로그램을 조합하는 공공의 프로젝트와 사회 - 정치적 전략들과 관련된 공공의 삶을 구성하기 위한 아이디어들에 대해 통합적으로 접근한다. 이를 위해서 새로운 디지털 기술을 활용하고 네트워크 실무작업을 수행하는 '네트워크 건축가' 로의 역할을 수행해야 할 것이라고 베르켈은 예견하고 있다. 왜냐하면 미래 사회에서 건축가는 특정한 시각화 기술을 개발하고, 가상적이고 물질적인 조직적 구조들에 대해 재검토하고, 공공의 공간과 공공의 힘 그리고 공공의 상상력에 관여하는 것 등을 포괄적으로 수행하여야 하기 때문이다.

그러므로 베르켈은 액상의 건축을 포괄적 디자인inclusive design원리에서 출발한다. 그는 건축 프로젝트에서 기반시설, 도시계획, 건설, 다양한 프로그램이 조합된 공공의 프로젝트와 공공정책 등에 대한 통합적 접근으로 포괄성inclusiveness과 심층 플래닝deep planning의 개념을 제안하였다.

"우리가 포괄적 건축이라 부른 것은 다음과 같다: 그것은 건축의 광범한 모든 측면들을 고려하는 비위계적, 복합적, 생성적, 그리고 통합적인 디자인 프로세스를 말한다. 엔지니어링, 어바니즘, 그리고 기반시설 분야에서의 변화가 건축의 가장 중요한 매개변수의 일부를 형성한다. 이러한 분야들은 하나의 프로젝트에서 동시발생적으로 존재한다..... 건축, 공학, 이동, 공공의 삶과 사적인 상상 사이의 교류에 있어서, 중요한 것은 물질적 구성이 아니라 구성 요소들 간의 관계적 질서relative order이다. 프로젝트의 새로운 통합적 시각화는 상상력을 자극하여 단순한 구조물로부터 조직화에 끼치는 공간적 효과로의 전환 작업을 가능하게 한다. 통합적인 프로젝트는 물질적 및 비물질적 차원에서 의미의 층위들을 조합하여 통합적으로 조직화하는 작업이다."(Ben van Berkel & Carloine Bos, 공간 vol.442, 2004.09, p.56)

도1-69.
벤 반 베르켈, 산업시대의 어반 플래닝과 시간-기반 플래닝의 도식 (출전 : Ben van Berkel, 2006)

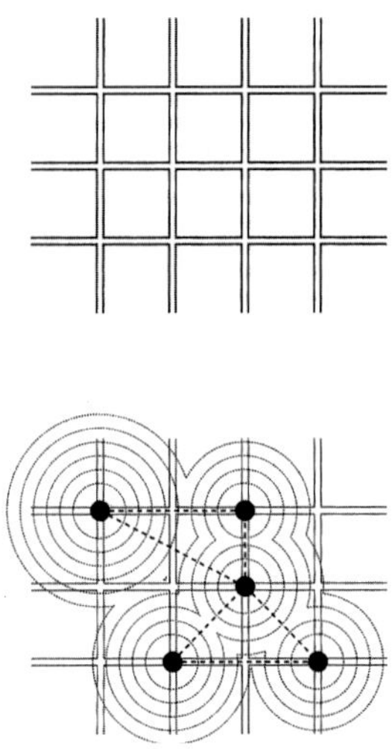

베르켈에 따르면, 포괄성의 개념은 구조, 동선, 프로그램의 배분 등 3가지 지점들이 중첩되도록 처리되는 통합적 디자인 접근과 관련된 것이다. 이런 접근방식에서는 개별적인 구조적, 프로그램적, 동선적인 층위들은 존재하지 않으므로 개별적 차원에서 생각하기보다 차이를 통합하는 방식으로 조직을 구성하는 것이 요구된다. 심층 플래닝은 현대도시에서 시간을 공유하고 흐름을 통해 작동하는 사회적 실무행위를 물질로 조직화하는 작업에 기반을 두고 있다. 따라서 심층 플래닝은 지속적인 시간적 조건들의 실제 상황에서 위상기하학적 구조로 여러 층위들의 흐름과 상호작용이 발생하는 도시계획에서 공공의 삶을 재활성화하는 새로운 추상적인 개념을 제안하는 것' (Tom Avermaete, 2009, (eds.) p.438)을 의미한다. 이 때문에 심층 플래닝은 "시간-기반 플래닝time-based plannig" (Ben van Berkel & Caroline Bos, 2006, p.314)의 성격을 띤다. 따라서 이 시간-기반 심층 플래닝은 변형모델로서 장소location에 대한 이미지를 제공해 주기 때문에 프로그램, 거리, 공공의 접근, 매력적 요인 등과 같이 개발 잠재력을 지닌 요인들의 관계를 파악하는 데 유용하다.(도1-69)

## 다이어그램은 생각을 유발하는 도구이며, 디자인 모델은 건축적 전형이다.

베르켈은 리서치와 실험작업을 통해 프로그램을 분석하고 다이어그램과 디자인 모델을 디자인의 전략적 도구로 개발하여 왔다. 그는 오늘날 우리가 경험하는 세상의 조건들을 이해하고, 우리의 작업을 특징짓는 인자들을 도출하려고 시도하는 사람들에게 다이어그램은 필수적인 도구라고 주장한다. 여기서 베르켈은 다이어그램을 '사고를 유발하는 디자인 도구'로 정의한다. 그는 건축실무 디자인 과정에서 새로운 개념과 주제가 다이어그램으로 인해 새롭게 촉발되는 계기가 된다고 보았다. 이것은 다이어그램이 건축을 언어, 해석, 의미화로만 해석하는 데서 해방시켜주기 때문이다. 그러므로 베르켈은 용도, 시공, 형태, 또는 부지 위치 등과 관련된 여러 측면들이 확정되기 이전에, 후속적인 분석을 위해 먼저 추상적이지만 확실한 틀로 기여할 수 있는 구성적 다이어그램organizational diagram을 선택한다. 그의 표현처럼 구성적 다이어그램 기법은 "프로세스 지향적이고 개념적"이다. 이 때문에 그는 "다이어그램의 선택보다는 그것을 도구화"하는 측면, 즉 다이어그램에서 무엇을 발견하고 또 그것으로 무엇을 할 수 있느냐의 여부가 중요하다고 강조한다.

> "초창기에서 1990년 중반까지, 처음부터 우리는 다이어그램을 주로 중재자의 형태로 생각하였다: 그것은 객체와 주체 사이에서, 외부적으로 '발견된' 요소로 하나의 프로젝트에 다른 주제들을 도입하기 위해 사용될 수 있다. 다이어그램의 역할은 (비록 그것이 아직은 완전하게 합리화되고 개념적인 잠재성의 상태는 아니라 할지라도) 도상학적이거나 은유적이며 재현적인 것보다는 오히려 아이디어를 발생시키고, 순수하게 구성적인 그 무엇에서 영감을 발견하기 위한 것이었다. 우리가 살펴보건데, 여기서 주된 요구조건은 기존의 유형학을 탈피하려는 것인데 그 이유는 '독창적'이 되고자 하는 필요성 때문이 아니라 그러한 유형학은 더 이상 현대사회의 요구와 상황에 적절한 해결책을 제공해 주지 못한다고 느꼈기 때문이었다."(Ben van Berkel & Caroline Bos, 2006, p.15)

베르켈이 언급한 것처럼, 다이어그램은 실제로 한 장소에서 일어나고 있는 정보를 압축하고 있기 때문에(주24) 기존의 형태적 유형학에서 탈피하여 복합적인 기능을 가진 유동적 공간의 변화와 흐름을 파악하고 접근하는 데 유용하다. 따라서 실무행위에서 기존의 다이어그램이 적절하지 못한 경우 새로운 다이어그램을 만들어야한다고 그는 강조한다. 이러한 이유로 베르켈은 "도시구조를 이동성의 부지로, 프로그램을 공공 접근의 장소로 재정의하는 다이어그램" (Ben van Berkel & Caroline Bos, 2006, p.15)을 지속적으로 제안하여 왔다.

보스와 공동 저술한『건축, 어바니즘, 인프라스트럭쳐 디자인 모델 *Design Models Architecture Urbanism Infrastructure*, 2006)』에서, 베르켈은 디지털 혁명의 시대에 건축가들이 새로운 방식으로 건축에 접근할 수 있는 방법으로 디자인 모델design model(주25)을 제시하고 있다. 여기서 그는 디자인을 건축가의 경험이나 개인적인 비전에 근거해 생산되는 개별적인 프로젝트나 건물로 보는 대신에 일련의 프로젝트를 생성할 수 있는 모델의 관점에서 고찰한다. 그는 여러 다이어그램들을 오랫동안 재사용하면서 특정 다이어그램의 반복을 통해 유형화된 디자인 모델은 창의성을 확장하는 데 기여한다는 사실을 발견하였다. 베르켈은 어떤 다이어그램은 조작되어 다른 방식으로 적용가능하다는 사실에 주목하여 건축을 "조합의 기술an art of combinatorials" (Ben van Berkel & Caroline Bos, 2006, p.11)로 간주한다.

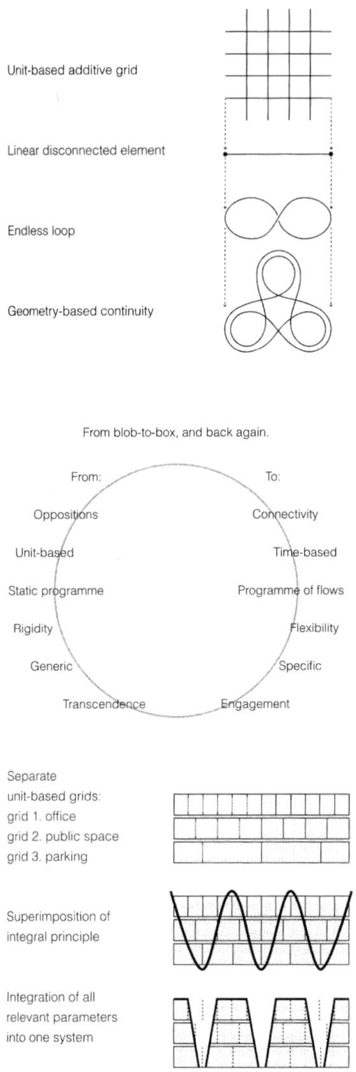


도1-70a, b, c
벤 반 베르켈, 수학적 모델의 개념 도식

블럽-박스모델의 개념 도식

V-모델의 개념 도식
(출전 : Ben van Berkel, 2006)

> "이러한 다이어그램을 점차적으로 특별한 버전으로 재현하는 작업은 우리가 이것들을 새로운 방식으로 생각하도록 자극해 왔다; 반복은 전적으로 새로운 가능성을 열어주는 데 유용하였다. 일회용 다이어그램은 다양한 프로젝트에 상이한 방식으로 적용가능한 기본적인 '디자인 모델'로 계속적으로 확장되었다. 동일한 디자인 모델을 사용하는 것이 결코 동일한 프로젝트를 만들지는 않는다. 다이어그램에서 디자인 모델로의 전환diagram - turned - design - models은 상당히 추상화된 상태이지만, 이것은 전적으로 옵션과 변형의 목록으로 작업해 가면서 더 발전된 디자인 개념으로 만들어지며, 최종적으로는 독특한 프로젝트로 완결된다." (Ben van Berkel & Caroline Bos, 2006, p.15)

여기서 베르켈은 3가지 유형의 디자인 모델로 수학적 모델mathematical

model, 블럽-박스 모델Blob-to box model, V-모델V-model(주26) 등을 제안한다.(도1-70a, b, c) 그는 이러한 디자인 모델은 "건축적 전형과 같은 도구로서, 다양한 사고의 변형을 요구하는 곳에 적용가능하다" (Ben van Berkel & Caroline Bos, 2006, p.26)고 강조한다.

베르켈(Ben van Berkel & Caroline Bos, 2006, pp.18 - 19)에 따르면, "디자인 모델은 조직적 또는 구성적인 원리들의 패키지" 이며, "이미지 기반 모델image-based model" 이다. 따라서 디자인 모델은 결코 압축된 상태가 아니라 전환 모델translation model의 형태로 생각될 수 있다. 그것은 다양한 요소들간의 상호작용을 보여주는 매개변수의 목록을 가진, 구성적인 계획schemes 또는 매트릭스를 포함한다. 이 디자인 모델은 구조와 구성의 다른 형태들에 영향을 미치고 상호연계되면서 점점 더 현실화되어 프로젝트에 기여한다. 그러므로 디자인 모델은 디자이너에게 하나의 중요한 패러다임을 제공하기 보다는 오히려 여러 요소들을 통합하는 역할을 한다. 그것은 표면이나 접힘fold을 설명하지 않으며, 실현된 건축 작품의 실제적인 인자들을 통합하는 개념을 도구화하는 데 기여한다. 여기에는 루팅routing(컴퓨터로 router에 의한 최적 경로선택을 의미), 시공, 예산, 프로그램, 방향 뿐만 아니라 그 자신의 추진원리 등을 통합하고 있는 복합성이 함축되어 있기 때문이다. 따라서 디자인 모델은 다양한 상황과 프로젝트에서 진행되면서 보완되어가는 전형적prototypical인 속성을 지닌다는 것이다.

**뫼비우스 하우스**(Möbius House, Het Gooi, The Netherlands, 1993-1999)(도1-71a, b, c, d)는 베르켈이 뫼비우스의 띠라는 추상적인 수학적 다이어그램을 적용하여 독특한 구조의 공간을 만든 작품이다. 여기서 서로 다른 시간대의 삶을 영위하는 거주자의 다양한 행위를 개념화하여 시간-공간적 차원을 갖는 다이어그램은 시간의 분배와 프로그램의 내적인 조정 작업뿐만 아니라, 상호 교차되어 꼬인 선들에 따라 유리와 콘트리트로 된 주 재료가 위치를 바꾸어가며 전개되는 이미지를 상징한다. 또한 뫼비우스라는 공간적 띠loop는 4개의 영역으로 나누어진 대지의 특성과 낮게 드리워진 주택의 윤곽선을 만들어내면서 주택에 극적인 랜드스케이프의 형상을 부여한다. 따라서 거주자는 마치 주택 내부에서 전원 속의 대지를 걷는 듯한 내부공간을 경험하게 된다. 베르켈은 **아른헴 센트럴 역사**(Arnhem Central, Arnhem, The Netherlands, 1996-2007)(도1-72a, b)에서 다이어그램 기법과 심층 플래닝을 적용한 포괄적 건축의 접근방식을 적용하였다. 여기서 그는 도시 인프라시설과 보행자의 흐름에 대해 수행한 리서치 데이터에 뫼비우스 띠의 3차원 변형물인 클라인 병klein bottle이라는 수학적 다이어그램을 적용하여 보행자 이동(흐름), 운송시스템, 빛, 건설, 프로그램의 분배 등이 융합된 연속적인 랜드스케이프를 만들어냈다.

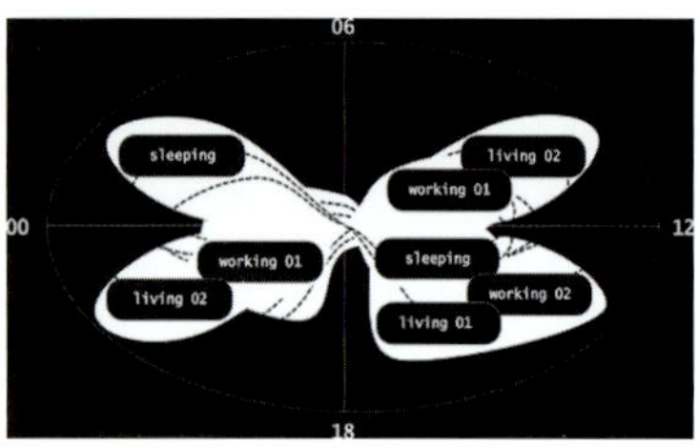


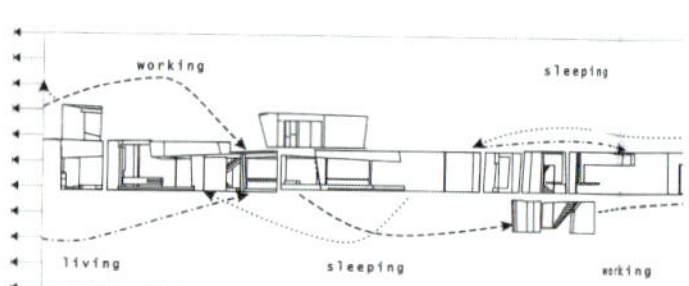


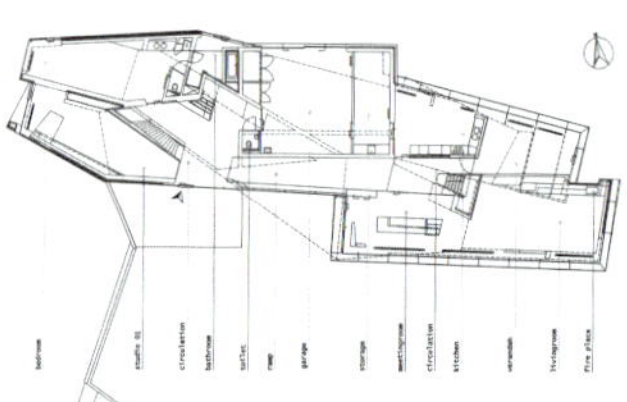

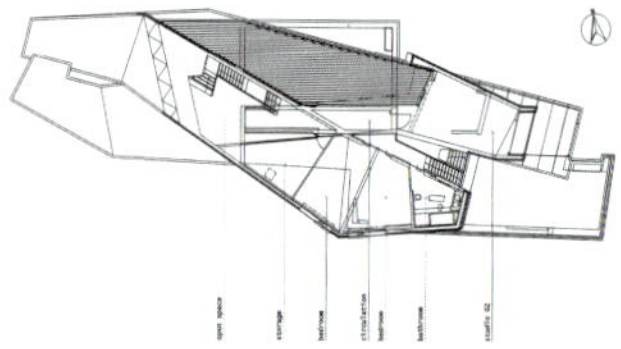

도1-71a, b, c, d
벤 반 베르켈, 뫼비우스 하우스, 헤트 구이, 네덜란드, 1993-1999

도1-72a, b
벤 반 베르켈, 아른헴 센트럴 역사, 아른헴, 네덜란드, 1996-2007

여기서 V형상의 수직적 경사구조(V - 모델)는 주차장, 사무실, 공공 공간의 유형학을 함께 융합하기 위한 모핑morphing 기법으로 사용되었으며, 서로 다른 일련의 프로그램들을 개별적인 그리드와 함께 적층한다는 주제를 보여주고 있다.

## 건축의 이미지image는 시간의 변화 속에서 새로운 응시를 창조해야 한다

베르켈은 초창기부터 건축의 이미지를 시간과 관련된 변형의 주제로 인식하였다. 따라서 그는 새롭고 흥미로우며 의미있는 건축의 이미지를 만들기 위해 시간의 차원을 통합하는 방식에 관심을 보여왔다. 그는 "건축의 역할은 우리 자신을, 그리고 주변의 세계를 새로운 방식으로 응시하도록 하는 것"(Ben van Berkel & Caroline Bos, 2006, p.371)이라고 강조한다. 이것은 사고와 이미지를 자극하여 사람들을 위해 조성된 장소에 유도하는 역할을 하는 것을 의미한다. 마치 건물에 옷을 입히듯이, 재료의 실험을 통해서 새로운 이미지의 시각적인 잔상after image효과를 만들기 위해서는 '외피skin를 단순한 표피가 아니라 건축을 시각적으로 경험시키는 새로운 이미지를 만들어내는 창작물로 인식하는 것' 에서 출발해야 한다고 그는 강조한다. 베르켈은 새로운 이미지와 아이콘icon이 지배하는 현대사회에서, 유동적이고 일시적인 예상 밖의 생소한 이미지는 관찰자가 건물을 본 이후에도 오랫 동안 지속되는 "지각, 기억, 사고로 구성된 미완의 내러티브"라고 생각한다. 따라서 그는 사진처럼 조작적이고 일차원적인 정지된 이미지보다는 동영상 갤러리와 변화무쌍한 만화경같이 진보적이고 비가시적인 이미지, 즉 잔상효과를 탐구한다.

도1-73
벤 반 베르켈, 포괄적 원리를 보여주는 manimal의 이미지 (출전 : Ben van Berkel, 2006)

베르켈은 새 것을 추구하는 현대사회에서 새로움이 갖는 일시성, 그리고 지속성의 효과는 시간-기반 아이콘time-based icon의 의미와 관련된 것이라고 주장한다. 그는 모든 유용한 형태가 진부하게 되는 것은 시간의 경과에서 발생하기 때문에, 결국 남게 되는 것은 건물의 침묵적인 잔상뿐이라고 보았다. 따라서 '건축의 지각에서 시간의 역할'과 '사람들이 건물을 통과할 때 시각적 의미가 전개되도록 층층으로 배열하는 방식'을 탐구하는 것은 그에게 중요한 과제이다. 이것은 복잡해 보이지는 않지만 풍부한 공간적 및 시각적인 경험, 긍정적인 잔상효과, 유용한 그림자 등을 어떻게 만들 것인지 하는 문제이다. 베르켈이 강렬한 시각적 이미지가 만들어내는 잔상효과를 시간과 이동, 그리고 재료의 물성적 효과라는 측면에서 다양하게 실험하는 것은 이러한 이유 때문이다.(주27) 그는 이미지를 탐구하고 구성하여 변위, 변화가능성, 의미화, 감각 등의 원천으로서 이미지가 지닌 가능성을 탐구한다. 이러한 작업은 "구조, 공간성, 시각이라는 개개 이미지의 논리를 강화하는 작업을 통해서 예상치 못한 다수의 잔상을 만들어내는 것"(Ben van Berkel & Caroline Bos, 2006, p.379)에서 출발하는 것이 필요하다고 그는 강조한다.

그러므로 베르켈은 이미지를 구성하는 다양한 유형들을 조합하여 감각을 강화시키는 방법을 제안하여 왔다. 그는 여러 주제(테마)들을 확대 해석하여 서로 연결시키는 작업으로 얻어지는 이미지 유형인 '혼성된 이미지의 확장', 디자인 모델이나 V-모델처럼 구조와 시간에 관련된 이미지 유형인 '구조 시간 이미지structure time images', 그리고 여러 주제들을 확대 해석하여 서로 연결시켜 얻어지는 이미지 유형인 '미래의 움직임 이미지' 등 다양한 이미지의 유형들을 제시한다. 여기서 '혼성된 이미지 확장'의 예는 사람의 얼굴에 동물의 이미지를 혼합하여 디지털로 생성한 **매니멀**manimal의 경우처럼, 혼성화가 지각적 긴장감과 낯설음에 미치는 영향을 보여준다.(도1-73) 여기서 매니멀 이미지는 인간성이 제거되었지만 여전히 인간의 얼굴로 인식가능하다. 또 그것은 본질이 없는 순수한 이미지 구성으로 그 자체가 겉모습, 정체성, 형태 등 다양하게 변형될 수가 있어 모든 종류의 투사를 위한 표면이 된다. 이 점에서 베르켈은 "건축의 구성 개념은 이것이 우리에게 말을 걸면서 내적, 외적인 사건들에 대응하여 계속적으로 변하지만 여전히 사전에 결정되지 않은 내러티브를 지니고 있다는 점에서 마치 얼굴과 같다"(Ben van Berkel & Caroline Bos, 2006, p.377)고 주장한다. '구조 시간 이미지'의 예는 뫼비우스의 띠와 클레인 병과 같이 착시적인 수학적 구조를 사용하여 눈과 뇌를 자극하는 변화무쌍한 공간을 실현하는 경우이다. 이러한 이미지는 동시에 서로 다른 지속성을 갖는 용도의 공간들을 혼합하는 데 도움이 된다. '미래의 움직임 이미지'는 건축의 여러 요소들을 조합하고 공상figment의 개념을 사용하여 강력한 상상의 실체처럼 인식되는 공상의 건축 세계를 만드는 데 기여하는 이미지이다.

베르켈은 **라 데팡스 오피스**(Office La Defense, Almere, The Netherlands, 1999 - 2004)(도1-74a, b, c)의 다채색으로 구성된 중정의 파사드에서 이동(움직임), 빛, 반사, 교차반사의 조합으로 인해 계속적으로 변화하는 장면들로 감각적 경험을 강화하는 복합적인 이미지의 잔상효과를 만들어냈다. 여기서 9가지 색깔로 변하는 금속재 외관은 빗살무늬의 색 그림자를 연출하여 마치 건물이 끊임없이 빛을 반사하는 것 같은 인상을 주고 있다. 베르켈은 "이 건물의 외관은 입사각에 따라 노란색에서 푸른색, 붉은색으로 변하기도하고 보라색에서 녹색을 띠었다가 다시 사라진다"고 설명한다. 라 데팡스 오피스에서 시도한 채색공간과 잔상의 효과에 대한 관심은 서울 압구정

도1-74a, b, c
벤 반 베르켈, 라 데팡스 오피스, 알메레, 네덜란드, 1999-2004

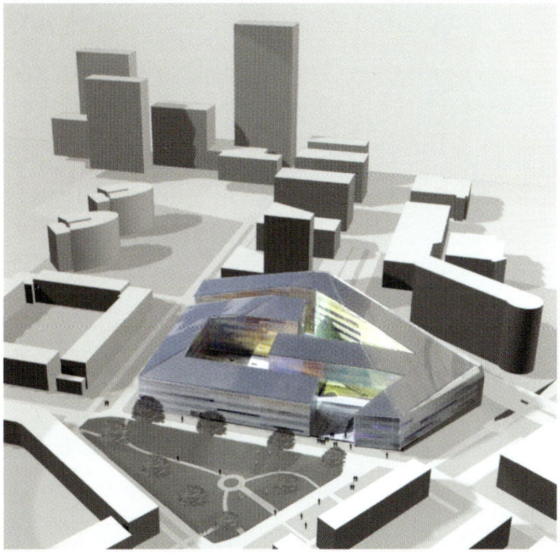

도1-75a, b
벤 반 베르켈, 한화 갤러리아 백화점, 서울, 2003-2004 / 천안, 2008-2010

동 **한화 갤러리아 백화점 리노베이션**(서관, 2003 - 2004), **천안 한화 갤러리아 백화점**(2008-2010)**(도1-75a, b)**에서 빛에 반응하는 LED로 활성화된 색의 디스플레이로 전환되어 픽셀화한 영상 이미지로 나타난다.

**신 메르세데스 벤츠 뮤지엄**(New Mercedes - Benz Museum, Stuttgart, Germany, 2001 - 2006)(1 - 76a, b, c, d, e)에서, 베르켈은 뫼비우스 다이어그램 구조를 입체적으로 확장한 삼엽형trefoil 구조를 적용하여 이중의 나선구

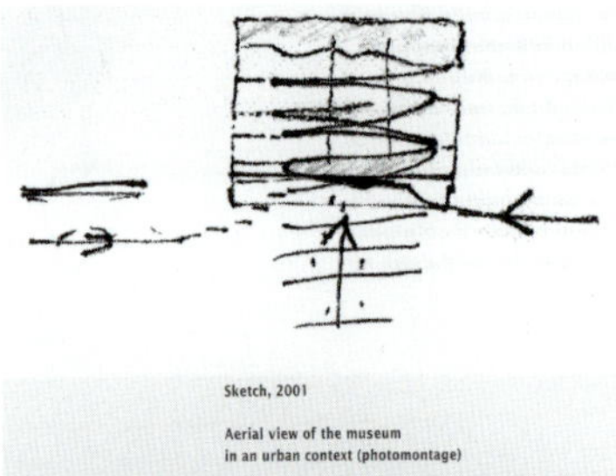


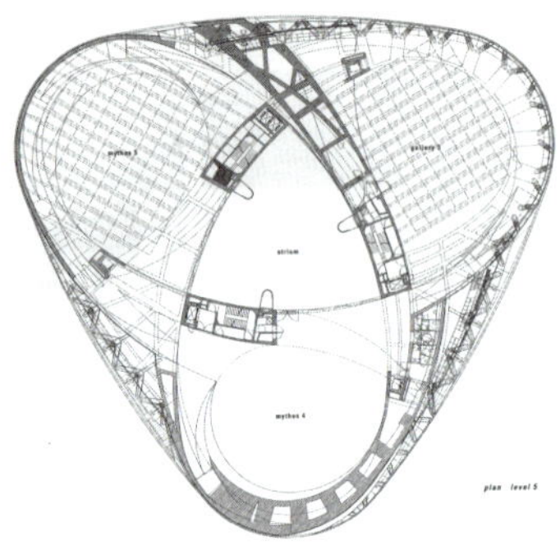

도1-76a, b, c, d. e
벤 반 베르켈, 뉴 메르세데스 벤츠 뮤지엄,
스튜트가르트, 독일, 2001-2006

조처럼 독창적인 형상의 새로운 전시공간을 만들었다. 여기서 3개의 중첩된 원을 갖는 평면의 기하학 구성에서 사선으로 가로지르면서 절단된 공간을 갖는 연속적인 볼륨의 디자인 모델은 방문객들이 건물을 가로질러 배회함에 따라 예상치 못한 공간성의 감각과 시퀀스의 감각을 강화시켜 주고 있다. 방문객들은 (라이트가 설계한 구겐하임 미술관의 램프구조처럼) 8층의 꼭대기에서 시작하는 두 개의 나선형 램프에서 시작하여 위에서 아래로

이동하며 관람하도록 되어 있다. 이처럼 층간 구별이 없고 벽과 바닥의 경계가 없는 구성은 흥미로운 공간적 배열을 생성할 뿐만 아니라, 여러 틈새로 볼 수 있는 다양한 볼거리(옵션), 지름길, 닫힌 공간과 열린 공간, 다양한 디스플레이의 연속적 관람이 가능해 서로 비교할 수 있는 기회를 제공한다. **뉴 올리언즈 미디어박물관**(Mediatheque Newer Orleans, 2005)(도1-77a, b)에서 베르켈은 추상적인 다이어그램 모델 대신 역사적인 원형 형태인 지구랏ziggurat의 수직적 적층 원리를 차용하여, 이것을 도시 공공기관의 다양한 공공 및 사적인 프로그램을 조합하기 위한 디자인 모델로 변형한 작품을 제안하였다. 여기서 다양하게 주제화된 랜드스케이프의 대지plateaus(臺地)를 건물 안에 도입하여 조성한 수직적인 공공 정원의 개념, 그리고 태양이 비치거나 음영이 풍부한 환경, 개방적이거나 폐쇄적인 환경, 톱니모양의 윤곽형상이거나 입면이 부드러운 형상 등 생태학적 요소들이 건물 내부에 다시 도입되었다.

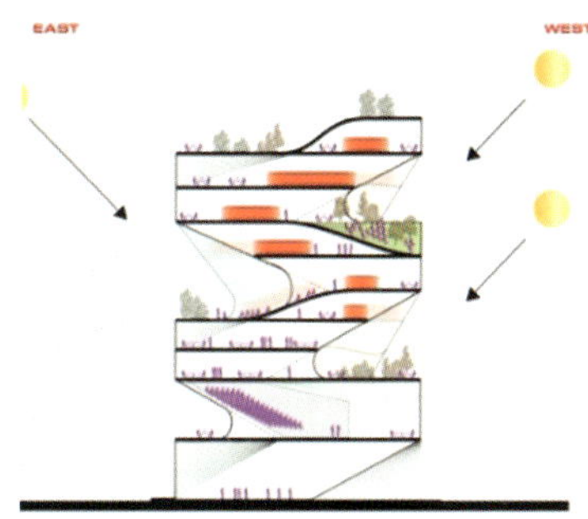

도1-77a, b
벤 반 베르켈, 뉴 올리언즈 미디어 박물관, 2005

## 공원으로서의 건축 탐구 : 카즈요 세지마

### 건축은 시대의 리얼리티reality에 근거하여 새로운 가능성을 찾는 것이다.

SANNA를 니시자와(Ryue Nishizawa, 1966- )와 공동 운영하고 있는 세지마(Kazuyo Sejima, 1956- )는 현대 사회를 구성하는 리얼리티를 프로그램 측면에서 해석하여 다이어그램 건축diagram architecture을 탐구해온 건축가이다. 세지마는 현대 사회의 익명적이고 평범한 개개인의 획일성과 삶의 다양성을 감추기 보다는 드러내는 방식을 통해서 이것들에 새로운 의미를 부여하려고 시도한다. 그녀는 건축은 건축만이 담당할 수 있는 기능을 수행하는 데, 이러한 기능은 사람들이 자신들의 일상적 삶을 영위해 가는 방식과 밀접하게 얽히어 있다고 주장한다. 따라서 세지마는 건물이란 구조에 의해서 미리 전제된 일상의 활동들을 추상적으로 기술하기 위해 사용되는 '공간의 다이어그램'과 동등하다고 인식한다.

세지마는 건물이 지녀야 할 기능적 조건들을 최종적인 공간의 다이어그램으로 배열하고 이것을 실체로 변환하는 작업을 하는 데 있어서 플래닝planning이라는 관습적인 프로세스를 따르지 않는다. 오히려 그녀는 현대 사회의 소비지향적인 삶의 방식을 관찰하여 얻은 자신만의 독특한 공간의 다이어그램에 의존하고 있다. 이러한 태도는 현대 사회에 견고하게 뿌리박고 살아가는 동시대의 한사람으로서 세지마 자신이 인식하고 있는 리얼리티에 근거하여 새로운 가능성을 찾으려는 강한 욕망을 반영한다.

> "나는 다양한 요소들이 동질화되어 있는 사회에서 살고 있다. 만일, 내가 나의 건축에서 독특하고 예외적인 요소들로 고정화하려고 한다면 그것은 상당히 모순이 될 것이다. 나는 동질적인 공간에 주목하여 시작하는 데, 다양한 기능들이 이 공간에 할당된다. 나는 요소들을 플롯의 형상과 같은 것으로, 건축주의 바람을 사회시스템의 실질적 구성요소로 분류하는 경향이 있다. 이러한 방식으로 나는 사회적인 이슈를 다룬다. 나는 사회로부터 첫 단서를 취한다. 그러나 거기에서 시작하여 나는 자신의 아이디어와 새로운 발견을 얻으려고 전력을 다한다… 내 건축을 단순히 다양한 사회적 제약요소들을 드러내는 장치로 보는 것은 그것들의 존재를 구체화하는 것에 불과한 것이다. 그 대신에 나는 우리가 사회나 문화에 대해 보다 깊이 인식할 수 있는 장치로서의 건축을 찾고 있다."(Kazuyo Sejima, EL Croquis vol.77+99 / 121/122, 2004, p.26)

그러므로 세지마는 현대사회 시스템을 드러내는 것을 넘어 이것을 긍정적으로 수용하여 새로운 가능성을 창조하려고 시도해 왔다. 무엇보다도 세지마는 자신의 작품에 비-위계적 관계의 질서non-hierarchical relation orders를 중요한 개념으로 설정한다. 여기서 비-위계적 관계의 질서는 각 영역이 그 주변의 영역과 상호관계를 맺는 방식을 의미한다. 이것은 등가-전략iso-strategy이라는 동질화 수법에 근거하여 건물에 존재하는 전통적인 위계구조를 제거하고 파괴하려는 행위이기도 하다. 비-위계적 관계의 질서라는 관점에서 건물 내부의 통행로와 다른 공간들을 동질적인 하나의 유닛unit으로 간주하는 방법은 프로그램과 공간 사이의 관계를 매우 유동적으로 재구성하는 계기가 되기 때문이다. 이러한 관계의 질서는 인간의 내적인 수정행위를 반영하기 때문에, 거주자와 방문자에게 자유롭게 통행로, 공간적 기능, 파티션(간막이벽) 등을 선택하는 자유성을 부여한다. 주어진 프로그램과 위계로부터 벗어나려는 세지마의 이러한 태도는 모든 요소들을 동등하게 취급하려는 그녀의 디자인 방법으로 나타난다. 모레노와 그린다(Christina Diaz Morenno & Efrén Garcia Grinda)는 이러한 개념은 프로그램 측면에서 "기능의 요소들과 구조를 무수히 많은 '동등한 요소' 들로 해체하고 개별화하는 방식, 이들 각각이 독립성을 유지하는 방식, 이러한 공간적 요소들을 동질화하는 프로세스, 특정한 프로그램에 예속되는 것으로부터의 분리, 그리고 무한한 작업행위를 통해서 다양한 프로그램을 포함시킬 수 있는 가능성"(EL Croquis vol.77+99/121/122, 2004, p.373) 등을 의미한다고 지적한다.

세지마는 프로그램에서 발생하는 비-위계적 관계의 질서에 기초하여 자신의 작품에서 보여지는 추상성과 단순화의 아이디어를 발전시켜 왔다. 모든 것을 등가(等價)의 상태를 만들어내는 것이 목적인 등가-전략의 결과는 추상화와 단순화로 귀결되어 나타난다. 세지마의 작품에서 발견되는 추상적 공간은 정보와 테크놀러지 지향적인 현대도시 라이프스타일의 리얼리티를 결정하고 이것을 자신의 평면plan으로 전환한 작업의 결과이다. 이점에서 평면은 실제적인 것에 대해 사고하는 세지마의 현실적인 세계관과 프로그램을 해석하고 배치하는 과정을 반영한다. 이토(Toyo Itto)는, 세지마가 자신만의 평면을 창조하는 이러한 방법은 "창조하고자 하는 개인적 욕망과 현실 속에 자유롭게 이식된 물리적인 존재로부터 나온 것"(EL Croquis vol.77+99/121/122, 2004, p.333)이라고 지적한다. 그것은 이데올로기가 부재한 사회에서 리얼리티를 구현하고 표상하는 평면으로 디자인 하려는 욕망의 표현이며, 그 자체가 현실에 대한 또 하나의 비평적 입장을 보여주는 것에 다름 아니라는 것이다.

그러므로 세지마는 프로그램, 공간, 외부의 새로운 관계를 재설정하기 위해서 주어진 프로그램을 인습적인 방식으로 해석하는 것을 거부한다. 그녀는 모든 작업을 보편적 프로세스를 통해 이루어지는 평면에서 시작한다. 세지마는 단순하지만 추상적이고 비결정적이며 다분히 유동적이어서 실제로는 매우 복잡한 평면을 정방형 상자와 같은 형태 안에서 만들어내고 있다. 그녀는 이것을 많은 틈새를 지닌 분할되지 않은 공간들, 중정에서 머리 위로 직접 볼 수 있는 하늘을 포함하고 있는 단순한 그래픽에서 이끌어낸다. 헤세가와(Yuko Hesegawa)는 세지마가 이러한 평면을 통해서 창조하고자 하는 건축은 "건물이 일시적인지 영속적인지의 여부를 구분하기 어려운 건물"이며, "먹고 쉬고 자는 활동과 같은 인간 행위를 별개의 기능요소들이 아니라 서로 관련된 일련의 행위로 이해하는 건축"이자 또한 "구조, 복도, 기능의 분산을 하나의 큰 공간에서 순환시킨다는 아이디어에 이르는 건축"(EL Croquis vol.77+99/121/122, 2004, pp.337-339)이라고 지적하고 있다. 세지마의 이러한 접근방식은 '프로그램을 해석하는 기존의 관행적인 방법론에서 자유로와지려고 할 뿐만 아니라, 프로그램을 소거하는 공간을 창조하려고 시도한다는 점에서 다분히 아방가르드적'이라는 것이다.

세지마에게 있어서 "디자인은 연속적인 발견의 과정"을 의미한다. 그녀는 프로젝트를 사전에 결정된 방법이나 목표, 공간 이미지없이 출발하는 상당히 개방적인 태도로 접근한다. 따라서 미리 정해진 프로그램에 따라 탐구주제를 선정하기보다는 자신에게 주어진 모든 요구조건과 미확정된 변수들을 신중하게 고려하여 여러 대안들을 검토하는 프로세스를 통해 새로운 가능성을 탐구하는 방식을 더 선호한다. 그녀는 기능을 명료하게 규정하는 작업을 통해서 각 프로젝트의 본질적인 관계를 확실하게 설정하는 디자인 프로세스를 강조한다. 특히 세지마는 초기설계 단계에서 상이한 구성요소들 안에 존재하는 다양한 관계를 명료하게 해석하여 이것을 인간의 이동(움직임)을 고려한 플래닝planning으로 시각화하고 있다. 이 점을 세지마는 다음과 같이 언급한다.

> "비록 드로잉이 직선적이고 단순하게 나타난다 할지라도, 그것은 실제로 도면 상에 나타난 동일한 형태의 구조물로 전환되지는 않을 것이다. 도면상에 평면을 스케치하는 것은 사람에게 명료성이라는 환영(착시)을 제공한다. 그러나 순전한 이미지의 맥락을 나의 통제를 넘어서는 외적 요소가 존재하는 리얼리티로 전환하는 작업은 건축을 실제적으로 구조물로서 현실화하는 작업에 존재한다는 사실이다. 나는 또한 건물이 완성된 이후에 사람들이 그것에 부여하는 용도가 무엇인지에 대해 고려하고 있다. 사람들이 하나의 주어진 건축공간 안에서 다양한 이동(움직임)을 수행한다는 것은 사실이다. 나는 그러한 이동이 취하게 될 다양한 형태들에 대해 생각하려고 노력한다..."
> (Kazuyo Sejima, EL Croquis vol.77+99/121/122, 2004, p.23)

그러므로 세지마의 작품에서 공간에 대한 신체적 관계의 독특한 경험은 추상적인 공간

형식과 모델에 순수하게 존재하는 그 무엇에서 경험되어지는 것을 전제로 하고 있다. 이것은 사람들이 건물에서 경험하는 방식을 보여주려는 것이다. 세지마는 이러한 작업을 건축주의 의견을 청취하고 끊임없는 조사연구와 다양한 모델들을 무수히 만들어 여러 대안들을 검토하는 프로세스를 통해 진행한다. 그녀는 단순한 것에서 시작하여 복잡한 것에 이르는 일반적인 과정과는 달리 매우 복잡한 것에서 시작한다. 그러나 논리와 직관을 병행하여 점차로 개념을 단순화해 가는 작업을 선호한다. 그녀가 디지털 컴퓨터를 드로잉과 다이어그램을 만드는 데 사용하고는 있지만, 무엇보다도 물리적인 모델을 판단이나 문제해결을 위한 최상의 방법으로 간주하고 있다.(이 점에서 세지마의 작업방식은 드로잉과 모델링 작업으로 여러 대안을 탐구하고, 이것을 건축주와의 의사소통의 도구로 삼는 프랭크 게리와 유사하다. 이에 대해서는 2권의 04를 참조할 것)

세지마는 초기 작품인 **사이순칸 여자기숙사**(Saishunkan Seiyaku Women's Dormitory, Kumamoto, Japan, 1990-1991)(도1-78a, b)에서 산업화된 여성 근로자의 획일화된 현대 사회의 라이프 스타일을 다이어그램적인 평면으로 해석하여 새로운 공간구성 방식을 제시하였다. 여기서 세지마는 먹는 행위, 배설행위, 씻는 행위와 같은 기본적인 육체적 필요와 욕구 등 부차적인 영역들을 주 기능을 지닌 다른 영역처럼 동등하게 취급하여 위계가 제거된 공간 체계 안에 배치한다. 따라서 공간의 분할은 최소화되었고 균일한 방들은 획일적으로 직사각형의 상자 형상으로 배열되었다. 그러나 방문을 열면 이 공간들은 도시의 가로와 닮은 공용 공간과 유사한 것으로 전환되는 독특한 공간경험을 제공한다.

도1-78a, b
K. 세지마, 사이순칸 여자기숙사, 구마모토, 일본, 1990-1991

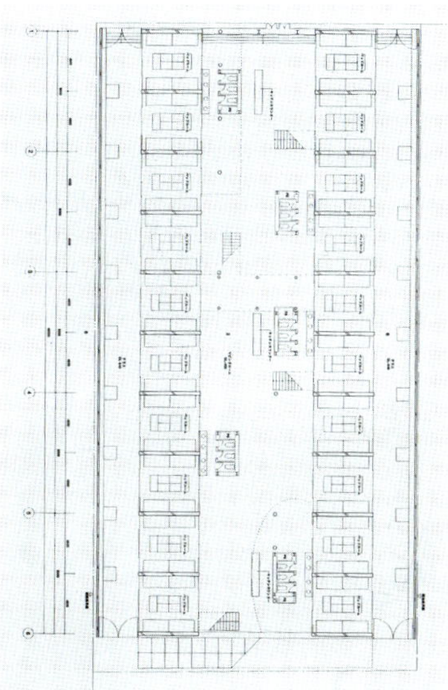

**가나자와 21세기 현대 미술관**(Kanazawa 21st Century Museum of Contemporary Art, Ishikawa, Japan, 1999-2004)(도1-79a, b, c, d)은 프로그램 해석과 다이어그램적 조직화의 원리를 적용하여 단순하면서도 독특한 공간으로 세인들의 주목을 받은 작품이다. 여기서 세지마는 "블럭플랜 도시 block plan city의 개념을 적용하여 방들이 건물 주변부로 배치되지 않고 전시공간 주변에 복도를 갖도록 한 수법"을 도입하였다. 따라서 원형의 지상 평면 안에 갤러리 공간을 중앙에 배치하고 주변부에는 강당,, 까페와 같이 커뮤니케이션을 활성화하는 기능공간을 배치하는 방식(주28)으로 공간을 구성하였다. 건물의 한 끝에서 다른 끝까지 관통하는 시각 회랑visual corrider은 개방적이고 쉽게 접근가능한 건물의 공간적 투명성을 통해서 갤러리 사이를 이동하는 사람들의 흐름을 반영하고, 방문객들이 쉽게 자신의 위치를 인지하도록 방향감각을 부여하는 장치이다. 공공영역과 미술관 영역사이에 위치해 평면 안에 삽입된 4개의 중정은 갤러리 내부공간에 빛을 유입함과 동시에 두 영역 사이를 시각적으로 연결한다. 이 중정을 통해서 방문객들은 서로를 보고, 소통하고, 타인과의 관계 속에서 자신의 위치를 이해하게 된다.

도1-79a, b, c, d
K. 세지마, 가나자와 21세기 현대 미술관, 이시가와, 일본, 1999-2004

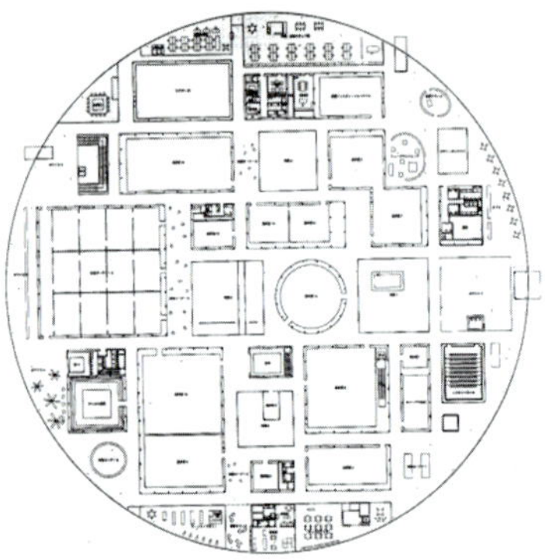

**프로그램으로 해석되는 공원으로서의 건축은 다양한 행위를 수용하기 위한 것이다.**

세지마는 오래 전부터 공적 영역과 사적 영역 사이의 상호 관계에 깊은 관심을 보여왔다. 세지마는 '공원' 이라는 메타포를 자신의 공간적 모델로 삼아 '공원으로서의 건축architectute as park' 개념을 탐구하여 왔다. 이 개념은 (건축과 자연의 공존을 강조하는 랜드스케이프 측면이 아니라) 프로그램의 측면에서 인간이 활동하는 다양한 영역들이 공존하고 상황에 따라 선택 가능성이 발생하는 공공 공간의 아이디어와 관련된 것이다. 세지마는 공원이란 대중들이 모이는 공유된 공간이며, 개별적인 그룹들이 자율적이고 독립적으로 이루어지는 장소라고 정의한다. 그것은 공적인 영역과 사적인 영역이 만나거나 느슨하게 연결되는 공간을 의미한다. 건축에 이와 같이 사람들이 즐기는 공간의 속성을 지닌 장field을 부여하는 방법은 세지마에게 지속적인 관심사이다. 이러한 장의 공간은 다양한 행위로 신체가 개입하는 침투성 있는 공간이다. 세지마는 이것을 위계가 사라지게 만드는 취약한 질서(주29)에 의해서 한정된 공간으로 인식한다.

> "... 나는 일본 공원의 개념처럼 새로운 종류의 공간, 새로운 유형의 공원을 만드는 데 관심이 있었다. 공원은 서로 다른 유형의 사람들이 한 장소에서 동시에 머무르는 것을 허용한다. 다양한 종류의 사람들과 세대들이 동일한 공간에서 함께 있는 것이 가능하다. 이에 더하여 공원에서, 당신은 더 큰 그룹에 참여할 수 있지만 동시에 어떤 사람은 독서를 하거나 음료를 마시면서 당신 곁에 홀로 남아 있을 수도 있다. 나는 그러한 감정, 공공 건물의 그러

> 한 특성을 좋아한다. 나는 이러한 종류의 공원을 만들기 원한다고 설명하여 왔다...."(Kazuyo Sejima, EL Croquis vol.77+99/121/122, 2004, p.361)

그러므로 세지마에게 "건축이란 사람, 도시, 정보 또는 미디어를 상호간 통합하는 데 기여하는 구조물로 짓는 것"(EL Croquis vol.77+99/121/122, 2004, p.25)을 의미한다. 그녀가 자신의 작품에서 인간의 이동(움직임)을 촉진시키는 다양한 통행로와 회랑 시스템을 중시하는 것은 사람들에게 다양한 행위와 선택의 가능성을 제공하려는 의도와도 무관하지 않다. 이러한 이유 때문에 세지마는 사람을 감싸버리는 건축이 아니라 자유롭게 통행할 수 있는 장소로서의 건축을 만들고자 한다. 그녀에게 있어서 공원으로서의 건축의 개념과 작품을 연결해 주는 것이 바로 공간의 개념이다.

> "개개의 공간은 비례를 지니고 있으며, 여타의 많은 것들 뿐만 아니라 인접한 공간과도 독특한 관계를 맺는다. 우리는 항상 각 공간을 친밀함의 관점에서 뿐만 아니라, 그 공간의 특성과 (당신이 가시적으로 만들거나 접근 가능하도록 만들기를 원하는) 여타의 잠재적인 영역들의 측면에서 생각하려고 한다... 그리고 이것은 각 공간의 비례와 다른 프로그램과의 관계에서 나오는 것이다."(Kazuyo Sejima, EL Croquis vol.77+99/121/122, 2004, p.361)

모레노와 그린다(Christina Diaz Morenno & Efrén Garcia Grinda)는 세지마의 건축은 "상호작용을 위한 공간"의 속성이 강하게 나타난다고 지적한다. 그것은 사회적 측면들의 재정의와 그 연계의 결합으로 행위가 촉진되는 "공공의 퍼포먼스 공간public performance space"(EL Croquis vol.77+99/121/122, 2004, p.377)이며, 건축의 관심사를 사람들과 그들의 행위에 집중하는 것이기 때문이다. 세지마는 사유하고 관찰하는 공간을 만드는 대신에, 건축의 모든 시각적인 측면들이 촉지각적 측면haptic facets의 경험을 강화하는 공간을 만들고자 한다. 여기서 추상적인 재료로 투명하게 만들어진 공간의 중성적 특질은 사람의 행위와 그들의 가치, 그리고 상호주체성 등 이러한 모든 것을 수용하기 위한 것이다. 특히 세지마의 작품에서 깊이와 그 확장으로서의 공간의 지각은 타자, 공간에서 타자의 신체의 위치에 대한 지각과 밀접하게 관련되어 있다. 이러한 공간에서는 사물의 내재성보다는 사람과 공간의 관계에서 일시적인 변화의 상태로만 규정가능한 이벤트event에 대한 지각이 주된 역할을 한다.

## 건축은 신체를 몰입케 하는 독특한 분위기atomosphere를 가져야 한다.

그러므로 세지마는 사물이 존재하는 방식과 그 확장을 통해서 '분위기'가 생산되는 방식에 주목하여 왔다.(주30) 세지마는 실제적인 건물 자체보다 건물의 물리적인 현존이 발생시킬 수 있는 분위기와 그 안에서의 변화현상에 주목한다. 그녀는 무엇보다도 건물은 주변 환경과의 관계의 측면에서, 그리고 공간의 측면에서 독특한 분위기를 지니고 있어야 한다고 강조한다.(주31) 세지마가 자신의 작품을 통해서 보여주고자 하는 것은 분위기를 생산해내는 방식에 대한 끊임없는 연구이다. 모레노와 그런다는, 세지마가 디자인 방법으로 "분위기를 가지고 작업하는 행위는 동시적인 지각, 그리고 주체와 객체 사이의 상호관계성을 모두 고려하는 것"(EL Croquis vol.77+99/121/122, 2004, p.375)과 관련되어 있다고 지적한다. 이 점에서 세지마의 작품은 공간을 체험하는 신체를 몰입케 하는 형태immersive form적 속성이 강하다는 것이다.

세지마는 공간적 및 물성적(재료의) 구성을 통해서 자연적인 현상에 대한 인공적인 경쟁상대자로 '현상을 만들어내는 장치'를 만들고자 실험하였다. 이것은 눈으로 보는 것은 어렵지만 사물들 사이에, 그리고 이러한 사물들과 신체 사이에 복잡한 관계의 시스템이 부여된 그 무엇을 만들고자 한 것이다. 여기서 지각은 또한 신체를 공간과 그 경계와의 관계 속에서 위치시키는 경험과정, 그리고 동일한 공간 안에 있는 타자들과 결합된 경험과정에 참여하게 된다.(주32) 따라서 세지마의 작품에서 경험의 연결방식으로 '공간 안에서 신체의 이동(움직임)에 대한 지각'은 매우 중요한 역할을 한다. 이러한 이유로 세지마는 '방문자들이 이동하는 공간의 시스템'에 주목한다. 또한, 세지마는 국지적 관계성이라는 공간구성 체계, 그리고 변칙적인 지각방식, 즉 깊이감과 중첩되는 정위에 대한 경험방식을 중시한다. 여기서 지각적 깊이감을 물성적 시스템으로 환원시키고, 투명한 오브제(대상)를 지각적 시퀀스에 변칙적으로 중첩시키며, 불투명한 요소들의 두께를 최소화하는 대신 투명한 부재의 두께를 증가시키고, 또한 완전히 변칙적인 치수 관계를 지닌 공간을 사용하는 방법들은 모두 관찰자를 일종의 지각 변용 상태altered state of perception로 설정하기 위한 수법들이다. 이러한 상태는 공간을 한정하는 구성요소들 사이의 정상적인 관계적 조건들을 변화시켜 얻어지는 일종의 '지각적인 동요'(EL Croquis vol.77+99/121/122, 2004, p.377)로, 이것은 타자 안에 있는 현상적 경험을 분절하는 데 영향을 끼친다는 점이다. 이처럼 타자, 그리고 시각과 관련된 이미지의 특성을 갖지 않는 추상적이고 동질적이며 중성적인 공간—도시와 자연에 대한 우리의 관계를 변화시킬 수 있는 형상없이 충만한 공간—과의 관계 안에서 자신의 신체의 지각이 연계되는 방식으로 새로운 경험을 강화하는 수법은 건축에 대한 현상학적 접근방식을 보여주는 것이다.

## 재료의 물성은 새로운 공간경험을 부여하는 도구이다

세지마는 프로그램과 다이어그램에 의한 추상적 공간구성 뿐만 아니라 물성의 지각적 효과를 통해 '공원으로서의 건축' 이라는 새로운 랜드스케이프를 만들어내는 작품들을 추구해 왔다. 그녀의 작품에서 재료의 물성은 공간구성적, 공간적, 프로그램적, 기술적인 측면들과 관련되어 있으며, 그 표면에서 독특한 방식으로 지각된다. 특히 구조와 재료는 공간을 한정하고 그 공간이 경험되는 방식에 결정적인 역할을 한다. 세지마는 유리를 표면으로서의 역할보다는 그 자체로 구조가 되는 잠재적인 변형가능성transformability을 지닌 재료로 활용하고 있다. 세지마는 벽과 그 벽이 공간과 갖는 관계에 대한 아이디어를 바탕으로 양면을 지닌 벽의 형상이 인접한 공간에 영향을 끼친다는 사실에 주목한다. 여기에는 동일한 벽의 양면을 이중으로 처리하여 얻어지는 투명성으로 시각적인 지각을 허용하면서 인접한 양쪽 공간의 독립성을 유지한다는 개념이 전제되어 있다. 따라서 세지마는 벽의 양면을 두 개의 얇은 부재로 이루어진 이중의 불투명한 유리벽으로 만들어 구조와 비 - 구조의 구분을 없애고, 기존의 관습적인 분할과 위계를 해체하여(주33) 새로운 종류의 유동성과 공간 지각의 효과를 만들어내고 있다.

그러므로 세지마의 작품에서 반투명하거나 불투명한 유리는 마치 투명성에 대한 흥미로운 뉘앙스를 지닌 재료처럼 다양하게 사용되고 있다. 이러한 재료는 재료의 구축적 성질과 그것들의 현실적이고 지각적인 역할 상호간의 모호하고 복잡한 관계를 통해서 외부와 주변 환경을 다양한 방식으로 반영하고 있다. 따라서 세지마는 건물과 그 주변의 환경을 동등하게 처리하려는 의도에서 건물의 존재 자체를 소멸시키는 수법을 즐겨 사용한다.(이러한 소멸의 개념은 장 누벨이 투명성을 통해 물성이 소거되는 새로운 지각효과를 탐구한 것과 개념적으로 유사하다. 또 재료의 외피와 구조 부재로 일체화하는 방식은 토요 이토의 구조 - 외피가 일치되는 방식의 영향을 보여준다. 이에 대해서는 02를 참조할 것) 이러한 투명성은 시각적 측면을 넘어서 공간의 융통성과 다양성을 부여하는 장치이다. 헤세가와(Yuko Hesegawa)는 이러한 새로운 지각방식의 실험은 '의식, 집단지성, 공존의 시대로 불리는 21세기에 속하는 개념으로, 이것은 우리의 관심이 신체에서 의식으로 변경되어 비 - 물질성에 이르게 되는 결과' (EL Croquis vol.77+99/121/122, 2004, p.337)라고 지적한다.(주34)

오모테산도에 있는 **크리스찬 디오르 건물**(Edificio Christian Dior Omotesando, Tokyo, Japan, 2001-2003)(도1-80a, b)에서 세지마는 대지의 제약조건과 프로그램의 요구를 반영하고 내, 외부의 관계를 재료의 물성과 지각적 효과를 통해서 독특한 방식으로 풀어내고 있다. 여기서 유리를 끼운 투명한 파사드 뒤에 놓여진 반투명 곡선형상의 아크릴 스크린은 프로그램상의 요구에 따라 판매공간과 기계실의 역할을 하는 높이가 다른 바닥 층들을 위장하는 수법이다. 세지마는 **톨레도 미술관의 글라스 파빌리언**(Glass Pavilion at Toledo Museum of Art, Toledo, Ohio, USA, 2000-2006)(도1-81a, b, c)에서 서로 다른 기능을 갖는 공간들을 프로그램에 따라 분리 배치하고, 얇은 이중의 유리벽glazed wall을 독창적인 방식으로 사용하여 (21세기 미술관과는 다른) 새로운 유형의 투명성의 개념을 보여주고 있다. 여기서 평면유리와 곡면유리를 두개 이상 겹쳐서 만들어지는 유리 외관들 사이의 거리와 곡면유리의 굴곡의 정도가 달라지면서 사이 공간in-between space이 발생한다. 이 사이 공간은 독특한 공간의 경험을 만들어낼 뿐만 아니라 확장된 절연유리 유닛처럼 열완충공간의 역할을 하여 유리 건물의 에너지 문제를 해결하는 데 기여한다.

도1-80a, b.
K. 세지마, 크리스챤 디오르 건물, 동경, 일본, 2001-2003

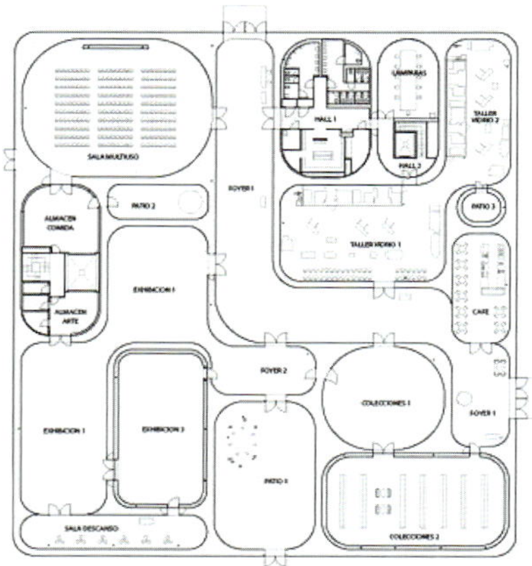

도1-81a, b, c
K. 세지마, 글라스 파빌리언, 톨레도, 오하이오, 미국, 2000-2006

뉴욕의 **현대미술관 신관**(New Museum of Contemporary Art, New York, USA, 2003 - 2007)(도1-82a, b, c)은 세지마가 도심지 맥락을 반영한 사선제한 법규를 활용하여 개별적인 프로그램에 담긴 상자를 엇갈리게 배치하는 방식으로 독특한 볼륨으로 구성된 형태를 만들어낸 작품이다. 여기서 세지마는 중첩된 볼륨들의 내 · 외부의 경계를 이동시켜 발생한 틈새 영역을 갤러리에 빛을 유입하는 천창과 테라스 공간으로 활용하였다.(주35) 그 결과, 공간들 사이에서, 그리고 공간과 프로그램 사이에서 통상적인 위계가 제거되어 서로 수평적인 동등한 관계가 발생한다. 외부의 파사드는 물고기 비늘과 같은 철판망을 포개어 사용하는 방식으로 접합부분 없이 볼륨 전체를 감싸고 있다.

뉴욕의 현대미술관 신관이 프로그램을 수직적으로 적층한 반면에 프랑스 **루브르 뮤지엄**(Louvre Lens, France, 2005-2012)(도1-83a, b, c)은 대규모 프로그램의 스케일로 인한 대지의 손상을 방지하기 위해 다양한 크기로 나누어진 볼륨들을 완만한 등고선을 따라 유연한 형상으로 배치하였다. 따라서 부지의 환경에 개방적으로 대응하는 이 건물에서, 중앙부의 유리 볼륨에 도입된 비어진 사이 공간a void in-between은 시각적, 물리적으로 부지를 확장시키는 효과를 만들어낸다. 시각적으로 투명하며 부지의 모든 방향으로 개방되어 있어 미술관의 방문자가 아니더라도 누구나 접근이 가능하게 한 것은 21세기 미술관에서처럼 '공원으로서의 건축'의 개념을 구체화한 것이다. 이 건물에서 세지마는 자연을 건축과 적극적으로 융합시키기 위해 반사성이 강한 산화 알루미늄 파사드로 볼륨을 감싸는 방식을 사용하였다. 이러한 수법은 세지마가 **O-뮤지엄**(O-Museum, Lida, Nagano Prefecture, Japan, 1995-1999)(도1-84)에서 반투명성의 피막을 통해 풍경, 날씨, 방문자의 위치에 따라 변하는 주변의 경치를 흐릿하게 표면에 반사시켜 현실의 자연을 인공적인 자연화로 만들었던 수

도1-82a, b, c
K. 세지마, 현대미술관 신관, 뉴욕, 미국, 2003-2007

도1-83a, b, c
K. 세지마, 루브르 뮤지엄, 프랑스, 2005-2012

도1-84
K. 세지마, O-뮤지엄, 일본, 1995-1999

법을 적용한 것이다. 이것은 방문객이 마치 유리 터널에 있는 느낌으로 자연과 그 반사된 이미지 사이에 존재하는 장소, 즉 장 보드리야르가 말한 바 시뮬라르크 효과처럼 '현실과 비현실의 사이'를 배회하고 있는 자신을 발견하게 되는 지각적 경험을 제공한다.

최근에 세지마가 (직사각형의 평면 형상이지만) 지붕과 바닥면이 평행하게 파상형의 쉘 구조의 곡선으로 만들어져 유기적인 형상처럼 보이는 연속적인 건물로 완성한 **로렉스 교육센터**(Rolex Learning Center, Switzerland, 2004-2010)(도1-85a, b, c)는 융통성 있는 개방 평면에 특별한 유동성을 강화하여 만든 공간구성을 보여주고 있다. 여기서 파상형의 바닥판으로 이루어진 언덕, 계곡, 고원의 형상들은 내부 공간에 시각적인 장애물이 없음에도 불구하고 건물의 경계가 보이지 않는 공간을 만들어내고 있다. 또한 구획하는 벽이 없음에도 불구하고 활동을 수용하기 위한 개별 공간들은 다른 공간과 명확하게 구분된다. 이러한 공간적 유동성과 흐름은 구조물 안에 다양한 보이드voids 공간으로 삽입되어 사회적 공간의 성격을 갖는, 유리로 둘러싸인 외부 파티오patio를 통해 건물의 내, 외부 사이에서 시각적으로 연결되고 있다.

도1-85a, b, c
K. 세지마, 로렉스 교육센터, 스위스, 2004-2010

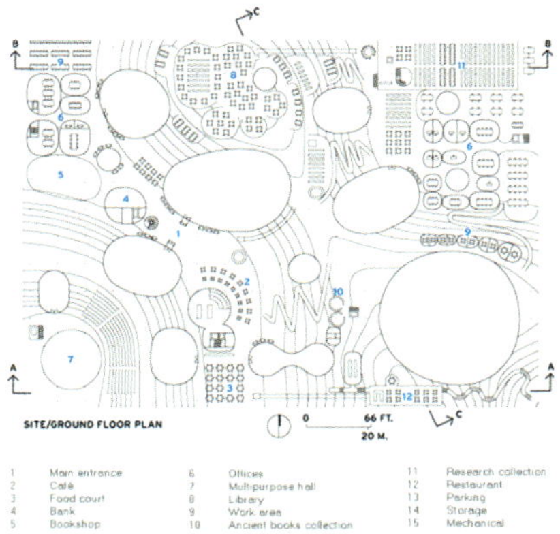

# 014 다시보기

우리는 디자인의 출발점으로서 프로그램의 해석과 리얼리티 건축의 전통을 추구하는 건축 담론을 고찰하면서 그 주제와 개념들이 지닌 역사적 의미와 가치를 발견하는 작업을 해왔다. 기능과 프로그램의 해석은 산업혁명으로 탄생한 공업사회가 야기한 새로운 건물의 유형을 합리적으로 디자인하는 데 필수적인 요건이며, 이것은 근대적인 삶을 수용하는 효용성, 작용성, 합리성의 결과로서의 효용양식을 탐구하는 원천이 되었다. 이것은 다니엘 벨이 말한 바 변화의 속도가 날로 가속화되어 가는 혼란과 다양성의 탈공업사회post-industrial society 이후, 카스텔, 기든스 같은 사회학자들이 언급한 디지털 정보시대에서 현실의 리얼리티를 반영한 새로운 건축 담론으로 계승, 확장되고 있음을 알 수 있다.

필자의 관점으로 볼 때, 18세기 후반 이후 20세기 모더니즘 건축에 이르기까지 프로그램의 해석을 바탕으로 리얼리티 건축을 추구하는 건축담론은 크게 3가의 흐름으로 전개되어 왔다. 첫 번째 흐름은 프로그램을 '기능과 관련된 효용성과 작용성' 이라는 관점에서 해석한 유물론적 및 기계적 기능주의로 유럽의 합리주의 정신에서 자생한 것이다. 두 번째 흐름은 프로그램과 관련된 과제의 본질을 '기능을 따르는 형태' 라는 생물학적 관점에서 해석한 유기적 건축 및 유기적 기능주의와 심리적 공간경험을 중시하는 전통이다. 그리고 세 번째 흐름은 현대건축에서 기능과 프로그램의 의미를 '인간의 심리적 차원 및 상황(시튜에이션)' 등을 포함하여 확대 해석하고 과학적 리서치 방법과 디지털 툴을 활용하여 프로그램과 다이어그램 건축이라는 새로운 건축담론이 발견된다는 점이다.

특히 현대건축에서는 확정지을 수 없는 프로그램의 영역에 대한 새로운 인식으로 프로그램의 차원을 확장하여 새롭게 재해석(OMA의 렘 쿨하스)하는 흐름이 강하게 나타난다. 모더니즘의 유물론적 사고의 전통을 따라 실증과학적인 리서치 기법으로 얻은 데이터스케이프datascape로서의 건축(MVRDV의 위니 마스) 과 물질적 조건으로 조직화되는 건축을 탐구해온 건축가(FOA의 자에라 폴로)들이 주목을 받아 왔다. 또한 현대 사회라는 리얼리티를 출발점으로 하는 건축가들은 (기능의 단순한 목록이 아니라 다의적 의미를 지닌) 프로그램과 이를 공간화하기 위한 다이어그램적 기법을 건축적 창작 행위의 중요한 도구로 활용하고 있다. 이것은 현대 정보사회가 지닌 특성을 시간-기반 플래닝 기법으로 현대사회의 유동성과 흐름을 반영하고 물질적 실무행위로서의 액상의 건축을 탐구(UN STUDIO의 벤 반 베르켈)하거나 현대사회의 시스템 안에서 새로운 질서를 찾기 위해 공간적 다이어그램으로 현대사회의 생활 양식을 해석하여 수용하려는 태도(SANNA의 카즈요 세지마) 등에서도 발견된다.

여기서 우리는 모더니즘과 현대건축의 담론을 통해서 발견되는 주요 개념들key concepts은 무엇인가?(Q1) 이것은 모더니즘 건축가의 그것과 연관되어 있으며 확장, 해석한 것인가?(Q2) 재발견된 이러한 개념들이 지니는 가치는 무엇인가? 타 영역의 작가들에서 공통적으로 발견되는 현상인가?(Q3) 자문해 볼 필요가 있다. 이러한 현상들을 프로그램의 해석과 공간구성 개념, 형식의 표현성과 물성의 탐구 및 지각적 효과, 건축의 도시성 회복과 자연의 건축화, 신체의 중심성 등의 관점에서 정리하는 작업은 건축적 사고와 담론의 흐름을 이해하는 데 유익하기 때문이다.

**첫째, 프로그램의 해석과 공간구성 개념의 관점에서 볼 때, 모더니즘 건축의 '확정적인 프로그램에서 미확정된 프로그램'으로, '추상적 공간에서 미확정성Indeterminancy의 보이드Void 공간'으로의 변화를 감지할 수 있다.**

1960년 이후 현대건축에서 발견되는 주목할 만한 점은, 프로그램 해석에서 미확정적인 영역이 존재한다는 사실과 함께 프로그램의 새로운 해석이 곧 새로운 구성(디자인)의 가능성을 제공한다는 사실을 인식하였다는 점이다. 따라서 프로그램은 20세기 모더니즘 건축에서처럼 기능이라는 물질적인 차원이 아니라 현대 사회의 심리적, 문화적, 사회적, 정치적, 경제적, 환경적인 의미의 차원으로 재해석되어 왔다. 현대 건축가들의 담론과 작품에서 발견되는 '보이드 공간' 개념은 인간 행위의 예측 불가능한 영역들, 해석된 프로그램

으로는 담을 수 없는 차원들을 수용하기 위한 미확정성의 공간이다. 이러한 현상은 현대 도시에서 발생하는 이질적인 프로그램과 행위의 병치를 중시하고 프로그램 해석에 시간 차원을 도입하여 프로그램 사이의 경계가 모호한 유동적인 공간구조를 탐구(렘 쿨하스)하는 데서 발견된다. 또한 데이터 분석에 기초한 프로그램의 다양한 복합적인 관계에서 발생하는 미확정성을 수용하기 위해서 사용자의 프로그램과 공간 사이에 유연한 관계를 제시하여 사용자들의 일시적 변화에 적응할 수 있는 미완의 구조를 지향하는 태도(MVRDV의 위니 마스)에서도 찾아 볼 수 있다. 특히 물질의 개념을 재료 뿐만 아니라 프로그램, 밀도, 스케일, 정보의 흐름 등과 같이 광의적으로 해석하는 태도(FOA의 자에라 폴로)에서도 발견된다. 이들은 모두 프로그램을 미결정성의 개념이 내포되어 있는 질료로 해석하고 이것을 물질적 조건으로 구체화하는 작업의 일환으로 간주한다. 따라서 리서치와 과학적, 객관적 분석으로 얻어진 데이터를 기반으로 '프로그램의 회색영역'이라는 미확정성의 영역을 탐구해 온 태도에서는 유물론적 사고와 실용주의의 전통이 계승되고 있는 것을 발견할 수 있다.

현대건축에서 프로그램의 미확정적인 영역에 대한 인식, 외부와 내부의 병치 가능성에 대한 인식의 변화는 내부 공간에 대해 새롭게 접근하는 계기가 되었다. 특히 현대 건축가들은 이질적인 프로그램의 병치로 확정할 수 없는 영역들을 수용하는 비어진 공간empty space인 보이드void에 내포된 다층적 공간으로 프로그램을 초월한 '이벤트-구조'와 같이 미확정적인 질서(OMA의 렘 쿨하스)를 만들어내고자 하며, 또 건물의 내부를 도시, 환경과 연속적으로 연계되는 공간적 내부화를 추구하거나 도시의 사회적 접촉을 위한 공공공간의 역할을 수행하는 중간영역적인 공간인 수직적 미로라는 새로운 공간유형(MVRDV의 위니 마스)을 탐구한다. 이것은 쿨하스가 공간을 수직적으로 생각하고 보이드 공간을 통해 수직적으로 단절된 공간을 통합하기 위한 장치로 사용하여 다양한 공간의 층위를 만들어내려는 것이나, MVRDV의 위니 마스가 프로그램 해석에서 발생하는 미확정성의 영역을 3차원적인 수직적 공간의 개념으로 발전시켜 (네덜란드 구조주의 건축가 알도 반 아이크, 헤르만 헤르츠베르거가 사회적 접촉을 위한 공간을 강조한 바처럼) 공공 공간 안에서 일어날 수 있는 다양한 행위의 측면을 반영하는 방식으로 나타난다.

또한 투명성과 물성의 지각적 교란 효과를 통해 신체가 공간 안에서 이동(움직임)을 통해 몰입하는 효과를 만들어내는 프로그램화된 공간구성(SANNA 의 카즈요

세지마) 등은 모더니즘의 추상성에서 탈피해 인간의 다양한 활동과 이벤트의 발생이라는 관점에서 해석하여 수용하려는 것이다. 이러한 새로운 공간에 대한 탐구는 근대건축의 정형적인 공간과는 달리 유연성과 액상의 흐름을 지닌 새로운 공간유형(FOA의 자에라 폴로, UN STUDIO의 벤 반 베르켈)으로 제시된다. 여기서 우리가 주목해야 하는 사실은 현대 건축가들은 프로그램으로 확정되지 않는 비어진 공간, 즉 미확정성의 공간을 지향함으로써 예측치 못한 다양한 활동들을 수용하거나 개별화 되어가는 사회에서 공적인 이벤트가 발생하는 공공 장소의 공간을 만들고자 한다는 점이다.

이러한 흐름에서 발견되는 개념들을 모더니즘 건축의 태동기에까지 소급하여 고찰해보면, 이 시기에 내부공간은 유용성과 경제성에 근거한 평면계획(뒤랑, 바그너), 그리고 편리성과 공간의 체험 주체의 경험방식을 고려한 라움 플랜의 개념(로스), 인간의 지각적 차원과 사회적 공공성을 고려한 추상적 공간(그로피우스, 마이어), 본질과 인간행태에 대한 건축가의 직관적 해석(해링, 샤로운) 등에서 인간의 심리적 차원에 대한 부분적인 해석이 있었으나 프로그램의 미정성과 관련된 다양한 경험 방식을 수용하는 데는 한계가 있었다는 사실을 알 수 있다. 이 시기에 기능과 형태를 하나로 인식하고 유동적인 유기적 공간개념과 인간의 지각적 차원이 전제된 스크린화 된 공간의 개념(라이트)은 주목할 만한 가치가 있다. 20세기 후반에는 근대건축의 추상적인 공간에서 탈피하여 인간의 다양한 활동이 발생하고 지각적 경험과 참여의 기회를 제공하는 인간의 심리적 차원이 반영된 개별화된 공간들간의 관계, 비원근법적인 공간의 중첩효과(샤로운, 베니쉬) 등은 이러한 전통을 따라 탐구된 것이다.

**둘째, 형식의 표현성과 물성의 탐구 및 지각적 효과라는 측면에서, 공적 영역(외부)과 사적 영역(내부)의 관계는 지속적인 논의와 함께 '물성에서 지각 효과로' 그 관심이 확장되어 왔다.**

현대건축에서 '내부와 외부는 다르다'는 개념은 자율적 형태구성의 논리를 지지하는 기반이 되었다. 프로그램을 새롭게 해석하는 건축가들은 오브제로서의 외부와 프로그램 행위를 담는 내부라는 두 영역의 공존방식에서 프로그램과는 무관한 외부의 자율적 구성의 가능성(OMA의 렘 쿨하스, FOA의 자에라 폴로)을 강조한다. 또한 파사드를 내부의 구성원리를 보여주는 일종의 단면상태로 외부에서 보여지는 것보다는 내부에서 보는 조망의 관점에서 표현하거나, 내부공간의 수직적 단면을 외부에 그대로 외부 입면으로 나타내는 방식(MVRDV의 위니 마스)을 탐구한다. 이러한 태도는 건축의 외부는 내부와는 무관하게 존재하는 중성적 표현(SANNA의 카즈요 세지마)이거나 시간 차원에서 발생하는 이미지(잔상 효과)로 건축적 '응시'를 강화하는 장치(UN 스튜디오의 벤 반 베르켈)로 간주하는 태도에서도 나타난다. 이들은 내부의 구성방식이 외부에서도 인지되도록 개방적이고 연속적인 새로운 투명성을 통해 물성의 지각적 경험을 강화하거나(카즈요 세지마), 건축적 이미지를 현대 디지털 정보사회가 만들어내는 이미지의 실체로 인식하고 수용하려는 태도(벤 반 베르켈, FOA의 자에라 폴로)를 보이고 있다. 이러한 태도는 외부와 내부의 일치보다는 외부를 하나의 자율적인 피막skin으로 인식하는 것이다.

특히 오늘날 건축가들은 물성의 개념을 '생산'의 관점에서 탈피해 '수용'의 관점으로 해석한다. 이들은 재료의 구축적 성질 그 자체보다는 재료의 물성이 주는 지각적인 역할을 실험하여 외부와 환경에 여러 가지 방식으로 반응하는 잠재성(UN의 벤 반 베르켈, SANNA의 카즈요 세지마)을 탐구한다. 건물의 외부는 미확정의 프로그램 공간을 에워싸는 반투명성의 이중 외피로 새로운 이미지를 만들어내는 방식(렘 쿨하스, 카즈요 세지마)으로 표현된다. 특히 재료의 물성적 효과를 통해 시간의 흐름에 따라 감각을 강화시키는 디지털의 이미지 효과의 표현에 주목(FOA의 자에라 폴로, UN의 벤 반 베르켈)하거나, 외피가 주는 이미지를 통해 지각 방식을 교란시키는 수법(SANNA의 카즈요 세지마) 등에 주목하고 있다.

프로그램을 기능의 차원에서만 해석한 모더니즘 건축의 건축적 사고의 논리에는 내용과 형식의 관계를 보는 존재론적 관점ontological view이 전제되어 있기 때문에 건축의 예술적 자율성과 창조성의 영역이 간과되었다. 그러나 이 시기에도 근대건축의 편협한 기능주의 건축가들이 기능 - 형태라는 등식을 만들어낸 논리와는 달리, 건축은 구축되는 물질적 특성(사용목적, 재료, 제작기구 및 제작과정)과 그 시대를 특징짓는 초월적 이념idea의 산물이며, 내부와는 달리 외부는 사회 속에서 존재하는 건축의 공적 영역(잼퍼, 로스)이라는 건축담론이 주장되었다는 사실에 주목하여야 한다. 외부는 내부와 다르게 구별되어 표현되어야 한다는 이러한 개념은, 내부를 그대로 드러내는 표현방식을 강조하여 투명성의 미학을 추구한 모더니즘 건축가들(미스, 그로피우스 등)과는 그 성격을 달리한다.

실제적으로 모더니즘 건축에서 형태는 기능을 따른다는 주장(설리반)이나, 기능을 이해할 수 있는 형태(그

로피우스)를 강조한 이면에는 형태의 특성과 정신적 가치를 드러내는 표현이 전제되어 있었다는 점이다. 따라서 형태는 기능을 따르는 것이지만, 기능 자체가 곧 형태를 의미하지는 않았다.(젬퍼의 피복과 장식에 해당하는) 유기적 장식은 건물의 특성character을 드러내어 상징적 가치를 부여해 주는 것이었다.

근대건축에서 철과 유리, 콘크리트 재료가 지닌 물성은 (마치 새로운 포도주를 담는 새 포대처럼) 근대사회에서 출현한 새로운 유형의 건축이미지를 표현하는 매체가 되어왔다. 이 시기에 기계미학을 옹호한 근대 건축가들은 유리가 만들어내는 볼륨으로서의 건축형태, 투명한 물성에 의해 중첩되는 공간의 지각효과, 그리고 이러한 물적 형식이 만드는 공간과 파사드에 대한 인식을 체험 주체보다는 오브제의 무장식이라는 경제성과 윤리성의 측면(바그너, 그로피우스, 마이어 등)에서 탐구하였다. 그러나 유기적 건축의 전통을 따르거나(라이트) 재료의 물질적 속성을 통해 형태의 표면이 만들어내는 공간적 이미지 창조(로스)를 중시한 건축가들은 이러한 투명성의 논리에 반대하였다는 점이다.

**셋째, 건축의 도시성 회복과 자연의 건축화라는 관점에서 볼 때, 건축의 도시성과 공공영역의 사회적 가치에 대한 인식과 함께, '인공적 자연(생태학)'의 건축화를 통해 인공적인 랜드스케이프 건축을 추구하는 흐름으로 전환되어 가고 있다.**

현대건축에서 인간-건축-환경의 관계를 고려하는 심리적 경험과 상황(시튜에이션)을 고려하는 건축담론은 부지의 잠재력을 활용하고 인위적인 부지를 조성하여 만드는 그라운드스케이프groundscape라는 적극적 개입 행위(베니쉬), 그리고 건축을 자연과 도시의 연속체로 인식하고 내·외부에 인공적인 자연의 영역을 조성하는 '인공적 생태학artificial ecology'과 랜드스케이프의 인위성을 조성하는 것(MVRDV의 위니마스, SANNA의 카즈요 세지마) 등에서 발견된다. 이러한 태도는 건축을 오브제로 인식하는 데서 탈피하여 건축-도시환경의 맥락에서 해석함으로써 건축과 환경과의 공생 관계를 회복하려는 것에 다름 아니다. 따라서 현대건축에서 모더니즘이 간과했던 도시성의 회복은 프로그램을 통한 공간 조직화의 작업으로 도시 공공 공간의 내부화 개념을 통해 도시공간의 사회적 측면을 수용(MVRDV의 위니 마스)하는 데서 강하게 나타난다. 이러한 태도는 건축을 도시의 공공 공간의 일부인 건축적 랜드스케이프architectural landscape로 구축하려는 태도(FOA의 자에라 폴로, MVRDV의 위니 마스)에서도 찾아볼 수 있다.

근대건축 시기의 건축담론에서, 자연을 형태생성의 이상적인 모델로 간주하고, 건축을 자연의 일부로 인식한 건축적 사고는 유기적 건축을 추구하는 전통(설리반, 라이트)에서 발견된다. 이것은 인간과 건축 그리고 자연 환경과 일체된 동화(同化), 전체와 부분간의 유기적 관계를 중시하는 것이다. 이러한 전통은 건축과 자연의 일체성, 전체와 부분과의 통합을 중시하는 현대건축의 중요한 담론으로 계승, 확대되고 있다. 또한 근대사회라는 삶과 정신적 가치를 물질적 조건으로 담아 표현해야 한다고 주장하여 과학과 예술 영역의 통합(젬퍼)을 추구한 태도는 건축을 그 사회의 상황조건들과 관련하여 정치적이고 문화적인 프로그램으로 해석하였다는 점에서 주목할 만하다.

일상의 현실을 반영하는 건축은 역사라는 기억의 기초 위에서 구축하는 것이어야 한다는 주장(로스)과 건축을 그 주변 환경의 풍토에 조화시키려는 유기적 건축(설리반, 라이트)을 추구한 건축가들은 건축과 주변 환경과의 관계를 중시하는 태도를 보여 주었다. 여기서 외부는 오브제-건축의 관점을 벗어나 도시-건축이라는 환경적 차원에서 건축의 도시성을 갖게 되며, 내부와 공존하며 병치되는 존재로 인식된다. 그러나 이 시기에 많은 모더니즘 건축가들은 주거와 작업이 분화된 기능적 도시의 개념을 진척시켰으며, 이로 인해 '공원 속의 기념비' 처럼 오브제 지향적인 건축을 추구하였다고 비판받았다.

# Tectonics and the Structural Architecture

02

# 구축성의 전통과 구조적 건축

# 021 건축형태의 결정 인자 : 구조적 논리성과 새로운 재료

"매스라기보다는 각 재료를 조합하여 건물을 짓는 방법에 관한 것이다."

앙리 라브르스트 Robert C. Hulob, 1984

"건축은 시대 의지가 공간으로 번안된 것이다."

루드비히 미스 반 데어 로에 Ludwig Mies van der Rohe

"건축은 1차적으로 이미지이다." 장 누벨 Jean Nouvel

구축성은 건축 생성의 출발점이다.

새로운 재료와 구조 시스템은 건축이 존재하기 위해 요구되는 역학 시스템의 메카니즘일 뿐만 아니라 건축의 형태를 결정하는 인자이다. 뿐만 아니라 이것들은 공간구성의 측면에서도 공간의 물리적 형태를 결정하는 역할과 공간을 조직화하는 역할을 담당한다. 역사적으로 그리스, 로마, 고딕 건축의 경우에서처럼, 구조적인 혁신은 새로운 건축공간과 형태개념을 생성하는 기반이 되었다. 판테온, 바실리카 등의 거대한 내부공간의 탄생은 돔구조, 볼트 구조의 혁신적 발전과도 무관하지 않으며, 기능, 의장, 구조적 측면에서 종합예술의 경지를 이루어낸 고딕건축의 혁신적인 내부공간과 형태도 리브볼트, 첨두아치, 플라잉 버트레스 등과 같은 구조적 혁신을 통해서 조적구조를 뼈대구조로 전환시킨 결과였다. 그러므로 구조적 논리성과 재료의 새로운 가능성을 모색하는 건축가들에게 구축성techne, tectonics의 개념(주1)은 역사적으로 중요한 탐구 과제였다. 이것은 구축construction의 문제는 본래 건축이 세우는 데서 시작되었으며, 건축의 생성과정과 밀접하게 관련되어 있다는 사실을 우리에게 상기시켜 준다.

18세기 중반 산업혁명 이후 철, 유리 등과 같은 새로운 재료에 대한 기술과 과학의 발전은 기계와 공업생산을 기반으로 건축을 구축하는 새로운 가능성을 제공하였다. 이 시기에 건축 생산을 디자인 프로세스로 간주하기 시작한 건축가들은 테크놀러지가 결정적인 역할을 하는 건물을 탐구하기 시작하였다. 하투니안(Gevork Hartoonian, 1994)은, 아름다움(미)에 대한 실증주의적인 사고를 갖게 된 20세기의 모더니스트들은 구조적 실용성 structural utility을 중요한 도구로 간주하였다고 다음과 같이 지적한다.

> "근대 건축에서 테크놀러지는 '구조적 실용성'을 감추거나 드러내는 두 가지 극단 사이에서 보인 지속적인 동요 상태로 설명되어진다. 어떤 경우든지 양식과 구축의 관계는 논의의 대상이었다."(Gevork Hartoonian, 1994, p.6)

근대 사회에서 이러한 관점의 변화는 '구축성'의 개념에 대한 새로운 이해를 요구하고 있으며, 건축의 영역에서 구축성의 전통이 계승, 발전되어 온 역사를 되돌아보게 한다. 하투니안은 비트루비우스, 팔라디오의 고전적 건축담론에서 구축성은 본래 제작의 논리성logos of making, 즉 생산 기술techniques이 최종 생산품인 대상 그 자체와 동일하게 취급되는 제작의 개념이었다고 지적한다.

따라서 건축의 형태는 단순히 공학기술적인 물리적 재료들의 조합이 아니라, 예술가의 예술의지kunstwollen와 재료를 다루는 기술technik이라는 양자 간의 대화의 결과로 간주되었다. 역사적으로 구축성은 구축을 단지 중력에 대한 반응이 아니라, 구축을 초월하여 벽, 기둥, 보, 지붕 등과 같은 건축학적 요소들이 수학과 역학의 도움을 받아 함께 조합되는 것을 의미하였다. 그러므로 구축성은 "효율성"이나 "정합성"보다는 오히려 유추에 의해 중력에 반응하는 것이다. 하투니안은 "구축성의 관점에서 보면, 기둥, 벽, 보, 지붕 등은 그들의 구조적인 합리성을 초월하여 의미를 계시하는 것"(G. Hartoonian, 1994, p.40)이라고 설명한다. 고전 건축에서 장식은 디테일 작업의 '계시와 은폐'라는 상호작용을 통해서 구축의 법칙과 통합된 결과였다. 이러한 이유로 구축성은 건축학적 요소들의 구조적 실용성과 이들의 유추적인 재현사이에 발생하는 '빈 간극void'을 해소하는 데 그 존재의 당위성을 부여받았다. 이러한 관점에서 구조와 통합된 장식은 범죄가 아니라 오히려 필요한 보충물로 용인되었던 것이다.

모더니즘의 여명기인 19세기 중반에 고고학자 뵈티허(Karl Bötticher)는 『그리스인의 텍토닉 *Die Tektonik der Hellenen*, 1842』에서 텍토닉의 개념을 구조적 필연성이라는 '구축'

과 상징적 재현이라는 '의미' 사이를 연결시키는 양면적인 개념으로 해석하였다. 그는 형태를 기술적 형태kernform, core-form와 예술적 형태kunstform, art-form로 구분한다.(주2) 뵈티처는 구성적 요소(기술적 형태로서)와 장식적 요소(예술적 형태로서)를 구별하였지만, 전자가 착상되는 순간에 후자도 동시에 생성된다는 점에서 이들 상호간의 의존성을 강조하였다. 따라서 뵈티허는 "각 부분은 전체와 동시에 생성되는 주요 요소여야 한다." (Wolfgang Hermann, 1984, p.143 재인용)고 강조하였다. 구조적 부재와 장식적 상징이라는 두 요소들은 매우 밀접하게 관련되어 있기 때문에, 서로에게 영향을 미치지 않고서는 변경이 불가능한 유기적인 통일성을 지닌 것으로 인식되었다. 두 요소간의 이러한 상관성은 장식이 구조적 부재와는 무관하게 임의적으로 적용되는 것이 불가함을 의미한다.(이러한 개념은 비올레-르-뒤크가 구조와 장식의 통합을 강조한 것에서 반복된다.)

그러므로 하투니안(G. Hartoonian, 1994, pp.12-13)은 비트루비우스가 언급한 유용성utilitas, 아름다움venustas, 견실함firmitas의 개념은 순수한 미적 범주를 제시한 것이 아니라 작품을 "인식하고 구축하는 방식"을 제시한 것으로 해석한다. 이것은 건축 작품과 의미의 관계를 존재론적 관점에서 해석하는 고전주의 전통의 사고를 반영한 것이다. 그러나 모더니즘 시대에 자연현상과 문화현상에 대한 논리적이고 분석적인 접근태도는 17세기까지 유지되어 왔던 형이상학적인 본질을 평가절하하고, 자연을 측청가능하고 정량적인 실체로 간주하는 계기가 되었다. 그 결과 고전적인 사고와 단절한 근대사회에서는 대상의 외적인 모습보다는 그 감추어진 내재적 구조에 더 주목하는 '관점의 변화'가 일어났다. 그것은 본질what에서 방법how으로, 즉 대상object에서 프로세스process로의 변화를 의미한다. 그 결과 제작과정을 의미하는 프로세스만이 최종적인 생산품을 지배한다는 사고가 만연하게 되었다. 작품의 구축과 의미(상징)의 통합을 의미하던 전통적인 구축성의 개념은, 단지 생산물의 프로세스와의 관계만을 명시하는 테크놀러지technology로 대체되었다는 것이다.

## 구조적 건축structural architecture은 공학 기술적인 차원을 넘어선다

모더니즘 건축에서 새로운 재료와 구조 방식의 혁신은 기본적인 기하학 형상을 선택하거나 디테일 및 조합 방식을 결정하는 데 창조적인 가능성을 제공하는 것으로 인식되었다. 특히 구조는 전체 형태에서 뿐만 아니라 디테일의 사려깊은 조작 과정에서 건축적 표현의 수단으로 간주되었다. 이러한 과정을 통해서 디테일이 전체를 암시하고 전체가 디테일을 암시하게 되며, 건물은 일관된 구조적 예술의 작품이 될 수 있기 때문이다. 여기서 형태 구성의 소재가 되는 '재료', '구조', '접합' 등은 구축성의 개념을 의미화 시켜주는 인자들로 간주된다.(주3) 이 시기에 재료의 물성적 특성에 대한 새로운 인식을 통한 표현성의 탐구, 구조의 지지방식, 장식의 기능을 담당하는 접합, 그리고 구축과 생산과정을 그대로 노출하는 반(反)접합 등의 방식은 구축성의 전통을 따르는 건축가들에게 주된 탐구 과제였다.

따라서 이러한 탐구는 형식의 표현성의 개념과 건축의 윤리성을 중시한 모더니즘의 건축적 사고와 맞물려 구조와 재료, 하중 지지방식의 솔직한 표현을 구축성의 관점에서 접근한 구조합리주의 건축가들에게 영향을 끼쳤다. 우리는 19세기에 중세 건축의 종교적 교의나 윤리적 이상이 건축적으로 표현되어야 한다고 강조하는 태도(J. Ruskin, A.W.Pugin), 구조나 재료의 솔직한 표현을 건축미의 본질로 간주하려는 태도(E-E. Viollet-le-Duc, H.P.Berlage) 등에서 이러한 사고의 전통을 발견할 수 있다. 구축성의 관점에서 볼 때, 표현의 정직성의 문제는 구조와 장식의 표현 문제와 밀접하게 관련된 영역이다. 일찍이 비올레-르-뒤크가 "모든 장식은 건물의 본질적인 구조가 되어야 한다." (Colin Davis, 1988, p.6 재인용)고 강조한 것처럼, 고딕건축의 구조와 형태는(구축성의 전통적 의미에서) '구조화 된 장식'의 개념을 보여주고 있다.(주4) 고딕 건축은 구조적 원리에서 모든 건축의 요소들이 파생되어 형태화되고 장식화된 것이기 때문이다. 따라서 구축성의 전통을 중시한 모더니즘 건축가들은 가식없는 '구조화된 장식' 만이 표현의 진실성에 직결된 것으로 간주하였다.

또한 이 시기에 근대적 재료인 유리, 철, 콘크리트 등과 같은 새로운 재료와 이것으로 가능해진 구축방식은 새로운 형태와 공간을 창조하는 동인이 되었다. 재료의 물성이 지닌 표현성과 형태의 표면을 피복cladding하는 개념들은, 구축적 논리 안에서 예술-형태art-form에 상징적 의미를 부여하는 데 중요한 요소로 간주되었다. 우리가 01에서 고찰한 '프로그램의 해석과 리얼리티 건축'을 추구한 모더니즘 건축가들은 건축의 합목적성 중에서 실용성의 측면을 중시한 반면에, '구축성의 전통과 구조적 건축'을 추구하는 건축가들은 구조를 합리적, 미적으로 통합시킨 고딕건축의 논리성과 기술성의 측면을 더 중시한다. 이러한 태도는 18, 19세기 동안 발전된 철과 유리의 공학 건축물, 그리고 쳄버경, 쇼아지, 비올레-르-뒤크, 젬퍼, 라브르스트, 오귀스트 페레, 베를라헤 등을 포함한 구조합리주의 건축의 전통, 20세기의 모더니즘 시기의 미스 반 데어 로에, 루이스 칸 등이 추구한 구조적 건축에서 발견되는 구축성의 전통, 또한 로저스, 포스터, 피아노와 같은 현대의 하이-테크 성향의 건축가들이 현대사회의 첨단기술이 제공하는 가능성을 바탕으로 새로운 건축의 영역을 탐구하는 테크놀로지의 미학적 전통 등에서 찾아 볼 수 있다.

특히 오늘날 구축성의 전통을 새롭게 인식하고, 이로부터 새로운 구조적 건축의 가능성을 발견하는 일은 테크놀러지가 발전해 가는 현대사회에서 건축가들이 해결하여야 할 당면 과제이다. 첨단 기술의 발전과 새로운 재료의 발견이 어느 정도 성취된 현대 건축에서, 재료의 물성과 구축성의 전통을 중시하는 건축가들은 재료가 지닌 물성의 새로운 지각효과를 통해서 건축적 경험의 영역을 확장하여 왔다. 이것은 정보화된 현대도시에서 출현하는 가상세계와 가상신체를 전제로 경계가 없는, 구조와 공간과 형태가 통합된 새로운 유기적 건축을 추구(토요 이토)하거나 이미지를 생산하는 비물성화된 투명성을 통해 지각적 교란을 극대화(장 누벨)하는 데서 나타난다. 또한 재료의 물성과 구축의 논리로 건축의 외피를 피복하고 새로운 물성의 표현 가능성을 건축적으로 실험하는 태도(헤르조그와 드 뫼롱, 피터 줌터) 등에서 구축성의 전통과 테크놀러지의 전통이 새롭게 확장되는 것을 발견할 수 있다.

## | 구조 합리주의 건축의 전통 : 윌리엄 챔버 경 | 오귀스트 슈와지 | 비올레-르-뒤크 | 고트프리드 젬퍼 |

18세기 중엽에 시작된 산업혁명 이후, 공업화와 기계사용에 의한 생산방식과 더불어 19세기의 기술적 진보로 가능해진 새로운 건물 유형, 새로운 재료의 개발, 공학적 분석 방법 등은 모더니즘 건축가들이 당면한 건축적 과제에 접근하는 방식에 상당한 영향을 끼쳤다. 이 시기에는 자연과학과 테크놀러지의 비약적인 진보와 더불어 추상적 역학 이론의 발달로 인해 프로그램과 구조에 대한 합리적, 분석적 접근이 가능해졌기 때문이다. 이것은 건축가들에게 새로운 재료를 경제적이고 효율적이며 객관적으로 이용할 수 있는 기반을 제공하여 건축에 논리적 접근의 당위성을 부여하였다.

### 진정한 건축은 프로그램과 시공방법에 충실한 것이다.

구조적 관점에서 건축의 기원과 구축성의 문제에 접근하려는 시도는 모더니즘 건축의 여명기인 18세기에 활동한 챔버 경(Chambers Sir William, 1723-1796)에까지 거슬러 올라간다. 그는 건축을 과학이자 예술로 인식하였다. 이 시기에 로도리가 고전건축의 아카데믹한 '구성' 원리를 반대하고 '기능성' 을 강조한 것처럼, 챔버는 베이컨(Francis Bacon, 1561-1626)의 경험주의 철학적 전통을 따라 양식의 특성을 "엄밀함, 명확함, 간결함, 단순성" 등의 관점에서 해석하였다. 이러한 의도는 건축을 고전주의처럼 단지 추상적인 원리나 법칙으로 설명하는 것이 아니라, 오히려 본질적인 진실은 쉽게 이해할 수 있는 경험과 이해가능한 표현에서 나와야 한다는 것을 보여주려는 것이다. 따라서 챔버 경은 자신의 건축적 논의를 대상의 본질에 이르기까지 기능적, 구조적인 본체의 요소로 환원하여 해석하는 방법으로 진척시켰다. 그가 『공학 건축 논고 *Treatise on Civil Architecture*, 1759』에서 원시주거와 고대 신전건축의 기원과 구성을 구조의 관점에서 도해하는 방법(도2-1)은 건축의 구성을 근원적인 것과 관련시켜 구축성의 측면에서 해석한 것이다.

챔버 경 이후 19세기에 활동한 프랑스 에꼴 토목기술학교(École des Ponts et Chaussées) 건축학부 교수이며 구조 합리주의자인 슈와지(August Choisy, 1841-1909)도 건축의 본질을 구축성의 문제로 인식한 사람이다. 그는 18세기에 꼬르드므와(Cordemoy)가 그리스-고딕 건축이상Greco-Gothic Ideal을 고전적인 구문론에 투영시킨 사상의 전통을 계승하였다. 슈와지는 목재 형태들을 도리아 주범의 석재요소로 바꾼 그리스 건축, 새로운 골조구조를 창안한 고딕건축에서 공통적으로 발견되는 예술적 훌륭함은 그 방법의 명확성, 표현의 진실성, 예술적 감성의 섬세함과 강렬함에 근거해 있다고 생각하였다. 특히 그는 고딕건축의 구조적 혁신성과 미적인 효과에 대해 존경심을 가졌다. 슈와지는, 그리스 신전은 목조의 구축에서 나온 것이기는 하지만, 그것은 또한 기술의 진보적 관점에서 볼 때 조적식 건물의 기술적 요구로부터 파생된 것이라고 주장하였다.

도2-1
W. 챔버경, 구조로본 건축의 기원(출전: Treatise on Civil Architecture, 1759)

그러므로 슈와지는 결정론적인 역사관을 채택하여 여러 가지 역사적 양식들은 유행의 산물이 아니라 건설 기술 발달의 논리적 결과로서 나타난다고 주장한다. 그는 건축사를 사용가능한 재료, 채택된 구조 시스템, 수공예 생산기술의 상태 등의 측면에서 구축적 형태tectonic form의 기원으로 설명하였다. 이 점에서 밴험(R. Banham, 1960, 1980, pp.23-24)은 슈와지에게 '건축의 본질은 구조이며, 모든 건축형태의 개념과 양식적 변형들은 다만 공학 기술적인 발전의 논리적 결과' 였다고 지적한다. 슈와지에게 훌륭한 건축의 본질은 항상 '구조' 에 있으며, 훌륭한 건축가의 임무는 자신 앞에 놓여 있는 문제를 정확하게 평가하고 '기술적인 수단' 으로부터 건물의 형태를 논리적으로 생성해내는 것이었다. 슈와지는 이 점을 다음과 같이 강조한다.

> "당신이 아르누보를 과시하는 것은 역사의 전체 교훈을 무시하는 것이다. 과거의 위대한 양식들은 그렇게 태어나지 않았다. 위대한 예술적 시대의 건축가가 자신의 가장 진실된 영감을 발견한 것은 구조의 암시에서였다."
> (K. Frampton, 1980, p.19 재인용)

슈와지는 『건축사 *Historie de l'Architecture*, 1899』에서 지리적 및 물리적인 조건에 종속되어 있는 문명의 본질이 구축적 형태로 총체적으로 표현되어질 때, 모든 시대의 위대한 문명들이 어떻게 정점에 도달했는지를 보여주고자 하였다. 이러한 종합이 이루어지는 중요한 지점에 도달되면, 문화는 과도한 형태적 변형을 통해 쇠퇴하여 최초의 것을 패러디parody 하는 경향이 있다고 그는 진단한다. 특히 전통적인 직각투영과 투시도적 방법이 지닌 부적절함을 인식한 슈와지는, 구축의 본질이 표현되고 분류될 수 있는 수단으로 비교분석 방법과 투사projection라는 양식을 제시하였다. 이것은 건물을 단면, 입면, 평면으로 단순화하여 하나의 이미지로 투사하는 독특

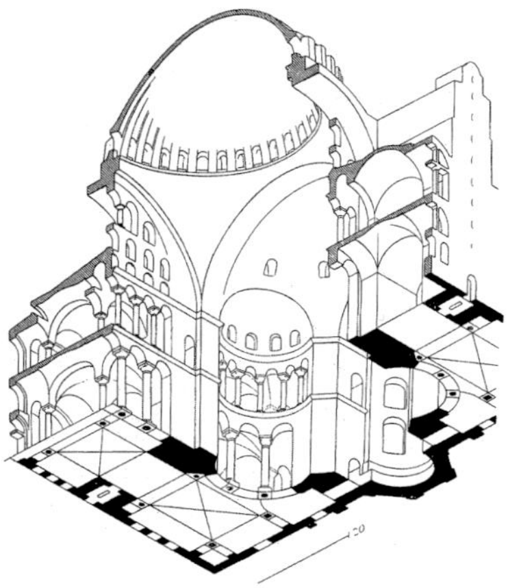

도2-2
A. 슈와지, 하기아 소피아의 축측투상도
(출전 : Historie de l'Architecture, 1899)

한 도해(圖解)로 분석하는 축측투상법axonometric이다.(도2-2) 이 도해법에서 물질화된 볼륨은 기둥의 지지부재와 동일한 것으로 묘사된다. 프램톤(K. Frampton, 1995, pp.58-59)은 이러한 도해방법은 주어진 뼈대 구조와 같은 구축적 형태의 구조적 분절을 정확하게 분석하는 데 제약이 있는 방법이기는 하지만, "기술적으로 결정된 형태의 본질과 주제의 객관적 특성화를 보여주고자 한 분석적 도해 방법"이라고 지적한다. 그것은 이 도해법이 건축공간을 체험하는 관찰자의 예술적 경험보다는 건축을 구성하는 객관적인 사실들을 묘사하는 추상적 개념의 속성과 그것들이 제공하는 정보의 양적 속성을 더 강조하기 때문이다.

슈와지는 이러한 구축적 수사법을 공간형식space form이 그 안에서 구축의 양식과 분리할 수 없는 완전한 실체로 제안하였다. 여기서 부차적인 구성부재들은 기후, 재료, 문화적인 상호작용의 영향으로부터 파생된 일련의 구성요소들로 제시되었다. 이 분석방법에서 중시하는 건축의 논리적 구성과 전형화된 추상화는 20세기 기계 시대의 모더니즘 건축가들에게 영향을 끼쳤다. 이 점에서 반 드 벤(Cornelis Van de Ven, 1980)은 슈와지가 뒤랑의 유형학적 평면과 비올레-르-뒤크의 구조적 합리주의를 가교하는 역할을 하였다고 평가한다 (슈와지의 도해법은 꼬르뷔지에, 칸 등과 같은 모더니즘 건축가뿐 아니라, 현대건축가 마리오 보타가 자신의 건축 공간구성과 형태의 논리를 보여주기 위한 표현수단으로 사용하고 있는 데서도 찾아볼 수 있다.)

## 구축은 수단이며 건축이 최종 결과이다.

프랑스 에꼴 데 보자르(École des Beaux-Arts)의 교수이자 건축이론가인 비올레-르-뒤크(Eugéne Emmanuel Viollet-le-Duc, 1814-1879)는 건축을 구조적인 논리성과 프로그램을 합리적인 관점에서 해석하는 접근 방법을 제시하여 영국의 러스킨, 독일의 젬퍼 등과 함께 20세기 모더니즘 건축의 구조 합리주의structural rationalism의 전통에 지대한 영향을 끼쳤다.(주5) 이성과 논리성을 진보의 추진력으로 간주한 비올레-르-뒤크는 역사의 전통과 새로운 시대의 요구를 모두 인식하여야 한다고 강조한다. 그는 역사는 연구되어야 하고 모방되어서는 안되는 것이라고 주장한다. 또 건축가에게는 무의식적인 추론과 직감이 아닌 이성의 원리에 근거한 논리적 분석 작업이 필수적이라고 보았다. 그는 새로운 테크놀러지와 재료에 의한 접근만이 에꼴 데 보자르 건축처럼 역사주의적인 절충 양식에 빠져 있는 건축을 소생시킬 수 있는 유일한 도구라고 주장하였다. 비올레-르-뒤크는 생각과 감정을 표현할 수 있는 새로운 형태를 모색하는 데 있어서 창조적인 힘을 다음과 같이 강조한다.

> "... 창조력은 우리 선조의 작품을 정확하게 이해하는 데서 키울수 있습니다. 선조의 작품을 아는 것은 맹목적인 모방을 의미하지 않습니다. 오히려 우리 자신을 발견하고, 선조가 남긴 비밀스러운 기술을 이용할 수 있음을 의미합니다... (하지만) 최고의 문명이 만들어낸 걸작품 뒤에 숨겨진 비밀을 밝혀내는 순간, 우리는 이 모든 비밀이 불과 몇 개의 원리로 요약된다는 것을 쉽게 알아차릴 수 있습니다. 결과적으로 이를 서로 혼합시켜 발전시키면, 끊임없이 새로운 것이 나옵니다."(Gijs van Hensbergen, 2001, p.110 재인용)

비올레-르-뒤크는『15~17세기 프랑스 건축계몽사전 *Dictionnaire raisonné l'architecture franáise du XLe au XVLe siécle,* 1854-1968』에서 "양식이란 원리에 기초한 이상ideal의 명시이며, 예술작품을 의미"(Kenneth D. Whitehead, 1990, p.23)한다고 주장한다. 그러므로 그게 있어서 양식은 합리적인 창조 과정의 자율적인 결과이다. 양식은 형태의 문제를 논리적으로 해결하는 작업에서 "보편적인 원리를 구체화하여 명시하는 것"으로, "그 목적에 적합한 예술의 형태를 만드는 데 기여하는 존재방식mode"(K. D. Whitehead, 1990, p.232)으로 간주하였다. 그는 양식style을 인간에 속하는 것으로 대상과는 무관하다고 보았다. 이것은 그가 양식을 대상의 외양에서가 아니라 오히려 형태가 발생하는 바로 그 순간에 존재하는 '관계'라는 관점에서 정의한 것을 의미한다. 이 점에서 다미쉬(Herbert Damisch, 1980)는 비올레-르- 뒤크에게 건축의 진실성은 그 재료의 경험적인 실재나 그 구성적인 형태 자체에 있는 것이 아니라, "형태와 본체, 즉 건축과 구축의 관계의 어디엔가 존재하는 것"(G. Hartoonian, 1994, p.17 재인용)이라고 지적한다.

비올레-르-뒤크는 자신의 건축이론과 건축 실무에 대한 논의를 '구축적 결정론과 구조적 표현'이라는 새로운 기초 ㄴ위에서 전개하였다. 그는 고대 그리스 건축과 중세건축의 전통을 다룬 그의 방대한 저술들에서 "건축의 유일한 결정인자는 구조와 기능"이라고 강조한다. 비올레-르-뒤크에게 진실한 건축이란 구조적인 기능과 미적인 형태가 유기적으로 통합된 중세의 고딕건축처럼 '구조가 합리적으로 표현된 건축'이다. 그에 따르면, "건축형태는 건물의 수단과 목적을 분명하게 표현하여야 하며, 그것은 구조와 프로그램의 논리적, 합리적 분석과 분류화 작업을 통해서 얻어져야만 한다." 그의 이러한 주장에는 프로그램의 해석은 기능을 담당하는 각 부분으로 분해하고, 그 부분들의 집합체로 이해하려는 실증과학적인 사고가 반영되어 있다. 따라서 그는 "건축가는 재료의 진실한 사용, 구조 시스템의 명료성, 그 해법의 경제성을 바탕으로 건축의 양식을 재발견해야 한다"고 구축적 접근의 중요성을 다음과 같이 역설한다.

> "진정한 건축이 되기 위한 2가지 필수적인 과정이 있다. 하나는 프로그램programe에 충실히 따르는 것이며, 또 하나는 구축 방법에 충실한 것이다. 여기서 전자는 필요에 의한 제반 조건을 정확하고 명료하게 만족시켜 주는 것을 의미하며, 후자는 재료의 특성에 맞추어서 재료와 구조방법을 선택하는 것이다.... 대칭이나 형태 같은 순수한 조형적 문제는 이러한 과정에서는 부차적인 조건이다."(E-E. Viollet-le-Duc, 1863-1872, p.29 / W. J. R Curtis, 1982, p.37 재인용)

도2-3a
E-E. 비올레-르-뒤크, 3000석 홀 계획안, 1886년경

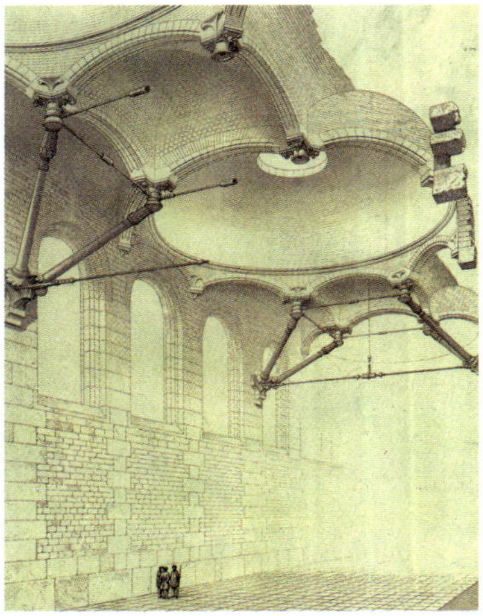

도2-3b
E-E. 비올레-르-뒤크, 조적구법 (Maconnerie), 1864년경

비올레-르-뒤크에게 '구축'은 수단이며 '건축'이 최종 결과이기 때문에, 건축과 구축을 함께 가르쳐 실무에 임하도록 해야 한다(구축의 예술 The art of construction, p202)는 주장한다. 특히 그는 19세기의 새로운 재료인 철재 골조의 부재를 전통적인 조적조 구축과 통합하는 문제에 깊은 관심을 보여왔다. 그는 '건축구조가 장식화 될 때가 가장 바람직한 것'이라는 그의 주장은 장식과 구축 논리의 존재론적 일체성이라는 구축성의 전통을 따르는 것이다. 그가 "장식은 사용된 재료와 일관성을 지니어야 하며 그 구조와 조화를 이루어야 하고, 프로그램의 첫 번째 개념이 되어야 한다"고 주장한 것은 바로 이런 이유에서이다. 그는 '장식'의 역할을 하는 '접합'의 개념을 구축적 형태의 필수적인 부분으로 간주하였다. 장식은 단순한 보충물이 아니라 구축과 의미(상징)의 간극을 메워주는 데 필요한 필수적 요소였기 때문이다.(도2-3a, b).

> "건축가들에게, 건설한다는 것은 재료를 그 특성이나 본성에 일치하도록 사용하는 것이다. - 이 모든 것은 가장 단순하고 견실한 수단으로 요구사항을 만족시키고, 건설된 대상에 지속성의 모습(외양)을 부여하며, 또 그것에 인간의 감각, 이성, 본능과 일치하도록 적절한 비례를 부여하려는 개념들로 행하지는 것이다. 빌더(건설자)의 방법들은 그가 가지고 작업하는 재료의 속성, 그가 이 재료들을 사용하기 위해 구사하는 수단들, 그가 만족시켜야 하는 인간의 요구사항, 그리고 그가 그 안에서 태어난 특별

> 한 문명에 대한 인식에 따라서 변해야만 한다."(E-E. Viollet-le-Duc, 1854-1868 ; Kenneth D. Whitehead, 1990, p.106 인용)

하투니안(G. Hartoonian, 1994, pp.17-18)은 "최상의 건축은, 그 장식화가 그 구조와 분리될 수 없는 상태의 것"이라고 강조한 비올레-르-뒤크의 주장은 (건축생산에서의 윤리적인 문제를 강조한) 러스킨의 관심이나 (정당한 디테일은 구조적으로 의미를 지닌 것이라고 강조한) 퓨긴의 주장과도 일맥 상통한다고 지적한다. 러스킨과 퓨긴이 건축의 윤리성, 고딕 건축의 합리성을 강조함으로 20세기 기능주의에 지대한 영향을 준 것처럼, 비올레-르-뒤크는 새로운 재료와 구조를 전통적인 방식과 통합시키는 구축성의 전통에 실제적인 제안을 함으로써 20세기 모더니즘 건축이 구조적 건축을 실현하는 데 영향을 끼쳤다. 비어만(Veronoca Biermann, 2003, (eds.) p.346)은, 비올레-르-뒤크의 건축이론에서 논의되어 온 "고딕 대 고전주의, 구축 대 장식화, 진실 대 거짓, 진보 대 아카데미즘, 공학과 예술로서의 건축 개념들은 20세기 초 모더니즘 건축에서 건축의 역할과 속성에 대한 양극화된 담론의 출현을 예견한 것"이라고 지적한다.

## 장식화와 피복은 의미 있는 상징 형태로 예술적, 문화적인 표현을 위해 필요하다.

러스킨과 동시에 활동한 젬퍼(Gottfried Semper, 1803-1879)는 (우리가 010에서 살펴본 바처럼) 건축의 물적 조건을 중시하는 예술이론을 주창하여 건축의 예술성과 프로그램, 그리고 구축과 관련된 합목적성의 통합이라는 문제에 당면한 20세기 모더니즘 건축가들 특히 바그너, 베를라헤, 설리반 등에게 지대한 영향을 끼쳤다. 젬퍼는 다윈의 진화론을 건축양식에 적용하여 건축의 기원을 직물, 세라믹, 목공예, 석공예, 금속공예 등을 포함하는 공예industrial arts의 발전과정에서 발견하고자 하였다. 젬퍼는 고대의 주거에 대한 현실적인 사례와 경험적 사실에 근거하여 로지에가 제시한 가상 구조물인 원시 오두막(Primitive Hut, 1753)의 개념을 비판하였다.(로지에는 2권 05를 참조할 것) 젬퍼는 이에 대해 다음과 같이 언급한다.

> " 건축에서 이용되고 있는 형태의 대부분은 공예 작품에서 유래한 것이다. 그리고 미와 양식의 규칙과 법칙들은... 기념비적인 예술이 존재하기 오래 전에 결정되어 실행되어졌다. 그러므로 공예의 작품들은 건축형태와 원리를 이해하는 기반과 실마리를 제공하고 있다."(Gottfried Semper, 1878 / Wolfgang Hermann, 1984, p.121 재인용)

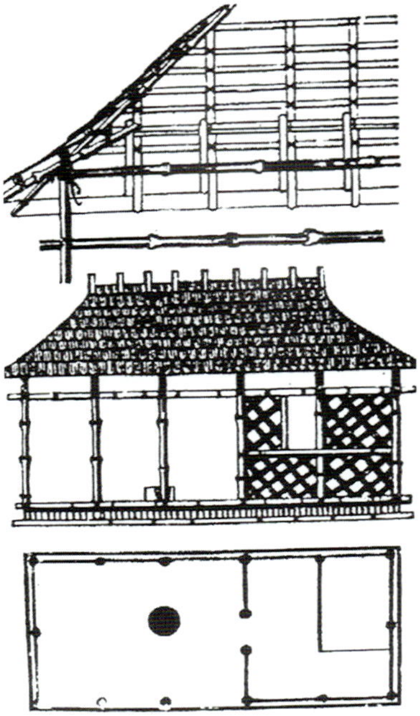

도2-4a, b
G. 젬퍼, 카리브해 오두막(출전 : Der Stil in den technischen und tektonischen Künsten, oder praktische Aesthetik, 1860-1863)

그러므로 젬퍼는 고대 원시주거의 벽은 융단이나 매트와 같이 매달아 거는 커튼hanging cloth으로 구성한 데서 유래하였다고 주장한다.(주6) 그는 1851년 팍스톤의 수정궁 전시회에서 전시된, 대나무를 직물처럼 직조하여 만든 카리브해 오두막Caribean Hut(도 2-4a, b)에서 발견되는 직물로 구성된 벽textile-wall이라는 개념에 주목하고, 이것을 바탕으로 자신의 건축이론을 발전시켰다, 여기서 젬퍼는 벽을 텍스쳐texture로, 즉 매트나 융단 커튼으로 간주하는 것은 태고적부터 고대의 주거에 장식과 색채가 포함되어 있다는 점에서 중요한 의미를 갖는다고 주장한다. 따라서 그는 초기의 구조물은 매듭의 형태였으며, 이로부터 텐트와 그 직물로 이루어진 유목민의 건축문화가 나온 것이라 주장한다. 그는 영구적인 구축물에서 스크린과 같은 벽체는 텐트로 지어진 유목민의 직물 형태의 흔적을 반영하고 있으며, 테라-코타 마감과 벽돌쌓기는 직조된 직물이 구축적으로 치환된 것이라고 보았다. 따라서 젬퍼가 가장 중요하고 오래된 보편적인 구축적 요소로 간주한 것은 매듭, 즉 접합joint이다.

젬퍼는 이러한 주장을 『건축의 4가지 요소 *Die Vier Elemente der Baukunst*, *The Four Elements of Architecture*, 1851』에서 구체적으로 발전시켰다. 여기서 그는 건축물의 4가지 생성요소로 중심으로서의 벽난로hearth, 테라스처럼 토대로 에워싸인 토루earthwork, 기둥(지지 시스템) 위의 지붕roof과 골조구조framework, 공간분할장치로 직조된 대나무 매트(담장), 즉 에워싸는 부재로서의 벽체wall를 제시한다. 그는 선형 부재를 조립하여 매트릭스를 만드는 작업은 골조의 구축성tectonics of the frame에, 무거운 덩어리solid, stero를 잘라서cut, tomia 쌓는 방식은 토루의 절석법stereotomics of earthwork에 기원을 둔 것으로 규정한다.(주7) 여기서 젬퍼는 압축부재인 토대나 내력벽의 조적식 구축방식(절석법)보다는 인장부재와 그 충진재의 구축방식(구축성)이 더 진화된 것으로 보고 여기에 중요성을 부여하였다. (이것은 비투르비우스가 제시한 고전적인 개념, 즉 유용성, 견실함, 아름다움(미)이라는 3부론적 개념을 근본적으로 파기한 것이다.)

젬퍼는, 인간이 만든 수공에 생산물의 법칙들은 재료의 특성, 그 의도된 재료의 용도(기능)라는 특성에 의해서 결정되어 발전해 온 것으로 인식하였다. 그는 건축행위의 과정은 "재료를 하나의 구성된 형태 안으로 결합시키는 것"이라고 정의한다. 따라서 그에게 형태생성인자로 채택된 재료, 그 특성, 그리고 형태와 형상에 미치는 부정적, 긍정적 영향 등은 매우 중요한 의미를 지닌다. 여기서 우리는 젬퍼가(010에서 살펴본 바처럼) 재료와 기능이 미치는 결정적인 영향을 중시하는 기능주의의 초기 단계를 인식한 것을 알 수 있다. 이러한 사실은 그가 재료의 참된 성질과 그 기술적인 사용 순서와 기구를 연구하고, 이러한 것을 용도상의 요구와 대상의 목적에 결합시킨다면 올바른 형태가 발견될 것이라고 주장한 데서도 알 수 있다. 그러나 무엇보다도 젬퍼는 건축형태의 벽체가 지닌 표현적이고 상징적인 속성을 인식하였다는 점이다. 그는 단순한 건물building은 문화적 가치의 표현을 통해서, 그리고 역사적으로 계승된 장식적 모티브와 요소들을 통해서 건축architecture의 상태로 고양된다는 믿음을 가졌다.(이에 대해서 슈마소(August Schmarsow)는 젬퍼가 건축공간의 경험과 관련된 공간의 형상학적인(존재와 관련된) 깊이의 차원보다 건물 파사드 표면의 표상적인 측면만을 지나치게 강조했다고 비판한다.)

젬퍼는 뵈티허와는 달리 구축성의 개념을 (음악, 무용과 함께 3인조를 이루는) '우주적인 예술형태'라는 포괄적인 의미로 정의하였다. 그가 건축을 2차원 또는 3차원의 정적인 형태가 아니라 동적인 속성을 지닌 공연예술로 간주한 것은 그 '상징성' 뿐만 아니라, 리듬의 법칙에 따라 '장식하고자 하는 인간의 충동'을 구체화하는 것으로 인식하였기 때문이다. 이 점에서 젬퍼는 "구축성은 인간의 예술적 기예skill의 산물을 실용적 측면이 아니라 예술가가 재료를 조성할 때 우주적 법칙과 규칙들을 표현하려는 의식적인 시도를 계시해 주는 부분들을 가지고 다루는 것" (W. Hermann, 1984, p.151 재인용)이라고 강조한다.

무엇보다도 젬퍼의 건축이론에서 가장 독창적이고 논쟁의 여지가 있는 부분은 그가 '건축에서 벽체가 그 직물에 기원을 갖는다' 고 주장한 점이다. 젬퍼는 재료의 표면을 피복하는 장식ornament에는 '구조적-기능적인 의미' 가 담겨 있어야 한다고 강조하였다. 장식은 대부분 건물의 본질적인 구조를 피복하여 위엄을 부여하는 데 기여하며, 역사적으로 항상 이러한 역할을 담당해 왔다는 것이 젬퍼의 생각이다.(주8) 『양식론 *Der Stil in den technischen und tektonischen Künsten, oder praktische Aesthetik, Style in the Technical and Tectonic art, or Practical Aesthetics,* 1860-1863』에서, 젬퍼는 이것을 마스크mask에 비유하여 구축적인 덮개tectonic veil의 창조를 강조한다. 이 구축적인 덮개는 이것을 통해서, 그리고 이것에 의해서 구축된 형태의 정신적인 의미를 지각할 수 있도록 하기 위한 도구이기 때문이다. 젬퍼가 "마스크 배후에 있는 사물이 거짓일 때, 마스크를 씌우는 것은 아무런 도움이 안된다" (K. Frampton, p.90 재인용)고 강조했듯이 그는 형태의 구축적 논리와는 무관한 위장을 경계하여야 한다고 역설하였다.

그러므로 젬퍼는 물질적인 것 이상의 다른 인자들이 예술가와 그 창조물에 끼친 중요한 영향에 주목하고, 장식화embellishing를 인간의 예술적 표현의 기본적 원리라고 주장한다. 장식화와 피복행위(covering, dressing, cladding, P.205)는 "형태가 의미 있는 상징으로서, 독립된 인간의 창조물로서 존재하는 경우에 예술적, 문화적 표현을 위해 반드시 필요한 것" 이기 때문이다. 젬퍼에 따르면, 이러한 상징적 형태는 건물 자체와 그 '구조적 특성' 에 주목하고, 또 (건축물이 지어지는) 특정 시대를 특징짓는 '초월적 이념의 산물' 로 인식하는 과정을 통해서 얻어진다는 것이다. 이 상징적 형태는 내부의 공간적 배치가 아니라 건물의 파사드인 피막skin을 통해 표현된다. 여기서 카펫의 커튼처럼 직조된 벽체의 표면들은 건축물에 그 자신만의 독특한 외관을 부여하며, 아울러 공간을 한정하는 역할을 수행한다.

그러므로 우리는 젬퍼가 '건축을 구축되는 물질적 특성과 그 시대를 특징짓는 초월적 이념의 산물' 로 정의한 것에 다시 한번 주목할 필요가 있다. 왜냐하면 젬퍼는 『양식론, 1860-1863』에서, 자신이 전개하는 "구축적-기술적 해석작업은 건축의 본질을 단지 구축이나 역학적인 진보에만 있다고 보는 근대적인 물질주의와는 무관한 것" (W. Hermann, 1984, p.121 재인용)이라고 주장하였기 때문이다. 젬퍼는 재료는 그것이 중요하더라도 건축형태의 형상에 영향을 미치는 가장 중요한 첫번째 계수(係數)는 아니라고 강조하였다. 물질(재료)이 이념에 순응하여야지, 이념이 물질(재료)로부터 전개되어서는 안된다는 것이 그의 주장이다. 젬퍼는, 뒤랑처럼 이념보다 물질적 중요성을 강조하는 건축가는 건축형태의 보고가 본질상 재료에 의해 조건지워진다는 점만을 강조하는 것으로, 이것은 스스로에게 철의 족쇄를 채우는 행위라고 비난하였다.

이 점에서 프램톤(K. Frampton, 1995, p.88)은, "젬퍼가 표면장식이나 두께가 얇은 3차원의 부조relief처럼 직물 피복하는 작업이 지닌 상징적 의미를 그것이 적용되는 형태의 물체성corporeality보다 더 중시하였다"고 지적한다. 또 이것은 "정신을 물질의 절석법적인 둔중함에서 해방시켜 표면의 그물망식 조직에 집중시킴으로써 (마치 팍스톤의 수정궁에서처럼) 형태를 빛 속으로 해체하기를 열망하여 탈물질화dematerialization 하는 것" 이라는 측면에서 다분히 헤겔미학적인 개념을 반영하고 있다는 것이다. 젬퍼가 직물에서 발전해온 것으로 해석한 벽체의 장식화 및 피복의 개념 등은 모더니즘(특히 미스 반 데어 로에)과 현대건축(특히 헤르조그와 드 뫼롱, 피터 줌터)에서 구축성의 논리 안에서 예술적 표현과 상징 의미를 탐구하는 데 중요한 토대를 제공하여 왔다.

## | 철, 유리, 콘트리트의 건축 : 앙리 라브르스트 | 오귀스트 페레 | 페트루스 베를라헤 |

19세기에 산업화의 발달로 가능해진 철과 유리, 콘크리트와 같은 새로운 근대적 재료들은 현대성modernity을 모토로 하는 건축가들에게 새로운 형태의 조형성과 그 미적 지각이라는 중요한 탐구 과제를 제공하여 왔다. 우리는 20세기 모더니즘 건축에서 발견되는 '구조의 비물질화', '공간의 추상화', 그리고 그 결과로서 '표면의 투명성', '내부와 외부 사이의 반추적인 관계성reflexive realtionship' 등의 개념들은, 19세기 만유기계론mechanomorphism (삼라만상은 기계론에 의해 완전히 설명이 가능하다는 설을 주장하는 철학의 일종)과 건축의 구축적 전통을 탐구해온 건축가들의 작업에 그 기원을 둔 것이라는 사실을 주지하여야 한다. 건축의 본질과 그 생성 원리를 철학적, 미학적, 직관적으로 생각하기 보다 구조, 재료, 공법 등의 관점에서 접근하려는 이러한 건축적 사고는 모더니즘 태동기인 19세기 중반과 20세기 초에 활동한 건축가들과 공학자들에게 계승, 발전되어 왔기 때문이다.

특히 이 시기에 대량생산이 가능해진 철재는 주조가 가능하고 유동적이어서 조적방식의 구축이라는 전통적인 규칙을 따르지 않았기 때문에 철도역사, 마켓 홀, 전시장 구조물, 쇼핑 아케이드, 갤러리 미술관 등 공업도시의 여러 유형의 건물들에 체택되기 시작하였다. 표준화된 철재 부재의 조립화로 넓은 스팬과 유리면의 확보가 가능해짐에 따라 건물의 매스는 해체되고 공간이 부상하게 되었다. 또한 철재는 기둥에서 세장한 지주에 이르기까지 지지부재를 감소시킴으로써 고딕 건축의 뼈대 뿐만 아니라 자연의 그것과도 유사한 유기적 형상의 구조 시스템을 고안하는 가능성을 제공하였다. 이 시기에, 라브르스트, 페레, 아르누보Art Nouveau 운동의 건축가들(오르타, 반 드 벨데, 귀마르 등), 그리고 베를라헤 등과 같은 구조 합리주의자들은 새로운 재료와 구조, 프로그램의 분석을 통해서 얻어지는 논리적이고 합리적인 건축을 추구하는 사고의 전통을 보여주고 있다.

### 건축의 입체성은 매스보다는 각각의 부재가 조립되는 방법에 달려있다.

19세기 중반 프랑스 건축가 라브르스트(Henri Labrouste, 1801-1875)는 당시 유행하던 에꼴 데 보자르 건축과 절충주의는 기능과 형태가 분리되어 있기 때문에 건축에 치명적인 해악이라고 비판하였다. 그는 보자르적인 드로잉만이 학생들이 배워야 할 것이 아니며, 건축술art of building에 접하여 훈련받을 필요가 있다고 역설하였다. 라브르스트는 구조적 고전주의(주9)의 계보를 따라 구조적 합리성과 기능적 요구 사항을 중시하는 디자인 교육과정을 중시하였다. 그는 스승 비올레-르-뒤크의 구축성의 논리를 계승하여 (건축형태는 그것이 기여하도록 의도된 기능에 합당해야 할 뿐만 아니라) "건축의 입체성은 매스보다는 각각의 부재가 조립되는 방법에 달려있다"고 주장하였다. 그는 뒤랑이 주장한 유형학적 구성방식의 추상적인 엄격함의 한계를 구축적인 혁신과 상징화를 통해서 발전시켜 극복해 나갔다.

그러므로 라브르스트는 자신의 건물에 테크놀러지와 수공예를 공공기관 건물의 이미지를 만들어내는 데 적용하여 구축적 표현성tectonic expression을 탐구하여 왔다. 그는 비올레-르-뒤크와 마찬가지로 "구조 자체로부터 합리적이며 표현적인 장식을 도출하여야 한다." (S. Giedion, 1941, 1967, 최창규 역, 1979, p.200)고 강조한다. 특히 건물의 장식화는 이러한 구축의 프로세스에서 직접적으로 유도되어야 한다고 주장하였다.

라브르스트가 설계한 파리의 **성 쥬느비에브 도서관**(Bibliothéque Ste-Geneviéve, Paris, 1843-1851)(도2-5a, b)과 **국립 도서관**(Bibliothéque Nationale, Paris, 1857-1867)(도2-6)은 공공 건물에 주철 구조를 고딕적인 방

도2-5a, b
H. 라브르스트, 성 쥬느비에브 도서관, 파리, 프랑스, 1843-1851

도2-6
H. 라브르스트, 국립도서관, 파리, 프랑스, 1857-1867

식으로 사용한 최초의 예로, 그 당시 사회의 테크놀러지가 제공하는 구조와 재료를 현대적으로 재해석하고 이것을 건축의 본질로 표현하고자 한 작품들이다. 세장한 금속부재와 분절된 조적식 벽체가 함께 중첩되어 대조를 이루고 있는 이 건축물들에서는 '그 시대가 제공하는 재료의 사용' 을 강조한 비올레-르-뒤크의 구조적 합리성과 도덕성의 개념이 반영되어 있다. 특히 성 쥬느비에브 도서관 건물 외관은 전통적인 신고전주의 양식의 수법인 조적식 벽식 구조로 되어 있지만, 도서관 건물의 볼륨을 감싸고 있는 연속적인 평탄한 파사드의 표면들은 구조와 장식의 일체성을 강조한 비올레-르-뒤크의 사상과 피복의 개념을 중시한 젬퍼의 전통을 따르고 있다. 특히 경량의 철재 구조로 이루어진 내부공간에서, 기다란 이중의 네이브 형식으로 된 주철재의 뼈대 구조와 부재 선들의 망이 만들어내는 구조의 비물질성, 그리고 내부공간의 부유하는 듯한 투명성의 이미지는 구조를 중시한 구축성의 전통을 반영하고 있다. 파리의 국립 도서관에서도, 성 쥬느비에브 도서관에서 채택한 것과 동일한 공법으로 철재와 유리지붕으로 덮힌 열람실과 다층의 단철 및 주철 서고의 내부공간을 구축하였다. 여기서 실내는 상부의 유리 돔의 천창 채광을 통해서 빛이 유입된다.

라브르스트의 성 쥬느비에브 도서관과 거의 같은 시기에 팍스톤(Joseph Paxton, 1801-1965)이 설계하여 완성된 **수정궁**(Crystal Palace for the Great

도2-7a, b
J. 팍스톤, 수정궁, 런던, 영국, 1850-1851

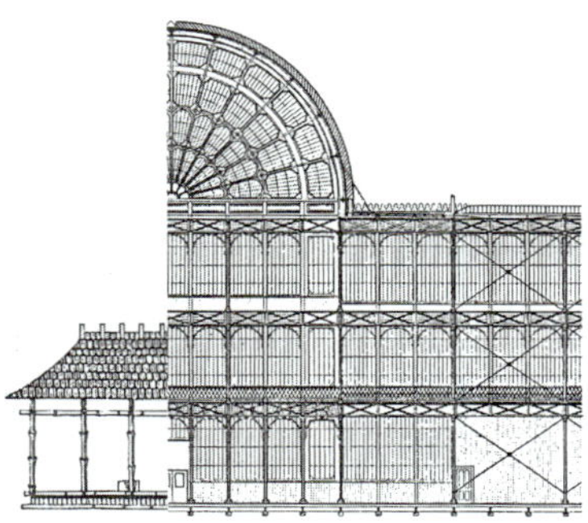

Exhibition, London, UK, 1850-1851)(도2-7a, b)은 18, 19세기의 철과 유리의 테크놀러지를 훌륭한 미학적 해법으로 통합시킨 첫 작품으로 평가되고 있다. 우리는 이 건물에서 19세기의 새로운 재료인 철골 구조와 규격화 부재의 조립식 공법이라는 테크놀러지를 바탕으로 착상, 제작 및 운송, 건설과 해체에 이르기까지 총체적인 시스템으로 이루어진 건설과정을 볼 수 있다. 특히 여기서 격자세공이 모두 노출되어 평행 또는 사선의 정교한 그물망들이 만들어내는 투시적 효과는 그 많은 부재 선들의 흐름이 깊이와 거리를 측량하기 힘든 상태로 지각됨으로써 투명한 빛 속으로 사라지게 한다. 그 결과 유리, 금속 부재, 목재 등 표준화된 부품들로 구성된 유리면들은 전례 없는 투명성, 가벼움이라는 공간감을 만들어낸다. 팍스톤은 이 건물에 적용된 지지 구조support structure와 유리 피막galss skin의 관계를 '테이블과 테이블보'로 비유하여 설명였다. 여기서 그는 테이블이 변화하는 조건들과 용도에 따라 다양화될 수 있는 가능성을 부여하기 위해서 테이블보에 해당하는 '유리 피막'의 새로운 건설방법에 심혈을 기울였다고 설명한다.(팍스톤의 이러한 비유는 후에 젬퍼가 피복의 개념을 발전시키는 데 영향을 미치었다.) 공학기술에 의한 이러한 성취는 이후 에펠(Gustave Eiffel, 1832-1923)의 **에펠탑**(Eiffel Tower, Paris, France, 1884-1889)(도2-8), 듀떼르트와 콩타민(Charles-Louis-Ferdinand Dutert, 1845-1906 & Victor Contamin, France, 1840-1893)이 설계한 **파리 박람회의 기계관**(Galerie des Machine, France, 1887-1889)(도2-9) 등에서 엔지니어 미학의 전통으로 계승, 발전되었다. 특히 기계관은 고가식 궤도를 달리는 관람용 플랫폼이 설치되어 전체 공간을 빠르게 왕복하고 있어 전시된 기계를 관람하도록 하였을 뿐만 아니라, 그 자체가 "하나의 전시하는 기계exhibiting machine"로 의도된 것" (K. Frampton, 1980, p.35)이다.

도2-8
G. 에펠, 에펠탑, 파리, 프랑스, 1884-1889

19세기 말에, 라브르스트처럼 그 당시 양식주의적인 장식의 혼란에서 벗어나 구조 합리주의가 강조한 구조체의 본질적 성격과 그리스 고전 건축의 플라토닉 형태platonic form의 미학적 특성이라는 두 가지 전통의 조화, 즉 그레코-고딕의 이상Greco-Gothic Ideal은 쇼아지의 제자이며 기술자, 건축가인 오귀스트 페레(Auguste Perret, 1874-1954)에게서 진일보되어 나타난다. 진부한 양식적 역사주의와 환원적인 기능주의라는 함정에 빠지지 않고 철근 콘크리트와 같은 근대적인 구축적 수단으로 고전적인 정교함의 미적 조화를 탐구하여 모더니즘 건축의 발전에 공헌한 건축가로 평가되고 있다.

도2-9
C-L-F. 듀떼르트 & 콩타민, 기계관, 파리, 프랑스, 1887-1889

페레는 "건축형태의 생성은 구축적 방법과 재료에 의해서 결정되는 구조적, 미학적 가능성을 바탕으로 하여야 한다"고 주장하였으며, 평생동안 뼈대구조의 표현성의 문제를 탐구하였다. 그는 그리스 건축의 전통적인 목조 골조구조의 수법을 따라서 새로운 재료인 철근콘크리트 구조 시스템에 적합한 새로운 형태 양식의 조형적 잠재성과 세부표현을 부여하고자 하였다. 페레는 건물 파사드에 그 시설instiution의 사회문화적인 지위에 따라—공공 건물, 개인주택 등—위계적으로 다양하게 표현을 부여하고자 하였다.

페레는 자신이 죽기 2년 전에 쓴 『건축의 공헌과 이론 *Contribution á une théorie de l'architecture,* 1952』에서 "건축은 공간을 구성하는 예술"이며, "건축이 그 자신을 표현하는 것은 구축을 통해서이다." 라고 다음과 같이 주장한다.

> "이동가능하든 부동의 것이든 공간을 점유하는 모든 것들은 건축의 영역에 속한다. 건축은 공간으로부터 그 자신을 구성하며, 공간을 한정하고, 에워싸며, 둘러싼다. 그것은 정신의 온전한 작업인 신비로운 장소를 창조하는 그 특권을 갖는다. 건축은 모든 예술적 표현 중에서 물질적 조건에 가장 종속되어 있다. 그 영속적인 조건들은 자연에 의해 부과되며, 일시적인 조건들은 인간에 의해 부과된다. 온도의 변화가 있는 기후, 재료와 그 특성, 안정성과 정역학의 법칙, 시각적 변형, 선과 형태의 영속적이고 보편적인 방향성 등은 영속적인 조건들을 부과한다. 과학적 사고와 직관의 덕택으로 용기, 포르티코portico, 기능적 요구에서 발생하는 기관들의 다양성을 그 통일성 안에서 수용할 수 있는 탁월한 은신처를 고안하는 사람은 건축가이다."
> (August Perret, 1952 / K. Frampton, 1995, p.152 재인용)

또 그는 구축의 시학적 우월성에 대해 다음과 같이 언급하고 있다.

> "구축은 건축가의 모국어이다. 건축가는 구축의 측면에서 생각하고 말하는 시인이다. 우리 시대의 규모가 큰 건물들은 골조구조, 즉 철재나 철근 콘크리트로 만들어진 뼈대구조를 전제로 한다. 골조구조의 건물에 대한 관계는 뼈와 동물의 관계와 같다. 마치 동물의 뼈가 리드미컬하고, 균형잡힌 대칭이며, 다양하게 배치된 각양 각색의 기관들을 포함하며 지지하는 것처럼, 건물의 골조도 리드미컬하고 균형잡히고 대칭적으로 구성되어야만 한다. 그것은 기능과 지위에 의해 요구되는 다양한 서비스시설, 그리고 다양하게 배치된 각양 각색의 기관들을 포함할 수 있어야만 한다."(August Perret, 1952, K. Frampton, 1995, p.153 재인용)

그러므로 페레는 구축적 형태와 구조를 흉내내는 것을 거부한다. 그는 (01에서 살펴본 아돌프 로스가 주장했던 것처럼) "진실한 예술은 장식decoration을 전혀 필요로 하지 않기 때문에 장식 예술은 금지되어야 한다"고 주장하였다. 따라서 페레는 진부한 모조품에 반대하였다. 그는 젬퍼처럼 뼈대(골조)의 중요성을 강조하며, 구조 합리주의자 비올레-르-뒤크가 구조와 장식의 통합을 중시한 전통을 따르고 있다. 페레가 형태를 그릇된 장식으로 치장하는 '장식되어진 구축' 보다는 형태의 구축적 특성을 드러내는 '구축되어진 장식' 을 최고 수준의 기념비적인 건축에서 발견되는 특성으로 간주한 것은 이러한 이유에서이다. 이 점에 대해 페레는 다음과 같이 언급한다.

> "골조의 어떤 부분을 감추는 사람은 건축에서 그 유일한 합법성을 빼앗는 것일 뿐만 아니라, 건축에서 그 가장 아름다운 장식을 제거하는 것이다. 기둥을 은폐하는 사람은 큰 실수를 하는 것이며, 가짜 기둥을 만드는 사람은 범죄를 저지르는 것이다."(August Perret, 1952 / K. Frampton, 1995, p.154 재인용)

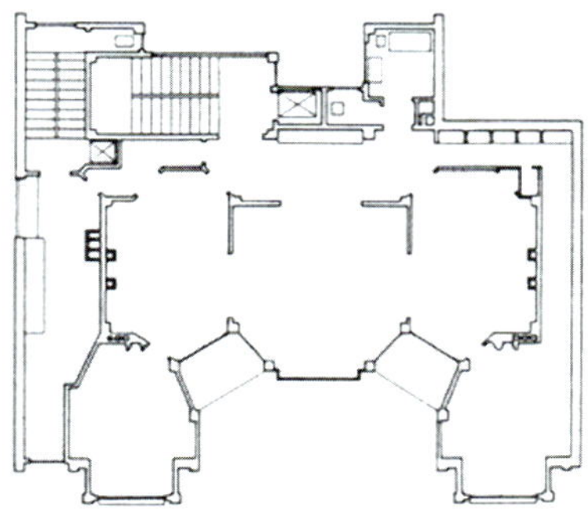

도2-10a, b
A. 페레의 프랭클린 25번가 아파트, 파리, 프랑스, 1903-1904

페레는 인간과 자연에 종속하는 건축물에서 "특성character, 양식style, 조화harmony는 미의 진리에 이르는 시금석" 이라고 강조한다.(주10) 프램톤(K. Frampton, 1995, p.156)은, 페레의 작품에서 추구되어온 구축성의 전통을 (1) 구조 골조를 독립가능한 질서를 부여하는 원리로 표현한 점 (2) 접합에 기술적-시학적인 지렛대로서의 중요성을 부여한 점 (3) 전통적 특징을 재해석하여 이것이 여전히 문화적인 연속성을 표현하도록 한 점 (4) 구축적 문명의 찬양처럼 코니스, 프랑스풍의 창, 나선형의 계단과 같은 주요 구성 부재에 대한 강조 (5) 전사가능한 방법으로서 합리성에 대한 집착과 규범적 문화의 연속성과 발달에 대한 헌신 등으로 설명하고 있다. 또 그는 페레를 고전적 전통과 새로운 재료의 통합을 추구하였으며, 이론과 작품을 통해서 "질서 대 무질서, 골조 대 충진재, 영구성 대 비영구성, 이동성 대 비이동성, 추리력 대 상상력 등과 같은 대립적인 개념들"(K. Frampton, 1980, p.108) 에 중요성을 부여한 건축가라고 평가한다.

도2-11
A. 페레, 노트르담 교회당, 파리, 프랑스, 1922-1923

페레는 아파트 건물에 인방조식 콘트리트 구조를 적용하여 설계한 파리 **프랭클린 25번가의 아파트**(Apartment Building at 25 bis rue Franklin, Paris, France, 1903-1904)(도2-10a, b)에서, 전통적인 목조뼈대 구조를 건축형태의 순수한 표현으로 나타내고 있다. 여기서 그는 철근콘크리트 뼈대(리브)가 목재로 된 가구식 구조를 직접적으로 표현하여 암시하도록 타일(충진재)을 붙이고, 창 또는 도자기제 모자이크 패널로 충진하였다. (이 뼈대구조와

도2-12a. b
A. 페레, 가르니에의 공업도시 계획안, 1917

이로 인해 가능한 개방평면open plan은 후에 르 꼬르뷔지에에서 자유로운 평면free plan으로 진척되어 간다.) 퐁뒤오의 주차장(Garage in the rue de Ponthieu, Paris, France, 1906-1907), 파리 근교 랑시의 **노트르 담 교회**(Norte-Dame-de-la-Consolation, Le Raincy, near Paris, France, 1922-1923)(도2-11) 등은 회반죽으로 마감하지 않은 철근 콘크리트 공법을 이용한 구조적 명확성을 바탕으로 구조 요소를 고전적인 비례로 구성하여 외부에 표현한 작품들이다.(페레는 퐁뒤오 주차장 건물에서 외부는 공공적인 외관을 갖는 반면에, 내부의 갤러리와 측랑ailse은 실용적인 성격의 구조형태로 표현하는 방식으로 파사드의  표현성에 위계를 부여하였다.) 페레가 탐구한 철근 콘크리트의 미적, 구조적 가능성은 그의 연구생이었던 토니 가르니에(Tony Garnier, 1869-1948)가 가상도시로 제안한 **이상적인 공업도시 계획안**(Une Citè industrielle : ètude pour la construction des villes, 1917)(도2-12a, b)에서 공공 구조물에 조경요소를 도입하여 건강, 실용성, 미적 측면에서 독창적인 방식으로 형상화되어 나타난다.

## 신 공법과 재료는 새로운 조형성과 공간성 탐구의 가능성을 제공한다.

19세기 말과 20세기 초에 유럽을 중심으로 그래픽 예술, 수공예, 건축분야에서 전개된 새로운 예술운동인 아르누보Art Neuvou가 예술과 건축에서 유행하고 있던 역사적 절충주의로부터 탈피하여 새로운 예술의 표현을 위한 실험으로 전개되었다. 유겐트스틸(Jugendstil)로도 불린 아르누보는 보자르풍의 고전주의적인 기념비성 대신 유리와 금속 부재의 구조물로 가능해진 경량감과 경쾌함을 탐구하고, 자연으로부터 영감을 얻어 유기적인 추상적 곡선의 형태를 창안하고자 시도하였다. 이 시기에 오르타(Victor Horta, 1861-1947), 벨데(Henry van de Velde, 1863-1957), 귀마르(Hector Guimard, 1867-1942) 등이 설계한 아르누보 스타일의 작품에서 보여지는 특징들은 건물에서 작용하는 힘의 흐름에 대한 강조, 형태와 재료의 정직한 사용, 외부와 내부의 일치를 추구하는 윤리적 태도, 그리고 수공예적 작업을 통한 즐거움이라는 사회적 요청에 따라 접근한 결과이다.

특히 이 운동의 주도적 인물이었던 오르타는 회화의 2차원적인 선적 구성의 독창성과 대등한 3차원적인 건축 작품을 근대적 재료인 철재로 만든 자연 형태의 유기적 장식을 통해서 창조하고자 하였다. 프랑스 구조합리주의자인 비올레 르-뒤크는 아르누보 운동이 철재와 같은 새로운 재료의 구조적 가능성을 표현하는 데 영향을 끼쳤다. 또 영국의 수공예 운동을 전개한 모리스는 일상적 용도를 지닌 모든 대상들의 미적 및 도덕적 특성들의 이상을 표현하는 데 영향을 끼쳤다. 이러한 사실은 벨데가 장식화ornamention과 장식ornament을 구분하고, 여기서 전자를 단순히 덧붙인 것으로 후자를 형태의 내적인 구조적 힘이나 기능적인 아이덴티티를 솔직하게 드러내는 것으로 정의한 데서도 알 수 있다.

이 점에서 커티스(William J. R. Curtis, 1996, pp.55-59)는, 아르누보라는 새로운 양식은 '영국의 윌리엄 수공예 운동의 형태적 영감, 프랑스의 구조합리주의의 구조에 대한 강조, 그리고 자연으로부터 추상화된 형상과 구조를 종합한 것' 이라고 지적한다. 그러므로 일부의 건축 비평가들이 아르누보 운동이 장식화 경향과 수공예적인 제작논리의 한계를 극복하지 못하였다고 지적함에도 불구하고, 이 운동은 철, 유리, 콘크리트와 같은 새로운 재료를 활용하여 고전주의의 경직된 평면에서 탈피하고 기능을 지향한 자유로운 곡선과 유기적 공간을 만들고자 시도한 점, 그 결과, 무엇보다도 건축의 해부학적 구조와 공간적 특성에서 근본적인 변화를 가져오는 계기가 되었다는 점을 주목할 필요가 있다.

오르타가 구조 부재와 자유로운 표현문양, 유리를 사용하여 설계한 **타셀 저택**(Tassel Residence, Brussels, Belgium, 1892-1893)(도2-13)은 건축과 장식 예술의 통합을 보여주는 성숙한 아르누보 건축의 작품으로 새로운 형태의 원리들을 제시한 것으로 평가되고 있다. 이 주택에서 오르타는 새로운 재료인 철재를 "마치 돌의 관성을 무력화하기 위해 건물의 골조에 삽입된 유기적인 섬유"(K. Frampton, 1980, p.68)처럼 조형적으로 해석하였을 뿐만 아니라, 18세기 파리 저택의 경직된 형식을 탈피하고 개방적인 계획으로 내부 평면의 자유로운 공간배치를 만들어냈다. 여기서 근대적 재료를 사용하고 금속 장식을 위해 자연 형태에서 얻는 영감을 중시한 점에서 구조 합리주의자 비올레-르-뒤크의 영향이 발견된다. 특히 건물에서 계단을 포함한 널찍한 공간에서 금속 구조물과 덩굴 같은 장식문양은 난간, 벽지, 바닥 모자이크 패턴 등으로 점진적으로 변해가면서 솔직하게 표현되어 공간의 투명성과 유동성을 만들어내고 있다. 이 유동적인 공간의 연속성은 아르누보 스타일의 역동적인 식물 장식의 곡선 등을 통해 선적, 평면적인 조형성과 투명성을 지닌 추상적 공간의 특성을 보여주는 것이다. 이러한 실험적 공간 개념은 모더니즘 건축의 투명한 공간개념에 영향을 끼쳤다. 대량생산되어 서로 교환가능한 표준 철재

도2-13
오르타, 타셀 저택, 브루셀, 벨기에,
1892-1893

도2-14
H. 귀마르, 지하철 입구, 파리, 프랑스, 1899-1900

와 유리 부재를 사용하여 만든 선형적인 표현성은, 귀마르가 자연에서 유추하여 형상화한 **파리 지하철 입구**(Étoile Metro Station, Paris, France, 1899-1900)(도2-14)에서도 찾아 볼 수 있다.

20세기로 넘어가는 전환기에 네덜란드 건축가 베를라헤(Hendrik Petrus Berlage, 1856-1934)는 역사적인 형태보다는 재료와 건설 방법 등 구축성의 주제에 기반을 둔 진정한 근대적 양식에 관심을 갖고 탐구하였다. 젬퍼와 비올레-르-뒤크의 전통을 따르고 있는 베를라헤는 러스킨, 모리스 등처럼 윤리적 측면, 즉 진실성과 관련시켜 건축적 문제를 현실적으로 이해하고자 하였다. 베를라헤는 근대적 양식을 "공간의 우월성, 형태의 창조자로서 평탄한 벽의 중요성, 명확한 비례관계의 필요성, 재료의 솔직한 표현"(K. Frampton, 1980, p.71) 등의 관점에서 언급하였다. 그는 "건축은 공간을 에워싸는 예술"이며, 구조적으로나 장식적으로 이러한 가치가 공간에 존재해야 한다고 주장하였다. 특히 라이트의 유럽 순회 전시작품과 라킨 빌딩을 직접 보고 감명을 받은 베를라헤는 "우리의 창조의 목표는 공간예술이며, 그것이 건축의 정수이다"라고 주장하였다.

> "모든 다른 것 이전에 벽체는 그것의 모든 매끄러운 아름다움으로 적나라하게 보여져야 하며, 그것 위에 고정된 어떤 것은 장애물이므로 회피되어야 한다... 대가의 예술은 이 점에서, 즉 외관들의 스케치가 아니라 공간의 창조에 놓여 있다. 공간적 외피는 벽체에 의해서 확립되고, 그것에 의하여 공간은... 벽체의 복합성에 따라서 드러난다."(H. P. Berlage, 1908 / K. Frampton, 1980, p.71 재인용)

새로운 재료와 공간을 탐구한 베를라헤는 건축 형태를 단순성, 명확성, 그리고 구조와 재료의 정직한 표현을 바탕으로 만들고자 하였다. 따라서 그는 "건축에서 장식과 치장은 전적으로 본질적이지 못하며, 공간-창조와 매스들의 관계가 건축의 진정한 본질이다"(William J. R. Curtis, 1996, p.153 재인용)라고 주장한다. 특히 20세기 초 모더니즘 건축에 영향을 끼친 그의 작품에서 석조의 본질적인 역할과 벽면에 대한 탐구는 그가 젬퍼의 '피복'에 대한 개념을 구축성의 전통으로 해석하여 수용한 것이다. 이러한 태도는 후에 미스가 자신의 작품에서 조적조와 철, 유리로 구성되는 외피의 잠재성을 탐구하는 데 영향을 끼쳤다.

도2-15a, b
P. 베를라헤, 증권거래소, 암스테르담, 네덜란드, 1893-1903

암스테르담 소재의 **증권거래소**(Stock Exchange, 1893-1903)(도2-15a, b)는 비올레-르- 뒤크, 젬퍼 등의 건축이론과 네덜란드의 오랜 구축적 전통의 영향을 반영하는 금욕적인 벽면과 재료의 솔직한 사용을 보여주는 작품이다. 여기서 엄격한 형태로 단순화한 중후한 로마네스크 풍의 내력 벽돌구조와 (줄무늬 돌세공의 흔적이 제거된) 평탄한 외벽은 구조적 합리주의자의 원리들에 따라 분절된 것으로, '형태의 창조자로서의 벽의 중요성과 체계적인 비례' 에 대한 그의 표현의지를 강하게 보여준다. 내부 홀 공간에서 벽돌과 석재는 근대적인 재료의 하나인 주철재의 유리지붕과 함께 결합되어 있으며, 합리적인 구조체와 재료의 노출방식으로 전체 형상 및 디테일을 구조적인 관점에서 솔직하게 표현하고 있다.

# 022 테크놀러지와 형식의 표현성

## 제작의 논리logos of making에서 제작의 프로세스process of making로

모더니즘 건축의 구축성을 연구한 하투니안(G. Hartoonian, 1994, p.29)은, 과학기술이 발전하기 시작한 17세기 말 이후 고전적 의미의 구축성은 예술가들이 예술품의 기술적인 요소들을 사용하는 방식을 의미하는 기술technique로 대체되었다고 지적한다. 더욱이 18세기 후반에 기계화가 도래함에 따라, 예술과 과학사이의 존재론적 관계는 사라지고 실증주의적 합리성이 제작의 논리성을 대체하는 현상이 진행되었다. 19세기에 모리스, 비올레-르-뒤크를 포함한 많은 건축가들도 여러 건축 담론을 통해서 서로 관련된 2가지 주제를 제시하였다. 그것은 생산품의 사회문화적 가치는 역사적으로 결정된다는 '역사주의' 의 태도를 취하면서 건축과 그 시대의 동시대적인 관계에 대한 개념을 전개하는 것, 그리고 테크놀러지의 향상을 통한 사회적 발전에 대한 연구, 즉 '진보' 에 관한 것이다.

햅폴드(Ted Happold)는 테크놀러지가 우리의 시야를 확장하여 새로운 가능성을 열어줌으로써 새로운 통찰력을 제공해 준다는 점에서 창조적이라고 지적한 바 있다. 구축성의 전통을 중시하는 건축가들은 테크놀러지를 건축의 본질적 요소로 간주한다. 그리고 이것을 건축으로 전환할 수 있는 가능성과 건축의 실용적인 성분 요소에 대해 탐구하는 작업을 출발점으로 삼는다. 모더니즘 시기에 상당수의 건축가들은 구조적 혁신을 통해서 건축 공간과 형태의 혁신적 변화와 진보의 가능성을 탐구해 왔으며, 그 건축 미학을 위한 준거틀로 테크놀러지를 신봉하여 왔다.

그러므로 20세기 모더니즘 시기에 테크놀러지는 모든 문화적 가치를 초월하는 것으로 인식되었으며, 또 그것은 합리적인 활동을 보증하는 수단을 의미하였다. 이 시기에 건축가들은 예술, 특히 건축과 테크놀러지 사이에는 강한 관계가 존재한다는 사실을 인식하였다. 따라서 건축은 기술적인 사실들을 흡수하여 이것들을 건축적인 형상으로 변형시키는 작업으로 보편적으로 받아들여졌다. 그 결과 예술 자체의 오브제objects d'art와 기술적인 오브제techniacl objects가 구별되기 시작하였다. 또 이 시기에 기계는 그 완벽한 실용성, 부품들의 경제성, 단순성, 아름다움으로 인해 예술적 창조를 위한 이상적 모델로 간주되었다. 기계에 대한 이러한 인식의 결과로 건축은 일상의 실용품과 같은 상태로 전락하였으며, 디자인 또한 생산라인의 과정을 반영하는 것에 불과한 것으로 인식되었다. 콜훈(Alan Colquhoun, 1981)이 지적한 바처럼, 이 시기의 건축은 그 형상figure으로서의 특성을 상실하고 명백하게 기능적인 오브제인 형태form로서의 특성을 지닌 것으로 간주되었다.

따라서 20세기 초 모더니즘 건축에서 추상화와 테크놀러지는 밀접한 관계 속에서 논의되어 온 주제이다.(주1) 기계화된 생산양식의 출현으로 인해 예술품은 전통의 영역에서 격리되면서 벤야민(Walter Benjamin)이 『기술복제 시대의 예술작품 *The Work of Art in the Age of Mechanical Revolution*, 1936)』에서 말한 바처럼 예술작품의 '아우라aura의 파괴' 로 인해 예술품의 진실성에 심각한 결과가 발생하였기 때문이다.(주2) 이러한 현상을 직시한 벤야민은 "기술 복제 덕분에 역사상 처음으로 제식ritual이라는 전통에 기생적으로 의존하고 있던 그 해방되었고, 복제된 예술작품도 재생산을 위해 고안된 하나의 예술작품이 되었다" (W. Benjamin, 1970, p.226, (ed.) Elaine Baldwin, 2004, p.298 재인용)고 주장한다. 그 결과 "산업 생산품은 (전통적인 것과는) 다른 도구를 필요로 할 뿐만 아니라 자연과 대상에 대한 새로운 지각을 요구" (G. Hartoonian, 1994, p.33)하게 되었다고 하투니안은 지적한다. 이러한 이유는 예술품과 의미(상징)의 통합을 구현한 구축성 이라는 의미의 '제작의 논리' 가 은유적이고 상징적인 측면이 평가절하된 '제작의 프로세스' 라는 테크놀러지 기반의 디자인 개념으로 치환되었기 때문이다.

하투니안을 비롯한 여러 이론가들은 구축성의 전통에서 '제작의 논리' 를 중시하는 전통적인 개념은 테크놀러지가 지배적인 근대사회에서 '제작의 프로세스' 라는 관점으로 변화되었다고 지적한다. 그 결과 건축은 구축과 의미(상징)의 통합으로 보던 구축성의 전통적 의미로 해석되기보다는 기계화된 공업생산품과 같은 프로세스로 디자인 되었다는 것이다. 그러나 이러한 지적은 그 당시의 기계와 예술작품의 창작에 대해 보편적으로 만연되어 있는 접근태도와 흐름을 언급한 것일 뿐이다. 왜냐하면 하투니안의 지적에도 불구하고, 역사적으로 구축성의 논리에서 출발하는 구조적 건축structural architecture은 프로세스 중심의 건물 시스템이나 구조상의 기법을 활용하는 것 이상의 의미를 추구하여 왔기 때문이다.

더욱이 우리는 모더니즘 건축에서 여전히 건축과 공학, 그리고 미학의 영역이 구축성의 전통 안에서 디자인의 중심적인 과제로 다루어진 것을 발견할 수 있다. 골드스미드(Myron Goldsmith, (ed.)Werner Blasero, 1987, p.24)는 이러한 사고의 전통을 지속적인 건축 역사 운동으로 규정될 수 있는 중요한 건축 이념인 '구조적 건축' 을 추구하는 것이라고 지적한다. 구조와 재료의 기술적인 혁신을 통해서 새로운 가능성을 탐구하는 이러한 태도는 건축을 사회 발전이라는 외적인 물적 조건과의 관계에서 접근한 것으로, 역사적-실증주의적 패러다임의 범주에 속하는 건축적 사고의 전통을 보여주는 것이다.

## 테크놀러지 미학은 형식의 진실한 표현성을 추구한다.

20세기의 모더니즘 건축 담론에서 발견되는 표현의 진실성(정직성)의 개념은 기능, 구조, 재료의 합리적이고 정직한 표현을 강조한 19세기 구조합리주의 건축의 전통과 (우리가 01에서 살펴본 바처럼) 생물학적 유추와 기계적 유추에 근거한 '기계미학' 을 반영하고 있다. 특히 이 시기에 건축가들은 진보된 테크놀러지가 이와 함께 개선된 기능성을 가져올 것이라는 신념을 가졌다. 따라서 이들은 미의 개념과 미적 지각의 문제를 탐구하는 데 있어서도 새로운 시대의 재료와 구조가 제공하는 구축방식으로부터 출발하였다. 이것은 '고전적 전통에 따르는 형식관계의 1차적 산물' 이 아니라 '형식의 표현성' 이라는 관점에서 해석하여 접근하는 것을 의미한다.(주3) 이러한 해석은 헤겔이 언급한 바처럼 '이념의 완벽한 표현, 즉 진리의 현현(顯現)' 을 미적인 것으로 간주하는 관념론적 미학의 영향을 반영한다. 또 이것은 미적 가치가 "의지will: desire force와 관념idea: mass, material 상호간의 근원적 투쟁이라는 구체화 과정을 통해서 획득된다" 고 본 쇼펜하우어(Arthur Schopenhauer 1788-1860)의 미학적 사고를 반영한다. 이 점에서 벤(Van de Ven, 1980, pp.37-42)은 "건축적 최고의 미는 중력과 재료의 역학적 투쟁이 가장 완전하게 표현된 결과" 라고 주장한 쇼펜하우어의 미적 개념이 구조와 재료의 솔직한 표현을 건축 미의 본질로 인식하도록 건축가들에게 상당한 영향을 끼쳐왔다고 지적한다.

모더니즘 건축이 새로운 구축적 논리로부터 이전과는 다른 새로운 형식의 표현성을 탐구한 사실은 히치콕(Henry-Russell Hitchcock)과 존슨(Philip Johnson)이 『국제주의 양식 *The International Style*, 1932』에서 근대건축에서 발견되는 양식의 원리를 볼륨으로서의 건축Architecture as Volume, 규칙성에의 관심Concerning Regularity, 응용장식의 회피Avoidance of Applied Decoration로 규정하고 그 미학적 특성들을 분석한 데서 알 수 있다. (그러나 약 20년 뒤인 1951년에 히치콕은 국제주의 양식의 원리로 제시한 3가지 중에서 장식의 문제를 원리라기 보다 취향의 문제로 단정하고 3번째 원리를 구조의 분절Articulation of Structure로 대체한다.) 이들이 제시한 국제주의 양식은 유럽 모더니즘이 추구한 사회적, 기능적, 기술적인 관심보다는 단지 형태미학적 디자인의 측면만을 강조하였다는 점에서 그 영향력 못지 않게 비판을 받기도 하였지만, 여기서 우리가 주목할 점은 건축 형태를 표현하는 구축적 논리의 새로운 발견이라는 점이다.

히치콕과 존슨이 모더니즘 이전의 견고한 중량의 매스의 건물에 대치되는 첫 번째 원리로 언급한 '볼륨으로서의 건축'은, 젬퍼의 관점으로 보면 (건물의 매스로 구성되는) 절석법적인 형태 방식에서 탈피하여 (꼬르뷔지에의 피로티pilotis처럼) 기둥으로 구성되는 골조건물이라는 구축법적 형태를 기반으로 전개된 결과이다. 이러한 구축의 논리로부터 근대사회의 철, 유리, 콘크리트와 같은 새로운 재료로 가능해진 '비물질화'와 '투명성'의 개념이 진척되었다. 따라서 근대건축에서 볼륨은 비물질화 되어 경량으로 표현되었으며, 공간은 기하학적으로 그 경계의 윤곽이 설정되는 방식으로 표현되었다.(주4) 여기서 금속재료의 판이나 얇은 유리재료의 시트와 같은 재료를 사용하여 연속된 '표면의 특성'은 볼륨으로서의 건축을 만들어내는 데 중요한 요소였다. (이것은 젬퍼가 언급한 바 있는 벽의 피복에 의한 비물질화와 투명성으로 발전되어 가는 개념을 보여준다.)

모더니즘 건축에서 비물질화와 투명성이 가져오는 미적 표현성과 새로운 공간개념은 (우리가 앞에서 살펴본 바처럼) 젬퍼의 피복의 개념, 비올레-르-뒤크의 투명성에 대한 강조, 그리고 팍스톤의 지지부재인 철과 충진재인 유리라는 경량의 조립화 부재 등을 사용하는 수법에까지 거슬러 올라간다. 모더니즘 건축의 형태 및 공간적 특성을 기술하는 데 있어서 많은 비평가들은 투명성, 시-공간, 동시성, 상호관입, 중첩, 양의성ambivalence 등과 같은 개념들을 거의 동의어로 사용하여 왔다. 특히 로우(Collin Rowe)와 스러츠키(Robert Slutzky)는 『투명성 *Transparency*, 1964, 1997』이라는 저서에서 20세기 모더니즘 건축가의 작품에서 발견되는 투명성의 개념을 실제적 투명성literal transparency과 현상적 투명성phenomenal transparency로 구별하고, 그 특징과 수법을 입체파 회화와 기계미학이라는 관점에서 비교 분석하고 있다. 로우와 스러츠키는 건축에서 실재적 투명성은 유리, 금속, 반사성 재료, 불투명하거나 광택나는 표면들과 빛의 작용으로 연출되는 면들의 단순한 중첩효과에 주목하는 물질적 현상과 관련된 것이라고 정의한다. 반면, 현상적 투명성은 투명한 유리의 표면과 그 배후에 있는 실제적인 면들과 투사된 가상 면들(수평, 수직의 면들)이 관찰자의 의식 속에서 서로 시각적인 방해없이 상호관입하여 만들어내는 공간적 층화layering라는 시스템에 바탕을 둔 것이라고 정의하고 있다.(주5)

로우와 스러츠키는 이 두 가지 종류의 투명성 개념을 그로피우스의 바우하우스와 꼬르뷔지에의 빌라 가르슈에 국한하여 분석하고 있지만, 히치콕과 존슨이 볼륨으로서의 건축이라고 평가한 미스의 바르셀로나 작품이 19세기의 구축성의 전통을 따르면서 투명성의 새로운 영역을 구현하여 왔다는 점을 간과하고 있다. 우리가 앞으로 살펴보겠지만 미스는 근대사회의 새로운 재료인 철과 유리로 된 건축을 통해서 궁극적으로 무(無)의 경지almost nothing에 이르는 투명성의 공간을 탐구하여 왔다. 더욱이 우리는 모더니즘에서 이러한 구축성의 전통이 20세기 모더니즘 건축가 미스와 칸 등을 통해서 건축의 영역 안에서 새로운 방식으로 진척되어왔다는 점을 발견하게 된다. 미스는 철과 유리의 건축을 통해서 벽과 기둥으로 구축되는 새로운 공간 뿐만 아니라, 프로그램과 기능과는 무관하게 자율적인 형식의 표현성(형태의 기념비성)의 문제를 구축성의 전통 안에서 탐구하여 구조적 건축의 새로운 영역을 확장하였기 때문이다.

칸도 꼬르뷔지에가 공업화와 대량생산을 전제로 제시한 오브제-유형object-type과는 달리, 역사적 형태와 기억의 의미를 지닌 유형-텍토닉type-tectonic(주6)을 통해서 새로운 공간의 본질을 구축하고 건축 형태의 기념비성(상징성)의 표현에 주목하여 왔다. 이러한 사실들은 스미슨 부부가 모더니즘의 표현의 윤리성을 계승하면서 역사를 다시 참조하고자 한 데서도 발견된다. 이와 더불어 팍스톤의 수정궁까지 거슬러 올라가는 공업화, 조립화 등을 기반으로 '제작의 프로세스'라는 생산적 측면을 강조한 테크놀러지 전통과 투명성의 공간개념 또한 로저스, 포스터, 피아노와 같은 하이-테크high-tech 성향의 현대 건축가들을 통해서 계승되고 있다는 점도 주목할 필요가 있다.(이후에 살펴보겠지만 모더니즘 건축에서 탐구되어온 투명성은 장 누벨의 사라짐의 미학, 토요 이토의 가벼움의 건축 담론에서처럼 물성의 지각적 교란효과와 이미지에 근거하여 반투명성에 의한 투명성이라는 새로운 방식에서도 발견된다.)

## | 구조적 건축의 생성 원리 : 미스 반 데어 로에 |

구조 합리주의 전통에서 전개되어 온 구축성의 유산과 테크놀러지의 가능성은 20세기 모더니즘 건축의 거장인 미스(Ludwig Mies van der Rohe, 1886-1969), 칸(Louis I. Kahn, 1901-1974) 등에서 새로운 미학으로 탄생하게 된다. 이들에게 새로운 재료와 이로부터 생성된 구조방식은 단순히 공학적 차원을 넘어서 건축의 구축성 문제와 관련된 탐구의 과제였다. 따라서 이들은 구조와 재료의 특성으로부터 새로운 공간 구성과 형태 표현의 가능성을 탐구하여 새로운 지평을 제시하였다. 특히 미스는 테크놀러지를 근대적 인간의 문화적 표현이며, 헤겔이 말한 바 시대의지를 보여주는 역사적 사실로 인식하였다. 그는 베렌스(P. Behrens)의 사무실에서 실무를 익히면서 쉥켈(Karl Friedrich Schinkel) 학파의 신고전주의 전통과 근대 공업사회의 테크놀러지와 강철 구조의 가능성을 누구보다도 중요하게 인식한 사람이다. 또 그는 베를라헤(Hendrich Petrus Berlage)가 주장한 재료와 구조의 정직한 표현이라는 윤리적 건축관, 프랭크 로이드 라이트와 데 스틸De Stijl 조형원리의 수평성에 의한 구성원리, 그리고 말레비치(Kasimir Malevich)의 러시아 절대주의Supermatism 회화의 자유로운 평면구성 등 그 당시 건축계에 영향을 끼쳐 온 전위적인 예술 사조와 건축가들의 영향을 수용하여 자신만의 건축을 독창적으로 발전시켰다.

### 건축은 시대 의지가 공간으로 번안된 것이다.

미스의 작품 세계는 구조로부터 성장해 나오는 건축의 생성원리, 순수 예술의 경지에까지 이르는 새로운 공간개념과 형태적 특성을 보여준다. 미스는 "건축은 공간적 관점에서 생각되어진 시대의지"(K. Frampton, 1980, p.163 재인용)라고 주장한다. 미스에게 건축은 하나의 양식style이 아니라 순수하고 단순한 진리 그 자체의 건축Architecture으로 인식되는 대상이다. 그는 "모든 미학적 사변, 모든 교의 및 형식주의"를 거부하였다. 그는 형태의 문제보다 건축술building의 문제에 더 주목하였으며, 형태는 작업의 목표가 아니라 단지 결과일 뿐이라고 생각하였다. 오히려 미스는 "과제의 본질로부터 현대적 수단에 의해 형식을 창조하는 작업"을 통해 건축의 실무행위를 미학적인 사변의 구속에서 자유롭게 할 필요가 있다고 역설하였다. 건축의 본질을 근대적 테크놀러지를 초월적 이성의 현시로 인식한 미스의 건축관은 그가 건축과 테크놀러지의 관계를 언급한 다음의 글에서 잘 드러나고 있다.

> "건축은 그 시대에 의존한다. 그것은 그 내적 구조를 투명화하는 작업이며, 그 형식은 후에 전개된다. 이러한 사실은 왜 테크놀러지와 건축이 그렇게 밀접하게 관계되어야 하는 지에 대한 이유이다. 우리의 진실한 희망은 이것들(테크놀러지와 건축)이 함께 성장하여 언젠가 하나가 다른 하나의 표현이 되기를 바라는 것이다. 단지 이러한 때에 우리는 '우리 시대의 진실한 상징으로서의 건축'이라는 이름에 걸맞는 건축을 소유하게 될 것이다."(L. Mies van der Rohe 1923, (ed.) Wermer Blasero, 1987, p.47 재인용)

위의 글에서 알 수 있듯이, 미스의 작품 세계에서 그 시대의 기술에 바탕을 둔 구축성과 이것을 표현하는 형식성의 개념은 중요한 탐구 과제였다. 미스에게 형식이란 그 내적 구조의 본질을 파악하여 해결한 후에 생성되는 것을 의미한다. 그는 이 형태적 완벽성의 개념을 테크놀러지와 기하학에 뿌리를 두고 있다.

따라서 (헤겔 철학의 논조를 풍기는) 미스의 사상과 작품에는 시대 의지를 반영하는 공간을 새로운 구축적 논리와 물성에서 발견하려는 노력이 담겨 있다. 미스가 1920년대 초에 발표한 **두 개의 유리 마천루 계획안**(Project for an Office Building in Friedrichstrasse : 1921, Glass High-rise Building, Berlin, Germany : 1921 - 1922)(도2-16a, b, c, d)과 **R.C구조 오피스 건물 계획안**(Project for Reinforced Concrete Office Building, Berlin, Germany,1923)(도2-17)은 구축성의 전통 안에서 다층의 골조구조와 형식의 표현성에 대해 탐구한 것이다. 프리드리히(Friedrich)가의 현상설계 응모안으로 제시한 유리 마천루 계획안(1921)은 당시 독일 표현주의 건축에 영향을 끼친 시어바트(Paul Scheerbart)의 『유리건축 *Glaas-architecktur*, 1914』의 사상이 어느 정도 반영되어 있다. 그러나 여기서 미스가 3각형 대지에 적합한 프리즘 형태를 채택하여 반투명성의 표면이 움직이는 빛을 받아 끊임없이 변하는 유리의 비물질화와 반사면의 효과를 구축적인 관점에서 탐구한 점은 주목할 만하다. 그는 이러한 사실을 다음과 같이 기술한다.

> "나는 전체 유리 표면의 단조로움을 피하기 위해서 유리 벽체를 서로 약간의 각도를 이루도록 배치하였다. 나는 중요한 것은 보통 건물에서처럼 빛과 음영의 효과가 아니라 반사의 연출이라는 것을 실제 유리 모델로 작업함으로써 발견하였다."(L. Mies van der Rohe / K. Frampton, 1980, p.162 재인용)

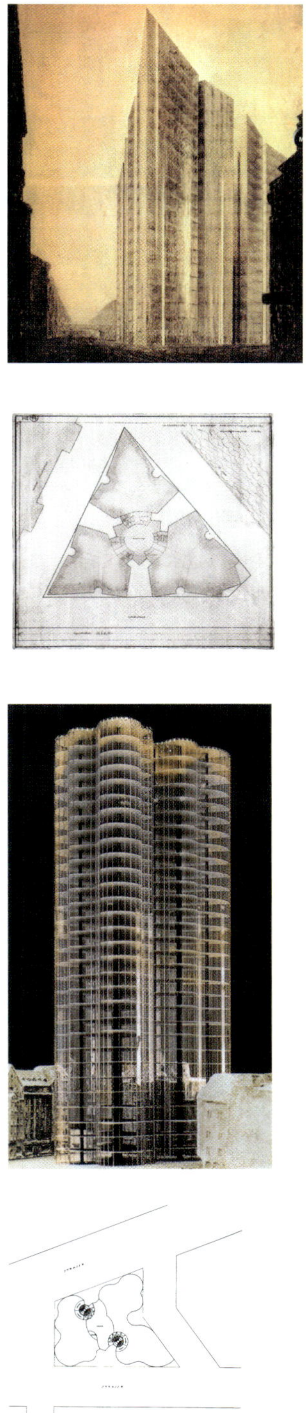

도2-16a, b, c, d
L. 미스 반 데어 로에, 마천루 계획안, 베를린, 독일, 1921-1922

도2-17
L. 미스 반 데어 로에, R.C구조 오피스 건물 계획안, 베를린, 독일, 1923

미스는 동일한 프로젝트의 두 번째 계획안에서도 3각형의 파동 형상의 볼록한 곡선을 지닌 평면 형상을 결정하는 인자로 "내부공간의 충분한 조명, 가로에서 벗어난 건물을 매스로서 표현하는 것, 반사의 연출"(K. Frampton, 1980, p.162 재인용) 등 3가지 측면을 언급하였다. 이 마천루에서 미스는 유리를 마치 그것이 투명한 석재인 것처럼 처리하여 물성이 지닌 구축적 의미를 탐구하였다. 이것은 미스가 주변 환경과 빛이 이 형태적 완벽성에 기여할 수 있도록 조율하는 문제를 재료의 촉지성tactility과 구축성의 전통 안에서 탐구한 것으로 그의 작품에서 반복적으로 나타난다.

미스는 콘크리트와 철과 같은 모든 재료는 우리가 그것을 사용하기 원한다면 반드시 이해하여야 하는 구체적인 특성을 지니고 있다고 강조한다. 따라서 "모든 것은 재료 그 자체가 아니라 우리가 재료를 사용하는 방법에 달려있다"(K. Frampton, 1995, p.185 재인용)고 미스는 주장한다. 특히 그는 유리를 벽, 바닥, 천장으로 이루어지는 구축적인 기본 요소들에 대한 새로운 도전을 구체적으로 나타내는 것으로 간주하였다. 그는 유리가 근대적 형태modern form에 미치는 상징적 영향에 대해 다음과 같이 언급한다.

> "판유리가 없다면 콘크리트나 강철은 어찌 될 것인가? 공간을 변형시키는 이 재료의 능력은 제약을 받거나 전적으로 상실될지도 모른다.....단지 유리 피막과 유리 벽만이 골조 구조의 단순한 구조적 형태를 드러내고, 그 건축학적 가능성을 보증해 줄 수 있다..... 이것들은 진정으로 새로운 건축술의 기반을 형성하는 건축적 요소들이다. 이것들은 우리에게 자신이 결코 부정하지 못할 공간을 창조하는 데 있어서 어느 정도 자유성을 허용한다. 이제 우리는 공간에 형상을 부여하고, 그것을 개방시키고, 그것을 랜드스케이프에 연결시키는 것이 가능한다. 이제 벽과 개구부, 그리고 바닥, 천장이 무엇이 되어야 하는지 보다 분명하게 되었다. 구축의 단순성, 구축적 수단

의 명료성, 재료의 순결함purity은 이것들에 대해 때묻지 않은 아름다움의 광채를 부여한다."(L. Mies van der Rohe, 1933 / K. Frampton, 1995, p.175 발췌 재인용)

여기서 발견되는 근대적 투명성modern transparency과 비물질화의 개념은 미스가 유리와 강철이라는 재료의 구축법적 형태를 통해서 시대의 정신을 구현하는 테크놀러지의 미학을 탐구하는 데 중요한 원천이다. 이 점에서 미스는 건축술을 본질적으로 시학적인 행위로 간주하여 구축성의 논리를 작품에 표현하고자 하였다. 디자인이라는 의미에 심한 거부감을 갖고 있던 미스는, 건축술의 관점에서 구축의 분야만이 유일하게 건축의 질을 보증한다고 강조하였다. 미스가 "신은 디테일에 존재한다God is in the details"라고 선언한 것처럼, 그는 작품의 숭고미는 재료 그 자체의 물성적 특성, 그리고 신중한 디테일 작업을 통해 그 재료의 본질을 드러내는 데서 발견된다고 생각한 것이다.

## 구조적 건축은 피막과 뼈대skin & bone로 구성된다.

미스는 R.C 구조로 된 7층의 사무소 계획안에서 명료성과 경제성을 지닌 공간과 객관적인 건설 테크놀러지의 표현성을 제시하였다. 여기서 미스의 의도는 골조의 내측에 배치되어 있는 기둥과 캔틸레버로 돌출된 바닥판으로 인해 가능해진 연속적인 수평창이라는 가장 단순한 개념의 건축적 외피로 오피스 공간을 감싸는 것을 제안하는 것이다. 그 결과, 건축은 '피막과 뼈대'의 골격 구조로 이루어진 구조적 건축 개념을 바탕으로 구축된다.

"우리는 어떠한 미학적 사고도 신념도 형태주의도 거부한다..... 우리의 작업은 오피스 빌딩이며, 오피스 빌딩은 작업과 조직 그리고 경제성과 명료성의 가치이다. 그것은 최소 비용의 수단을 통한 최대 효과를 의미하며, 재료는 철과 콘크리트, 그리고 유리이다. 철근 콘크리트를 사용한 건물들은 반드시 그 골격(뼈대)을 이루는 구조물로 존재하기 때문에 요란한 장식 같은 것은 존재하지 않는다. 보 구조물이 지지물로 작용하기 때문에, 내력벽이 지지물로 쓰이지 않아 결과적으로 '피막과 뼈대'를 지닌 구조가 된다.(L. Mies van der Rohe / H. Klotz, 1984, pp.38-39 재인용)."

여기서 미스가 오피스 작업공간의 기능적인 분할로 건물의 깊이(16m)를 결정하는 방식은 기능주의 건축의 프로그램을 구조적 사고의 관점에서 현대적 기술을 적용하여 독창적인 논리로 구현한 것이었다. 이러한 개념은 거의 같은 시기에 꼬르뷔지에가 도미노(Dom-Ino) 계획안(1914)을 통해서 새로운 철근 콘크리트 골조시스템으로 가능해진 자유로운 평면free plan, 연속적인 수평창, 자유로운 입면 등을 구축성의 논리 안에서 제시

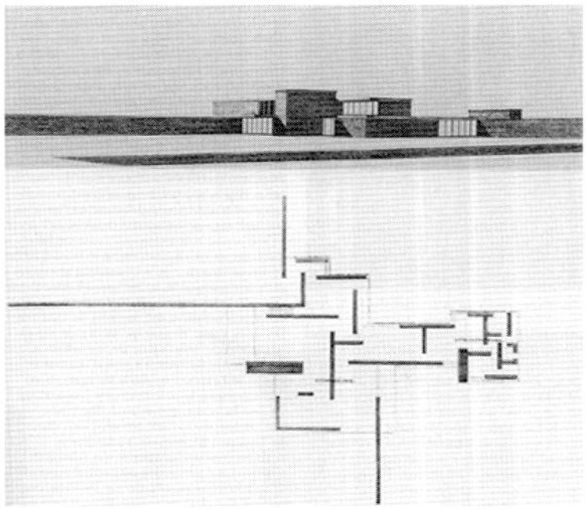

2-18
L. 미스 반 데어 로에, 벽돌조 전원 주택 계획안, 1923

한 것과 흡사하다. 여기서 미스는 모더니즘 건축의 두드러진 특징 중의 하나인 내부와 외부공간이 상호 관입되는 개방평면open plan을 다분히 형이상학적이고 추상적인 공간개념인 유동적 공간flowing space으로 발전시켰다. 미스는 이러한 공간개념을 분리와 결합의 역할을 하는 여러 가지 벽체와 기둥들을 기하학적 격자 위에 자유롭게 배열하는 작업을 통해서 단일한 공간에 변화를 주어 공간적 연속성의 효과를 만들어냈다.

미스는 이러한 '자유로운 평면' 이라는 공간 개념을 구현하기 위한 수단으로 철과 유리 벽면의 새로운 재료와 구조를 대담하게 사용한다. 따라서 그는 "자유로운 평면과 명료한 구조는 서로 뗄 수 없다. 구조는 전체의 골격을 이루며, 자유로운 평면을 가능하게 한다. 이 골격이 없다면 평면은 자유스러울 수 없으며, 혼란스럽고 결국 융통성을 잃고 만다" (Winand W. Klassen, 1980, p.248 재인용)고 강조한다. 미스가 1920년대에 제시한 개방 평면은 (그가 그의 생애 후반기에 제안한 보편적 공간universal space 개념과는 달리) 뼈대를 이루는 구조체계 안에서 스크린 기능을 하는 내 · 외부의 벽들로 분절된 기능적인 영역들을 에워싸는 외부 볼륨과 강한 대비를 이루고 있다.

이러한 공간의 흐름를 보여주는 개방 평면의 개념은 미스의 초기 작품인 **벽돌조 전원 주택 계획안**(Brick Country House Project, 1923)(도2-18)에서 구체적으로 나타나기 시작한다. 미스는 이 작품에서 라이트의 유기적 건축 원리와 데 스틸 운동의 신조형주의 구성 수법의 영향을 독창적으로 종합하여 수평성을 강하게 표현하였다. 여기서 그는 벽돌조라는 전통적인 절석법적 형태를 채용하였지만, 이와는 대조적으로 내부기능에서 유도해 낸 T자형과 L자형의 벽돌 패널들을 비대칭적 평면을 구성하도록 독립적인 공간조형 요소로 배치하고, 그 시각적 연속성이 주변의 랜드스케이프로 확장되는 공간적 연속성을 만들어냈다.

벽돌조 전원 주택계획 안에서 제시한 유동적인 공간개념과 유리와 철재의 구축적 논리를 바탕으로 탐구한 근대적 투명성의 개념은 **바르셀로나 만국박람회 독일관**(German Pavilion, International Exposition, Barcelnoa, Spain, 1928-1929)(도2-19a, b, c, d)에서 독창적인 방식으로 실현되었다. 여기서 공간의 중첩, 투명하거나 반사성을 지닌 불투명한 면들의 병치, 기둥과 벽의 분리로 얻어지는 자유성 등의 수법이 나타난다. 미스는 유리와 철재로 구성된 구축법적 방식으로 서로 분리된 지지요소와 비지지요소를 공간구성의 요소로 결합하여 공간적, 물질적 측면에서 연속적인 유동성을 부여하는 개방 평면을 만들어냈다. 그는 8개의 독립해 서있는 십자형(+) 기둥과 이것이 지지하는 평지붕, 그리고 자유롭게 독립되어 비대칭적으로 배치된 칸막이 벽면들을 중첩하거나 병치하여 한정된 직사각형의 볼륨 안에 연속적인 유동성을 발생시키고 있다. 따라서 서로 교차하지 않는 모서리의 벽면들의 틈새 공간은 독립적으로 서 있는 벽 주변을 따라 관찰자의 이동을 유도한다. 이 내부공간은 바닥에서 반사되

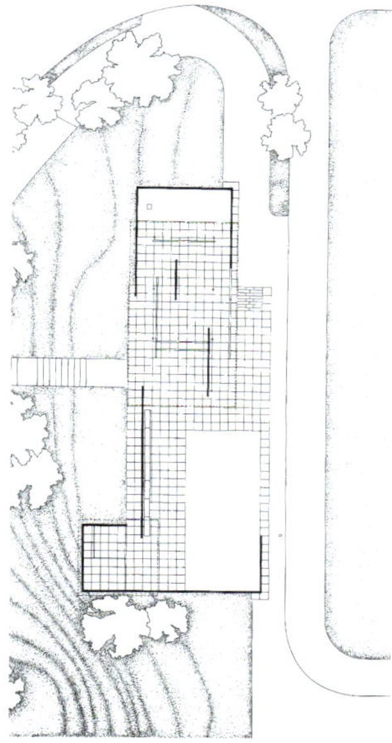

도2-19a, b, c, d
L. 미스 반 데어 로에, 바르셀로나 만국박람회 독일관, 바르셀로나, 스페인, 1928-1929

도2-20a, b
L. 미스 반데어 로에, 튜겐트하트 주택,
브루노, 체코슬로바키아, 1928-1930

는 빛과 다양한 재료들(얇게 채색된 유리 칸막이, 다양한 마호가니 대리석 벽 등)의 경계면들에 비치는 빛들이 만들어내는 '표면의 착시 효과'를 통해서 지각적인 변위(變位)를 발생시킨다. 재료의 물성을 통해 얻어지는 이러한 효과는 그가 고층건물 계획안(1921, 1922)에서 실험해 온 구축적 논리와 물성의 반사효과를 표현한 것이기도 하다. 미스가 바르셀로나 파빌리언에서 실현한 개방평면의 개념은 **튜겐트하트 주택**(Tugendthat House, Bruno, Czechoslovakia, 1928-1930)(도2-20a, b)에 적용되었다. 여기서 사적인 침실공간은 전통적인 방식으로 배치하여 구성된 반면에, 개방적인 거실의 내부공간은 십자형의 기둥들로 이루어진 직사각형 구조체계 안에서 기능적으로 구분하면서 공간적 유동성과 개방성을 부여하는 방식으로 구성되었다.

## 건축의 5가지 원리 : 구조, 공간, 비례, 재료, 회화와 조각

꼬르뷔지에가 신건축의 원리를 다섯 가지로 제시하였듯이(이에 대해서는 2권 03을 참조할 것), 미스가 제시한 건축의 5가지 원리인 구조, 공간, 비례, 재료, 회화와 조각의 개념은 그의 작품 세계를 이해하는 데 매우 중요하다. 미스가 언급한 첫 번째 원리는 건축적 생성 인자로서의 구조the structure as an architectural factor의 개념이며, 두 번째 원리는 건축적 문제로서의 공간space as architectural problem의 개념이다. 세 번째 원리는 건축적 표현을 위한 수단으로서의 비례proportion as a means of architectural expression의 개념이며, 네 번째 원리는 재료의 표현적 가치the expression value of materials의 개념이다. 그가 제시한 다섯 번째 원리는 건축과 관련하여 존재하는 회화와 조각painting and sculpture in their relationship to architecture의 개념이다.

여기서 우리는 미스가 구조와 재료를 구조적 건축을 만들기 위한 사고의 출발점으로 제시하였으며, 공간은 이러한 가능성을 토대로 건축가가 그 시대의 정신으로 번안하여야 하는 본질적 과제로 인식하였다는 사실을 알 수 있다. 비례는 형태의 형식 구조에 미적 감각을 부여하기 위한 조절 수단으로, 젬퍼가 '피복'의 개념으로 언급한 바처럼 재료의 물성을 통해 상징을 표현하는 수단이다. 이것은 꼬르뷔지에가 매스의 본질로부터 추출해 낸 규제선regulating lines을 입면 구성에 적용시킨 것과 유사한 역할을 한다. 회화와 조각은 건축과의 관계 설정을 위한 것이다. 미스의 드로잉과 작품에서 고전적 형상의 조각은 모더니즘의 추상적 공간요소에 상보적인 것으로 침묵의 추상적 공간에 장소의 감각과 관련된 인류의 실존적 문제를 암시할 뿐만 아니라 관찰자의 공간경험을 유도하는 인지적 참조 체계의 요소이다. 여기서 우리는 미스가 이러한 원리들을 건축의 구축적 논리와 가능성의 관점에서 뿐만 아니라 표현을 위한 미학적인 관점에서 해석하였다는 사실을 주목할 필요가 있다.(도2-21a, b) 구조적 건축에 대한 5가지 원리에서 알 수 있듯이, 미스가 추구한 건축의 미학적 본질은 '건축적 문제로서의 공간'이라는 사실이다. 스패드(D. Spaeth, 1985, p.16)는, 미스가 추구한 바처럼 구조(주7)로부터 성장해 나오는 건축은 본질상 구조적 건축structural architecture의 특성을 지닌다고 평가한다.

미스는 강철과 유리라는 근대적 테크놀러지를 사용하여 논리성과 자기 절제를 기반으로 형태, 구조, 용도에 관련된 보편성universality을 추구하였다. 이것은 그가 내재적인 것을 가장 단순하게 표현할 수 있는 보편적인 개념을 예술 형태가 수반된 기술적 가능성에서 찾으려고 한 것이다. 그에게 디

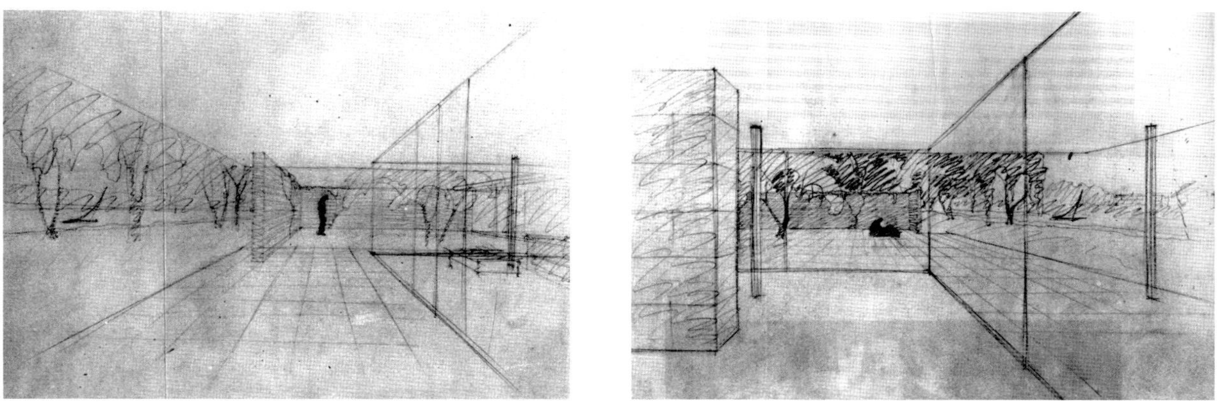

도2-21a, b
L. 미스 반 데어 로에, 드로잉(휴베주택, 마그데브루그), 1935

자인 과제는 구체적인 것에 대한 탐구보다는 보편적으로 적용할 수 있는 해답을 제시하는 것이었다. 미스는 건물의 기능적 용도는 바뀔 수 있지만 형태는 건물이 존속하는 동안 불변적이라고 생각하였다. 따라서 그는 형태가 기능을 따라야 한다는 생각에 반대한다. 보편성에 대한 탐구는 그가 "건물의 기능은 시간에 따라 변화하기 때문에, 지속하는 것은 요구가 복잡해짐에 따라 이에 대응할 수 있는 융통성과 다양성이다"라고 주장한 데서 알 수 있다. 그러므로 프로그램 측면에서 어떤 특정한 용도에 제한받지 않고, 분할되지 않은 중성적인 다목적 기능의 실(공간)을 순수하고 단순한 규칙적인 형태 안에 수용하는 것이 미스의 주 관심사였다.

미스의 이러한 사고는 구조적 건축의 본질적 속성의 하나로 보편적 질서의 창조 원리를 인식하고 훈련시키는 교육과정을 강조한 데서도 발견된다. 그는 설계교육 과정에서 임의적으로 복잡하게 다루어질 소지가 있는 특정 문제에 대해 구체적인 해답을 추구하기보다 절제된 단순성이라는 과제에 집중할 필요가 있다고 강조하였다. 프랙(N. L. Prak, 1984, p. 94)은, 이것은 지엽적인 해답보다 "보편적이고 본질적인 해답을 이끌어 내는 능력을 가르치기 위한 것"이라고 지적한다. 이러한 교육 철학은 그가 1938년에 일리노이 공과 대학(Illinois Institute of Technology)의 전신인 아모어 공과 대학(Armour Institute)의 취임 연설에서 말한 다음의 글에서 잘 나타난다.

> "진실한 교육은 실질적 목적 뿐만 아니라 가치와도 관계된다.... 가장 단순한 형태에서 건축은 전적으로 기능적인 고려 사항에 뿌리를 두고 있다. 그러나 그것은 궁극의 가치를 통해서 정신적 실존이라는 고차원의 영역으로, 그리하여 순수 예술의 영역으로 도약할 수 있다..... 재료에서 출발하여 기능을 거쳐 창조적인 작품에 이르는 긴 여정은 단지 질서의 창조라는 유일한 목적을 지닌다.... 우리는 질서를 창조하여야 한다. 이것은 개개의 사물에 그 적절할 위치를 할당하고, 개개의 사물에 그 속성에 따라 담당해야 할 역할을 부여함으로써 얻어진다. 우리가 이것을 완벽하게 행한다면, 우리의 창조의 세계는 그 내부로부터 활짝 피어날 것이다. 우리는 더 많은 것을 원하지 않으며, 더 많은 것을 행할 수도 없다. 어느 것도 성 어거스틴(St. Augustine)이 '미란 진리의 광채이다.Beauty is the splendor of truth.' 라고 한 말보다 더 우리의 작업의 목표와 의미를 잘 표현해 줄 수는 없을 것이다."(L. Mies van der Rohe, (ed.) Wermer Blasero, 1987, p.46 재인용)

그러므로 미스에게 있어서, 건축의 과제는 형태를 고안해 내는 것이 아니라 진리와 관련된 '사실로서의 가치' 를 발견하는 것이다. 건축의 구축적 개념과 조형 감각에 대한 이러한 논리는 후에 그의 건축 철학의 핵심으로 평가되는 "적을수록 더 좋은 것이다Less is More" 로 대변된다. 이 점에서 요디케(J. Joedicke, 1969, pp.44-45)는, 미스의 건축철학의 개념에는 절제, 단순성, 엄밀함, 완벽성, 가장 단순한 측면으로 환원된 질서, 객관성, 보편성이라는 속성들이 담겨 있다고 지적한다.

미스가 추구한 보편성의 개념은 후에 단일의 대 공간으로 다양한 목적에 대응하도록 의도된 보편적 공간universal space의 개념으로 발전하여 실현된다. 미스는 시대가 요구하는 융통성은 불가피한 현실이기 때문에 기능의 특성으로서 개개의 특정한 용도에 반대되는 중립성을 성취하기 위해서는 가변성 및 호환성이 요구된다고 강조하였다. 요디케는 미스의 이러한 태도를 "건물의 내적인 요구에 부합하면서 하나의 규정되어진 용도에 고정화(제한)되지 않은 다용도의 중립적인 틀을 위한 형상의 전제 조건을 만들고자 한 것"(J. Jeodicke, 1998, p.64)이라고 지적하고 있다. 이것은 내부는 기능의 변화에 대응할 수 있도록 고정화된 내부의 파티션을 최소화하고 가동식 파티션으로 조절하여 최대의 융통성을 제공하는 공간으로 구현된 것이다. 여기서 외부는 기능의 변화와는 무관하게 자율적이고 영속적인, 플라톤적 순수형태의 외관으로 구성된다. 미스의 작품에서 단일 층의 무주공간으로 구성된 '보편적 공간'의 개념은 **IIT 캠퍼스 도서관 건물 계획안**(IIT Library and Administration Building Project, Chicago IL, USA, 1944-1945)(도2-22)에서 구조적 건축의 중요한 전형의 하나로 예시되었다. 미스가 제시한 보편적 공간의 개념은 프로그램적 차원에서 그가 생각한 것 만큼이나 기능적인 융통성을 제공하는 데 여러 제약이 있었지만(그는 프로그램상 기념비적인 것과 합치되지 않는 것은 억압하거나 배제하였다.), 그럼에도 불구하고 이러한 공간 개념은 후에 하이-테크 건축가들이 융통성을 지닌 다목적 공간을 탐구하는 데 영향을 끼쳤다.

도2-22
L. 미스 반 데어 로에, IIT 캠퍼스 도서관 건물 계획안, 시카고, 일리노이, 미국, 1944-1945)

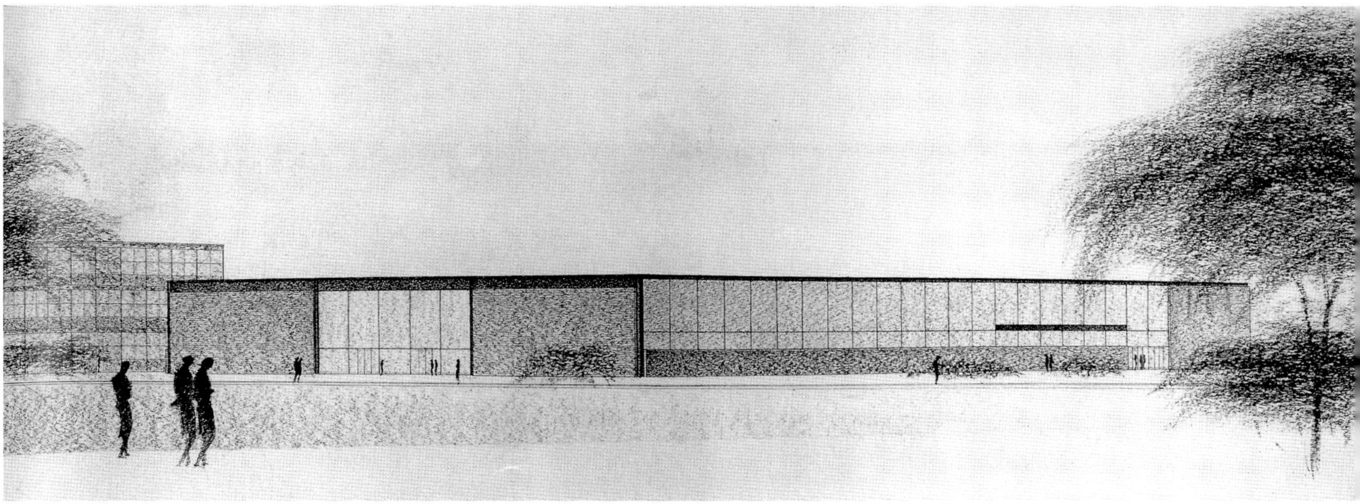

## 건축은 테크놀러지를 기념비적인 형식으로 표현하여야 한다.

미스는 "테크놀러지는 그 시대를 형성하고 표현하는 위대한 운동들 중의 하나인 진정한 역사적 운동"(K. Frampton, 1980, p.232 재인용)으로 인식하였다. 따라서 그는 테크놀러지에 부여되는 문화적 중요성을 강조하고, 테크놀러지의 기념비성monumentalization of technology을 표현하는 문제를 지속적으로 탐구하여 왔다. 이 점에 대해 미스는 IIT 연설문(1950)에서 다음과 같이 언급한다.

> "테크놀러지는 하나의 방법 이상의 의미를 갖는다. 그것은 그 자체가 하나의 세계이다. 하나의 방법으로서, 그것은 거의 모든 측면에서 우세하다. 그러나 거대한 공학 구조물에서처럼 테크놀러지가 그 자체에 맡겨진 곳에서만, 테크놀러지는 그 참된 본질을 나타낸다. 그것은 유용한 수단일 뿐만 아니라, 또 한편으로 의미와 강력한 형태 – 실제로 매우 강력하여서 그것을 명명하기가 쉽지 않다 – 를 지닌 그 무엇이다.... 테크놀러지가 진정한 그 성취에 도달하는 곳에서, 그것은 건축으로 초월하게 된다. 건축이 사실들에 의존하는 것은 의심할 바 없지만, 건축의 진정한 활동 영역은 의미작용에 있는 것이다."(L. Mies van der Rohe, 1950 / K. Frampton, 1980, p.232 재인용)

프램톤은, 미스의 이러한 태도는 "테크놀러지를 형식으로 하는 기념비성에 대한 그의 탐구에서 기인하는 것"(K. Frampton, 1980, p.231)이라고 지적한다. 1930년대 말 이후 미국에서 활동하면서 지어진 그의 작품들은 1920년대의 부정형의 비대칭적인 구성과는 달리 테크놀러지의 특성과 함께 대칭적인 기념비성을 강조하는 경향을 보여주고 있다. 이 시기에 미스는 반사성을 띤 유리 표면의 외관에서부터 완전한 투명성으로 무almost nothing(無)의 존재로 드러나는 건축에 이르기까지 부재(철과 유리)의 비물질성을 통해 형식의 기념비성을 표현하는 방식을 실험하였다. 그의 이러한 실험은 기념비성을 표현하려는 형식성과 대칭적인 구성 뿐만 아니라, 전통적인 불투명 조적조의 벽을 대체한 유리 벽의 외피와 기둥의 접합 관계를 새롭게 설정하려는 것이었다.

미스의 건축에서 평면 내부에 기둥이 없이 구성되는 보편적 공간개념과 기념비성을 드러내는 고전적인 형식구성은 공간의 규모, 기둥의 형상과 위치, 외관의 표현방식에 따라서 독특한 방식으로 전개된다. 미스의 건축에 있어서 '기둥과 벽의 관계'에서 기둥의 위치적 변화는 공간을 생성하고 지각하는 방식에 중요한 도구였다. 특히 기둥과 벽의 새로운 관계에서 발생하는 공간의 투명성은 그가 외부로 둘러싸인 투명한 볼륨의 경계를 소멸시킴으로써 내부와 외부의 구분을 소거하려는 의도를 보여준다. 미스가 기둥을 벽의 내부에서 표면으로 그리고 외부로 점차 이동하면서 실험한 공간의 한정방식은 두 개의 수평면(지붕과 바닥면)으로만 한정되는 공간의 경계가 단순히 물리적인 경계를 넘어서 개념적으로 투명한 영역으로 존재하는 것을 의미하며, 이것은 궁극적으로 아무것도 없음의 '무의 상태' 로 드러나는 무한공간을 만들기 위해서였다.

실제로 미스의 작품에서 기둥과 벽의 위치적 관계는 벽면의 안쪽에 분리되어 위치하는 방식(바르셀로나 파빌리언), 기둥을 벽면과 일직선상에 일치시켜 표면을 분절하려는 방식(IIT 캠퍼스 건물들), 기둥이 벽면 외부에 나타나거나 분리되는 방식(튜겐트하트 주택, 베를린 미술관)처럼 다양한 변화를 거친다. 바르셀로나 파빌리언, 판스워드 주택, 크라운홀을 거쳐가면서 기둥은 벽과 분리되어 내부에서 나와 외부에 존재하는 형식을 취한다. 특히 (베를린 국립 미술관에서처럼) 외부에 있을 뿐더러 모서리에서 벗어난 지점에 위치한 기둥으로 규정되는 공간의 볼륨은, 개념적으로 무한히 외부로 열려 있는 투명성의 공간 속성을 보여주고 있다. 이것은 모서리가 기둥으로 폐합되는 것을 없애 (베를라헤와 그로피우스가 매스와 유리로 구성된 건물에서 시도하였던 것처럼) 모서리의 연속성을 강조하는 것을 극대화한 것이다.(기둥을 모서리에서 일정거리 벗어난 위치에 두는 이러한 방식은 루이스 칸이 리차드 의학 연구소 건물(1957-1964)에서 철근콘크리트 골조 기둥의 위치를 정사각형 평면 각 변의 1/3되는 거리에 둔데서도 발견된다. 내부와 외부의 경계의 소멸에 대한 미스의 이러한 사고는, 오늘날 현대건축에서 장 보드르야르가 언급한 시뮬라르크의 개념을 차용하여 실재와 가상의 경계를 모호하게 하거나 흐릿하게 하여 두 경계를 소거하는 방식을 예견하고 있다. 이것은 장 누벨, 카쥬오 세지마, 토요 이토 등이 물성의 지각적 교란효과를 통해 실재와 가상 공간의 관계를 새로운 방식으로 극대화하는 데서도 찾아볼 수 있다.)

미스는 **IIT 캠퍼스 기본 계획안과 여러 건물들**(IIT Campus Master Plan, Chicago IL, USA, 1939-1958)(도2-23a, b)에서 (바르셀로나 파빌리언처럼 유리면에서 기둥을 후퇴하여 독립시키는 방식과는 달리) 유리면으로 대체된 벽면과 일치하여 그 안에 기둥을 통합하는 방식으로 유리 표면과 기둥의 격자체계로 드러나는 파사드로 이상화된 기념성을 표현하려고 하였다. 기념성에 대한 이러한 표현 욕구는 후에 시카고의 **레이크 쇼어 드라이브 아파트**(Lake Shore Drive Apartment,

도2-23a, b
L. 미스 반 데어 로에, IIT 캠퍼스 마스터 플랜, 시카고, 미국, 1939-1940

도2-24.
L. 미스 반 데어 로에, 레이크 쇼어 드라이브 아파트, 시카고, 미국, 1948-1951

Chicago IL, USA, 1948-1951)(도2-24)에서, 기둥과 멀리언 부재의 규칙적인 배열로 유리 창문의 크기를 분할하여 구조와 창내기가 미묘한 방식으로 통합되는 방식으로 발전되어 간다.(주8)

람뿌냐니(V. M. Lampugnani, 1985, p.111)가 지적하였듯이, 미스가 이 시기에 추구한 구조적 건축에는 완벽한 구조를 통해서 순수 형태를 추구한 결과로 생성된 절대적인 원 형태(原 形態)에 도달하려는 의지가 담겨 있다. 이러한 완전성의 추구는, 그의 초기작품에서 개개의 기능을 구조적으로 제한된 형태가 허용하는 골격 안에서 해석하던 태도와는 달리, 기능과 프로그램을 무시한 채 구조 형태의 완벽한 표현성만을 추구하는 경향으로 흐른다. 무엇보다도 미스는 자신의 디자인 목표를 모든 건축적 요소들이 그 본질로 환원되고 불가해한 정신의 세계가 그 침묵 속에서 드러나는 신비로운 본질을 달성하는 것으로 인식하였다. 따라서 미스의 작품에서 발견되는 '환원' 의 수법은 의식적인 침묵을 통해서 건축의 고귀하고 완전 무결하고 단순한 질서를 창조하고 완벽성을 달성하기 위한 것이다. 그의 작품세계의 본질에서 형식의 개념에 내재한 이러한 사실을 주목한 스티븐스(G. Stevens, 1983, p.60)는, 미스의 건축에서 발견되는 플라톤적 특성들(직사각형의 형상, 직선, 단순성과 순수성, 세련됨과 엄밀함 등)은 건축의 형식성Form of Architecture을 추구한 대표적인 경우라고 지적하고 있다.

**에디스 판스워스 주택**(Edith Farnsworth Weekend House, Plano, IL, USA, 1946-1951)(도2-25a, b, c)은 무주공간 개념을 도입하고, 쉥켈 풍의 고전주의적인 대칭적 구성과 적절하게 배치된 기단, 계단, 테라스 등 비대칭적 구성이 균형을 이루는 방식으로 주거의 기념비성을 표현한 작품이다. 여기서 슬라브 판의 외부에 위치한 8개의 I형 기둥(바르셀로나 파빌리언에 사용된 십자형 기둥과는 달리 방향성을 암시하는)에 매달려 있는 두 개의 수평면을 판유리 피막으로 에워싸고 있는 투명한 볼륨은 내, 외부의 경계가 모호하게 사라진 듯하여 '아무 것도 없는 무의 경지neinathe nichts, almost nothing' 라는 미스의 철학을 보여주고 있다. 도던(D. P. Doordan, 2002, p.169)은 이 주택을 "근대의 구축성과 재료의 견지에서 원시 오두막의 개념을 개작하여 주거의 개념을 하나의 유리로 에워싸인 볼륨으로 승화시킨 작품" 으로 평가한다. IIT 캠퍼스 건축학부 건물인 **크라운 홀**(Crown

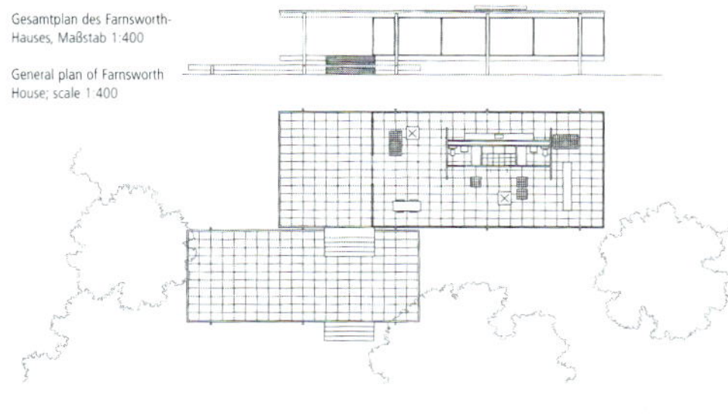

도2-25a, b, c
L. 미스 반 데어 로에, 에디스 판스워스 주택, 플라노, 미국, 1946-1951

Hall, Chicago, IL, USA, 1950-1956)(도2-26a, b)에서, 미스는 대규모 장스팬(220×120피트)의 '보편적 공간'의 개념을 적용하고, 쉥켈의 베를린 고대 박물관(Atles Museum, 1823-1830)의 전통을 상기시켜 주는 대칭적 구성과 공간 조직을 발전시켰다. 이 건물에서 미스는 기둥과 벽면을 일체화한 IIT의 다른 건물들과는 달리, (2년 전에 레이크 쇼어 드라이브 아파트(1948-1951)에서 실험한 것처럼) 철재의 멀리언 부재로 기하학 형상에 비례잡힌 외관을 구성함으로써 강한 기념비성을 부여하고자 의도하였다. 로우(Collin Rowe, 1976)는 크라운 홀의 구성이 팔라디오의 빌라 로툰다(Villa Rotunda)처럼 구심적

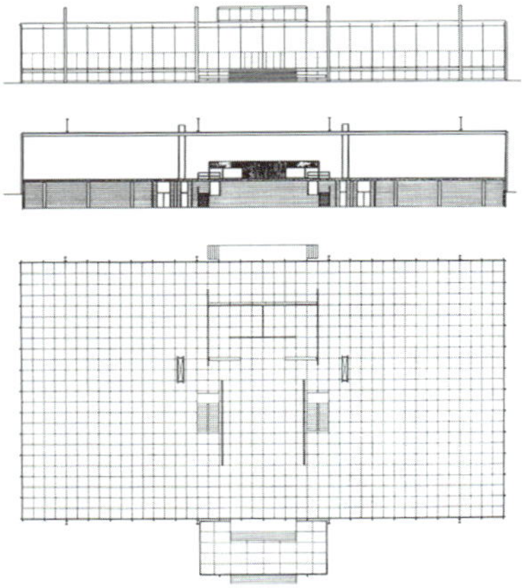

도2-26a, b, c
L. 미스 반 데어 로에, 크라운 홀, 시카고, 미국, 1952-1956

도2-27a, b, c
L. 미스 반 데어 로에, 신 국립박물관, 베를린, 독일, 1962-1968

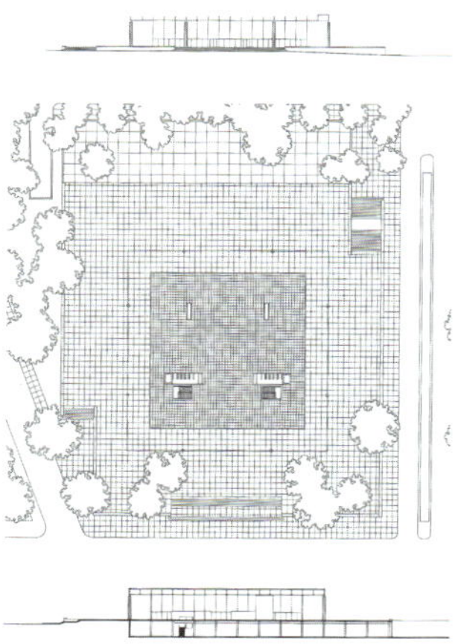

인 공간조직을 보여주지만, 실제적으로 그 공간은 중앙에 놓인 코어를 중심으로 에워싸인 유리면을 따라 움직이며 평탄한 지붕면의 흐름을 따라 외부로 향하는 원심성을 지니고 있다고 지적한다. 크라운 홀의 무주공간과 보편적 공간의 개념은 미스의 후기 작품인 시카고 컨벤션 계획안(The Convention Hall Project, Chicago, IL, USA, 1953), **베를린 신 국립박물관**(New National Gallery, Berlin, Germany, 1962-1968)(도2-27a, b, c)에서 나타난다. 거대한 화강암의 기단위에 좌우대칭의 정방형의 형태의 평면으로 이루어진 베를린 신 국립박물관은 구축적 형태의 논리와 공간의 연속성을 보여주는 정형화된 방식으로 나타난다. 미스는 여기서 지붕을 지지하는 규칙적인 8개의 십자형 단면 기둥(미스가 바르셀로나 파빌리언에서 사용한 십자형 기둥처럼 무방향성을 나타내는)을 모서리에서 일탈한 위치에 배열하여 경계가 한정되지 않은 내부공간이 외부로 무한히 개방된 역동적인 흐름을 만들고자 의도하였다.

## | 공간의 특성화와 구축의 시학 : 루이스 I. 칸 |

구조와 빛에 의한 공간의 특성화 개념을 통해서 독자적인 건축형태의 언어를 창조한 구조적 건축의 전통을 우리는 루이스 칸(Louis Isidire Kahn, 1901-1974)에게서 찾아볼 수 있다. 모더니즘 건축의 2세대 건축가 칸은 에꼴 데 보자르식 전통 속에서 건축 교육을 받았으며, 모더니즘 건축이 금기로 여긴 전통과 역사를 새로운 건축형태를 위한 원천으로 다시 부활시켜 창조적으로 해석하였다. 그는 동 시대 모더니즘 건축가 미스의 구조적 정형성과 보편적 공간개념, 풀러의 공학기술적 접근방법, 르 꼬르뷔지에의 빛의 공간개념 등의 영향을 받았지만, 자신만의 독특한 건축적 사유를 통해서 근대건축과 현대건축의 가교 역할을 한 건축가로 평가되고 있다.

### 건축은 공간의 사려 깊은 창조이다.

칸의 건축적 사고는 건축의 본질, 역사 속의 시원beginning(始原)과 같은 근원적인 물음에서 시작한다. 그는 공간의 속성을 이해하기 위해서 "사물이 되고자 원하는 그 무엇what a thing wants to be"이라는 심오한 질문에서 출발하였다. 따라서 그에게 있어서 '무엇' 에 대한 본질적인 탐구가 '어떻게' 라는 방법론적인 것보다 더 중요하다. 요디케(Jürgen Joedicke, 1998, p.119)에 따르면, 칸의 이러한 세계관은 존재론적 이론에 근거한 것으로 이것은 사물의 존재로부터, 즉 설계과제의 본질로부터 모든 것이 시작하는 것이다.(주9) 칸은 건축가는 예술가이며, 건축은 예술이라는 신념을 가졌다. 칸에게 있어서 "건축을 창조하는 것은 인간의 정신"이며, 건축은 "사고thought와 감성feeling이라는 정신적인 행위"로 간주되었다. 칸은 "건축가의 임무는 개인의 요구need를 해석하여 보편적 가치와 열망desire으로 전환하는 것"(주10)으로, 개인적인 요구보다 보편적인 열망에 의한 디자인을 강조하였다. 이것은 사물 또는 인간의 기본적인 욕망인 '존재하고자 하는 욕망' 과 '표현하고자 하는 욕망' 을 포함하며, 감성과 사고, 침묵과 빛의 영역과 관련된 것이다.

무엇보다도 칸은 형태Form를 항상 기능보다 우위에 있는 것으로 생각하였다. 이것은 형태가 기능보다 우위에 있으려면 형태는 초자연적이고 영구적이며 이상적인 특성을 필요로 한다는 점을 강조한 것이다. 따라서 기능을 어떻게 영구적이며 이상적인 형태로 변형시킬 것인가 하는 문제는 칸에게 중요한 탐구의 과제였다. 클로츠(H. Klotz, 1984, p.130)는 이러한 태도는 형태에 대한 정신적 차원을 물질적, 기능적인 현실로 구체화하는 것으로, "시적 함축성을 지니는 건축을 만들고자 한 것" 이라고 지적한다. 실제로 칸의 건축작품에는 인간의 근원적 요구와 열망에 근거하여 구조적 가능성으로부터 건축 표현의 힘을 강화하는 방법을 탐구한 노력이 엿보인다. 이것은 칸이 모더니즘의 기능주의자들처럼 효용성의 가치만을 중시하는 기능의 개념을 거부하였기 때문이다.(주11) 건물의 정량적 측면과 건축공간의 정성적 속성을 구별한 칸은, 기능의 개념은 건물의 기계적인 측면(재료적 기능처럼)과 같은 물질에 적용 가능한 것이지 인간의 정신적 차원(정신적 기능처럼)에는 적용할 수 없다고 강조하였다.

> "만일 당신이 학교 위원회로부터 프로그램을 받았다면, 우리 나라에서 그것이 의미하는 바는 무엇보다도 건물 주위를 9피트 담장으로 하여야 하며... 복도는 9피트 너비보다 작아서는 안 되며, 모든 교실은 환기가 잘되고 적정한 규모이어야 한다는 것이다. 이런 사항들은 실무자가 규칙의 규칙들을 따름으로써 학교 위원회로부터 많은 이점을 얻어내는 데 도움을 주는 사항들이 될 것이다. 그러나 이것은 건축가가 행하는 작업이 아니다. 건축가는 학교를 가능한 한 그 안에서 배움이 잘 이루어지는 공간들의 영역이 되도록 생각한다." (Louis I. Kahn, (ed.) Alexandra Latour, 1991, p.83 재인용)

그러므로 칸은 참다운 형태는 기능과 연관된 프로그램을 인간의 보편적 가치와 관련하여 근원적인 것으로 해석하였다. 그는 이것을 감성과 연관된 심리적인 의미까지 확장하는 데서 얻어진다고 보았다. 칸이 모더니즘 건축은 공간이 진정으로 무엇이 되기를 원하는가를 고려하지 않고 단지 보편적인 추상공간과 외적인 형태에 치중했다고 비판한 것은 바로 이러한 이유에서였다. 이 점에서 레스니코프스키(W. G. Lesnikowski, 1982, p.97)는 "칸에게 있어서 기능은 기술적이고, 경제적인 성능보다는 사고와 감성의 상태를 의미하는 것" 이었다고 지적한다.

## 디자인은 형태에서 나온다.

칸의 작품 세계에서 질서Order, 형태Form, 디자인Design, 방Room의 개념, 그리고 봉사받는 공간Served Space과 봉사하는 공간Servant Space 등은 그의 건축적 사고와 작품을 이해하는 데 중요한 개념들이다. 칸은 1950년대에 건축의 본질로서 '질서의 개념' 을 탐구하기 시작하였다. 그는 이러한 개념을 감성과 사고, 구현화realization를 거쳐 '형태' 에서 '디자인' 에 이르는 과정에 대한 철학적 사유, 그리고 '봉사받는 공간(주공간)' 과 '봉사하는 공간(종속공간)' 의 개념을 통해서 전개하여 왔다. 생애의 후반기인 1970년대에 이르러 이러한 개념들은 침묵과 빛, '방의 개념' , 빛과 구조 개념 등으로 발전되어 갔다.(주12)

건축의 본질을 질서의 개념에서 찾던 시기에, 칸은 공간의 속성과 관련된 근원적인 물음 nature of space-why을 통해 '되기 원하는 그 무엇의 질서' the order-what를 표현하는 것이 디자인design-how이라는 논리를 제시한다. "질서 안에 창조적인 힘이 존재하며, 디자인 안에는 수단(언제 어디에서 무엇을 가지고 어떻게 하기 위한)이 존재한다." "디자인이란 질서 속에서 형상를 만드는 것form-making이다." "형태는Form는 형상form(주13)에 내재한 구조적 요소들로부터 나온다." (Louis I. Kahn, 1955, p.59)고 칸은 강조한다. 팅(Alexandra Tyng, 1984, pp. 17-18)은, 칸이 쿤스트(Kunst)의 영향(주14)을 받아 '질서' 의 개념을 물질적 질서physical order와 정신적 질서psyche order로 구별하였다고 지적한다. 칸은 "구조물에는 물질적 질서가 존재하며, 공간에 존재하는 물질적 질서는 봉사받는 공간과 봉사하는 공간" 이라고 주장한다. 그는 "공간에서 질서는 보다 심리적이다. 정신적 질서는 공간의 속성이 그 자신의 특성으로 구현되는 것"(이효원, 1997, pp.50-51 재인용) 이라고 강조한다.

그러므로 칸에게 있어서 디자인에 앞서 선행되어야 할 작업은 사물의 본질(되기 원하는 것의 근원)을 객관적으로 인식하기 위해 사고와 감성을 통해 보편적인 '형태' 의 깨달음에 도달하는 구현화에 이르는 것이다. 이것은 사물의 외부 형상이 아니라 그 본질을 탐구하는 것을 의미한다.(도2-28) 여기서 '형태' 는 질서의 내용 안에 포함된 그 무엇에 대한 본질의 개념으로, 사고와 감성이 융합된 사유의 결과이며, 개념의 추상성을 띤다. 이 점에서 팅(Alexandra Tyng, 1984, p.30)은 "칸이 탐구한 '형태' 의 개념은 한 사물을 다른 사물과 구별짓는 고유한 특성으로, (그것은) 분리할 수 없는 속성을 지니고 있다" 고 지적한다. 이것은 한 건물이 다른 건물과는 다른 고유한 특성이 무엇인가에 대해 숙고한 결과로 디자인 단계에서 나타나기 시작하는 '형태' 의 시작을 의미한다. 따라서 그것은 구체적이고 현실적인 산물로 나타나는 디자인의 개념과는 구별된다.

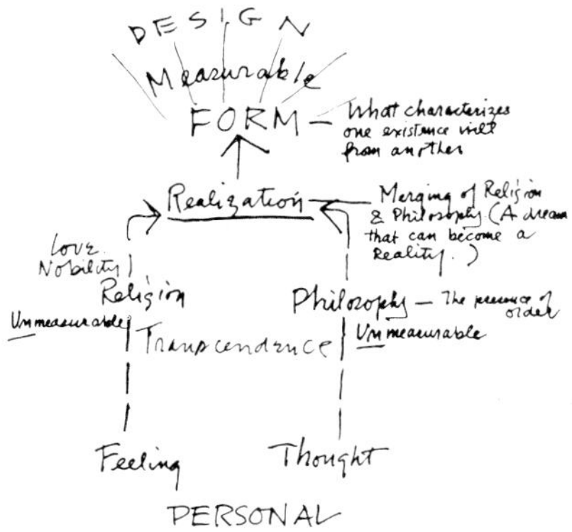

도2-28
L. 칸, 형태-디자인 사유과정 드로잉

따라서 칸에게 '형태' 는 건축의 시작이며 중심개념이다. 반면에, 디자인은 '형태' 로부터 출발하여 구체적이고, 상황적이며, 물질적인 형상shape을 만드는 방법이다. 예를 들면 의자의 '형태' 는 그 안에 내적 질서를 지니며 변하지 않는다. 그러나 의자의 형상은 프로그램과 시대적 상황조건에 따라 다양한 모습으로 나타난다. 이것은 의자의 '형태'는 본질적으로 하나이지만, 의자의 디자인된 형태(형상)는 다양할 수밖에 없다는 사실을 시사해 준다. 질서의 감각을 담지하고 있는 이러한 '형태'의 개념은 장소적 본질로서 방room의 개념으로 발전된다.

## 공간은 봉사받는 공간과 봉사하는 공간의 위계적 질서를 지녀야 한다.

칸이 형태와 디자인의 개념을 발전시키면서 추구한 공간의 물질적 질서의 구현은 밀실부solid와 공허부void의 개념, 기계설비와 구조 시스템의 통일, 보편적 질서의 원리와 공간의 위계 및 그 연결 방식을 탐구하는 방식으로 나타난다. 특히 구조체의 구성요소가 규정하는, 독립된 설비를 위한 공간개념은 현대의 재료와 기술로 가능해진 속이 빈 돌hollow stone에 대해 칸이 다음과 같이 언급한 데서 발견된다.

> "고딕 시대에, 건축가들은 견고한 돌로 건물을 지었다. 오늘날 우리들은 속이 빈 돌로 건설하는 것이 가능하다. 구조의 구성부재들로 한정되는 공간들은 구성부재만큼이나 중요하다. 이러한 공간들은 단열판넬 속의 빈 공간void, 공기, 빛, 열이 순환할 빈공간에서부터 통행하고 그 안에 거주할 수 있을 정도로 충분히 큰 공간에 이르기까지 스케일 상에서 다양하다. 구조의 디자인에 있어서 빈공간을 적극적으로 표현하려는 열망은 스페이스-프레임space-frame의 개발에 관한 관심과 연구가 증대되고 있다는 점에서 명백하게 나타나고 있다. 실험되고 있는 형태들은 자연에 대한 자세한 지식에서 나온 것이며, 끊임없는 질서의 탐구 결과이다. 구조를 은폐하도록 유도하는 디자인 습관은 이와같이 함축된 질서 안에서 더 이상 설자리가 없다.... 나는 모든 예술에서처럼 건축에서도 예술가는 사물이 어떻게 만들어지는가를 보여주는 흔적을 본능적으로 지니고 있다고 믿는다.... 방과 공간의 기계적 필요성(설비)을 (내부에) 숨길 수 있는 구조가 고안되어야 한다.... 그 결과 구축, 조명 및 음향 재료를 덧씌우거나, 비틀어 불필요한 덕트, 도관, 파이프라인 등을 매설하는 것이 참을 수 없는 것이 되기에 이를 것이다."(Louis I. Kahn / K. Frampton, 1995, p.215 재인용)

프램톤(K. Frampton, 1995, p.215)은, 비올레-르-뒤크와 같은 구조 합리주의의 영향과 기계서비스 설비에 대한 근대화에 대해 집착하였던 "칸은 서비스 영역이 구조적 형태와 동일한 구축적 지위를 부여받아야 한다는 생각에 몰두하였다"고 지적한다. 칸은 미스와는 달리 개방평면 공간의 서비스 설비에서 덕트를 수용하기 위한 보편적인 방법인 달대천장 방식은 바닥구조를 천장이 은폐하기 때문에 거부하였다. 그에게 있어서 건물의 근간을 이루는 구조는 내부와 외부 모두 드러나야만 하였기 때문이다.

따라서 위 글에서 언급된 속이 빈 구조hollow structure 개념은 칸의 작품에서 지속적으로 유지되어 왔다. 이러한 구조개념은 튜브형 강재로 구성된 필라델피아 시티 타워 프로젝트(City Tower Project "Tomorrow's City Hall", Philadelphia, USA, 1957)를 비롯하여 그 이후 콘크리트 구조로 이루어진 칸의 주요 작품들에서 주공간인 '봉사받는 공간' 과 서비스 코어와 동선의 영역인 '봉사하는 공간' 으로 발전하여 구체화되었다. 속이 빈 구조, 봉사하는 공간과 봉사받는 공간의 개념은 칸이 구조를 "공간의 잠재적 발생장치" 처럼, 그리고 볼륨 그 자체가 이로부터 연장되어 출현하게 되는 "속이 빈 렌즈(진동판)" 처럼 취급하는 토대가 되었다(K. Frampton, 1995, p, 227)고 프램톤은 지적한다. 여기서 봉사받는 공간과 봉사하는 공간이 지니고 있는 질서는 각각 방의 질서order of room와 기계의 질서order of machine를 의미한다. 그러나 이러한 공간의 위계와 특성이 보여주는 논리성은 프로그램상의 일상적 세부 내용들이 전체의 형태 구성에는 영향을 끼치지 않는 표현방법과 수법을 가능하게 하였지만, 기능적 관점에서는 비판의 대상이 되어 왔다.

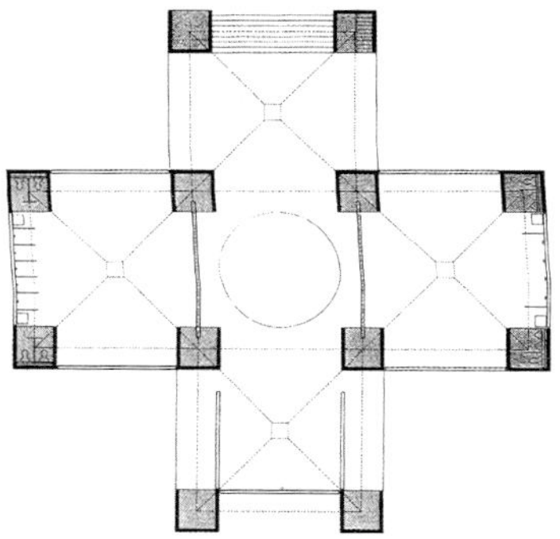

도2-29a, b
L. 칸, 유대인 커뮤니티 센터, 트렌톤, 뉴저지, 미국, 1954-1959

뉴저지 트렌톤에 있는 **유대인 커뮤니티 센터의 수영장 건물**(Bath House, Jewish Community Center, Trenton, New Jersey, USA, 1954-1959)(도2-29a, b)은 칸이 봉사하는 공간과 봉사받는 공간의 개념을 처음으로 명확하게 표현하여 이후 자신의 독자적인 양식으로의 변화를 보여주는 작품이다. 여기서 (에꼴 데 보자르적인 유형학 개념을 연상시키는) 피라드미형 지붕을 지지하는 ㄷ자형의 속이 빈 기둥hollow column(中空柱)은 기둥 역할을 할 뿐만 아니라, 그 자체가 창고나 화장실, 탈의실 등으로 활용되는 하나의 서비스 공간이다.

칸은 3년 뒤에 **리차드 의학연구소**(A. N. Richards Medical Research Centre, Penu, USA, 1957-1964)(도2-30a, b)에서 봉사하는 공간과 봉사받는 공간의 개념을 명확히 보여주는 세포 모양의 평면구성 방식을 도입하여 기능적, 구조적, 조형적 표현을 갖는 독창적인 건축을 만들었다. 여기서 과학자들의 작업 장소인 연구실험실은 독립적인 정방형 평면의 봉사받는 공간으로, 계단과 환기용 배관을 포함하여 탑형의 서비스 영역은 봉사하는 공간으로 명확하게 구별되었다. 이러한 공간적인 위계관계는 계단실 및 공

도2-30a, b
L. 칸, 리차드 의학연구소, 펜실바니아, 미국, 1957-1964

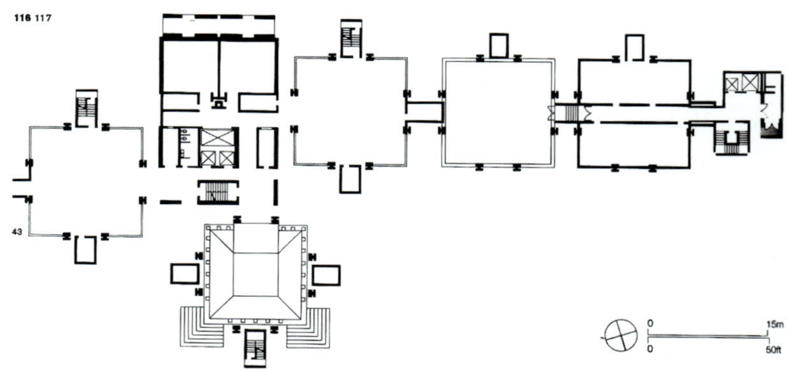


도2-31
L. 칸, 에쉬릭 주택, 체스넛 힐, 펜실바니아, 미국, 1959-1961

조설비시설 등 2차적 기능요소가 파사드의 전면부로 드러남으로써 형태미학적으로 조형성을 갖는 형상으로 표현되었다.(주공간과 종속공간의 위치적 관계에 따른 표현방식은 후에 공간의 융통성과 노후 설비시설의 교체 가능성을 위해 동일한 논리를 적용하는 하이-테크 건축에서 반복적으로 나타나고 있다.) 봉사하는 공간과 봉사받는 공간의 개념은 **에쉬릭 주택**(M. Esherick House, Chestnut Hill, Penn, USA, 1959-1961)(도2-31)에서 계단실을 명확한 분할구조를 갖는 평면 중앙에 있는 봉사하는 공간의 영역에 배치함으로써 인접한 2층 높이의 거실과 주거공간을 지원하는 평면과 단면에도 적용되었다.

## 방Room은 건축의 근원이다. 건축이란 방들의 집합체이다.

칸이 초기부터 제시해온 질서와 형태의 개념은 침묵silence과 빛light으로 구현되는 방의 개념으로 발전되어 간다. 칸에게 침묵은 무엇이 되고자 하는 존재의 "측정할 수 없는, 표현하고자 하는 열망으로 모든 존재의 부여자"이다. 침묵은 항상 시간을 초월하는 본질이나 시초로의 회귀를 표상한다. 칸은 이것을 "창조적 과정이 시작되는 근원적인 출발점"이라고 말한다. 여기서 빛은 현상 세계를 표상하는 것이며 사물 파악의 수단이고 물체 자체의 근원으로 간주되었다. 칸은 이것을 건축형태에 생명을 부여하는 발현이라고 말한다. 침묵은 인간존재의 의식과 관련된, 빛도 어둠움도 없는, 비구조화된 상태의, 물질적인 에너지이다. 반면에 빛은 이미 존재하는 모든 자연적 사상(事象)들의 실체의 척도이다. 칸은 이것을 "일체의 사물은 빛이 소멸된 것이다. 의지는 침묵 중에서 표현하고자 하는 것이고 빛 속에서 창조하고자 하는 것이다."(이효원, 1997, p.62 재인용)라고 언급하면서 질서와 연결지어 설명한다.

그러므로 칸은 침묵과 빛이 만나는 근원에서 창조적인 직관inspiration이 출현한다고 보았다. 형태가 깨달음을 통해 구현되듯이, 방은 이러한 창조적 직관을 통해 구현된다는 것이 칸의 논리이다. 또 칸은 디자인이 형태로부터 유래하듯이, 시설institution(주15)은 방에서 출현한다고 보았다. 이 시설은 칸이 건물이나 가로에 대한 은유로 사용한 방의 개념처럼 공간, 장소의 뜻을 지니고 있다. 따라서 칸은 단순한 정주지로부터 생성된 도시는 이러한 시설이 집합된 장소이다. 또 그는 기념비성은 한편으로 이러한 역사적으로 유도해낸 유형과는 무관한 근대적 시설과 도시라는 개념에 의존하며, 다른 한편으로는 구조와 접합의 방식으로 표현된다고 보았다. 왜냐하면 구조에 의해 드러나는 빛은 주어진 시설이나 도시적인 요소에 구체적인 특성을 부여할 수 있기 때문이다. 이 점에서 디자인은 시설의 새로운 표현을 찾으려는 노력으로 간주되었다. 따라서 칸이 초기에 사유해 온 질서의 개념은 형태와 디자인으로, 그리고 이후에는 방과 시설의 개념으로 발전되어 왔다.

칸은 "건축이란 방a Room을 만드는 것"이며, 그것은 "방들의 집합체an assembly of rooms"(Louis I. Kahn, 1971)라고 정의한다. 평면은 "방들의 사회society of rooms"이다. 이 방은 그가 탐구해온 질서에 내포된 본질의 구체화라고 할 수 있다. 여기서 방들은 고유한 특성, 즉 장소의 의미를 지닌 공간의 분절이라는 특성을 지녀야 한다는 것이 칸의 생각이다. 칸은 "어떤 공간이 만들어진 방식을 분명하게 알 수 있을 때 비로소 그 공간은 건축의 시작을 이루는 방으로서 진정한 공간이 된다" (Winand W. Klassen, 1980, p.279 재인용)고 주장하였다. 칸의 이러한 사유는 그가 초기에는 "건축은 사려 깊은 공간의 창조" (Louis L, Kahn, 1957)라고 언급하였지만, 방의 개념을 정립한 이후에는 "건축은 방을 만드는 데서 나오는 것" (Louis I. Kahn, 1971)이라고 건축에 대한 정의를 확장시킨 데서도 알 수 있다. 여기서 칸은 "방은 건축의 시원" (Louis I. Kahn, 1971)이라고 재천명하고 있다. 칸이 만들고자 한 방은 단순히 관습적인 의미의 기능적인 방이나 공간이 아니라 행위의 본질과 장소의 본질에 관한 개념이 담겨 있다. 그것은 방에 그 성격과 특성과 분위기를 부여하는 빛과 구조에 의해서 중심 공간이 설정되고 위계가 부여된 장소적 의미를 지닌 것이다.

그러므로 칸의 구조개념에는 구조적, 물질적 차원을 초월하여 형이상학적인 본질까지 확장된 공간의 특성화의 개념이 전제가 되어 있다. 이것은 미스의 건축에서 구조가 그 스스로의 가치를 드러내며, 투명한 면들과 볼륨으로 공간의 연속성을 만들어내는 투명성의 공간적 속성과는 그 성격이 다르다. 칸은 미스의 '보편적 공간' 개념을 비판하고 자신만의 공간개념을 다음과 같이 차별화하였다.

> "만약 공간이 어떤 의도에서 만들어졌는지 알 수 없다면, 그 공간은 공간이 아니라 단순히 구역area이라고 불릴 것이다. 내가 구역이라고 말한 것을 미스는 공간이라고 하였지만, 그는 공간을 세부적으로 구별하지는 않았다."
> (Louis I. Kahn / H. Klotz, 1984, p.127 요약 인용)

> " 공간이 그 스스로의 본질로 구체화될 때 그것은 방이 되며 특별한 성질의 것이다. 이때 그 방의 특성은 먼저 빛과 구조의 관계에 의해 결정된다."
> (Louis I. Kahn / C.N-Schulz, 1988, p.205 재인용)

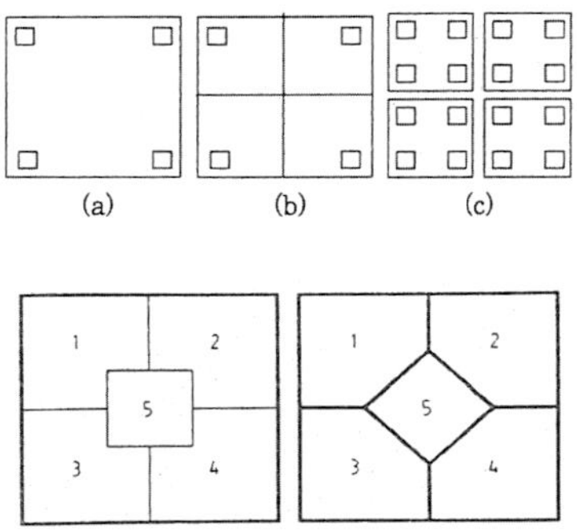


도2-32
L. 칸, 공간분할 개념에 대한 3가지 도식과정

칸이 주장하는 '구별된 공간의 개념' 은 구조와 빛이 상관 관계를 맺고 있는 방의 개념을 의미한다.(도2-32) 그림 (a)는 하나의 구역이며, 그림(b)는 그것을 4개로 분할한 것이다. 미스는 구역의 분할 횟수와는 상관없이 그 전체를 공간이라 불렀지만, 칸은 4개로 분할된 그 개별적인 것을 공간이라고 하였다. 따라서 미스에게 어떤 공간은 다시 분할가능하지만, 칸에게 어느 공간이 다시 분할되면 그때 그것은 공간이라는 의미를 잃게 된다. 이것은 칸이 더 이상 분할되지 않는 것을 공간이라고 보았기 때문이다. 그림 (c)는 4개의 분할된 각 공간마다 4개의 기둥(실 자체의 구조)이 존재할 뿐만 아니라, 구조에 의해 독특한 빛이 부여됨으로써 그 자신만의 공간적 특성을 드러내며 방이 되는 과정을 보여준다.

## 공간은 구조와 빛으로 드러난다. 이때 그것은 방이 된다.

구조와 빛으로 구별되는 방으로서의 이러한 공간 개념은 '개별 공간의 특성화' 라는 개념을 전제로 한 것이다. 그것은 미스의 '보편적 공간' 개념과는 달리 심리적 차원을 내포한다. 따라서 칸의 건축에서 "빛은 방의 고유한 성격을 결정하며, 구조는 그 빛으로 결정된다." 이러한 이유로 칸은 "빛은 모든 존재의 부여자the giver of all presence이며, 구조는 빛의 부여자 the marker of light"라고 주장한다. 칸에게 '빛은 신성한 변형을 야기하는 본질이며, 견고한 구조물을 그 재료의 경도(硬度)에 따라 불투명하게, 심지어는 투명하게 만들 수 있는 그 무엇' (K. Ftampton, 1995, 225)이다. 그는 "공간을 디자인하는 것은 빛을 디자인하는 것"이라고 강조한다. 이러한 이유로 칸은 공간을 한정하는 방법으로 각 공간에 자신만의 중심을 부여하고, 또 각 공간에 자신만의 독특한 빛을 부여함으로써 독특한 특성character을 지닌 공간을 만들어야 한다고 강조한다.(주16)

> "건축은 방을 만드는 데서 생성된다... 방은 정신의 장소이다. 작은 방에서 사람들은 큰 방에서 하는 것처럼 말하지 않는다. 단지 또 다른 한 사람만이 있는 방에서... 각각의 벡터는 서로 만난다. 자연의 빛이 없는 방은 방이 아니다. 자연의 빛은 하루의 시간을 부여하고 계절의 분위기가 안에 들어오도록 허용한다." (Louis I. Kahn / K. Frampton, 1995, 226 재인용)

> "건물의 평면은 빛 속에서 공간들의 조화로 읽혀져야 한다. 심지어 어두움이 의도된 공간조차도 실제로 얼마나 어두운가를 말해 주기 위해 어떤 신비한 개구부를 통해 충분한 빛이 들어와야 할 필요가 있다. 개개의 공간은 구조와 자연의 빛이 가진 성격에 따라 명확하게 정의되어야 한다."(Louis I. Kahn / Urs Büttiker, 1993, p.28 재인용)

따라서 칸은 "자연의 빛이 없는 방은 방이 아니다"라고 주장한다. 또 각 방들은 그 고유한 특성을 상실하지 않고 전체적인 완결성을 유지하기 위해서 상호 위계적인 관계를 지녀야 한다는 것이다. 칸은 빛이 들어오지 않는 연결복도나 계단 등으로 방들을 연결해온 종래의 방식을 탈피하였다. 그는 빛이 들어와서 그 자체도 방의 성격을 지니는 회랑과 통로를 통해서 개별적인 특성을 지닌 방들을 결합하는 방식으로 전체적인 완결성을 갖도록 하였다.(도2-33) 이 점에서 쉬름백(E. Schirmbeck, 1987, p.65)은 "칸이 추구한 심리적 효과를 지닌 공간과 구조의 개념은 구조가 미적인 차원으로 해석된 것"이라고 평가하고 있다.

도2-33
L. 칸, 방의 개념을 보여주는 스케치

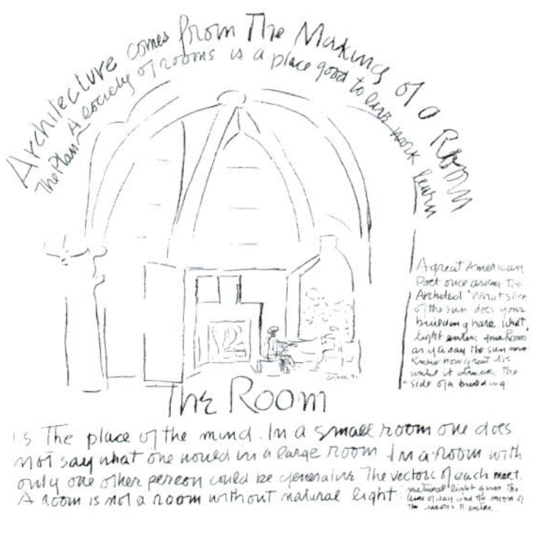

칸이 초창기에 전개한 '질서'와 '형태'의 개념에는 추상적 본질로서 '무엇'에 대한 의미만이 담겨 있는 반면, 그가 생애의 후반기에 발전시킨 '방'의 개념에는 공간의 본질에 관련된 '고유한 특성'을 가져야 하는 그 '무엇'을 구현하는 구체적인 속성들(구조와 빛)인 '어떻게'까지도 포함되어 있다. 이러한 사실은 칸이 공간을 구획하는 요소들이 어떻게 위치하고 있으며, 어떤 건축 재료로 구성되어 있는가를 명확히 보여주는 방식을 통해서 건물이 어떻게 생성되었고, 그 의도한 바가 무엇인지를 보여주어야 한다고 생각한 데서도 알 수 있다. 이러한 이유로 그에게 구조적 형성과정을 통해서 '건물이 만들어지는 방법'의 표현은 매우 중요하였다. 공간을 구획하고 있는 요소들을 인식시켜 주는 구축방식을 통해서만 건축적 공간이 만들어지기 때문에, 한 공간 안에서 기둥, 보, 벽, 문, 아치 등의 요소들이 사람에게 인식되어질 필요가 있다는 점을 그는 강조한다.

여기서 "빛에 의해 드러나는 접합joint은 (그것이 비올레-르-뒤크와 젬퍼의 저작에서 구축적 형태의 시금석이 되었던 것과 동일한 방식으로) 칸 작품의 구축적 정직함을 가시적으로 보여주는 증거"(K. Frampton, 1995, p.226)이며, 칸의 표현대로 "장식ornament의 시작"이기도 하다. 칸은 장식을 단순히 적용된 치장decoration과 구별하였다. 칸에게 "장식은 접합을 동경하는 것"(K. Frampton, 1995, p.241 재인용)을 의미하였다. 칸은 접합의 분절이 유기적인 특성을 지니는 것임을 인체에 비유하여 다음과 같이 언급한다.

> "건축물은 인간과 유사하다. 건축가는 생명을 창조하는 기회를 갖는다. 그것은 인간의 신체-당신의 손-와 같다. 손가락 관절과 접합부가 함께 만나는 방식은 개개의 손을 흥미롭고 아름답게 만든다. 건물에서도 이러한 디테일은 벙어리 장갑처럼 감추어지지 말아야 한다. 당신은 이 디테일들을 최상으로 활용해야 한다. 공간은 그것이 만들어진 방법의 증거로 보여지고 이해될 때 비로소 건축적이 된다."(Louis I. Kahn / K. Frampton, 1995, p.228 재인용)

그러므로 클로츠(H. Klotz, 1984, pp.130-131)는 칸의 작품에서 발견되는 "구조와 분절이라는 예술적, 미학적 원리는 건축물과 개별 요소의 표현법과 구성 방법을 통해서 얻어진 것"이라고 지적한다. 칸은 자신의 작품에서 공간적인 것과 구조적인 것이 상충하는 문제를 해소하기 위해 구조와 공간에 제 3의 물질적 질서를 부여하는 도구로 외부를 에워싸는 수법encasement을 사용하였다. 프램톤(K. Frampton, 1995, p.233)은, "칸은 구조화 작업의 3가지 층위-세포공간, 구조, 에워싸는 것-를 콘크리트 본래의 속성처럼 단일한 골조fabric로 융합하여, 여기서 발생하는 사이 공간interstitial space의 무한한 연결을 만들어내었다"고 지적한다. 칸이 제3의 질서로 도입한 건물의 콘크리트 케이스case는 젬퍼의 피복의 개념처럼 직조된 스크린으로 표현(상징)하기 위해 세워지며, 여기서 콘크리트는 아로새겨진 석재 띠에 의해 수직적으로 분할되고 있다. (이러한 수법은 다카의 국회의사당(Sher-E-Bangla : National Capital of Assembly Hall, Dhaka, Bangladesh, 1962-1983)과 같은 후기 작품에서처럼 건물의 코어(중심부)를 눈부심으로부터 차단해 주는 역할을 한다.)

이것은 칸이 자신의 작품에서 기하학적 및 구조적인 시스템의 명료성을 유지하면서 기념비성을 표현하는 건축을 추구해온 것과도 무관하지 않다. 칸의 작품에서 반복적으로 나타나는 대칭적 축의 설정과 기하학적 형태요소(원, 삼각형, 정방형, 다각형 등)에서 파생된 평면 형상들과 원통형, 입방체, 장방형 등의 반복, 공간의 위계에 따른 구심적 평면구성과 중심성의 설정 등은 에꼴 데 보자르 건축과 고대 로마의 역사적인 유형학적 형태 요소의 선례를 참조하여 진척시킨 것이다. 이러한 형태들은 구축, 중력, 환기, 서비스 설비, 빛 등이 상호작용하는 데서 발전시켜온 것으로, 구조적으로 분절된 요소들이 조합하여 구조적인 명료성을 표현하는 방식으로 나타난다. 따라서 칸의 건축에서 강한 기념비적인 특성을 보여주는 기하학적 형태들은 단지 조형적 효과보다는 전체를 구성하는 개별 요소들을 구축성의 논리에 따라 통합하기 위해 채택된 질서의 도구라고 할 수 있다. 이러한 사실은 칸이 매스의 형태나 유형보다는 '구축적인 구조tectonic structure의 요소'를 기념비적인 형태의 첫 번째 조건으로 추구해야 한다고 확신한 데서도 알 수 있다.(주17)

여기서 우리는 칸이 구축적 요소들을 그 재료의 물성의 본질적 특성에 부합하도록 구체적인 모습을 부여하는 데 관심이 있었다는 사실에 주목할 필요가 있다. 하투니안(G. Hartoonian, 1994, p.42)은 칸이 탐구한 구축성에는 모더니즘의 공업생산화의 산물인 오브제-유형과는 달리 역사적 이미지와 기억이 내포되어 있는 유형-텍토닉type-tectonic의 속성이 담겨있다고 지적한다. 프램톤(K. Frampton, 1995, p.233)도 "칸이 20세기 테크놀러지의 파괴적인 측면을 중화하기 위해서 근간을 이루는 구조에 본질적인 서비스, 그리고 봉사받는 장소-형태place-form의 특성을 도입하려고 시도해 왔다"고 지적한다. 칸이 탐구한 역사적 전통의 참조방식은 1960년대에 로버트 벤츄리, 찰스 W. 무어 등과 같은 포스트-모던 건축가들이 모더니즘 건축에서 금기시되어 온 역사와 전통을 다시 참조하고 수용하는 데 영향을 끼쳤다.(이에 대해서는 3권 06을 참고할 것)

칸의 작품에서 방의 개념과 강한 축성을 갖는 기하학적 형태의 기념비성의 표현에 대한 탐구는 1960년대 이후의 건물에서 강하게 나타난다. **솔크 생물학 연구소 실험동**(Jonas Salk Institute of Biological Studies, La Jolla, CA., USA, 1959-1965)(도2-34a, b, c, d, e)에서,

칸은 리차드 의학연구소의 타워형 구조가 지닌 기능과 빛 반사의 심각한 문제를 해결하기 위해 각 실험실의 하부에 한층 높이의 설비층을 확보하여 실험실에 기둥이 없는 융통성 있는 공간을 만들었다. 여기서 과학자들이 프라이버시와 커뮤니티를 모두 공유하기를 원했던 건축주 솔크 박사의 요구는 지적인 개념적 영역

도2-34a, b, c, d, e
L. 칸, 솔크 생물학 연구소, 라 졸라, CA., 미국, 1959-1965

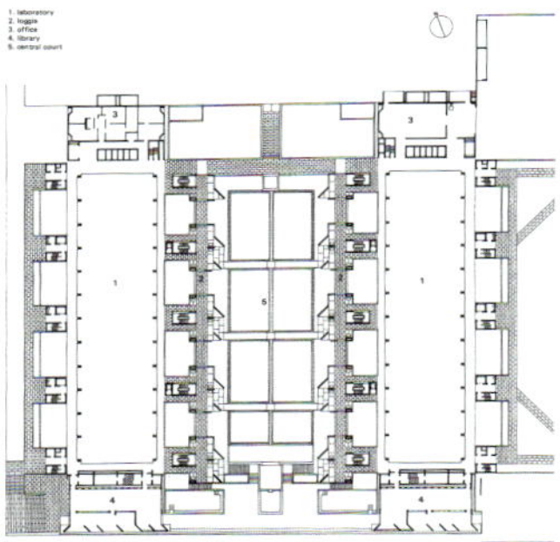

(개인 연구실)과 경험적 리서치라는 절차적 영역(설비층이 있는 개방된 실험실)을 위한 개별적인 물리적 환경을 제공하고, 여러 유형의 중정과 중앙광장으로 건물을 통합하는 방식으로 실현되었다. 이 건물에서 빛과 구조로 실현되는 방의 개념은 선큰형 중정에 인접 배치되어 빛이 유입되는 계단실의 봉사하는 공간에서도 강하게 드러난다. 바다를 향해 사선 방향으로 배치된 과학자들의 연구실과 도서실에는 그가 에쉬릭 주택(1959-1961)에서 고안한, 수평으로 움직이는 목재패널 창을 사용하여 환기와 방충망의 역할을 하도록 하였다. 중앙의 비어진 광장, 연구실 양 주변부에 위치한 선큰형 중정, 1층과 2층의 피로티 공간들이 만들어내는 공간의 상호관입과 연속성은 마치 맹가 스폰지(Menga Sponge)의 3차원 다공성의 구성체를 상기시킨다. 무엇보다도 정원이 아니라 돌의 프라자plaza of stone로 비어둔 중앙광장은 바라간(Luis Barragán)의 조언대로 '하늘에 대한 파사드'로 의도한 것이다. 이 광장의 명상적인 분위기aura는 침묵과 빛 사이에 존재하는 칸 건축의 개념을 극명하게 보여주고 있다. 동일한 기본 형상의 반복과 공간에 빛을 부여하는 구축적인 구성, 그리고 디자인의 개념적 질서를 건물의 구조 시스템으로 통합하는 칸의 재능은 **킴벨 미술 박물관**(Kimbell Art Museum, Forth Worth, TX, USA, 1966-1972)(도2-35a, b, c, d)에서 발견된다. 여기서 그는 배럴-볼트barrel-vault 구조를 장방형으로 연속 배열하여 전체 시스템구성의 균질성을 획득하면서 각 갤러리 공간의 평면의 아이덴티티를 강화하는 구성방식을 체택하였다. 칸은 햇빛이 가장 강하게 부딪치는 볼트의 정점에서 빛이 비추는 것을 실현하기 위해 4개의 콘크리트 기둥 위에 사이클로이드 볼트cycloid vault를 얹고, 그 사이에 트레버틴을 재료로 한 비내력벽을 설치하는 구축법적인 방식을 도입하였다. 이

도2-35a, b, c, d
L. 칸, 킴벨 미술관,
포스 워스, 텍사스, 미국,
1966-1972

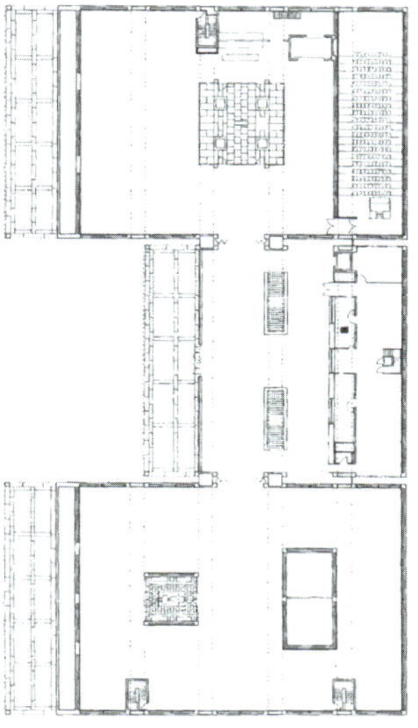

볼트의 정점은 길이 방향에 걸쳐 긴 홈의 개구부가 있어 실내로 자연채광—칸이 실버 빛 silver light이라고 부른—을 유입한다. 여기서 칸은 펀칭메탈을 '직접 통과한 빛' 과 볼트 하부에 플렉시 글라스로 덮힌 빛의 날에 반사되어 볼트에서 비치는 '간접적인 빛' , 두 가지가 혼합되어 독특한 방의 분위기를 연출하도록 하였다.(주18) 갤러리에 인접해 조성된 중정은 측면에서 빛을 유입하는 그린 빛green light의 효과를 발현한다. 특히 칸은 건물을 대지에 새겨 넣는 절석법적인 토대의 구축방식을 도입하여 미술관이 지상에서 신전처럼 구별된 특별한 영역이 되도록 의도하였다. 특히 콘크리트의 거친 탄성적 특성에 대비하여 들어올려진 포디움의 차가운 느낌의 트래버틴 석재, 자갈을 깐 전정의 소리, 단형을 이루는 분수의 물소리, 감탕나무 가로수 길에서의 신성한 엄숙함이 만들어내는 경계들, 주차장에서 건물의 입구에 이르기까지 진행되는 통행의 의식rite of passage들은 '새로운 사물의 현존' 이 드러나는 것을 인식할 수 있도록 현상학적 감각(하이데거가 말하는 바처럼 존재의 새로운 경험을 제공하는)을 유발하고 있다. 프램톤은 이러한 접근 축상에서 자갈밭의 발자국 소리가 분수의 물소리와 함께 어우러져 신전에나 적합한 분위기에서, 방문객은 "구축법의 감촉성tactility of tectonics에로 회귀하고 있는 자신의 모습과, 사물의 본질과 존재의 실존 사이의 조우하고, 현대와 고대가 시간을 초월하여 존재하는 소크라테스 이전의 순간으로 회귀하는 자신의 모습을 발견하게 된다." (K. Frampton, 1955, p.246)고 지적하고 있다. (칸의 작품에서 발견되는 사물의 본질과 현존, 그리고 텍토닉의 감촉성 등은 '장소의 감각과 물성의 시학' 을 보여주는 작품으로 주목받아온 현대건축가 줌터(Peter Zumthor)의 작품에서도 새로운 방식으로 나타나고 있다. 후에 살펴보겠지만

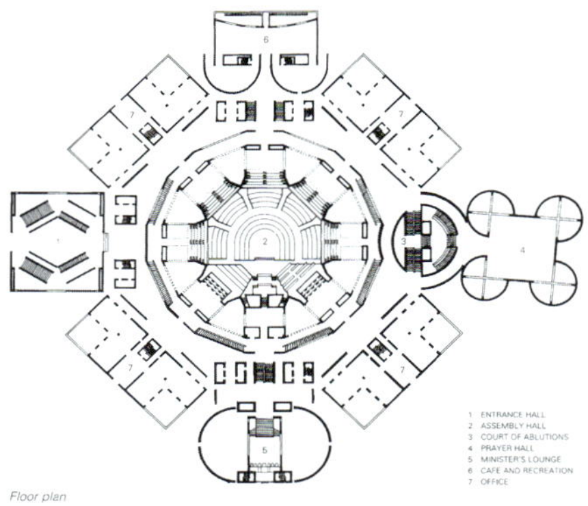


도2-36a, b, c
L. 칸, 국회의사당, 다카, 방글라데시, 1962-1983

구축성의 논리와 재료의 물성에 대한 줌터의 구축적 논리는 미스보다 칸의 건축적 사유와 접근과 더 많은 공통점을 지닌다.) 칸의 사후에 완성된 방글라데시 다카에 위치한 **국회의사당**(Sher-E-Bangla :National Capital of Assembly Hall, Dhaka, Bangladesh, 1962-1983)(도2-36a, b, c)은 그가 생애 후반에 발전시킨 '방의 개념' 뿐만 아니라, 솔크 연구소 마스터 플랜의 집회시설에서 제안하였지만 실행되지 않은 "건물 속의 건물"의 개념이 실현된 작품이다. 이 건물에서 칸은 의사당을 "공동체의 정신과 조우하기 위해 의사당에 모인다는 점"(Urs Büttiker, 1993, 이효원 역, 2002, p.162)과 "인간의 시설에 대한 보루the citadel of Institution of Man"로 표현하였다. 여기서 칸은 햇빛이 차단된 환경을 만들기 위해 원형과 사각 형태로 빛을 제어하고 조절하는 다양한 기법과 아이디어를 도입하였다. 중앙에 위치한 8각 형상의 회의장 평면 주위

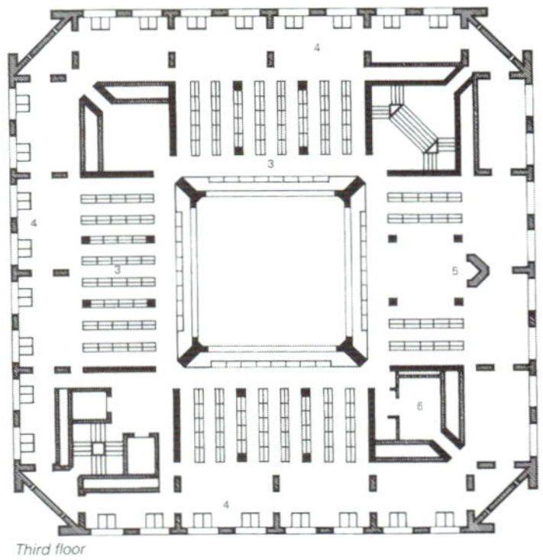

도2-37a, b, c, d
L. 칸, 필립 엑시터 아카데미 도서관, 뉴 햄프셔, 미국, 1965-1971

를 감싸면서 매개공간의 역할을 하는 회랑은, 우산 모양의 볼트 지붕의 유리 블록을 통해 유입되는 햇빛을 통해서 원형, 반원형, 삼각형의 개구부가 뚫린 벽면과 내부공간에 시시각각 변화하는 빛의 드라마를 연출한다. 칸이 기하학적이며, 정형화된 구성방식으로 기념비성을 표현하려는 의도는 **필립 엑시터 아카데미 도서관**(Phillips Exeter Academy Library and Dining Hall, Rockingham Country, Exter, NH, USA, 1965-1971)(도2-37a, b, c, d)에서 독특한 방식으로 실현되었다. 여기서 칸은 도서관의 형태Form를 "어두운 곳에서 책을 꺼내 밝은 곳에서 읽는 장소"로 정의하였다. 이러한 개념은 모서리가 개방된 평면의 중앙부에는 4면의 벽면에 원형 개구부(책의 세계로 들어가는 창으로 해석되는)로 뚫린 아트리움 공간을, 주변부에는 열람실 공간을, 그 사이의 중간에는 서가 영역을 배치하여 공간의 위계적 특성을 부여하는 방식으로 나타난다. 칸은 벽돌과 콘크리트를 재료로 고전적인 3단구성(기단base, 축부main order, 지붕attic)을 연상시키는 구성과 4면이 동일하게 처리된 입면(위로 올라갈수록 가늘어지는 외벽기둥 및 하부에 목재 패널로 된 개폐가 가능한 창문이 열람실의 용도에 맞도록 설치된 2개층 높이의 창문 구성 등)을 도입하여 기념성을 표현하고자 하였다.

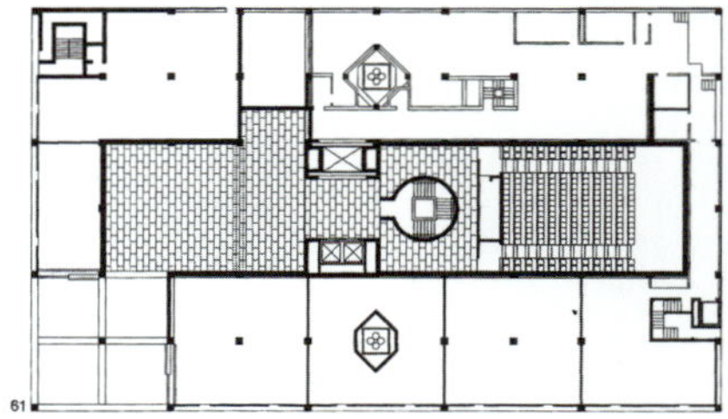

도2-38a, b, c
L. 칸, 예일대학교 영국미술연구센터,
뉴 헤븐, 코네티커트, 미국, 1969-1975

도2-39a, b
L. 칸, 예일대학교 미술관 증축, 뉴 헤븐, 코네티커트, 미국, 1951-1953

칸의 생애 마지막 유작으로 그의 사후에 완성된 **예일대학교 영국미술연구센터**(Yale Center for British Art, New Haven, Conn, USA, 1969-1975)(도2-38a, b, c)은 단순한 기하학 형상 안에 빛이 부여되는 두 개의 중정 - 입구 홀의 공적인 공간 역할을 하는 중정과 전시실의 광정 역할을 하는 중정 - 을 중심으로 전시실을 구성하는 방식을 보여준다. 여기서 각 전시실의 방들은 빛이 들어오는 회랑 형식으로 연결되어 있다. 중정은 각 전시실에 독특한 빛을 부여하고 위치를 파악하는 참조 틀 역할을 한다. 여기서 중정에 면한 서비스 영역도 독자적인 빛과 구조의 표현으로 방의 성격을 부여받는다. 칸은 직사광선과 눈부심을 막기 위해 벽에 수평으로 움직이는 목재 블라인드를 설치하여 해결하였다. 이 건물의 기하학적 형상의 단순성은 미스의 보편적 공간개념, 풀러(B. Fuller)의 스페이스 프레임의 영향(주19)으로 구조적 명료성이 건축적 특성을 결정한 초기작품으로 길 건너편에 마주해 있는 **예일대학교 미술관 증축**(Yale National Art Gallery, New Haven, Conn, USA, 1951-1953)(도2-39a, b)과 매우 유사하다. 그러나 이 건물의 공간적 특성은 빛과 구조로 드러나는 방의 속성을 지닌다는 점에서 초기의 작품과는 그 성격을 달리하고 있다.

## | 신 브루탈리즘의 미학 : 스미슨 부부 |

### 구조의 솔직한 표현은 윤리성의 전통을 반영한다.

1950년 후반(1959년)에, 모더니즘 건축의 국제주의 양식을 이끌어 온 CIAM의 '기능적 도시'의 이론은 스미슨 부부(Alison Smithson, 1928-1993 & Peter Smithson, 1923), 알도 반 아이크(Aldo van Eyck, 1918-1999) 등과 같이 그 당시 젊은 세대의 건축가 집단이 이끄는 팀 텐(Team X)에 의해 포기되었다. 이 시기에 물리적 형태와 사회 심리적인 요구 사이의 관계에 대한 새로운 인식이 싹트면서 모더니즘 건축의 원리에 대한 전면적인 반성과 새로운 대안을 찾으려는 움직임이 있었기 때문이다. 그러나 한편으로는 건축 형태의 정직한 표현을 중시한 모더니즘 건축의 윤리성의 전통은 1950년대 초반에 영국 건축가 스미슨 부부가 이끄는 신 브루탈리즘New Brutalism운동(주20)에서 계승, 발전되어 나타난다. 스미슨 부부는 브루탈리즘이라는 용어를 형태가 아니라 건축의 재료와 주제를 언급하기 위해 사용하였다. 이 점에서 요딕케(J. Joedicke, 1969, pp.109-110)는, 스미슨 부부가 제시한 '책임성responsibilty, 진실성truth, 객관성objectivity, 재료 및 구조의 정직성 material and structural honesty, 그리고 가시성visibility 등의 개념에는 미학이 아닌 윤리적 측면이 강하게 내재하고 있다고 지적한다.

스미슨 부부에 따르면, '책임성'은 건축가의 사회에 대한 책임은 물론 개개 건물의 도시 구조와의 통합된 관계에 대한 관심을 포함한다. '진실성'의 개념은 생산 방법과 관련하여 건물은 그것이 무엇으로 만들어졌는지를 보여주는 것과 관계 있다. '객관성'의 개념은 건축가의 작업이란 그 자신을 표현하는 것이 아니라, '건물이 무엇을 위한 것인가'를 나타내야 한다는 것이다. 여기서 사용된 '재료의 정직성'과 구조적 기능을 미적으로 전환시킨 '구조의 정직성'은 매우 중요하다. 특히 스미슨의 이론에서 중심적인 역할을 하는 가시성과 포괄성comprehensibilty의 개념은 건축가의 추상적인 건축이론과 설계 이념의 논리성이 적용된 것을 인식시키는 것과도 관련되어 있다. 이것은 공간 분할, 구조 및 재료 등이 외부에서도 인식할 수 있도록 가시적으로 표현되어야 한다는 것을 말한다. 여기에는 비단 윤리성을 요구하는 문제 뿐만 아니라, 관찰자에게 '기억할 만한 이미지'를 부여하기 위해서 '지각적인 표현방식'에 호소하는 작업이 필요하기 때문이다. 스미슨은 자신이 제시한 개념들의 역사적 정당성을 확보하기 위해서 모더니즘 건축의 전통은 물론 고전주의 전통의 역사를 다시 채용하기 시작하였다.

그러므로 신 브루탈리즘의 조형적 특성은 구조와 재료를 정직하게 표현할 뿐만 아니라, 모든 설비를 노출하여 표현하는 것으로 나타난다. (이것은 후에 하이-테크 건축이 가변성의 논리로 교체가능한 설비 요소들을 노출하는 수법으로 반복되어 나타난다.) 또 전체의 공간 안에서 소 공간으로 분할되는 미스식의 중성적인 '보편적 공간' 개념과는 달리, 독립적인 소규모 공간 그룹들에 그 형태적 자율성을 부여하여 표현하는 것을 중시하였다. 이것은 형태적 자율성을 강조한 것으로, 모더니즘의 보편적 형태가 아니라 개개의 특정 기능에 맞는 특수한 형태를 발견하려는 태도이다.

스미슨 부부는 당시의 전위적 운동avant-garde과 기계디자인, 광고, 골동품과 같은 다양한 대상들에서 발견되는 대중문화를 모두 통합하려 했던 사회적 현실주의social realism의 태도를 지니고 있었다. 1920년대에 꼬르뷔지에가 선박과 사일로silo에서 그 시대의 속성을 표현하는 기계시대의 이미지를 플라톤적인 이상주의로 창조하고자 한 것처럼, 스미슨 부부는 변화해 가는 일상문화의 다양성과 새로운 테크놀러지를 수용하는 변화의 미학aesthetic of change(William. J. R. Curtis, 1996, p.531)을 더 선호하였다. 특히 이들 부부는 근대화로 인해 변해간 생활양식과 함께 '삶의 방식과 장소간의 연결성' 을 상실한 현대의 도시에서 공적 및 사적인 새로운 관계를 갖는 공공 영역의 회복을 위해서 새로운 형태의 이동성과 의사소통의 방식에 근거한 클러스터 도시Cluster City를 제안하였다. 스미슨 부부는 대량생산과 개방성을 특징으로 하는 현대 도시를 "하나의 연속적인 단위로 경험하기 보다는 일련의 사건들로 경험하는 도시" 로 이해하였다. 따라서 모더니즘의 추상적인 기하학 시스템보다는 "흐름, 변화, 성장, 그리고 공동체의 활력을 의미 있는 것으로 만들 수 있는 건축과 도시를 창조해야 한다." (Alison & Peter Smithson, 1959(ed.)Tom Avermaete, 2009, p.71)고 강조한다. 여기서 클러스터 개념은 긴밀하게 맺어진 복잡하고 유동적이며 특징적인 구조를 가진 집합체로 새로운 도시를 만들어내는 방법이다. 스미슨 부부에게는 보행자들이 서로 만날 수 있고, 산책, 오락과 휴식을 위한 공간, 공공회의와 친목 도모를 위한 공간들을 만들기 위해서 복잡한 교통과는 분리된 보행자 위주의 공공의 공간을 사회학적 견지에서 회복하는 것이 주요 과제였다. (이러한 개념들은 후에 하이-테크 건축가 로저스, 피아노 등이 도시의 공공영역과 도시성을 중시하는 데 영향을 끼쳤다.)

도2-40
스미슨 부부, 헌스탄톤 중학교, 헌스탄톤, 영국, 1949-1954

밴험(Ryner Banham, 1960)이 신 부르탈리즘을 실현한 첫 작품이라고 평가한 **헌스탄톤 중학교**(Secondary School in Hunstanton, UK, 1949-1954)(도2-40)는 팔라디오와 미스의 건축어휘를 참조한 형태적 질서를 바탕으로 재료의 정직한 표현이라는 윤리성을 보여주는 작품이다. 여기서 교사동은 모더니즘 건축의 기능적인 유형의 하나인 핑거 타입finger type을 포기하고 전통적인 도시유형의 한 형태인 중정형court type 구성을 이루도록 배치되었다. 특히 유리와 벽돌 충진재로 구성된 강철재 건물은 그 엄격함과 구조요소를 강조하고 있어 미스가 IIT 건물에서 보여준 후기 양식의 영향을 상기시킨다.(주21) 여기서 실용성을 반영한 구조, 마감하지 않은 재료, 기계적 설비 요소 등을 노출하여 형태 생성의 과정이 외부에서 인식 가능하다. **이코노미스트 빌딩**(Economist Building, St. James Street, London, UK, 1959-1964)(도2-41a, b)은 박스 형상의 마천루라는 근대적 건물 유형을 특정한 장소의 특수성에 적응시켜 스미슨 부부가 주장해 온 '클러스터 도시'의 이미지와 관련된 장소성genius loci을 구체적으로 실현한 작품이다. 여기서 프로그램을 높이가 다른 세 개의 타워로 분리하고, 18세기의 역사적 건물이 있는 가로의 맥락을 고려하여 건물들을 픽스레스크풍의 비대칭적 매스들로 배치하여 통행로가 가로지르는 작은 프라자 광장을 조성하였다. 클러스터의 개념은 **로빈 훗 가든**(Robin Hood Gardens, London, UK, 1966-1972)(도2-42a, b)에서 독립적으로 서있는 슬라브 형식의 하우징에서 탈피하여 꼬불꼬불한 S자형의 배치형식으로 차량에서 분리되어 보호되는 녹지의 영역과 인공적인 작은 언덕을 조성한 데서도 찾아 볼 수 있다. 여기서 개별 주호들은 파사드 상에서 식별이 가능하도록 처리되었으며, 3층 레벨의 접근로 시스템이 거대한 피어로 분절되어 표현되었다.

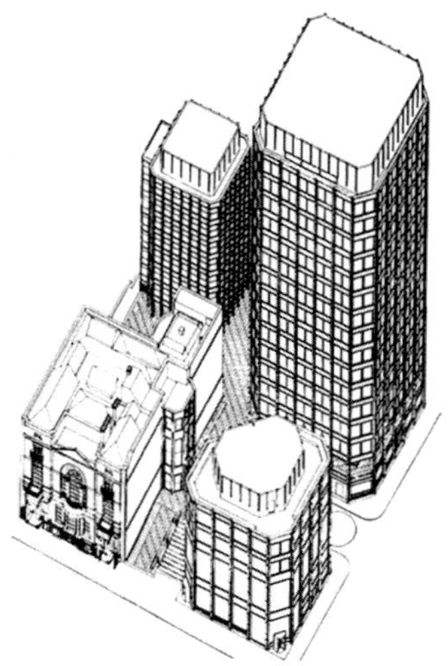

도2-41a, b
스미슨 부부, 이코노미스트 빌딩, 런던, 영국, 1959-1964

도2-42a, b
스미슨 부부, 로빈 훗 가든, 런던, 영국, 1966-1972

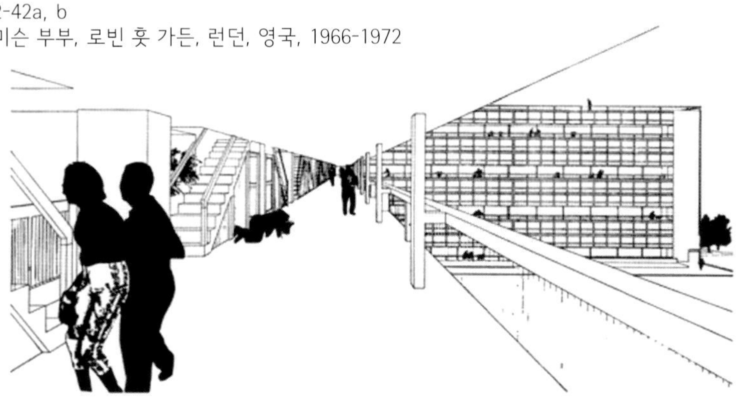

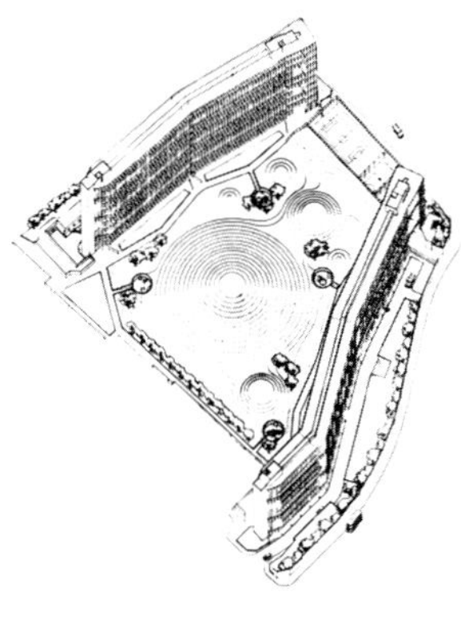

# 023 테크놀러지와 건설과정의 미학 : 아키그램, 하이-테크 건축

20세기 모더니즘 건축의 시대에 미스와 칸 등은 구축과 의미(상징)의 존재론적 일체라는 구축성의 전통 안에서 공간적, 형태적, 구조적인 가능성에 대해 탐구하였다. 그러나 이 시대에는 테크놀러지의 생산 프로세스와 기계 미학을 그대로 건축적으로 치환하려는 건축적 사고의 전통 또한 존재해 왔다. 이러한 전통은 19세기 중반에 수정궁을 설계한 팍스톤(Joseph Paxton, 1801-1865)까지 거슬러 올라가며, 20세기 모더니즘 건축 시기에 활동한 풀러(Gichard Buckminster Fuller, 1895-1983), 프루베(Jean Prouvé)의 공학 건축에 대한 실험, 그리고 1960년대 아키그램Archigram 운동을 거쳐 오늘날에는 로저스(Richard Rogers, 1933- ), 포스터(Norman Foster, 1935- ), 피아노(Renzo Piano, 1937- ) 등과 같은 하이-테크 성향의 건축가들에게서 발견된다. 이들은 건물의 확고한 기반으로서의 테크놀러지와 구조, 건축 요소의 공업화에 적용된 산업적 생산공정, 건축에 차용된 기술적 형태의 전이(轉移), 그리고 미학적 형태 요소로서의 테크놀러지를 강조하는 태도를 보여준다.

## 하이-테크 건축은 건설과정의 미학을 지향한다.

요디케(Jürgen Jeodicke, 1998, p.162)는 1950년대에 테크놀러지가 제공하는 완벽함과 간결함을 미학적으로 추구한 '기술 완성주의Technische Perfektion' 의 경향은 1960년대 후반에 이르러 기술을 '건설 수단' 으로서 뿐만 아니라 '미학적 수단' 의 개념으로 인식하는 흐름으로 발전되어 왔다고 지적한다. 이러한 경향은 건축이 진보된 테크놀러지라는 시대 정신을 표현하여야 한다는 점을 강조한다. 그러나 이 시기는 이와 반대로 모더니즘 건축의 비인간적인 테크놀러지의 영향으로부터 일정거리를 유지하면서 '기억 속의 건축'

과 '기호의 상징으로서의 건축' 을 모색하는 소위 탈-모더니즘적 흐름이 대척점을 이루고 있는 전환기였다. 프램톤(K. Frampton, 1985)은 1960년대 이후 과학과 테크놀러지를 바탕으로 건축의 새로운 가능성을 탐구해 온 하이-테크 성향의 건축의 흐름을 생산주의 Productism 로 명명하고(주1), 그 특징을 다음과 같은 기본 법칙으로 설명한다.

> "첫째, 건설 '과제' 는 실현될 수 있는 한 장식되지 않은 창고나 격납고에 수용되어야 하며, 이 다락과 같은 구조물은 가능한 한 개방적이고 융통성 있게 유지되어야 한다. 둘째, 이러한 입체의 적합성은 동질적이고 통합된 서비스 시설(전력, 빛, 열, 환기 등)에 의해서 유지되어야 한다. 세 번째 법칙은 구조와 서비스를 분절하고 표현하는 필요성과 관련되어 있다. 이것은 보통 '봉사하는 공간' 과 '봉사받는 공간' 을 구분한 칸의 구분을 따라 성취되고 있다..... . 네 번째 법칙이며 가장 중요한 법칙은 물론 생산 그 자체의 '방해받지 않는 표현' 이다. 이것은 (막스 빌 Max Bill이 정의한 바) 생산(품)형태Produktform로서 모든 구성요소의 표현이다."(K. Frampton, 2007, p.303 발췌 인용)

테크놀러지를 통한 진보에 대한 신념으로 미래 지향적인 건축을 추구해 온 모더니즘 건축의 구축적 전통은 1960년대의 아키그램과 같은 전위적인 건축운동을 거치면서 1970년대와 1980년대에 하이-테크 건축으로 전개되어 왔다. 여기서 우리는 모더니즘 건축의 전통이 하이-테크 건축가들에 의해서 실용적이고 기술적인 관점에서 계승되고 있는 것을 발견할 수 있다. 미스의 보편적 공간, 칸의 봉사하는 공간과 봉사받는 공간의 개념은 변화하는 사회에 대응하도록 다목적 공간을 위한 융통성flexibility과 적응성adaptability의 개념으로 치환되었기 때문이다. 본래 미스의 보편적 공간의 개념은 기능의 변화 현상에 보편적으로 대응하기 위한 것이지만, 형태는 이러한 내부 기능을 수용하는 것과는 무관하게 자율적이고 영속적인 형식의 표현성을 중시한 것이었다. 칸의 봉사하는 공간영역은 중심부에서 외주부에 위치하였지만, 그것은 봉사받는 공간처럼 독자적인 방의 성격을 갖는 것이다. 따라서, 설비, 덕트, 계단 등이 독립적인 분절된 외피로 감싸여져 있지만, 그것은 고정화된 벽체로 구축되어 건물의 외관을 규정하는 성격을 지니는 것이다.

요디케(J. Jeodicke, 1998, p.175)의 지적처럼, 하이-테크 건축은 공간과 그 사용개념에 있어서 가능한 한 적은 구획과 가능한 한 많은 공간적 자율성을 지닌 융통성 있는 공간을 지속적으로 추구한다는 점에서 여전히 미스와 칸이 제시한 모더니즘의 구축적 건축의 전통을 따르고 있다. 그러나 이들이 추구한 공간은 전통적 개념의 에워쌈의 속성을 지닌 방이라기 보다는 서비스 받는 영역served zone의 속성을 띤 추상적 실체라는 점이다. 하이-테크 건축가들은 미스, 칸의 공간개념에서 융통성과 가변성의 개념을 차용하고, 설비, 덕트 등을 칸의 봉사하는 공간과 동일하게 외주부에 독립시켜 배치한다. 그러나 공간배치라는 위치적 측면에서 볼 때 2차적인 요소들이 건물의 외관을 규정하는 것은 동일하지만, 하이-테크 건축가들은 이러한 구성요소들을 쉽게 해체하여 교체할 수 있도록 노출시키고 있다는 점에서 칸의 그것과는 성격을 달리한다. 그러나 데이비스(Colin Davies, 1988, p.10)는 "이러한 해체 가능성은 실제적으로 거의 발생되지 않는 하나의 이론에 불과하다"고 지적한다. 왜냐하면 이들의 건축 형태는 단지 해체의 가능성을 암시하는 '미완의 형태' 개념으로 나타나기 때문이다. 하이-테크 건축가들은 공조설비와 승강기, 계단 등 2차적인 요소들을 중요한 형태요소로 외부에서 보여지도록 형상과 색채를 통해 솔직하게 노출하여 표현하고 있다. 여기에는 스미슨 부부의 신 부르탈리즘적인 표현성의 미학, 그리고 아키그램과 메타볼리즘의 기계미학과 생물학적 순환의 개념 등이 끼친 영향이 반영되어 있다.

그러므로 하이-테크 건축가들은 건축을 예술이 아닌 공업 테크놀러지의 한 분야로 인식하며, 제작방식과 프로세스를 중시하는 공업 테크놀러지의 한 분야로 간주한다. 이러한 성향의 건축가들은 공업 테크놀러지(산업, 운송, 커뮤니케이션, 항공, 우주공학 등)에 관심을 갖고 이것들을 건축분야에 활용해야 한다고 주장한다. 따라서 이들은 테크놀러지의 원천으로뿐만 아니라 표상representation(表象)의 원천으로 건설산업보다 제조공업을 활용하는 데 더 주목한다. 또 이들은 공업적 산물에 대한 개념을 컴퓨터 기술로 가능해진 시스템적인 접근방법을 통해서 구체화하려고 시도한다. 여기서 미학적 표현수단으로서 테크놀러지를 의식적으로 사용하고, 모든 재료가 솔직하게 사용되어져야 한다는 점은 하나의 불문율이다. 영국과 미국을 중심으로 전개된 하이-테크 건축의 물리적, 이념적인 특성을 분석한 데이비스(C. Davies, 1988, p.6)는, 금속과 유리를 주 재료로 이용하는 하이-테크 건축은 '표현의 정직성'과 '용도의 융통성' 등을 중시하여 실행한다고 지적하고 있다.

그러나 건축은 상징과 관련된 예술적 영역을 배제한 채 순전히 기능과 효율성이라는 기준을 충족하는 건축만으로 존재하지 않는다는 사실이다. 여기서 상징과 표상은 중요한 역할을 수행하기 때문이다. 테크놀러지와 관계된 기계의 이미지를 표상하려는 전통은 모더니즘 시기에 이태리의 미래파 건축, 르 꼬르뷔지에 등이 자동차나 비행기 같은 기계의 작용성 보다는 기계의 시적인 잠재력이 주는 이미지, 즉 기계와 같은 건물이라는 측면에서 기계미학을 중시한 데서도 찾아 볼 수 있다. 그러나 하이-테크 건축가들에게 기계는 은유metaphor를 넘어서 테크놀러지와 표상의 근원으로 작용한다는 점이다. 이들은 "주택은 그 안에서 살기 위한 기계"라고 묘사한 꼬르뷔지에처럼 기계에 대한 은유의 차원을 넘어서, 건물이 대량 생산된, 기계처럼 보이는 외관machine-like appearance이라는 직유의 수법을 강조한다. (그러나 이것은 20세기 초에 건물을 생산 프로세스 관점이 아니라 미학적 관점에서 '기계' 로 인식하고 접근한 러시아 구성주의처럼 순수한 기계 미학적 형태를 추구하는 건축가들의 태도와는 다르다.)

데이비스는 이것은 "테크놀러지를 가장 효율적인 방식으로 활용하기 보다는 그것을 상징화하여 표현하고자 한 것" (C. Davis, 1988, p6)이라고 지적한다. 하이-테크 건축가들이 노출된 강구조, 시각화한 공조 덕트, 삽입형 서비스 부품 등과 같은 모티브들을 노출하여 마치 건물과 같은 기계장치를 만들어내는 것은 이러한 이유 때문이다. (앞으로 살펴보겠지만 퐁피두 센터와 로이드 빌딩, 홍콩 상해 은행 같은 건물에서처럼) 단순하고 추상적인 직사각형의 바닥평면과는 대조적으로 그 외부는 복잡하고, 기술적으로 표현적인 외부로 이루어지는 성향이 강하다. 또 이들은 외벽의 입면이 내부의 다양한 기능을 수용하고 공간의 기능이 변할 때 외벽의 형상 또한 이에 대응하도록 추상적인 그리드로 구성하여 표현한다. 이 점에서 데이비스는 하이-테크 건축은 순수하게 기능적이지도, 순수하게 재현적이지도 않다고 지적하고 있다.

## 테크놀러지는 유토피안 건축utopian architecture의 모토이다.

테크놀러지와 기계를 인간의 생명력을 고양시키는 데 유익한 도구로 간주하는 모더니즘의 유토피아적 환상은 1960년대에 새로운 양상으로 전개되어 갔다. 이러한 양상을 보여주는 대표적인 운동은 동 시대의 우주연구, 컴퓨터 기술공학, 공상과학, 만화, 그리고 팝 아트pop art의 상업광고 등 일상문화에서 차용한 수법으로 '기계화된 환경의 이미지' 를 구축하려고 시도한 영국의 아키그램이었다. 이 시기에 아키그램이 제기한, 해체가능한 융통성을 지닌 거대구조megastructure의 계획안들은 풀러가 추구해 온 공학건축architectural engineering의 기술주의적인 이념에 동조하면서 우주시대의 공상적인 비전들을 제시한 것이다. 그것은 전통적인 형식의 개념을 탈피하고 끊임없는 변화성과 가변성의 미학을 제시한다. 여기서 제시된 공상적인 비전에는 기술의 생산과 정보를 통해 전쟁으로 폐허화된 세계에서 생존가능하며 새롭게 기계화된 환경을 건설한다는 함축적 의미가 담겨 있다. 이들이 제시한 건축은 미확정의 형태, 대량생산되며 확장가능한 삽입형 부재, 새로운 항공산업의 테크놀러지의 사용, 그리고 건축은 개인적이고 환경적인 선택가능성을 증진시킬 의무가 있다는 개념 등 전통을 거부하는 새로운 유형을 탐구하였다. 그러나 아키그램이 제시한 유토피안적인 거대 구조물은 기술 공학적인 측면을 적용하여 인구 폭발과 미래 사회의 변화에 대응하고자 하였지만, 그 안에서 살아가야 하는 인간의 오랜

정주지에 대한 사회적, 생태학적인 관점 등을 간과하였다는 점에서 많은 비판을 받아왔다.(주2)

아키그램의 계획안들에서 보여지는 융통성, 가변성, 이동성, 사용기한과 수명에 따른 도시기반구조와 요소의 교환 등의 개념은 끊임없이 변화하는 도시를 전제로 한 것이다. 이 점에서 일본의 메타볼리즘이 제시한 미확정의 도시구조와도 여러 가지 측면에서 유사성을 갖는다. 건축물을 기계적 은유를 넘어서 기계처럼 디자인하려는 시도는 웹(Mike Webb, 1937)이 **하이 와이컴을 위한 가구제조업 협회 빌딩 계획안**(Building for High Wycombe, 1957)(도2-43)에서 건물을 자동차 엔진을 연상시키는 건물로 설계한 데서 발견된다. 쿡(Peter Cook, 1936-1995)의 **몬트리얼 타워 계획안**(Montreal Tower, 1963)(도2-44)은 "기계적 은유가 아니라 기계 그 자체였으며, 하이-테크 건축의 최초의 구상(H. Klotz, 1984, p.302)"이었다고 클로츠는 평가한다. 쿡이 기술공학에 의한 거대 구조물을 통하여 인구폭발과 움직이는 미래도시의 비전으로 제시한 이상도시 계획안인 **플러그-인-시티 계획안**(Plug-in-City, 1964)(도2-45)은, 중립적인 대각구조물로 구성된 도시기반구조 안에 도로, 쇼핑센터, 주거단위, 극장, 학교 등 도시의 주요 요소들을 끼워놓는plug 방식으로 시스템을 구성하여 가변성과 이동성의 개념을 극대화한 것이다. 해론(Ron Herron, 1930-1994)의 **움직이는 도시 계획안**(Walking City, 1964)(도2-46)은 고도로 기술화된 거대한 동물과 같은 주거군이 삼각대나 공기막 위에 서 있으며, 마치

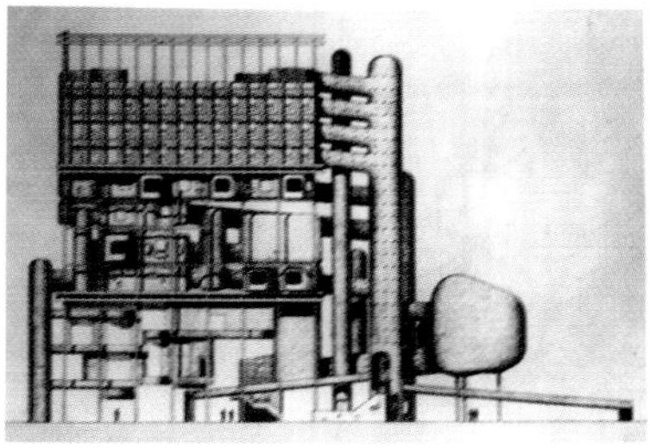

도2-43
M. 웹, 하이 와이컴을 위한 가구제조업 협회 빌딩 계획안, 1957

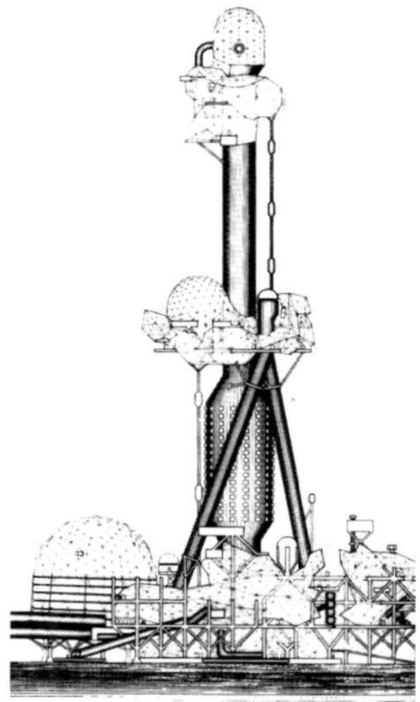

도2-44
P. 쿡, 몬트리얼 타워 계획안, 1963

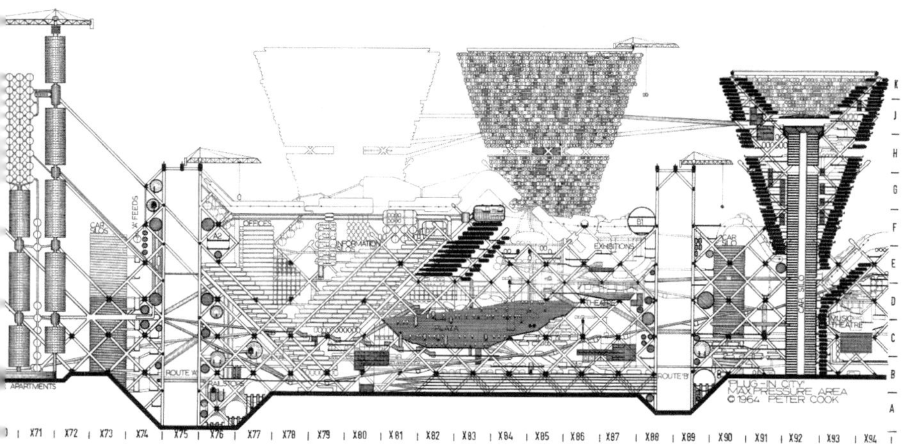


1.8 *Peter Cook, Plug-In City: Maximum Pressure Area, section, 1964. In the new city center, a diamond lattice converts the inertia of the grid into dynamic thrust, literally a framework for crossover events.*

도2-45
P. 쿡, 플러그-인-시티 계획안, 1964

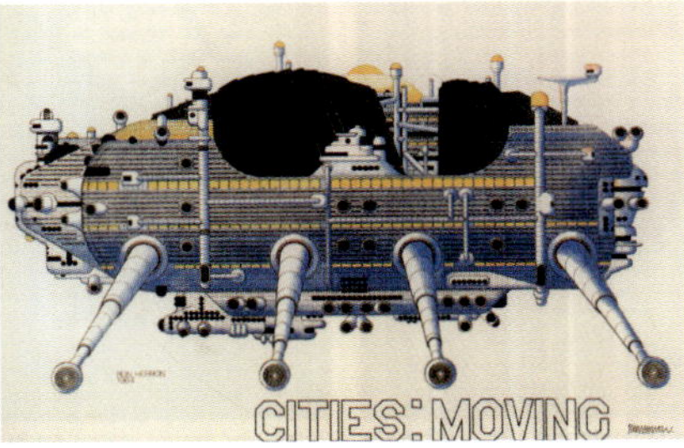


도2-46
R. 해론, 움직이는 도시 계획안, 1964

유목민의 전설을 공상과학 소설의 형태로 표현한 것과 같다. 이와 비슷한 시기에 독일의 베버와 브란트(Weber 1944 - , Brandt 1937 - and Partners)가 공동으로 설계한 **아헨 공대 대학병원**(New Medical Faculty, Technical University of Aachen, Aachen, West Germany, 1968-1986)(도2-47a, b)은 프리케스트 철근 콘크리트조로 조립하여 구성된 것으로 여기서 서비스 타워와 덕트, 붉은 사다리 구조 등 모든 설비가 다양한 색채로 표현되고 외부로 노출되는 방식으로 이루어졌다.

그러므로 아키그램, 베버와 브란트를 포함하여 로저스, 포스터, 피아노 등과 같은 하이-테크 성향의 건축가들은 융통성, 해체가능성, 재생가능성, 대량생산, 그리고 해체가능한 부품의 삽입형 구성부재plug-in pod 등의 개념을 바탕으로 모더니즘의 테크놀러지의 전통을 계승하고 있다. 이들의 공통점은 전통적인 미학적 구성을 무시하고 공학 기술적인 형태의 발명을 통해서 '건설 과정의 미학' 이 드러나는 건축을 탐구한다는 점이다. 이들은 그 다양성에도 불구하고 모더니즘이 초기부터 전개해 온 테크놀러지 언어의 문법이 더 명료한 표현 형태로 통합되어야 한다는 점에 대해서는 공통된 신념을 갖는다. 후에 살펴보겠지만 (자신들이 하이-테크 건축가로 불리는 것을 거부하는) 로저스, 포스터, 피아노 등은 공업 기술화 부품의 프로세스로 구성되는 융통성과 가변성의 구성방식을 추구할 뿐만 아니라, 지속가능한 건축의 실현을 위한 테크놀러지의 활용, 그리고 모더니즘에 의해 황폐화된 도시의 공공영역과 역사적 장소성의 회복을 주장하여 왔다는 점에 주목할 필요가 있다.

도2-47a, b
베버와 브란트, 아헨 공대 대학병원, 아헨, 독일, 1968-1984

## | 하이-테크 건축미학의 탐구 : 노만 포스터 | 리차드 로저스 | 렌조 피아노 |

### 지속가능한 건축과 도시성의 회복 : 노만 포스터

**디자인이란 사람의 물질적, 정신적 욕구에 반응하는 인간의 행위이다.**

현대건축에서 테크놀러지를 건물에 합리적이고 논리적으로 사용하여 공간의 융통성과 적응성의 개념을 지향하는 '건설 과정의 미학' 과 '지속가능한 디자인' 을 중시하는 접근태도는 포스터(Norrman Foster, 1935- ), 로저스(Richard Rogers, 1933- ), 피아노(Renzo Piano, 1937- ) 등 하이-테크 성향의 건축가들에게서 찾아볼 수 있다. 이들은 모두 모더니즘의 테크놀러지 지향적인 전통을 계승하고 있으며, 모더니즘 건축에 의해 파괴된 도시의 '공공 영역의 회복' 을 중시한다는 점에서도 공통된 성향을 보이고 있다.

이 중에서 포스터는 팍스톤, 프루베, 풀러 같은 공학적인 발명자들의 영향을 수용하면서 새로운 기술로 가능해진 '유용성' 과 '투명성' 을 지닌 건축을 탐구하여 왔다. 포스터는 "건축의 목적은 모든 감각들을 인식하고 그것들을 수용하는 것" 이며, "건축은 기능적인 요구와 정신적인 것을 만족시켜야 한다." (Norman Foster, 2005, p.8)고 주장한다. 그는 고급 예술로서의 '건축' 과 단순한 '건물' 을 구분하는 이분법적인 지적 풍토를 거부한다. 왜냐하면 그에게 있어서 디자인은 이 모든 것을 포괄하는 것이며 가치에 대한 문제이기 때문이다. 무엇보다도 포스터는 변화해가는 시대에 적응할 수 있는 건물을 만들기 위해서는 (디자이너로서의) 건축가는 건축주의 요구는 물론 거주자의 작업방식과 삶의 방식 등을 파악하는 능력을 지녀야 한다고 주장한다.

> "기술적, 사회적, 경제적 패턴이 변하는 것은 건물 거주자의 작업 스타일이나 라이프 스타일도 지속적으로 변화해 간다는 것을 의미한다. 이러한 변화를 깨닫고 미래의 트렌드를 예측할 수 있는 능력을 갖는 것은 우리가 디자이너로서 작업하는 방식에 근본적으로 중요하다." (Norman Foster, 2005, p.8)

그러므로 포스터는 작품 활동의 초기부터 산업 건물의 새로운 재료들이 제공하는 경제적, 생태학적, 기술적인 가능성을 활용하여 실내공간 구성의 융통성과 구조적인 스팬의 확장 같은 기술적인 문제를 새로운 방식으로 해결하여 왔다. 이것은 테크놀러지가 제공하는 완벽한 건물 유형의 하나로 문명화된 새로운 작업환경 공간을 창조하려는 열망에서 이다. 포스터는 이러한 목적을 위해 "디자인의 제1의 원리로서 재창조reinvention" (Norman Foster, 2005, p.7)라는 개념에서 출발한다. 그는 건물의 최종 형태보다는 그 형태를 만들어가는 프로세스를 더 중요하게 여긴다. 포스터는 사물이 작동하는 방식(그것이 사회조직이든 기계적 시스템이든 간에)에 대해 호기심을 갖고 올바른 질문을 함으로써 기존의 틀에 의문을 제기하고 도전한다. 그에게 있어서 미학은 건축의 이러한 생성과정과 관련하여 결정되는 영역이다. 그의 건축 미학은 개체 단위의 건물이 필요 없는 대규모의 통합 기술을 개발하고 적용하여 건축을 만들고자 하는 것이다. 따라서 포스터는 전통적인 건축가들이 보여주는 자의식적인 미학적, 정신적 감성에 의문을 제기한다.

> "나는 사람들(건축가)은 그것이 손잡이든 도시의 마스터 플랜이든 간에 잘 디자인하고 책임감 있게 디자인 하는 도덕적인 의무를 가져야 한다고 믿는다. 디자인하는 것은 문제를 탐구하고 도전하는 것이다. 디자인은 새로운 것을 탐구하여 과거 위에 건설하는 것이다. 그것은 건강, 생활, 작업의 패턴을 변화시킨다. 결국, 디자인이란 인간의 행위–사람의 물질적, 정신적 욕구에 반응하는 것–이다."(Norman Foster, 2005, p.6)

그러므로 포스터는 '현대의 테크놀러지를 활용한 최첨단의 건물' 만이 항상 자신을 창조적으로 자극해 왔다고 주장한다. 포스터는 건축이 아닌 비행기, 고속자동차, 우주선 등 다른 영역의 기술적인 혁신과 진보에서 테크놀러지를 차용하여 건축 자재의 기술을 개발하는 데 깊은 관심을 보여 왔다.(주3) 그는 컴퓨터와 같은 고도의 기술로 가능해진 융통성을 지닌 소프트 머신soft machine과 같은 건축을 지향한다. 포스터는, 테크놀러지를 그 자체로 이러한 목적을 위한 하나의 수단으로 간주한다. 기계와 테크놀러지에 대한 이러한 태도는 건축을 공업생산의 프로세스처럼 간주한 모더니즘 건축의 테크놀러지 전통이 강하게 반영하고 있다. 이 점에서 웹(Michael Webb, (ed.) 건축과 환경, 2001, p.9)은 포스터가 "모든 현대건축은 그 기능을 손상시키지 않고서도 항공기에서처럼 본질적인 양식과 아름다움을 만들어내는 것이 가능하다는 강한 믿음을 갖고 있다"고 지적한다. 아벨(Chris Abel, (ed.) A+U, 1994, p.13)은 포스터의 건축은 "산업시대인 제1기계 시대의 근대건축과는 달리, 공업용 로봇과 첨단과학 기술의 발달로 진행되고 있는 제2기계 시대의 산물" 이라고 지적하고 있다.

포스터의 건축에서 미스의 피막과 뼈대라는 구조적 건축의 미학은 융통성을 지닌 단일 공간과 매끈하고 명료한 피막을 지닌 형태로 계승 발전되어 나타난다.(주4) 여기서 포스터는 건물의 외피와 구조의 통합을 추구한다. 포스터가 각 요소의 시각적, 기술적인 완벽성을 기하기 위해 공업제품화 된 건축의 표준화와 이음새 없는 창호체계를 발명하여 사용하는 것은 모더니즘 건축의 구축성의 전통을 따르는 것이다. 그는 자신의 작품에서 창조된 환경에 대한 감성을 고양시키기 위해서 "내부공간에 자연채광을 부여하고 에너지를 절약하는 천창이라는 주제"를 지속적으로 탐구하여 왔다. 이것은 안길이가 깊은 오피스 건물의 중심부에 자연채광을 위한 아트리움을 도입하거나, 센서에 의해 빛의 변화에 따라 자동 감지되는 천창 지붕방식으로 자연채광을 균등하게 확산시키는 수법이다. 포스터 자신이 개발한 태양주걱sunscoop은 컴퓨터 기술을 이용해 태양을 추적하여 그 빛을 실내 반사경(反射鏡)에 반사시켜 자연의 빛을 내부공간 깊숙한 곳까지 유입함과 동시에 환경설비의 성능을 단면과 평면상의 물리적인 조정을 통해 증진시켜 주는 장치이다. 그는 이러한 장치를 사용하여 건물의 중심부까지 빛을 끌어들여 건축적 깊이감을 극대화할 뿐만 아니라, 건물에 거주하는 모든 구성원들을 위한 쾌적한 작업환경을 만들어내고 있다.

입스위치에 있는 **윌리스 훼이버 & 듀마스 오피스 빌딩**(Office Building for Willis Faber & Dumas in Ipswich, UK, 1971-1975)(도2-48a, b, c)은 포스터가 "오피스 내부에 공원park into the office"(Norman Foster, 2005, p.8)의 개념을 도입하여 새로운 오피스의 유형을 제시한 작품이다.(주5) 여기서 그는 내부 평면에 자연채광으로 가득한 아트리움 형식의 중앙 홀, 옥상정원

도2-48a, b, c
N. 포스터, 윌리스 훼이버 & 듀마스 오피스 빌딩, 입스위치, 영국, 1971-1975

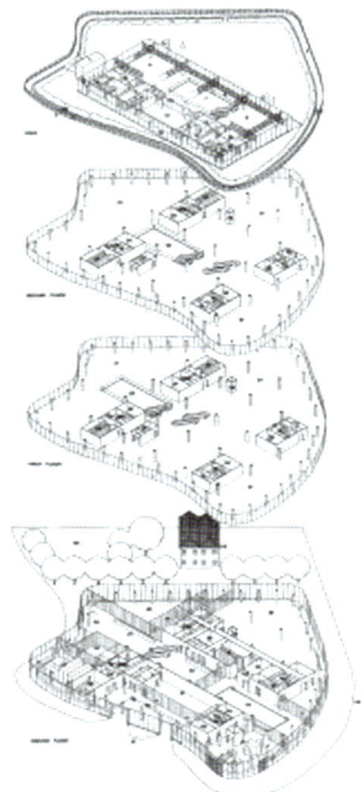

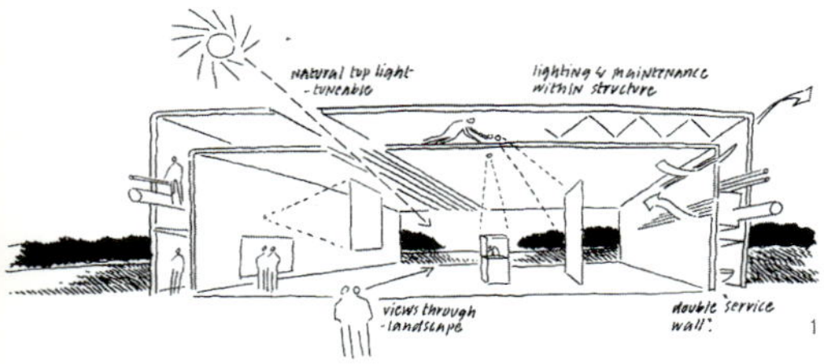

도2-49a, b, c
N. 포스터, 세인즈베리 시각예술센터,
노르위치, 영국, 1974-1978

과 레스토랑 등 사회적 기능을 배치하여 사회성과 커뮤니티를 촉진시키는 작업환경의 공간을 만들었다. 특히 평면의 형상은 중세의 가로망으로 인해 불규칙한 부지와 주변의 역사적 맥락에 대응한 결과이다. 건물 외관은 미스의 1920년 초 마천루 계획안(1921, 1922)을 연상시키는, 이음매가 없는 주름진 검은색 유리면으로 구성되어 있어 주변 경관을 독특한 방식으로 반사한다. (이 건물의 투명성은 실내의 조명이 켜진 야경에 확연하게 드러난다.) 포스터는 **세인즈베리 시각예술센터**(Sainsbury Centre for the Visual Arts, Norwich, UK, 1974-1978)(도2-49a, b, c)에서 다양한 기능들을 단일한 볼륨의 공간 안에 수용하여 '벽이 없는 갤러리' 라는 새로운 유형의 건물을 제안하였다.(주6) 여기서 설비공간과 부속공간들이 트러스 구조로 형성된 매달린 천정, 솟아오른 바닥, 투명한 스크린 뒤의 외벽 부분에 감추어져 있고, 이중-쉘double-shell 외피로 된 건물의 볼륨은 외부가 매끈한 표면으로 처리되었다. 포스터는 이 건물에서 자연채광을 조절하는 첨단 환경조절 장치기술을 활용하여 빛과 투명성의 공간, 그리고 에너지 절약을 고려한 지속가능한 건축을 만들어내고 있다.

**홍콩 상해 은행**(Headquarters for the Hong Kong and Shanghai Bank Corporation, 1979-1986)(도2-50a, b, c)은 포스터가 테크놀러지의 실질적 특성과 정교한 이미지를 기념비적으로 표현하고 이를 건축에 적용하여 실현시켰다는 점에서 높이 평가되는 작품이다. 포스터 자신의 표현대로 이 건물은 하이-테크 기술로 "하늘 속 정원garden in the sky으로 새롭게 창조된 마천루의 유형"((Norman Foster, 2005, p.8)으로 독특한 오피스 유형을 보여주는 하이-테크 건물이다. 여기서 포스터는 변화하는 사회적 요구에 건물이 적절하게 대응할 수 있도록 서비스와 동선 코어 등을 주변부로 배치하여 개방적인 '융통성'의 개념을 도입하였다. 특히 10층까지 개방된 아트리움 상부에 세인즈베리 시각예술센터에 사용된 '태양주걱'의 채광장치를 설치하여 계절에 따라 컴퓨터로 자동조절되는 자연채광을 사무실 내부공간 깊숙한 곳까지 끌어들이고 있다. 도시적 차원에서도 홍콩 피크(Hong Kong Peak)와 조각광장 공원의 축을 반영하고, 건물의 지상층에 개방된 오픈 프라자를 조성하여 시민들의 공공영역으로 제공하려는 의도에서 은행의 홀 공간을 2층에 배치한 점이 독특하다.

도2-50a, b, c
N. 포스터, 홍콩 상해 은행, 홍콩, 1979-1986

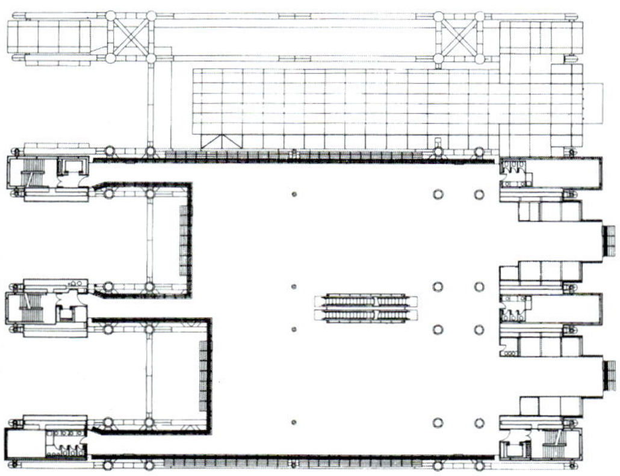

## 도시와 건축은 옛것과 새로운 것을 통합하여 도시성을 회복하여야 한다.

포스터는 초창기 시절부터 과거의 문화적 형태로부터 배우는 교훈들과 인간 정주환경을 인문생태학human ecology의 관점에서 시대적 요구에 부합되는 건설방식을 강조하여 왔다. 따라서 그는 사회적, 문화적, 기술적, 자연적인 모든 요소들은 상호 연관되어 있기 때문에, 인간 생존에 필수적인 이러한 환경적 힘들의 상호작용과 균형을 회복하여야 한다고 주장하여 왔다.((그는 사마이에프(Serge Chermateff)와 알렉산더(Christoper Alexander))의 생태학적 정주지 이론에서 많은 영향을 받았다.) 포스터는 현대도시에서 생활의 질적 수준과 도시성의 회복은 그 도시의 개별적인 건물의 성격보다는 도시의 공공건물과 도심 광장과 같은 도시 인프라의 수준에 의해서 영향을 받는다고 강조한다.(주7) 도시의 공공영역에 대한 포스터의 도시의 개발방식에 대한 생각은 후에 살펴보게 될 로저스의 '고밀도 도시' 개념과 상당히 유사하다.

> "우리는 건축물이 그 외부의 공공영역과 내부의 사적인 요구를 통합하고 있어야만 한다고 늘 믿어왔다.. 개개의 건물들은 도시 내에서 중요한 요소들이다. 그러나 그것들은 전체를 구성하는 단지 하나의 요소일 뿐이다. 또 주변환경이나 도시의 특성을 만들어내는 것은, 그것이 가로, 광장, 공원, 또는 도시와 연계성을 만들어 그 장소에 특별한 분위기를 부여하는 도시의 랜드스케이프이든 간에, 결국 개별 건물들 사이에서 만들어지는 공간이다."(Norman Foster, (ed.) 건축과 환경, 2001, p.9)

그러므로 포스터는 한 도시의 역사, 문화, 전통, 경제, 기후, 지형 및 그 장소의 특성에 대한 연구를 통해서 새로운 도시공간의 디자인에 영향을 미치는 도시의 내부구조를 탐구하여 왔다. 이러한 작업은 도시의 내부구조가 특정장소의 특수한 맥락 안에서 건물이 일정한 형태를 취하도록 하는 데 기여하기 때문이다. 특히 포스터에게 있어서 '전통과 테크놀러지'는 도시의 공공성을 회복하고 새로운 건물의 유형을 재창조하는데 중요한 탐구의 주제이다. 그는 역사를 단순히 모방하기보다는 역사의 정신이 담긴 전통으로 인식하고 이것을 기술과 통합하고자 한다. 이러한 접근방식으로 포스터는 '옛것과 새로운 것을 통합'하여 도시성을 회복하는 도시와 건축을 디자인하여 왔다. 이것은 최근의 작품에서 그가 테크놀러지 공학에 대한 관심 이외에 민주적이고 인간적이며 시적인 차원들을 새로운 투명성을 통해서 구체화하고자 하는 것과도 무관하지 않다.

무엇보다도 포스터는 미래의 글로벌 사회는 인구 성장과 도시에서의 삶의 양식의 변화가 가져오는 도심의 밀도와 에너지 소비문제가 중요한 과제라고 진단한다. 그는 오늘날 현대도시에서 "지속가능성은 유행이 아니라 생존의 문제"라고 주장하고 있다. 따라서 포스터는 건물 외관의 문제를 단지 아름다움이나 기능적인 필요에서가 아니라 기존 부지와 지역환경을 배려하는 생태학적 관점에서 접근한다. 그는 지속가능한 디자인 전략으로 재활용이 가능한 에너지원을 사용하거나 자연환기를 위한 스카이 가든, 태양 집열판, 차양막 설비 등과 같이 에너지와 비용을 절감시켜 주는 새로운 디자인 요소들을 끊임없이 개발하여 적용하여 왔다.

"지속가능성은 우리로 하여금 총체적으로 생각하도록 요구한다. 그것은 한 건물의 위치와 기능에 대해, 그 건물의 융통성과 수명 기간에 대해, 그 건물의 방위, 형상, 구조에 대해, 그 건물의 난방과 환기 시스템 그리고 사용되는 재료에 대해, 그 건물을 짓고 유지하거나 그 건물에 오고 가는 데 필요한 에너지의 총량에 미치는 영향에 대해서도 모두 고려하는 것이다... 이러한 문제들에 대한 새로운 해답을 발견함으로써 우리는 미래를 위한 건물의 지속가능한 형태를 창조할 수가 있다. 이것들은 초창기(1970년대 중반)부터 우리 실무작업의 관심이 되어온 이슈들이다."(Norman Foster, 2005, pp.10-11)

도2-51a, b, c
N. 포스터, 까레 다르, 님스, 프랑스, 1984-1993

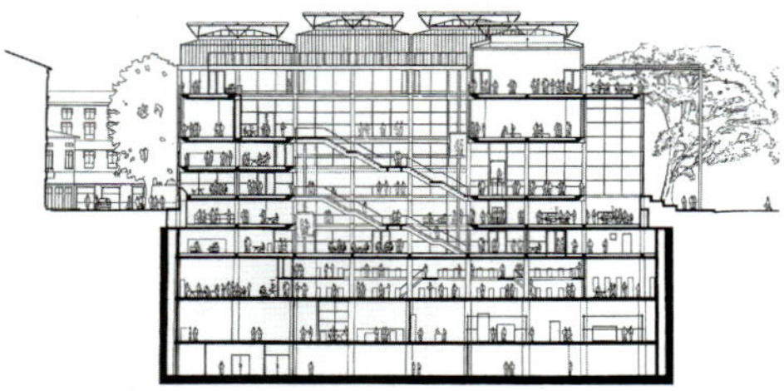

포스터가 역사적 맥락을 반영하고 옛것과 새것을 통합하는 전략적인 개념으로 접근한 **까레 다르**(Carré d'Art, Nímes, France, 1984-1993)(도2-51a, b, c)는 역사적 도시의 문화적 삶을 회복시킨 성공적 사례로 세인들의 주목을 받았다. 여기서 그는 프랑스 님스(Nímes)의 중심부에 있는 로마시대 신전인 메종 까레(Maison Carré)의 높이와 스케일 등 역사적 맥락에 대응하기 위해서, 요구

되는 프로그램 시설의 절반을 대지를 파서 지하에 묻는 방법으로 새 건물의 높이를 낮추었다. 뿐만 아니라 이 지역 전통 주택의 중정형 안뜰, 계단형 테라스 등의 개념을 차용하여 건물 중앙에 자연채광이 유입되는 (5층 높이의) 지붕 덮힌 갤러리 중정형 안뜰을 만들어 계단으로 지상과 지하에 배치된 각 레벨의 영역들을 연결하였다. 이러한 방식으로 옛 가로공간과 연계된 내부의 통로공간은 메종 까레와 (주차장으로 방치되었다가) 새롭게 활기를 되찾은 공공 광장을 연결한다. 이 통로공간은 한편으로는 광장이 내려다 보이는 옥상 테라스에 위치한 카페에까지 이어진다. **대영박물관 대중정**(The Great Court, 1994-2000)(도2-52)은 포스터가 현대의 테그놀러지를 활용한 독특한 유리 캐노피 형상으로 오랫동안 방치된 도시의 공공 공간을 도시의 문화광장으로 재창조한 성공적인 작품으로 평가되고 있다.

도2-52
N. 포스터, 대영박물관 대중정, 런던, 영국
1994-2000

세계 최초의 생태학적인 고층건물의 상징으로 평가되고 있는 **코메르쯔방크 본사빌딩**(Commerzbank-Hochhaus in Ftankfurt am Main, Germany, 1991-1997)(도2-53a, b, c)은 포스터 자신이 말한 바처럼 윌리스 훼이버 & 듀마스 오피스 빌딩(1971-1975)의 '오피스 안의 공원' 의 개념, 홍콩 상해 은

도2-53a, b, c
N. 포스터, 코메르쯔방크 본사빌딩 프랑크프푸트 암 마인, 독일, 1991-1997

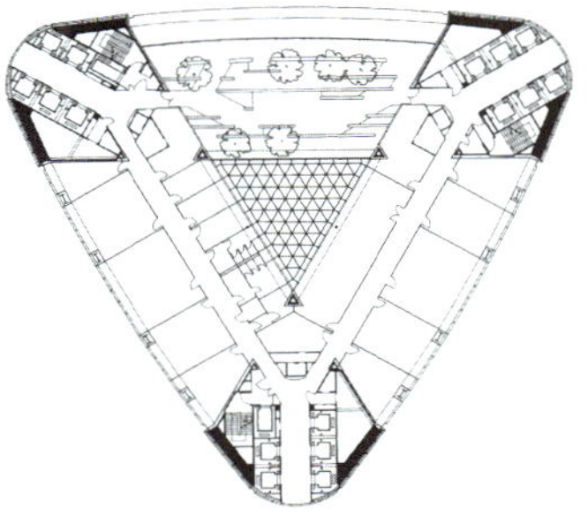

행(1979-1986)의 '스카이 속의 가든' 의 주제를 재도입하여 "상징적이고 기능적인 차원에서 그린 건물"(N. Foster, 2005, p.8)로 디자인한 작품이다.(주8) 이 건물은 중심부의 코어를 외주부에 분산 배치하는 사무영역의 독특한 배치방식, 자연환기와 채광, 녹지를 제공하는 아트리움에 연결되어 빛과 신선한 공기를 오피스로 유입하는 실내 가든의 개념, 자연

도2-54a, b
N. 포스터, 런던 시청사 건물, 런던, 영국, 1998-2002

환기가 가능하도록 한 이중의 유리 벽체 등 오피스 환경에 대한 생태학적 사고로 자연친화적인 새로운 유형의 오피스 공간을 제시하였다. **런던 시청사 건물**(London City Hall, UK, 1998-2002)(도2-54a, b)은 포스터가 하이-테크 기술을 적용하여 지속가능한 건물을 디자인하는 방식에서 획기적인 전환점을 보여주는 작품이다. 여기서 포스터는 건물의 독특한 기하학적 형상을 건물의 방위와 관련하여 건물의 표면을 최소화하는 방식으로 건물 외피를 통한 열손실을 줄이고자 하였다. 동일한 용량을 지닌 입방체보다 표면적이 약 25% 적은 구 형상에서 출발한 후, 직사광선에 노출되는 표면적을 최소화하기 위해 컴퓨터 분석작업으로 이 형상을 조작하였다. 이 건물에 도입한 에너지절약 시스템을 적용하여, 연중 대부분 부가적인 난방이 불필요하며, 전형적인 런던시 오피스 건물의 소비 에너지 1/4 정도만 소비하고, 오염이 전혀 없는 친환경 공공건물로 디자인된 점은 세인들의 주목을 받았다.

포스터가 옛 건물을 새로운 것과 통합하는 방식으로 독특한 상징성을 표현할 뿐만 아니라, 지속가능한 디자인 전략으로 환경친화적 건물로 재창조한 작업은 **베를린 신 독일국**

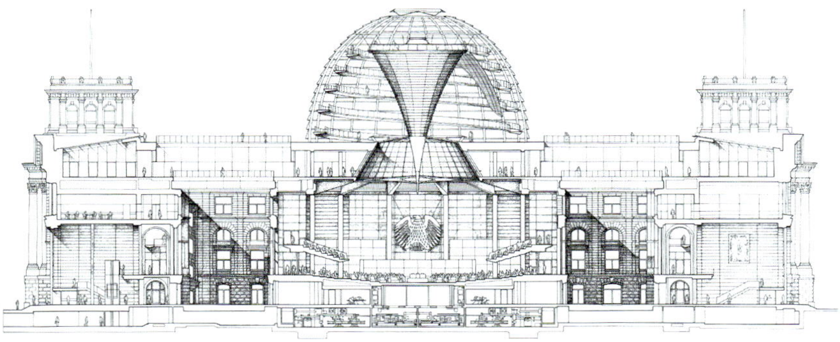

도2-55a, b, c, d
N. 포스터, 신 독일국회의사당.
베를린, 독일, 1992-1999

**회의사당**(New German Parliament, Reichstag, Berlin, Germany, 1992-1999/The Reichstag in Berlin, 1992-1999)(도2-55a, b, c, d)에서 독창적인 방식으로 실현되었다.(주9) 여기서 포스터는 전쟁과 화재, 잘못된 여러 차례의 보수공사 등으로 훼손된 19세기의 건물의 역사적 흔적(포탄 흔적, 검게 그을린 목재, 러시아 점령군의 낙서 등)의 층위들이 생생하게 드러나도록 보존, 활용하여 이것을 독일 역사의 "살아있는 박물관living museum" (N. Foster, 2005, p.12)으로 만들고자 하였다. 이것은 많은 에너지 소비와 오염원이었던 오래된 역사적 건물을 보존하면서 필요한 의사당 시설들을 기존 건물에 삽입하는 방식으로 이루어졌다. 또 민주적 정부의 개방성과 접근용이성을 암시하기 위해 투명성이라는 건축적 메타포를 사용하였다. 특히 전망대까지 나선형 램프로 오르게 되어 있는 둥근 형상의 유리지붕 쿠폴라cupola는, 방문객들에게 자신들의 정치적 대변자들을 상징적으로 내려다볼 수 있는 극적인 경험을 제공한다. 환경적 측면에서 쿠폴라 안에 있는 원추형의 반사형 표면은 의사당 하부로 자연채광을 내려보내는 역할을 한다. 뉴욕에 위치한 **허스트 본사건물**(Hearst Haedquaters, New York, USA, 2001-2006)(도2-56a, b, c)에서 포스터는 베를린 신 국회의사당, 영국의 대영박물관 대중정에 적용한 것처럼 '옛것과 새것'의 창조적인 대화를 만드는 개발방식과 '지속가능성'의 개념을 다시 적용하여 도시의 역사적 건물(1928년 6층으로 된 아르데코 양식의 건물)을 보존하고 환경친화적인 건물로 재창조하였다. 여기서 기존 건물의 내부를 6층 높이까지 터서 만든 로비 공간 위로 솟아오른 새로운 오피스 타워(42층)는, 구조적으로 전통적인 프레임 구조에 비해 철 사용량이 20% 절감되는 삼각형상의 형태로 구성되었다. 특히 외관은 타워 건물의 모서리가 안쪽으로 비스듬하게 깎여 들어가 독특한 다면체의 실루엣을 이루는데, 이것은 채광효과가 뛰어난 투명한 유리창들로 구성하여 에너지 소모를 최소화하기 위해 고안된 것이다.(주10)

45도2-56a, b, c
N. 포스터, 허스트 본사건물, 뉴욕, 미국, 2001-2006

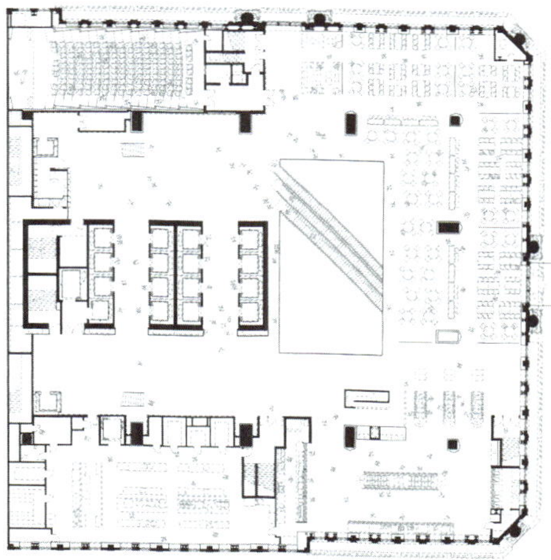

## 지속가능한 개방형 건축과 공공영역 : 리처드 로저스

### 현대사회는 지속가능한 개방형 건축sustaniable open architecture을 요구한다.

영국의 혁신적인 엔지니어들이 추구해 온 실용주의 정신의 전통은 공학적 해결을 채택하여 그것을 건축으로 변형시키는 로저스(Richard Rogers, 1933- )의 접근방법에서 강하게 나타난다. 포스터 보다 더 진보적인 건축관을 지닌 로저스는 건축에서 역사적인 전환점은 사상과 기술이 시대 변화의 속도에 맞추어 결합할 때 도달되며, 새로운 생각과 테크놀러지는 우리의 삶을 개선시키고 진실로 해방시키는 심오한 잠재력을 지닌다고 주장한다. 그는 "건축의 역사는 양식이나 형태로서가 아니라 사회적, 기술적 발명의 역사로 보아야 한다"(Richard Rogers, 1990, p.7)고 강조한다. 따라서 로저스는 모더니즘 건축의 기술지향적 전통과 혁신정신을 계승하여 실제적인 작업 요소를 건축 디자인의 한 부분으로 구체화하려고 시도하여 왔다.

로저스는 포스터와 마찬가지로 "건축은 더 이상 매스나 볼륨이 아니라 중첩된 투명한 층들이 만든 형태로 구조가 비물질화 되는 경량구조에 대한 탐구가 될 것"(R. Rogers, 1990, p.68)이라고 주장한다. 이것은 선적이고 정적이며 위계적인 기계적 질서에 기초를 두고 있는 건축적 개념을 탈피하고 "중첩된 체계system의 개방형 건축"(주11)을 추구하는 것을 의미한다.

> "건축은 환경적 요구와 새로운 기술개발(생체 반응 능력을 갖춘 고성능 재료들의 개발 등)에 맞추어 변해 왔다. 르 꼬르뷔지에는 건축을 '빛 아래 놓인 매스들의 정확하고 장엄한 연출' 이라고 정의하였지만, 미래의 건축물은 비물질화 될 것이다. 매스의 시대가 가고 투명성과 가리개가 중요한 시대, 즉 하루하루의 환경 변화와 용도 유형의 변화에 적응할 수 있는 비결정적이고, 변경 가능하며, 부유하는 구조(물)의 시대가 될 것이다..... 이와 같이 새로운 건축은 공공 영역의 성격도 변화시킬 것이다. 구조가 가벼워지면서 건물은 접근이 더욱 쉬워지며, 보행자들은 건물을 둘러 돌아다니지 않고 건물을 통과해 이동할 것이다. 거리와 공원은 건물의 일부가 되거나, 건물이 그 위에 형성될 것이다."(Richard Rogers, 1997, pp.171-172)

그러므로 로저스는 과학과 기술에 대한 신뢰를 바탕으로 기계의 이미지를 건물에 실현시키려고 열망한다. 그는 "미래의 건물은 사원보다는 로봇에 더 가까울 것"(R. Rogers, 1990, p.81)이라고 예측하고 있다. 생물공학이나 극소전자공학 산업의 기계적 시스템의 도움으로 카멜레온과 같은 표면을 가진 새로운 유형의 건물이 자체적으로 환경에 적응해 갈 것이기 때문에, "미래의 최상의 건물은 사용자의 요구를 충족시키고 에너지 사용의 최적 조건을 만들기 위해 기후에 역동적으로 상호작용하는 건물이 될 것"이라고 그는 주장한다.(주12) 그리고 이러한 변화의 현상으로 인해 과거의 전통적인 예술적 차원들이 재고될 것이라고 그는 단언한다. 이러한 맥락에서 그에게 '건물은 기계 그 자체' (R. Rogers, 1990, p.63)를 의미한다.

로저스는 "테크놀러지 그 자체가 목적이 될 수는 없지만 이것은 사회적, 생태학적 문제의 해결에 도움을 줄 수는 있다."(Deyan Sudjic, 1986, 김인철 역, 1990, p.24 재인용)고 주장했다. 그는 '사물이 작용하는 방법과 그것들이 만들어지는 방법' 에 대한 깊은 관심을 갖는다. 새로운 기술의 개발은 건축가에게 새로운 형태와 재료를 발전시킬 특별한 기회를 제공하기 때문이다. 로저스는 현대 사회에서 미확정성, 투명성, 에너지 등은 건축가들의 중요한 관심사가 되어야 한다고 역설한다. 사회가 변화하는 요구조건에 건축물이 부합하기 위해서는 "건축물에 변화가능성을 부여해야 하며 그러한 적응가능성 속에서 아름다움을 드러내는 새로운 형태를 찾아야 한다."(R. Rogers, 1997, p.77)고 그는 주장한다. 로저스의 관점에서 핵심 가치는 인간 사회에서의 변화—이것은 단지 경제적이고 기술적인 변화만을 의미하지 않는다—에 대한 적응가능성adaptability과 개방성openness이라 할 수 있다.

## 하이-테크 건축은 공간의 가변성과 융통성을 지향한다.

그러므로 로저스는 현대사회에서 "새로운 기술들을 통합하는 건축을 창조하려면 영속성과 변화 두 가지 모두를 포괄하는 미확정적인 건축을 추구하여야 한다"고 강조한다. 이러한 접근방법은 공간의 융통성을 수용하기 위해서 프로그램 측면에서 미확정성의 개념을 통합하는 것을 요구한다. 이러한 태도에는 건축을 기계적 장치로 인식한 아키그램의 전통뿐만 아니라, 건축을 생물체의 성장과 쇠퇴의 사이클로 유비한 일본의 메타볼리즘 건축의 개념과 많은 점에서 유사성이 있다. 특히 로저스는 (첨가, 삭제하는 행위와 변화가 불가능한 ) 완벽한 이상적 구성을 추구한 고전 건축의 미학적 원리에 따라 부동의 기념비적인 건물을 만드는 것보다는 융통성 있는 컨테이너flexible container를 만드는 것이 더 중요하다고 생각한다. 여기서 변화와 불확정성에 대한 생각은 고정되지 않는 성질에서 새롭게 탄생하는 미학을 추구한 것과 관련이 있다.

"나는 사회, 정치, 경제가 전례 없이 빠른 속도로 변화하는 것을 표현하고 찬양할 수 있는 건축, 도시의 활기와 경제적 역동성이 일어날 수 있도록 기능의 중첩과 변화를 반영하는 영속성과 변형의 건축, 복합적인 상황과 관계에 부응할 수 있는 통제된 무작위적인 형태의 건축을 추구한다. 그 같은 건축은 수명이 짧은 소모적인 부분과 수명이 긴 서비스 받는 부분으로 건물을 구획함으로써 어느 정도 달성될 수 있다."(Richard Rogers, 1990, p.65)

따라서 로저스는 건축에서 구조와 건축을 하나로 통합하는 것을 지향한다. 그의 작품들은 확정적으로 구성된 오브제가 아니라 무한히 확장가능한 변화를 암시하는 미확정성을 지닌 강한 요소들로 구성된다. 이것은 융통성을 위해 수명이 짧은 부분을 변화시키거나 교체할 수 있도록 조립식 공업규격품인 지지support 및 충진infill 시스템으로 구성된 공장생산의 부품을 현장에서 조립하여 만드는 것으로, 프로세스 중심의 하이-테크 건축의 특징을 보여준다. 이러한 사실은 로저스가 구조와 서비스 설비요소 등으로 구성된 건물의 가독성legibility과 명료성clairty을 중시하는 데서도 알 수 있다.

로저스와 포스터는 모두 강구조의 표현적 힘, 특히 강구조 인장 부재가 지닌 기술적 성능을 극적으로 표현하려고 한다. 이 두 사람은 내부공간의 어떤 제약으로부터도 자유로운 건물 외피의 감각적인 특성을 중시한다. 그러나 포스터가 건물의 외피와 구조의 통합을 강조한 반면, 로저스는 구조와 외피를 별개의 요소로 취급한다. 포스터가 특수한 모든 기능에도 적응 가능하도록 계획된 대규모 중성적 공간을 감싸는 매끈하고 명료한 피막의 형태를 선호하는 반면, 로저스는 구조적 요소와 서비스 설비 부품이 외부로 노출되는 구성을 선호한다. 특히 로저스는 자신의 건물 외관을 파이프, 덕트와 같은 설비요소의 부품들로 감싸 그 개개의 부품들이 별도로 분리가능하여 영구적인 요소들과는 별개로 유지관리가 용이하도록 만들어졌다는 것을 암시하고자 한다. 또한 로저스는 빛과 그림자의 연출, 즉 픽처레스크한 효과도 중시한다. 그는 건물을 감싸고 있는 구조요소들을 그림같은 실루엣으로 연출함으로써 마치 구조를 장식적 효과로 사용하는 '장식화된 구조' 의 표현방식을 추구한다.

로저스가 피아노와 공동 설계한 파리의 **퐁피두 국립 예술 문화 센터**(Centre Nationale d'Art et Culture Georges Pompidou, Paris, France, 1971-1977)(도2-57a, b, c, d)는 '기계'와 같은 테크놀러지 지상주의의 건축을 상징하는 혁신적인 작품으로, 건물의 생산과정의 공업화, 표준화, 기술화의 발전 등을 극명하게 표현하고 있다. 여기서 내부공간의 다목적 용도와 기능의 변화에 대응할 수 있는 융통성과 적응성을 갖는 개방평면, 칸막이 벽 뿐만 아니라 외벽, 지붕, 구조 프레임 등과 같은 영속적인 요소들에도 해체가능성, 삽입형 설비 시스템 등이 도입되었다. 공공게시판과 같은 역할을 하도록 추상적으로 그리드화 된

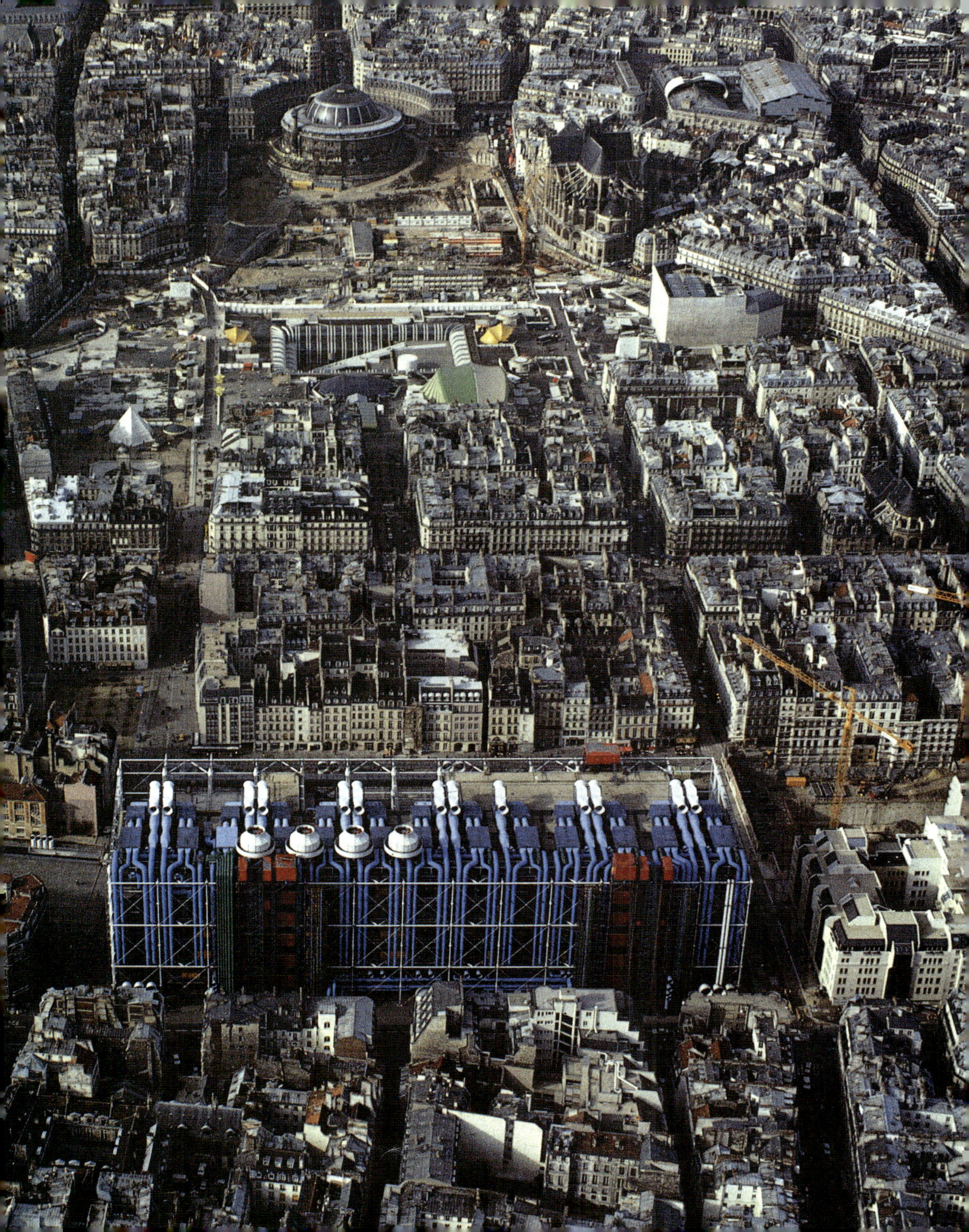

도2-57a, b, c, d
R. 로저스, 퐁피두 국립 예술 문화 센터,
파리, 프랑스, 1971-1977

외관은 내부기능의 변화에 따라 외벽의 형상도 이에 대응하도록 의도한 것이다. 특히 '공중 가로' 이자 전망대인 에스컬레이터를 외부에 노출하여 공공 광장을 건물 외관에까지 확대하여 사회적 교감과 공공의 만남을 위한 열려진 장소를 제공하고 있다. 이것은 사람들이 서로 보고, 보여지는 열린 테라스와 유리로 덮힌 열주랑을 통해 도시의 경관을 감상할 수 있는 다중적인 공공 공간의 역할을 한다.

로저스는 도시의 컨텍스트에 대응하는 형태와 융통성이 있는 작업공간을 **로이드 본사빌딩**(Lloyd's Headquarters, London, 1979-1986)(도2-58a, b, c)에서 독창적인 방식으로 실현하였다. 여기서 그는 부지 주변의 좁은 중세풍의 가로 패턴과 오픈 스페이스를 연계시켜 도시의 분위기를 유도해 새로운 삶을 도시에 이식시키고자 하였다. 평면구성은 사람들이 거주하는 수명이 긴 중앙부와 수명이 짧은 외부영역으로 구분하고, 설비와 구조를 외부로 노출하여 장식적이고 조각적으로 형태화한 결과이다. 로저스는 아트리움 양측면에서 단면 공간을 활용하여 내부구성의 복잡성을 해소하였을 뿐만 아니라, 건축의 전통적인 주제들인 텍스처, 실루엣, 빛 등을 활용하여 극적인 공간을 만들어내고 있다. 로이드 빌딩이 보여주는 건축적 상징과 연상의 수법은 역사적으로 구조 합리주의 전통, 미스의 피막과 뼈대의 개념, 칸의 봉사받는 공간과 봉사하는 공간, 그리고 1960년대의 영국의 전위건축 운동인 아키그램의 기계 미학 등 다양한 전통에 뿌리를 둔 것이다.

도2-58a, b, c
R. 로저스, 로이드 본사빌딩, 런던, 영국, 1979-1986

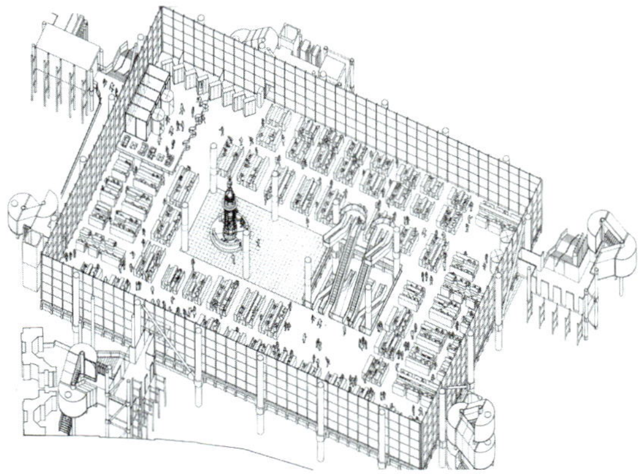

## 도시의 기본적인 역할은 사람을 만나게 하는 것이다.

로저스는 도시를 인간활동과 그에 따른 도시 생태학, 경제학, 사회학적 환경의 영향이 엮어내는 고정되어 있지 않은 복합적인 관계망으로 인식한다. 그는 "도시의 기본적인 역할은 사람을 만나게 하는 것"(R. Rogers, 1990, p.37)이며, "디자인의 목적은 공공의 삶의 질을 증진시키는 데 있다"고 강조한다. 따라서 로저스도 포스터처럼 도시 안의 건축과 공공 영역의 회복을 현대건축이 해결하여야 할 가장 중요한 과제로 인식한다. 그는 모더니즘 건축가들의 실패는 도시생활의 복잡성을 과소평가하고 단일기능으로 분리하여 이루어진 도시개념에 기인한 것이라고 진단한다. 따라서 오늘날 현대도시에서 모든 도시민들이 참여하고 그들의 다양한 활동들을 수용할 수 있는, 다기능의 열린공간을 통해 도시의 공동체 의식을 함양시키는 작업이 필수적이라고 그는 주장한다.

로저스는 도시에 대한 관심과 더불어 글로벌 지구환경의 차원에서 대두되고 있는 지속가능성sustaniability에도 지속적인 관심을 보여왔다. 그는 지속가능성의 도시개념을 새로운 건물의 연속적인 형식성과 양식의 모방이 아니라, 도시 내에서의 공적 및 사적 공간의 흐름에 개별 건물이 기여하고 있는가의 여부로 해석한다. 따라서 로저스는 "건물은 결코 독립적으로 홀로 서 있는 오브제(대상)가 아니며, 공공 공간의 맥락 안에서 계획되어져 그것(도시의 공공 공간)을 정의하는 데 기여하여야 한다."고 강조한다. 그가 '건축과 공공 영역의 관계'를 재정의하고 사람과 장소, 건물과 도시의 복합적인 관계성이라는 비가시적인 측면에 관심을 보여온 것은 바로 이런 이유에서이다. 도시의 가로와 외부공간 그리고 건물 내부공간의 조화를 가져오는 새로운 통합이 로저스가 지향하는 것이다. 따라서 로저스는 지속가능한 도시개념에 바탕을 둔 도시의 '공공 영역의 회복'과 건물의 '변경가능성'의 개념을 중시한다. 이러한 개념에는 사람들의 삶을 조직하는, 공동체 사회를 촉진시키는 사회적 측면의 성격이 강하게 반영되어 있다.

그러므로 로저스는 도시의 지속가능성과 공공성 회복을 위한 접근의 하나로 고밀도 도시모델을 재해석하여 밀집도시compact city라는 새로운 유형의 도시를 재창조하는 작업을 제시한다. 그에 따르면, 현대 사회는 20세기 초 위생적인 문제가 심각했던 공업사회와는 달리 녹색 제조업과 청정전력 생산시스템이 가능하기 때문에, 과거 모더니즘 시대처럼 개개의 기능별로 분리하여 접근한 조닝계획은 새롭게 수정될 필요가 있다는 것이다. 따라서 지속가능한 새로운 밀집도시의 기본 전제는 여러 다양한 활동들 사이의 상호간섭

작용이 전체적인 효율성을 높일 수 있도록 단일 기능의 개발과 자동차의 지배를 배제하는 것, 그리고 복합용도mixed-use 개념을 도입하여 밀집과 중첩에 의한 도시의 복합성을 수용하는 것이 필요하다는 것이다. 로저스는 이에 대해 다음과 같이 언급한다.

> "'고밀도 도시' 모델은 사회적 장점뿐만 아니라 많은 환경적 이익도 가져 온다. 통합적 도시계획으로 에너지 효율을 높이고, 자원을 적게 소비하고, 오염을 최소화하고, 도시 외곽으로의 확장을 막는 고밀도 도시를 계획할 수 있다. 이러한 이유로 나는 '밀집도시', 즉 경제적, 사회적 활동이 서로 중첩되고, 이웃간의 공동체가 중심이 되는 밀도가 높고 사회적으로 다양한 도시개념으로 도시를 개발하여야 한다고 믿고 있다".(Richard Rogers, 1997, p.33)

여기서 로저스가 제안하는 "밀집도시는 사회활동과 상업활동의 중심이 되는 대중교통의 거점을 둘러싸고 성장하는 마을들의 네트워크"(R. Rogers, 1997, pp.33-49)를 이룬다. 이 마을들은 공원을 비롯한 공공 공간을 갖고 개인 활동과 공공 활동들이 중첩되면서 생기는 다양성을 가져온다. 그러므로 밀집도시는 자동차 도로를 줄이고 이동에 따른 에너지 사용을 감소시킬 뿐만 아니라, 공공의 녹지공간을 보다 많이 확보하여 건강한 도시를 만드는 데 기여한다. 또 밀집도시에 의한 도시공간의 네트워크는 도시의 열린 문화활동을 가능하도록 한다는점이다. 그러므로 로저스가 제안하는 지속가능한 도시개념은 환경친화적인 도시와 건축을 통해 만들어지는 도시를 의미한다. 이러한 이유로 로저스에게는 환경에 대한 영향을 최소화하고, 자연과 인공 환경이 조화를 이루며, 자원을 효율적으로 이용하는 생태학적인 저에너지의 도시와 건물을 디자인하는 것이 중요한 과제이다. 그는 "다량의 에너지를 소비하는 인공적인 기술에 덜 의존하고, 그 대신 식물, 풍력, 태양열, 지열, 수자원 등과 같은

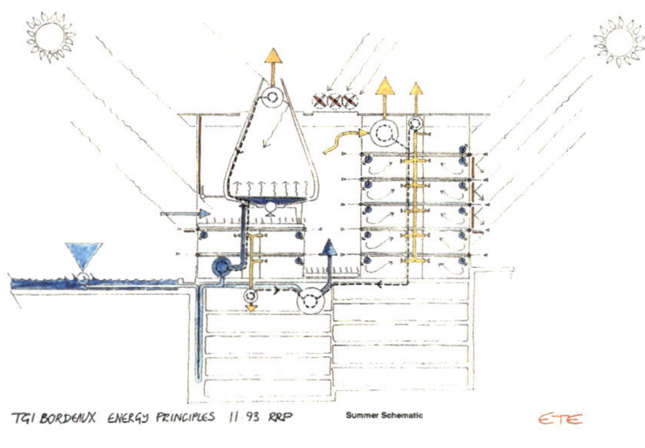


도2-59a, b
R. 로저스, 보르도시 법원, 프랑스, 1992-1998

자연적인 동력원으로 재생가능한 에너지를 사용하는 자연적인 기술을 모색하여야 한다" (R. Rogers, 1997, p.93)고 강조한다. 거대도시의 마스터 플랜을 수립하는 각종 프로젝트에서, 로저스는 현대의 테크놀러지에 뿌리를 두고 있는 산업이 지속가능한 정주지에서 존재해 왔던 전통적인 방식과 공존할 수 있도록 지속가능한 도시와 건물을 디자인하여 왔다. 특히 그는 1990년대 이후 지속가능한 친환경 재료(목재)의 사용, 돌출한 거대 지붕의 건축형태, 그리고 부지의 요구와 도시적 랜드마크를 창조하고자 하는 환경적 요구 등에 대응하는 지속가능한 디자인 전략을 도입한다. 이 시기에 그는 **프랑스 보르도시 법원**(Law Court in Bordeaux, France, 1992-1998)(도2-59a, b), 벨기에 **앤트워프 법원**(Antwerp Law Court, Belgium, 1998-2005)(도2-60a, b, c) 등에서 지속가능한 디자인 개념을 적용하여 자연환기를 촉

도2-60a, b, c
R. 로저스, 앤트워프 법원,
벨기에, 1998-2005

진하고 (과도한 햇빛을 차단하며) 적절한 자연채광을 받아들이는 자연친화적인 건축을 제시해 왔다. 특히 앤트워프 법원에서 주변 지역의 건물과 마스터 플랜을 함께 계획하여 법정과 같은 권위적인 공공 건물 대신 풍부한 자연채광과 저에너지 환기를 반영한 환경적 지속가능성, 그리고 도시의 관문으로서 앤트워프 구역의 손상된 도시 구조를 회복시키고자 도시재생문제를 해결하는 건물로 디자인하였다. 이러한 건물들에서 로저스는 법정이라는 공공건물이 갖는 기존의 권위적이고 폐쇄적인 공간을 탈피하고 '투명성'과 '개방성'을 통해서 쉽게 접근 가능한 공공 공간과 주변 도시의 랜드스케이프와 통합하는 데 관심을 보인다. 로저스는 **웨일스 국립 의사당**(National Assembly for Wales, Cardiff, Wales, UK, 1998-2005)(도2-61a, b, c)에서도 보르도시 법원, 앤트워프 법원에서처럼 단형으로 처리된 건물의 좌대plinth 아래에는 사무공간과 지원시설 등을 배치하고, 그 상부에는 다양한 주공간을 배치하여 이 시설공간을 거대하게 돌출된 지붕 아래에 상징적으로 통합하였다. 여기서 공공공간을 부두의 돌출부에 있는 공공영역과 통합하는 방식으로 카디프 만cardiff bay을 바라보는 인상적인 조망 틀을 제공할 뿐 아니라 유리로 된 외벽을 사용하여 개방성을 부여하였다. 특히 이 건물에서 환경적 영향과 지속가능성을 고려한 디자인 개념은 건물 중앙부에 위치한 독특한 형상의 개부구를 친환경적인 소재로 만들어 자연채광을 도입하는 데서 찾아볼 수 있다.

도2-61a, b, c
R. 로저스, 웨일스 국립 의사당, 카디프, 웨일스, 영국, 1998-2005

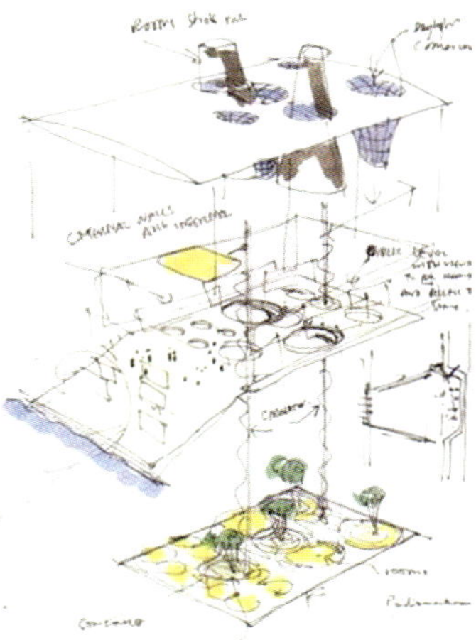

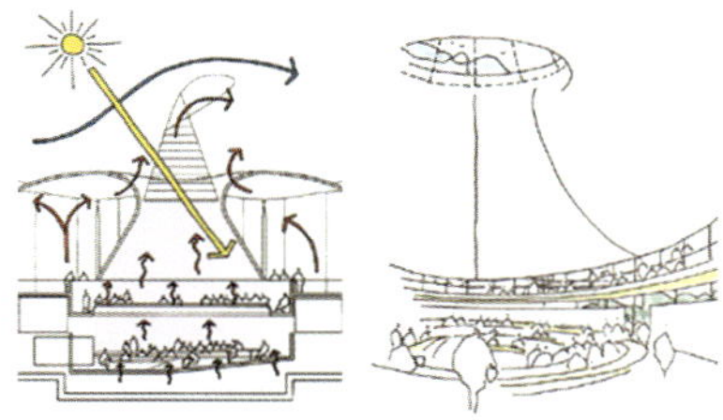

## 가벼움과 투명성의 건축 : 렌조 피아노

### 건축에는 지역성regionalism과 보편성universalism이 공존해야 한다.

이탈리아 출신의 건축가 피아노(Renzo Piano, 1937- )는 다양한 형태, 재료, 구조를 통해 건물을 구축하는 실제적인 건설 프로세스 작업을 중시하는 장인 정신과 기술적 독창성을 강조한다. 그는 건축이 일종의 커뮤니티를 위한 프로젝트이자 서비스이지만, 건축 행위가 단순한 기법technique —기계, 조직구성, 자본의 문제 등—으로 축소되어 다루어질 때 그것은 건축의 표현성, 사회적 의미성, 삶과의 모든 접촉성을 상실하게 된다고 경고한다. 그는 건축가란 예술과 과학, 독창성과 기억, 현대성의 대범함과 전통의 신중함 사이에서 칼날 위에 서서 걷는 전문직이며, 예술적인 감성을 창조하기 위해 기술을 사용하는 사람이라고 강조한다. 그는 기술과 예술을 구별하는 것을 거부한다. 피아노가 "생각하기와 행하기thinking and doing"의 분리가 아니라, "생각하면서 행하기doing while thinking" (Renzo Piano, 1997, p.13)를 더 중시하는 이유는 머리보다는 손으로 '건축물을 만든다'는 장인정신 때문이다.

> "…젊은 건축가는 양식style을 갖고 출발하려는 유혹을 항상 갖는다. 그러나 나는 '행하는 작업'에서 출발하였다: (그것은) 건물의 대지, 재료에 대한 연구, (전통적이든 그렇지 않든 간에) 건설기술의 지식을 갖고 시작하는 것이다. 건축을 향한 나의 여정은 테크놀러지에서 시작하였으며 점진적으로 공간, 표현, 형태와 같은 복합성에 대해 인식해 갔다는 점이다."(Renzo Piano, 1997, p.13).

피아노는 모든 시대의 건축가는 그 시대가 그들에게 제공하는 도구를 가지고 작업하였다는 사실에 주목한다. 그는 건축의 언어는 그 수단과 목적이 발전됨에 따라 변화한다고 보았다. 피아노는 현대사회의 새로운 테크놀러지가 인류 역사상 전례가 없는 것에 쉽게 접촉할 수 있는 무한한 가치와 가능성을 제공해 왔다고 확신한다. 새로운 테크놀러지의 발전은 전통적인 재료를 새로운 장식으로 사용할 수 있는 가능성을 제공해 왔다는 점에서, 그는 "기술은 일종의 버스와 같다."(R. Piano, 1997, p.248)고 비유한다. 피아노는 구축성의 전통을 중시한 모더니즘 건축가들처럼 구조에 대한 이해가 표현에 대한 우리의 능력을 자유롭게 해준다고 강조한다. 또 그는 재료에 대한 연구를 통해서 그 용도를 재창조reinvention하고 재발견하는 작업을 중요하게 여긴다.

따라서 피아노는 기술적인 해법의 탐구와 역사적, 자연적 상황에의 적응, 그리고 모든 참여자들과의 의미 있는 창조적인 대화를 통해서 테크놀러지를 적용한 보편성과 대지 환경과의 관계를 고려하는 지역성을 통합하는 작업을 탐구하여 왔다. 그는 "건축은 정의상 지역적이다"(R. Piano, 1997, p.249)고 주장한다. 그에 따르면, 건축은 인식론적 차원에서 장소, 지형학, 영역에 연결되어 있다. 그러나 건축은 또한 미적인 가치를 통합하고 있으며, 장소를 넘어서는 양식을 발전시켜 왔다는 점에서 초국가적이며 다양한 나라들이 공유하는 것으로 그는 이해한다. 여기에 건축의 지역성과 보편성이 공존한다는 것이 피아노의 사고의 논리이다.

프램톤(K. Frampton)은 피아노의 작품에서 지역성과 보편성이 공존하는 이러한 특성을 "장소형태palceform와 생산형태productform 간의 본질적인 대립관계가 해결된 것"(R. Piano, 1997, p.7)이라고 지적한다. 프램톤의 이와 같은 예리한 비평에 공감한 피아노는 자신의 작품에 대한 접근방식을 프램톤의 용어로 다음과 같이 설명한다.

> "동시에, 지역성과 보편성의 관계에 대한 문제는 조작관리logistics의 문제만은 아니다: 그것은 또한 문화적, 미학적, 상징적인 문제이다... 그(K. Frampton)는 장소형태와 생산형태는 건축의 긴장감이 이들 사이에서 창조되는 2개의 용어라고 말한다. 나는 이 용어가 대지와 구조물, 소환경과 건물, 지역성과 보편성 사이의 긴장감을 전달하는 가장 좋은 방법이라는 사실을 알게 되었다... 문제는 관계, 연계, 긴장 이 모든 것들에 있다. 내가 관심있는 것은 형태와 생산품을 함께 형상화하는 일이다: 대지를 강력하게 조각하는 것, 이미 존재하는 자연이나 도시 구조에 깊은 흔적을 남겨두는 것, 그렇지만 동시에 건축을 공모자요 파트너로 만들어서 그 주변 환경의 특성에 흡수되도록 하는 것이다."(Renzo Piano, 1997, p.250)

여기서 피아노는 '장소형태'를 해석하기 위해서, 모든 프로젝트는 역사, 지리학, 지질학, 그리고 기후 등 국지적인 주제에 대해 구체적으로 연구하고 깊이 이해하는 것이 필요하다고 강조한다. 또 이것은 지역성과 보편성, 전통적인 것과 현대적인 것, 자연에 대한 존중과 테크놀러지를 서로 통합하는 작업을 요구한다고 강조한다. 피아노가 현대의 테크놀러지를 활용하면서도 건물이 서 있는 구조를 대지와 주변 환경에서 획득가능한 재료를 사용하여 만들고자 한 것은 이러한 이유에서이다. 따라서 피아노에게 있어서, 인접 건물, 역사, 전통적인 재료와 시공방법, 국지기후와 생태학적 소환경(장소) 등의 지역적 맥락local context과 보편적으로 이용가능한 테크놀러지, 국제적인 미디어와 보편적인 판단 기준 등의 글로벌 맥락global context 모두를 수용하여 균형을 이루는 작업은 매우 중요하다.

## 가벼움lightness은 도구이며, 투명성transparency은 시학적 특질이다.

피아노는 "건물은 물질적인 요소와 그것들의 조립으로 이루어진다"고 강조한다. 그는 "구축의 수단이 곧 건축"임을 천명한다. 그는 건물의 질적 수준은 디테일의 질적 수준을 통해서 표현되어진다고 강조한다. 따라서 그는 '부품pieces'을 만드는 소재, 부품이 형성되는 구조와 디테일에서 디자인 작업을 출발한다. 그는 사물을 개별적으로 분리하여 그가 '부품'이라고 부르는 반복적인 표준화된 부품들을 프로젝트와 장소에 독특한 방식으로 적용하여 왔다. 피아노에게 부품은 "생산형태이자 본질적으로 장소형태의 일부"이다. 구축과정이 각 구성요소인 부품의 집합으로써 형상화 되어가는 부품화 작업piece by piece 프로세스라는 디자인의 이면에는 제대로 구축하고 부분들 사이의 접합을 탐구하기 위한 욕구가 강하게 존재한다. 따라서 피아노의 초기 작품들은 주로 경량의 부재요소들을 형상화하여 이것을 조립하는 작업에 집중되어 있다. 이 과정에서 디자인은 특수한 것에서 보편적인 것으로 진행하는 프로세스의 성격이 강하다.

도2-62a, b, c
R. 피아노, 메닐 컬렉션 박물관, 휴스턴, 텍사스, 미국, 1981-1986

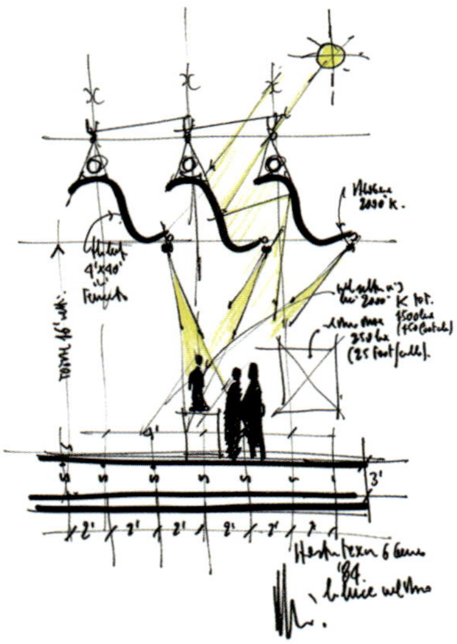

피아노는 포스터, 로저스와 마찬가지로 진보한 테크놀러지로 가능해진 가벼움에 의한 투명성을 중요한 탐구과제로 인식한다. 오늘날, 커뮤니케이션 기술의 발달로 인해 공간은 과거와 달리 다양한 방식으로 사물을 에워싸고

있어 공간에 대한 새로운 인식이 가능하게 되었다고 그는 말한다. 피아노는 "가벼움은 도구이며, 투명성은 시학적 특질"(R. Piano, 1997, p.251)를 의미하며, 이것은 서로 다른 것이라고 강조한다. 그에게 가벼움이 경량의 부재요소로 구축되는 것이라면, 투명성은 공간의 비물질적 요소(빛, 투명성, 산란, 텍스쳐, 색채 등)를 사용하여 인간의 감정을 고양시키는 다양한 공간을 만드는 것(주13)과 관련된 것이다.

이러한 작업은 구조를 그 본질로 환원하는 소거 작업을 통해서 물성에서 불필요한 불투명성을 제거하는 것을 의미한다. 그는 창조성이란 빛, 에너지, 소리와 같은 물리적 현상의 비물질성에서 유래하는 법칙을 받아들이는 능력을 의미한다고 보았다. 그가 빛 특히 자연채광(특히 위에서 산란되는 방식)이 주변 환경에 미치는 영향을 볼륨의 지각적 측면, 그리고 감정적 반응의 측면에서 검토하며 접근하는 것은 이러한 이유때문이다. 빛의 잠재성을 활용하기 위해서, 그는 빛의 강도가 아니라 산란방식을 통해 부드러운 재료를 거칠게 보이도록 만들고 평탄한 표면에 3차원적인 특성을 부여하는 수법을 즐겨 사용한다.

도2-63a, b
R. 피아노, 빌딩 워크샵, 제노바, 이탈리아, 1989-1991

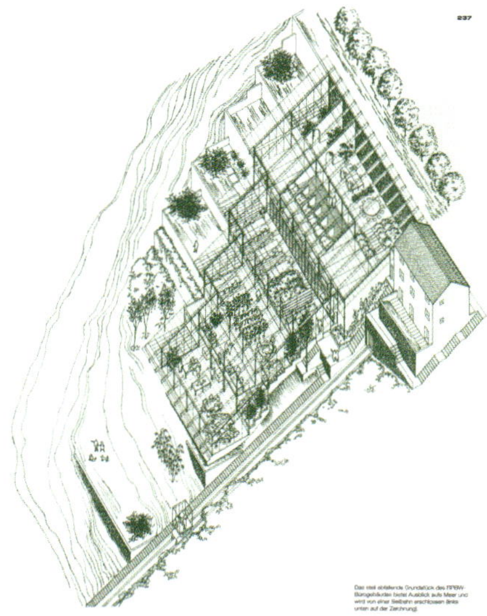

따라서 피아노는 인간의 상호작용을 위한 다양한 동기가 부여된 공간을 경험할 수 있는 '비물질적인 것'에 관심을 보여 왔다. 잉거솔(Richard Ingersoll (ed.)건축과 환경, 2001, p.126)은 피아노 작품에서 발견되는 비물질적인 것, 참여를 구가하는 정신 등을 "해방 건축liberartion architecture 이라는 이념의 성취"로 평가한다.(주14) 포스터는 이것을 내부와 외부, 그리고 각 실들 사이의 '투명성'이라는 목표를 통해서, 그리고 한편으로는 부차적인 기능들을 필요로 하는 것들과 결합하여 사회적인 복합성을 지닌 공간을 만들기 위해 도입한 교차프로그램밍 공간cross-programming space 개념(주15)을 통해서 실현하여 왔다고 잉거솔은 지적한다.

피아노가 공업 부품의 프로세스에 치중한 초기작품에서 벗어나 지형학적 특성과 산업제품의 생산양식을 개별화하여 디자인한 **메닐 컬렉션 박물관**(Museum for the Menil Collection in Houston, Texas, USA, 1981-1986)(도2-62a, b, c)은, 하이-테크 건축이 예술작품의 감상을 위한 차분한 배경이 될 수 있다는 가능성을 보여준 작품이다. 여기서 건물의 내부공간은 비물질화

되어 관찰자가 예술작품에 집중하도록 빛과 그림자를 유입되는 차분한 분위기의 공간으로 계획되었다. 잎leaf모양으로 알려진 주요 '부품' 부재를 반복 조립하여 이루어진 지붕과 전면 유리로 마감된 천장 아래에 매달려 있는 유기적 형태의 L형 금속판들은 빛과 열을 막아주는 차단기 역할을 하면서 전시공간의 균등한 조도를 유지시켜 주는 장치로 사용되었다. 제노바 만이 바라보이는 가파른 언덕에 위치해 있는 피아노 자신의 스튜디오인 **빌딩 워크샵**(Punta Nave Renzo Piano Building Workshop, Genoa, Italy, 1989-1991)(도2-63a, b)에서, 피아노는 하이-테크 기술이 적용된 이중유리 지붕과 유리 입면으로 거주 가능한 그린하우스greenhouse를 고안하였다. 여기서 그 지역의 전통적인 테라스 방식을 적용하여 계단식으로 구성된 내부는 그 안에 풍부한 자연 채광과 식생, 다양한 레벨로 구성된 사회적 공간들을 수용하면서 주변의 랜드스케이프에 통합되고 있다. 빛과 열로부터 내부를 보호하는 기술적인 문제해결을 위해 컴퓨터 첨단 장비로 조작되는 이중 유리 지붕을 통해서 유입된 빛들은 내부공간에 독특한 분위기를 부여한다.

도2-64a, b, c
R. 피아노, 바이엘러 재단 미술관, 바젤 근교, 스위스, 1991-1997

**바이엘러 재단 미술관**(Beyeler Foundatin Museum, Reihen, near Basel, Switzerland, 1991-1997)(도2-64a, b, c)은 포스터가 자신의 제노바 빌딩 워크샵 사무실의 그린하우스 개념과 메닐 컬렉션 박물관에서 사용한 천창 채광 기술을 도입하여 자연과 조화를 이루는 미술관으로 디자인한 작품이다. 여

기서 바젤지역의 전통과 연관된 붉은 벽돌로 마감된 대지에 묻혀 있는 벽면들은 대지와 공원의 물에서 점차적으로 드러나면서 스틸과 유리로 된 반투명한 지붕을 독립된 면처럼 지지한다. 양단으로 길게 뻗은 커다란 복도가 있는 장축형 공간구조의 갤러리에는 빛을 여과하는 이중의 지붕창 기술을 적용하였다. 그 결과, 얇은 종이막처럼 거의 사라질 듯 미묘하게 보이는 천창의 조명으로 방의 높이가 증폭되는 효과가 발생한다.

## 건축은 지속가능한 투명한 도시transparency city를 만드는 데 기여하여야 한다.

피아노는, 건축은 비전을 제시하고 삶의 방식을 표현할 수 있어야 한다고 주장한다. 그는 초기에는 '부품의 부재를 생산하여 그것을 조립하는 방식으로 테크놀러지의 측면만을 강조하여 왔지만, 1990년대 이후 최근의 작품에서는 프로젝트의 자연적, 사회적 측면과 같은 맥락을 수용하는 데 더 관심을 보이고 있다. 따라서 그는 기술적인 환경 뿐만 아니라, 건축의 사회적 의미와 전통의 가치에 대해 주목한다. 피아노는 도시를 구성하는 가로, 광장 등은 오랜 시간을 거치는 생물학적 속성을 지니고 있다고 강조한다. 도시공간(장소)의 경험은 본질적으로 비물질적인 요소들(빛과 소리, 행위와 서비스 등)이 중첩되는 상황에서 발생하기 때문에, 오랜 시기 동안 존속해온 비물질적인 요소들과 예상치 못한 프로세스를 디자인에 반영해야 한다고 그는 강조한다.(주16)

> "위대한 도시의 가로가 아름다운 것은 그것이 도시의 생물학적 기능을 표현하고, 그 역사의 복합성을 반영하는 거울이기 때문이다. 그러나 이러한 것이 결여되어 있을 때, 도시 공간(장소)의 복합성을 회복하기 위해서 미완의, 예상하지 못한, 투명한 프로세스가 도입될 필요가 있다. 투명성은 도시의 환경을 보다 복합적으로 만들어 준다. 도시가 지닌 건강한 무질서는 당신이 그 도시 안에서 살기 때문에 발생한다. 당신의 시선은 집에 머물지 않고 작업, 쇼핑, 오락 등과 같은 공간 너머로 끊임없이 이동한다. 결코 디자인될 수 없는 이러한 복합성은 성급하게 디자인되고 구상되는 새로운 프로젝트에서 빠뜨리기 쉬운 것이다."(Renzo Piano, (ed.) 건축과 환경, 2001, pp.115-116)

그러므로 피아노에게 건축 작품은 시간이 지남에 따라 용도와 함께 변화하는 살아있는 창조물이다. 그는 건설과정은 근본적으로 완전한 상태가 될 수 없다고 주장한다. 이러한 이유는, 건물은 각 부품들이 공간에서 기능적으로 다루어져 조합된 이후에도 다시 분해가 가능하여 그 프로세스가 가역적reversible이지만, 건물 그 자체는 그 완성된 당시의 시간 속으로 되돌아갈 수가 없기 때문이다. 피아노는 자신이 역사적 맥락을 참조하는 이유는 "시간 속에서 존재해 온 건물의 불가역적irreversible인 속성에 대해서 도전하는 것" (A+U, 1994, p.7) 때문이라고 강조한다. 이것은 건물이란 시작되어 완성될 수 있지만 그 역은 불가능하다는 것을 의미한다. 역사적 맥락을 참조하는 태도는 시간의 불가역성을 디자인에 도입하는 것을 의미한다. 따라서 피아노는, 오래된 기존의 환경과 완전하게 통합되어진 건물을 새롭게 창조하는 것은 근본적으로 불가능하기 때문에, 건물이 지나치게 새롭게 보이지 않도록 해야한다고 강조한다. 이러한 이유로 피아노는 자신이 설계한 건축물이 마치 역사적인 맥락에 일시적으로 도입된 오브제처럼 보이도록 다룬다. 이것은 새로 창조된 건물을 완전하게 완성된 상태로 보이지 않도록 함으로써 미완성 상태로 남아 있도록 하는 것을 의미한다. 그 이유는 도시의 다양한 경험을 구성하는 삶의 형태는 불완전성인데, 이러한 불완전성을 사람들이 이용하는 과정을 통해 건축물은 완성되어가기 때문이다.

그러므로 피아노는 특수한 것에서 보편적으로 나아가는 '상향식' 접근(내부에서 외부로)과 보편적인 것에서 특수한 것으로 진행하는 '하향식' 접근(외부에서 내부로) 방식을 모두 도입한다. 여기서 전자의 경우, 구조의 '부품' 요소가 출발점이 되어 내부에서 외부로 진행되며, 프램톤이 지적한 것처럼 '생산형태' 를 의미한다. 후자의 경우, 건물의 피복재료cladding 요소가 주 관심이 되며 외부에서 내부로 진행되는 방식이 강하다. 이것은 그 지역의 대지, 환경과 장소성을 반영하는 '장소형태' 를 의미한다. 부카난(Peter Buchanan, 2000, p.17)은 내부의 성능(기능)만을 반영하기 보다는 맥락에 대해 외향적으로 대응하려는 포스터의 이러한 태도를 "맥락적인 제스처contextual gestures를 지향하는 것" 이라고 지적하고 있다.

특히 피아노는 자연과 균형A Balance with Nature을 이루는 디자인 개념을 이러한 맥락의 관점에서 중요하게 여긴다. 그는 "건축은 실제 자연의 상부 위에 놓여지는 제 2의 자연이다" (R. Piano, 1997, p.248)고 주장한다. 그에게 "건축의 지속가능성은 단순히 자연에 대해 피상적인 존경심을 표하는 것이 아니라, 자연을 이해하고 동물과 식재를 존중하며 건물과 공장을 올바르게 위치시키고 태양광선과 바람을 활용하는 것" (R. Piano, 1997, p.248)을 의미한다.

> "... 건물의 대지는 언제나 예외적인 발견의 장소이다. 모든 것이 평면 속에 존재한다는 것은 사실이 아니다. 당신이 위계를 이해하는 것, 그리고 도면에서는 부적절하게 보이는 어떤 것에 중요성을 부여하기로 결정하는 것은 대지에서이다."
> (Renzo Piano, 1997, p.14).

그러므로 피아노에게 있어서, 자연은 모방하는 것이 아니라 자연계에 존재하는 형태결정과 같은 법칙을 발견하려고 인간이 만드는 프로젝트에도 동일하게 적용가능한 원천이다. 그는 자연은 테크놀러지 프로세스와 재통합되는 방식으로 발견되어야 한다고 강조한다. 피아노가 "기계는 자연을 파괴하는 것이 아니라 도와주는 것이어야 하며, 공간은 위계적이지 않고 그 안에서 작업하는 사람들에게 즐거움을 제공할 수 있어야 한다"(Renzo Piano, (ed.) 건축과 환경, 2001, p.175)고 주장하는 것은 이러한 이유에서이다.

뉴 칼레도니아군도 누메아의 **장-마리 티바우 문화센터**(Jean-Marie Tjibaou Cultural Center, near Nouméa New Caledonia, 1991-1998)(도2-65a, b, c, d)는 피아노가 지역적인 토속적 형태와 첨단구조공법을 통합하여 지역 고유의 전통을 새로운 방식으로 표현하여 세인들의 주목을 받은 작품이다. 여기서 원시 테크노 오두막primitive techno huts의 개념은 그가 지역 원주민들의 전통적인 원뿔형 오두막 형상의 다양한 크기와 높이를 지닌, 원형의 채플과 같은 오두막 건물들을 참조한 것이다. 이것은 토속적인 지식와 현대의 테크놀러지를 통합한 것으로, 피아노가 탐구해온 '지역형태' 와 '생산형태' 의 통합을 보여주고 있다. 특히 수직 목재부재로 구성된 이중 켜들은 투명한 틈새로 산들바람이 순환하여 자연환기가 이루어지는 생태기 술적인 외피로 고안되었다. 이것은 기술적 수단을 최소화하고 지역의 자원을 활용하여 만든 다공성 열대건축의 특성을 반영한 것이다.

도2-65a, b, c, d
R. 피아노, 장-마리 티바우 문화센터,
뉴 칼레도니아, 1991-1998

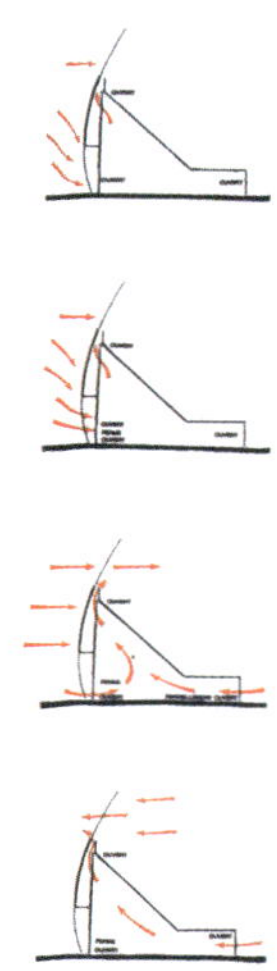

Functional scheme of natural ventilation.

베를린 중심가의 넓은 **포츠다머 플라쯔**(Postdamer Platz, Berlin, Germany, 1992-1999)(도2-66a, b, c)에서, 피아노는 전통적, 역사적인 요소들을 이끌어내어 이것을 현대의 테크놀러지와 융합하는 방식으로, 모더니즘 시대에 파괴된 도시의 공공 영역의 공간을 성공적으로 회복시켰다. 여기서 그는 과거의 도시평면의 구획에 근거해 베를린의 역사적인 가로와 블록패턴을 출발점으로 삼아 주변 지역과의 개방적인 연계성을 갖는, 밀도가 높은 도시 공간의 네트워크를 만들어냈다. 고층 오피스 건물(Debis Headquater) 파사드에 베를린 건물 법규가 요구하는 지침대로 사용된 전통적인 색조의 테라코타 피복재료는 유리 루버로 된 외부 커layer와 함께 사용되어 가벼움의 특성을 보여준다. 뿐만 아니라 이것은 외부와의 접촉을 상실하지 않으면서 센서시스템으로 개폐되어 에너지를 절약하는 장치이기도 하다.

뉴욕에 위치한 **모건 도서관의 리노베이션과 확장**(The Morgan Library Renovation and Expansion, New York, USA, 2000-2006)(도2-67a, b, c)에서, 피아노는 20세기 초에 지어진 유

도2-66a, b, c
R. 피아노, 포츠다머 플라쯔, 베를린, 독일, 1992-1999

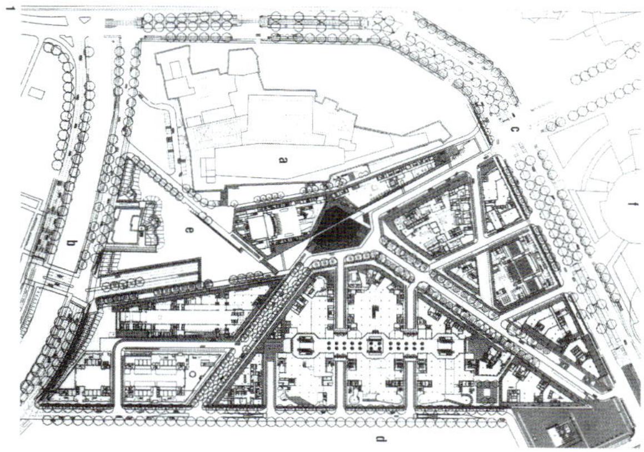

서 깊은 역사적 건물들을 그대로 보존하기 위해서 새로운 공간들 대부분을 지하에 배치하고 지상의 기존 건물중 역사적 가치가 없는 증축 부분의 일부를 해체하여 그 사이 공간에 3개의 기능적인 파빌리언을 설치하는 방법으로 해결하였다. 여기서 중심부에 위치하여 날으는 양탄자처럼 투명한 유리지붕으로 덮힌 광장piazza은 부지 내 모든 활동들이 만나는 중심지이자 6개의 상이한 영역들로 출입하는 동선을 배분하는 '실내화된 공간'의 성격을 갖는다. 지역의 역사적 맥락의 특성과 하이-테크 기술을 통합하여 접근하는 이러한 접근방식은 **시카고 현대 미술관**(The Art Institute of Chicago - The Modern Wing in Chicago, IL, USA, 2003 -2009)(도2-68a, b)의 증축 건물에서 강철과 유리로써 가볍고 투명한 건축으로 표현하여 시카고 건축의 전통을 상기시키려는 의도에서도 나타난다.

도2-67a, b, c
R. 피아노, 모건 도서관의 리노베이션과 확장, 뉴욕, 미국, 2000-2006

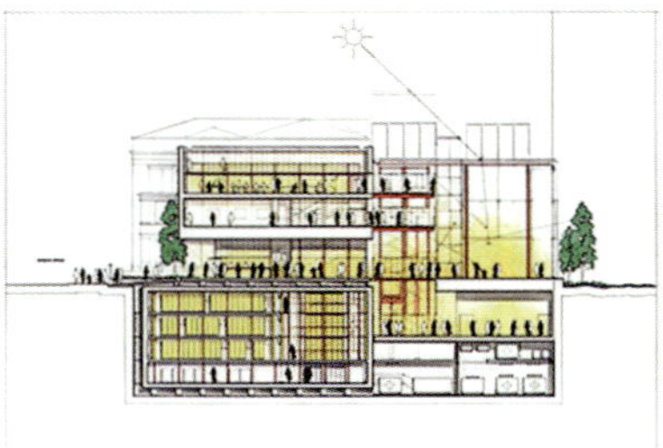

도2-68a, b
R. 피아노, 시카고 현대 미술관, 시카고, 미국, 2003-2009

피아노가 탐구해온 지속가능성의 디자인 테마는 최근에 **파울 클레 미술관**(Paul Klee Center, Bern, Switzerland, 1999-2005)(도2-69a, b, c), **캘리포니아 아카데미 센터**(California Academy Center, CA, USA, 2005-2008)(도2-70a, b, c)와 같은 작품에서 점점 지형학topography과 생태학적 환경특성을 강하게 반영하는 공간으로 발전되었다. 파울 클레 미술관에서 3개의 인공 언덕으로 이루어진 전시공간을 자연의 녹지로 덮고 있는 파상형의 지붕은 건축과 랜드스케이프의 공생 관계를 강조한다.(지붕을 자연의 식재로 덮는 환경친화적인 방법은 법규가 요구하는 에너지보다 30-35%를 절감하는 효과가 있다.) 뿐만 아니라 이것은 그 아래에서 반투명 스크린을 통과하면

도2-69a, b, c
R. 피아노, 파울 클레 미술관, 베른, 스위스, 1999-2005

서 내부 전시공간에는 은은하게 확산되는 채광을, 공공의 공간에는 밝고 유쾌한 빛으로 가득한 공간을 만들어내고 있다. 캘리포니아 아카데미 센터에서 지속가능성의 디자인 테마는 "등고선 형상의 지붕 아래에 마을처럼 군집한 공간들"이라는 개념을 바탕으로 다양한 기능들을 수용하는 건물군에서 찾아볼 수 있다. 여기서 피아노는 건물의 중심 공간을 이루는, 유리로 에워싸여 투명성을 지닌 광장piazza을 조성하여 새로운 건물을 마치 부지가 위치한 골든게이트 '공원의 일부'가 되도록 의도하였다.

도2-70a, b, c
R. 피아노, 캘리포니아 아카데미 센터,
캘리포니아, 미국, 2005-2008

## | 물성의 탐구와 투명성의 미학 : 토요 이토 | 장 누벨 |

테크놀러지의 비약적인 발전과 더불어 전개된 구조적 건축의 전통은 20세기 말에 들어와 새로운 양상으로 전개되었다. 이러한 현상은 첨단기술과 미디어의 발달로 가능해진 가상 이미지를 바탕으로 물성의 표현 가능성을 탐구하고, 이로부터 얻어지는 투명성의 공간과 외피의 새로운 미학을 탐구하는 데서 찾아볼 수 있다. 토요 이토(Toyo Itto, 1941- ), 장 누벨(Jean Nouvel, 1945- ), 헤르조그와 드 뫼롱(Jacques Herzog, 1950- & Pierre de Morton, 1950- ), 피터 줌터(Peter Zumthor, 1943- ) 등은 모두 구축성의 전통을 따라 새로운 테크놀러지가 제공하는 물성의 지각적 효과와 투명성의 미학을 도시의 맥락 안에서 해석하여 건축의 새로운 영역을 탐구한다. 특히 누벨과 이토의 건축 작품은 벤야민(Walter Benjamin, 1892-1940)의 이미지 이론, 장 보드리야르(Jean Baudrillard, 1929-2007)의 시뮬라르크simularce라는 새로운 지각방식과 관련되어 있다는 점에서 주목된다.

### 디지털정보화 사회를 반영하는 이미지로서의 건축 architecture as image을 탐구한다.

벤야민이 오래 전에 『기술복제 시대의 예술작품 *The Work of Art in the Age of Mechanical Revolution*, 1936』에서 예술작품의 기술적 복제와 아우라aura의 상실에 대해 논한 이후, 오늘날 현대사회에서는 "복제된 예술작품도 재생산을 위해 고안된 하나의 예술작품" 이 되는 시대가 되었다. 보드리야르는 현대 자본주의 사회에서는 풍부한 이미지와 미디어의 두드러진 역할 때문에, 이데올로기적이고 문화적인 상부구조가 경제적인 하부구조에 의해 결정된다고 보며 사용가치와 교환가치를 구별하던 고전적 마르크스의 이항적인 분류가 희미해지거나 흐릿해졌다고 지적한다. 보드리야드는 오늘날 현대인은 이미지가 필사적으로 현실의 효과를 만들어내려고 시도하는 '시뮬라르크(시뮐라시옹simulation)의 세계, 즉 파생 실재hyper - reality' 에서 살고 있다고 지적한다.(주17) 이러한 '파생 실재' 는 미디어의 이미지가 실재가 되어 실재와 가상의 경계가 허물어진 시대를 단적으로 표현하는 것으로, 가상이기 때문에 전통적인 실재가 가지고 있는 사실성에 의해 규제되지 않는다.

보드리야르에 따르면, 시뮬라르크는 환상, 즉 실재로는 존재하지 않는 대상을 존재하는 것처럼 만들어 놓은 인공물을 가리키는 의미이다. 이것은 벤야민이 언급한 복재할 원본이 존재하지 않으므로 '흉내낼 수 없는 이미지' 이며, 그 자체로 존재할 수 있는 이미지가 된다.

(주18) 현실과 이미지를 대등한 관계로 설정한 보드리야르는 한걸음 더 나아가 현대사회에서는 원본 없는 시뮬라르크의 이미지가 그 자체로 현실을 대체하고 현실은 오히려 그 이미지에 의해 지배당하게 된다고 보았다. 이 경우 이미지는 현실보다 더 현실적인 것이 된다. 그 결과 시뮬라르크는 실재하고 있는 것과는 독립하여 하나의 현실을 이룬다. 보드리야르는 우리가 실재라고 생각했던 것들은 바로 이 비현실이라고 여겼던 시뮬라르크로부터 나온 것이라고 설명한다. 그는 현대사회는 이미지가 실제 대상을 복제하는 것이 아니라, 오히려 실제 대상이 가장된 이미지를 따라야 하는 전도된 상황이라고 진단한다.

오늘날의 도시를 이미지-도시의 시뮬라르크 과정으로 인식하고 있는 보드리야르는 도시의 건축과 이미지의 관계를 새로운 관점으로 해석한다. 그에 따르면, 근대 건축은 실재의 세계를 구축하고 실재를 드러내는 작업으로 "실재의 구축" 인 반면에, 현대건축은 우리가 존재한다고 믿는 허구의 세계, 가상의 질서를 구축한다는 점에서 "허구의 구축"(배영달, 2009, p.438)이다.(주19) 그에게 견고한 사물(대상)로서의 건축은 근대 건축물처럼 의미를 담거나 실재를 재현하는 사물이 아니라 '신기루' 이다. 보드리야르와 누벨이 건축, 도시, 공간, 대상뿐만 아니라 가상, 투명성, 사라짐 등의 주제를 대담형식으로 논의한 『특이한 대상 : 건축과 철학 *Les objets singuliers- Architecture et philosophie*, 2000, 배영달 역, 2003』에서, 보드리야르는 정보사회에서 가상의 차원의 도래와 함께 건축에서 가상적 창조의 모델이 발생하여 가상의 건축이 형성되었다고 지적한다. 더 나아가 복제의 건축이 우리 시대의 문화공간을 지배하게 되었다고 주장한다. 그는 "가상의 건축은 어떤 비밀도 지니지 않는 건축, 가시성의 장(場)에서 단순한 조작자가 되어버린 건축, 즉 스크린-건축" 이라고 주장한다. 그리고 그는 가상의 건축과 복제의 건축에 대한 하나의 대안으로 폴 비릴리오(Paul Virilio)가 말한 '사라짐의 미학' 을 추구하는 건축을 제시한다.

보드리야르는 환상, 가상성, 착각, 건축적 조작의 수법 등을 통해서 보이는 것 이상의 것, 즉 가상공간을 창조하는 행위를 강조해 온 누벨의 건축을 '사라짐의 미학', '유혹의 건축' 으로 평가한다. 앞으로 살펴보겠지만 누벨은 보드리야르의 건축에 대한 철학적 사유와 많은 점에서 공통점을 지니고 있다. 누벨은 건축은 "감성을 지각하게 하여 물질적인 것이 아닌 비물질적인 것이 되게 하는 방향으로 전환되어야 한다."(Jean Baudrllard & Jean Nouvel, 2000, pp.18-23)고 주장한다. 왜냐하면 이러한 방법은 "감각에 착각을 일으키게 하는 방법이며, 특히 불안정한 영역을 보존하는 방법" 이기 때문이다. 보드리야르와 누벨은 건축을 물리적 실체로 인식되는 구축성의 관점보다는 이미지, 기호, 표면효과로 소비되는 허구적 세계, 가상의 질서로 인식하고 있다.

보드리야르가 언급한 실재와 가상 세계의 경계가 모호해지고 사라지는, 이미지가 바로 실재가 되어가는 현대 사회의 흐름에 대한 인식은 가상현실virtual reality을 도입한 영화(최근의 영화 매트릭스, 아바타 등에서 현실과 가상의 구분이 정말 모호하지 않은가! 여기에 비하면 토탈 리콜과 터미네이터는 이미 고전이 되었다.) 뿐만 아니라 건축 분야에서도 발견할 수 있다. 보드리야르의 시뮬라르크 개념에서 영향을 받은 누벨과 이토는 현대 정보사회의 건축을 '이미지를 생산하는 비물성화 된 투명성의 건축' 으로 규정한다. 이들의 건축에서 가상 이미지가 만들어내는 인공과 자연의 경계의 소멸이라는 개념은 물성을 시뮬라르크화한 것이다. 따라서 이들은 실제 세계와 가상세계의 인식 경계를 무너뜨리는 작업을 탐구한다. 누벨이 미스와 칸과 같은 모더니즘의 거장들이 탐구해온 구축성의 논리에서 출발하여 새로운 공간과 형태를 탐구하기보다는 외피를 구성하는 물성의 지각적 이미지 효과에 더 집착하는 것은 이러한 이유때문이다. 현대의 정보화된 도시를 '시뮬라르크화된 도시' 로 인식하는 이토도 가상세계와 실제세계, 가상신체와 실제 신체의 개념을 자신의 건축을 구성하는 중요한 출발점으로 삼고 있다. 이토의 최근 작품에서 구조와 외피는 하나로 통합되어 표현되고 있으며, 여기서 외피는 정보시대의 태크놀러지로 가능해진 장식과 피복이 되어 나타난다.

디지털 기술을 접목하여 물성에 의해 생성되는 투명성의 이미지로 주체와 객체의 경계, 인공과 자연의 경계의 모호함이나 소멸시키는 수법들은 1990년 이후 현대 건축가들에게 주된 관심사 중의 하나이다. 그러므로 건축물의 재료와 질감texture이 주는 감성적 효과에 대한 관심은 누벨, 헤르조그와 드 뫼롱, 줌터 뿐만 아니라 (01에서 고찰한 바처럼 프로그램으로부터 리얼리티를 반영하는 건축을 탐구한) SANNA의 카쥬오 세지마의 작품에서도 발견할 수 있다. 실재와 비실재를 모호하게 반영하는 반투명의 물성의 지각적 교란을 통해서 현실과 가상의 이미지의 경계를 모호하게 하는 이러한 수법들은 바로 시뮬라르크가 생산하는 이미지를 반영하는 것과  다름없다. 특히 극도로 추상화된 형태의 단순성을 보여주는 작품으로 세인들의 관심을 끌어온 줌터는 목재, 석재, 유리 등과 같은 재료들로 이루어진 견고한 구조물이 아니라 마치 피막skin처럼 독특한 수법으로 피복하는 방식으로 모더니즘의 구축성의 논리를 새롭게 해석하여 확장하고 있다는 점에서 주목을 받고 있다.

현대건축에서 구축의 논리에 의한 생성보다 재료의 물성이 지닌 표현적 특성과 그 의미에 주목하는 이러한 태도는 젬퍼가 피복bekleidung, caldding이라고 언급한 개념에 천착하는 것이다. 재료의 물성the materiality of materials을 강조하는 현대 건축가는 그 재료의 추상적인 기능적, 구조적 특성보다 오히려 우리가 직접적으로 지각할 수 있는 '재료의 속성' —크기, 색채, 텍스처(질감) 등—을 더 강조한다. 따라서 재료의 본질적인 물리적 특성보다는 그 재료가 표상하는 감각적 특질, 즉 재료의 표면이 생성하는 관능성sensuality에 더 주목한다. 이것은 미스처럼 '피막과 뼈대'로 건물을 구축한다는 개념보다는 단지 '피막'에 치중하여 물성이 자아내는 분위기를 생성하려는 것이다. 프램톤(K. Frampton, 2007, p.370)은 이것을 "촉각적 장식tactile dressing의 수법을 지향하는 것"이라고 지적한다.

## 디지털 건축은 미디어로서의 건축과 인터렉티브interactive 미학을 실험한다

현대의 정보화 사회에서 멀티미디어에 대한 적응성, 인터넷의 확산, 대량 전자데이터 은행과 가상현실 기술의 출현을 가져 온 디지털 혁명은 보드리야르가 말한 파생 실재의 영역을 가속화하는 데 결정적인 역할을 하여왔다. 이러한 현상은 디지털 기법, 공학기술, 센서를 이용하여 건축을 실시간 매개체로 탈바꿈하는 작업을 통해서 미디어에 가까운 건축으로 만들려고 하는 흐름에서도 발견된다.(주20) 1960년대 아키그램이 기계화의 유토피안적인 작업과정에 몰입하였던 것처럼, 인간의 신체와 감각을 기술과 더 근접하게 연결시키는 디지털 건축의 새로운 장르를 개척하는 이러한 흐름은 1990년 이후에 가속화되어 왔다.(주21) 그렉 린(Greg Lynn), 노박(Novak), 녹스(NOX) 등이 디지털 기술을 적용하여 생성된, 반응하는 환경responsive environment으로서의 인터렉티브 건축interactive architecture을 탐구한 것이 바로 그것이다.

녹스의 접근에서 알 수 있듯이, 인터렉티브 건축은 환경요소(빛, 바람 등) 뿐만 아니라 인간 신체의 심리적 반응에 따라 반응하는 지능형 외피, 또는 외피가 스스로 자극을 유도하고 반응하는 디지털 건축의 영역을 탐구한다. 이들이 지능형 벽과 바닥 등을 통해서 반응하는 환경으로서의 건축을 만드는 이유는 "이미지를 통한 공간과 공간을 통한 이미지의 인식을 증가시킴으로써 고정적인 사물과 공간에 활력과 쌍방향성을 부여하고자 하는 것"(Lucy Bullivant, 2006, 태영란 역, 2007, p.123)이다. 따라서 벽, 바닥, 천정과 같은 하드한 공간hard space에 소리, 냄새, 열, 색깔, 전자파 등과 같은 무형의 감각적 요소로 이루어진 소프트한 공간soft space을 융합하여 새로운 건축의 현상적 가능성을 모색한다. 그러나 이들의 실험적 작품은 조형물이나 이벤트 프로젝트와 같이 비건축적인 부분에서 제한적으로 실현되었을 뿐, 구축성의 논리로 건축적 요소들을 조직화하여 새로운 건축을 생성하는 데까지 미치지 못하고 있다.

따라서 프로그램화된 디지털 프로세스를 통해서 자동적으로 생성되는 인터렉티브 건축을 추구하는 이들은, 물성보다는 환경과 대화하는 운영체계를 통해 감성에 호소하는 건축을 만들고자 한다. 이러한 디지털 지향적인 건축은 건축생성의 과정에서 디지털 프로세스의 자율적인 과정을 따르고 있기 때문에, 형태생성 과정에 건축가의 예술 의지가 배제된다. 그러나 앞에서 살펴보았듯이 우리는 로저스, 포스터, 피아노와 같은 하이-테크 건축가들은 첨단기술을 이용한 차양장치, 중앙집중식 ICT 시스템, 역반사성 외피와 같이 환경을 제어하는 장치를 개발하여 구축성의 논리 안에서 활용하고 있다는 사실에 주목할 필요가 있다. 이들은 환경요소(빛과 바람, 에너지 등)에 따라 반응하는 물성과 외피의 새로운 가능성을 실험하기 위해 디지털 툴을 사용한다. 또한 누벨, 이토, 헤르조그와 드 뫼롱 등도 구축성의 전통 안에서 물성 자체의 새로운 지각적 효과를 탐구하는 데 디지털 툴을 활용하고 있다. 구축성의 전통의 관점에서 볼 때 중요한 점은 '어떻게' 라는 방법에 앞서 '무엇을' 만들 것인지에 대한 본질적인 질문이 선행되어야 한다는 것이다. 우리가 이미지로서 디지털 건축을 탐구하는 일부 건축가 집단보다 구축성의 논리로 새로운 건축의 영역을 추구하는 건축가들에게 더 주목해야 하는 이유가 여기에 있다.

도2-71a, b
L. 슈퓌브뢰크, 후레쉬 워터 파빌리언,
로테르담, 네덜란드, 1997

NOX의 라스 슈퓌브뢰크(Lars Spuybroeck)의 작품인 **후레시 워터 파빌리언**(Fresh Water Pavilion, Roterdam, The Netherlands, 1997)(도2-71a, b)은 물을 주제로 한 지능화되고 인공두뇌화된 멀티미디어 전시물로 자연발생적인 인공물이 스스로 진화하여 자신의 환경, 거주자, 감각적 자극에 적응해 나가면서 욕망과 주관성에 따른 익살과 은둔을 표현하여 인공과 자연의 간극을 좁히려고 의도한 작품이다. 건축가 딜러(Elisabeth Diller, 1954- 1999)와 스코피디오(Richardo Scofidio, 1936-1999), EAR 스튜디오가 공동작업한 **블러 파빌리언**(BLUR Pavilion, Yverdon, Switzerland, 1998-2002)(도2-72)은 '지능형 기후' 라는 기술을 도입하여 자연과 인공을 새롭게 혼성교배hybrid하는 수법으로 만들어진 것으로 미디어와 경관의 교차점에 위치한 작품이다. 여기서 전자 반응하는 브레인코트braincoats를 입은 관광객은 컴퓨터가 기상조건의 변화를 해석하여 건물을 가릴 만큼 뿜어내는 안개에 흠뻑 젖은 채로 어리둥절하게 이리저리 걸으면서 자신들의 자발적인 참여가 만들어내는 "퍼포먼스를 즐거워하는 건축"(L. Bullivant, 2006, p.49)을 경험하게 된

도2-72
E.딜러 & R. 스코피디오, EAR 스튜디오,
블러 파빌리언, 스위스, 1998-2002

다. 실제와 가상의 커뮤니케이션을 위한 미디어로서의 건축 작품은 NOX의 건축가 슈뤼브뢰크와 예술가 세라피즌(Q. S. Serafijn)이 함께 만든 동물모양의 공공 타워인 **디-타워**(D-Tower, Doetinchem, The Netherlands, 2004)(도2-73)에서 찾아 볼 수 있다. 이 타워는 매일 저녁 사랑(붉은색), 증오(녹색), 행복(푸른색), 두려움(노란색) 등 도시 응답자들의 감정을 색상으로 전환하여 가장 강하게 느끼는 감정의 색깔로 '도시의 감정 상태'를 전하도록 고안되었다.

도2-73
L. 슈뤼브뢰크 & Q. S 세라피즌, D-타워,
도틴쳄, 네덜란드, 2004

1960년대에 아키그램 운동을 전개하였던 쿡(Peter Cook)이 푸르니에(Collin Pournier)와 공동설계한 BIX(big pixels)로 불리는 **쿤스트하우스 미술관**(Kunsthaus Art Museum, Graz, Austria, 2003)(도2-74a, b, c)은 첨단 테크놀러지를 적용한 독특한 형상의 외피로 건축과 기술, 디스플레이로서의 시각적 메시지를 통합한 작품이다. 여기서 외피는 예술적 표현을 위한 장치나 플랫폼으로 설계된 것으로, 푸른색의 볼록한 아크릴 외피와 내부 그물막층 사이에 매개체인 전자막이 매립되어 있다. 이것은 부분적으로 투명하거나 부분적으로 불투명한 전자막 형태로 다양한 이미지, 애니메이션, 영화, 문자 등 거대한 저해상도 컴퓨터 디스플레이의 역할을 한다. 쿡은 이 건물을 "건물과 주변, 콘텐츠와 외부인식 사이의 활발한 커뮤니케이션을 위한 도구로 개발한 것"(L. Bullivant, 2006, p.29)이라고 언급한다.

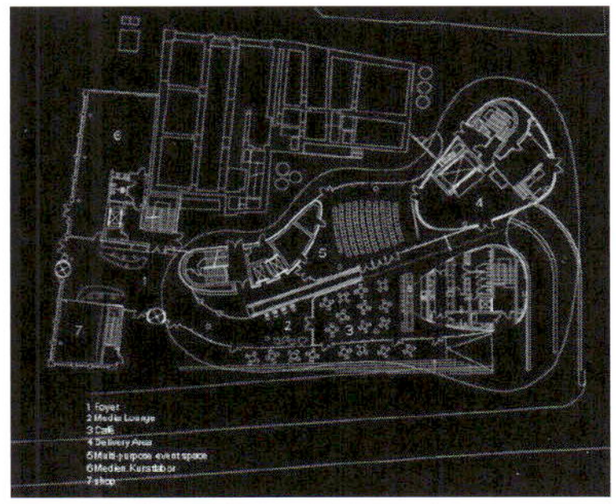


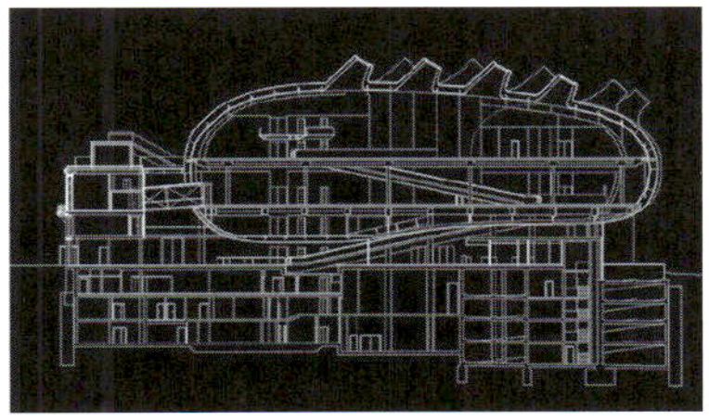

도2-74a, b, c
P. 쿡 & C. 푸르니에, 쿤스트하우스 미술관(BIX), 그라츠, 오스트리아, 2003

## 경계 없는 열린 건축의 탐구 : 토요 이토

### 뉴미디어 테크놀러지 사회는 가상 신체와 실제 신체가 공존하는 건축을 요구한다.

현대 정보사회가 만들어내는 도시환경의 균질화된 현상들과 가상 이미지가 만들어내는 도시공간의 특성을 주목하고, 이러한 현상을 수용하는 새로운 건축의 영역을 탐구해 온 건축가들 중에서 대표적인 인물은 이토(Toyo Ito, 1941- )이다. 그는 동경과 같은 현대도시를 현실의 '실제 공간' 과 공존하는 파편화된 꼴라쥬처럼 형성된, 허구적이고 가상적인 도시공간이 존재하는 '시뮬라르크화된 가상도시' 로 묘사한다. 이토는 정보사회와 기술적인 변화가 만들어내는 이러한 가상도시에 번영하고 있는 요소들이 "물리적인 거리를 거부하는, 즉각적이고 일시적이며, 불특정하지만 수많은 미디어들 간의 네트워크를 구성한다" (Toyo Ito, 1995, (eds.)Tom Avermaete, 2009, p.271)고 주장한다. 이 다양한 네트워크들은 다층적인 시간적 경험을 제공하며, 그 속에서 가상과 현실이 어우러지는 가능성을 제공한다. 이토의 이러한 사고는 현대사회를 가상 이미지인 시뮬라르크가 지배한다고 간파한 보드리야르의 주장을 상기시킨다.

이토는 미디어의 발달로 단순히 이미지를 조작가능한 현대사회에서, 우리 자신들은 현실과 비현실의 양극적 현상에 대처하기 위해 자신을 변화시켜 왔다고 지적한다. 현대사회의 비디오 영상과 같은 가시적인 문화는 현대의 삶이 일시적이며 새로운 경험과 사건들을 끊임없이 모색해야 한다는 사실을 우리에게 보여주기 때문에, 건축 또한 이러한 문화와 통합되어 그 역할을 재정의할 필요가 있다. 따라서 이토는 정보화된 사회에서는 인간과 건축의 새로운 존재방법을 인식하고 안/밖의 경계가 없는 건축, 즉 "가상 신체와 실제 신체라는 새로운 신체 이미지(주22)에 반응하는 건축" (JA, 1994-2, p.7)을 추구하여야 한다고 다음과 같이 주장한다.

> "…. 정보가 도처에 퍼져 있고 커뮤니케이션 시스템이 침투해 있는 일본과 같은 사회에서 우리는 두 개의 신체를 지니고 있다 : 육체적 존재로 이루어진 '실제 신체real body' 와 정보에 의해 형성된 '허구적 신체fictional body' 가 그것이다. 두 신체는 일상생활에서 그다지 명확하게 분리되어 있는 것은 아니다. 이 둘은 서로 영향을 주고받아 함께 하나의 신체를 형성한다. 그렇지만 허구적 신체, 즉 이미지의 작용에 의해서 형성되는 신체의 영향이 나날이 더 커져 가고 있다…. 우리의 현 시대는 르 꼬르뷔지에가 살았던 시대와는 다르며, 이 점에서 오늘날의 건축은 변화된 사회를 전제로 하여 생각하지 않을 수 없다." (Toyo Ito, JA, 1994-2, p.7)

그러므로 신체에 대한 새로운 인식은 이토의 건축 담론에서 매우 중요한 위치를 차지한다. 그는 현대사회에서 가상 신체를 고려하지 않고서는 실제 신체를 위한 쾌적한 공간을 만들어내는 것이 불가능하다는 점을 강조한다. 뉴 미디어의 영향 속에서 사는 현대사회는 현실/비현실, 사실/허구의 두 세계의 경계가 구분지을수 없을 정도로 모호하기 때문이다. 따라서 이토는 "가상세계와 실제세계 간에 적절한 조화를 이루는 것이 건축에서 절대적으로 필요하다."(PA, vol.15, 1999, p.43)고 주장한다. 이러한 이유로 이토는 정신이나 감각으로 포착되는 허구적인 가상 신체와 살아있는 실제 신체라는 두 신체의 세계를 모두 포함하는 이중성, 즉 경계가 없는 열린 건축을 지속적으로 탐구하여 왔다.(주23) 이것은 그가 경계 없는 현실세계에서 살고 있다는 사실을 건축에 반영하려는 것이다. (이 점에서 내・외부의 경계가 모호하고 투명한 유동적인 건축을 탐구해온 그에게 두 세계의 경계 사이에 틈gap이 존재하는 건축은 여전히 닫혀진 세계를 만드는 것을 의미한다.)

이토는 가상도시와 같은 현대사회에서 물리적인 실체를 가진 건축물을 어떻게 만들 것인가 하는 문제뿐만 아니라, 지역공동체가 사라지고 커뮤니케이션의 형태가 끊임없이 변화하는 가운데서 어떻게 끝없이 지속될 수 있는 건축물을 만들 것인가 하는 역설적이고 모순적인 문제를 탐구해 왔다.

> "첫째로 우리는 비디오 영상과 같은 건축 또는 허구의 건축을 만드는 방법을 배워야 한다. 그리고 둘째로 우리는 그 건축물들을 일시적이고 순간적인 것으로 만들어야 한다. 그러나 내가 의도하고자 하는 바는, 건축이 영상 이미지들로 대체되어야 한다거나 일시적인 건축물들을 사용해야 한다는 의미가 아니다. 오히려 우리는 영구적인 독립체로서 일시적이고 허구적인 건축물을 지어야 한다."(Toyo Ito, 1995, (eds.)Tom Avermaete, 2009, p.271)

이토에게 있어서 형태로 구축되는 건축은 영속적으로 고정된 상태보다는 한시적이고 일시적인 상태로 존재하는 것을 의미한다. 이러한 건축은 서로 상이한 감각들을 수용하는 개방성, 투명성을 지니며, 일시적인 것처럼 지각되어 덧없음을 보여주는 가벼움의 건축light architecture이라는 속성을 지닌다고 그는 강조한다. 이토는 이것은 안정성과 영속성을 추구하지만, 본질적으로 "변하기 쉬우며, 덧없는 현시로서의 건축으로 드러나는 것"(EL Croquis vol.123, 2005, p.17)이라고 설명하고 있다.

도2-75
T. 이토, 화이트 유, 동경, 일본, 1975-1976)

도2-76a, b
T. 이토, 실버헛, 동경, 일본, 1984

## 가벼움의 건축은 흐름과 관계의 투명성을 갖는다.

이토는 현대 사회에서 '자연의 흐름을 담지하고 있는 공간' 의 필요성을 강조하여 왔다. 그는, 환경은 그것이 자연적인 환경(지형, 물, 바람 등)이든 인공적인 환경(교통, 보행자 이동 등)이든 간에, 거기에는 항상 시간 속에서 변해가는 여러 가지 흐름이 존재한다고 보았다. 따라서 환경의 일부로서의 건축 또한 영속적인 것이 될 수 없다는 것이 이토의 생각이다. 이토가 건축은 시간, 자연의 바람, 지형의 변화 등 외부의 상황 변화에 민감하게 반응하고, 시간적, 공간적 차원에서 항상 그 유동성을 느낄 수 있는 장치가 되어야 한다고 강조하는 것은 바로 이러한 이유 때문이다. 특히 그는 정보사회 시대에 컴퓨터가 만들어내는 유동성은 인간과 환경, 건축이 영속적인 것이 아니라 일시적인 존재라는 사실을 상기시킨다고 역설한다. 이토는 이러한 건축적 질서의 가장 이상적인 유형은 "물리적으로나 프로그램 측면에서 내, 외부가 함께 연결된 개방성을 지닐 뿐만 아니라, (이러한 개념을 확장함으로써) 자연과 조화하는 방식으로 존재하는 자연적인 오브제natural object가 되는 것"(PA vol.15 1999, p.49)이라고 강조한다. 이것은 "유연하며 유동적 공간fluid space을 발생시키는 흐름의 건축fluid architecture or architecture in a state of flux" 을 의미한다.

그러므로 이토는 자신의 건축담론에서 '관계의 투명성' 을 강조한다. 이것은 단순히 유리와 같은 투명한 재료로 구성된 건축이 아니라, 투명한 포낭wrapper과 같은 각 부분들이 내, 외부에서 또는 내부 자체에서 무언가의 새로운 연결관계를 만들어내는 방식으로 관계의 투명성을 갖는 것을 의미한다. 이토는 그것은 "인간의 신체를 에워싸는 얇은 피막과 같은 건축"이며, 현대 사회를 동질화하는 "얇고 투명한 피막으로 이루어진 실체"(EL Croquis vol.123, 2005, p.17)라고 정의한다. 그것은 차가운 유리 건축이 아니라 건축에 더 풍부한 생명을 부여하는, 인간의 라이프 사이클과 연결된 투명성과 유동성을 지닌 건축을 말한다.(주24) 따라서 이토는 현대사회에서 공공 건축이 내 · 외부가 단절되거나 내부가 각 공간단위로 나열되어 폐쇄적인 구성으로 이루어지는 대신, 투명성을 통해서 흐름이 존재하는 방식으로 변화되어야 한다고 주장한다.

이토의 작품에서 관계의 투명성은 '인간의 지속적인 행위가 일어나고, 시간이 지남에 따라 인간의 활동이 발생하는 장소로서의 공간'으로 표현된다. 그에게 있어서 건축은 행위를 에워싸 담는 그릇이며, 자연과 인공적인 것들에 대한 현상의 필터이다. 그것은 형태를 현상으로 해석하여 만들어내는 장치이며, "불가시적인 흐름들을 가시적인 것으로 만들어 인간 행동에 주목시키는 장치로서의 건축"(EL Croquis vol.123, 2005, p.17)을 의미한다. 이 점에서 이토는 물결처럼 진동하는 경계를 갖는 개방적인 건축은 내·외부를 분리하는 대신 "침투성의 피막으로 경계를 모호하게 하는 건축blurring architecture을 지향하는 것"이라고 강조한다.

이토의 초기 작품인 **화이트 유**(White U, Nakano-Ku, Tokyo, Japan, 1975-1976)(도2-75), 카사마 주택(House in Kasama, Ibaraki, Japan, 1980-1981) 등은 안뜰의 외부공간을 만드는 단순화된 형태, 벽과 빛으로 이루어진 유동적인 내부공간을 통해서 공기, 바람, 빛, 소리, 시간 등 대자연이 지니고 있는 변화와 흐름을 담아내며 경계 없는 건축의 특성을 보여준다. 자신의 실험 주택으로 지은 **실버헛**(Silver Hut Residence, Tokyo, 1984)(도2-76a, b)에서, 이토는 현대의 도시생활에서 삶의 에너지와 관련된 태양, 녹지, 바람 등 자연에 대해 열려있는 건축을 새로운 테크놀러지를 적용하여 만들어내고 있다. 여기서 그는 마치 유목민과 같은 현대 도시 거주자의 주거는 파오pao, yurt(包)(주25)처럼 되어야 한다는 개념을 진척시켰다. 투명한 부재로 에워싸인 이 주택은 "실제 신체를 지닌 거주자를 위한 주택이자 가상 신체를 지닌 도시 유목민을 위한 파오의 특성을 모두 지니도록 의도한 것"(JA, 1994-2, p.7)으로 이중적인 의미를 지닌다. 대자연의 흐름 뿐만 아니라, 일시적인 가벼움의 건축, 관계의 투명성 등은 인공적인 언덕 위에 놓여진 **야스시로 시립미술관**(Municipal Museum, Yatsushiro, Japan, 1989-1991)(도2-77a, b)에서 은색의 스테인레스 강재와 지붕의 둥근 아치 형상으로 구체화되어 나타난다. 여기서 방문객은 메인 홀의 전시공간과 유리벽에 반사되어 생기는 이미지들의 중첩 속에서 실제와 비실제의 이미지를 함께 경험한다.

미디어가 생성하는 이미지에 대한 이토의 관심과 새로운 테크놀러지를 건축물에 접목시켜 빛과 비디오 영상들을 이용해 허구적이고 일시적인 이미지를 만들어낸 실험 정신을 가장 잘 보여주는 작품은 **바람의 타워**(Tower

도2-77a, b
T. 이토, 야스시로 시립미술관, 야스시로, 일본, 1989-1991

도2-78a, b
T.이토, 바람의 타워, 요코하마, 일본, 1986

of Winds, Yokohama, Japan, 1986)(도2-78a, b)이다. 여기서 이토는 '바람의 디자인design of wind' 이라는 개념으로 시작한다. 따라서 그는 단지 공기 속으로 빛을 방사하는 오브제(대상)를 만드는 것이 아니라, 공기가 담고 있는 정보들을 볼 수 있도록 그것들을 시각화할 수 있는 필터장치를 통해 공기 자체를 바꾸어 형상화하였다. 속이 비치는 다양한 판유리로 되어 있는 타워의 외피는, 시간에 따른 바람의 속도와 방향, 소음 등이 빛의 세기에 영향을 미쳐 시시각각 변화한다.

### 새로운 유기적 건축은 구조, 기하학, 공간, 볼륨의 통합을 지향한다.

이토는 1980년 중반 이후 모더니즘 건축이 추구해 온 '순수 공간' 과 3차원적인 곡선의 유기적인 표면을 이용하는 '새로운 건축' 이라는 두 개의 영역을 통합하는 작업으로 독특한 형상과 공간을 실험하여 왔다. 이토는 테크놀러지를 활용한 비선형 기하학에 대한 구조적인 탐구를 통해서 형태적 표현으로서가 아니라 "작업방법으로서의 유기적 특성"(EL Croquis vol.123, 2005, p.15)으로 구조, 공간, 형태를 통합하는 방식을 탐구한다. 그는 미스의 바르셀로나 파빌리언에서 보여지는 유동성fluidity의 공간 개념, 꼬르뷔지에의 도미노Domino의 오픈 시스템이 지닌 융통성과 자연에 대한 개념(주26) 등을 재해석하여 자연의 흐름을 담는 유동적 공간fluid space으로 발전시켰다. 이러한 공간개념은 3차원의 연속적인 공간으로, 이토가 균질성-비-균질성uniform-non-uniform의 대립 상황을 극복하면서 유기적으로 통합된 하나의 형태를 만들고자 한 것이다. 이토는 이러한 형태적 실험은 "구조, 공간, 그리고 다른 건축적 구성요소들과의 통합을 제안하였던 라이트와 유사한 유기성organity" (EL Croquis vol.123, 2005, p.243)과 마찬가지로 시각적 차원을 넘어 다양한 감각들에 반응하는 지각적 경험을 확장시키는 것이라고 강조한다.

이토는 최근에 점점 더 컴퓨터 테크놀러지의 발달과 정보화 사회의 특성에 기반을 두고 새로운 영역을 개척하는 실험적 작품들을 추구하고 있다. 이토는 이러한 작업은 미디어로서의 건축이라고 생각하는 것과 컴퓨터 알고리즘algorithmic의 표명이라고 생각하는 것이 교차되는 새로운 접점에서 생성된다고 주장한다. 이 점에서 라쉬드(Hani Rashid, 2004, p.77)는 이토가 "알고리즘의 비선형적인 해석기법으로 가능해진 구조와 외피를 통합함으로써 비올레-르- 뒤크, 젬퍼가 말한 바처럼 외피를 장식과 피복으로 처리하여 벽과 구조의 경계를 모호하게 하는 구축적 실험"을 실행하여 왔다고 지적한다.

그러므로 이토는 "새로운 테크놀러지는 자연과 대립하는 것이 아니라 오히려 새로운 종류의 자연, 즉 가상적이라고 불리는 인공적인 자연을 창조하는 수단"(EL Croquis vol.123, 2005, p.21)이라고 주장한다. 여기서 이토의 가상 신체와 실제 신체의 개념은 자연의 일부로서의 신체의 개념으로 확장된다. 그는 모더니즘 건축이 전제한 인간-기계 시스템man-machine system의 개념처럼 신체를 외부와 내부를 분리시키는 경계로 인식하기보다는, 건물의 내부에 있으면서도 외부와 관계를 맺을 수 있는 주체로 인식한다. 신체에 대한 이토의 이러한 생각은 벽의 존재보다는 공간에 대한 근본적인 지각 방식과 관련된 것이다. 이토는 이것을 기하학의 문제, 그리고 인간의 삶의 실존을 포착하는 방법의 문제와 관련지어 해석한다. 따라서 그의 작품에서 벽은 구조이자 동시에 인간의 신체를 에워싸는 포대(외피)라는 양면성을 지니면서 유기적으로 통합된 형태로 표현되고 있다. 이러한 사실은 이토가 최근 작품들에서 투명성의 이미지와 함께 공존하는 "내부화된 자연interiorised nature"(EL Croquis vol.123, 2005, p.25)과 같은 인공적 자연 요소를 실제적 자연 요소처럼 프로젝트의 구성요소로 도입하고 있는 데서도 알 수 있다.

이토는 정보가 모든 곳에 침투해 들어가는 전자시대의 현대 도시공간을 과거의 층layer이 지워지지 않은 채 남아 있는 메모리 마이크로칩과 유사하다는 점에서 '마이크로칩의 정원a garden of microchip'이라는 이미지로 비유하였다. 그에 따르면, 도시공간들은 여러 시대에 걸쳐 과거의 층 위에 새로운 층들이 겹쳐지는 과정으로 생성되면서 여러 층의 흔적을 만들어내는 것처럼, 눈에 보이지 않지만 수많은 전자적인 네트워크로 연결된 "기억을 지닌 정원"(Toyo Ito, PA vol.15, 1999, p.47)이다. 이토는 이러한 개념을 자연적이고 인공적인 흐름이 일구어지는 정원, 즉 "빛의 정원으로서의 건축architecture as a garden of light이라는 새로운 랜드스케이프를 만들어내는 장치"라고 다음과 같이 언급한다.

> "마이크로칩은 이미지를 생산해 낸다. 이러한 이미지는 기계적인 오브제의 이미지와는 완전히 다른 것이다, 이런 이미지는 형태가 아니라 공간, 즉 그 안에 불가시적인 것들이 흐르는 공간이다. 이러한 공간들은 투명한 장field(場)으로 언급될 수 있다. 이러한 유동성의 결과로서, 의미 있는 다양한 형태들이 이 장으로부터 물질화 되어진다."(Toyo Ito, (ed.)Peter Gössel, 2007, p.470 재인용)

**센다이 미디어테크**(Sendai Mediatheque, Sendai, Japan, 1994-2001)(도2-79a, b, c, d)는 이토의 작품 중에서 구조, 기하학, 볼륨, 프로그램(주27) 등이 통합되어 새로운 유기적 건축으로의 사고의 전환을 보여주는 작품으로 평가되고 있다. (이토는 이 작품을 이제까지 자신의 건축적 사고를 종합한 것이면서, 한편으로는 21세기가 시작하는 시점에 새로운 개념을 발생시킨 프로젝트라고 말한다.) 여기서 그는 평면에 특별한 구획이나 중심을 만들지 않고 이동(계단, 엘리베이터)과 자연(에너지, 빛) 등의 통로(나무 혹은 수중생물의 모양)가 되는 튜브tubes와 바닥판plates만으로 구성함으로써 프로그램의 변화에 대응가능한 새로운 유기적 건축을 만들었다. (이것은 수중생물에서의 개념적 유추와 루이스 칸의 속이 비어 설비기능을 수용하는 구조체의 개념과도 유사하다.) 이토는 물의 이미지, 즉 물 속에 있는 유동적인 신체의 이미지를 새로운 전자 미디어를 수용해야 하는 공간으로 형상화하고자 하였다. 그는 이 건물에서 자신이 추구해온 아이디어와 사고를 다음과 같이 설명한다.

도2-79a, b, c, d
T. 이토, 센다이 미디어테크, 센다이, 일본, 1994-2001

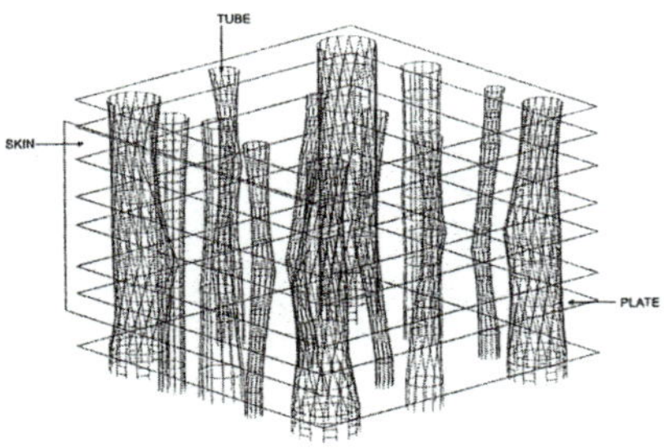


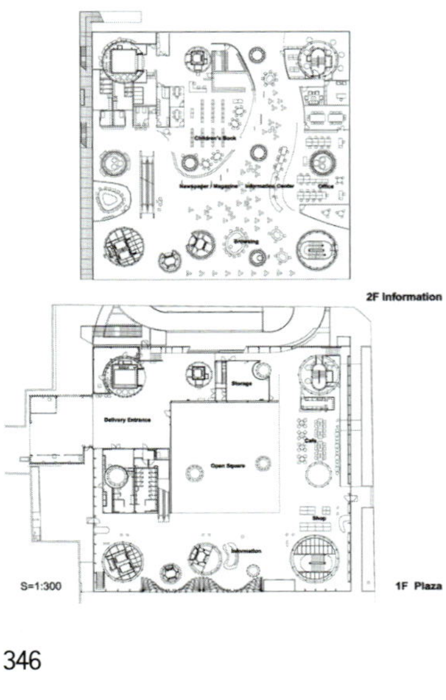

"... 튜브들은 그 내부의 기능에 따라서 서로 다른 크기와 형상들로 되어있다. 상응하는 바닥평면 계획을 수용하기 위해서 디자인 변경이 가능하다. 환언하면, 이 튜브들은 마치 그 형상과 행위측면에서 식물과 같아서 속성상 유기적이다. 이것들은 생물형상적 구조biomorphic structure를 가진 것이라고 할 수 있다.... 튜브 기둥들은 마치 해초처럼 물 위에서 흔들리고 춤추는 무엇처럼 인식된다. 그러므로 각 변이 50미터이고 높이가 30미터인 입방체 볼륨은 워터 탱크의 모습을 보여준다. 우리가 마음 속에서 그렸던 것은 탱크에 가득 찬 수직적인 물 속에서 부드럽게 흔들리고 있는 13개의 튜브들이었다.(Toyo Ito, EL Croquis vol.123, 2005, p.21)

이토는 마치 나무와 같은 자연의 유기체 형상과 같은 이러한 튜브 수단을 통해서 모더니즘의 균일한 공간을 탈피하고자 하였다. 여기서 튜브는 전 층을 관통하여 비어있고, 파사드는 투명한 포낭envelope처럼 구성되어 있어서 볼륨 내부에서는 새로운 공간적인 관계가 발생한다. 튜브의 도입으로 플로어는 균일하지 않고 마치 파도처럼 출렁거리는 유연한 공간이 가능하며, 다른 층이라는 시각적인 느낌이 완화되고 수직적인 이동공간들이 상호 연결되어 층의 융합blurring이 생성된다. 그 결과, 내부의 장벽 없는 개방공간은 마치 숲 속을 거니는 것 같은 다양한 공감 경험을 제공하며, 그 안에서 일하는 사람들이 다양한 활동들을 선택하는 데 기여한다. 이것은 이토가 바닥판, 튜브, 외피의 3가지 건축요소를 사용하여 여백을 많이 두는 설계기법으로 이용자들의 특성이나 시간의 흐름 등에 대응하는 건축을 만들고자 한 결과이다. 미스와 꼬르뷔지에에게서 참조한 공간의 유동성과 융통성의 개념은 각 층에 '자유롭게 흐르는 바닥판' 을 배열하는 방식(주28)에서도 잘 드러난다. 5개의 외부 표면(4개의 벽과 하나의 지붕)으로 구성된 파사드의 외피skin는 건물의 내부와 외부를 분리하는 요소로서 개별적인 상이한 재료로 처리되어 주변의 맥락에 대응하고 있다.

구조, 공간, 형태의 통합을 추구한 센다이 미디어테크가 기하학적 질서의 공간체계와 내부기능과는 무관한 미스식의 단순 외피를 보여주는 반면, **서펜타인 갤러리 파빌리언** (Serpentine Gallery Pavilion, London, UK, 2002)(도2-80a, b), **토드 오모테산도 빌딩** (TOD'S Omotesando Building, Tokyo, Japan, 2002-2004)(도2-81a, b) 등은 이토가 지속적으로 탐구해온 투명성, 유동성, 변화가능성 등의 개념에 알고리즘을 적용하여 구조적, 프로그램적, 미학적인 독특한 형태를 제시한 작품들이다. 브르게스 파빌리언(The Bruges Pavilion, Bruges, Belgium, 2002)과 런던의 서펜타인 갤러리에서, 이토는 컴퓨터 알고리즘을 적용하여 외피와 구조가 통합된 '구조화된 건축' 을 만들어냈다. 여기서 지붕은 자

도 2-80a, b
T. 이토, 서펜타인 갤러리 파빌리언, 런던, 영국, 2002

연에서 무작위 방식으로 발견되는 릴리프(양각)와 같은 구조로 지지되어 그 결과 내부의 바닥, 가구, 기둥, 벽의 구별은 사라진다. 장식과 구조를 통합한 다면체의 외피로 구성된 파사드는 깊이감에 대한 지각을 모호하게 하는 비항상성의 거리감non-constant distances 을 만들어내고 있다. 토쿄에 위치한 토드 오모테산도 빌딩에서 이토는 서펜타인 갤러리에서 실험한 비선형 기하학을 다시 적용하여 새로운 추상성을 만들어내는 알고리즘의 미적 가능성을 보여주는 작품을 만들었다. 여기서 얇은 콘그리트로 이루어져 실루엣을 이루는 나뭇잎 모양의 파사드는 구조이면서 장식적인 요소로 디자인되어 있어 구조, 공간, 외피, 장식이 통합된 개념을 보여준다. 이 건물에서 이미지로서의 나무의 개념과 프랙탈처럼 보이는 틈과 개구부들(그 크기가 건물 하부에서 지붕의 파라펫 벽에 이르면서 감소하는)은 '자연 그 자체에서 유추하여 이끌어낸 것' 이다. 이토는 이것을 "살아있는 물질성을 제거하고 중성적이고 추상화된 어떤 것, 즉 기호처럼 표상하는 것"(EL Croquis vol.123, 2005, p.33)이라고 언급한다. 그 결과 인공적인 자연이 가로변에 있는 실제적인 자연과 대화하는 방식으로 자연적인 재현과 추상적인 형상화 작업이 공존한다. 미디어테크, 오피스, 호텔 등으로 구성된 다목적 복합건물인 **오슬로 베스트바넨 프로젝트**(Oslo Vestibanen Project, Oslo, 2002)(도2-82a, b)는 이토가 기하학, 구조, 볼륨이 통합된 건축을 시도한 센다이 미디어테크에서 한 걸음 더 비약적인 발전을 보여주는 작품이다. 여기서 이토는 '가벼움' 의 속성을 유지하면서 불규칙하게 구부러지고 교차된 다층적인 선들로 형성된 3D 네트워크를 만들어냈다. 그리고 이 네트워크를

도2-81a, b
T. 이토, 토드 오모테산도 빌딩, 동경, 일본, 2002-2004

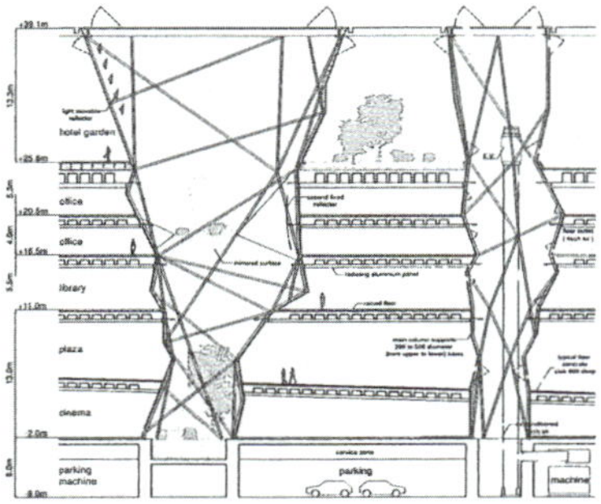


도 2-82a, b
오슬로 베스트바넨 프로젝트, 오슬로, 2002

통해 건물에 새로운 기하학적 자유성과 건물 내부로의 빛을 도입하였다. (센다이 미디어테크의 튜브가 선형적인 부재들의 집합인 반면에) 건물 중앙부에 삽입된 3각 형상의 다면체로 이루어져 투명한 결정체 볼륨으로 지각되고 있는(주29) '크리스탈 보이드crystal voids'는, 높이가 다양한 각 층에 할당된 다양한 활동들을 시각적 및 기능적으로 통합하는 공간이자 나무와 수목 등을 포함하는 인공적인 정원의 성격을 지닌다. 그 결과 건물 안에 존재하는 다양한 요소들을 하나의 통합된 형태 시스템 안에 융합시키고 자연의 공간natural space을 담고 있는 새로운 유기적 건축의 특성을 보여주고 있다.(EL Croquis vol.123 2005, p.29) 또한 다양한 형상들로 개방적인 다면체 구조를 이루는 독특한 구성방식은 관찰자에게 서펜타인 갤러리에서처럼 비-항상적 거리감을 만들어낸다.

이토가 공간과 구조, 형태와 외피를 유기적인 형상으로 통합하여 독특한 형상의 건축을 만들고자 한 열망은 **다이청 오페라 하우스**(Taichung Metropolitan Opera House ; 구명칭 Forum for Music Dande and Visual Culture in Ghen, Taiwan, 2005-2013)(도2-83a, b, c)에서 이전과는 다른 독창적인 방식으로 실현되었다. 여기서 이토는 건물을 개방된 도시 구조의 일부가 되도록 구멍 뚫린 투명한 포낭같은 외피envelope를 통해 모든 방향에서 접근이 가능하도록 하였다. 이러한 형상은 인간의 신체처럼 튜브 다발로 이루어진 건물의 이미지를 소리의 방사와 수용하는 입과 귀를 유추하여 만든 것이다. 이것은 음악이 만들어지는 환경에서 공간적 감각이 살아있는 신체의 기관처럼 느껴지도록 의도한 결과이다. 이토는 대칭적으로 반복되는 파상형의 선들을 통해서 형태와 반(反)형태의 동일성을 만들어내며, 대립 쌍을 이루는 두 개의 동일한 공간 영역들이 수직 단면상에서 공간적 유동성을 만들어내도록 고안하였다. 이 두 개의 공간군은 소리 공간sound space과 공공 공간public space이라는 두 개의 용도 유형에 대응한 것이다. 공간의 유동성은 다양한 크기와 관계를 지닌 개방된 공간과 폐쇄된 공간들이 공존하는 데서 얻어진다. 그 결과 바닥, 벽, 천정의 형태적인 구별이 없이 내부는 모두 동일한 표면의 일부처럼 연속체로 전개된다. 이토는 이러한 유기적 형상과 내부공간은 "구조와 에워쌈을 하나의 단일한 기하학과 물질적인 형태로 유기적으로 통합한 형태적 메카니즘의 결과"(EL Croquis vol.123, 2005, p.41)라고 언급하고 있다.

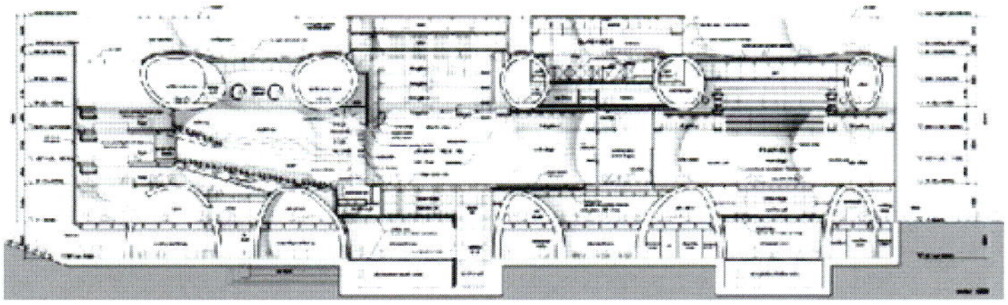

도2-83a, b, c
T. 이토, 다이청 오페라 하우스, 대만, 2005-2013

## 이미지로서의 건축 탐구 : 장 누벨

### 현대 정보사회의 건축은 이미지를 생산하는 비물성화된 투명성을 지향한다.

현대 프랑스 건축계에서 주도적 인물인 누벨(Jean Nouvel, 1945- )은, 모더니즘이 추구해 온 현대성modernity의 전통을 따르면서 현대 사회의 문화적 가치들을 반영한 이미지를 자신만의 독특한 건축 언어로 구축하고 있다. 누벨은 모더니즘 건축이 추구해 온 현대성을 "수십 년 전에 중지된 역사적인 운동이 아니라 살아있어 끊임없이 전개되는 것" ((ed.)Giampiero Bosoni, 1997, p.127)(주30)으로 인식한다. 프랑스 68 운동 세대의 성장배경은 그가 모더니즘의 국제주의 건축 양식이나 포스트모더니즘의 역사주의적인 접근을 거부하고, 특정 장소, 시간, 사람들과의 관계 속에서 새로운 정체성을 탐구하도록 자극하여 왔다. 그가 역사적 맥락, 인간적인 맥락, 지리학적 및 경제적인 맥락, 그리고 문화적인 맥락(주31)등과 같이 맥락적 인자들의 다양성에 관심을 보여온 것은 바로 이러한 이유에서이다. 누벨은 무엇보다도 "건축은 공간을 구성하는 기술"이면서 동시에 "현대 문화와 관련하여 이미지를 생산하는 작업" ((ed.)Peter Noever, 1991, p.93) 이라고 주장한다.

> "건축은 살아있는 문화와 직접적으로 관계된다. 건축을 창조한다는 것은 문명의 가치 위에서 세워진 것에 통합된다는 것을 의미한다. 이렇게 하기 위해서 우리는 문명을 이해하고 그 안에서 살아갈 필요가 있다. 그러므로 건축은 우리가 살아가는 문화와 미술, 기술적, 과학적, 의학적인 연구개발분야, 그리고 좀 더 보편적으로 말해서 이미지를 생산해 내는 모든 영역과 관련된 것들과의 끊임없는 상호작용 상태에 있는 것이다. 우리가 그것을 좋아하든 그렇지 않든 간에, 건축은 1차적으로 이미지이다."(Jean Nouvel, (ed.) Peter Noever, 1991, p.93)

보드리야르의 시뮬라르크 이론에 영향을 받은 누벨은, 우리의 상상력은 현대 사회의 다양한 원천에서 얻는 이러한 '정보와 이미지' 들에 의해 조건화된다고 주장한다. 따라서 건축가는 이러한 물질과 정보에 민감해야 하며, 이로부터 흥미로운 것들을 선택해야 한다는 것이다. 이러한 물질에 기반을 둘 때야 비로소 상상하는 것이 가능하기 때문이다.

누벨은 무엇보다도 건축에서 개념concepts과 감각sensation은 불가분 연결되어 공존한다고 보았다. 그는 "개념 그 자체는 감정의 질서에 속하는 가치들을 촉진시킬 수 있다" (EL Croquis vol.112/113, 2002, pp.9-11)고 주장한다. 감정, 감각에 속하는 것들이 예술의 영역에 연결되어 있는 것처럼, 감각의 주제를 다루는 데 있어서 "건축가는 언제나 수용자reciever요, 확장자amplifier이며, 재전달자retransmitter의 역할을 하는 것"(주32)이라고 그는 강조한다. 누벨에 따르면, "개념의 첫번째 역할은 상징과 관련된 의미를 창조하는 것"이다. 건축은 그 속성상 언어 구조주의자들의 말하는 것처럼 의미를 생산할 수 밖에 없는 존재이며, 여기에는 "실제reality, 가상the imaginary, 상징the symbolic의 3가지가 항상 존재한다"는 것이 그의 생각이다. 이 3가지 사이에서 존재하는 자신의 건축 작품은 시간과 관련하여 지각 주체와 물성의 새로운 지각방식을 창조하는 데 기여하는 것이라고 그는 주장한다. 그러므로 누벨은 "건축은 환영(착시), 가상성virtuality, 감각 등을 통해서 한 장소의 즐거움을 지닌 형태를 탐구하는 것"이라고 정의한다. 이 점에 대해 그는 다음과 같이 언급하고 있다.

> "환영, 그것은 강력한 스펙타클이 된다. 나는 건축은 장소의 즐거움을 지닌 형태를 탐구하는 것이라고 믿는다. 그리고 그러한 즐거움은 때때로 거짓말의 장르에 속하는 수단을 통해 얻어진다. 한 예로 나는 종종 반사를 이용하여 작업한다. 그것은 가상성을 다루는 게임이요, 감각의 유희에 대한 게임으로 나에게 흥미로운 것이다. 오늘날 우리는 이러한 일종의 기만을 만들기 위해서 고도의 정교한 도구들을 이용하는 것이 가능하다."(Jean Nouvel, EL Croquis vol.112/113, 2002, p.11)

이러한 이미지는 가상성이 지배하는 현대 사회에서 '실제'라는 개념이 무엇을 의미하는지 탐구하는 것과 관련되어 있다. 누벨은 보드리야르처럼 "가상은 현실의 확장"이라고 주장한다. 누벨에 따르면, "가상성의 미학은 상황의 미학을 요구한다". 이것은 물질성coporeity을 다루는 것이 아니라, 지리학적인 상황이나 문화적인 상황을 고려하면서 맥락에 대해 이론화하는 작업과 관계된 것이기 때문이다. 이러한 이유 때문에 그는 빛과 물질성, 상징, 환영, 인터페이스 등을 통해 물성의 지각방식에 대해 새로운 방식으로 탐구하는 것을 중시한다. 따라서 누벨에게 건축은 "이미지의 창조"이다. 그에게 미적인 것은 더 이상 공간, 형태, 그리고 기술적인 표현 사이의 관계가 아니라 사물과 빛과 이미지의 관계에서 나오는 것이기 때문이다.

누벨은 이러한 가상성의 미적인 개념을 한계의 소멸disapperance of limit이라는 주제로 탐구해 왔다. 누벨은 한계의 소멸을 통해 외부와 내부 사이에 여전히 존재하는 모호성을 제시하고, 소실점들의 다양성을 제공하며, 고전적 공간, 고전적 투시도와 모순되는 개념을 선택하고 준비하는 데 관심을 보여왔다. 그는 한계의 소멸은 "최첨단의 테크놀러지를 통해 건물을 구성하는 특정 요소들에 가성성과 모호함을 부여하는 모방현실의 게임을 시도하는 것"(Jean Nouvel, 1995 (ed.)Tom Avermatete, 2010, p.386)이라고 말한다. 누벨이 추구하는 중량감의 소거, 즉 물성materiality을 제거한다는 개념은 물성을 지각하는 신체를 보다 덧없거나 추상적인 상황 속에 설정함으로써 공간 안에서 다시 한번 스스로를 발견하는 가능성을 제공하기 위한 것이다. 가상성의 이미지 속에서 신체가 반사됨으로 감각들을 통해서 움직이는 신체와 한계는 공간의 경계를 넘어 관통하기 때문이다. 건축에서 신체를 통해 외부세계, 도시, 자연, 타인들과 그들의 행위들을 지각하는 것이 증폭되고 등화(等化)될 수 있기 때문에, 우리의 감각이라는 지각적 스펙트럼은 확장되고 찰라(순간)에 대한 우리의 인식이 강화된다는 것이다. 모레노와 그린다(Christina Diaz Moreno & Efrén García Grinda)는, 누벨에게 있어서 "건축은 신체 위에 중첩된 도구(기계장치)" (EL Croquis vol. 112/113, 2002, p.33)를 의미하는 것이라고 지적한다.

## 소멸과 비움의 미학 : 물질은 상징적 가치의 측면에서 이해되어야 한다

따라서 건축에서 물질성을 점진적으로 소거한다는 누벨의 사고에는 공간과 텅빈 것 emptiness의 속성(주33)에 대해 의문시하는 그의 지적인 태도가 반영되어 있다. 누벨은 텅빈 것을 구축하는 과정은 그것이 "형태를 폐기하는 일 뿐만 아니라 물질의 소거를 지향하도록 이끈다" (EL Croquis vol.112/113, 2002, p.18)고 주장한다. 그는 물성이나 명확한 기하학의 표현에는 관심이 없으며, 오히려 연속체의 편린을 표현하는 데 더 관심이 있다.(주34) 이러한 대상에서 얻어지는 단순성은 미니멀리즘적인 유형에 속하는 것이 아니라 소멸, 연속성 또는 침투의 현상을 보여주는 것과 관계된 것이다. 그는 빛, 음영으로부터 만들어지는 소멸과 비움의 신비에 대해 다음과 같이 언급하고 있다.

> "빛은 단지 음영으로 인해 존재한다. 그것은 내가 흥미로운 것을 발견하는 감각이기도하다. 때때로 그것은 문자적인 의미로 볼 때 처음에는 당혹스러운 것으로 지각된다..... 빛과 물질, 또는 소멸과 비움void의 주제는 통상적으로 우리가 신비의 문제를 탐구하도록 이끈다. 당신은 신비를 어떻게 만들어내는가? 그것은 우리가 보지 못한 것을 통해서, 우리가 발견이라고 느끼는 것을 통해서, 그리고 완전히 가시적이지 않은 것을 통해서 창조될 수 있다. 음영은 신비를 만들어내는 최상의 매체이다. 음영과 대비의 연출을 사용하여 당신은 실질적인 깊이감을 만들어낼 수 있다." (Jean Nouvel, EL Croquis vol.112/113, 2002, p.23)

그러므로 누벨에게 가시성과 불가시성, 밝음과 어두움, 고정과 율동, 차원의 초월, 유리의 투명성이나 불투명성이 드러내는 물질과 빛 사이의 관계 등은 건물에 모호함을 부여하기 위해 물질을 이용하는 것과 관계된다. 특히 누벨의 작품에서 물성의 재료 이미지를 통해서 얻어지는 투명성과 부재absence의 속성은 형태뿐만 아니라 건물이 나타내는 프로그램과 상징을 이해하는 데 중요한 개념이다. 이 투명성의 개념은 또한 소멸의 개념과 관련되어 있기 때문이다. 그는 유리의 투명성을 통해 형태의 복잡성 없이 빛, 깊이감, 그리고 뉘앙스에 의해 건물의 복잡성을 증가시키려고 한다.(주35) 따라서 누벨이 추구하는 투명성의 입면 외피는 단순한 커튼 월이 아니라 풍부한 움직임—빛과 그림자, 반사, 문자의 중첩, 사용자, 대중 매체의 영상 등—이 있는 화면으로서의 입면의 성격이 강하게 드러난다. 이것은 이미지를 표상하거나 의미를 발현하는 매체라기보다는 그 자체로 정보를 발현하는 피막으로서의 성격이 강하기 때문이다.

모레노와 그린다는, 누벨의 건축에서 "물질의 지각적 불확정성의 개념은 현대의 대도시와 그 기호들로부터 유약함과 무상함, 자연의 도입 등을 통해서 오브제의 물성적인 견고함을 제거하려는 것"(EL Croquis vol.112/113, 2002, p.40)과 관련되어 있다고 지적한다. 이것은 통제된 빛의 부재 - 인공적 야경의 수법을 통해서 물질로서의 빛을 다루고, 스칼라의 한계scalar limit와 거리감의 혼란을 통해서 오브제를 환상적으로 다루는 수법으로 나타난다. 이와 같이 빛의 인공성을 통해서 시뮬레이트된 야경은 관찰자의 의식적인 지각을 파괴하여 물질의 통상적인 특성을 해체하는 민감한 의식의 상태로 몰입하게 한다.(이것은 우리가 01에서 살펴본 SANNA의 세지마가 몰입케 하는 형태의 투명성이라는 물성을 통해 지각 대상과 주체 사이의 모호함을 발생시키는 것과도 유사하다) 이것은 그가 도시의 실루엣을 이루는 마천루와 같은 수직적인 구조물을 미적 본질과 관련된 구조적인 본질에서 뿐만 아니라, 빛과 물질 상호간의 관계라는 측면에서 접근하는 데서도 잘 드러난다. 누벨은 도시적 맥락 속에 존재하는 마천루의 물성에 대해 다음과 같이 자신의 생각을 피력하고 있다.

> "마천루에서 흥미로운 사실은 그 물성이다: 하나의 타워가 관찰자에게 철, 돌, 또는 벽돌로 구성된 존재로 읽혀질 것인지의 여부와 그 사물의 중량감을 어떻게 느낄지의 여부는 물성에 달려있기 때문이다. 나는 물성의 법칙을 다소 거부하는 그 속성을 좋아한다. 물론 그것은 순전히 상징적이다. 그리고 그것은 환영(착시)으로 그러해야만 한다... 실제로, 나는 견고함solidity과 유약함fragility이라는 역설을 가지고 작업하기를 좋아한다. 내가 만든 타워는 일반적으로 그 견고함을 기본적 원리로 설명하지 않으며, 오히려 그 건설 시스템에 대해, 그 피막skin과 내부공간의 속성에 대해 문제를 제기한다.(Jean Nouvel, EL Croquis vol.112/113, 2002, p.11)

그러므로 누벨의 작품세계를 이해하는 데 물질의 진화와 관련된 덧없음(유약함fragility), 가벼움lightness 또는 일시성transitory의 개념들은 중요한 의미를 갖는다. 이 개념들은 현대 세계의 포괄적이고 물질적인 조건에 관련된 것으로, 건물에 사용되는 기술적인 시스템보다는 공간적이고 시각적인 특질을 간접적으로 표명하는 것과 관련된 것이기 때문이다. 누벨은 관찰자의 마음속에 그 지각과정을 통해서 이러한 특성들을 활성화시키는 물리적 환경과 오브제(궁극적으로는 이러한 특성들을 지시하는 환경)를 발생시키는 방식에 집중한다. 이 점에서 누벨의 건축은 "물질이 배열되고 구축되는 기술적인 시스템이 아니라 물질의 상징적 질서"(EL Croquis vol.112/113, 2002, p.37)가 갖는 가치의 측면에서 이해할 필요가 있다. 이러한 사실은 누벨이 "기술technique은 감정 또는 상징으로 기여해야만 한다"((ed.)Giampiero Bosoni, 1997, p.127)고 주장한 데서도 알 수 있다. 그는 첨단기술이 제공하는 가능성을 형태의 단순화와 디테일에 응용하여 새로운 이미지를 표현하는 데 유용한, 감각적 가능성을 지닌 소재로 사용하고 있다.

도2-84a, b, c
J. 누벨, 아랍문화연구소, 파리, 프랑스, 1981-1987

"....현대성은 살아 있다. 그것은 구조적인 진실의 표현과는 하등 관계가 없는 또 다른 영역으로 변화되어 왔다. 갑각류의 등껍질처럼 보이는 이러한 건물들, 이러한 접근을 반영하고 있는 하이 테크 건물들은 (우리가 19 세기에 테크놀러지의 전성기를 대하였던 것과 같은 방식으로) 오늘날 한 시대의 건축적 표현으로, 역사적인 건축으로 간주되어야만 한다. 기술에 대한 나의 접근은 바로 이와 같다. 나는 그것이 유용하다는 사실을 알게 되면, 그것을 예술적 수법의 상태state-of-the art techinques)로 활용한다."(Jean Nouvel, 1995, A Lecture in Italy, (ed.)Giampiero Bosoni, 1997, p.128)

누벨은 **아랍 문화연구소**(Institut du Monde Arabe, Paris, France, 1981-1987)(도2-84a, b, c)에서 '빛과 기하학'을 주된 개념으로 접근하여 현대문명과 전통의 관계, 나아가 아랍세계와 유럽사회의 문화적 교류를 상징적으로 표현하였다. 여기서 기하학적인 패턴들은 카메라의 조리개와 매우 흡사한 형태로 재해석되어 실내에 독특한 분위기의 광선을 조절하여 연출한다. 2중 그리드 체계로 구축된 파사드의 렌즈와 같은 피막에는 마치 '움직이는 외피'가 운동-시간에 따라 빛을 자동적으로 조절하는 최첨단 설비구조를 내장하고 있어 시각 장visual field에 깊이감을 부여하는 하이-테크 건축으로 평가되고 있다.

**카르티에 재단 현대미술관**(Foundation Cartier, Paris, France, 1991-1994)(도2-85a, b)에서 누벨은 물질의 본래의 속성을 추구하는 즉물성 대신에 '반물성화 또는 '탈물질화'와 소멸의 수법으로 건물 벽의 한계를 없애려고 시도하였다. 여기서는 금속망, 광택나는 알루미늄, 유리 스크린으로 이루어진 파사드를 이용하여 실상(實像)과 허상(虛像)의 화면을 투사하는 기법을 도입하였다. 이 건물에서 겹처지는 투명 재료의 혼용과 소멸되는 분위기의 조작으로 얻

도2-85a, b
J. 누벨, 카르티에 재단 현대미술관, 파리, 프랑스, 1991-1994

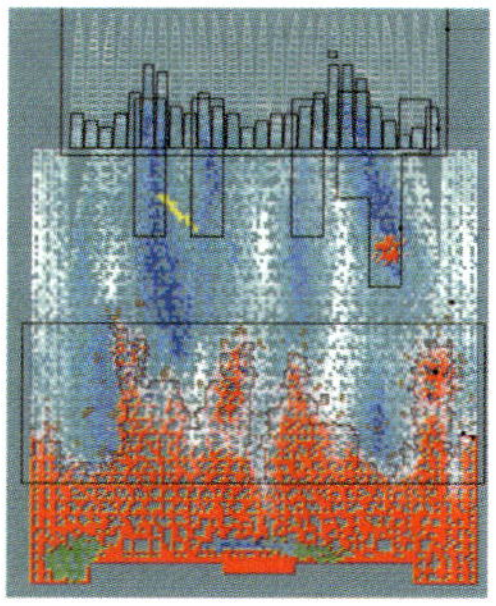
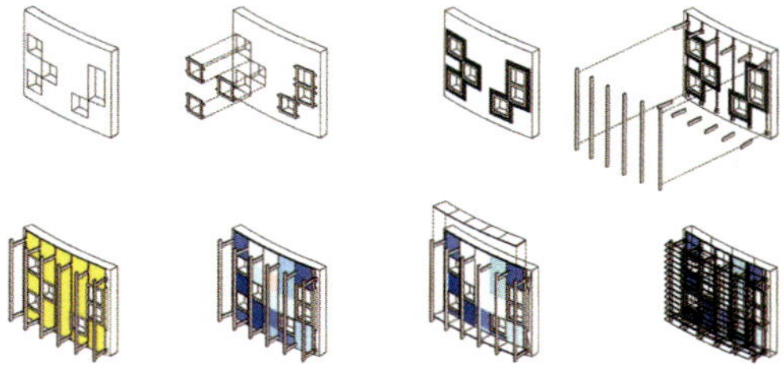

도2-86a, b, c, d
J. 누벨, 아그바 타워, 바르셀로나, 스페인, 1999-2005

어지는 투명성은, 공간 속으로 무한히 확장되는 듯한 느낌을 자아낸다. 스크린과 같은 유리벽은 건물의 모서리를 흐리게 만들어 하늘과 주변의 외부공간을 향하여 어렴풋이 소멸되어 가는 사라짐 속에서 견고한 볼륨의 한계를 약화시키고 있다.(주36) 재료의 물성적 색조의 변화를 통해 스카이라인이 사라지도록 조작하는 수법은 스페인 바르셀로나의 **아그바 타워** (Agbar Tower in Barcelona, Spain, 1999-2005)(도2-86a, b, c, d)에서 독특한 방식으로 적용되었다. 누벨이 라 데팡스(La Défense)에 계획한 **끝없는 타워 계획안**(Tower without Ends : Tours SANS FINS, 1989-1994)(도2-87)에서 실험한 것처럼 여기서 매끈하고 연속적인 투명한 질감의 채색된 재료들과 외피에 사용된 스크린프린팅screenprinting기법들이 독특한 방식으로 깊이감을 만들어내고 있다. 또 한편으로 이것은 재료와 빛의 모호함으로 인해 돌의 무게감을 상쇄시키고 도시의 실루엣 속에서 빛을 발산하는 효과를 만들어낸다. 여기서 누벨은 작은 유리판들을 사용하여 가상적으로 가볍고, 불투명하며, 투명한 벽돌처럼 보이게 하여 마치 이것이 비물질화된 벽돌처럼 보이게 의도하였다.

도2-87
J. 누벨, 끝없는 타워 계획안, 프랑스, 1989-1994

## 추상적인 환영의 공간탐구 : 투명성의 공간은 신체의 새로운 지각방식을 요구한다.

누벨의 작품에서 공간은 추상적이고 환영적(착시적)인 공간의 속성이 강하게 드러난다. 그에게 공간은 그 자체가 효과에 기반을 둔 환영이다. 여기서 환영은 투명성이 반사와 혼동되어 애매모호함을 지니도록 처리하는 것과 관련되어 있지만, 그것은 실제적이 되어가는 잠재적 공간potential space이라는 윤곽을 만들어 낸다는 점에서 독특한 속성을 지닌다. 누벨은 이러한 작업은 전통적인 어휘에 속하지 않은 '감각' 에 근거한 것이며, 비실재negation(無)와 관련된 것이라고 강조한다. 그는 벽을 전통적인 어휘에 속하지 않는 프로그램된 빛과 이미지들을 위한 지지체 역할로 전환하여 새로운 의미를 만들기 위해서 투사projections와 같은 요소들을 공간과 시간 속에 포함시키고 있다.

그러므로 누벨은 단순히 외부 관찰자의 시야로 대상을 지각하는 것을 거부한다. 그는 일정 거리를 둔 시선과 그 오브제 안에 흡수된 시선 사이에 존재하는 인터페이스interface에서 발생하는 현상에 주목한다. 그 이유는 이러한 전략들이 관찰자가 미지의 것을 발견하고, 현실 속의 세계에서 발생하는 이벤트들 간에 예상치 못한 연결을 만드는 가능성을 제공하기 때문이다. 또 그것은 관찰자의 행위 패턴과 사물에 대한 관찰 방식을 변화시켜 준다. 누벨이 물질적 가치를 강력하게 환기시키려는 놀람, 당혹, 다수의 환기, 당혹감의 효과 등을 즐겨 사용하는 것은 이러한 이유에서이다.

따라서 누벨의 작품에서는 요소들의 형상과 실루엣(윤곽)은 흐릿하게 되어서 매스와 공간이 명료하게 그 윤곽이 그려질 수 없는 애매한 영역을 상태가 만들어 진다. 그 결과 매스와 공간은 동등하게 인식된다. 그는, 영화 필름의 시퀀스처럼 연쇄적으로 연결된 공간은 그 물리적인 한계가 곧 지각의 한계는 아니기 때문에 서로 상호 간섭하여 중재한다는 사실에 주목하여 왔다. 따라서 그의 작품에서 내부공간은 투시법으로 결정되는 모든 지각은 제거되며 무한infinitude으로 확장하는 등방성의 공간isotropic space의 성격을 지닌다. 모레노와 그린다는 누벨이 이러한 공간을 인식시키기 위해서 "관찰자가 메를리 퐁티가 말한 바 있는 지속적인 편재ubiquity(자신을 확장하여 무한의 한계를 설정하는, 에워싸는 흐름enveloping fluid 안으로의 혼란스러운 몰입의 과정을 의미)에 속해 있도록 설정" (EL Croquis vol.112/113, 2002, p.39)한다고 지적한다. 이러한 공간개념은 기하학이나 형태, 차원 등으로 구성된 오브제의 기하학을 해독하는 것이 아니라, 포괄적이고 비-스칼라a-scalar적인 지각적 특성에 근거한 이미지들을 중첩시키는 것과 관계되어 있다. 그 결과, '프로그램된 감각의 질서' 에 속하는 이러한 작업을 통해 인습적인 공간의 지각은 체계적으로 파괴되는 과정을 거친다. 그러므로 누벨은 건축을 더 이상 공간의 기하학적 유형을 규정하는 형태적, 구조적인 언어로 해석하지 않는다. 오히려 그는 물성, 빛, 인터페이스 등과 같이 보여지거나 감추어지는 것들의 현상에 더 주목한다.

## 개념과 자연의 상호침투 : 자연은 시간의 덧없음을 인식시켜주는 건축 요소이다.

누벨이 자신의 작품에 살아있는 물질인 자연의 식물과 같은 존재를 도입하는 것은 시간 속에서 인식되는 찰라instant와 영원eternity의 개념을 건축에 반영하기 위해서이다. 그는 살아있는 물질들은 실제적으로 영속성과는 무관하지만, 이것을 건축의 영속성, 그리고 찰라의 지각과 맺는 건축의 관계성과 연결시킨다. 누벨이 자신의 작품에 도입하는 자연의 식물은 덧없음의 개념이라는 이러한 아이디어를 각인시켜 주고, 자연의 모호함 속에서 전개되는 건물이 새로운 랜드스케이프 안에서 그 스스로를 드러내도록 하는 장치이다. 여기서 자연의 식물은 구조화하는 역할을 수행한다. 누벨은 이것을 "자연의 식물이 지닌 물성이 건축적 물성으로 변환되는 이러한 방식을 통해서, 건축은 그것이 물성으로 사용된 방식과 같이 초인위적인hyperartificial방식으로 재창조되는 것" (EL Croquis vol.112/113, 2002, p.16)이라고 말한다.

> "나에게 있어서, 찰라의 덧없음으로 인해 암시되는 영속성에 대한 이러한 의식 안에는 매우 시적인 무엇인가가 존재한다. 거의 느껴지지 않고 손쉽게 상실되는 찰라는 시적이거나 형이상학적인 차원을 갖는다. 빛의 진동(발산)이나 빛으로 당신의 지각을 변화시키는 작업을 위해서 빛 속에서 떨어지는 빗방울, 순간의 섬광, 반사 등 이러한 덧없는 요소들을 사용한다 .... 사물도 또한 그러한 역할을 한다. 그것이 건축과 직접 접촉하여 놓여있을 때, 이러한 조우의 방식에는 무언가가, 즉 덧없는 무엇이나 지속성을 갈망하는 전적인 덧없음 등과 같은 것이 존재한다." (Jean Nouvel, EL Croquis vol.112/113, 2002, p.16)

누벨이 언급한 이러한 개념들은 소멸해가는 시간에 대한 인식의 덧없음의 아이디어와 관련된 것이다. 그는 사물에서 광택, 녹 등이 식물과 함께 섞이어 간섭될 수 있다고 보았다. 그러므로 누벨은 '자연을 건축요소' 로 간주한다. 그는 현대도시에서 보여지는 자연 파괴현상과는 달리, 자연과 환경의 통합과 상호침투를 중요하게 생각한다. 그는 이것은 "랜드스케이프 뿐만 아니라 도시가 지닌 문화, 장(場)을 자연화하는 속성" (EL Croquis vol.112/113, 2002, p.17)을 의미한다고 말한다. 이것은 자연과 건축으로부터 다소 혼란스럽고, 심지어 변화하는 경험을 유발함으로써 빛, 순간, 진동에 대한 의식을 촉진시킨다. 따라서 누벨에게 자연을 담고 있는 부지는 주된 지리학이며 자연요소이자 영역을 의미한다. 이러한 지리학적, 지형학적 차원들은 우리 안에 현존하는 것들을 점점 흐리게 하고 있다고 그는 생각한다.

아프리카, 북아메리카, 아시아 등의 식민지 예술품 전시를 위한 **브랜리 뮤지엄**(Quai Branly Museum, Paris, France, 1999-2006)(도2-88a, b, c, d)에서, 누벨은 유익한 정보를 제공하는 장소로서 뿐만 아니라 그 지리적인 특성(인접한 세느강의 유연한 곡선, 기존 건물들이 있는 협소한 부두의 형상)을 건축으로 전환시켜 이국적인 정서를 지닌 장소를 만들

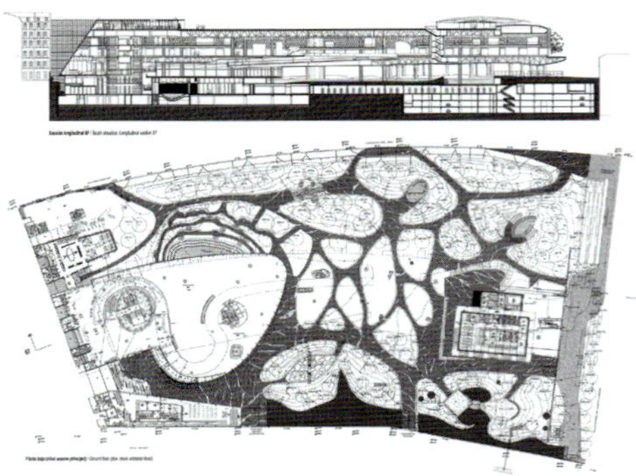

도2-88a, b, c, d
J. 누벨, 브랜리 뮤지엄, 파리, 프랑스, 1999-2006

었다. 여기서 그는 뮤지엄이 공원 속에 있는 나무들과 공존하는 방식으로 "숲과 강의 상징들로 특징지어지는 장소"를 만들고자 하였다. 파사드에 자연의 옷을 입힌 것과 같은 이 건물은 (까르띠에 재단건물에서처럼) 그림자가 밖으로 번져서 바람과 함께 흔들리게 될 때 실제의 자연과 인공의 자연 이미지가 공존하는 특성을 드러낸다. 누벨은 식물처럼 보이는 파사드의 아이디어는 "자연을 비-건축non-architecture요소로 도입한 것"(EL Croquis vol.112/113, 2002, p.16)이라고 언급한다. 이것은 밖에서 보게 되면 벽이 실제로 거기에 있는 것인지 모호한 지각적 경험을 유발하고 있다. 누벨은 역사적 도심 속에 위치한 **원 뉴 체인지** One New Change, London, UK, 2007-2010)(도2-89a, b)에서 가벼움과 투명성의 반사 외피, 재료와 빛 등으로 시간, 계절, 비, 태양, 밤과 낮의 변화에 따라 생소한 지각적인 변화를 만들어내는 수법을 보여주고 있다. 여기서 인접한 성 폴 성당의 역사적인 기념물의 풍경이 독특한 방식으로 재료의 물성을 표현한 파사드 위에 중첩되는 이미지를 만들어내 가로 보행자들의 호기심과 감각을 자극하고 있다.

도2-89a, b
J. 누벨, 원 뉴 체인지, 런던, 영국, 2007-2010

누벨의 작품에서 중력을 거부하는 듯한 거대한 지붕형상과 산란하게 쏟아지는 빛의 공간을 통해서 신비함을 경험하게 하는 수법은 루체른 호수에 면하여 있는 **루체른 문화센터**(Culture and Congress Centre, Lucerne Switzerland, 1993-2000)(도2-90a, b), 그리고 누벨 자신의 표현처럼 '섬속의

도2-90a, b
J. 누벨, 루체른 문화센터, 르체른, 스위스, 1993-2000

섬' 이라는 개념으로 구상한 **루브르 아브다비 미술관**(Louvre Abu Dhabi, 2007-2014)(도 2-91a, b) 등에서 찾아볼 수 있다. 루체른 문화센터에서 거석과 같은 스케일의 캔티레버 지붕은 현대 미술을 위한 기계장치라는 디자인 개념으로 출발한 콘서트, 미술, 전시홀의 3개의 기능군을 하나로 묶어줄 뿐만 아니라 도시와 자연을 통합하는 요소이다. 루브르 아브다비 미술관에서, 전통적으로 지붕재료로 사용되어온 '직조된 종려나무 잎들' 에서 영감을 얻어 만든 거대한 기하학적인 레이스lace 형상의 부유하는 돔floating dome 형상 안에 작은 갤러리, 호수, 렌드스케이프 등을 통합하여 구성한 소우주 도시micro-city는 쏟아지는 빛의 패턴들이 조명하는 새로운 세계라는 극적인 분위기를 만들어내고 있다.

도2-91a, b
J. 누벨, 루브르 아브다비 미술관,
아브다비, 2007-2014

## | 물성과 구축의 논리로서의 건축 : 자끄 헤르조그와 삐에르 드 뫼롱 | 피터 줌터 |

### 물성의 지각적 효과와 이미지 탐구 : 자끄 헤르조그와 삐에르 드 뫼롱

건축의 근원에 대한 연구를 통해서 형태가 구축적 논리의 표현으로 드러나는 건축에 대한 탐구는 Herzog & de Meuron 설립(1978) 파트너인 스위스 건축가 헤르조그와 드 뫼롱(Jacques Herzog, 1950- & Pierre de Meuron, 1950- )에 의해서 독특한 방식으로 전개되어 왔다. 헤르조그와 드 뫼롱은 역사적 형태의 모방과 미학적이고 형태적인 유희에 치중한 포스트-모던 건축 그리고 1980년 중반 이후에 유행한 해체주의 건축에 반대하고, 구축성과 물성에 관련된 건축의 논리를 다루는 방식을 전개하여 왔다는 점에서 주목을 받고 있다. 헤르조그는 "건축은 사람들을 위한 공공 예술이기 때문에, 건축가는 그 시대의 언어를 말할 수 있어야 한다"고 주장한다. 그는 건축이 한 순간의 창조물이 아니라 영원히 지속될 수 있는 것은 바로 이러한 속성때문이라고 말한다. 이 때문에 헤르조그와 드 뫼롱은 건축의 기억이라는 관념적인 이미지에 근거한 의미보다는 건축물을 보는 관찰자에게 즉각적이고 본능적인 감각sensation을 일으키는 지각적인 속성을 띤 건축물을 추구한다. 이 두 사람에게 특정 장소에서 건축재료의 물질적 표현성으로 환기되는 분위기aura와 이것이 제공하는 건축적 경험의 독특성은 매우 중요하다. 프램톤(K.Ftampton, 2007, p.371)은 이러한 태도를 "건축의 내재적인 구조나 공간보다는 외재적인 표면의 촉각적 특성tactile character이 만들어내는 미학적인 현시"를 더 강조한 것이라고 지적한다.

### 가시적인 형상의 세계 이면에 존재하는 불가시적인 자연의 질서를 발견해야 한다.

헤르조그와 드 뫼롱은 "역설적으로 사고와 개념을 전달하는 것은 건축의 물질성이다"(EL Croquis vol.109/110, 2002, p.8)라고 주장한다. 이것은 젬퍼(Gottfried Semper)가 벽의 기원을 직조된 직물textiles 또는 매트로 간주하고 스크린으로서의 벽의 피복성에 대해 언급한 바 있듯이, 물성적 조건에 근거한 구축적 논리의 전통을 따르는 것이다. 따라서 이 두 사람은 '재료의 물성과 그 형태적인 잠재성'을 통해서 외피의 새로운 지각과 구축의 논리를 보여주는 형태를 탐구하여 왔다. 헤르조그와 드 뫼롱의 건축 작품에서 보여지는 추상적 외관의 미니멀리즘적 속성, 재료의 물성과 독특한 장식적 피복을 지닌 벽의 지각적 효과 등은 구축성의 전통에 따라 재료의 진정한 속성에 생명을 부여하고 표현하고자 한 것이다. 이 두 사람에게 건축은 모더니즘 건축에서처럼 이데올로기를 위한 도구가 아니라, 물질적인 다양성 안에서만 건축으로서 존재하는 것을 의미한다.(주37) 『자연의 감추어진 기하학 *The hidden geometry of nature*, 1988』이라는 에세이에서 헤르조그는 자연의 표면을 넘어 그 아래에 존재하는 다양한 질서의 체계와 정신에까지 침투하여 들어갈 필요성을 다음과 같이 강조한다.

> "불가시적invisibility 세계에 대한 우리의 관심은 가시적인 세계 안에서 불가시적인 세계를 위한 형태를 발견하는 데 있다... 우리는 자연에 존재하는 관계라는 체계의 복잡성에 대해 말하는 것이다..... 그러므로 우리의 관심사는 자연의 감추어진 기하학, 정신적인 원리이지 겉으로 드러난 자연의 모습(외양)이 아니다."(Jacques Herzog, 1988, p. 207 / William J. R. Curtis, 1996, p.207 재인용)

그러므로 헤르조그는 "가시적 이미지와 불가시적인 이미지 사이에 존재하는 관계"(Jacques Herzog, (ed.) Gustavo Gill, 1989, p.12)에 지속적인 관심을 가졌다. 그는 건축에 생명을 불어넣기 위해 형태와 물성 배후에 감추어진 불가시적인 자연의 질서invisible order of nature를 발견하기 위해 초창기부터 형태와 물성의 인습적인 사용방식을 전복시키는 새로운 실험을 시도해 왔다. 따라서 헤르조그는 자연의 관계성과 예술 및 사회의 영역 사이에 대한 유추를 (포스트-모더니즘의 언어적인 유추방식이 아니라) 시각적 사고의 방식으로 접근하여 왔다. 이것은 형태, 재료, 그 존재 등이 자연 세계 배후에 있는 '정신' 을 암시하는, 건축의 기반에 대한 탐구와 관계된 것이다. 여기서 자연은 실체의 다양한 측면들에 대한 통찰을 얻기 위한 건축의 모델이다. 커티스(William J.R. Curtis)는 헤르조그와 드 뫼롱의 작품에는 "불가시적인 질서의 여러 층들이 존재하는 데 이것은 마치 가시적인 형태에 긴장을 부여하는 개념ideas의 스크린과 같다" (EL Croquis vol.109/110, 2002, p.35)고 지적한다.

## 재료의 물성을 통한 표피의 구축성과 새로운 경험을 활성화하는 건축을 탐구한다.

그러므로 헤르조그와 드 뫼롱의 작품에서 '자연에서 발견되는 형태와 구조' 는 영감의 원천으로 반복되어 나타나는 주제이다. 이 두 사람은 재료, 지각, 기하학, 추상 등의 소재를 단순한 모방이 아니라 비표상적인(비재현적인) 방식으로 표현하기 위해서, 자연 현상에서 감지되는 질서의 개념과 현대적인 테크놀러지의 인공성을 통합하는 작업을 중시한다. 무엇보다도 건물이 바위, 동물, 유기체 등처럼 "마치 무엇과 같이 되어가는" (EL Croquis

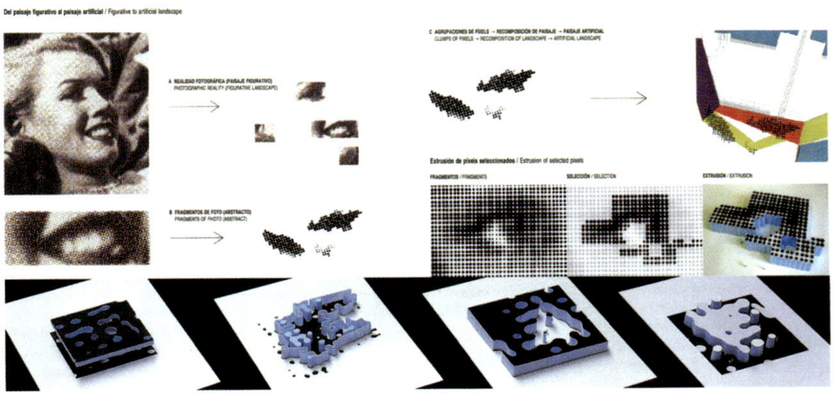


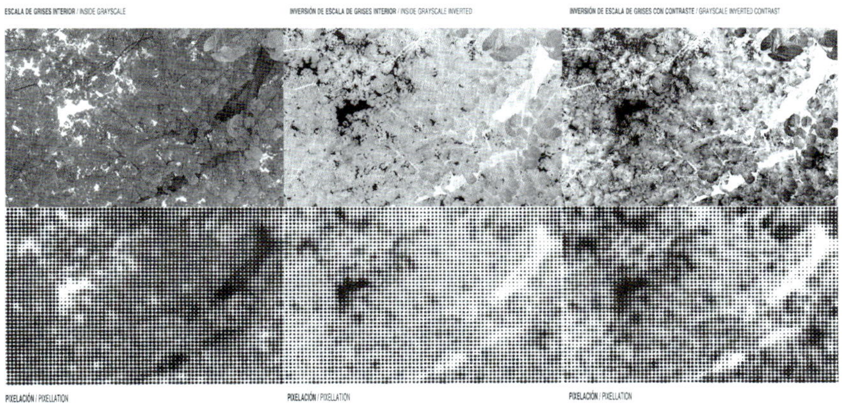


도2-92a, b
자연의 암반, 꽃 형상의 이미지와 앤디 워홀의 실크 스크린 기법

vol.109/110, 2002, p.18) 과정은 이들에게 중요하다. 따라서 헤르조그와 드 뫼롱은 건축에 생명을 불어 넣고 삶 속에 인위적이고 자연적인 과정을 통합하기 위해서 물성과 표면에 대한 리서치 작업을 다양한 산업의 제조업자, 예술가, 심지어 생물학자들과 공동으로 수행하였다. 재료의 특별한 성질을 고양시키고 새로운 사용방법을 탐구하는 작업의 일환으로 콘크리트에 사진을 인쇄하는 스크린 프링팅기법, 해조류나 돌 표면에 서식하는 이끼와 같은 색상과 빛깔 등에 대한 리서치는 매우 중요하다.(도2-92a, b)

> "우리는 일본의 벚꽃처럼 깜짝 놀랄만큼 아름답거나, 알프스의 견고한 바위처럼 농축되고 압축되거나 대양의 표면처럼 불가사의하고 측량하기 어려운 재료를 추구한다. 우리는 자연현상만큼이나 지적이고, 정통하고, 복합적인 재료를 찾고 있다. 이러한 재료는 저명한 예술 비평가의 눈을 만족시켜 줄 뿐만 아니라, 우리의 모든 눈, 코, 귀, 혀, 피부 등 오감(五感)에 가장 효과적이어서 호소력을 지닌 재료들이다....."(Jacques Herzog, EL Croquis vol.109/110, 2002, p.14)

따라서 헤르조그와 드 뫼롱의 작품에서 건축의 본질적인 기원(물성과 구축성)으로 회귀하려는 태도는 재료의 물성과 재료의 전이(轉移)가 만들어내는 독특한 방식을 통해서 외피의 구축성과 지각 활성화의 가능성을 탐구하는 방식으로 나타난다. 이것은 현대의 전위적인 회화, 조각, 설치예술, 대지예술, 사진학, 영화, 광고, 패션 디자인 등 다양한 예술양식의 영향을 반영하는, 미니멀리즘적인 절제된 형태와 간소한 양식으로 나타난다. 여기서 재료의 정확한 사용과 선택, 구조와 비례의 조화, 스케일에 대한 관심과 엄격한 디테일의 처리, 그리고 장소에 대해 존중으로 지역성을 반영한 재료의 물성과 재료의 전이가 만들어내는 공간적, 표피적인 특성은 중요한 수법들이다. 이들에게 현대의 테크놀러지는 구조적 및 기계적인 수사학으로 소위 '하이 테크'를 만들기 위한 목적이 아니라, 모더니즘의 구축적 문화의 전통에 따라 새로운 해법을 찾기 위한 수단이다.

여기서 재료는 그 스스로 물성을 드러내는 것 이상으로 새로운 가능성과 재료에 대한 보편적인 인식을 확장시켜주는 도구의 역할을 한다. 헤르조그와 드 뫼롱의 작품에서 재료를 중첩시켜 사용하거나 층화된 재료를 변환시켜 재료의 속성을 전이시키는 방식은 실제와 환영의 여러 차원이 조합된 파생 실재hyper-reality의 특성을 지닌 작품을 만드는 데 기여한다. 여기서 유리나 콘크리트 벽에 프린팅 기법으로 피복된 장식적인 표면들은 기하학, 스트리킹 줄무늬streaking, 반사, 투명성 등을 통해 인공적인 것과 자연적인 것 사이에 존재하는 필터의 역할을 한다. 이 점에서 모네오(R. Moneo, 2004, p.363)는, "헤르조그와 드 뫼롱에게 있어서 건축은 건축가에 의해 만들어지기를 기다리고 있는 간결한 각형의 볼륨과 미니멀리즘적인 요소들을 통해서 드러나거나 퇴적된 것"과 같다고 지적한다.

헤르조그와 드 뫼롱의 초기 작품들은 기능이나 공간 개념보다는 재료와 외피의 구축의 관계에서 발생하는 새로운 형태 표현을 중시하였다. 1980년대 형태의 절제를 보여주는 미니멀리즘적 성향의 작품들—플라이우드 주택(Plywood House, 1984-1985), 괴츠 미술관(Goetz Art Gallery, 1989-1992) 등—은 재료, 빛, 색채 등 건축의 근원에 대한 연구를 통해서 물성의 표현과 내, 외부의 개방된 공간들의 중첩을 보여주고 있다. 구축의 논리를 중시하는 이러한 태도는 '보편적이고 절대적인 건축 언어를 확립하기 위해 구축의 수단을 순수화하려고 했던 미스 반 데어 로에와는 달리, 구축의 수단으로서 건축의 재료들을 단일하고 배타적인 언어의 구조 속에 가두려고 하지 않는 의식적인 노력으로 특정의 상황과 결합하여 의미를 갖는 구체적인 것에서 즐거움을 찾고자 한 것' (R. Moneo, 2004, p.367)이다.

초기 작품인 **리꼴라 창고 건물**(Ricola Storage Building in Laufen, Switzerland, 1987)(도

2-93)에서, 헤르조그와 드 뫼롱은 재료에 대한 새로운 감각과 전통적인 구축의 지각적인 특성을 보여주는 미니멀리즘적인 형태와 외피로 세인들의 주목을 받았다. 여기서 평평한 목재 패널의 물성을 활용하여 벽의 텍스처를 만들어내는 작업방식은 벽, 지붕과 같은 원초적인 건축요소라는 보편적인 것에서 출발하여 특별한 것을 만들어내는 구축성의 전통을 보여준다. 비슷한 프로그램으로 지어진 **리꼴라 공장 파빌리언**(Ricola Industrial Building, Mulhouse-Brunstatt, France, 1992-1993)(도2-94a, b)은 (엔디 워홀 Andy Warhol)이 실크스크린에 구멍난 도트dot들로 실험하였던 것처럼) '산업공정을 건축에서의 이미지와 도상학(圖像學)을 재조합하기 위한 메커니즘'으로 활용하여 나뭇잎 이미지를 실크스크린silkscreen 나염처리한 창유리 커튼월 패널로 구축한 작품이다. 이 건물의 정면 파사드 패널은 반투명한 요소를 희미하게 해서 콘크리트 벽처럼 보이게 만들었다. 측면패널은 지붕의 물이 콘크리트 위로 흐르게 하여 젖어 있을때 유리처럼 반사를 일으키면서 증발된 흐름의 잔여물로 평행한 수직 트랙을 남기도록 처리하였다. 실크 스크린으로 마감된 유리패널의 기계적인 반복 이미지로 도상학적인 의미를 부여하는 이러한 수법은 후에 독일 에베스발데 기술학교 도서

도2-93
J. 헤르조그 & P. 드 뫼롱, 리꼴라 창고 건물, 라우펜, 스위스, 1987

도2-94a, b
J. 헤르조그 & P. 드 뫼롱, 리꼴라 공장 파빌리언, 프랑스, 1992-1993

도2-95
J. 헤르조그 & P. 드 뫼롱, 바젤 철도역의 신호 통제소, 바젤, 스위스, 1994-1998

관(Library, Eberswalde Technical School, Germany, 1994-1999) 등 여러 작품들에서 나타난다. **바젤 철도역의 신호 통제소**(SBB Central Signal Box in Basel, Switzerland, 1994-1998)(도2-95)에서는 미니멀리즘적인 수법으로 구리로 된 외피로 정교하게 감싸여진 얇고 좁은 금속 패널들이 미묘한 비대칭의 착시현상을 만들어내면서 도시의 부지가 지닌 다양한 스케일에 대응하도록 의도하였다.

재료의 물성과 그 형태적 잠재성에 대한 구축적 탐구는 **도미너스 포도주양조장**(Dominus Winery in Napa Valley, CA, USA, 1995-1997)(도2-96a, b, c)에서 독창적인 방법으로 실현되었다. 여기서 지역의 대지에 현존하는 흔적들(포도덩쿨, 밭고랑, 장대 돌)인 자연적인 것들과 자연석의 물성이 반영된 돌망태의 반투명성이 갖는 잠재성을 활용하여 벽을 새롭게 세우는 방식이

도2-96a, b, c
J. 헤르조그 & P. 드 뫼롱, 도미너스 포도주양조장, 나파 벨리, 캘리포니아, 미국, 1995-1997

나타난다. 철망 속에 전통적인 구축방식에 상반되게 큰 돌들을 위에 작은 돌들을 아래에 쌓은 벽은 구조적인 기능보다는 '자연의 스크린' 처럼 피막으로 전환되어 돌 틈 사이로 여과되어 내부공간으로 유입된 자연광을 투사시키고 차단하는 역할을 한다. 따라서 스크린 파사드로 드러나는 벽은 시간의 흐름 속에서 변화무쌍한 그림자의 면들을 만들어내면서 자연적인 것과 인공적인 것의 영역적인 경계로 존재한다. 또 이 벽은 건물의 기후를 조절하는 단열재의 역할을 하며 주변의 환경과 랜드스케이프에 반응한다. **테이트 갤러리**(Tate Gallery of Modern Art, London, UK, 1994-2000)(도2-97a, b)는 기존의 낡고 오래된 화력 발전소 건물의 흔적을 하나의 인공적인 랜드스케이프로 해석하여 지역의 독특한 특성을 반영한 작품이다. 여기서 헤르조그와 드 뫼롱은 옛 것과 새로움의 경계를 자연스럽게 허물어 공존시키는 독특한 방법으로 낙후된 도시의 기념물을 공공 공간을 갖는 현대적인 미술관으로 재창조하였다.

도2-97a, b
J. 헤르조그 & P. 드 뫼롱, 테이트 갤러리, 런던, 영국, 1994-2000

## 건축의 목적은 세계에 대한 우리의 지각을 새로운 방식으로 고양시키는 것이다.

헤르조그와 드 뫼롱은 건축의 목적 중의 하나는 "세계에 대한 우리의 지각을 고양시키는 것" 이라고 주장한다. 이 두 사람은 미스(판스워드 주택, 시그램 빌딩 등에서 유리, 철, 돌, 물과 빛의 반사 등을 함께 사용), 설리반(유기적 장식), 라이트(콘크리트에 장식적인 프리즈friezes를 사용) 등과 같은 건축가들처럼 물성의 지각적 효과를 연출한 모더니즘의 구축성의 전통을 따르고 있다. 그러나 라쉬드(Hani Rashid, 2004, pp.74-77)의 지적처럼, 헤르조그와 드 뫼롱는 물성의 모호한 효과를 극대화하여 물성에서 예상되는 인습적인 기대 경험을 정교하게 일탈시키는 생소화 수법으로 "디지털 툴을 이용한 시각화 테크놀러지" 를 활용한다. 특히 헤르조그와 드 뫼롱은 '컴퓨터 테크놀러지가 제공하는 시지각적 착시효과의 영향과 그 가능성에 근거하여 텍스쳐와 표면의 조절, 이미지의 중첩, 3차원의 표면 매핑surface mapping 등을 통해서 복잡성을 지닌 공간과 기하학' 을 실험하여 왔다. 스크린처럼 작용하는 피막의 물성과 구축성에 대한 탐구는 디지털 툴을 이용하여 구성된 사진 재료, 돌, 이끼류 등처럼 진부한 자연재료 등으로 착시효과를 주는 외피의 시지각적인 효과, 스칼라의 변환, 텍스쳐의 표면처리 등에서 나타난다. 이 피막은 지각적 관점에서 보드리야르의 시뮬라르크처럼 '실재' 와 '가상' 의 세계를 구성하는 역할을 한다. 헤르조그와 드 뫼롱은 이미지가 과도하게 지배적인 현대 사회가 만들어내는 피상적인 경험과는 달리, 독특한 건축적 경험을 만들어내는 것이 필요하다고 강조한다.

> "건축은 재생reproduction의 경험이 아니라 유일무이한 경험이다. - 그렇지 않으면 그것은 생존하지 못한다. 그것은 단지 환영(시뮬라르크simulacrum)이 될 뿐이다."(Jacques Herzog and de Meuron, EL Croquis vol.109 / 110, 2002, p.31)

그러므로 헤르조그와 드 뫼롱은 새로운 맥락에서 새로운 방식으로 지각적 경험을 강화하는 생소화 수법으로 지각의 디지털적 조작의 방법인 픽셀의 개념idea of the pixel을 사용한다. 이것은 콘크리트와 같은 솔리드 뿐만 아니라 유리와 같은 보이드에도 구멍이 뚫린 픽셀화의 기법을 통해 새로운 이미지의 경험을 만들기 위한 것이다. 이 픽셀 구조의 기하학적 시스템은 현실의 랜드스케이프를 경험하는 지각적 관계를 새롭게 설정해 주는 장치이다. 헤르조그와 드 뫼롱은 이렇게 함으로써 개인적 스타일이 배제된 풍부한 형태와 공간을 발생시켜 "인공적 실재라는 아이디어idea of an artificial reality" (EL Croquis vol.109/110, 2002, p.19)를 구체화한다고 언급하고 있다.(주38) 그러므로 헤르조그와 드 뫼롱의 건축에서는 실재와 가상의 파생 실재가 끊임없는 유동과 변종(變種)의 상태로 변증법적으로 발생하여 공존한다. 여기서 자연을 에뮬레이트emulate하는 작업이 인공적인 사물을 거의 자연적인 것처럼 보이도록 하기 위해 사용된다. 이러한 방식을 통해서 미적 위장이나 가식 없는 아름다움을 담지한 인공적 랜드스케이프artificial landscape를 만들어내는 구조를 창조하는 것이 이 두 사람에게 주된 관심사이다.

헤르조그와 드 뫼롱은 1990년 중반 이후에 지질학적 및 생물학적인 자연적 유추의 도입, 상호 결합된 내부와 외부공간의 복잡성, 역동적인 기하학의 개념, 지각 주체와 대상의 상보적 관계 등에 관심을 갖고 자신의 건축적 사고를 확장하여 왔다. 따라서 건축과 환경과의 관계성은 자연과 지형학에 반응하는 방식으로 보다 유동적이고 상호작용적인 특성을 보이기 시작한다. 여기서 "오브제의 지각, 오브제가 사람을 다시 보는 방식, 사람들이 서로를 공원과 도시에서 바라보는 방식과 관련된 시지각적 차원"(EL Croquis vol.109/110, 2002, p.22)은 이 두 사람에게 중요한 탐구 주제이다. 헤르조그와 드 뫼롱은 이러한 주제를 사람, 사물, 환경 사이의 상호 연결성을 드러내는 하나의 소우주이자 하나의 유기적인 실체로 인식하여 접근하고 있다. 헤르조그와 드 뫼롱이 (드 영 뮤지엄 신관(New de Young Museum in San Francisco, CA, USA, 1999-2005)에서 도입한 것처럼) 거대한 스케일의 공공 공간에서 '보는 감각'과 '보여지는 감각' 모두를 동시에 고양시켜 주는 요소로 도입한 프레임frame 요소들은 관찰자와 대상 상호관계에서 발생하는 현상학적 경험을 강화하는 장치이다.(주39) 헤르조그는 이러한 수법을 다음과 같이 설명하고 있다.

> "..... 전체 건물은 공원을 프레임(틀을 한정)한다. 그러나 공원은 또한 건물 안으로- 그리하여 작은 틈slots과 층위layers 안으로 이동한다. 나뭇잎은 진열용 유리케이스(vitrines)안으로 이동하며, 사람들은 정원 안으로 이동한다. 오늘날까지 우리는 내부와 외부의 상호관입에 상당한 관심을 가져 왔다. 우리는 vyays, 빛, 공간, 재료를 사용하여 건물을 유기체처럼 생성하려고 시도해 왔다"(Jacques Herzog, EL Croquis vol.109 / 110, 2002, p.22)

따라서 헤르조그와 드 뫼롱은 상이한 실제들(그것들이 인공적, 예술적, 자연적, 산업적, 기타 무엇이든간에)에 대한 경험을 재료, 반사, 기하학, 시선 등을 조절하는 방법을 통해서 강화하는 작업을 시도하여 왔다. 직사각형의 단순한 방들로 구성된 초기 작품과는 달리, 1990년 중반 이후의 작품에서 반복적으로 발견되는 도형과 지형의 모호한 관계, 둔각으로 상호 중첩되는 대각선의 벽들과 기울어진 지붕, 건축적 산책로를 제공하는 경사로 등이 나타난다. 이것들은 바닥면과 지붕, 파사드와 스크린 벽이 지닌 표현적인 잠재성을 드러내어 주변의 환경의 시각적 장visual field을 활성화하는 기하학을 만들어내기 위한 수법들이다. 이러한 추상화된 형태 속에서 수평과 수직적인 층위들로 조합된 투명하면서

도2-98a, b
J. 헤르조그 & P. 드 뫼롱, 프라다 빌딩, 오모테산도, 동경, 일본, 2000-2003

동시에 불투명한 내부공간의 질서, 중첩된 스크린과 투명성을 암시하는 파사드 등은 다양한 면들(콘크리트, 동판, 유리, 스틸 메쉬 등)의 실제적 위치와 그 면들 아래에 감추어진 의미를 암시하는 방식으로 지각적 모호성을 만들어내는 데 기여한다.

테크놀러지를 이용한 가상 이미지를 만들어내는 시지각적 수법은 **프라다 빌딩**(Prada Flagshop Store, Tokyo, Japan, 2000-2003)(도2-98a, b)에서 혁신적인 방식으로 실현되었다. 여기서 다양한 재료들은 중첩되거나 그 특성을 전이시켜 공간적 특성과 표피의 시지각적 연출효과를 강화하는 방법으로 사용되었다. 특히 도심의 맥락과는 전혀 무관한 다면체의 형상은 스케일, 지각적 실제, 텍스처의 상호작용을 통해 관찰자가 서 있는 위치에 따라서 다양한 형태로 지각되도록 의도한 것이다.(주40) 그 결과 건물의 안과 밖에 있는 관찰자는 다면체의 반사와 굴절현상으로 끊임없이 변하는 장면을 경험하게 된다. 여기서 건물은 내부와 외부 환경 모두를 강하게 활성화하는 데 기여한다.

헤르조그와 드 뫼롱은 **드 영 뮤지엄 신관**(New de Young Museum in San Francisco, CA, USA, 1999-2005)(도2-99a, b, c, d)에서 나뭇잎 장식과 변화하는 빛을 유추하여 자연을 에뮬레이트 하는 수법으로 오브제(대상)의 지각과 관련된 주제를 발전시켰다. 여기서 평면상에서 시퀀스로 경험되는 전통

도2-99a, b, c, d
J. 헤르조그 & P. 드 뫼롱, 드 영 뮤지엄 신관, 샌프란시스코, LA, 미국, 1999-2005

적인 실들과 좀더 모호한 대각선의 공간—이 공간은 픽셀 형상으로 구멍이 뚫린 동판의 스크린에 의해서 외부에 연결되어 있다는 느낌이 유지되고 있으며, 유리를 통해 경험되는 푸른 잎이 있는 틈새, 즉 전이영역이다—사이의 대비를 통해서 예술작품의 세계와 자연세계의 융합을 경험하게 하는 프레임화 기법이 도입되었다. 따라서 교차하는 사선의 평면, 그리고 왜곡된 기하학 형상의 전망대가 만들어내는 두 개의 방향성으로 인해 오브제, 사람, 자연은 프레임화된다. 이것은 건물을 이동하는 방문자에게 건축적 장치로 인해 더 강력하게 서로 관계을 맺도록 해준다. 스페인에 있는 **오스카 도밍구에 뮤지엄 및 문화센터**(Oscar Dominguez Museum & Cultural Centre in Santa Cruz de Tenerife, Spain, 2001-2008)(도2-100a, b, c)는 카나리 섬(Canary Island)의 지형학과 지질학, 바다의 물에서 유추해낸 지질학적 단편들에서 출발하여 새로운 '인공적 지형학' 을 만들어낸 개념을 보여주고 있다. 이 건물에서 기하학의 절단면들은 내 · 외부공간 모두에서 중첩되어 상호교차 한다. 외부에서는 보이지 않는 예각형의 우물형 천장 지붕을 통해서 빛이 안으로 유입되고 있다. 또 이 섬의 여러 곳에서 모은 채색 돌덩어리들을 거칠게 부어 예술적으로 만든 콘크리트의 측면— 여기서 벽이 뚫린 개구부는 바다의 표면에서 산란하는 빛을 보여주는 사진을 컴퓨터로 픽셀화하여 작업한 것이다—은 스크린처럼 빛을 유입한다. 이 건물은

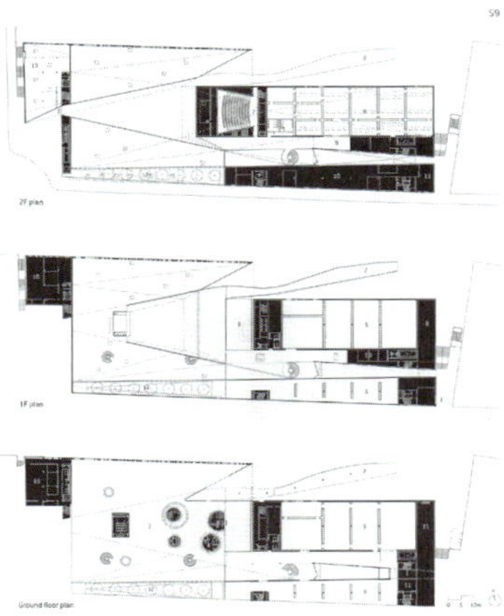

도2-100a, b, c
J. 헤르조그 & P.드 뫼롱, 오스카 도밍구에 뮤지엄 및 문화센터, 산타 크루즈, 스페인, 2001-2008

공공의 통행로와 경사진 지붕이 여러 지점에서 관통하고 있어 여행객, 뮤지엄 방문객, 도서관 이용자, 카페 이용객 등이 만나는 교차로와 같이 공공 건물의 성격을 지닌다.

**비트라하우스**(Vitra Haus, Basel, Switzerland, 2006-2009)(도2-101a, b, c, d)에서 헤르조그와 드 뫼롱은 '전형적인 집architypal house'과 '적층된 볼륨'이라는 두 가지 테마를 결합하여 친숙한 주거공간과 같은 전시환경을 구성하였다. 여기서 개별적인 전시공간인 12개의 집들은 주변 환경에 따

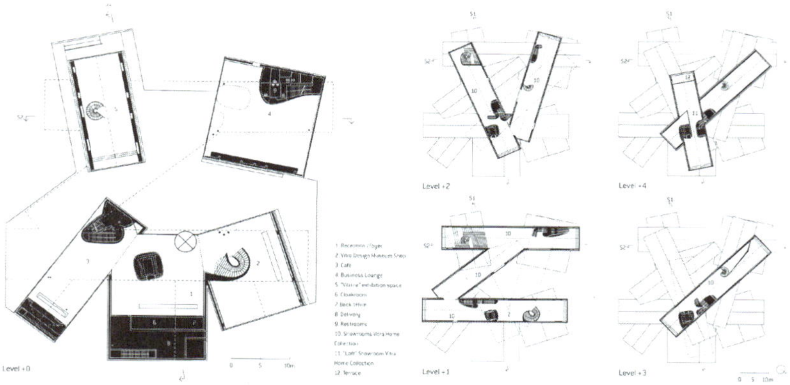

도2-101a, b, c, d
J. 헤르조그 & P. 드 뫼롱, 비트라하우스, 바젤, 스위스, 2006-2009

라 서로 다른 경관을 조망할 수 있도록 바닥 슬라브가 아래층의 박공지붕과 만나면서 마치 무질서한 듯한 모습으로 층층이 쌓인 3차원 집합체를 이룬다. 또한 내·외부공간이 상호관입하는 것처럼, 2가지 유형의 형태(외부에서 보면 직각-다각형태이며, 내부에 공간적 당혹감과 미로와 같은 '비밀스런 세계'를 제공하는 유기적 형태)가 만들어내는 내부공간의 복잡성은 각 집들이 예각으로 교차하는 방식뿐만 아니라 제2의(부차적인) 기하학적 개념이 통합되어 생성된 결과이다.

## 장소의 감각과 물성의 시학 : 피터 줌터

### 건축은 장소의 감각을 부여하는 현상학적 특성을 지녀야 한다.

우리가 헤르조그와 드 뫼롱의 건축 작품에서 살펴본 것처럼, 구축적 논리와 물성의 표현적 효과를 인간의 공감각적 경험을 강화하기 위한 출발점으로 삼는 건축적 사고는 스위스 건축가 줌터(Peter Zumthor, 1943- )에게서도 발견된다. 줌터는 재료 그 자체의 속성(기능적, 구조적 특성)보다는 재료의 물성이 지각되도록 특성을 부여함으로써 모더니즘이 탐구해 온 구축성의 전통 안에서 절제된 공간과 추상화된 미니멀리스트적인 건축을 추구하여 왔다. 재료의 물성에 대한 탐구와 더불어, 우리가 줌터의 작품에서 주목할 점은 그가 공간, 볼륨, 표면을 활용하여 형태에 단순성을 부여하는 방식은 미학적인 수법보다는 장소의 감각sense of place에 근거하고 있다는 사실이다.

줌터는 인간이 구체적 장소에서 집을 짓고 살아가는 것이 무엇을 의미하는가에 대한 자신의 사유를 장소의 현상학적인 경험이 갖는 의미를 강조한 하이데거(Martin Heidegger, 1899-1976)의 『건축, 거주, 사유 *Bauen, Wohnnen, Denken / Building, Dwelling, Thinking*, 1954』에서 출발한다.(주41) 줌터는 "인간과 장소의 관계, 그리고 장소를 통한 공간의 관계는 그 안에서의 거주에 기초해 있다"는 하이데거의 개념을 바탕으로 리얼리티를 해석한다. 이러한 맥락에서 그는 건축의 리얼리티를 추상세계가 아니라 건물 재료와 구조라는 사물의 세계 속에서 발견하여 인간을 위한 주거home로 봉사하는 건물을 만드는 것으로 해석한다. 줌터는 이에 대해 다음과 같이 언급한다.

> "건축은 그 자신의 영역(세계)을 갖고 있다. 그것은 삶과의 구체적인 물리적 관계를 갖는다. 나는 건축을 일차적으로 메시지나 상징으로서가 아니라, 그 안에서나 주변에서 일어나는 삶의 배경이며 에워싸는 것으로, 그리고 바닥 위를 걷는 발의 리듬을 위한, 작업의 집중을 위한, 수면이라는 침묵(고요함)을 위해 존재하는 민감한 그릇이라고 생각한다."(Peter Zumthor, 1999, p.10)

그러므로 줌터는 "건축은 삶에 노출되는 것"(Peter Zumthor, 1999, p.24)이라고 주장한다. 이것은 그에게 "훌륭한 건축은 인간 생활의 흔적들을 수용하고 그 구체적인 풍요로움을 취하여 드러낼 수 있어야만 한다"는 것을 의미한다. 그는 이 흔적들을 단지 물리적 흔적들(재료에 남겨진 세월의 자국, 표면에 있는 무수한 작은 흔적들, 무감각해져서 부서지기 쉬운 소멸, 사용하여 광택나는 모서리 등)이나 처음으로 떠오르는 연상들에 집착하지 않고, 오히려 이것들을 망각하려고 할 때 얻어지는 새로운 인상들, 즉 그가 깊은 상념의 감성feeling of deep melancholy이라고 부르는 심층적 감성에 근거하여 탐구한다. 줌터는 이러한 감성은 "시간의 경과에 대한 의식"이며, 장소와 방들에서 그 행위가 일어나 이것들에 특별한 분위기aura를 부여하는 "인간 삶에 대한 자각"을 의미한다고 강조한다. 건축의 본체가 충분히 이를 수용할만큼 민감하게 될 때, 그것은 과거 삶의 리얼리티에 대해 증언하는 그 특성을 드러낼 수 있게 된다는 것이다.

그러므로 줌터는 건축이 그 본질에 속하지 않는, 사물에 대한 상징이나 양식의 문제와는 무관하다고 강조한다. 특정 장소와 사회에서 세워지는 건축이 인간의 삶이 이루어지는 토대로서 장소의 감각을 강화하기 위해서 환경, 전통, 시간, 그리고 이러한 시간에 의해 생성되는 재료에서의 물성의 변화 등 다양한 맥락을 반영하여 접근할 필요가 있다고 그는 주장한다. 이것은 건축물이 그 주변에 이미 존재해 온 것들보다 더 오래된 분위기를 갖도록 주변의 자연 경관에 통합됨으로써 새로운 건축물이 이미 거기에서 오랫동안 존재해왔던 것처럼 장소의 감각을 획득하는 것을 의미한다. 이 점에서 줌터는 "모든 새로운 건축 작품은 구체적인 역사적 상황 속으로 개입하는 것"이라고 주장한다. 그는 이러한 개입 행위에서는 새로운 건축물이 기존 상황과 의미있는 대화 속으로 들어갈 수 있는 특성을 갖도록 하는 것"이 필수적이라고 강조한다. 이러한 사실은 줌터가 대지에 견고하게 정착하여 이미 거기에 존재해온 것과 같은 방식으로 그 주변환경의 일부라는 인상을 주는 건물을 창조하기 위해 이미 존재하고 있는 것을 새로운 시각에서 사유해 온 데서도 잘 알 수 있다. 그는 이러한 방식으로 "시간 속에서 자연스럽게 성장하여 그 장소의 역사와 형태의 일부가 되어가는 건물"을 만들고자 한 것이다. 줌터가 건물이 놓여지는 위치의 지형학, 지질학적 조건을 중요하게 취급하고, 목재와 같은 재료를 구축의 재료이자 피복으로 사용하는 것은 바로 이러한 이유에서이다.

줌터는 "만일 건축물이 우리의 감성emotion과 정신mind에 다양한 방식으로 호소하는 능력을 지닌다면 그것은 주변환경에 받아들여진다"(P. Zumthor, 1999, p.18)고 강조한다.(주42) 그에 따르면, "우리의 감정feeling과 오성understanding은 과거에 뿌리를 두고 있기 때문에, 건물과 우리의 감각적인 결합은 이러한 기억화 과정process of remembering을 반영해야만 한다"는 것이다. 여기서 줌터는 모든 것이 그 안에 자신의 특정한 장소와 형태를 갖게 되는, "사물의 단순한 현존"에 의해 충만해지는 활기찬 분위기를 회상시키는데 있어서 기억의 중요성을 강조한다. 줌터는 기억을 "건축적 분위기와 이미지의 원천"(P. Zumthor, 1999, p.10)이며, 여기에는 심오한 건축적 경험이 담지되어 있다는 사실에 주목한다. '사물의 단순한 현존' 안에서 사물의 본질로 회귀하여 구축하는 작업의 중요성을 그는 아래와 같이 강조한다.

> "구축은 여러 부분들로부터 의미 있는 전체를 만들어내는 기술art이다. 건축물은 인간이 구체적인 사물들을 구축해 온 능력에 대한 목격자이다. 나는 건축 작품의 진실한 핵심은 구축의 행위에 존재한다고 믿는다. 구체적인 재료가 조합되어 세워지는 그 지점에서 우리가 추구해 온 건축은 실제 세계의 일부가 된다. 나는 접합의 기술art of joining, 장인과 엔지니어의 능력에 존경심을 느낀다. 나는 인간 재능skill의 근저에 존재하는, 사물을 만드는 방법에 관한 지식에 깊은 감명을 받는다. 나는 이러한 지식의 가치가 있으며, 이러한 재능에 도전하는 데 기여하는 건축물을 디자인하려고 시도한다." (Peter Zumthor, 1999, p.12)

그러므로 줌터에게 있어서 건축은 최종적으로 구축된 형태를 통해서만 현실의 세계 안에서 자신의 장소를 갖는 "인공적인 구축물"(P. Zumthor, 1999, p.14)이다. 그것은 함께 접합되어야 하는 독특한 부분들로 구성되는 데, 여기서 접합의 특성이 마감된 오브제의 특성을 결정한다. 건축가는 모서리와 접합부를 위한 합리적인 구축과 형태를 탐구해야만 한다고 줌터는 주장한다. 따라서 그는 "디테일은 디자인의 기본 개념idea이 오브제의 적절한 지점에서 필요로 하는 것들(소속 또는 분리, 긴장 또는 가벼움, 불화, 견고함, 취약

도2-102a, b
P. 줌터, 송 베네딕트 채플, 칸톤, 스위스, 1985-1988

함 등)을 표현한다. 디테일은 그것이 성공적일 때 더 이상 단순한 장식이 아니다. 디테일은 혼란스럽게 하거나 즐겁게 하지 않는다. 디테일은 그 본질적인 부분이 되는 전체를 이해하도록 인도한다."(P. Zumthor, 1999, p.16)고 디테일의 중요성에 대해 강조해 왔다.

전통적인 재료를 사용하여 추상적인 형태로 피복하는 장인적 수법은 **송 베네딕트 채플**(Song Benedetg Chapel at Sumvitg, Canton of Graubünden, Switzerland, 1985-1988)(도2-102a, b)에서 그 지역의 전통적인 목재지붕 널빤지를 수직적인 벽체에 사용하는 데서 발견된다. 그 지역의 오래된 농가주택과 동일한 재료를 사용하여 피복하는 수법은 (마치 목재로 된 오래된 농가주택이 태양 속에서 거무스름하게 나타나 남쪽 면은 흑색으로, 북쪽 면은 은회색으로 변해가듯이) 시간의 경과 속에서 건축을 주변의 랜드스케이프에 보다 완벽하게 융합시키는 데 기여한다. 상부의 채광창을 통해 빛이 유입되는 원통형의 채플 내부는 매우 정교한 구조, 바닥면, 지붕, 신도석 등이 모두 목재로 구성되었다. 특히 바닥면은 벽과 분리되어 부유하는 느낌을 만들어내며, 단순한 직선형상의 신도석은 모성적인 형태를 회상시키는 잎새 모양의 곡선으로 에워싸는 지상평면에 강한 질서와 방향감을 부여하고 있다.

줌터가 재료의 물성을 독특한 방식으로 피복하는 수법은 **발스의 온천**(Thermal Bath, at Vals, Canton of Graubünden, Swizerland, 1990-1996)(도2-103a, b, c, d, e)에서 지역의 편마암 판석들을 수평적으로 적층하여 정교하

도2-103a, b, c, d, e
P. 줌터, 발스의 온천, 칸톤, 스위스, 1990-1996

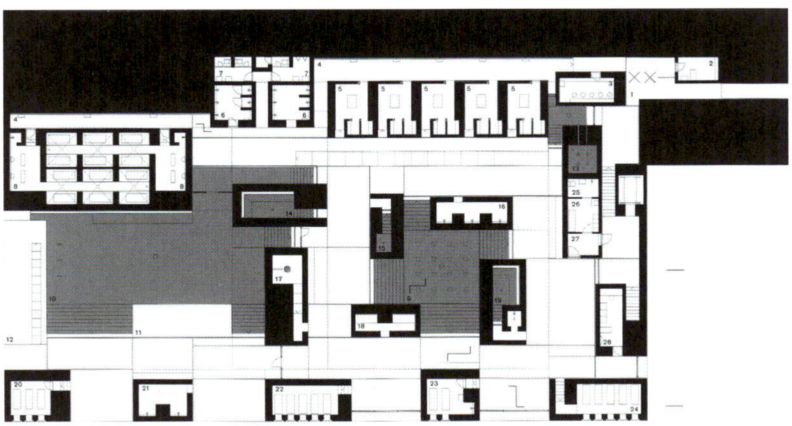

게 짜여진 석재 피막stone skin을 구축형태로 사용하여 내, 외부에 감각적으로 관조적인 분위기를 만들어낸 점, 그리고 콘크리트와 철의 복합구조물인 브라겐츠의 **쿤스트하우스**(Kunsthaus, Bregenz, Austria, 1990-1997)(도2-104a, b)에서는 균일한 유리패널이 얇은 금속 구조물에 부착되는 방식으로 외부를 이중으로 피복하여 비물질화시키는 극적인 효과를 만든 데서 반복되고 있다. 특히 발스의 온천에서 줌터는 "물 속에 서 있는 거석"(P. Zumther, 2007, p.27)의 이미지로 '돌과 물'을 주제(주43)로 일련의 연속적 이미지로 체험되는 공간을 만들었다. 여기서 줌터는 돌의 매스와 그 속이 비어진 공동 hollow(空洞), 개방성과 압축성, 리듬, 반복, 변화 등의 개념들을 채석장의 이미지에서 유추하여 돌로 구성된 건물의 이미지를 만들고자 하였다. 그 지역의 석재를 사용한 점, 그리고 좁고 넓으며, 밝고 어두운 공간들이 기하학적 규칙을 바탕으로 서로 직조하여 이루어진 공간의 단순성 등은 물로 가득한 내부에 일종의 태고부터 존재하는 근원적인 것을 연상시키는 의미를 부여한다. 여기서 줌터는 거대한 돌의 매스를 비워 공동화하고(주44) 크고 작은 돌과 같은 매스들 사이에서 발생하는 사이 공간in-between space, 다양한 방들 사이를 산책하면서 단계적으로 발견하는 경험을 제공하는 공간적 연속체spatial continum 등의 수법으로 평면을 구성하여 시간의 경과 속에서 경험되는 공간의 시퀀스를 제공하고자 하였다. 경사지로부터 자라나오는 거대한 거석, 즉 돌로 이루어진 하나의 매스의 전면과 상부, 그리고 내부가 파여 마치 "에워싸인 동굴enclosed caves, caverns 공간과 석판stone tables"(Peter Zumthor, 2007, p.42)과 같은 이미지는 단면공간을 구성하는 데서도 발견된다. 경사지의 녹지로 덮힌 석재 슬라브로 이루어진 매스 형상은 필요한 기능을 수용하기 위해 구축법적인 방식으로 세워진 것이라기 보다는 대지의 자연지형에서 절삭하여 만든 것처럼 보여져 주변의 랜드스케이프와의 공생관계를 표현하고 있다. 특히 이 건물의 내부에서 석판의 천장 슬라브의 틈새를 통해 위로부터 유입되는 자연적 및 인공적인 빛은 반짝이는 수면에 반사되고, 좁은 개구부를 통해 들어와 뜨거운 온천의 증기로 확산되어 돌, 물, 그림자, 빛의 앙상블로 독특한 분위기를 만들어내고 있다. 따라서 줌터는 이 건물을 단순한 샤워장이 아니라 서로 다른 온도에서, 그리고 빛, 색채, 기후, 재료, 소리 등이 변하는 다양한 종류의 공간들 안에서 신체가 돌과 물에 밀착하여 접촉하면서 목욕하는 행위를 통해 자아를 순화시키고 수중에서 긴장을 푸는 '침묵적인 경험' —순화, 평정, 평온—을 위한 장소로 의도하였다. 그 결과, 내부공간은 침묵으로 충만하며, 평정과 평온이라는 오래된 감각

도2-104a, b
P. 줌터, 쿤스트하우스, 브라겐츠, 오스트리아, 1990-1997

도2-105
P. 춤터, 하노버 엑스포 2000 스위스관, 하노버, 독일, 1997-2000

을 불러일으킨다.(주45) 브라켄츠의 쿤스트하우스에서 춤터는 내부는 노출콘크리트 표면으로, 외부는 단순한 에칭 유리 패널로 이중 피복하여 비늘모양처럼 보이는 형태의 단순성으로 건물을 비물질화시키는 효과를 만들어냈다. 여기서 반투명의 껍질을 통해서 그 내부의 구조물은 마치 비현실적인 외양을 갖게 된다. 이 건물은 구축, 재료, 건물의 시각적 형태가 하나의 통합된 전체를 구성하며, 우리가 보고 접촉하고 느끼는 실제 그 자체로 경험된다. 특히 인접한 호수에서 반사되는 빛과 시시각각 변하는 창공의 빛에 민감한 방식으로 피복된 형태는 춤터가 언급한 바처럼 "외부에서 보면, 이 건물은 (특히 밤에) 램프처럼" 보인다. 그것은 빛과 색채를 반사하고, 시각, 일광, 날씨에 따라서 내부의 삶을 넌지시 암시"(Franco Berton, 2002, p148)한다. **하노버 엑스포 2000 스위스관**(Swiss Pavilion at the Expo on Hanover, Germany, 1997-2000)(도2-105)에서 춤터는 시간과 공간 안에서 예술의 종합을 지향하는 주제관을 경사지형과 포프라 나무가 있는 땅의 특성을 수용하고, 연결부재 없이 자연친화적인 낙엽송 목재의 물성을 표현하는 방식으로 적층하여 구성하였다.

## 건축은 신체를 위한 감각적인 환경을 구축하는 것이다. 빛은 침묵의 이미지를 부여한다.

줌터는 역사를 통해 문화적으로 전달되어 온 모든 의미들을 넘어서는 물성의 본질 자체를 드러내기 위해 재료를 정확하고 감각적인 방법으로 사용하기를 선호한다. 따라서 그는 재료의 본질적인 물리적 특성보다는 그 재료가 표상하는 감각적 특성, 즉 '재료의 물성'에 더 주목한다. 목재, 철근 콘크리트, 석재, 유리 등과 같은 구축 재료들은 그 추상적인 구조적 특성보다는 지각가능한 '재료의 속성'(크기, 색채, 텍스쳐 등)을 강조하는 외피skin를 구성하는 방식으로 사용된다. 재료의 물질적 차원을 넘어 그 본질적이고 감각적인 특성을 주목하는 이러한 태도는 건축적 맥락에서 재료가 지닌 '물성의 시학'을 탐구하는 것이다. 이에 대해 줌터는 다음과 같이 언급하고 있다.

> "내가 재료에 주입하고자 시도하는 감각은 모든 구성의 법칙을 넘어선다. 그러고 재료의 가촉성tangibility, 냄새, 음향적 특성들은 단지 우리가 의무적으로 사용해야 하는 언어의 요소들에 불과하다. 감각은 내가 건축물에 어떤 재료의 구체적 의미, 환언하면 단지 이 건축물에서만 유일한 방식으로 지각될 수 있는 의미를 끄집어 내는 데 성공할 때 비로소 출현한다. 만일, 우리가 이러한 목적을 향해 작업한다면, 우리는 특정재료를 사용하는 것이 구체적인 건축적 맥락에서 무엇을 의미하는지 우리 자신에게 끊임없이 물어야만 한다. 이러한 질문에 대한 유익한 대답만이 재료가 통상 사용되는 방식과 그 재료의 본질적이고 감각적 특성 모두에 대해 새로운 빛(영감)을 던져줄 수 있다." (Peter Zumthor, 1999, p.11)

줌터는 건축은 추상적이 아니라 구체적이며, 항상 감각적이라고 강조한다. 따라서 그는 "디자인 작업은 건축과 그 재료의 이와 같은 물질적, 객관적인 관능성sensuousness이라는 전제에서 출발한다"(P. Zumthor, 1999, p.58)고 말한다. 그에게 있어서, 건축을 구체적인 방식으로 경험하는 것은 그것을 만지고, 보고, 듣고, 냄새를 맡는 것이다. 따라서 줌터는 자신의 작품에서 재료의 물성이 '인간 신체를 위한 감각적인 환경을 창조'하도록 해석하는 작업을 중시한다. 이러한 사실은 그가 건물 재료로서의 돌이 갖는 물성에 대해 언급하고 있는 다음과 같은 글에 잘 나타난다.

> "...돌이 인간의 몸을 포옹(애무)하기 위해서는 그것이 온기를 지녀 마치 태양으로 따뜻해진 것처럼 느껴지도록 해야만 한다. 돌이 그 자신의 영향력을 발휘하도록 허용해야 한다. 너무 지나친 건축적인 형상이나 조각적인 상상력이 돌에 부과되지 말아야 한다. (돌의) 매스는, 크든지 차분하든지 간에, 홀로 남겨져서 돌의 존재presence가 느껴지도록, 그래서 그것이 우리의 몸에 자신만의 영향력을 행할 수 있도록 해야 한다. 우리가 돌을 더 신뢰하고 그것에

> 주도적인 역할을 허용하면 할수록, 그것은 그 미묘함(신비), 그 성질, 그 구조, 그 아름다움을 드러내기 시작한다."(Peter Zumthor, 2007, p.140)

여기서 줌터는 물성 그 자체보다는 이러한 물성을 인간의 신체와 관련지어 해석하고 있다는 점에서 다분히 현상학적이다.(물성의 본질과 빛의 심리적, 현상학적 의미에 대한 이러한 탐구는 마치 루이스 칸이 구축성의 논리 안에서 재료의 근원적 속성을 구조와 빛의 관점에서 사유하며 탐구한 태도를 상기시킨다.) 이것은 또한 건축의 실체reality가 일시적인 기호와 상징의 끝없는 흐름으로 해체되는 현실 속에서 사물 그 자체로의 본질로 회귀하여 만들어지는 실제적인 복합체factual complex를 통해 "진실은 사물 그 자체에 존재한다"(P. Zumthor, 1999, p.30)는 믿음을 보여주는 것이다. 그러므로 줌터는 건축을 구성하는 재료, 구조, 구축, 하늘, 땅과 같은 기본요소들에서 사물 그 자체의 본질을 발견하여 사물의 세계의 일부이자 우리가 살아가는 장소를 만드는 작업을 강조한다. 줌터는 이것은 사물 그 자체에 대한 충실함과 침묵적인 관조를 통해 얻어진다는 점을 아래와 같이 언급한 바 있다.

> "나에게 있어서, 건축물은 평정, 자명함, 내구성, 현존과 통합과 같은 속성뿐만 아니라 따뜻함, 관능성 등과도 연관되는 아름다운 침묵을 지닐 수 있다; (이것은) 그 자체로 존재하여 하나의 건물이 되는 것이지, 그저 존재하여 무엇을 재현하는 것이 아니다."(Peter Zumthor, 1999, p.32)

그러므로 줌터는 자신의 작품에서 인공적 및 자연적인 빛의 유입과 재료의 물성으로 생성되는 공감각적인 경험을 새로운 방식으로 창조하려고 시도하였다. 그는 기호와 상징 등 모호하고 비현실적인 정보들로 가득한 소란스러운 현실 세계에서 그 배후에 감추어진 실재적인 사물에 대한 경험을 탐구하는 작업을 중시한다. 줌터는 사물을 고요와 평정의 상태에서 관조하는 지각적 진공perceptual vacuum의 개념을 다음과 같이 언급한다.

> "우리가 그 스스로 내부에서 평화로운 상태로 존재하는 대상object이나 건축물을 관찰하게 되면, 그때 우리의 지각은 고요하고 무디어지게 된다. 우리가 지각하는 대상들은 우리에게 어떤 메시지도 갖지 않으며, 그것들은 단지 거기에 존재할 뿐이다. 우리의 지각 능력은 고요하게 되고, 편견은 사라지고, 욕심이 없는 경지에 이르게 된다. 이러한 지각 능력은 기호와 상징을 초월한다. 그것들은 열려있고 비워진 상태이다. 그것은 마치 우리가 우리의 의식을 집중시킬 수 없는 그 무엇을 볼 수 있는 것과 같다. 이러한 지각적 진공상태에서 기억, 즉 시간의 심층으로부터 나타나는(유출되는) 것처럼 보여지는 기억이 표면으로 떠오른다. 이제 대상에 대한 우리의 관찰은, 이해될 수 없는 것은 아무것도 없기 때문에, 세계에 대한 예감presnetiment을 그 전체성 안에서 깨닫게 된다."(Peter Zumthor, 1999, p.17)

줌터가 위에서 강조하는 지각적 진공은 마치 무념무상의 상태에서 사물의 본질을 관조하여 깨달아간다는 점에서 다분히 동양적인 침묵과 비움의 관상(觀象) 또는 관조(觀照)를 상기시킨다. 줌터가 좋은 건축이란 인간이라는 방문자를 받아들여 그가 건축을 경험하고 그 안에서 살 수 있도록 하는 것이어야지 끊임없이 그에게 이야기하는 것이어서는 안 된다고 주장하는 것은 이러한 이유에서이다. 오히려 그는 우리가 사물을 주의깊게 관찰하고 그것에 응분의 권리를 부여할 때, 사물 그 자체로부터 의미의 풍부함과 다양성이 생성된다는 사실을 강조한다. 줌터는 이것을 이탈리안 시인 레오파르디(Giacomo Leopardi)의 표현의 빌어 "미확정성과 모호함의 미the beauty of the indeterminate and vague" (Peter Zumthor, 1999, p.28)라고 말한다.(주46)

그러므로 줌터는 자신 안에 공간을 고립시키는 "폐쇄적인 건축적 본체"의 구성보다는 무한한 연속체와 결합된 공간의 영역을 구체화하는 "개방적인 건축적 본체open architectural body" (P. Zumthor, 2007, p.80)의 구성을 탐구해 왔다. 그는 공간 다이아그램과 단순한 볼륨들이 내부공간의 영역을 정의하고 그것들을 에워싸는 공간들과 분리시키는 방법, 그리고 이러한 종류의 개방된 용기 안에 무한한 공간적 연속체의 일부를 담아내는 작업을 중요하게 여긴다. 줌터의 작품에서 관찰자가 공간을 이동하는 시간적 추이에 따라 점진적으로 인식되는 이미지들의 중첩, 즉 공간의 시퀀스를 경험하는 방식은 중요한 공간 구성의 수법이다. 줌터는 이러한 공간 구성의 수법을 만보meander라는 개념에 근거하여 평면을 구성하는 방식으로 발전시킨다.(이것은 꼬르뷔지에의 건축적 산책로와 매우 유사하다.) 만보하는 개방공간meandering open space은 (발스 온천의 내부공간에서처럼) 공간을 에워싸는 공동hollow(空洞)의 벽체들 사이에 막힘이 없이 거닐 수 있는 빈 공간empty space의 연속체를 만들어내는 독특한 방식으로 나타난다.(주47)

특히 줌터는 빛을 일반적인 주광과 조망을 제공하는 측면 채광보다는 갈라진 좁은 틈새를 통해서 빛의 줄기가 벽면을 씻어내리는 듯한 독특한 분위기의 밝기를 만들어내는 천창방식을 더 선호한다. 이것은 줌터의 표현처럼 빛이 갈라진 틈새로 벽과 바닥을 조명하여 침묵적인 이미지를 부여해 주는 "빛의 솔기seams of light(갈라진 틈)" (Peter Zumthor, 2007, p.67)로 나타난다. 그의 작품에서 절제된 공간과 추상화된 형태로 표현되는 물질적 특성은 빛의 강도에 극단적으로 민감한 표면의 피복 효과들로 조율(변조)되어 관찰자에게 독특한 방식으로 부드럽게 지각된다.(이러한 빛의 수법은 안도 다다오가 빛을 다루어 얻어내려고 하는 수법과 매우 유사한 점이 있다.)

도2-106a, b, c
P. 줌터, 클라우스 형제 채플, 독일, 2007-

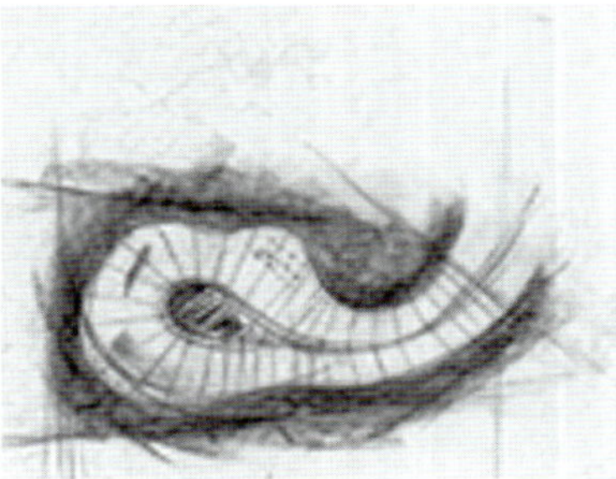

농장의 한 복판에서 주변의 랜드스케이프에 확고하게 뿌리를 내리고 중세의 조망탑처럼 솟아있는 **클라우스 형제 채플**(Bruder Klaus Field Chaple, Mechernich, Germany, 2007- )(도2-106a, b, c)은 콘크리트, 목재, 흑연을 혼합하여 수제로 만든 지역 재료를 독특한 방식으로 구축하여 단순한 형태로 독특한 이미지를 만든 작품이다. 여기서 줌터는 내부를 전혀 암시하지 않는, 불규칙한 5면으로 이루어진 형상의 외부를 (백색 콘크리트, 강자갈, 붉은 기 있는 황색모래를 혼합하여 만든) 콘크리트로 다져서 굳힌 흙rammed concrete의 질감으로 표현하였다. 내부는 콘크리트 타설용으로 인디언 천막집처럼 세워 만든 112개의 세장한 통나무를 태워서 흑갈색의 숯으로 마감된 콘크리트 외피shell로 처리하여 내 · 외부에 전혀 다른 독특한 분위기를 만들었다. 이것은 채플 입구에 들어선 방문자가 벽들이 기울어지고 모든 빛의 감각이 순간적으로 사라진 공간에서 마치 어두운 지하의 영적인 세계에 몰입해 있는 것 같은 느낌을 받도록 의도한 것이다. 곧이어 전개되는 작은 채플(겨우 두세 사람으로 가득 찰 만큼 협소한)에는 상부가 뚫린 눈물방울 형상의 둥근 개구부를 통해서 안으로 유입된 빛이 검은 색의 벽에 산란하여 비추고 있다. 꼭대기가 개방된 이 개구부를 통해서 외부의 바람과 흐르는 빗물이 안쪽 벽면을 따라 실내로 유입되며, 방문객은 자연의 깊은 동굴 속에 서 있는 실존적 자아의 모습을 발견하게 된다.

상징과 기호라는 관행을 버리고 구축이 지닌 소통가능성을 새로운 방식으로 탐구한 **콜롬바 디오세산 뮤지엄**(Kolumba Diocesan Museum, Cologne, Germany, 2006-2007)(도2-107a, b, c, d)은 줌터가 2차 세계대전으로 폐허가 된 대지의 역사적 도시의 흔적들, 고딕교회의 폐허의 흔적과 로마, 중세 시대의 석재 조각 등 고대의 편린들을 보존하면서 독특한 현대적 재료의 물성을 사용하여 '시간을 초월하고 기억을 환기시키는 건물' 을 만든 작품이다. 특히 건물의 매스를 목탄으로 구워 만든 회색벽돌로 독특한 파사드를 구성하여 새 건물이 옛 건물의 폐허의 흔적들과 단절없이 조화를 이루는 건축적 연속체를 이루도록 의도하였다. 건물의 커다란 공간 내부에는 이천 년 된 도시의 구조물이 표현에 구속받지 않는 기억을 환기시키는 풍경memory landscape으로 도입되었다. 특히 건물의 중량감을 제거하려는 의도는 옛 건물의 폐허를 벽돌과 모르타르로 마감한 표면 질감을 접합하는 방식과 창문의 디테일 등을 통해서 독특한 방식으로 해결되었다. 이를 위해서 줌터는

도2-107a, b, c, d
P. 줌터, 콜롬바 디오세산 뮤지엄, 콜론, 독일, 2006-2007

벽돌 사이에 벌집모양의 작은 틈새(천공)로 빛과 공기가 스며들도록 만든 필터형 벽filter wall을 구축하여 동굴과 같은 내부에 자연의 빛을 유입하였다. 이 빛의 편린들은 계절의 변화에 따라 폐허의 흔적 위에 다양한 모습으로 비추면서 평온하고 끊임없이 변화하는 분위기를 만들어낸다. 줌터는 전시실 안으로 유입되는 주광, 크기, 비례, 통행로 등으로 다양한 특성을 갖는 16개의 전시공간에서 벽돌, 모르타르, 회반죽(벽토), 테라초 등을 환원시켜 물질성을 갖도록 표현하여 예술작품이 이를 배경으로 나타나도록 의도하였다. 이전의 중세 공동묘지 자리였던 뮤지엄 중앙에는 조용하게 명상할 수 있도록 조성된 중정이 울퉁불퉁한 콘크리트 마감 표면으로 둘러싸도록 구축되었다.

네덜란드 조경디자이너 오우돌프(Piet Oudolf)와 공동작업 한 **서펜타인 파빌리언**(Serpentine Pavillion, London, UK, 2011)(도2-108a, b, c, d)은 줌터가 발스 온천과 클라우스 형제 채플 등에서 보여준 바처럼, 엄밀하지만 단순한 구성과 재료의 '현존' 에서부터 스케일의 조작과 빛의 효과에 이르기까지 건축적 경험의 감각적이고 영적인(정신적인) 측면을 강조한 작품이다. 줌터는 알프스 초원 풍경 속 농장의 작은 울타리를 두른 정원이라는 이미지에서 유추한 '담으로 둘러싸인 정원hortus conclusus, 명상하는 방, 정원 속의 정원' 이라는 개념에서 출발하였다. 건물 그 자체의 구축보다는 가식이 없는 경량의 목재 프레임 안에서 내・외부의 벽들로 차단되어 격리된 '담으로 둘러싸인 정원' 은 외부세계의 소음과 혼돈으로부터

도2-108a, b, c, d
P. 줌터, 서펜타인 파빌리온, 런던, 영국, 2011

격리된 채 하늘을 향해 열려 있는 조용한 안식처를 상징한다. 이것은 '단순한 벽, 기둥들, 아케이드 또는 건물의 파사드로 둘러싸인 정원이며, 식물 그 자체의 미묘한 구성architecture을 여유있게 앉아서 관찰하고 경험하는 장소로서의 정원' 이다. 줌터는 과거의 실존적 차원의 의미를 현대건축에 지속시키고자 하는 의도로 이 정원 속의 식물을 단순히 원예가 아니라 고대와 현대에서 영원성을 환기시키는 요소로 도입하였다.(주48) 계단실, 기둥, 보가 전혀 없는 이 건물에서 어두운 통로를 거쳐 태양 빛과 야생의 식물들로 가득차 있는 이 중심 공간(정원) 안으로 들어온 방문객은 단지 개방된 지붕을 통해서 하늘과 식물을 관찰하는 관찰자가 되도록 자극하고 있다. 여기서 건물은 내부 정원의 배경이자 무대로 관찰자는 오브제가 아니라 공간으로 가득찬 감각을 경험한다. 이 작품에서 줌터는 건축의 예술성을 발굴하여 그것에 다시 생명을 공급하고, 그것이 건축가에게 의미하는 바—벽을 세움으로써 당신은 본질적으로 공간을 창조하고 있다는 사실, 그리고 진실로 건축을 경험하는 것은 이러한 공간, 즉 벽들 사이의 부재absence라는 사실—를 재발견하여 보여주고 있다.

# 024 다시보기

우리는 구축성의 전통으로부터 구조적 건축의 새로운 영역을 추구하는 건축가들은 구조적 논리성과 새로운 재료를 건축형태의 결정인자로 간주한다는 사실을 재확인하였다. 그리고 '제작의 논리성'을 중시한 고전 시대의 구축성의 개념은 모더니즘 시대에 '제작의 프로세스'라는 테크놀러지 전통을 중시하는 흐름으로 전환되었으며, 이것은 테크놀러지와 형식의 표현성에 대한 새로운 담론을 요구하게 되었다는 사실도 살펴보았다. 구축성의 전통을 따라 구조적 건축의 영역을 탐구하는 건축가들은, (01에서 고찰한 바와 같이 프로그램의 해석으로부터 리얼리티를 반영하는 건축을 추구하는 건축가들처럼) 그 시대가 제공하는 테크놀러지의 발전을 토대로 새로운 공간과 형태의 영역을 진일보시키는 데 주도적인 역할을 하여 왔다. 이들의 다양한 실험은 18세기의 모더니즘의 태동기에서 시작하여 20세기의 모더니즘 건축 이후의 여정을 거치면서 공학기술적인 차원을 넘어 새로운 영역으로 계승, 확장되어 온 것을 발견하게 된다.

필자의 관점으로 볼 때, 구축과 의미(상징)의 통합이라는 구축성의 전통은 모더니즘 시기에 두 갈래 물줄기로 분기한다. 그 하나의 물줄기는 모더니즘의 시기에 미스, 칸 등이 제작의 논리성을 중시한 전통을 따라 철, 유리, 콘크리트로 재료와 구조의 새로운 가능성으로부터 구축의 논리성을 탐구하여 건축형태와 공간의 새로운 영역을 만들어낸 흐름이다. 이것은 벽과 기둥의 관계로부터 새로운 투명성의 공간과 보편적 공간, 그리고 테크놀러지의 표현성을 통해 형식의 기념비성을 구현한 미스, 빛과 구조로 드러나는 공간의 특성화로서 방의 개념과 텍토닉-유형tectonic-type으로 새로운 기념비성을

표현하려고 한 칸에게서 발견된다. 구축성의 전통으로부터 파생된 또 하나의 물줄기는 근대 사회의 테크놀러지에 기반한 제작의 프로세스라는 미학에서 전개되어 온 엔지니어의 전통을 계승하여 가변성과 융통성의 공간을 추구하는 데서 나타난다. 이러한 전통은 아우라 aura의 파괴 등과 같이 전통적 규범에서 일탈하고 테크놀러지와 건설과정의 미학을 바탕으로 형태구성을 추구한 하이-테크 건축의 흐름에서 재발견된다.

이와 더불어 오늘날 현대건축에서 첨단 기술로 가능해진 물성의 새로운 가능성은 보드리야르가 말한 바 시뮬라르크적인 이미지를 생성하는 건물을 구축성의 전통 안에서 추구하는 경향을 가속화했다는 점이다. 이것은 현대 정보도시와 가상 신체에 대한 탐구를 전제로 구조, 형태, 공간의 유기적인 통합을 추구하여 외피와 구조가 일체화된 건축을 탐구(토요 이토)하거나, 새로운 물성의 지각적 교란효과를 통해 현대문화의 상징인 이미지를 생산하는 작업으로 건축과 가상성의 미학을 통한 한계의 소멸을 탐구(장 누벨)하는 데서도 발견된다. 또한 젬퍼가 말한 바 '피복' 의 개념을 상기시키는 물성의 표현과 구축의 논리로서 새로운 지각적 경험을 만들어내는 인공적 랜드스케이프로서의 건축(헤르조그와 드 뫼롱), 그리고 물성을 통한 공감각적 경험의 강화(피터 줌터)를 추구하는 데서도 나타난다. 이들은 모두 젬퍼, 비올레-르-뒤크, 미스, 칸 등처럼 구축성의 전통 안에서 새로운 건축담론을 제시하고있다.

우리는 이러한 사실로부터 다음의 3가지 현상에 주목할 필요가 있다.

**첫째, 구축성의 전통을 중시하는 현대 건축가들은 '형식의 표현성' 과 '물성의 탐구 및 지각적 효과' 를 탐구하여 왔으며, 구조와 재료를 구축의 수단으로서뿐만 아니라 의미와 상징을 위한 표현의 매체로 인식하고 있다는 점이다.**

현대건축에서 구축성의 전통 안에서 물성의 지각적 효과에 대한 탐구는 구조, 공간, 형태가 일체화된 새로운 유기적 건축의 통합개념을 추구하거나, 디지털 정보사회에서 새로운 방식으로 경험되는 이미지의 다양한 지각방식을 물성적 측면에서 실험하는 방식으로 나타난다. 이러한 사실은 재료의 구축적 성질 그 자체보다는 재료의 물질성이 주는 지각적인 역할을 실험하여 현대 정보사회에 부합되는 가상과 현실의 경계가 모호한 감각적인 이미지를 생산(장 누벨, 토요 이토, 헤르조그와 드 뫼롱, 피터 줌터)하는 데서 발견된다. 여기서 건물의 외피는 내부의 기능을 드러내는 것이 아니라 관찰자에게 새로운 이미지를 발현하는 매체이며, 물성의

효과를 통한 지각적 교란을 극대화하여 시뮬라르크적인 기능을 수행한다.

특히 재료의 물성적 효과를 통해 시간의 흐름에 따라 감각을 강화시키는 디지털의 픽셀 이미지 효과의 표현(장 누벨, 헤르조그와 드뫼롱)에 주목하거나, 외피가 주는 이미지를 통해 지각방식을 교란시키는 수법 등은 내, 외부의 유동성과 흐름을 강조(토요 이토)하거나 물질의 지각적 불확정성과 빛과 물질의 상호간의 관계로부터 반사와 투명성의 지각적 교란 효과를 중시(장 누벨)한 건축가들이 주목하는 개념들이다. 또한 재료와 구조의 솔직한 표현을 강조한 표현의 윤리성(스미슨 부부)과 테크놀러지의 기술공학적인 전통을 따르는 하이-테크 건축가들은 고전적인 미적 규범을 따르기 보다는 프로세스의 제작논리에 따라 이루어진 기계와 같은 이미지를  반영하는 형태(아키그램, 로저스, 포스터, 피아노 등)를 추구한다.

근대건축의 시기에도 철과 유리 재료가 지닌 물성에 대한 탐구는 그 물적 특성을 넘어 투명성의 외피와 반사효과에 대해 탐구한 데서 찾아볼 수 있다. 밴험의 용어를 빌어 표현하면, 이것은 제1 기계시대의 이미지를 구축한 것이다. 특히 미스가 벽과 기둥의 새로운 관계로부터 생성되는 유동성의 공간뿐만 아니라, 외피구성에 있어서도 재료의 물성이 주는 반사효과를 탐구하여 왔다는 점은 주목할 필요가 있다. 외부의 인식적 경계가 사라지는 무nothing(無)의 상태를 지향한 미스의 실험적 수법은 후에 현대 건축가들이 제2 기계시대의 이미지로서 가상과 현실의 경계를 모호하게 하는 투명성의 미학과 비물질화를 탐구(토요 이토, 장 누벨)하는 데로 이어지기 때문이다. 또한 18세기 이후 모더니즘 건축의 여명기에 구축성에서 상징의미가 상실되고 제작의 프로세스의 논리가 강조되는 과정에서도 구조와 장식의 일체를 강조한 건축가들은(비올레-르-뒤크, 라브르스트, 페레, 베를라헤 등) 건축에서의 표현의 가치를 인식하였는데 이러한 전통은 모더니즘의 건축가들에게 구조와 재료의 솔직한 표현을 요구하는 윤리성을 중시하는 전통으로 계승되었다.

구축성의 전통을 따르는 건축가(미스, 칸 등)들이 건축 형식의 표현성의 문제를 중요하게 다루었다는 사실은, 이들의 작품이 점점 형식의 기념비성의 표현과 상징성의 표현을 위한 구성과 비례 등을 중시한 점에서도 알 수 있다. 미스는 피막과 뼈대로 된 건축의 외피를 통해 테크놀러지의 가치를 건축적 표현으로 드러내고자 하였다. 특히 미스가 형식의 표현성과 기념비성을 위해 기둥과 벽의 관계와 철재 부재의 멀리언으로 비례화하여 구성한 것은 젬퍼의 '피복의 개념', 비올레-르-뒤크의 '구조와 장식의 관계' 를 중시한 구축성의 전통을 보여주는 것이다. 재료의 본질로부터 구축되는 형상에 대한 새로운 인식과 구축적 논리, 시적 정서가 담긴 형태의 기념비성에 대해 탐구한 칸에게서도 구축성의 전통 안에서 새로운 표현성을 찾으려고 한 것을 발견할 수 있다. 구조와 빛으로 구축되는 공간 뿐만 아니라 형식의 기념비성에 대한 칸의 탐구는 젬퍼, 비올레-르-뒤크가 주장한 바처럼 피복과 장식의 상징적 가치를 중시하는 구축성의 전통에 그 뿌리를 둔 것이다.

**둘째, 구축성의 전통을 따르는 건축가들에게 기능인자로서의 프로그램은 건축의 필요조건일 뿐 충분조건은 아니며, 이보다는 재료와 구조의 새로운 가능성으로 구축되는 자유로운 평면과 투명성의 공간을 추구한다는 점이다.**

현대 건축가들에게 있어서, 모더니즘의 투명성의 공간, 보편적 공간의 개념, 봉사하는 공간과 봉사받는 공간 등의 개념은 하이 - 테크 건축가들에게 영향을 끼쳐 현대사회가 요구하는 공간의 융통성과 가변성 확보라는 프로그램적 차원으로 재해석(로저스, 포스터, 피아노) 되어 투명성을 지닌 개방형 건축의 기반이 되었다. 여기서 구축과 의미(상징)의 통합이라는 구축성의 형이상학적인 가치는 상실되었다. 그러나 이러한 사고에서 프로그램 해석에서 발생하는 미확정적인 영역이 존재한다는 사실을 인식(리처드 로저스)한 점은, 이후 현대 건축가들이 추구해온 미확정적인 프로그램을 담는 용기로서의 공간이라는 개념과 관련되어 있다는 사실을 주목할 필요가 있다.

특히 현대 정보사회에서 물성의 탐구와 이미지를 생성하는 공간을 탐구해온 현대 건축가들은 투명성과 등방성의 공간을 통해서 신체가 공간 안으로 무한히 침투하는 효과(장 누벨)를 만들어내거나 개방형의 다면체 공간구조를 통해 관찰자에게 공간의 유동성과 '비-항상적 거리감' 을 강화시키는 수법(토요 이토), 그리고 관찰자가 보고 보여지는 상호 주체적인 공간경험을 중시(헤르조그와 드 뫼롱, 피터 줌터)하는 다양한 공간적 실험을 시도해 왔다. 이처럼 현실과 가상의 경계가 모호한 가상 공간과 가상 신체의 새로운 관계에 대한 탐구(장 누벨, 토요 이토, 헤르조그와 드 뫼롱, 피터 줌터)는 보드리야르가 말한 바 가상 이미지로서의 공간 인식에 근거한 것이다. 이러한 흐름에는 모더니즘의 추상적 공간에서 벗어나 디지털의 유동성과 생소화 수법으로 이루어지는 공간의 새로운 경험 방식을 탐구하려는 사고가 전제되어 있다.

우리가 (01에서 살펴본 '프로그램의 해석과 리얼리티

의 건축' 을 추구하는 건축가들처럼, ) 모더니즘 건축의 여명기인 18세기 이후 건축의 본질을 고전적인 형식의 규범이 아니라 '프로그램' 과 '구축' 이라는 측면에서 인식한 건축가, 엔지니어들(챔버, 쇼아지, 비올레-르-뒤크 등)은 근대사회의 새로운 유형에 적합한 기능적이고 합리적인 공간구성을 탐구하였다. 이 시기에 당시 근대 사회의 테크놀러지로 가능해진 새로운 재료와 구조의 가능성을 활용하여 새로운 유형의 건물 프로그램을 수용하는 투명성을 지닌 추상적 공간에 대한 탐구(아르누보 운동), 구조가 합리적으로 표현된 건축으로서 구조와 장식이 일체가 된 형태(라브르스트, 페레, 베를라헤 등)를 탐구한 실험정신을 발견할 수 있다. 이러한 전통은 프로그램이라는 기능적 조건을 넘어서 형식의 표현성과 새로운 공간의 특성화라는 흐름으로 전개되어 왔다는 점은 주목할 만하다.

이러한 인식은 미스, 칸 등과 같은 모더니즘 건축의 거장들이 구조와 재료를 구축성의 전통 속에서 추구하여 새로운 공간개념과 구조적 건축의 영역을 확장시켜 나간 데서도 나타난다. 미스의 '보편적 공간' 과 칸의 '봉사하는 공간' 과 '봉사받는 공간' 의 건축철학적 개념은 기능과 프로그램의 기능적, 물질적 조건의 충족보다는 건축의 구축적 논리로 생성되는 새로운 공간에 대한 탐구의 결과이다. 미스가 건축과 테크놀러지의 관계로부터 추구해온, 시대의 가치를 반영하는 투명성의 공간과 보편적 공간의 개념에는 구축적 논리에 의한 형이상학적인 특성이 강조되었지만 공간을 경험하는 주체는 소실되어 있다. 그러나 이러한 공간개념은 구조와 빛으로 드러나는 방으로서의 공간의 특성화를 추구하여 공간에 기능과 프로그램을 수용하는 차원을 넘어서 인간의 심리적, 정신적 차원을 수용(루이스 칸)하고, 경험 주체의 지각적 차원을 반영한 기억과 이미지(스미슨 부부)를 수용하는 것으로 확장된다. 이들은 모두 제작의 프로세스의 관점이 아니라 제작의 논리성이라는 구축성의 전통 안에서 건축의 새로운 영역을 탐구한 것이다.

**셋째, '자연의 건축화' 와 '건축의 도시성 회복' 의 관점에서, 구축성의 전통을 따르는 건축가들은 도시의 공공 영역에 대한 인식과 지속가능성에 대한 새로운 방안을 탐구하였다는 점이다.**

모더니즘 시기에 내 · 외부의 연속성에 대한 열망은 미스의 외피를 통해 자연의 랜드스케이프로 확산되는 투명성의 미학에서처럼 강하게 반영되어 있다. 그러나 자연에 대한 인식과 그 의미에 대한 해석은 지극히 제한적이었다. 오늘날 자연을 '제2의 자연' 으로 인식하고 자연친화적인 에너지 절약형 건축을 실현하기 위한

테크놀러지의 지식을 활용(로저스, 포스터)한 것은 하이-테크 건축가들이 기여한 점이다. 현대건축에서 인공적 자연의 개념을 건축구성의 주요 개념의 하나로 인식하고 그 의미를 새롭게 해석하는 사고는 실제 자연과 가상의 자연의 경계가 사라지거나 모호하게 하는 데서도 발견된다(토요 이토, 장 누벨). 건축요소의 하나로서 자연을 시간 속에서 덧없음을 갖는 자연의 변화현상으로 인식하고, 자연과 공존하는 건축의 상호관계성을 통해 자연과 건축의 이미지가 상호침투하는 랜드스케이프(장 누벨)를 만들거나 투명성의 건축 이미지와 함께 공존하는 '내부화된 자연' 의 개념을 통해 자연의 일부로서 신체가 공간에 통합되는 건축(토요 이토)을 추구하고 있다. 또한 자연은 장소의 실존적 의미와 물성의 새로운 가능성을 발견하기 위한 '불가시적인 질서' 을 탐구하는 원천(헤르조그와 드 뫼롱, 피터 줌터)이며, 디지털 픽셀화의 수법으로 새로운 경험의 영역을 확장시키는 데 기여하는 인공적 랜드스케이프(헤르조그와 드 뫼롱) 개념을 중시하는 건축담론에서도 중요하게 취급하고있다.

모더니즘의 기능주의 도시이론과 오브제 지향적인 건축관으로 황폐화된 역사적 장소와 도시의 공공 영역을 회복하려는 노력은 지속가능한 도시개념을 제시하고, 역사적 맥락(옛것)과 테크놀러지(새것)를 통합하여 도시의 공공성을 회복해 온 하이-테크 건축가들(로저스, 포스터, 피아노 등)에게서 두드러지게 나타난다. 프램톤의 지적처럼 지역형태placeform와 생산형태productform의 조화를 통해서 지역성과 보편성이 공존하는 건축을 지향(피아노)한다는 점도 주목할 만하다. 이것은 건축을 오브제로 인식하는 데서 탈피하고 건축-도시환경의 맥락에서 해석함으로써 건축과 맥락적 환경과의 지속적인 공생관계를 회복하려는 것이다.

# 주(註)

## 머리말

**주1)** 여러 학자들(C. Jencks : 1973. K.Frampton : 1980, W.Curtis : 1982, V. M. Lampugnani : 1985)은 20세기 모더니즘 건축의 기원을 철학적, 정치적, 사회적, 기술적, 문화적인 변혁으로 인해 건축과 사회에 대한 관계, 건축에 대한 인식과 새로운 해석 태도 등이 근본적으로 변화되기 시작한 18세기의 계몽주의 시대를 상한선으로 하여 설정하고 있다. 이들은 모더니즘 건축의 태동 이후 진행되어온 지난 200여 년간의 급격한 건축적 변혁으로 인해 건축의 본질에 대한 해석이나 접근 방법들이 과거의 단일한 접근방식과는 큰 차이점을 보여주고 있다고 지적한다. 필자는 이러한 사실을 염두해 두고 모더니즘 건축 이론의 태동기라 볼 수 있는 1890년 이후부터 현재까지 주로 고찰하였다. 본서에서 사용한 모더니즘 건축(Modern Architecture, Ma)은 주로 1910 - 1959년의 기간의 건축을 현대건축(Contemporary Architecture, CA)은 1960년 이후 현재까지의 건축을 의미한다. 필자는 이 책에서 모더니즘 건축은 광의적인 의미로, 근대건축은 협의적인 의미로 사용하였다.

**주2)** 『현대건축의 재발견』은 현대건축에서 재발견되는 핵심 가치들을 제시하기 위한 필자의 세 번째 저서이다. 필자는 오래 전 출간되어 오랫동안 독자의 사랑을 받아온 첫 번째 저서 『현대건축 사고론, 1997』을 바탕으로 두 번째 저서 『수용미학과 현대건축, 2003』의 내용들을 일부 선별하여 통합하고, 상당한 내용들을 수정, 보완하여 다시 저술하였다. 특히 본서의 부록에 수록한 『수용미학과 현대건축, 2003 』의 초판 원고의 일부는 『현대건축의 재발견』에 흡수, 통합되지 못한 내용들을 보존하여 독자들이 관련된 내용과 자료들을 참고하는 데 도움이 되도록 하였다.

## 00/001

**주1)** 자연 과학 분야의 두드러진 특징 중의 하나는 이 분야에 참여하는 과학자들 상호간 형성된 상당한 정도의 '의견일치(consensus)' 이다. 예를 들면 물리학자들은 물리학의 중요한 문제가 무엇이며 물리학자들은 무엇을 해야 하는가, 그리고 가장 타당한 관찰의 방법이 무엇인가에 대해 의견의 일치를 보이고 있다. 과학자들은 각 분야에서 사고하고 실행하는 방식에 대해 확립된 연구의 전통 속에서 훈련받기 때문에 그 집단의 구성원이 되려면 인정된 법칙, 이론, 기법 등을 배우는 과정이 필수적이다. 메르톤(Robert Merton, 1973)이 언급한 바처럼, 과학자들은 일련의 공유된 규약 안에서 연구하며 이러한 규약 내에서의 연구 행위는 그가 채택하는 방법론의 타당성을 보증하게 된다.

**주2)** 브로드벤트에 따르면, 과학자들은 일련의 가치 기준－객관성, 정확성, 수학적 용어로 표현되는 일관성의 요구에 대한 태도－과 사회적 책임에 대한 태도를 공유한다. 뿐만 아니라 어떤 모범적인 범례－이것은 패러다임의 틀 안에 있는 정상 과학의 과학자들이 필수적으로 알아야 하고 사용해야 하는 다양한 문제에 대한 해법을 담은 교본(教本)을 의미한다 - 를 공유한다. 마찬가지로 건축가들도 비슷한 교육을 받으며, 비슷한 교재를 읽고, 동일한 회의에 참석하며 동료들에 의해 평가 받는다. 브로드벤트가 비교하고 있는 4가지 구성 요소는 다음과 같다. (1)기술적 지식(technical knowledge)－쿤의 과학자들이 제한을 받는 방정식, 과학의 법칙 등과 같은 것을 포함한다는 점에서 유사하다. (2) 전문적 숙련(professional skills)－과학자들이 자신들이 행하고 있는 것을 기술하고 이해하기 위한 수단으로서 유추, 메타포, 모델 등과 같은 것을 사용하듯이, 건축가는 드로잉이나 모델 제작과 같은 수단으로 사고 행위를 하는 방식이 유사하다. (3) 이데올로기(ideologies)－과학자들이 공유하는 가치처럼 건축가들도 이러한 가치의 신념 체계를 지닌다. (4) 범례(examples)－과학자의 대표적 예들과 같이 저널이나 책을 통해서 꼬르뷔지에와 같은 거장이 제시된다.

**주3)** 건축가 펠리(Cesar Pelli)는 『패러다임의 정의 *Defining Paradigm, 1986, perspecta 22, 1986, pp.100 - 101*』라는 소고에서 패러다임과 원형(原型, archetype)의 의미를 구분한다. 그에 따르면, 건축 디자인에서 패러다임은 하나의 패턴(pattern), 모형(model), 범례(example) 등과 같이 모범형식을 의미한다. 따라서 패러다임적 작품(paradigmatic work)은 전형적인 모형을 말한다. 패러다임은 전형적일 뿐만 아니라 또한 유형적인 특성을 갖기 때문에 그 시대를 초월하며 지속하는 이상적인 규범의 의미를 내포한다. 반면에 원형의 개념은 한 동류의 형태들이 그로부터 발전해 온 최초의 모형, 즉 기원을 의미한다. 고전주의 양식의 궁전, 은행 등 공공건물을 위한 참조적 모형이 되어온 파르테논은 원형적인 신전(archetypal temple)으로 해석될 수 있다.

## 002

**주1)** 원초적 형태로서의 기하학은 대상 자체의 속성으로부터 유발되는 지각적 특성에 기인한 것인 반면에 이들의 작품에서 보여지는 기하학은 대상 자체의 속성보다는 대상 주변에 모이는 역사적인 고유의 분위기(aura)와 관련되어 있다. 본타(J.P. Bonta, 1979)가 언급한 기호학적 개념으로 볼 때, 이러한 추상적인 기하학 형태는 역사적 형태 요소를 본질로까지 환원하여 만든 기하학적 형태이며, 그것은 역사적 연상의 의미를 내포하고 있는 신호(signal)의 속성을 지닌다. 기호학적으로 시그널은 의사

전달을 목적으로 만들어진 것으로 그 사회의 구성원에게 그러한 것으로 인식되는 지시자(indicator)를 말한다. 인덱스는 의사전달을 위해 의도적으로 만들어진 것은 아니지만 그 대상의 속성에 의해서 의미를 전할 수 있는 지시자를 말한다.

**주2)** 러시아 형식주의는 20세기 초 쉬클로프스키(Viktor Chklovski)를 중심으로 전개된 문학이론으로, 문학 작품의 구성을 중시하고 시의 형식이나 음운을 정밀히 분석하고자 했다. 이 이론은 작품 자체의 해석의 과정에 직접적인 주의를 경주하고 지각의 일반 법칙과 수법에 관심을 가졌다. 특히 러시아 형식주의는 형식의 개념을 미적 지각까지 확대시키고 작품을 그 수법(device)의 총합으로 정의하는 한편 작품 자체의 해석과정에 직접적인 관심을 쏟음으로써 텍스트 - 독자의 관계를 다루는 태도를 보인다. 이 점에서 홀럽(R.C. Holub, 1984, 최상규 역 1985, p.34)은 러시아 형식주의를 수용미학의 전조(前兆)로 평가한다.

**주3)** 여기서 수법은 순전히 형식 요소이며, 작품 전체를 구성하는 방식으로 간주된다. 따라서 그 영역은 내용보다 구성(composition)에 있다. 수법은 또한 어떤 독특한 배경을 두고서 기능한다. 그것은 작품 자체를 가치 있는 것으로 만들고 진정한 미적 대상으로 만들어 놓음으로써 텍스트와 독자 사이에 다리를 놓아주는 요소이다.(R.C.Houlb, 1984, 최규상 역, 1985, p.37)

**주4)** 수용이론(미학)에 대해서는 길성호(2003)의 『수용미학과 현대건축』에서 1부 '수용미학과 건축작품의 해석' (p.21)과 관련 주석(p.176)을 참조할 것

**주5)** 작품과 텍스트의 구별의 개념에 대해서는 길성호(2003)의 『수용미학과 현대건축』에서 1부 '수용미학과 건축작품의 해석' (p.21)과 관련 주석(p.178)을 참조할 것.

**주6)** 건축의 텍스트성에 대해 검토한 콜브(David Kolb, 1990, pp.108 - 109)는 건축은 언어와 문장을 갖지 않으며, 언어의 어휘에 해당하는 건축 요소들의 치환과 조합의 법칙에 의해 구성되는 텍스트의 속성을 지니고 있다고 지적한다.

**주7)** 환경—행태의 연구 분야는 '자극(S)—반응(R)' 의 관계를 기계론적으로 묘사하는 종래의 행동주의(behaviorism)연구 방법과는 달리, 환경적 자극에 대한 인간의 반응의 결과인 행태는 자극뿐만 아니라 인간의 환경에 대한 그 이전의 경험과 이미지, 기억들과 관련되어 결정된다(S - C - R)고 강조한다. 환경 심리학의 분야에서 시작된 인지 - 행태에 대한 연구는 인간의 공간 행태(spatial behavior)와 그 행태가 일어나는 환경 상호간의 관계에 대한 이해를 바탕으로 인간 활동의 패턴을 설명함으로써, 다른 유사한 환경에서 일어날 수 있는 인간 행태를 예측하기 위해 시작되었다. 따라서 이러한 연구의 목적은 인간이 환경으로부터 정보를 추상화하고 저장하며 재생하는 환경적 앎, 즉 인지와 공간 행태 상호간의 관계를 규명하고 디자인에 유용한 정보로 활용하는 데 있다.

## 01/011

**주1)** 프로그램과 다이어그램의 개념 정의 및 디자인 프로세스적인 관점에서 근대 및 현대 건축가에 대해 연구한 문헌으로는 봉일범(2005)의 『프로그램 다이어그램』을 참조할 것.

**주2)** 사회적 적절성의 개념은 구조적 안정, 위생과 안락함 등과 관련된 영역들을 의미하며, 경제성은 균제, 규칙성, 단순성의 원리에 따라야 한다는 것이 뒤랑의 주장이다. 경제성의 원리는 디자인의 효율성, 명확한 공학적 산정, 그리고 건설작업의 논리적인 실행과도 밀접하게 관련되어 있다.

**주3)** 뒤랑은 『에꼴 폴리테크닉의 건축 교과내용 요약본, *précis des leçon d'architecture, Summary of the Lessons in Architecture given at the Ecole Polytechnique, 1802 - 1805*』에서 건축개념 구성의 체계화(systemization)와 표준화(standardization)를 위한 방법을 구체적으로 이론화하여 제시하였다. 여기서 그는 에꼴 데 보자르의 구성원리인 파르티(parti)의 개념을 차용하여 건물 공간의 구성체계, 명확한 시공의 요소, 적절하게 구성된 동선의 패턴, 형태의 기하학, 그리드 조합에 의한 요소들의 전체 구성방법 등과 같은 디자인 원리들을 분석한다. 그리고 이것들을 공간구성에 대한 합리적인 훈련을 통해서 건물의 기능을 경제적이고 효율적으로 디자인하기 위한 지침들로 제시하였다. 이것은 경제성과 프로그램의 측면에서 건축의 유형학적 분류화와 합리적인 접근방법에 기초한 것이다. 여기서 격자 그리드라는 '표준화' 시스템은 여러 건물 단위들을 고안하고 이것들을 조합하여 어떤 유형의 건물도 논리적으로 구성하여 만들어낼 수 있는 도구이다. 뒤랑은 마치 조립식 구성요소들(prefabricated element)을 조합하는 듯한 이러한 과정은 학생을 가르치거나 실무에 적용하는 데도 매우 유용한 것으로 간주하였다.

**주4)** 건축의 미적인 형태가 기능과 기술 사이의 균형을 통해 얻어져야 한다고 강조한 바그너는 젬퍼의 주장이 벽체의 피복과 장식의 예술적 상징에 치우쳐 있다고 비난하였다. 그럼에도 불구하고, 젬퍼의 유물론적 해석을 계승한 바그너의 건축 이론은 20세기 모더니즘 건축에서 유물론적 기능주의라는 건축 담론이 발전되는 토대가 되었다.

## 012

**주1)** 리고(Larry L. Ligo, 1984, p.5)에 따르면, '구조적 분절' 은 디자인과정에서 건축물의 구조적 재료와 방법(즉 재료와 방법의 성능)을 드러내거나, 건축물 안에 포함되는 다양한 활동영역을 건축의 외부에 분절하여 구체화(즉, 건축물의 용도 또는 성능)하는 것이다. '물리적 기능' 은 환경적 인자들의 통제, 건축물이 그 의도한 목적의 물리적 측면들(교통 동선의 패턴, 공간배열의 융통성 등처럼)을 수용하는 것을 모두 포함한다. '심리적 기능' 은 건축물이 관찰자, 사용자, 비평가 등에게 야기하는 감정(현기증,

폐쇄공포증, 방향의 혼란, 정신적 안정감, 불안한 간정과 정서 등)을 의미한다. '사회적 기능' 은 특정 문화와 시대의 특성인 사회적 공공시설과 가치들을 구체화하는 것을 의미한다. '문화적 · 실존적 기능' 은 특정 장소와 시간 속에서의 생활보다는 인간의 본질적인 인간성과 관련된 보편적 가치 또는 공간적, 심리적 정위(orientation)라는 무의식적인 구조를 구체화하는 것을 의미한다.

주2) 퓨긴은 고전건축의 구축장식은 종종 감추어지거나 잘못 표현된 반면에 고딕 건축의 구조와 구축방식은 건전하고 실질적인 근거에 입각하여 각 부분들이 시각적으로 표현되었을 뿐만 아니라 재료 또한 그 다양한 속성을 존중하여 사용되었다고 강조한다. '적절성' 의 측면에서 그는 고딕 건물의 부분들이 그 특정한 기능에 일치하도록 분절되어 표현됨으로써 그 목적이 외부 형태에서 읽혀진다는 사실을 강조한다.

주3) 러스킨에 따르면, 예술의 가장 높은 기능에는 세 가지의 유형이 있다.(1) 사람들의 종교적 감정을 강화시키는 기능 (2) 윤리적인 상태를 완전하게 하는 기능 (3) 물질의 역할을 제공하는 기능이 그것이다.(E.R.de Zurko, 1957, p.132)

주4) 로스는 예술, 수공예 산업을 하나로 종합하려고 시도한 사람들의 태도는 분리되어야 하는 문화의 여러 측면들을 함께 결합하려는 잘못된 태도라고 신랄하게 비난하였다. 로스가 기술과 예술의 통합을 위한 교육 프로그램을 추구한 바우하우스의 교육시스템과 그로피우스에 동조하지 않은 것도 바로 이러한 이유에서이다. 로스는 그 시대의 특성은 양식의 부재, 형식의 다양성, 그리고 무엇보다도 미적인 허식없이 제조된 대상에서 나오는 것으로 인식하였다. 그러므로 독일 공작연맹과 공동 작업으로 그 시대의 새로운 양식을 찾고자 한 무테지우스가 이미 우리 시대의 예술가들이 만들어낸 일상의 제품들(피혁제품, 유리 잔, 욕조 등 모든 것) 이 시대의 양식임에도 불구하고 이를 새로이 찾고자 한 것은 근본적으로 오류라고 로스는 지적한다.

주5) 그라바그누올로(Benedetto Gravagnuolo, 1982)는 이것은 '건축적 재현(再現)을 포기하고 순수한 기술적 논리를 지닌 완전무결한 물성 상태로 남기 위해 택한 극단적 현실주의를 반영하는 것' 으로 장식없는 건축으로 드러난다고 지적한다. 이러한 침묵의 공간이 지닌 의미에 대해서는 피터 아이젠만의 글(Peter Eisenman, 1974)을 참조할 것 .

주6) 이러한 생각은 크라우스가 『윤리성과 범죄성, *Sittlichkeit und Kriminalitat, Morality and Criminiality, 1908*』에서 논한 공적인 윤리성과 사적인 윤리성을 깊이 구분하는 원리에 공감하였음을 보여준다. 크라우스가 사적인 영역에 주목한 반면에 로스는 공적인 영역을 더 강조하였다.

주7) 로스는 쾌감(快感)의 원리는 유용성의 원리와 구별되어야 한다고 믿었다. 이러한 믿음은 로스가 주택의 내부와 외부를 구별하여 동일한 타자(same otherness)로 간주하는 결과에 이르게 된다. 그라바그누올로(Benedetto Gravagnuolo, 1982)는 로스의 건축이 지닌 흥미로운 특징 중 하나는 '그의 건축이 합리적 구성이라는 엄격한 구속적인 틀 안에서 결속되어 있으면서 동시에 그 내부에는 비합리적인 성향을 지닌 존재가 모순적으로 존재하고 있다는 점' 이라고 지적한다.

주8) 이러한 태도는 19세기 말 아르누보 건축의 창시자 벨데(Van de Velde)가 예술적 창조행위를 중시한 것과 대립되는 태도로, 당시 건축계에서 규격화 및 표준 디자인의 타당성에 대립하는 개인의 독창성 및 창조성의 논쟁으로 비화되었다. 따라서 규범(norm)과 형태(form)의 분열, 또는 유형(type)으로서의 규격화와 개인의 창조적 다양성으로 개성(individuality)의 분열은 독일공작연맹 회원들의 주된 논쟁의 관심이 되었다. 독일공작연맹의 이념은 1920년대에 스튜트가르트(Stuttgart)에서 개최된 바이센호프지드룽(Weissenhofsiedlung) 국제 전시회(1927)에서 절정에 달한다. 여기서 유리, 금속 난간, 강철 창문 등이 보편적인 즉물적 구문론을 생성하도록 결합됨으로써 표현의 객관적인 수법으로 채택되었다. 뿐만 아니라 1924년경 독일에서 표현주의에 대항하는 운동으로 '새로운 객관성' 을 의미하는 신 즉물주의(Die Neue Sachlichkeit)를 통해서 사실주의, 명료성의 표현, 조직된 질서를 강조하는 경향이 전개되는 토대가 되었다.

주9) 이에 대해 공박한 꼬르뷔지에는 마이어의 신 즉물주의적인 사고는 건축(Baukunst)과 예술(Kunst)을 건설하는 것(Bauen)과 사는 것(Leben)으로 대체하였다고 비평하였다. 꼬르뷔지에는 건축은 배열(arrangement)에 따르는 창조의 현상이며, 그 배열을 결정하는 자는 누구나 구성(composition)을 결정하는 것이라고 주장한다. 이것은 르 꼬르뷔지에의 계획안이 대칭과 균제 등 고전적인 심미적 기준과 개인의 창의성의 표현은 강하게 드러내는 반면에 마이어의 계획안은 비례나 대칭 등의 전통적인 구성 원리를 무시하고 기능적 모듈체계와 사용된 부재들의 조합을 통해 기능적이고 객관적인(비심미적인) 표현방법을 도입한 데서 비교된다.(이에 대해서는 2권 032의 르 꼬르뷔지에의 국제연맹 계획안 작품을 참조)

주10) 이런 논리를 수학적으로 표현하면 함수 Y=F(x), Y=form(형태), x=function(기능)이다. 여기서 형태는 기능이라는 독립변수의 영향을 받는 종속변수가 된다. 독립변수인 기능은 형태의 영향에서 벗어난다. 형태는 기능의 논리에 의해 영향을 받아 결정되어야 한다는 것이다.

주11) 이러한 생물학적 유추는 진화론적인 다윈적 유추(젬퍼), 분류학적 유추(뒤랑), 유기적 유추(설리반, 라이트), 해부학적 유추(달시 톰슨 D' Arcy Thompson)의 『성장과 형태 *On Growth and Form*, 1919, 1961, 네르비』등 과 같이 모더니즘 건축가들 뿐만 아니라, 현대건축가 FOA의 자에라 폴로가 건축을 계통발생적인 분류학적 도식에 근거하여 증식되는 새로운 건물유형을 탐구하는 데서도 찾아볼 수 있다.

주12) 조각가이자 철학가인 그리노우는 자연의 기본법칙, 적용의 법칙은 건축을 포함한 모든 예술의 기본 법칙이라고 강조한

다. 그는 "자연에서처럼 예술에 있어서도 정신, 즉 작품의 목적은 그 작품 속에서 전체에 대한 부분의 종속, 기능에 대한 전체의 종속에 비례하여 나타난다"고 보았다. 인체를 '지상에서 가장 아름다운 조직'으로 간주한 그는 인간의 뼈대와 건축의 유사성을 유추하였는 데, 이러한 사상은 설리반에게 영향을 끼쳤다. (그리노우의 기능주의 이론에 대한 자세한 내용은 E.R. de Zurko, 1957, pp.224 - 225)를 참고할 것.

주13) 이에 대해 설리반은 다음과 같이 설명한다. "자연에 존재하는 모든 사물은 모두가 하나의 형상(shape), 곧 형태(form)를 지니고 있다. 이처럼 겉으로 드러난 형상은 자신의 정체를 드러내며, 다른 것과 구별짓는다... 그것은 창공에 떠 있는 독수리이거나, 활짝 핀 사과 꽃이거나 ... 떠오르는 태양 위를 감도는 구름일 수 있다. 이 모든 형태는 항상 기능을 따르며 이것은 하나의 철칙이다." (Louis Sullivan 1896, Winand Klassen, 1980 재인용)

주14) 에틀린(Richard A. Etlin, 1994, pp.27-30)은 '라이트는 프레리 주택에서 건축 시스템에 대한 기존의 인습적인 관념을 젬퍼가 4가지 건축의 요소-벽난로, 지붕, 에워쌈(벽체), 흙둔덕(토대) - 로 설명한 바 있는 건축의 4가지 상징적인 건축 시스템(이에 대해서는 후술할 02의 주7을 참조할 것)과 조합하여 자신만의 구축방식을 만들어낸 것'이라고 지적한다.

주15) 애플톤(Jay Appleton)은『*The Experience of Landscape,* 1975』에서 전망-은신처의 이론(prospect-refuge theory)을 제시하였다. 여기서 전망은 대지와 물을 가로질러 보는 광할한 조망(vista)처럼 방해받지 않는 볼 수 있는 기회를 의미한다. 은신처는 보호받는 작은 숲, 동굴, 언덕 구덩이의 협곡 등에서처럼 전망에의 접근이 가능함과 동시에 자신은 숨겨지고자 하는 기회를 의미한다.

주16) 라이트는 노자가 도덕경에서 "건물의 실체는 사방의 벽과 지붕이 있는 것이 아니라 그것들이 둘러싼 살기 위한 공간에 있다"라는 구절에 감동을 받았으며, 이를 바탕으로 '실체로서의 공간'의 개념을 전개하였다.

주17) 라이트가 '분절화의 원리'를 적용하여 공간의 상호관입과 유기적 연속성을 도입하는 구성수법은 같은 시기에 공공건물인 라킨 빌딩(Larkin Company Administration Building, 1904 - 1905)에서도 시도되었다. 여기서 "계단은 상하의 연결과 비상시의 피난만을 위해서가 아니라 환기장치를 위해 공기를 흡입하는 것으로도 사용하도록 중앙의 블럭에서 떼어 독립한 탑"(F. L. Wright, 1932a, (ed.)Edgar Kaufmann, 1969, p.154)으로 세워졌다. 4개층 전체를 관통하는 중앙에 위치한 개방공간을 중심으로 공간의 새로운 상호관입과 유기적 연속성은 후에 도시속의 공공건물의 내부공간에 도입되어 수직적인 개방공간 개념으로 나타난다.

주18) 나선형 램프 공간은 그가 1920년대 중반부터 나선형 경사로에 관심을 갖고 실험한 원형 플라네타리움(Planetarium, 1925) 계획안과 직사각형의 박스 안에 램프공간을 집어놓은 모리스 상점(Morris-Laden Shop, San Françisco, LA, USA, 1948-1949) 등에서 예견된 공간의 연속성을 기하학적인 조소성과 통합하여 구축한 것이다.

주19) 라이트는 "미술관은 최하층에서 최상층에 이르기까지 적절한 비례로 이루어진 하나의 바닥 공간으로 연장되어 휠 체어가 주변과 상하 공간 등 건물 전체를 자유로이 이동할 수 있어야만 한다. 어느 곳에서도 단절되지 않은 공간과 또 우리가 작품들을 개별적으로나 그룹으로 적절히 분류하여 다룰 때 위로부터 장엄하게 빛이 스며드는 공간을 스크린화된 상태로 나누는 것이 필요하다....."고 말한다(Pfeiffer. B. Bruce, 1997, p.152 재인용) 많은 사람들이 기능적인 결여로 비판하는 나선형 램프에는 라이트 자신이 말한 것처럼 "관람자들의 박물관 관람시 피로(museum fatigue)를 덜 느끼게 해 주는 장치이며 경사로 바깥 쪽으로 기울어진 벽체는 전시를 위한 이젤 역할"을 하는 것이다. 아울러 여기에는 공간 구성적인 효과 이외에도 휠 체어로 장애인들이 엘리베이터를 타고 올라가 최상층에서 1층까지 불편함없이 내려오면서 전시품과 자연채광을 받는 수직공간을 편안하게 감상하게 하려는 의도가 담겨 있다.

주20) 해링은 이러한 자신의 접근방식을『지상-평면에 관한 작업(Work on the ground-plan), 1952』에세이에서 다음과 같이 길게 설명하고 있다. "출발작업은 분명하다 : 주택은 내부에서 외부로 펼쳐 진행되어야 하며 거주자의 라이프-프로세스(life-process)에서 시작한이러한 원리에 따라 진행해 나가야 한다. 외부가 사전에 결정되어서는 안되며 모든 유기적인 발달과 동일한 방식으로 전개되어야 한다. 외부는 물론 이러한 유기적인 발달에 한계를 설정하지만 그 형태를 지시(결정)하지는 않는다. 우리는 벽을 주거(dwelling)의 프로세스에 맞춘다. 주거의 프로세스를 직사각형 안에 강요하지 않는다. 이러한 방식으로 작업하면 벽들은 결코 직각이 될 수 없고, 직사각형의 건물이 만들어질 수 없을 것이다. 또한 벽들은 언제나 직각이 되지 않을 것이다. 각 부분들은 태양과의 적절한 관계를 발견하려는 성향이 있기 때문에, 자연적 질서가 그 스스로를 주장할 것이다. 그래서 주택은 남쪽을 향해 개방되고 북쪽 면을 배면으로 하여 동쪽에서 서쪽으로 궤적을 그릴 것이다. 그것(주택)은 마치 태양에 그 기관을 표현하는(presenting) 행성처럼 움직일 것이다.... 우리는 이제 보편적 의미에서 건물의 기관작업(Organwork)을 생명을 지닌 선으로 가져올 준비가 되었다. 그러나 아직 우리는 다음 단계인 형태작업(Gestaltwerk)을 시작하지 않았다. 형태작업은 하나의 주도적인 특성을 갖는다. 공간들은 서비스의 역할을 이해한다. 공간들은 그 형태(Gestalt)를 거주자들과 그들의 주거 습관에서 얻어낸다. 이로써 공간들은 생명에 속하게 되며 참여하게 된다. 공간들은 존재와 같은(being-like, wesenhaft) 실체가 되어가며, 또다른 형태 세계의 추상적인 구조를 따르지 않게 된다. 이러한 사실 또한 주거의 몸체가 구성되는 재료들에도 적용되고, 여기서 재료들은 더 이상 그 기술적인 성능으로만 선택되지 않는다 :

오히려 재료와 함께 하는 삶이 고려되어야만 할 때 제공되는 삶과 경험의 질로 선택되어야 한다. 우리는 기하학의 형태적 폭력(form-power) 아래에서 억압당하지 않는 전통을 지닌 일본의 주택에서처럼 건물과 주거 사이에 이와 같은 조화를 추구" 한다.(Hugo Häring, Arbeit am Grundriss, 1952)

**주**21) 해링이 제시한 유기적 기능주의의 출발점은 건축가 자신의 개성을 형태화하는 것이 아니라 물체의 특성(character)을 파악하여 그것에 형태(gestalt)를 부여하는 작업에서 시작된 것이다. 이에 대해 타프리(M. Tafuri, 1979, p.166)는 해링의 작품에서 '평면이 마치 공간 내에서 이루어지는 행태의 다이어그램과 같은 특징을 지닌다' 고 비판한다.

**주**22) 사리넨의 작품에서 반복적으로 나타나는 장소 만들기의 요소들은 낮은 궁륭형 천정으로된 원형의 식당, 조망이 가능하게 배치된 붙박이 소파, 사이공간(in-between space)으로 처리된 테라스, 특별한 음악실, 화초창과 온실(Blumenfenster and Wintergarten), 대규모 스튜디오에 있는 곡선형태의 독서용 의자(sitting-bay), 공간분할과 한정요소로 사용된 붙박이 선반과 찬장, 대규모 스튜디오를 위한 북향 채광, 주 거실공간의 남측 채광, 대지의 경계에 면한 식당에 유리블럭을 통해 들어오는 서향 채광 등이다. 이러한 개별적 장소들은 특수한 것들이지만 일관성 있는 전체를 만들기 위해 함께 관계를 유지하며 조합되는 방식이 중시된다.

## 013

**주**1) 이 시기에 제안된 과학적인 디자인 방법론에 대한 연구(Asimow : 1962, Archer : 1963, 1964, J. C. Jones : 1963, C. Alexander : 1964, B. Lawson : 1980)들은 디자인 문제가 충분히 검토, 분석된 후에 최종적인 답을 얻을 수 있으며 부분적인 해결안들을 조합함으로써 전체적인 해결안을 도출할 수 있다고 전제하였다. 그러나 이러한 선형적 프로세스의 모델은 디자인 행위에서 문제 그 자체가 지니고 있는 속성 이외에도 다른 인자들, 즉 디자인 작업 행위와 관련된 정보를 선택하고 구성하는 개인의 선택성과 건축에 대한 철학적 개념 등과 같은 것들이 종합의 과정에 상당한 영향을 끼치고 있다는 사실을 간과한 점 때문에 비판을 받았다. 디이지(C.M.Deasy, 1974, p.122)는 디자인 프로세스의 모델들은 복잡한 정보를 조직화하여 디자이너의 창조적 잠재성을 높혀주는 데 기여할 수 있는 보조적인 '방법론적 변환기법' 에 불과하다고 지적한다. 실제로 상당수의 디자이너들은 디자인 문제의 해결 과정에서 그 자신의 초기개념(preconception)과 가치를 배제할 수 없다는 점, 그리고 분석보다는 종합화를 위한 추론을 통해서 자신의 문제의 구조를 의식하며 이것을 명료화함으로써 타인들에게 그 함축된 의미를 이해시키려는 작업을 수행한다는 점이다. 이러한 사실은 건축가가 디자인 초기에 설정하고 있는 개념적 이미지(conceptual image)는 그가 디자인을 수행하는 중요한 도구이며 디자인 문제에 대한 접근 방식과 태도에 중요한 역할을 한다는 것을 의미한다.

**주**2) 합리적 원리는 구조 원리, 빌딩 서비스, 구체적인 사용자의 요구 조건 등에 대해 합리적 분석을 바탕으로 공간을 할당하고 건물의 형태를 결정짓고자 하는 것이다. 상징적 원리는 건축 요소의 상징적 내용이 사용자에게 주는 영향을 고려하여 건축 형태를 계획하는 것을 의미한다. 심리적 원리는 건축과 인간의 사회적 접촉이나 사용자 참여를 통해서 구체적인 정신적 관계(psychic relationship)를 형성시키고자 하는 것과 관계된다.(E. Schirmbeck, 1987, pp.168-169) 쉬름벡은 이러한 변화의 양상은 벤츄리, 무어 등처럼 역사적 형태의 인유를 통해 형태의 의미와 상징을 회복하고자 하는 태도, 그리고 사용자의 디자인 참여과정을 통해 건축가와 사용자의 간격을 좁히고자 하는 사용자 참여 디자인 방법론 등에서 잘 나타난다고 말한다.

**주**3) 기든스에 따르면, 한 시스템에서의 믿음은 특정분야에서 전제된 전문성에 기초하고 있는 관료주의적 시스템이다. 어떤 시스템에서의 한 사람의 지위는 다른 시스템에서의 지위를 대변하지 못하기 때문에 다른 전문시스템이 만들어낸 정보는 논의의 대상으로 개방적이라고 그는 강조한다.

**주**4) 카스텔은 "장소란 하나의 현장으로서 그것의 형태, 기능, 의미는 물리적 연속성을 지닌 경계 내에서 자족적이다"라고 정의한다. 그는 네트워크 사회에서 사람들은 여전히 장소에서 살아가고 있지만, 사회의 기능이나 권력은 흐름의 공간으로 조직되며, 그것의 구조적 지배논리는 결국 장소의 의미나 역동성을 변화시킨다' 고 보았다. 흐름이 점차 시간과 공간을 점유함에 따라 경험의 공간이 가정으로 국한되어가고 있는 특정 종류의 장소임에도 불구하고, 여전히 실질적인 하나의 장소이다. 네트워크로 연결되어 있는 비역사적인 흐름의 공간의 지평으로 나아가는 것이 지배적인 경향이다. 그리하여 공간 논리는 흩어지고 파편화된 장소, 점차 서로 관련성이 적어지는 장소, 문화적 규범을 점점 공유할 수 없는 장소들을 강요한다.(M. Castells, 2000, pp.550 - 554) 또한 카스텔은 사회이론의 관점에서 "공간은 시간을 공유하는 사회적 실천의 물질적 토대"(M. Castells, 2000, p.496)이며, "공간은 사회적 표현"이라고 정의한다. 따라서 '공간은 사회의 복사물이 아니라 사회 그 자체이며, 공간형태와 그 과정은 총체적인 사회구조의 역동성에 의해 형성된다' 는 것이다. 정보화 사회에서 지배과정과 기능의 물질적 형태의 토대인 흐름의 공간은 3가지 층위의 물질적 토대를 조합함으로써 설명이 가능하다고 그는 말한다. 여기서 첫 번째 층위는 극소전자, 원격통신, 컴퓨터 프로세싱 등과 같이 정보기술에 의존하는 사실상 전자충격회로로 구성된다. 두 번째 층위는 네트워크의 결절(nodes)과 허브(hubs)로 구성된다. 세 번째 층위는 공간이 접합되는 방식을 결정하는 지시기능을 행사하는 지배적인 관리 엘리트 (계급이 아니라) 공간조직과 관련된다.(M. Castells2000, pp.536-540)

주5) 메가시티 개념은 국제적인 세계를 주로 다루는 몇몇 도시 전문가들, 특히 뉴욕에 기반한 '메가시티 프로젝트' 창립자이자 책임자인 제니스 펄먼(Janice Perlman)에 의해서 대중화되었다. 카스텔은 메가시티의 특징은 '물리적 측면, 사회적 측면 모두에서 외부적으로는 세계적 네트워크 또는 자신의 국가에 연결되는 반면에 내부적으로는 기능적인 필요성이 없거나 사회적 문제를 일으킬 수 있는 지역주민들과는 연결되지 않아 국지적으로는 연결되지 않는 새로운 도시형태' (M. Castells, 2000, pp.528 - 530)라고 정의한다. MVRDV의 위니마스는 메가시티의 개념을 메타시티(Metacity), 데이터타운(Datatowm, 1999)등으로 발전시켰다.

주6)베르켈(Ben van Berkel & Caroline Bos, 2006, p.314)에 따르면, 사람과 물건의 물리적 이동의 흐름은 지속성과 영역적 용도 상호간의 관계를 보여주기 때문에 시간과 이동은 장소의 구성을 결정하는 데 중요한 요소이다. 시간의 차원과 관계된 이동에 관한 유형분석은 다양한 궤적의 방향, 부지에서 운송형태가 갖는 우선 순위, 상이한 프로그램들과의 연결 및 이들 상호간의 결합 등에 관한 정보를 포함하기 때문이다.

주7) 쿨하스는 프로그램을 확정적으로 보지 않고 지속적인 변화와 조정을 거치는 것으로 인식하였다. 따라서 공원에 축이나 형상과는 무관한 띠 모양의 기하학의 개념을 도입하고, 무작위적인 가로 띠들의 분할에 따라 개략적으로 정해진 각각의 병치된 프로그램들이 정보의 변화에 따라 우연히 결정되는 방법을 택하였다. 전략적으로 부지는 동-서 방향으로 나누는 일련의 평행한 프로그램 띠로 분할되었고, 여기에 공원의 주요 프로그램 요소들이 배치되었다. 이러한 다양한 층위들은 수평 띠의 남-북 방향으로 직교하여 관통하는 대로(Boulevard)와 동-서 방향으로 연결된 산책로(Promenade)로 접근과 순환체계를 이루고 있다.(R. Koolhaas & Bruce Mau, 1995, pp.923 - 927) 이 수평의 프로그램 띠를 여러 층위로 중첩시키는 수법은 최대의 프로그램 요소들 사이에서 최대의 '경계선'을 만들어내며 각 프로그램 띠가 상호간 침투하는 것을 가능하게 한다. 쿨하스의 이러한 해석은 당선작인 베르나르 츄미의 해석과 상당한 유사성을 보여준다. B. 츄미와 마찬가지로 쿨하스도 소규모 스케일의 요소들—키오스크, 놀이터 등—을 대지 전역에 분배하기 위해서 포인트 그리드의 개념을 도입하였다. 이것들은 수학적으로 계산된 바람직한 발생빈도에 근거하여 대지 전체에 상이한 점의 형태로 분포되었다. 결과적으로 공원은 수평의 띠로 분할되었기 때문에 포인트 그리드의 요소들은 서로 상이한 영역에서 발생한다. 그 결과 동일한 구성요소들이라 할지라도 그것이 속해 있는 좌표계와 영역에 따라 서로 상이한 성격을 띠게 된다.

주8) 쿨하스는 이 도시계획안에서 "임의의 띠들—연결의 띠, 프로그램적인 띠, 조경 띠, 비워짐의 띠, 경계적인 띠—속에서 구체적인 형태나 기능이 규정되지 않은 상태에서 구조적으로 의미를 갖지 않는 점들을 가로지르는 선과 이 주위의 다양한 벡터들로 구성된 다이어그램을 바탕으로 계획되었다"(김원갑, 2008, p.121 재인용)고 설명한다.

주9) 현대과학에서 제기된 우연성의 개념, 들뢰즈의 리좀(rhizome)개념을 차용한 리좀적 구조에 대해서는 『렘 쿨하스』(김원갑, 2008)를 참조할 것

주10) '안정된 영역'은 5개의 구역(관리와 행정 사무공간, 나선형의 서고 공간, 컨퍼런스 룸, 직원실, 주차장)으로 독립적이어서 각 영역은 자체의 기계설비와 구조시스템을 지니고 있으며, 최대한의 가용공간을 위해 서로 다른 크기와 밀도로 배열되었다. 반면에 다양한 레벨 층들 사이에 있는 '중간 영역(intermediate areas)' 안에는 사용자에게 정보를 제공하기 위한 목적으로 설치된 전이영역(transit zone)이 있다. 방문자들 사이에 상당한 상호작용이 일어나는 곳은 바로 쿨하스가 마치 게임장처럼 자유롭게 접하도록 만든 이곳에서이다. 5개의 '불안정한 영역'은 각기 서로 다른 특정한 업무를 위한 공간들(열람실, 종합정보실(mixing chamber), 라운지, 어린이용 열람실, 다중어학실)이며 완전히 독립적이지 못하고 어느 정도 융통성이 존재한다.

주11) 아탈리(Jean Attali, (ed.)Véronique Patteeuw, 2003, p.93)는 데이터베이스에 토대를 둔 MVRDV의 디자인 방법은 '개별적 참여자(독자, 구경꾼, 연주자, 건축가)의 역할이 더 불분명하고 일반적인 속성을 암시하며, 또 다른 형태의 의미 탐구와 형태 도출을 제시한다는 점에서 보다 개방적'이라고 평가한다.

주12) 과대 인구밀도에서 유래된 실험적 건축과 실무적 사례를 모아 최대 밀도에 대해 연구한 파르맥스(Farmax, 1998)를 출판한 이후, 메타시티/데이터타운(Metacity/Datatown, 1999)에서는 데이터스케이프가 기존에 구축된 랜드스케이프에서 집합적 행동의 변형에 따른 공간적 결과를 보여주는 과정을 통해 대규모의 계획(planning) 문제에 대한 정치적 의사결정이 어떻게 반영될 수 있는지를 보여주고 있다. 여기서 그는 전 세계를 통해 특정지역들이 확장된 도시 영역, 즉 메트로폴리스(Metropolis)에서 메가시티(Megacity)로 발전할 것이라는 가정 하에 또 자급자족적인 가상적 도시인 데이터타운(Datatown)에서 방문객의 다양한 경험과 욕구에 따라 바뀌는 14가지의 다양한 시나리오가 도시환경에 대해 지니는 함축적 의미를 조사 연구하여 이를 시각적 도시로 구현하였다.(Bart Lootama, (ed.)Véronique Patteeuw, 2003, p.47) 데이터타운은 정보에 의해서 묘사될 뿐 지형, 이데올로기, 재현, 맥락 등이 없는 도시이며, 방대한 양의 데이터만 존재하는 숫자로 된 도시문화를 대변한다. 리전메이커(Regionmaker) 프로젝트는 세계적 규모에서 이주에 대한 압력 및 음식과 에너지 생산의 문제들을 그래픽으로 설명함으로써 데이터의 복잡성을 풀어내는 객관성의 문제를 제기하고 있다.

주13) 아탈리(Jean Attali, (ed.)Véronique Patteeuw, 2003, p.87)는 심리적 문제, 재난 관리 유형, 조명 규정, 음향처리 등 이러한 모든 현시(명시, manifestation)가 배후에 숨겨진 데이터(data)의 스케이프(scape)로 보여질 수 있기 때문에, 데이터 영역으로의 탐색은 대지와 프로그램의 기준에 대한 통합된 랜드스케이프와 초

-기능주의(hyper-functionalism)를 발생시키는 계기가 된다고 지적한다.

주14) MVRDV는 반형태(anti - form)로서 이러한 보이드를 중세의 성에서 존재하는 포켓공간(pocheé)이 지닌 힘으로 다음과 같이 비유한다. "... 여기서 당신이 문을 열고 나가면 갑작스레 감추어진 보물을 발견한다. 그리고 이웃에 대해 갑작스레 인식하게 되고, 그러한 형태 뒤에 감추어진 것에 대한 호기심, 그 들을 방문하게 된 이유, 고밀도화 된 지역 안에서 사회화하는 가능한 방법들을 발견하게 된다."(El Croquis vol.86, 1997, p.17)

주15) 아탈리는 MVRDV가 건물을 횡단면으로 생각하고 그것을 마치 '수직적 미로(Vertical Labyrinth)처럼 세운다'는 개념을 실로 담 (SILODAM, Housing Silo in Amsterdam, The Netherlands, 1995 - 2002)에서 다음과 같이 구체화하였다고 지적한다. " ... 평면에서 미로는 2차원 영역이면 충분하다. 벽이 측면 또는 횡단면의 시야를 막고, 평면은 높낮이의 변화가 없다. 이것은 단면이나 병치(superim position)의 효과와 비슷하다. 얽힌 통로들은 막다른 곳으로 이른다 할지라도 다른 통로들과 서로 연결된다. 통로와 연결부는 증가하지만 출입구의 수는 엄격히 제한된다. 3차원으로 개방된 미로처럼 출구는 매 단계마다 개방되고, 서양 주사위 놀이(backgammon)처럼 내부의 작은 공간들은 서로 어긋나도록 구성된다. 3차원의 미로에서, 부분들은 폐쇄된 공간에 갇혀있는 것이 아니라, 개방적인 네트워크의 전 영역으로 확장된다. 자유롭게 배치된 3차원의 미로를 돌아다니는 것은 횡단면을 겹쳐 쌓아올려 발생한 얽힌 공간에 변화를 가져온다. 이처럼 수직적 미로는 밀실 공포적인 공간이 아니라 반대로 모든 만남의 가능성을 가지는 광장"(Jean Attali, p.87, (ed.) Véronique Patteeuw, 2003)이 된다.

주16) 마스는 유럽주거 설계공모전 당선작품인 베를린 보이드 계획안(Berlin Void in Berlin, 1991)에서 기능을 적층하고 병치하는 개념으로 전후 모더니즘의 획일적인 집합주거 유형을 탈피하고자 하였다. 여기서 그는 이상적인 다양한 주거유형들 사이에서 발생하는 빈 공간(empty space)인 보이드 안에 중간영역의 성격을 지닌 공공 공간들로 채워진 3차원적인 주거블록을 제안하여 세인들의 주목을 받았다.

주17) 이 프로젝트에서 스튜디오 아파트, 중정형 아파트, 고미다락방, 2층이 딸린 아파트 등 복합적인 프로그램에 대응하는 다양한 공간들의 목록(species of spaces)을 개발하여 다양한 주거유형들이 도입된 평면들은 취미, 조망, 화실, 개방형 공간, 중정 등과 같은 명칭으로 설명된다. 이 프로젝트는 '작은 이웃'들끼리 분류되고, 공동체 의식을 발전시켜 개발업자, 사회주택회사, 관리전문가, 조언가, 공동생활단체 대표 등 다양한 단체들 사이의 대화를 조성한 결과이다. 수많은 회의를 거쳐 다양한 주거유형의 윤곽, 크기, 혼합, 가격 등의 합의에 도달되었고 협상이 정착되었다.

주18) 자에라 폴로는『무질서를 초월한 질서 *Order Beyond Chaos*, (ed.)Cythia C. Davidson, 1997』에서 어떤 특정 조직화의 유형을 선호하거나 좋은 건축을 만들기 위해서 비대칭적, 비위계적(a-hierachical), 비선형적(non-linear)이 되어야만 한다는 이데올로기적인 태도를 취하지 않는다. 그는 불확정성이나 임의적인 결정을 통해 이루어지는 '무정형성(formless)'의 한계와 위험성을 경고한다. 그는 무정형성은 잘 정의된 형식적인 질서와는 무관하며, 그것은 일정한 준거틀 안에서 작동하는 '비형식성(informal)'과 근본적으로 다르다고 강조한다. 비형식성은 미적인 프로그램의 목표나 효과로 추구될 수가 있지만, 무정형성은 불안정한 결과나 모순과 같은 정신적인 작용으로 형식화 되어지는 것이기 때문이다. 무엇보다도 이러한 무정형성은 근본적으로 생산적이고 주관이 반영되는 작업인 건축에 적용하는 데는 많은 오류를 발생시킨다고 지적한다. 그에 따르면, "미확정성은 기존에 이미 세워진 형태들의 경계 밖에서 일어나는 활동의 결과"((eds.) Tom Avermaete, 2009, p.443)이다. 이러한 미확정성을 내포하고 있는 '무정형성은 그것이 관찰자, 비평가, 연구가들의 관점에서는 실행가능한 방법론인 반면에 물질적 구축의 과정에 내재하는 결정성의 형태와 질서를 현실화해야 하는 생산자로서의 건축가의 관점에서 무정형성을 통해서는 바람직한 효과를 얻을 수 없다'는 것이다.

주19) 자에라 폴로는 도시란 일종의 시스템적이고 서로 다른 반복으로 이루어진 조직(구성)으로 인식한다. 그는 서로 다른 스케일을 가로질러 시스템들을 동시에 규명하는 작업을 통해서 건축에 접근하고 있다. 그는 건축을 도시의 일부분으로 간주한다. 이것은 복잡한 시스템 안에서는 작은 스케일에서 큰 스케일 사이에 점점 증가하는 일관성이 존재하기 때문에 작업실행의 스케일 사이에 단절이 발생하는 것을 예방하기 때문이다. 서로 다른 스케일의 반복으로 프로젝트를 구성한다는 이러한 '스케일을 가로지르는 동형론(isomorphorism across scales)' (El Croquis vol.115 /116, 2003, p.26)의 개념은 건물의 공간 구성뿐만 아니라 구조의 구성에도 동일하게 적용할 수 있다.

주20) 자에라 폴로는 자연계의 종의 개념에서 발견되는 '성장의 개념(idea of growing things)'을 차용하여 건축실무의 개념을 프로젝트가 성장하고, 사람들이 성장하고, 지식이 드러나는 문화로서 해석한다. 그는 건축의 시스템과 프로세스를 마치 하나의 유기체를 이루는 '씨앗'으로 비유된다. 이러한 생각은 서로 다른 환경에서 '새로운 종(new species)'을 만드는 프로젝트의 적응과 증식의 개념인 키우기(breeding) 그리고 주어진 구체적 조건과 상호작용을 통해 그것들이 자라나게 하는 개념인 경작(cultivation)의 개념으로 제시되었다. 그는 이 개념들은 생물학적 종들이 주변 환경과 그러하듯이 특정한 시공간 속에서 특이성을 창조하는 과정을 통해서 건축이 내부에 국한된 닫힌 체계가 아니라 주변의 환경과 시간의 변화에 상호작용을 하는 열린 체계를 획득하기 위해서 필수적이라고 보았다. 그가 자연에 시간과 공간이 전개됨에 따라 다소간 안정적인 구성의 형태가 존재하고

이것들이 서로 다른 에코시스템에 적용될 때 변이되듯이 건축지식의 형태를 구성하기 위한 모델로서 계통 발생에 주목한 것은 이러한 이유 때문이다.

**주21)** 프로그램은 연락선의 터미널 기능과 시민들의 여가공간을 수용하는 것이다. 이를 위해 부둣가 보행자들의 흐름에 대해 조사하여 사람들의 이동에 두가지 타입의 움직임 즉, '전도성의 움직임' 과 '유도적 움직임' 이 있다는 사실을 찾아냈다. 여기서 전자는 지속적인 규모로 접근을 유지하면서 서로 다른 장소들을 선형적으로 연결하는 것으로, 거리의 순환과 관련된 것이다. 후자는 집중적이고 강렬한 선들의 패턴으로서 나타나는 것으로, 광장이나 공원, 종합운동장 등과 같이 집중적으로 사용되는 공공 공간들과 일치하는 것이다.((eds.) Tom Avermaete, 2009, p.446)) 폴로는 '부둣가를 따라 지속적인 수준의 공공 활동을 생성하고 요코하마 해변가에 도시의 강렬함을 투영하기 위한 유도적 장치를 만들어 일시적으로 머무는 군중을 위한 건축을 창조한다' ((eds.) Tom Avermaete, 2009, p.446)는 아이디어로 접근하였다. 이를 위해서 부둣가를 하나의 문이 아닌 하나의 접점으로 전환함으로써 두 가지 상태의 경계가 중요해지는 대신 그 둘 사이의 점진적 변화가 가능해지도록 '순환하는 부두(no-return pier)개념' 을 도입하였다. 여기서 평면상의 길다란 사각형의 4개의 바닥판들은 르 꼬르뷔지에의 도미노처럼 수직으로 쌓아올린 것이 아니라 접혀지고 갈라지면서 판들이 이음새없이 연결되는 형상으로 겹쳐져 건물 전체가 하나의 판으로 연결되어 있다.

**주22)** 베르켈은 유동적인 힘들은 정치적, 경제적, 문화적, 사회맥락적, 그리고 구조적인 힘을 포함하여, 예측할 수 없는 물질적(실체적) 또는 물질적 이전 단계(비실체적)(pre-physical)의 수많은 힘들로부터 도출된 건축에서 발견되는 것이라고 설명한다.

**주23)** 액상의 건축은 "건물, 기구, 또는 고정된 구조의 형식적인 구현이 아니라 건축가가 특정한 지식과 시각화하는 기술의 조합을 이용해 멀리 떨어져 있는 복잡한 상황들에 접근할 수 있는 상상을 유발하는 것" ((eds.)Tom Avermaete, 2009, p.436)이라고 말한다. 따라서 그것은 액체를 움직이게 하는 것으로 이루어진 것도, 유동적이고 녹아내리는 형상의 프로젝트를 표현하고자 하는 것과도 무관하다.

**주24)** 베르켈(Ben van Berkel & Caroline Bos, 2006, p.16)에 따르면, 다이어그램을 개발하는 작업은 먼저 그 매개변수를 정의하는 데서 시작한다. 예를 들어 사용자의 카테고리를 영역적 매개변수 및 시간-기반 매개변수와 관련지어 정의하는 작업을 하면, 소프트한 흐름(flow)의 개념으로부터 하드한 매개변수들, 실제적이고 작업가능한 건축적 인자들을 만들어내는 것이 가능하다. 이렇게 만들어진 다이어그램은 다양한 행위자들간의 상호작용의 효과를 강화시켜준다. 다이어그래밍(diagramming) 작업에서 이러한 관계적인 접근방식은 장소의 개발 잠재력을 통합적인 방법으로 새롭게 통찰하는 데 기여한다.

**주25)** 베르켈은 '디자인 모델은 컴퓨터 프로그래밍과 엔지니어링 분야에서 통용하는 것처럼 일련의 요구조건과 목적을 포함하는 자료(documents)를 의미하며, 작업수행을 위해 다양한 옵션들을 감소시킬 목적으로 만들어진 것' (Ben van Berkel & Caroline Bos, 2006, p.17)이라고 설명한다. 그는 디자인 모델이라 불리는 다이어그램을 수많은 프로젝트를 양산할 수 있는 컨셉 자동차에 비유한다.

**주26)** 베르켈(Ben van Berkel & Caroline Bos, 2006, p.138, p.216)에 따르면, 수학적 다이어그램(mathematical diagram)은 위상기하학적인 특성을 지니고 있다. 따라서 수학적 모델을 다양한 차원과 방향으로 해석하고 변형시켜 건설, 랜드스케이프, 디테일, 루팅, 빛, 재료, 공간성과 분위기, 이동(움직임), 방위, 방향 등과 같이 구조물에 본질적인 측면들을 명료하게 해석하는 것이 가능하다. 블럽-상자 모델은 엄격하고 유닛-기반(unit-based) 시스템(박스)을 자유롭고 보다 유연한 시스템(블럽)으로 변화시킬 수 있는 조직화(구성)의 원리로서, 도시와 그 기반시설의 유입 및 고층건물의 짜맞춘(built-up) 그리드 등 다양한 스케일과 영역에 추상적이고 은유적으로 사용된다. V-모델은 에라스무스 교량(Erasmus Bridge, 1996)의 경사진 콘크리트 피어 형상에서처럼 사선으로 기울어진 건축 형태 사용을 강화하는 방식으로 사용된 특별한 조직적(구성적) 유형학이다. 그에 따르면, 고리모양의 띠가 본래의 면적을 유지하면서 뫼비우스 띠로 비틀어 질수 있는 것처럼 뫼비우스 띠와 그 3차원적인 변형물인 클라인 병(klein bottle), 트레포일(trefoil, 삼엽형(三葉形))과 나선형 구조 등은 여러 프로젝트에서 다양한 방식으로 사용된 동일한 수학적 모델의 변형물이다. 따라서 그는 뫼비우스 구조, 트레포일 구조와 같이 어떤 다이어그램을 다른 방식으로 조작, 적용하여 다양한 프로젝트에 사용한다. 이러한 사고는 다이어그램을 유형학처럼 반복적 개념으로 확장 적용하는 새로운 버전을 만들어내어 새로운 가능성을 제공하기 때문이다.

**주27)** 베르켈은 잔상효과의 필요성에 대해 다음과 같이 설명한다. "... 이것이 우리가 작품에 시각적인 강도를 지닌 특별한 형태를 부여하고, 지각적 소멸이 시작되는 것을 방해하는 잔상을 생성하도록 디자인 함으로써 작품의 수명에 관심을 갖기로 결심한 이유이다. 시각적 시스템에서 시작되어 감각의 작용으로 촉발되는 아이디어, 감정, 연상 등은 의식적으로 만들어진 어떤 개념과 메시지보다 훨씬 더 강렬하고 오랫동안 지속될 수 있는 반면에 그것들은 건축적 레퍼토리의 일부로 의도된 부분들이 아니다. '잔상' 은 망막상의 강렬하고 지속적인 자극으로 야기되는 오래 지속되는 시각적인 인상을 의미한다. 우리에게 있어서, 그 용어는 약간 다른 의미를 지닌다 ; 우리는 그것(잔상)을 강렬한 인상으로 야기되는 감각적 지각의 모든 영역을 포함하는 의미로 사용" 한다.(Ben van Berkel & Caroline Bos, 2006, p.376)

**주28)** 세지마는 원형평면에 갤러리 공간을 배치하는 또 다른 방식으로 전시공간을 건물의 주변부에 배치하고 이 공간들을 공유된 벽들로 서로 연결하는 방식을 검토하였지만 이것은 외부에서

접근하는 사람들에게 내부공간을 연속적으로 인식하게 만드는 어려움이 있기 때문에 초기안 발전과정에서 선택하지 않았다고 말한다. 이 건물의 외부에 위치한 공공성의 프로그램 공간들은 미술관을 경유하지 않고 자유롭게 접근가능하다. 내부에 위치한 갤러리 공간들을 독립적으로 서로 분리하여 이용하는 방식은 사람들의 흐름을 고려할 때 더 많은 자유와 이동 가능성을 주기 때문에 융통성을 지닌 미술관을 가능하게 한다.

**주29)** 세지마의 작품에서 보여지는 이러한 특성들은 그 자신을 중심적 테마로 드러내지 않으며 그 안에서 오브제, 사람과 그들의 행위의 우세성을 촉진시키는 역할을 포기하는 '건축의 취약함(weakness)' 이라는 새로운 개념을 암시한다. 이 개념은 세지마가 모든 요소들을 동등화하여 분할함으로써 발생하는 국지적인(관계적) 질서(local order)의 시스템과 관련된 것으로 거의 동시에 공간패턴을 발생시킬 수 있는 속성을 갖는다. 이것은 분명하게 한정된 주변 경계에 국한된 것으로 물리적으로 시스템의 한계를 정하고 그것이 주변 환경으로부터 독립성을 유지하도록 만들어 주변의 도시환경과 어떤 관계를 만들어내는 데 반응한다. 이러한 시스템을 지배하는 것은 취약한 질서(weak order)로서, 이것은 중력과 같이 강한 질서(strong order)와는 그 성질을 달리한다고 모레노와 그린다(Christina Diaz Morenno & Efrén Garcia Grinda, EL Croquis, vol. 77+99 / 121 / 122, 2004, p.373)는 지적한다.

**주30)** 세지마는 벤야민이 아우라(aura) "breathes"라고 말한 바와 관련된 것으로 신체적으로 동화되는 어떤 것을 추구한다(El Croquis, vol. 77+99/121/122, 2004, p.375)고 모레노와 그린다는 지적한다. 뵘(Gernot Böhme)이 말한 것처럼 분위기는 전형적인 중재의 현상이다. 그것은 주체와 객체 사이의 그 무엇이며 생산의 미학과 수용의 미학 사이를 중재할 수 있고 또 관찰자를 그 지각과 그 생산에 동시에 참여시키는 영역이다. 이러한 개념은 또한 위글리(Mark Wigley, 1998)가 분위기의 건축(Archutectute of Armosphere, 1998, p.18 - 27)에서 언급한 바 있듯이 오브제의 상황들, 구성되어야 하는 공간적 질서를 가지고 기법과 작업을 통해 인위적으로 유도되는 복잡한 풍토적인(기후적인) 또는 환경적인 상태를 의미한다.

**주31)** 세지마는 주변환경과의 관계는 건물이 내부와 외부에 만들어내는 분위기로 건물이 세워지기 전까지 존재하지 않았던 분위기를 의미하는 반면에, 공간적 측면의 독특한 분위기는 건물이 세워지기 전에 존재하고 있는 분위기라고 설명한다. 이 양자 모두 중요한 것이므로 건축가는 프로그램, 분위기, 차원 등에 따라 다양하게 반응하는 작업이 중요하다는 것이다.

**주32)** 모레노와 그린다에 따르면, 세지마는 이러한 몰입적인 특성을 강조하기 위해서 종종 관찰자를 그들의 정위를 인식하는 능력의 한계까지 설정한다. 그녀의 작품에서 정위 체계는 단지 공간의 취치를 취약하게 확정할 뿐이다.(Christina Diaz Morenno & Efrén Garcia Grinda, EL Ceoquis, 77+99 / 121/122, 2004, p.375) 그러므로 정위 체계는 거의 안내자로서 기여하지 못하며, 이러한 분위기를 조성하는 체계의 또다른 전형적인 결과인 변칙적인 지각, 즉 깊이감과 중첩되어진다. 이것은 톨레토 미술관의 글라스 파빌리언의 중첩된 투명성이나 플럼 그로브(Plum Grove) 주택의 방들 사이의 시각적 관계와 여정에서 경험할 수 있다.

**주33)** 세지마는 구조를 단지 건물을 지지하는 수단으로서 뿐만 아니라 공간을 한정하는 요소로 간주한다. 그녀는 프로그램을 구성하는 방법과 함께 새로운 유형의 공간과 경험을 만들고자 할 때 구조를 활용하고 있다. 그녀가 구조를 점점 슬림화하여 구조처럼 보이지 않는 구조를 만드는 것은 단지 미적인 문제가 아니라 벽과 바닥의 두께로 발생하는 새로운 공간적 효과와 경험을 극대화 하려고 시도한 것이다.

**주34)** 헤세가와는 그것은 집단주의가 아니라 한 개인이 자신의 개성을 유지하면서 타인과 물질적, 영적, 그리고 공간적 자원 등을 공유하는 방식과 관계된 것으로 다분히 동양적 사고의 전통과 연결되어 있다. 세지마의 작품에서 발견되는 '가벼움' 은 단지 시각적으로 표현된 가벼움이 아니라, 보다 초연하고 궁극적으로 상호교환이 가능한 어떤 것을 의미한다. 그것은 "그 자신의 존재 안에 있는 가벼움" 이라고 지적한다.

**주35)** 구조 코어와 각층의 건물의 한계(경계)로 공간의 특성을 규정하는 방식은 비-위계적인 '국지적 관계성(local realtinship)' (Christina Diaz Morenno & Efrén Garcia Grinda, EL Croquis, vol. 77+99/121/122, 2004, p.373)이라는 개념을 3차원적인 시스템을 통해 구축한 데서 나타난다. 여기에는 미술관을 통해 이동하는 다양한 통행로가 구성되며 건물의 코어와 외피의 관계가 변화함에 따라서 다양한 채광조건과 공간의 비례가 변하는 결과로 드러난다.

## 02/021

**주1)** 텍토닉(tectonic)의 어원은 목수, 건축가를 의미하는 그리스말 텍톤(tekton)이다. 텍토닉은 그리스 건축의 목조 기원설을 반영하는 동시에 목조 구법의 특징, 즉 부재의 결합에 의한 구축 방법론을 포괄적으로 다루는 개념이다. 하이데거(Martin Heidegger)에 따르면, 그리스어 techne는 테크놀러지를 의미한다. 그는 techne를 '시적 및 계시적인 의미를 갖는 것' 으로 생각하였다. techne는 단지 도구나 제작(fabrication)뿐만 아니라 가치의 세계에서 그 장소, 즉 앎(지식, knowing)을 의미한다. 이러한 앎은 실증주의적이 아니다. techne가 그 실제적 지식을 선행하고 부분적으로는 시학에 존재하는 반면에 테크놀러지는 단지 그 자신의 근원인 물리학과 역학으로부터 나오는 것이기 때문이다. 그러나 techne는 또한 그것이 선례(만들어져야 하는 것과 '동일한 것' 인 그 무엇)를 갖는 어떤 것에 대한 앎에 따라서 무언가를 명백히 인식가능하게 해준다는 점에서 계시적이다. 이 점에

서 techne는 오브제 유형(object type)과 그것의 제작의 논리성 사이에 존재론적인 관계를 갖는 특성을 내포하고 있다. 건축담론에서 techne에 대한 하이데거의 해석은 구축성(tectonic)과 유형(type) 모두를 포함하는 것으로 정의될 수 있다.(Gevork Hartoonian, 1994, p.40) 세클러(Eduard Sekler, 1965)가 구축성의 개념을 "건설된 형태의 정역학적인 지지로부터 나타나는 어떤 표현이지만, 구조나 구축이라는 단어 그 자체만으로는 설명되지 않는 표현성이라고 언급한 것"(함인선, 2003, p.59 재인용) 과도 같은 의미를 지닌다.

주2) 뵈티허에 따르면, 기술적인 형태는 자동적으로 필수적이며 정역학적으로도 기능적인 구조를 의미한다. 반면에 예술적인 형태는 '기계-역학적인 기능이 이로 인해 외관으로 보여지는 특성화(characterizatin)' (Wolfgang Hermann, 1984, p.141)이다. 따라서 그것은 건축가의 주관적인 의도나 구조 시스템의 물질성을 표현하는 목적이 아니라 순수한 구조 상태에서는 인지되지 않는 구조와 공간의 개념을 상징하는 목적으로 만들어진 '피복(covering)' 으로 상징적 의미를 지닌다. 여기서 뵈티허는 기술적인 형태를 그리스 신전의 본래의 독창적인 형태인 석재구조 형태로 예술적인 형태를 엔타블레쳐 등에 재현된 목구조의 피복(cladding)의 흔적으로 언급하고 있다. 뵈티허는 그리스 신전은 젬퍼가 주장한 것처럼 그 기원이 목조 형식에서 유래한 것이 아니라 본래부터 그리스인이 독창적으로 만든 석조 구조에서 출발하였다고 주장한다. 그러나 건축의 기원을 진화론적인 발달의 관점에서 찾으려 한 젬퍼는 그리스 신전은 이집트의 석조 구축과 소아시아 건축의 외피를 장식하는 원리가 통합된 것이라고 주장하여 뵈티허의 주장을 반박한다. 젬퍼는, 그리스 신전은 기술적 형태와 예술적 형태를 구분하지 않았다고 주장한다. 젬퍼는 기술적 형태와 예술적 형태의 관계는 목재의 형태(wooden core)를 금속 판으로 피복하는 과정의 발달로 해석한다. 메탈 피복이 충분한 지지력을 부여한다는 생각은 아리안족 예술의 초기 단계에서 '속이 빈 튜브형식의 금속양식(tubular metal style)' —여기서 목재의 형태는 피복으로 그 기능이 전환되어 결국에는 사라지게 되었다—을 발전시킨 데서 발견할 수 있다는 것이다. 이러한 속이 빈 튜브(hollow tube)는 아리안족의 기둥 구조에 주로 채택되었으며, 그것이 석재를 사용하는 양식으로 형태변형이 일어난 후에도 남아있다는 것이다. 그 결과 예술적 형태는 피복과 구조 모두로부터 발생한 것이라고 젬퍼는 주장한다.

주3) 재료는 그 물성에 대한 건축가의 인식에 의해 구축에 참여하며 의미를 형성하게 된다. 고전주의 건축이 중시한 형상이나 양식에 종속적인 지위에 머물러 있던 재료가 건축의 주요 의미 결정인자로 부각된 것은 유물론적인 사유의 전통의 부활과 신기술에 의한 재료의 발달이 이루어진 모더니즘 이후이다. 이것은 건축의 5원칙의 하나로 재료의 표현적 특성을 강조한 미스에게서 발견된다. 여기서 구조는 하중과 지지방식의 상호관계를 형상화시킴으로써 텍토닉의 의미인자가 된다. 세클러는 하중과 지지의 상호관계에 대한 표현이 시각적으로 무시되거나 방해받고 있는 방식을 '비구축적(atectonic)' 이라고 말한다. 접합은 여러 재료 또는 부재가 연결되는 부분에 동원되는 것으로 구축적 표현에 질서를 부여하며 의미인자가 된다. 하투니안(Gevork Hartoonian, 1994)은 접합(joint)과 반접합(dis-joint)을 구분한다. 접합의 예는 그리스 신전의 기둥이 여러 토막의 드럼으로 축조되었음에도 불구하고 그 연결부가 감춰진 채로 선적구성을 강조하는 것과 같이 미적 목표가 우선시 되는 비구축적 개념을 말한다. 반면에 반접합은 주두에서처럼 기둥과 엔타블레쳐의 연결을 강조하는 방식, 즉 재료들의 통합관계를 드러내며 구축의 과정을 노출시키는 연결이 강조된다. 전통적으로 접합의 기능은 건설의 흔적을 은폐하고 미학적 통일의 환영(illusion)을 만들어내는 것인 반면(꼬르뷔지에의 빌라 사보와의 회반죽 마감처럼). 반접합은 파편화되어 이루어지는 건축생산과정을 은폐하지 않으면서 재료와 디테일(하이-테크 건축의 부품조립화 방식처럼)을 통합한다. 이에 대해서는 Tectonic Studio(함인선, 2003, pp.60-62를 참조할 것)

주4) 구조화된 장식의 개념과는 달리 '장식화된 구조' 의 개념은 구조가 그 자체의 구조적 특성 이외에도 장식적 효과로 표현되는 것을 의미한다. (이러한 예는 오늘날 하이-테크 성향을 보여주는 건축가 로저스의 작품에서처럼 노출된 구조와 부재요소들이 조각적으로 처리되는 수법에서 찾아 볼 수 있다.) '장식된 구조' 의 개념은 구조적 기술을 공간구성의 시스템으로 활용하였지만 형태상의 미적인 효과를 위해 그 구조의 특성을 은폐시켜 2차적으로 만든 경우처럼 구조가 장식되는 것이다. 바로크 시대의 건축가인 베르니니(Bernini), 노이만(Balthazar Neumann)의 작품에서 구조적 기술을 의장적인 효과를 위하여 은폐한 경우가 이에 해당된다. '구성된 장식' 의 개념은 구조적 특성과는 무관하게 단지 형태적인 미적 효과만을 위해 부가된 것이다. 윤리성을 중시한 모더니즘 건축 이론가와 건축가들에게 이것은 가식적인 것으로 비판의 대상이 되었다.

주5) 프램톤(K. Frampton, 1980, p.113)은 프랑스 고전적 합리주의의 추상성과 보편성보다는 지방 건축으로의 복귀를 강조한 러스킨이 『강화, Entretiens sur l'architecture, 1863 - 1872』에서 언급한 것처럼 구조적 합리주의의 원리에서 전개되는 건축의 유형과 문화민족주의 사상은 영국의 존 러스킨(J. Ruskin), 카탈로니아의 안토니오 가우디(Antonio Gaudí), 벨기에의 빅터 오르타(Victor Horta), 네덜란드의 베를라헤(Hendrik Petrus Berlage) 등에 심오한 영향을 미쳤다고 지적한다.

주6) 젬퍼는 그리스 신전의 구축적 기원이 석재를 다루는 그리스인들의 창조적 재능에서 발생한 것이라고 주장한 칼 뵈티허의 견해를 반박한다. 젬퍼는 그리스 신전과 같은 석조의 기념물은 원시 오두막에서 진화한 2차적인 현상이라고 주장한다.

주7) 원시주거의 생성요소를 벽난로(hearth), 토루(earthwork), 골조/지붕(framework/roof), 경량 피복부재(lightweight enclosing membrance) 4가지 요소로 구별한 젬퍼(Gottfied Semper)에 따르면, 벽난로의 구축을 위해서는 '세라믹과 야금술'이 채용되며, 토루(테라스)의 구축에는 물과 조적조의 작업과정이, 그리고 기둥과 지붕의 구축을 위해서는 가구 제조술이 벽의 구축을 위해서는 직물 매트나 융단의 직물 공예술이 채용된다. 젬퍼는 인간의 수공예의 발달과정은 '기술적 기예(technical skill)'의 관점에서 탄성적(직물)이고 부드러운(세라믹) 질료에서 상대적으로 견고하고(텍토닉의 목가구류) 단단한(절석법의 석조 건물)으로 진화되어 왔다고 강조한다

**주8)** 젬퍼는 드리워 내린 천(휘장, hanging)이 앗시리아, 이집트, 그리스, 로마의 건축물에서 기둥들의 구조적 골조(frame) 주변과 사이에 내리워져 걸쳐있는 것은 프로아버시나 그림자를 제공하는 실제적인 기능이 있지만, 이것들은 원리상 색채와 패턴으로 구조물을 우아하게 하려는 의도였다고 주장한다. 직물의 커튼(textile ahnging)에서 영속적인 분할 벽(partition wall)으로 진화되어 왔다는 이러한 견해는 구조적 요소가 장식적인 요소에서 파생된 것이라는 것을 의미한다는 점에서 구조에서 장식이 나온 것이라는 골조형태학(skeumorphh)에 대치된다. 이러한 사실은 장식의 가치를 인정한 비올레-르-뒤크는 구조와 통합된 장식을 강조한 반면에 젬퍼는 구조를 피목하여 상징적 표현을 부여하는 것을 더 중시한 점에서도 나타난다.

**주9)** 프램톤(K.Frampton, 1980, p.29)은 19세기 중반 감옥, 병원, 철도역, 대학 도서관, 박물관 등 새로운 시설에 적합한 새로운 유형을 창조하려고 시도해온 신고전주의의 유산을 '구조적 고전주의'와 '낭만적 고전주의'의 두 흐름으로 파악한다. 구조적 고전주의자들은 구조를 강조하며 꼬르드므와(Cordemoy), 로지에(Laugier), 라브르스트(Labtrouste)의 흐름으로 이어지며, 낭만적 고전주의자들은 형태자체의 특징적 성격을 강조하며 르두(Ledoux), 블레(Bouleé), 길리(Gilly)에 이어 쉉켈(Schinkel)의 흐름으로 이어진다고 지적한다.

**주10)** 페레는, 양식은 근본적으로 중요한 내적 질서와 연관짓는 반면에 특성은 특정 순간의 외적인 표명에 불과한 것으로 해석한다. 따라서 그는 몇 년 후면 곧 그 형태의 아름다움이 사라지게 될 자동차는 하나의 특성만 지니지만, 파르테논은 특성과 양식 모두를 지니고 있기 때문에 영속한다고 강조한다. 그는 "비례를 통해 구조를 풍요롭게 하는 것은 인간 자신의 반영"이라고 강조한다. 또 그는 시간의 지속성 속에서 존재해 온 기념물의 잔해(유적)를 보존하는 방식으로 디자인해야 한다는 점을 강조하였다. 그는 "건축은 아름다운 잔해를 만드는 것이다"라고 주장한다.

## 022

**주1)** 19세기 후반에 생산의 기계화로 전통적인 수공예(handcraft)와 산업화(industry)라는 양극화 현상이 일어났다. 테크놀러지와 전통적 기법과의 관계에 대한 이러한 주제는 독일공작연맹, 피터 베렌스, 바우하우스의 그로피우스, 아돌프 로스 등을 통해서 건축과 기계화된 생산라인과의 협력관계와 관련된 쟁점들이 논의되어 왔다. 또 한편으로는 프랑스 계몽사상의 영향으로 건축 형태가 그 역사적 언어로부터 순화된 건축을 위해서, 추상화가 '새로운 객관성(new objectivity)'을 구현하기 위한 도구로 간주되었다는 점이다.

**주2)** 예술작품의 복제와 아우라(aura)의 개념에 대한 분석은 벤야민에 의해 제기되었다. 『기술복제 시대의 예술작품 *The Work of Art in the Age of Mechanical Revolution,* 1936』에서 벤야민은 19세기에 카메라와 영화 등 시각문화를 재현해주는 새로운 기술의 발전으로 20세기 모더니즘 시기에 나타난 변화현상을 분석한다. 여기서 그는 영화와 사진 등 기술적인 방법으로 유일한 존재로서의 가치를 지녔던 예술작품에 많은 복제품이 가능해짐으로써 이른바 예술작품의 '아우라'가 상실되었다고 지적한다.

**주3)** 형식의 표현성을 강조하는 전통에 따르면, 예술 작품의 미는 그것이 표현하는 것에 의해 좌우되며, 형태는 그것이 표현적인 한 아름답다는 것이다. 이러한 사고의 근저에는 이념(또는 정신)의 완벽한 표현, 즉 '진리의 현현(顯現)'을 미적인 것으로 간주한 헤겔의 관념론적 미학이 전제되어 있다. 이것은 미의 개념과 미적 가치의 문제를 단지 형식 관계의 1차적 산물로 보는 고전적인 시각과는 대립되는 것이다. 독일 관념론적 미학은 작품의 예술성이란 심미적 가치, 즉 완전성, 총체성으로서의 형식, 또는 내용과 형식의 일치에 있다고 간주한다. 따라서 형식 자체 보다는 형식과 그 형식이 담고 있는 내용과의 일치라는 형식의 표현성을 중시한다.

**주4)** 이러한 볼륨의 표면(surface)은 단절되지 않은 매끈한 외피(skin)가 건물의 골조 프레임(뼈대 구조, skeletal frame) 위로 밀착되어 펼쳐지는 방식으로 다루어졌다. 특히 수직적 표면에서 창은 기둥과 분리된 벽의 일부로 외부로 배치되어 캔틸레버 파사드와 스크린 벽(screen wall)으로 드러나며 지붕 또한 평탄하게 처리되어 표현의 볼륨을 깨트리지 않는 방식으로 처리되었다. 히치콕과 존슨이 언급한 '규칙성에의 관심'은 본질적으로 구조적 질서화와 관련된 것이며, 그가 후에 3번째 원리로 제시한 '구조의 분절'과도 서로 관련되어 있다. 히치콕과 존슨이, 고전건축이 축 구성에 대치되는 것으로서 두 번째 원리로 제시한 '규칙성에의 관심'은 건물의 구조적 질서화(ordering), 즉 기둥을 균일한 간격으로 배열하는 방식을 통해서 불규칙한 내부 기능과 공간의 다양한 요구들을 규칙적인 구축과 표준화된 부재들을 사용하는데 적응하기 위한 장치였다.(여기서 건물의 다양한 요소들이 지각 가능한 하나의 건물로 조화를 이루도록 해주는 비례와 기하학을 바탕으로 한 비대칭적 구성을 고전 건축의 대칭적인 축 구성보다 더 중시하였다.) 히치콕과 존슨은, 1932년판에서 언급한 세 번째 원리인 '장식에의 회피'는 새로운 시대 정신을 단순성에서 발견하려는 흐름을 반영한 것으로 이것은 절충주의처럼 과

거 양식의 정신을 새로운 구축방법에 적응하는 것이 불가하다는 사실을 의미한다고 지적한다. 이들에 따르면, 모더니즘 건축가들은 '장식이 건축에서 항상 중요하였으며 디테일은 건물에 풍요함을 부가한다는 사실을 인정하였지만, 장식과 디테일을 최소화하여 건물 전체의 명료성에 복속되도록 디자인될 필요가 있다는 점을 강조하였다' 는 것이다. 구조적 분절은 구조적 정직성, 반복적인 모듈의 리듬감, 유리의 확장과 평지붕, 용기로서의 박스, 무장식 등으로 표현되는 명료성으로 근대적 이미지를 표상한다. 이것은 조디(William Jordy, 1976)가 언급한 '상징적 객관성(symbolic objectivity)' 을 의미한다. 조디는 이것은 단순화와 정화의 작업을 통해서 프로그램, 재료, 구조 등을 드러내는 방식으로 건물이 정직하고 진실하며 현실적으로 되도록 칼빈주의적인 절제라는 도덕성에 기반을 둔 것(Hasan-Uddin Khan, 2001, p.78)이라고 지적한다.

주5) 로우와 스러츠키는, 실제적 투명성은 유리의 커튼월처럼 물질적 실체의 본질적 특성과 관련된 것으로 기계미학적 특성을 강조하며, 입체파 이전(pre-cubist)의 분석적인 큐비즘 회화의 '반투명한 대상들의 심층적이고 사실주의적인 공간 안에서 기하학적 면들의 중첩(layer)에 의해 지각되는 입체화법(trompe l'oeil)처럼 단순한 면적 구조(planar structure)의 중첩효과' (Collin Rowe & Robert Slutzky, 1997, pp.23-32)를 강조하는 것으로 정의한다. 이와는 달리 현상적 투명성은 대상(오브제) 안에 있는 구조적 특성을 드러내는 구성(organization)의 본질적 특성과 관련된 것으로, 얇고 추상화된 공간 안에서 정면으로 배치된 대상들의 분절된 표상을 탐구한 후기입체파(post-cubist)의 회화에서처럼 '실제적 면(planes)들과 가상적인 면들이 만들어내는 공간적 층화(startification)의 지각효과' 를 더 중시한다. 로우와 스러츠키는 이 두 개념을 바탕으로 그로피우스의 바우하우스건물과 꼬르뷔지에의 빌라 가르슈를 선정하여 비교 분석한다.(그러나 볼륨으로서의 건축과 투명성의 개념을 독창적으로 전개해 온 미스의 바르셀로나 파빌리언에 대한 언급은 전혀 없다.) 기디온이 바우하우스 공방 건물에서 유리 커튼월과 모서리의 탈물질화 수법으로 얻어지는 내 · 외부공간의 연속성과 투명성을 입체파가 발전시킨 상호침투적인 공간적 관계의 표현 방식에서 연유한 것이며 이것은 '시-공간의 개념에 바탕을 둔 공간의 투명성, 즉 비물질화 개념을 유동적 공간, 개방 평면과 함께 탐구한 결과' 라고 평가한 것은 입체파와 기계미학을 차용한 실제적 투명성의 관점에서만 분석한 것이라고 비판한다. 그러나 꼬르뷔지에의 빌라 가르슈는 모서리까지 이어지는 수평의 연속창이 불투명의 표면과 병행하여 공존하는 파사드를 구성하고 있지만, 여기에는 단지 물질적 투명성이 만들어내는 피상적인 중첩효과를 넘어서 파사드 내부 깊숙이 관통해 실제의 면들과 가상의 면들이 만들어내는 현상적 투명성의 개념은 순수한 입체파에서 발전된 것이라고 지적한다. 이에 대해서는 Collin Rowe & Robert Slutzky (1997, pp.33 - 43)을 참조할 것.

주6) 하투니안(Gevork Hartoonian, 1994, p.41-42)은 구축성(tectonic)의 개념은 건축물의 문화의 또 다른 측면을 포함해야 한다고 지적한다. 이것은 수세기동안 관습과 용례(use)을 통해서 영구적으로 존속해 온 구축적 형태(constructiona1 form), 즉 유형(type)을 의미한다. 유형은 역사의 깊은 층위인 기억의 영역과 연결되어 있기 때문이다. 이 구축적 형태는 건축가의 심안(心眼)이 보는 것의 이미지이며, 그것이 실현되어진 이후에는 계속적으로 스스로를 드러낸다. 테크놀러지로부터 이끌어낸 건축담론들에서, 기술적인 명백성이 건축의 형상적 측면을 조작함으로써 '오브제 유형' (이것은 모델model 또는 전형(prototype)으로, 대량생산을 위한 반복가능성과 건물 유형의 기능을 위한 특수성을 고려한 것이다)과 같은 개념이 출현한 것이라고 하투니안은 지적한다. 그는 무엇보다도 '유형-텍토닉(type-tectonic)' 의 용어로 해석되는 건축은 모더니즘 운동의 실증주의적인 사고와 최근에 역사를 다시 채용하는 흐름을 이해하는 데 중요한 도구라고 강조한다. '유형-텍토닉 '의 개념은 모더니즘의 담론에서 암시된 것처럼 추상적이거나 '새로운 것' 도 아니며, 전통적인 아카데미즘이 고안한 바의 고전적인 것도 아니다. 구축성과 유형을 모두 사용하여 건축은 역사와 진보를 결정론적이지 않은 방식으로 드러내는 것이 가능하다. 새로운 수단과 재료로 전통을 재상술한 칸이 이 경우에 해당한다. 영원한 회귀의 개념처럼 유형 - 텍토닉의 개념은 동일한 것을 다르게 객관화하는 능력이 있다는 것이다.

주7) 구조(structure)의 개념을 철학적 이념을 지닌 어휘로 해석해야 한다고 주장한 미스는 구조의 개념을 단순히 기술적인 구축방법이 아니라, "꼭대기에서 바닥까지, 세부 표현에 이르기까지 동일한 이념을 지닌 전체"라는 의미로 해석하였다.

주8) 전후 미국 건축의 기념비적인 작품으로 평가되는 시카고 레이크 쇼어 드라이브 아파트(Lake Shore Drive Apartment, 1948-1951)에서 미스는 바이젠호프 집합주택에서 사용한 서비스 코어를 배치하여 유동하는 거실공간을 만들었을 뿐만 아니라 주호의 크기나 형식을 다양하게 분할 가능하도록 의도하였다. 미스는 이 건물에서 스크린과 같은 벽면에 조소성을 부여하고 빛과 그림자에 의한 다양한 모습을 연출하기 위해서, 수직적인 I형강의 강철재 멀리언을 각 층의 바닥판 단부에 용접하여 강철의 불투명성과 유리의 반사성이 교대로 보이는 방식으로 처리하였다. 이것은 벽체에서 '창내기와 구조가 통합되어 마치 젬퍼가 말한 것처럼 직물과 같이 표현된 것' (K. Frampton, 1980, p.435)과 같다. 이러한 정교한 디테일 수법은 후에 넓은 공공성의 전면 광장을 배경으로 정면성이 강한 축성의 구성을 이루고 있는 뉴욕의 시그램 빌딩(Seagram Building, New York, 1954-1958)에서 기념비성을 표현하는 방식으로 나타난다.

주9) 요디케는 이러한 태도에는 사물의 고유한 형태로부터 전개되어지는 존재를 찾아야 한다고 주장한 유고 해링처럼, 자신의 사고를 그림으로 표현하기 이전에 행하는 설계과제에 따른 지성

적 분석을 통해 '설계 과제가 과연 어떠한 것이 되어야만 하는가?' 에 대한 내적 관념을 중시한 것이라고 지적한다. 칸은 "디자인에 앞서 그 구체적인 형태를 부여하는 자신의 명백한 고유 성질을 지니고 있는 형상이 이미 존재하고 있다... 디자인이란 그것에 현재성(現在性)을 부여하는 것을 의미" (Jürgen Joedicke, 1998, p.120 재인용)한다고 주장한다. 칸에게 건축가란 이미 그곳에 존재하고 있는 그 무엇의 중재자인 것이다

**주10)** 여기서 요구는 건축주가 건축 프로그램의 형태로 건축가에게 제시한 것이며, 특정인에게 관계된 생활의 방식이 전제된 것이다. 그것은 기능이나 대지와 주변의 맥락에 따른 제한 등을 포함한다. 그러나 열망은 보편적인 인간의 본성과 관련된 그 시대의 삶의 가치와 방식이 전제된 것이다.

**주11)** 칸은 공간에 있어서 목적과 특성을 구별하여 다음과 같이 설명한다. "한 공간의 목적은 정의될 수 있는 것이지만, 그 특성은 정의되어질 수 있는 것이 아니다. 건물은 아주 고귀한 특성을 지닐 수 있고 이와는 달리, 그 건물이 기능적임에도 불구하고 매우 저급한 특성을 가질 수도 있다." (Louis I. Kahn, Jürgen Joedicke, 1998, p.121 재인용) (이 점에서 칸은 본질에 대한 관조적인 탐구를 통해서 건축의 의미를 심화시킨 건축가로 평가받고 있다. 그는 진리를 발견하기 위해 개인의 직관과 시적 정서가 실무적인 전문지식보다 더 중요한 것으로 간주한다. 그는 직관이 없는 지식은 생명이 없는 것 이라고 주장했다.)

**주12)**이에 대한 상세한 내용은 이효원(1997)의 연구(pp.44 - 69)를 참조할 것. 여기서 칸의 사유의 발전과정을 시계열적 분류에 따라 Order기(1950년대), Form기(1960년대), Room기(1970년)로 세분하여 분석하고 있다.

**주13)**여기서 칸이 한 문장에서 Form(형태)와 form(형상)을 구별하여 사용하고 있다는 점에 주목할 필요가 있다. 칸의 사유과정에서 불가시적인 질서로부터 공간이 본원적인 속성을 탐구하는 작업은 형태(Form)을 발견하여 이를 물질적인 형상(from)으로 구체화하는 디자인(Design) 작업의 과정으로 전개되기 때문이다. 칸에게 '형태' 는 건축의 본질과 관련된 무엇이라는 매개체를 통해 질서를 구체화한 것이며, 무형적인 것으로 사물을 다른 사물과 구분짓는 고유한 특성을 지닌 본질 개념(Alexandra Tyng, 1984 p.30)을 의미한다. 칸에게 '형태' 는 단지 물리적 형상을 의미하지 않는다. 칸(L. I. Khan, 1955, p.59)은 이러한 개념들을 속성(the nature)-왜(why), 질서(the order)-무엇(what), 디자인(design)-어떻게(how) 등으로 대응하여 설명한다. 칸은 사물의 구체적인 모습은 shape, form으로, 사물의 본질적인 모습은 Form으로 구별하여 기술한다. 이 책에서 Form은 '형태' 로 form, shape는 형상으로 번역하여 통일하였다.

**주14)** 칸은 사상적 측면에서 질서를 물리적 질서와 심리적 질서로 구분한 쿤스트(Kunst)의 영향을 받아 종교를 감성과 철학을 사고와 연결지어 해석한 점, 그리고 칼 융이 집단무의식의 이론에서 아니마(anima)와 아니무스(animos)라는 원형(archtype)의 개념에 유비하여 정신(psyche)의 창조성의 영역을 생의 의지(ina, spirit of life)와 실존의지(existence will)로 구분하고 침묵(silence)과 빛(light)의 개념으로 해석하려 한데서 나타난다.(이효원, 1997, pp.40 - 41)

**주15)** 칸은 "건축가는 건물을 만들기 전에 인간의 '시설(institition)' 을 고려하여야 하며, 건물의 배후에 있는 신념(인간의 독창성과 생활방식에 관한)을 알지 못하고서는 건물 자체도 이해할 수가 없다" 고 말한다. 그는 직관을 통한 공적인 '시설' 에 대한 사유의 과정을 다음과 같이 설명한다 "한그루의 나무 밑에 교사라고 느끼지 않는 사람이 자기들이 학생이라고 느끼지 않는 몇몇 사람들과 함께 그의 깨달음(구현화, realization)에 대해 대화를 나누고 있다. 그들은 이 남자의 이야기에 귀를 기울이고 이 남자가 존재하고 있는 것이 얼마나 훌륭한 것인가라고 생각했다. 그리고 그들은 자신들의 아이들이나 손자들에게 이 남자의 얘기를 전해주고 싶다고 생각했다. 물론 인간의 본성으로는 그와 같은 일은 불가능하다. 그때의 학교의 본질이 공간이 되고, 그리고 그 때의 시설이 되었던 것이다." (Kouis I. Kahn, 1964, pp.18 - 19, 이효원, 1997, p.64 재인용) 또 필라델피아 복합빌딩 계획안(1956)은 칸이 "도시는 인간이 만든 모든 시설들의 집합체" 이며, 현대도시의 환경적 맥락에서 자동차가 발생하는 교통문제가 도시설계의 핵심임을 전제로 제안한 작품이다.

**주16)** 칸은 방에 고유한 특성을 부여하는 빛의 도입방식으로 포치(porch), 중정(court), 빛의 벽(light wall), 창형식의 방(window room), 빛 실린더(light cylinder), 빛의 날(light blade/light shild), 천창(skylight) 등을 사용한다. 그는 자신만의 구조적인 어휘를 통해서 공간과 구조와의 관계에서 빛의 양과 질, 빛과 그림자의 연출, 빛의 효과로 경험하는 방식의 변화 등 빛의 제어와 조정을 다양하게 실험해 왔다. 칸은 빛을 형태적인 요소인 현상적인 실체로서 뿐만 아니라 빛이 가지는 형이상학적 측면으로서 생명의 본질로 인식하였다. 칸에게서 빛이 연출하는 심리적인 차원은 중요하다. 또 칸은 각 방을 연결하는 복도나 계단에 만일 빛이 존재하지 못하면 그것은 방의 속성을 상실한다고 보았기 때문에 방들을 직접 연결하는 독특한 구성방식을 제시한다. 빛과 구조의 관계에 대한 발전과정에 대해서는 이효원의 연구(1997) pp.80-85를 참조할 것.

**주17)** 칸은 콘크리트와 벽돌이라는 재료로 기념비성을 표현하기 시작한 그 이전부터 인방구조식의 표준화된 철골 프레임(steel frame) 대신에 용접된 튜브형 강재(welded tubular steel)가 지닌 유기적인 뼈대구조를 이상적인 재료로 인식하였다. 이 튜브형 강재는 조립의 용이성과 경량으로 근대적 공업의 속성에 부합하고 고딕의 석조건축물의 연속성에 표현된 실체와 비교할 만한 본체론적(존재론적)인 구축성을 성취하는 가능성이 제공하기 때문이었다. 이 점에서 칸은 구조 형태와 재료 기술사이의 통합을 중시한 비올레-르-뒤크의 전통을 따르고 있으며, 벅민스터 풀러가 창안한 스페이스 프레임(space frame)이 만들어내는 속이 빈

구조물(hollow structure)의 개념 가능성을 활용하였다.

**주18)** 칸은 이에 대해 다음과 같이 말한다. "건축은 빛에 대한 믿음을 가져야 한다. 빛은 모든 존재의 부여자이다. 모든 건물, 모든 방은 자연의 빛 속에 있어야만 한다. 자연의 빛만이 하루 동안의 분위기를 느낄 수 있게 하기 때문이다. 계절의 변화도 방안에서 일어난다. 심지어 태양은 건물에 비치기 전까지 자신이 위대한지 모른다고 할 수 있다. 빛이 방안으로 들어오면, 그 빛은 다른 누구의 것이 아닌 당신의 것이다. 그 빛은 그 방에 속한 것이다. 이 킴벨 미술관은 모든 자연의 빛을 이용하였다."(Urs Büttiker, 1993a, p.138 재인용)

**주19)** 칸은 건축에서 구조의 역할에 대한 관심을 보인 오거스트 초이시와 비올레 르 뒤크는 물론, 미스, 네르비, 풀러 등처럼 구조적 명료함을 바탕으로 건축적 특성을 결정하는 건축가의 영향을 받았다. 특히 풀러의 영향은 풀러가 개발한 대형 스페이스 프레임 구조를 공간을 구성하기 위한 방법으로 채용한 필라델피아 시청사 계획안(1952-1957)에서 찾아볼 수 있다.

**주20)** 요디케(J. Joedicke, 1969, p.109)는 브루탈리즘을 1958-1966년 사이에 영국의 스미슨 부부가 건축 표현의 윤리적인 측면을 강조하여 사용한 좁은 의미의 개념과 이와는 달리 꼬르뷔지에의 노출콘크리트와 같은 야수적인 표현, 즉 베통 브뤼(beton brute)라는 미학적인 형태 어휘에 기반을 두고 있는 국제적 브루탈리즘(International Brutalism)으로 구별하여 설명한다.

**주21)** 아럽(Ove Arup)의 파트너 쥰츠(Jack Zunz)는 '이 건물은 브루탈리즘의 대표적인 작품으로 불리지만 실제적으로 그 건물의 개념은 미스의 작품에 영향을 받았다(AD;1987, p.39)' 고 지적한다. 하지만 건물 형태의 힘과 구조를 강조한 점은 미스 작품의 영향을 보여주지만, 미스의 작품에서 나타난 고전적 비례와 완벽한 세부 장식은 도입되지 않았다. 오히려 설비관 등 하부구조들이 벽체 전면에 노출된 방식은 루이스 칸의 봉사하는 공간과 봉사받는 공간의 개념에서 서비스 설비를 건물 주변부로 노출하여 표현하려는 것과 유사하다. 그러나 칸 자신은 스미슨의 이러한 표현방식이 자신의 작품과는 무관하며 자신의 개념이 같은 선 상에서 비교되는 것에 강한 반발을 보였다.

## 023

**주1)** 프램톤(K. Frampton, 1980, 2007, pp.280 - 314)은 1962년 이후 1980년대 중반까지 발견되는 현대 건축의 흐름을 로버트 벤츄리, 찰스 무어 등을 중심으로 전개된 미국의 대중주의(Populism), 알도 로시, 크리어 형제, 웅거스, 헤르만 헤르츠 베르거 등을 중심으로 한 유럽의 합리주의(rationalism), 포스터, 로저스, 피아노, 케빈 로쉬(Kevin Roche), 시저 펠리(Cesar Pelli) 등을 중심으로 한 영미의 생산주의(Productivism), 마이틀 그레이브스, 제임스 스털링, 한스 홀라인 등을 중심으로 한 후기-전위주의(Post-Avant-Gradism), 요른 웃존, 알바로 시자, 마리오 보타, 안도 다다오 등을 중심으로 전개되는 비판적 지역주의(Critical Regionalism)로 대별하여 설명한다. 그는 비판적 지역주의를 가장 바람직한 현대건축의 조류로 평가하고 있다.

**주2)** 1973-1974년의 에너지 쇼크 이후 해체된 아키그램 집단의 초기 구성원들은 그 관심을 공학기술에서 사회 생태학적 관심으로 전환하여 기술과 자연의 일체가 된 도시를 지향한다. 후에 기술하겠지만, 아키그램 운동에 접촉한 리처드 로저스의 건축적 사고와 작품에서 아키그램의 공학기술적 기계 이미지와 사회 생태학적 개념들을 찾아 볼 수 있다.

**주3)** 포스터가 보잉 747 항공기를 공학과 건축의 융합으로 격찬한 이유는 그 비행기의 프레임 안에 포함되어 있는 속도, 효율성, 힘, 강도, 신뢰성 등의 요소들에서 미적 아름다움을 이끌어내는 것이 가능하기 때문이다.

**주4)** 포스터의 하이-테크 건축을 제 2 기계시대의 대표적인 건축으로 평가하는 크리스 아벨(Chris Abel, (ed)편집부 편역, A+U, p.15)은 포스터의 초기 작품의 공업시설과 학교시설에서 보여지는 대공간의 건축 개념은 풀러(B. Fuller)의 경량의 다목적 '지오데식 돔(geodesic dome)', 미스 반 데어 로에의 '보편적 공간(universal space)', 에즈라 에란크란츠(Ezra Erankrantz)의 학교건설 시스템개발(SDSC) 프로그램 등의 영향과도 무관하지 않다고 지적한다. 아벨은 특히 포스터의 무주공간의 단일 구조물 구성개념은 캘리포니아 학교 시스템이 요구한 이용의 다양성에 대응하기 위해 빠르고 용이하게 변경이 가능한 공간으로 만들기 위해 구조, 공간, 설비, 플래닝에의 시스템 어프로치 방식으로 서비스 시설을 지붕 구조에 짜넣어 공간에 융통성을 부여한 에란크란츠의 SDSC 계획안에 깊은 뿌리를 두고 있다고 지적한다.

**주5)** 포스터는 이 건물을 디자인하는 동안 벅민스터 풀러(Buckminster Fuller)와의 대화를 통해서 대지를 자유로운 형상의 삼각형 부재의 유리 외피로 감싼다는 개념을 발전시켰다고 말한다. 소위 '클리메트오피스(Climatoffice)' 로 알려진 이 건물은 자연과 오피스의 새로운 접촉을 제시한 것으로, 여기에 조성된 정원 환경은 에너지를 의식한 에워싼 형상 안에서 소기후를 만들어내고자 한 것이다.

**주6)** 여기서 다양한 부서와 활동들 사이에 창조적인 상호작용을 촉진하기 위해 갤리리의 평면은 통상 4-5개의 개별 기능군으로 구성하여 기능에 따라 구획하는 전통적인 평면을 따르기 보다는 다양한 기능과 사용자 그룹(갤러리, 교육공간, 학생, 학예원, 대중 등)을 하나의 지붕 안에 통합하였다. 지붕과 외벽에는 손쉽게 교환할 수 있는 속이 빈 알루미늄 패널, 반사 패널, 루버 패널 등이 사용되었으며, 직사광선으로부터 전면 유리벽을 보호하기 위해 전기로 작동되는 블라인드를 사용하였다. 지붕도 벽체와 동일한 외부 구성시스템을 따르고 있다.

**주7)** 포스터는 과거의 산업시대와는 달리, 오늘날 전자시대와 같은 클린(clean) 산업사회에서는 오피스와 거주공간이 양립 가능한 환경이기 때문에 공적 및 사적 공간, 주거 및 업무공간, 상업

과 레져공간 등 24시간의 생활을 건물에 모두 담아낼 수 있는 복합용도의 개발을 통해서 경제적, 생태학적, 사회적 차원에서 많은 이점을 제공하는 새로운 작업환경을 창조할 필요가 있다고 주장한다.

**주8)** 3개의 모서리에 그룹지어 있는 엘리베이터, 계단 및 각종 서비스 설비 등은 마을과 같이 구성된 사무실과 정원을 보강하고 있다. 세 개의 꽃잎 형상과 중심줄기의 개념으로 구성된 삼각형의 평면형상에서 사무영역으로 3개의 측면 중 2개의 영역이 할당되고 나머지 한 측면에 4층 높이의 실내정원이 조성되어 있다. 이 실내정원은 평면도상으로 120도의 각도를 유지한 체 삼각형을 감싸고 나선형으로 상승하는 구조를 이루며 사무실 모든 곳에서 수목을 감상할 수 있게 되어 있다. 또한 포스터는 전통적인 도심 지역의 맥락에 대응하기 위해 고층 건물의 가로에 면한 주변부를 주변거리의 전통적인 작은 스케일로 분절하고, 공공의 보행자 아케이드를 조성하여 사회적 접촉의 가능성을 제공하였다.

**주9)** 거대한 석조의 벽 내부에는 빛이 들어오고, 의사당의 활동이 보여지는 투명한 유리 돔을 씌워 새 것과 옛 것을 통합하는 혁신적인 접근방식으로 시민과 국가의 상징을 만들고자 하였다. 또한 무공해의 효율적인 새로운 형태의 바이오-연료를 사용하는 에너지 해결방안으로 건물의 탄소 배출을 94% 감소시키고, 자연채광과 환기시스템으로 실내공기를 외부에 배출하는 돔형 지붕구조로 에너지 절약의 경제성과 문화적 상징성을 극대화하였다. 새로운 설비보수작업 이전에 이 건물은 연간 5000 가구의 현대주택이 소비하는 에너지에 해당하는 에너지가 소비(겨울 실내온도를 1도 올리는 데 10가구를 연간 난방하기에 충분한 에너지를 소비)되었다. 현재 이 건물은 그것이 소비하는 에너지보다 더 많은 에너지를 생산하고 있으며, 여분의 에너지는 비축하여 인접한 새 정부 건물에 에너지를 공급하는 전력원 역할을 하고 있다.

**주10)** 이 건물을 구성하는 철의 85%는 재활용한 것이며, 독특한 에너지 절약형 외관과 식재(植栽)를 급수하기 위해 우수(雨水)를 모으는 방식 등을 적용하여 일반 건물에 비해 에너지 소모율을 26% 줄였다. 그 결과 뉴욕 시내 사무소 건물 중 최초로 미국 그린빌딩 위원회(US GBC, Green Buildings Council's Leadership in Energy and Environmenal Design Program)가 주관하는 에너지 및 환경성능평가에서 골드 인증을 획득한 환경친환적인 건축이다.

**주11)** 로저스는 오늘날 단일 오브제에 대한 관심은 관계에 대한 관심으로 바뀌어가고 있다고 지적한다. 살아가는 것, 일, 구매, 학업과 여가는 과거 모더니즘이 추측한 것처럼 분리된 것이 아니라 서로 중첩되고 계속 변화 수용되며 다양해지는 구조가 된다고 보았다. 따라서 "미래의 도시는 격리된 단일 활동 영역에 국한되지 않고 더욱 풍부하게 층을 이루는 과거의 도시를 닮을 것"이라고 강조한다.(Richard Rogers, 1990, p.83)

**주12)** 로저스는 이러한 현상을 다음과 같이 설명한다. "건물과 도시와 시민은 완벽하게 설치된 가변적 틀에 의해 보호되는 서로 불가분의 유기체가 될 것이다. 기둥, 보, 패널, 그리고 다른 구조적 요소들은 이음매가 없는 연속체로 대체될 것이다. 이러한 움직일 수 있고 변하는 로봇들은 전자와 생물공학적 자동 프로그램을 통해서 끊임없이 상호작용하며 자가조절하는 많은 생존체계의 특성을 갖추게 될 것이다. 인간, 주거지, 음식, 일과 여가는 서로 연결되고 상호 의존적이 된다. 이렇게 해서 생태학적인 공생이 이루어질 것이다"(Richard Rogers, 1990, 2002. p.83) 로저스는 오늘날 "새로운 기술로 건축물은 점차 민감한 전자 신경계가 되어가고 있으며 내 · 외부의 상황을 기록하고, 특정한 목적에 맞게 환경에 스스로 반응하는 것이 가능"하다(Richrad Rogers, 1997, p.103)고 주장한다.

**주13)** 피아노는 건축가는 드라마틱한 공간, 평온한 공간, 참여적 공간, 한적한 공간 등을 창조함으로써 감정을 고양시키는 능력을 지녀야 한다고 강조한다. 어떤 공간을 창조할 것인지는 그 소환경(setting)의 기능과 용도와 관련된다. 미술관을 디자인하는 경우, 명상을 제공하기 위해 완벽한 빛만으로는 충분하지 않다. 예술작품의 명상과 연결된 평정, 차분함, 다소 관능적인 성질이 요구된다. 콘서트 홀의 경우, 완벽한 음향만을 제공하는 것만으로는 충분하지 않고 음악에 참여를 고무시켜야 한다. 공간 창조의 목적은 시간에 따라 변화하지만, 그것은 언제나 감정을 고무시킬 필요가 있다는 점이 중요하다고 그는 강조한다.(Renzo Piano, 1997, p.252)

**주14)** 잉거솔은 피아노는 단순한 기술의 숙련 차원을 넘어서 지적으로 과장하지 않고 또 정치화하지 않으면서 자신의 프로젝트를 통해 1960년대에 부상한 자유에 대한 강렬한 욕구를 전달했다고 지적한다. 건축분야에서는 아키그램의 풍자적인 책들의 테크노-커뮤니케이션이라는 광시곡으로 그려지고, 탐욕적인 자본주의의 발전으로부터 도시를 되찾고자 한 혁명적인 학생운동에 의해 가속화되고, 도시 유목민(urban nomadism)이라는 대안을 정착시킨 사회 '참여'를 선호하여 영속성에서 탈피하려는 움직임이 있었다. 피아노가 로저스와 공동으로 설계한 퐁피두 센터에 대해서 '이 센터는 기술의 승리나 공업기술을 살린 건물이 아니라 하나하나의 부품을 손으로 만든 공예품으로 박물관의 기존개념에 대한 아이러니를 제시한 반문화 빌딩(anti-cultural buliding)' 이며 형식을 갖추지 않은 개방적 형태의 미술관으로 일반 시민에게 열려 있는 친근한 장소로서 여기에는 참여라는 원칙이 존재하는 것이라고 평가한다.

**주15)** 그 대표적인 예가 로저스와 함께 설계한 퐁피두 센터이다. 퐁피두 센터는 전층을 관통하며 골격을 이루는 투명한 에스컬레이터, 도서관, 극장, 공개된 포이어(휴게공간), 미술관 등이 결합되는 프로그램으로 인해 투명성과 교차 프로그래밍의 정수를 보여주는 가장 명쾌한 사례이며 사회적으로도 큰 영향을 끼쳤다.

**주16)** 피아노는 현대성(modernity)의 개념은 단순히 연대기적인 시대의 의의가 아니라 비록 오래된 재료, 건축 기술, 개념들이지만 현 시대에 재창조되어 적용할 수 있다면 그것에 현대성의 특

질이 담겨 있다고 말한다. 따라서 그는 도시를 인류의 위대한 창조물인 옛 도시가 지닌 기능의 혼합, 사회적 삶의 양식과 그 건물의 특징들에서 현대성을 인식하고 교훈을 얻는 혜안을 가져야 한다고 주장한다.

**주17)** 시뮬라르크는 흉내라는 뜻과 환상이라는 뜻을 가지고 있는 데, 보드리야르는 후자의 의미로 사용하였다. 보드리야르(Baudrillard, 1988, p.170)는 기호 또는 이미지가 다음의 네 단계를 거친다고 주장한다. (1) 이미지가 근본적인 실재(현실)를 반영하는 단계는 자연과학에서처럼 이미지나 언어가 현실을 재현하는 것으로 여겨진다. (2) 이미지가 근본적인 실재를 감추고 변질시키는 단계에서 기호나 언어는 실재의 성격을 감추거나 왜곡한다. 이것은 마르크스의 이데올로기 이론의 전제처럼 노동자들의 이데올로기나 '허위의식'이 근본적으로 자본주의 사회의 성격을 변질시키거나 감추는 역할을 하는 경우이다. 그 이미지는 서커스의 요술거울처럼 실재를 왜곡시킨다. (3) 이미지가 근본적 실재의 부재를 감추는 단계는 실재의 어떤 속성이 아닌 실재 자체의 부재가 감추어진다. (4) 기호(이미지)는 실재와 아무런 관계도 없는 마지막 단계에서 이미지는 그것이 무엇이든 간에 실재와 어떤 관계도 갖지 않는다. 이미지는 자신의 순수한 시뮬라르크다. 보드리야르가 지적한 이미지가 실재를 대체하는 예는. 코카 콜라를 마실 때 우리가 원하는 것은 그 상품이 아닌 거품과 관련된 '젊음'이라는 이미지를 소비하는 것이다.((ed.) Elaine Balwin, 2004, 2008, pp.360 - 361)

**주18)** 이러한 해석은 실재와 이미지라는 이분법적 관계로 해석되어 온 전통적인 재현(representation)을 재고하게 한다. 재현은 지금 현실이 아닌 것을 다시(re) 현실로 표현하는 것을 의미하는 데, 실제와 이미지가 동일한 하나가 되는 단계, 즉 시뮬라르크(시뮐라시옹)의 단계에서는 실체와 이미지를 분할하던 전통적인 이원론이 불가능하기 때문이다.

**주19)** 보드리야르는 대상을 일종의 '암호'로 간주하는 데, 생산에서 소비의 우위로 이동하는 소비사회에서 대상은 자신의 고유한 삶을 지닐수 있으며, 자신의 수동성에서 벗어나 일종의 자율성을 획득한다고 보았다. 그는 건축을 하나의 대상으로 간주한다. 건축적 대상은 순전히 하나의 대상이며 자신의 특이성을 가진다. 그가 보부르 퐁피두 센터, 빌바오 구겐하임 미술관, 뉴욕 세계무역센터, 장 누벨의 끝없는 타워계획안 등을 건축으로서가 아니라 대상으로 간주하고 그 급진성, 투명성의 역할에 대해 비평한다.(배영달, 2009, p.436) 그는 특이성을 갖는 대상으로서의 건축적 대상과 메트로폴리스 도시(뉴욕의 맨하탄 도시 등)는 시뮬라르크에 다름 아닌 허구의 구축이며, 실재감이 사라진 파생실재의 세계라고 강조한다. 보드리야르의 관심은 '건축물들의 건축적 의미나 규율에 대한 관심이 아니라 그 건축물이 표현하는 세계이며, 이 상징적 형태들이 그들의 시대를 기술하는 방식'(배영달, 2009, p.438)에 있다.

**주20)** 사진과 영화 이미지를 디지털화하는 컴퓨터 기술은 회화적인 재현의 생산을(벤야민이 『기술복제 시대의 예술작품, 1936』에서 모더니티의 사진 이미지의 기술적 복제와 아우라의 문제를 논의하던 때보다) 전례없이 고양시키고 조작해 나갔다. 디지털화로 가능한 이종성과 파편화 같은 새로운 형태의 회화적 재현과 시뮬레이션으로 제작된 장면들은 사진 이미지와 지시대상 사이의 필수적인 유대관계를 소멸시키고 있기 때문이다. 윈스턴(Winston, 1995, p.259)의 지적처럼, "디지털화는 디지털화의 과정만을 남겨둘 뿐, 어떤 것으로 증거로서의 사진 이미지를 파괴해 버리기 때문"에 이미지 정보의 인과관계로 현실세계를 그대로 보여준다는 리얼리즘의 주장은 설득력을 잃은 것이다.

**주21)** MIT교수인 존 마에다(Jon Maeda)는 단지 사용의 편의만을 위해서가 아니라 인간의 신체와 감각을 기술과 더 근접하게 연결시키기 위해 노력하는 디자이너를 '인본주의 기술자'라고 명명한다. 인본주의 기술자들은 대부분 인간과 컴퓨터 사이의 인터페이스보다 기술을 통해 얻을 수 있는 인간 사이의 상호작용에 관심을 갖는다.(Lucy Bullivant, 2006, p.7)

**주22)** 이토는 정보사회에서 현대인의 신체는 감지할 수 없을 정도로 과학기술의 공기 속에 노출되어 있어 과학기술에 대해 반응하고, 생물학적 리듬을 거기에 맞추어 살면서 무의식적으로 로봇화 된 존재일지도 모른다고 말한다. 그는 현대인의 신체는 점점 인공적인 것으로 만들어져 가고 있으며, 순수한 자연적인 신체란 존재하지 않는다고 생각한다. 따라서 그는 새로운 신체의 이미지, 즉 신체를 비자연적인 것(신체)으로서 "미래의 기억으로서 집을 추구하는 것"(PA, vol.15, 1999, p.20)으로 설명한다. 또한 20세기에 "기계를 추구하던 신체는 이제 우주를 경험하는 신체로 더욱 발전하여 미래의 기억으로서의 자연을 추구하기 시작하기에 이르렀다"(PA, vol.15, 1999, p.20)고 전제한다. 그것은 "비자연적인 신체가 아니라 새로운 자연에 익숙해진 신체이며 또한 옛 것도 받아들일 수 있는 신체"(PA, vol.15, 1999, p.20), 즉 가상 신체이다. 이토가 말하는 가상 신체와 실재 신체라는 두 개의 신체는 오늘날 우리들이 삶을 영위하는 데 여전히 함께 존재하고 있으며 현대사회의 도시공간의 혼돈상태는 이 두 개의 신체를 향해 우리가 고투하는 결과라고 보았다.

**주23)** 이토는 이 점을 다음과 같이 설명한다. "내가 창조하려고 노력하는 건축은 항상 이중적 속성을 지니고 있어야 한다고 생각한다. 가상의 세계, 실재의 세계 어느 하나만으로는 충분하지 못하다. 전적으로 닫혀진 세계를 창조하는 것은 언제나 가능하며, 또 닫혀진 아름다운 공간을 창조하는 것도 쉽게 이룰 수 있다. 그러나 실제로 성취하기 어려운 작업은 이 두 세계 사이, 즉 실재의 세계와 우리가 창조하려고 하는 세계 사이의 관계를 만들어내는 것이다. 전자는 매우 실제적이며, 후자는 건축의 세계로서 추상적이고 실제(현실) 속에 존재하지 않는 것을 추구한다. 나는 이 양자를 모두 지니고 있으며, 이 두 개의 영역 사이에 조화를 유지하는 그러한 건물을 만들고 싶다."(PA, vol.15, 999, p.44)

**주24)** 완전한 투명성의 유리 건축은 다분히 폭력적인 특성을 지

니고 있다고 생각한 이토는 전통 건축의 창호지와 같이 무심코 드러나는 잠재적 특성을 지닌 반투명의 상태를 더 선호한다. 이토는 건축이 불변의 형태로 정착되어 영속한다는 개념을 거부한다. 그는 공공 건물의 경우, 다양한 이용자 계층과 이용 프로그램의 변화가능성을 정확히 파악하고 이용자의 다양한 요구를 만족시키면서 미래사회의 변화에 대응할 수 있는 건축을 만드는 것을 중요하게 생각한다. 이토는 건축가의 역할은 자신을 둘러싸고 있는 주위 환경의 부조리와 심각한 틈을 드러내는 사회적인 행위라고 강조한다. "나는 프로젝트마다 오늘날의 사회 및 건축의 배경이 되는 요소들에 의미를 두고 분석하여 건축적으로 풀어나간다. 그 이유는 건축은 어떤 것의 결과가 아니기 때문이다. 완성된 형태적인 결과에 의한 문제가 아닌, 어떻게 하면 주어진 상황 속에서 어떠한 프로세스를 어떠한 사람들과 커뮤니케이션을 하면서 건축물을 완성해 가는지가 프로세스가 되며 그 프로세스 자체가 건축이라고 생각한다."

**주25)** 이 파오의 개념은 이토가 브뤼셀 전시회를 위해 설계한 '도시 유목여성을 위한 주거(A Dwelling for Tokyo Nomad Women)' 에서 제안된 것으로 도시의 삶이 그 삶의 시각화에 비례하여 매일 그 현실성을 잃어가는 모습을 이미지화하였다. 여기서 그는 도시의 삶에서 현실성을 잃어가는 모습이 이미지와 같은 건축의 이면(flip-side)의 이면이라는 점을 보여주고 있다. ((eds.) Tom Avermaete , 2009, p.268) 그러나 세지마는 이토가 제시한 현대 정보사회에서 유목민적인 삶의 방식과 독신여성을 위한 주거개념인 파오(Pao)에 대해서 비판적이다. 그녀는 파오와 같이 개인적인 차폐물로서의 건축이 아니라, 이동(움직임)의 자유를 촉진시키도록 기여하는 개방적인 상태의 건축을 주장한다.

**주26)** 이토는 다음과 같이 말한다 "미스의 바르셀로나 파빌리언은 20세기 건축에서 가장 두드러진 건물로 존재한다. 이러한 공간이 만들어내는 감각은 흐르는 공기처럼 가벼움이 아니라 용암과 같은 액체처럼 농밀하다. 여기서 유리로 구성된 공간은 뚜렷한 구조가 부여되지 않았지만 마치 공중에서 녹기 시작하는 얼음으로 만들어진 기둥(pillar)처럼 서 있다." (EL Croquis vol.123, 2005, p.19 재인용) 이러한 공간에서 경험되는 유동성(fluid)과 움직임(movement)은 20세기 표현주의 건축가가 유기적 형태를 통해서 표현하고자 한 것과는 그 성격이 다르다고 이토는 말한다. 이토는 꼬르뷔지에의 도미노 시스템이 갖는 평면적인 융통성과 자연과의 적극적인 관계를 자신의 작품에 실험해 왔다. 그러나 자연에 대한 두 사람의 근본적인 차이는 자연과의 관계가 아니라, 인간과 건축이 컴퓨터화 된 사회와 그렇지 못한 사회에서 존재하는 방식, 다시 말하면 꼬르뷔지에는 기계시대의 신체를, 자신은 전자시대의 신체를 다룬다는 점에 있다고 말한다.

**주27)** 서로 다른 4개의 프로그램은 도서관, 아트 갤러리, 오디오 비쥬얼 센터, 장애자 프로그램으로 이 중 도서관과 아트 갤러리가 가장 중요하게 다루어졌다. 이토는 이것들을 복합화하고 컴퓨터 테크놀러지를 도입하여 단순화한 프로그램의 활용과 미완성 공간을 지닌 공공 기관이라는 개념에서 출발하였다. 공공 건축으로서는 기존의 미술관이나 도서관이 가지는 건물 유형을 답습하지 않고 기존의 전례에 얽매이지 않은 새로운 유형의 공공 건축을 만들고자 하였다.

**주28)** 이 작품에는 꼬르뷔지에의 자유로운 평면, 미스의 유동적인 공간, 칸의 주공간과 종속공간의 개념(이토의 13개의 속이 비어 있는 다발튜브의 개념은 칸이 리차드 메디컬 센터에서 보여준 바처럼 설비, 덕트 등이 포함된 구조 샤프트의 속이 빈 구조와 상당히 개념적인 연관성이 있다) 등이 통합되어져 공간에서 보여지는 에너지와 전기장의 자연적 및 인공적인 흐름를 보여주는 필터이자 센서라는 새로운 건물 개념이 제시되었다.

**주29)** 여기서 구조 부재는 유리와 통합되어 있어서(센다이미디어테크에서 보여진 이 두 요소가 각각 독립적인 것과는 달리) 크리스탈 보이드의 부분적인 볼륨과 건물 전체의 볼륨은 적어도 개념적으로는 건축적 볼륨을 한정하고 구성하는 기하학 요소인 표면을 포함하지 않은 상태로 선들로만 구성된 하나의 시스템을 만들어내고 있다.

**주30)** 누벨은 역사란 기존의 인정된 요소들을 재생하는 것이 아니라 전에는 존재하지 않았던 새로운 것을 포함하는 것이라고 보았다. 그가 모더니즘에서 출발한 국제주의 건축의 획일성과 빈곤성을 비판하고, 건축의 역사적, 도시적 문맥을 바탕으로 사고와 인식작용의 전환을 요구하는 건축의 본질성에 대한 질문을 제기하는 이유가 여기에 있다. 그의 작품세계는 유럽의 전통 도시를 단순히 형태적으로 재현하기 보다는 도시의 특수성에서 유출한 요소를 내포하여 현대적이며 미래지향적인 도시적 감성을 드러내고자 한 것이다. 그는 '건축이란 주어진 상황을 변환시키는 프로세스이기 때문에, 건축적 사고의 전환을 통해 혼동을 극복하는 일 그 자체가 곧 건축' 이라고 생각한다.

**주31)** 역사적 맥락의 측면에서, 누벨은 네오고딕과 같은 모조품의 역사의 종류는 고딕의 정수와 완벽성을 지니지 못하기 때문에 이를 거부한다. 그는 지금 여기에 현존하는 문화적, 지적인 분위기의 틀 안에서 실행할 수 있는 것이 작업의 출발점이 되어야 한다고 강조한다. 인간적인 맥락의 차원에, 그는 공식적으로 인가된 문화의 한 영역인 건축은 건축주, 계약자, 관료행정가 등과 같은 사람들의 영향을 무시할 수 없다는 점을 강조한다. 지리학적 및 경제적 맥락의 차원은 지역 고유의 방법론과 기술, 도시, 재료, 기후 등에 대한 문화적인 태도를 반영하는 것이다. 문화적 맥락의 차원에서 그는 건축은 자율적 학문이 아니라 살아있는 문화의 일부이기 때문에 항상 문명의 가치를 이해할 필요가 있다고 강조한다.(ed) Peter Noever, 1991, p93)

**주32)** 누벨은 무엇인가를 재창조하기 위해서는 먼저 머릿속에 그러한 감정을 느끼고 그것을 가능한 재해석할 수 있어야만 한다고 보았다. 그는 건축가로서의 자신의 작업은 개념을 조립(집합)하고 훌륭하게 조율하는 자의 역할로 정의하고 있는 데 이것은 장 보드리야르(Jean Baudrillard)의 영향을 보여준다.

주33) 누벨은 텅빈 것은 실제로 빈 것이 아니라 그 빈곳(void)은 사실상 양자로 가득찬 상태이기 때문에 '텅빈 것은 가득찬 것'이라고 생각한다. 따라서 최소의 물질로 최대의 사물을 만들어 내려는 정화의 과정이나 물질의 점진적 경제성을 추구한다는 건축의 다윈적인 진화 개념은 그에게 중요한 사고의 원천이다.

주34) 누벨은 이와 관련하여 다음과 같이 설명한다. "내가 이러한 이미지들이 어디서 시작하고 어디서 끝나는지를 사람들이 알지 못하는 것에 대해 이야기할 때 그것은 다음을 의미하는 것이다 : 지금 우리는 물질이 어디에 놓여 있고 그 한계가 어디인지를 알지 못한다. 그래서 우리는 더 이상 사물(대상)의 중량감을 지각하지 못하는 것이다. 그것은 하나의 유혹(매혹)이다. 동시에 그것은 시학을 만든다. 그것은 공간을 가지고 연출하는 방식이며, 아마도 물질보다 정신의 영역을 더 강조하는 것이다. 그것은 열망이다."(EL Croquis, vol. 112/113, 2002, p.18)

주35) 내부와 외부의 환경의 분리를 가능하게 하는 유리벽은 빛과 시선을 향해 열려 있으며, 경이로운 미래를 담고 있다고 누벨은 주장한다. 왜냐하면 유리벽들은 '똑똑한 전달자들로서, 열을 낼 수도 있고 스크린이 될 수도 있으며 이미지의 전달자' ((ed.) Tom Avermatete, 2010, p.385)가 되기 때문이다. 사람들은 전체가 유리로 만들어진 건물을 상상하거나 이미지를 가진 빛의 대체품이 나타나는 것을 보는 것이 가능하다. 우리의 시선을 통해, 신체를 통해 내부와 외부 사이의 막을 지나 공간을 가로질러가는 것이다. 공간은 이러한 막을 거침으로써 공간의 연속성에 대한 근대적인 원리를 바꾸어 놓는 공간 속의 공간이라는 특유의 관점이 생긴 것임을 강조한다.

주36) 누벨은 이 점을 다음과 같이 설명한다. "나는 2개의 벽을 도로에 면한 두 개의 스크린으로 편성하였다. 그것은 매우 가볍고, 2개의 강철로 고정시키고 있으며, 아주 얇아서 물질적인 존재감이 거의 없다.... 내부에는 계단이 없다. 요구 자체가 외부 계단 밖에 설치할 수 없었기 때문이었다. 그리고 엘리베이터가 파사드의 앞에 있다. 이 때문에 내부는 계단이 없는 자유로운 공간으로 되고, 계단과 엘리베이터는 모두 외부에 있다...". 이처럼 경계를 희미하게 하고 계단이 외부에 있는지 내부에 있는지 잘 구분이 가지 않게 한 것은 파사드가 건물보다 크게 보이는 효과를 만들기 위해서이다. 첫 번째 스크린의 뒤로 나무가 보이지만, 나무는 두 번째, 세 번째 스크린의 뒤에서도 여전히 보여 진다. 이것은 마치 광학적인 기구에 나타나는 허상처럼 나무들을 영상 시스템에 가두어 넣는 효과를 만들어낸다. 따라서 관찰자가 한 그루의 나무를 보았을 때 그것이 진짜인지 아니면 다른 나무의 영상인지 식별하기가 쉽지 않다. 또 투명한 파사드를 통해 하늘이 보이며, 파사드에 의해 반사된 하늘의 상(像)도 중첩되어 실상과 허상의 세계가 연출된다. 그 결과, 나무들은 내부와 외부 사이에 풍부한 표현의 이중성을 만들어낸다.

주37) 헤르조그와 드 뫼롱은 "건축은 도시의 일부인 공적 예술이며 건축가는 자기 시대의 언어를 말할 수 있어야 한다"고 강조한다. 이 두 사람은 건축을 인체에 비유하고, 건축과 패션은 인위적 피부처럼 시대의 욕망과 취향을 반영하여 형상화한다는 점에서 공통점을 지닌다고 주장한다. 따라서 삶의 활력이 되고 오감에 호소하는 건축을 만들기 위해서는 생활과 융합하고 인공과 자연, 기계적, 생물학적인 것과 통합될 필요가 있다는 것이다.

주38) 헤르조그와 드 뫼롱은 수많은 도트(dots)로 구성된 사진을 식별하는 인간의 눈이 '실체'를 재구성하듯이, 이러한 수법을 통해서 지각적 탐구 과제를 새로운 방식으로 확장시켜 왔다

주39) 헤르조그와 드 뫼롱은 토마스 러프(Thomas Ruff)의 사진에서처럼, 건축물은 시골이나 도시로 조망을 집중시켜 오브제를 최상으로 보여지게 하는 '프레임(frame)' 또는 '필터(filter)' 라는 중요한 역할을 수행할 수 있다고 보았다.

주40) 여기서 파사드는 시각적 착시를 위한 도구일 뿐만 아니라 구조적인 공학기술로 이루어진 부재의 역할을 하는 마름모 꼴의 그리드로 분할하고, 새로 개발한 광섬유 유리(fibre-optic, fibre glass) 재료로 오목 · 볼록렌즈와 같이 생긴 유리패널로 구성하여 독특한 공간과 조각적인 형상의 외피를 만들었다.

주41) 이에 대해 줌터는 다음과 같이 설명한다. ".... 건설하기(Building), 거주하기(Dwelling), 사유하기(Thinking)는 서로 관련된 인간 활동으로, 이것들은 인간이 세계에 대해 배우고 그 세계의 일부가 되는 방식으로 사용하는 활동이다. 하이데거는 우리가 추상적인 것으로 간주하는 사유(생각하기)가 우리의 장소의 경험과 밀접하게 연결되어 있다고 고찰하였다. 이것은 인간이 장소에서 존재한다는 사실, 인간이 세계와의 관계를 형성하는 것, 단순하게 말하면 그가 세계 안에서 살아가는 것은 바로 장소로부터라는 사실과 관련된 것임을 말한다."(Peter Zumthor, 1999 / Franco Berton, 2002, p.148 재인용)

주42) 줌터는 '디자인 프로세스를 감성과 이성의 지속적인 상호작용에 바탕을 둔 것' (Peter Zumthor, 1999, p.20)으로 정의한다. 그는 '형태를 부여받기 위해 요구되는 감성, 선호, 갈망, 욕망 등은 이성에 의한 추론이라는 비판적 능력으로 통제되어야만 하지만, 추상적인 관심사들이 실재로 진실한 지의 여부를 알려주는 것은 우리의 감성' 이라고 강조한다. 디자인 행위가 질서의 체계를 이해하고 확립하는 것에 바탕을 두고 있지만 건축에서 중요한 본질적인 실체는 감성과 통찰에서 나오기 때문이라는 것이다.

주43) 줌터는 이에 대해 다음과 같이 묘사한다. ".... 건축에서 돌과 물은 자연스럽고 매력적인 관계가 될 수 있다. 돌은 물을 사랑한다. 그리고 물은 아마도 다른 어떤 재료보다도 더 돌을 사랑한다..... 돌은 방을 형성한다 ; 돌의 방은 물을 포함한다 ; 빛이 선택된 장소에서 유입되고 돌이 빛을 낸다 ; 물이 반짝이기 시작한다. 때때로 거울처럼, 때로는 견고한 매스처럼-그리고 거기에 이러한 특별한 분위기, 앙비앙스(ambience)가 존재한다 우리는 그것을 보기 위한 눈을 지녀야 한다. 그것은 선물이다. (Peter Zumthor, 2007, p.140)

주 44) 줌터는, 평면에서 목욕이라는 의식행위(ritual)를 위한 방

들을 구성한다는 개념으로 분산 배치된 돌 매스와 그 내부를 비워 공동화한 동굴 같은 방들은 온천의 사용자들에게 두 가지 유형의 공간–블록(매스)들 사이에 서로 연결되어 만보(산책)할 수 있는 공간의 유형과 블록 그 내부에 조성되는 내향적인 은밀하고 친숙한 방들(전용 스파와 같은)의 유형–을 제공한다고 설명한다. 그는 이러한 공간이 만들어내는 현상적 경험을 다음과 같이 설명한다. 그는 "블럭들 사이에는 공간이 전체 건물을 관류하여 흐르는 것처럼 모든 것을 연결하는 하나의 공간이 존재한다, 우리가 그것을 부르는 바처럼 만보(meander)는 견고한 돌의 블록으로 가득찬 것들 사이에 존재하는 빈 공간(empty space)이다 ; 그것은 의도된 소극적 공간(negative space)이다. 블록들을 형상화하고 배열하는 작업은 만보의 여정을 만들고 형상을 부여하는 작업을 의미한다. 온천에 들어온 방문객들에게 이 만보는 그 안에서 동선의 흐름이 일어나는 서로 공유하는 거대한 공간이다. 이러한 공간 구조는 마치 하나의 직물(fabric)과 같다. 통로는 매 순간마다 지선으로 갈라지며 서로 얽혀 짜여진다. 이러한 공간 안에서 주위를 이동하는 것은 발견을 수행하는 것을 의미한다. 당신은 마치 숲 안에 있는 것처럼 걷고 있다. 거기에서 각각의 사람들은 자신의 길을 찾고 있는 것"이다.(Peter Zumthor, 2007, p.80)

주 45) 이 작품에서 발견되는 현상학적인 의도는 줌터의 다음과 같은 글에서 나타난다. "산, 돌, 물, 돌 속의 건물, 돌로 된 건물, 산에 삽입된 건물, 산으로부터 나온 건물-이러한 언어의 사슬에 건축적인 해석을 부여하고, 그 의미와 감각적 심미안을 건축으로 번안하려는 우리의 시도들이 우리의 건물 디자인을 인도하였으며 그것에 형태를 제공하였다... 출발 즉시, 산 안에 있는 돌의 세계가 지닌 신비한 속성, 어두움과 밝음, 물 위에서 빛의 반사, 증기로 가득찬 공기를 통한 빛의 산란, 물이 돌 주변에서 만들어내는 다양한 소리들, 따뜻한 돌과 벌거벗은 몸, 목욕이라는 의식적 행위 등에 대한 어떤 느낌이 존재"하였다.(Peter Zumthor, 1997 / K. Frampton, 1007, p.372 재인용)

주46) 레오파르디는, 문학의 경우에서처럼 예술작품의 미는 그 모호함, 개방성, 미확정성 등에 있다고 보았다. 그는 우리를 감동시키는 작품이나 대상은 그 의미가 광범하게 열려 있다고 말한다. 이러한 대상은 서로 중첩되고 직조된 의미의 무한한 중첩을 지니고 있으며, 우리가 대상에 대한 관찰의 시각을 바꿀 때 그 의미도 바뀌기 때문이다. 이 점에서 칼비노(Italo Calvino)는 역설적으로 '모호함의 시가 가장 엄밀한 시가 될 수 있다' 고 말한다

주 47) 줌터가 발스의 온천에서 거대한 매스의 속을 공동화하여 그 안에 다양한 용도의 방들로 만든다는 개념, 즉 '돌의 방(room of stone)의 개념은 칸이 트렌톤 수영장과 리차드 의학연구소 등에서 시도했던 속이 빈 기둥(hollow column)의 개념과 유사하다. 그러나 줌터는 매스와 공동(空洞)의 개념을 단순히 구축적인 논리성보다는 공간의 연속적인 경험과 이미지를 위한 구성요소로 해석하고 있다. 이러한 개념을 감각적 경험보다는 공간의 구축적 논리를 적용한 경우는 이토가 센다이 미디어테크에 적용한 속이 빈 튜브 개념에서 찾아 볼 수 있다. 하이-테크 건축가들은 칸이 이 개념에서 발전시켜 봉사받는 공간과 봉사하는 공간의 원리를 공간의 융통성이라는 프로그램적인 차원에서 해석하여 적용한 것이다.

48) 줌터는 이에 대해 다음과 같이 언급한다. "아주 잠시 동안만 나는 여기에 존재한다. 나는 내 생애 이전에 존재하지 않았으며, 내 생애 이후에도 결코 존재하지 않을 것이다. 그러나 나의 생애에서, 나는 이 행성 위에서 일어나는 생명의 과정에 속해 있다; 아주 잠시 동안만 나는 이 행성에서 존재하다가 곧 지나가 버리는 인간, 동물 그리고 식물이라는 유기체의 일부이다."

# 참고문헌

## 공통


· 길성호(1997), *현대건축사고론*, 서울: 미건사/Spacetime
· 길성호(2003), *수용미학과 현대건축*, 서울: Spacetime
· 森田慶一(1977), *建築論*, 양광용역(1985), 서울: 동명사
· 井上充夫(1991), *建築美論*, 임영배 외역(1994), 서울: 도서출판 국제

· Asensio, Françisco(1977), *The New Architecture : ATLAS 1.0*, Barcelona : Atrium Group
· Avermaete, Tom(eds.)(2009), *Architecture, Modernity and the Public Sphere(건축, 근대성과 공공영역에 대한 건축적 입장들)*, 권영민 역, 2011, 서울 : Spacetime
· Amsoneit, Wolfgang(1991), *Contemporary European Architecture*, Köln : Benedikt Taschen Verlag GmbH
· Banham, Rayner(1960), *Theory and Design in the First Machine Age*, New York : Praeger Publishers. Inc.
· Bertoni, Franco(2002), *Minimalist Architecture*, Basel; Birkhähser - Publisher for Architecture
· Biermann, Veronica & Klein, Barbara Borngässer(eds.) (2003), *Architectural Theory from the Renaissance to the Present*, Köln : Taschen
· Bonta, Juan Pablo(1979), *Architecture and its Interpretation*, New York : Rizzoli
· Cañizares, Ana G.(2005) *Great New Buildings of the World*, New York : Loft Publications and Harper Design.
· Castells, Manuel(2000), *The Rise of the Network Society* (*네트워크 사회의 도래*), 김묵한 외 공역, 2003, 서울 : 한울
· Collins, Peter(1965, 1978), *Changing Ideals in Modern Architecture : 1750 - 1950*, Montreal : McGraw - Queen's Univ. Press.
· Conrads, Ulrich(ed.)(1970), *Programs and Manifestos on 20th - Century Architecture(건축선언문집)*, 이현호역(1981), 기문당 : 서울
· Cornelis van de Van (1980), *Space in Architecture, The Netherlands* : Van Gorcum Assen
· Curtis, William J. R.(1996), *Modern Architecture Since 1900*, Oxford : Phaidon Press
· Davis , Douglas(1990), *The Museum Transformed : Design and Culture in the Post - Pompidou Age*, New York : Abbeville Press Publishers
· de Solá-Morales, Ignasi(1995), *Differences ; Topographies of Contemporary Architecture*, (trans.) Thompson, Graham(1997), The MIT, Cambridge, MA.
· Doordan, Dennis P.(2002), *Twentieth - Century Architecture*, New York : Harry N. Abrams, Inc.
· Douglas, Davis(1990) *The Museum Transformed : Design and Culture in the Post-Pompidou Age,* New York ; Cross River Press
· Dunlop, Beth(ed.)(1999), *Lost Masterpieces : Architecture 3s*, London, Phaidon Press Limited
· Etlin, Richard A.(1994), *Frank Lloyd Wright and Le Corbusier : The Romantic Legacy*, Manchester, Manchester University Press
· Frampton, Kenneth(1980, 2007), *Modern Architecture : a Critical History*, London : Thames and Hudson.
· Frampton, Kenneth(1982), *Morden Architecture & Critical Present*, London : Architectural Design.
· Francesco Asensio Cerver(1977), *Later Works(1995 - 1998), Barcelona*, Francesco Asensio Cerver
· Francesco Asensio Cerver(1998), *Selected Architecture : Public Buildings - Private Resiednce*, New York, Whitney
· Frankle, Paul(1914), Principles of Architectural History, Cambridge : M.I.T Press
· Futagawa, Yukio(ed.) (2001), *GA Comtemporary Architeacture 01 Museum 1*, Japan : A.D.A. EDITA Tokyo Co., Ltd
· Futagawa, Yukio(ed.) (2003), *GA Comtemporary Architeacture 03 Library*, Japan : A.D.A. EDITA Tokyo Co., Ltd.
· Futagawa, Yukio(ed.) (2006), *GA Comtemporary Architeacture 05 University*, Japan : A.D.A. Edita Tokyo Co., Ltd.
· Futagawa, Yukio(ed.)(2006), *GA Comtemporary Architeacture 07 Public*, Japan : A.D.A. Edita Tokyo Co., Ltd.
· Gausa, Manuel & Guallart, Vincent(eds.)(2003), *the metapolis dictionary of advanced architecture ; city, technology and society in the information age*, Barcelona : ACTAR
· Gelernter, Mark(1995), *Sources of architectural form; A critucal history of Western design theory*, Manchester univ. Press, Manchester
· Giedion, Sigfried (1941,1973), *Space, Time and Architecture I, II*, (*공간, 시간, 건축 I, II*), 최창규 역(1979), 서울 : 산업도서출판공사
· Goldsmith, Myron(1987), *"Structural Architecture"*, Building and Concepts (ed.) Blaser, Werner, New York : Rizzoli.
· Gösel, Peter & Leuthüser, Gabriele(1991, 2001), *Architecture in the Twentieth Century*, Köln : Taschen GmbH
· Gösel, Peter(2007)(ed.), *The A - Z of Modern Architecture*, Köln :

Taschen GmbH
· Gray, Susan(ed.)(2002), *Architects on Architects*, New York; McGraw - Hill
· Greub, Suzanne and Greub, Thierry(ed.) (2006), *Museums in 21st Century : Concepts Projects Buildings*, New York : Prestel Publishing
· Hartoonian, Gevork(1997), *Modernity and Its other : A Post-Script to Contemporary Architecture*, Texas A & M University Press, College Station
· Hays, K. Michael(1998), *Architecture Theory since 1968(1968년 이후의 건축이론)*, 봉일범 역(2003), 서울 : 시공문화사
· Heyer, Paul(1978), *Architects on Architecture : New Directions in America*, New York : Waler and Company
· Jencks, Charles, & Baird, George(ed.)(1969), *Meaning in Architecture*, London : Barrie & Jenkins
· Jencks, Charles (1973), *Modern Movements in Architecture*, New York : Anchor Press.
· Jencks, Charles (1977), *The Language of Post - Modern Architecture*, New York : Rizzoli.
· Jencks, Charles (1980a), *Late - Modern Architecture*, London : Academy Editions.
· Jencks, Charles (1980b), "*Post-Modern Classicism : The New Synthesis*" *AD*, May - June 1980, pp. 3 - 135
· Jencks, Charles (1990), *The New Moderns : From Late to Neo - Modernism*, London : Academy Editions
· Jencks, Charles, & Kropf, Karl(ed.)(1997), *Theories & Manifestoes of Contemporary Architecture*, London : Academy Editions
· Jodidio, Philip(1993), *Contemporary American Architects*, Köln : Benedikt Taschen GmbH
· Jodidio, Philip(1997), *New Forms : Architecture in the 1990s*, Hohenzollernring : Benedikt Taschen Verlag GmbH
· Jodidio, Philip(2001), *Architecture Now*, Köln : Benedikt Taschen GmbH
· Jodidio, Philip(2006), *Architecture Now 4*, Köln : Benedikt Taschen GmbH
· Joedicke, Jürgen(1969), *Architecture since 1945 : Sources and Directions*, New York; Frederick A. Praeger Publishers.
· Joedicke, Jürgen(1998), *Architekturgeschichte des 20. Jahrhunderts(20세기의 건축역사)*, 김경환외 공역, 2001, 도서출판 이집, 서울
· Kahn, Hasan - Uddin(2001), *International Style : Modernist Architecture from 1925 to 1965*, Hohenzollernring : Benedikt Taschen Verlag GmbH
· Klassen, Winand W.(1980), *History of Western Architecture(서양건축사)*, 심우갑, 조희철 역(2003), 서울 : 아키그램
· Klotz, Heinrich(1984a), *Moderne und Postmoderne(현대 건축론)*, 양동양 편역(1995), 서울 : 기문당
· Klotz, Heinrich(1984b, 1988), *The History of Postmodern Architecture*, Cambridge, Mass. The MIT Press
· Kolb, David(1990), *Postmodern Sophistications; Philosophy, Architecture, amd Tradition*, The Univesity of Chicago Press, Chicago
· Lampugnani, Vittorio Magnago(1983), *The Thames & Hudson Encyclopedia of 20th - Century Architecture*, London : The Thames & Hudson Ltd.
· Lampugnani, Vittorio Magnago(1985a), *Architecture and City Planning in the Twentieth Century*, New York : Van Nostrand Reinhold.
· Lampugnani, Vittorio Magnago(1985b), *'The Gesture and Its Shadow'* , *A+U*, pp.47 - 54
· Lampugnani, Vittorio Magnago(1990), *Museum Architecture in Frankfurt 1980 - 1990*, Munich : Prestel
· Lang, Jon(1987), *Creating Architectural Theory : The Role of the Behavioral Sciences in Environmental Design*, New York : Van Nostrand Reinhold Company Inc.
· Lesnikowski, Wojciech G.(1982), *Rationalism and Romanticism in Architecture(합리주의와 낭만주의 건축)*, 박순관외 공역(1993), 서울 : 도서출판 국제
· Lym, Glenn Robert(1980), *A Psychology of Building : How we shape and experience our structured spaces*, Englewood Cliffs, New Jersey : Prentice - Hall Inc.
· Moneo, Rafael(2004), *Theoretical Anxiety and Design Strategies in the work of eight contemporary architects*, Cambridge, Mass. : The M.I.T. Press.
· Neisser, U.(1976), *Cognition and Reality*, Freeman, Sanfrancisco.
· Nesbitt, Kate(eds.)(1996), *Theorizing a New Agenda for Architecture : An Anthology of Architectural Theory 1965-1995*, New York : Princeton Architectural Press
· Norberg - Schulz, Christian(1968), *Intention in Architecture*, Cambridge, Mass. : The M.I.T. Press.
· Norberg-Schulz, Christian(1971), *Existence, Space and Architecture (실존, 공간, 건축)*, 김광현 역(1977), 서울 : 산업도서출판공사
· Norberg - Schultz, Christian(1986), *Architecture : Meaning and Place : Selected Essays(건축의 의미와 장소성)*, 진경돈, 이정국 공역(2000), 서울 : 시공문화사
· Norberg-Schulz, Christian(1988), *New World Architecture*, New York : Princeton Architectural Press.
· Ockman, Joan,(ed.)(1993), *Architecture Cultura 1943 - 1968 : A Documentary Anthology*, New York ; Rizzoli
· Papadakis, Andreas (ed.)(1992), *Free Spirit in Architecture*, New York : Academy Editions

- Porphyrios, Demetri(1982), *Sources of Modern Eclecticism*, London : Academy Editions
- Portoghesi, Paolo (1982), *After Modern Architecture*, New York : Rizzoli.
- Portoghesi, Paolo, (trans.) Erika G. Young(2000), *Nature and Architecture*, Milano : Skira Editore S.P.A.
- Pérez Gómez, A.(1983), *Architecture and the Crisis of Modern Science*, Cambridge : The MIT Press.
- Rapoport, Amos(1982), *The Meaning of the Built Environment : A Nonverbal Communication Approach, Beverly Hill : Sage Publication.Architecturally Speaking*, New York : Bloch Publishing Company.
- Rowe, Collin(1976), *The Mathematics of the Ideal Villa and Other Essays*, Cambridge, Mass. The MIT Press
- Schirmbeck, Egnon(1987), *Idea, Form, and Architecture : Design Principles in Contemporary Architecture*, (trans.) Cowan, Henry J., New York : Van Nostrand Reinhold
- Sharp, Dennis(ed.)(1999), *Twenthieth - Century Classics : Architecture 3s*, London, Phaidon Press Limited
- Simon Sadler(2005), *Archigram : Architecture without architecture*, Cambridge, MIT
- Smith, C. Ray(1977), *Supermannerism : New Attitudes in Post - Modern Architecture*, New York : E.P.Dutton
- Smithies. K.W.(1981), *Principles of Design in Architecture*, England : Van Nostrand Reinhold Company Ltd.
- Steele, James(ed.)(1994), *Museum Builders*, New York : Academy Editions
- Steele, James(ed.)(1995), *20th Century European Rationalism : Panos Koulermos*, New York : Academy Editions
- Steele, James(1997), *Architecture Today*, London : Phaidon Press Limited
- Tafuri, Manfredo(1976a), (trans.) Barbara Luigia La Penta), *Architecture and Utopia : Design and Capitalist Development*, Cambridge Mass : MIT Press
- Tafuri, Manfredo(1976b, 1980), *Theories and History of Architecture*, New York : Harper & Row, Publishers
- Tzonis, Alexander and Lefaivre, Liane(1992), *Architecture in Europe since 1968 : Memory and Invention*, London : Thames and Hudson Ltd.
- Tzonis, Alexander, Liane Lefaivre, Richard Diamond(eds.)(1995), *Architecture in North America Since 1960*, London : Thames and Hudsen Ltd.
- Vandenberg, Maritz(ed.)(1999), *Twenthieth - Century Museum 1 : Architecture 3s*, London, Phaidon Press Limited
- Wiebenson, Dora(ed.)(1982), *Architectural Theory and Practice from Alberti to Ledoux*, Architectural Publications, Inc.
- Wigley, Mark(1993), *The Architecture of Deconstruction : Drrida's Haunt*, Cambridge, Mass : The MIT Press
- Wines, James(2000), *Green Architecture*, Köln : Benedikt Taschen Verlag GmbH


## 머리말+00


- 차봉희 편저(1993), *독자반응 비평*, 서울 : 고려원
- 차봉희 편저(1985), *수용미학*, 서울 : 문학과 지성사.
- Abercrombie, Stanley(1984), *Architecture as Art*, New York : Van Nostrand Reinhold Company Inc.
- Ackerman James(1986), *"The Villa as Paradigm" Perspecta 22 : The Journal of the Yale School of Architecture Paradigms of Architecture*, (eds.) John Perkins, Paul Rosenblatt, Jennifer Sage, New York : Rizzoli
- Alberti, Leon Battista(1485), *De re aedificatoria (The ten Books of Architecture, 1986)* , New York : Dover Publications Inc.
- Allsopp, Bruce.(1977), *A Modern Theory of Architecture*, London ; Routledg and Kegan Paul.
- Danby, Miles(1963), *Grammer of Architectural Design*, London : Oxford Univ. Press
- Broadbent, Geoffrey(1977), *Design in Architecture(건축디자인 방법론)*, 이광노외 공역(1982), 서울 : 기문당
- Colquhoun, Alan(1967), *"Typology and Design Method"* , (ed.) R.Gutman(1972), *People and Building*, New York:Basic Books. Inc., Publishers.
- Colquhoun, Alan(1981), *Essay in Architectural Criticism : Modern Architecture and Historical Change*, Cambridge, Mass. The MIT Press
- Foucault, Michel(1966), *Les Mots et les choses, The Order of Things, : An Archeology of the Human Science(말과 사물: 인문과학의 고고학)*, 이광대 역(1971), 서울 : 민음사
- Hamlin, Talbot (ed.)(1952), *Forms and Functions of Twentieth Century in Architecture (vol. II) : The principles of Composition*, New York : Columbia Univ. Press
- Holub, Robert C.(1984), *Reception Theory : A Critical Introduction(수용이론)*, 최상규 역(1985), 서울 : 삼지원
- Hooper, Kristina(1978), *"Perceptual Aspects of Architecture"* , (eds.) *Handbook of Perception(vol. X)*, Edward C. Carterette & Morton P. Friedman, New York : Academic Press Inc.
- Iser, Wolfgang(1970, 1972, 1976), *"Indeterminacy and Reader's Response"* , *in* J. Hillis Miller(ed.) *Aspects of Narrative : Selected papers from the English Institute*, New York and London : Columbia Univ. Press

- Jauss, Hans Robert(1969), " *Paradigmawechsel in der Literaturwissenschaft*, Linguistische Berichte, no.3
- Jauss, Hans Robert(1975), "*Provokation*", *in : Rezeptionsästhetik hrsg v. Rainer Waring*, München, 1975, S.127
- Kolb David(1990), *Postmodern, Sophistications : Philosophy, Architecture, and Tradition,* Chicago : The University of Chicago Press
- Kuhn Thomas S.(1962), *The Structure of Scientific Revolution(과학혁명의 구조)*, 조성 역(1989), 서울 : 이화여자대학교 출판부
- Lang, Jon(ed.)(1977), *Designing for Human Behavior : Architecture and Behavior Sciences*, Stroudsberg, Penn : Dowden, Hutchinson & Ross, Inc.
- Mitchell, W. J.(1990), *The Logicof Architecture(건축의 형태언어)*, 김경준 외 역(1993), 서울: 도서출판 국제
- *The Phaidon ALTAS of 21st Century World Archtecture(2008)*, New York : Phaidon Press
- Pevsner, Nikolaus(1943), *An Outline of Eropean Architecture*, New York : Penguin Books
- Prak, Niels Luning(1968), *The Language of Architecture*, Mouton & Co, Netherlands.
- Royce, Joseph R.(1970), "*Cognition and Knowing : Psychological Epistemology*", (ed.)Edward C. Caterette & Morton P. Friedman, *Handbook of Perception(vol.1)*, New York : Academic Press Inc.
- Tafuri, Manfredo(1987), *Avant - Gardes and Architecture from Píranrsí the 1970's*, Cambridge, Ma., MIT Press
- Raman, P. G.(1974), "*Toward a social psychology of Design*", (ed.) Honikman, Basil(1974), *Cognition and Perception*, New York : Environmental Design Research Association, Inc.
- Rowe, Peter G.(1987), *Design Thinking*, Cambridge, Mass : The MIT Press
- Stevens, Garry(1990), *The Reasoning Architect : Mathematics and Sciencein Design*, New York : McGraw - Hill Inc.
- Zevi, Bruno(1957), *Architecture as Space*, New York : Horizon Press


## 01


- 김원갑(2008), *렘 쿨하스의 건축*, 서울 : spacetime
- Berkel, Ben van and Bos, Caroline (ed.)(2006), *UN STUDIO : Design Models*, London : Thames and Hudson
- Constanzo, Michele(2006), *MVRDV : Works and Projecys 1991 - 2006*, Milan : Skira Editore
- De Zurko, Edward Robert(1957), *Origins of Functionalist Theory*, London : Columbia Univ.
- Deasy, C.M.(1974), *Design for Human Affairs*, Cambridge, Mass. : Schenkman Publishing Company
- Deleuze, Giles & Gauttaari, Félix(1980), *A Thousand Plateaus(천개의 고원)*, 김재인 역(2001), 서울 : 새물결
- EL Croquis(1998) *vol.53+79, OMA/Rem Koolhass(1987 - 1998)* : Revised omnibus volume, Madrid : Spain, ELCroquis editorial
- EL Croquis(1997) *vol. 86 MVRDV*, Madrid : Spain, ELCroquis editorial
- EL Croquis(2002) *vol.111, MVRDV(1997 - 2002) : Stacking and Layering*, Madrid : Spain, ELCroquis editorial
- EL Croquis(2003) *vol.115/116, Foreign Office Architecture (1996 - 2003) : Complexity and Consistency*, Madrid : Spain, ELCroquis editorial
- EL Croquis(2004) *vol.77+99/vol. 121/122, SAANA/Kazuyo Sejima + Ryue Nishizawa(1983 - 2004)* : Revised omnibus volume, Madrid : Spain, ELCroquis editorial
- EL Croquis(2006) *vol.131/132, OMA/Rem Koolhass(1996 - 2006)(I) : Delirious and more*, Madrid : Spain, ELCroquis editorial
- Etlin, Richard A.(1994), *Frank Lloyd Wright and Le Corbusier : The Romantic Legacy*, Manchester, Manchester University Press
- Ferré, Abert(ed.) (2002), *The Yokohama Project : Foreign Office Architecture*, Barcelona : Actar Publisher
- FOA(2003), Phylogenesis Foa's *Ark : Foreign Office Architects*, Actar
- Gravagnuolo, Benedetto(1982), *Adolf Loos*, (trans.)C.H. Evans, Milano : G.Spinelli & S.p.A., Firenze
- Gössel, Peter & Leuthäuser, Gabriele(eds.)(1991), *Frank Lloyd Wright*, Benedikt Taschen.
- Heinz Thomas A.(2000), *The Vision of Frank Llotd Wright*, NJ : Chartwell Books, Inc.
- Herrmann, Wolfgang(1984), *Gottfried Semper : In Search of Architecture*, The MIT Press, Cambridge, MA
- Jones, Peter Blundell(1995), *Hans Scharoun*, London : Phaidon Press Limited
- Jones, Peter Blundell(2000), Günter Behnisch; Basel, Birkhäuser
- Kipnis, Jeffrey(1998), "*Recent Koolhass*", *El Croquis*, *vol.53+79*, 1998, Madrid : Spain, EL Croquis editional
- Koolhaas, Rem(1977), "*Life in the Metropolis or The Culture of Congestion*", (ed.) Hays K. Micahel(1998), *Architecture Theory since 1968(1968년 이후의 건축이론)*, 봉일범 역(2003), 서울 : 시공문화사
- Koolhaas, Rem(1978), *Delirious New York*, New York : The Monacelli Press Inc
- Koolhaas, Rem and Mau, Bruce(1995), *S, M, L, XL*, New York : The Monacelli Press Inc
- LeCUYER ANNETTE (2001), *Radical Tectonics*, London : Thames & Hudson Ltd.

- Ligo, Larry L.(1984), *The Concept of Fuction in Twentieth - Century Architectural Criticism*, Michigan; UMI Research Press
- Lootsma, Bart(2003), *"What is (really) to be Done?" (무엇을 (실제로) 할것인가?*, (ed.) Patteeuw, Véronique(2003), Reading MVRDV, *MVRDV 읽기*(최학종 역(2004), 서울 : 시공문화사
- Magdalena Droste(1990), *Bauhaus*, Benedikt Taschen Verlag GmbH, Germany
- Winey Mass(1998), *Farmax*, 010 Publishers.
- Loos, Adolf, *Spoken into the Void : Collected Essays 1897 - 1900*,(trans.)Newman, Jane O. and Smith John H.(1982), Cambridge : The MIT Press, MA
- Loos, Adolf(1908) *Die Überflüssigen*
- Loos, Adolf(1910) *Architektur*
- Loos, Adolf(1914) *Heimatkunst*
- Phent, W.(1973) *Expressionist Architecture*, London : Thames & Hudson Ltd.
- Sharp, Dennis.(1966), *Modern Architecture and Expressionism*, New York : George Braziller
- Smith, Kathryn(1997), *Frank* Lloyd *Wright's Taliesin and Taliesin West*, New York : Harry N. Abrams, Inc., Publishers
- Steadman, Philip(1979), *The evolution of design : Biological analogy in architecture and the applied arts*, London : Cambridge University Press
- Vidiella, Alex Sánchez(2011), *The Sourcebook of Contemporary Architecture*, Harper Design Publisher
- Watkin, David(1980, 1983), *The Rise of Architectural History*, Eastview Editions Publisher
- Wright, Frank Lloyd(1908), *The Architectural Record*, March
- Wright, Frank Lloyd(1931a), *Modern Architecture(The Kahn Lectures)*, Princeton : Princeton Univ. Press
- Wright, Frank Lloyd(1931b), *Two Lectures on Architecture*, The Art Institute of Chicago
- Wright, Frank Lloyd(1932a), *An Autobiography : 1st edition*, New York : Longmans, Green & Co., : see Note following Source List
- Wright, Frank Lloyd(1932b), *Saturday Review of Literature*, May 21
- Wright, Frank Lloyd(1936), *Architect's Journal of London*, *"Reflections. The United States : 1893 - 1920,"* July 16 - August 6.
- Wright, Frank Lloyd(1937), *Taliesin files*
- Wright, Frank Lloyd(1938), *The Architectural Forum*, January
- Wright, Frank Lloyd(1939a), *An Organic Architecture : The Architecture of Democracy*, London : LuncHumphries & Co., Ltd.(the "London Lectures")
- Wright, Frank Lloyd(1952), *Adress to the Junior Chapter of the American Institute of Architects*, New York City, Typed and typed ; corrected by F.L.W
- Wright, Frank Lloyd(1954), *The Natural House*, New York : Horizon Press
- Wright, Frank Lloyd(1960), *F.L.Wright : Writings and Buildings*, Horizon Press
- Zaera, Alejandro(1998a), *"Finding Freedom : Conversations with Rem Koolhass"*, *El Croquis, vol.53+79, 1998*, Madrid : Spain, EL Croques editional
- Zaera, Alejandro(1998b), *"Notes for a Topographic Survey"*, *El Croquis vol.53+79, 1998*, Madrid : Spain


## 02


- 건축과 환경(ed.)(2001), *New World Architect ; Norman Foster/ Renzo Piano)*, 서울 : 건축과 환경
- 배영달(2005), *보드리야르와 시뮬라시옹*, 살림, 서울
- 배영달(2009), *보드리야르의 아이러니*, 동문선, 서울
- 이효원(1997), *"루이스 칸의 건축사유와 개념체계"*, 전남대학교 대학원 공학박사 학위논문
- 함인선(2003), *Tectonic Studio ; 구축의 아름다움을 찾아*, 도서출판 발언, 서울
- A+U(1994), Norman Foster
- Baudrillard, Jean & Nouvel, Jean(2000), *Les Objects Singuliers Architecture et Philosophie(특이한 대상 : 건축과 철학)*, 배영달 옮김(2003), 서울 : 동문사
- Benjamin, Walter(1936), *Das Kunstwerk im Zeitalter seiner technischen Reproduzierbarkeit*,(기술복제시대의 예술작품),『*발터 벤야민의 문예이론*』 반성완 역(1983), , 서울 : 민음사,
- Benjamin, Walter(1970), *Illuminations*, London : Cape
- Bertoni, Franco(2002), *Minimalist Architecture*, Basel : Birkhäuser Verlag,
- Blaser, Werner & Goldsmith, *Myron(1987)*, *Myron Goldsmith : Buildings and Concepts*, London : Rizzoli
- Blaser Werner (1993), *Mies van der Rohe : The Art of Structure*, Basel : Birkhäuser Verlag,
- Bosoni, Giampiero(ed.)(1997), *Jean Nouvel ;Architectue and Design 1976 - 1995, A Lecture in Italy*, Milan : Skira editorie
- Brownlee, David B. and De Long, David G.(ed.)(1991), *Louis I. Kahn : In the Realm of Architecture*, New York : Rizzoli
- Buchanan, Peter (2000), *Renzo Piano Building Workshop : Complete Works*, London : Phaidon Press Limited
- Carter, Peter (1999), *Mies van der Rohe at Work*, London : Phaidon Press Limited
- Cohen, Jean - Louis(1994), *Mies van der Rohe*,(trans.) Rosengarten, Maggie(1996), London : E & FN Spon
- Davies , Colln(1988), *High Tech Architecture*, New York : Rizzol
- EL Croquis(1995) v*ol.71, Toyo Itto(1986 - 1995)*, Madrid : Spain,

ELCroquis editorial

- EL Croquis(1993) *vol.84, Herzog & de Meuron(1993-1997)*, Madrid : Spain, ELCroquis editorial
- EL Croquis(2002) *vol.109/110, Herzog & de Meuron(1998 - 2002) : the nature of artifice*, Madrid : Spain, ELCroquis editorial
- EL Croquis(2002) *vol.112/113, Jean Nouvel(1994-2002) : the symbolic order of matter*, Madrid : Spain, ELCroquis editorial
- EL Croquis(2005) *vol.123, Toyo Itto(2001-2005) : Beyond Modernism*, Madrid : Spain, El Croquis editorial
- Foster and Partners(2001), *Foster Catalogue 2001* , New York : Prestel Publishing
- Foster and Partners(2005), *Catalogue Foster and Partners*, New York : Prestel Publishing
- Frampton, Kemmeth(1995), *Studies in Tectonic Culture; The Poetics of Construction in Nineteenth and Twentieth Century Architecture*, Cambridge : Massachusetts, The MIT Press
- Futagawa, Yukio(ed.) (1995), *GA Document Extra : Richard Rogers*, Japan : A.D.A. EDITA Tokyo
- Goulet, Patrice(1994), *Jean Nouvel*, Paris : Editions du Regard
- Greub, S. and TH. & Art Centre Basel(eds.)(2006, 2008), *Museums in the 21st Century : Concepts, Projects, Buildings,* Munich : Prestel
- Hartoonian, Gevork(1994), *Ontology of Construction : On Nihilism of Technology in Theories of Modern Architecture*, Cambridge University Press
- Hitchcock, Henry - Russell and Johnson, Philip,(1932, 1976), *The International Style : Architecture since 1922*, New York : W.W. Norton & Company
- Jenkins, David (ed.)(2007), *Foster 40 Themes*, New York : Prestel Publishing
- Jodidio, Philip(2008), *Renzo Piano Building Workshop 1966 to today*, Köln : Benedikt Taschen GmbH
- Johnson, Philip C.(1947, 1978), *Mies van der Rohe*, New York : The Museum of Modern Art
- Ketcham, Diana (2001), *the de Young in the 21st century : a museum by Herzog & de Meuron*, London : Thames & Hudson Ltd,
- Latour, Alessandra,(ed.)(1991), *Louis I. Kahn : Writings, Lectures, Interviews*, New York; Rizzoli.
- Levine, Neil, "*The book and the building : Hugós theory of architecture and Labroustes Bibliothéque Ste-Geneviévé*" ,pp.139 - 173 Middleton, Robin(ed.)(1982), The MIT Press, Cambridge, MA
- Lobell, John(1979), *Between Silenece and Light ; Spirit in the Architecture of Louis I. Kahn(침묵과 빛)*, 김경준 역(1999), 서울 : 시공문화사
- MaCarter, Robert(2005), *Louis I. Kahn*, London, Phaidon Press Limited
- *Metamorph 9. International Architecture Exhibition, La Biennale di Venezia*(2004), Italy : Rizzoli
- Pearman, Hugh(1998), *Contemporary World Architecture*, London : Phaidon Press Limited.
- Pierre Macherey(1966), *Pour une theorie de la production litteraire, Paris : Fran ois Maspero*, 배영달 역(1994)., 서울 : 백의
- Piano, Renzo (1997), *the Renzo Piano logbook*, London : Thames & Hudson Ltd,
- Powell, Kenneth(2006), *Richard Rogers : Complete Works vol. 3*, London : Phaidon Press Inc.
- Rogers, Richard (1990), *Architecture : A Mordern View,) 리처드 로저스의 건축론)*, 박윤준 역(2002), 서울 : 조형교육,
- Rowe, Collin and Slutzky, Robert(1997), *Transparency*, Basel; Birkhäuser Verlag
- Rogers, Richard & Gumuchdjian, Philip(1997), *Cities for a small planet(도시 르네상스)*, 이병연 역(2005), 서울 : 이후
- Russel, James S. (ed.)(1999), *Pioneering British 'High-Tech' : Architecture 3s*, London, Phaidon Press Limited
- Sakamoto,Tomoko(ed.)(2003), *Toyo Itto : Sendai Mediatheque*, Barcelona : Actar
- Snyder, James C. & Catenese Anthony J.(ed.)(1979) *Introduction to Architecture*, New York : McGroew - Hill Inc.
- Spaeth, D(1985), *Mies avn der Rohe*, New York : The Architectural Press.
- Sudjic, Deyan(1986), *Norman Foster, Richard Rogers, James Stirling : New Directions in British Architecture(포스터, 로저스. 스털링 ; 영국건축의 새로운 흐름)*, 김인철 역(1990), 집문사, 서울
- Tyng, Alexandra(1984), *Beginnings ; Louis I. Kahn's Philosophy of Architecture*, New York : John Wiley & Sons
- Urs, Büttiker(1993a), *Lous I. Kahn : Light and Space(루이스 칸 : 빛과 공간)*, 이효원 역(2002), 서울 : 시공문화사
- Urs, Büttiker(1993b), *Lous I. Kahn : Realization and Form(깨달음과 형태 : 루이스 칸의 어록)*, 김경준 역(2001), 서울 : 시공문화사
- Viollet-le-Duc, Eugéne-Emmanuel(1854-1868), *The Foundations of Architecture ; Selections fron the Dictionnaire raisonné*,(trans.) Whitehead, Kenneth D.(1990), New York : George Braziller
- Zumthor, Peter(1999), *Thinking Architecture*, Basel; Birkhähser-Publisher for Architecture
- Zumthor, Peter & Hauser, Sigrid (2007), *Peter Zumthor Therme Vals*, Zurich : Verlag Scheidegger & Spiess AG

# 도판출전

* Asensio, Francisco(1977) 도2-86a.b * Bertoni, Franco(2002) 도2-102a * Biermann, Veronica(2003) 도 1-2a.b, 도2-1 * Berkel, Ben van &Bos, Caroline(2006) 도1-69, 도 1-73, 도1-74c * Blaser, Werner(1987, 1993) 도2-20b, 도2-22, 도2-27c * Bloomer, Kent & Moore, Charles W.(1977) 도 0-10a, * Brownlee, David B.(1991) 도2-31, 도2-36b, 도2-38c * Carter, Peter(1999) 도 2-24, 도2-25a.b.c, 도 2-26a.b, 도2-27a.b * Constanzo, Michael(2006) 도1-54c, 도1-55a.b.c, 도1-56b, 도1-57a.b, 도1-59b, 도1-60a.b.c, 도1-61, 도1-62 * Curtis, William J.R.(1996) 도 1-12, 도1-17, 도2-10a.b, 도 2-13, 도2-14, 도2-41a.b, 도2-42a, 도2-93 * EL Croquis(1995 vol.71) 도2-75, 도2-76a.b, 도2-78a * EL Croquis(1998 vol.53+79) 도1-39, 도1-40, 도1-41, 도1-42, 도1-43, 도1-44a.b, 도1-45a.b, 도1-46a.b, 도1-49a.b, 도1-50 * EL Croquis(19?? vol.) 도1-52, 도1-53, 도1-54a.b, 도1-58c, 도1-60d * EL Croquis(2002 vol.109/110) 도2-92a.b, 도2-94a * EL Croquis(2003 vol.115/116) 도1-66a.b, 도1-71a.b.c * EL Croquis(2004 vol.77+99/vol.121/122) 도1-78a, 도1-79a * EL Croquis(2005 vol.123) 도2-82b, 도2-83a.b * Go"ssel, Peter(1991) 도1-21a, 도1-23d * Goulet, Patrice(1994) 도2-84a.b.c, 도 2-87 * Futagawa Yukio(2001) 도2-49a.b * Futagawa Yukio(2006) 도 2-36a.c * (ed.)Go"ssel, Peter & Leutha"user, Gabriele(2001) 도1-4a.c, 도1-6a.b, 도1-7a.c, 도1-8a.b, 도1-12, 도1-19a, 도2-3a.b, 도 2-13, 도2-15a * (ed.)Go"ssel, Peter(2007) 도 0-5a.b, 도 1-5a.b.c, 도 1-9a.b, 도1-11a.b, 도 1-13a.b, 도 1-15b, 도 1-31c, 도1-32a, 도 1-56a, 도-591, 도1-71a.c.d, 도1-75a, 도2-5q.b, 도2-8, 도2-11, 도2-12a.b, 도2-17, 도 2-19b, 도2-23b, 도 2-44, 도 2-45, 도2-46, 도2-61b * (ed.)Heinz, Thomas A.(2000) 도 1-20a.b.c, 도 1-21b, 도1-25c, 도1-26a * Jencks, Charles(1990) 도2-47a.b * (ed.)Jenkins, David(2007) 도2-48b, 도2-50a.b.c, 도2-52,도2-53a, 도2-56a.b.c * Jodidio, Philip(2001) 도1-49a.b.c.d * Jodidio, Philip(2008) 도2-64b, 도2-69a, 도2-70a, 도2-71a, 도2-72 * Johnson, Philip(1978) 도2-21a.b * Jones, Peter Blundell(1995) 도1-28a.b, 도1-30a.b, 도1-31a.b, 도1-33c * Ketcham, Diana(2001) 도2-95, 도2-97b, 도2-99d * Le Corbusier(1923) 도0-7 *Le CuYER, Annette(2001) 도1-37a.b.c * McCarter Robert(2005) 도2-30a, 도2-34a.b.c.d, 도2-37c.d * Magdalena,Dorste(1990) 도 1-15a * New Yorker Magazine(1976) 도 0-9 * (ed.)Papadakis, Andreas(1991) 도1-36b * Phaidon ALTAS(2006) 도1-58a.b, 도1-65b.c.d, 도1-79c, 도1-81a, 도2-54a.b.c, 도74a.b, 도 2-98a.b * Sakamoto, Tomoko(2003) 도2-79a.b * Smith Kathryn(1997) 도1-24a, 도1-25a * Steele, James(1994) 도2-51a.c * Vandenberg, Maritz(1999) 도2-35a.b.c * Wines, James(2000) 도2-65a.d *Zumthor, Peter(2007) 도2-103a.c.d.e, 도2-104b 기타(출전미확인) 도1-9c, 도1-27a.b.c, 도1-34b, 도1-36a,도1-51c, 도1-65c.d, 도1-75b, 도1-79d, 도1-82a.b.c 도2-51b, 도2-53b, 도2-54a.c, 도2-56b, 도2-57c, 도2-59a, e2-62b, 도2-64c, 도2-65c, 도2-68c, 도2-69b, 도2-70c, 도2-77b, 도2-79d, 도2-80a, 도2-85a.b, 도2-90a, 도2-96a, 도2-97b, 도2-99b, 도2-100c, 도2-102b, 도2-105. 도1-107a.b.c, 도1-108a.b.c.d (이상의 인용도판은 원저자를 확인할 길이 없어 사전 허락을 받지 못하고 수록한 것으로, 추후 연락가능한 경우에 소정의 비용을 지불하겠습니다.)

# 찾아보기

# 에필로그

"세상 속으로 이 책을 내보내면서.........."

**1.**

필자의 고향은 충남 금산이다.

금산은 예로부터 인삼 재배지로 유명하다. 지리 교사이신 선친께서 손수 경작하신, 우리 가족의 주말농장과 같은 인삼밭에서 주말을 보내면서 필자는 풀 뽑고, 때가 이르면 인삼을 캐면서 동네 어르신들에게서 들었던 지혜가 담긴 이야기들을 지금도 기억한다. 인삼은 최소 4년에서 6년을 기르고 나서야 캔다. 인삼을 캐고 난 밭은 경작기간만큼 아무것도 재배하지 않고 놓아두어서 원기를 회복시켜 주어야 다시 인삼재배가 가능하다. 4년을 경작해 4년근 인삼을 캐고나면, 그 땅은 4년을 쉬게 해야 한다. 그 작은 인삼의 뿌리가 재배기간 동안 땅의 모든 기를 흡수하기 때문이다.

사람도 마찬가지인 것 같다.

필자가 〈현대건축사고론, 1997〉을 3년간 집필한 후 꼭 3년을 아무것도 하지 않고 책을 멀리하며 보냈다. 두 번째 저서 〈수용미학과 현대건축, 2003〉을 탈고하고 나서는 2년간 책 근처에도 안 가고 놀기만(?) 했다. 이제 세 번째 저서인 〈현대건축의 재발견, 2013〉은 올해로 6년 동안 쥐고 있으면서 진을 다 빼버렸다. (내년에 3부작이 완성되는 해까지 치면 7년이라는 긴 세월이다) 아마도 3부작이 완성되면 필자는 집필기간 동안만큼인 7년동안 책 근처에는 얼씬도 하지 않고 진이 빠진 육신과 마음을 재충전해야 할 것 같다... 인삼 경작이나 사람이나 똑같다는 사실에 오묘함을 느낀다.

## 2.

책을 읽던 중 조선의 선비 여헌 장현관(1631)이 77세에 깨달아 정리한 모령인사 4조(耄齡人事 四條)가 마음에 새겨져 다시 옮겨 적어본다.

止言語 말을 그치고
絶營爲 일을 영위치 않으며
心太虛 태허에 마음을 두고
任四時 사시에 맞추어 지낸다.

이 책은 필자의 인생에서 참으로 어려운 시기에 집필되었다.
무언가에 이끌려 가는 것이 없었다면 필자는 아마도 여러 차례 포기하였을 것이고, 이 책은 빛을 보지 못한 채 한 인간의 기억 속에 매몰되어 사장(死藏)되고 말았을 것이다. '유배지에서 쓴 글이 오래 기억되고 남는다' 는 사실을 역사의 교훈에서 찾아 스스로 자위(自慰)하면서 긴 세월동안 자신과의 싸움(?)을 한 시기이기도 한다. "가다가 힘들면 쉬었다 가더라도 결코 포기는 하지 말거라." 선친께서 어릴 적에 필자에게 들려주신 말씀과 자식을 위해 눈물로 기도해 오신 어머님의 사랑이 주저 앉고 싶을 때마다 큰 버팀목이 되었다. 그리고 이 고난의 시기에 회복을 위해 기도해 주신 류지헌 목사님, 길강호 목사님께도 지면을 통해 감사드립니다.

## 3.

요즘처럼 그림 책들이 난무하고, 글 읽고 사색하기를 꺼리는 현실을 거스르며 이론서를 낸다는 것이 하나의 도전일지도 모른다. 그러나 필자는 이 책이 현대건축의 흐름과 담론을 공부하고자 하는 동학들에게 하나의 길라잡이가 되리라는 소망과 확신을 품고 시작하였다. 이 책이 나오기까지 곁에서 격려하며 지켜보아 준 오호진 교수, 초고를 검토하고 날카로운 비평으로 무딘 부분들을 다듬도록 자극을 준 제자 김선곤 강사, 그리고 자료수집과 도판작업에 애써 준 UADL의 연구생 손중택, 김성진, 노경민, 유승훈 군의 도움에 고마운 마음을 전한다. 특히 난잡한 원고를 여러 차례 수정하고, 반복되는 도판작업의 긴 과정동안 인내와 수고로 편집작업을 잘 마무리해 주신 시공문화사 편집부, 그리고 언제나 건축문화 발전을 위해 양서를 만드는 일을 천직으로 여기며 기다려주신 김기현 대표와 여러분들께도 감사의 마음을 전하고 싶다. 건축을 전공하지 않은 국어 교사로 마지막까지 한 문장 한 문장 꼼꼼이 읽어가며 여러 차례에 걸친 교정으로 거친 글들을 빛나게 해 준 아내의 노고에 빚진 자의 마음 뿐이다.

"여호와께서 집을 세우지 아니하시면 세우는 자의 수고가 헛되며......" (시편 127 : 1)
여기까지 인도하신 나의 주, 나의 하나님을 찬양합니다.

주후 2013년 허정(虛靜) 길성호 쓰다

# 서평

김선곤(서울대 박사과정 수료, 한밭대 강사)

## 중간적 건축이론을 향하여

하루가 다르게 급변하는 각양각색의 현대건축을 하나의 이론적 틀로 재단하고 담아내는 일은 어쩌면 무모한, 어려운 일인지도 모른다.

길성호 교수의《현대 건축의 재발견》은 이 지난한 일에 대한 저자의 오랜 대면이고 그 결과물이다. 저자 머리말의 글귀를 빌어 다른식으로 말하자면 '어부' 의 심정으로 이론적 '그물' 을 손질하고, 등산가가 되어 현대건축의 '산봉오리' 를 쉴새없이 오르내리며 그 풍경을 '조망' 하고, 때때로 '수면' 밑으로 잠수하여 '건축가의 사고' 라는 해저의 심연을 확인하는 데에도 게으르지 않은 부지런함의 성과물이다.

보통의 경우에 서평문이 서평대상의 책과 같은 공간에 있는 경우는 흔하지 않다. 또한 필자는 이전《수용미학과 현대건축》(이하 〈수용미학〉으로 약칭)에 실린 서평에서 이미 저자의 저작에 대해서 논한 바가 있다.

따라서 본 글에서는 중언부언《현대 건축의 재발견》(이하 〈재발견〉으로 약칭하고 인용은 쪽수만 표기)을 요약하기 보다는 책 내용에 기대어 〈재발견〉에서 새롭게 다루고 있는 건축가를 바탕으로 필자가 이해하는 이 저작의 위상과 의미에 대해서 나름대로 가늠해 보고자 한다.

외형적으로는 〈재발견〉이 저자의 첫 저서인《현대건축사고론》(이하 〈사고론〉으로 약칭)의 이론적 틀을 가져오고 있는 것 같지만 두 저작 사이에는 그 시간적 간극 만큼의 일정한 차이가 있다. 물론 여기에는 그 중간에 쓰여진 〈수용미학〉의 영향이 있고, 실제로 〈재발견〉에는 그 성과들이 곳곳에 녹아 있다. 서론격인 "패러다임적 해석방법" 에서 확인할 수 있는 〈재발견〉의 특징을 살펴보는 것으로 이 글을 시작해 보자.

첫 번째는 〈재발견〉에서 〈사고론〉의 핵심적 용어인 '패러다임' 개념의 약해진 위상과 더불어 의미상의 변화이다.

토마스 쿤은 "과학자들이 공통적으로 이해하고 있는 일련의 사고방식"을 '패러다임'으로 정의한다. 또한 일종의 '공인받은 범례나 도식'을 뜻하는 패러다임은 각 시대마다 단속적 과정을 통해서 변하는 것으로 간주한다.

쿤의 패러다임 개념을 자신의 문학사에 적용하고 있는 야우스는 문학사에서 주도적 패러다임이 '고전적-인본주의적', '역사적-실증주의적', '형식주의적-심미적', '수용미학적' 패러다임 순으로 변화한다고 본다.

〈사고론〉은 이러한 야우스의 이론을 받아들이면서도 '건축적 사고의 다양성'을 파악하기 위해, 또 예술은 과학과 다른 '가치판단'의 문제라는 이유에서 통시적 축에 의한 분류를 공시적 축 위에 옮겨 놓는다. 그럼에도 문학사를 '수용미학적 패러다임'을 향한 발전적인 순차적 과정으로 묘사한 야우스가 그랬던 것처럼 수용미학적 패러다임을 특권화하는 모순이 존재한다.

하지만 〈재발견〉에서는 각기 패러다임은 동등하게 다루어지고 있다. 이는 왜〈재발견〉이 〈사고론〉과는 다르게 야우스식의 통시적 분류순서를 따르지 않는지를 이해하게 만는다. 아울러〈재발견〉은 '데이터의 분류'를 목적으로 하는 모든 이론이 지니는 태생적 한계에 대해서도 세심한 고려를 하고 있다. 공시적으로 분류된 각 '건축적 사고의 모형'은 그 안에서 통시적인 연대기 순으로 기술되고, 말미의 '다시보기'에서는 각 건축가들을 공시적 차원에서 상호 비교하고 있다. 마치 하나의 바구니를 엮듯이 공시축과 통시축이 교차되면서 그 이론적 난점들이 보완되고 있다. 따라서 〈재발견〉의 각 '건축적 사고의 모형'은 각기 독립적으로 구성되어 있고, 실제로 각 장은 별도의 독립적인 책으로 읽어도 무방한 것처럼 보인다.

두 번째, 〈재발견〉에서 확인할 수 있는 점은 건축사를 일종의 '양식론'적으로 접근하는 것에 비판적이라는 것이다. 심지어 현대건축의 주요 흐름이었던 '포스트모더니즘'이나 '해체주의' 같은 어떤 '사조(ism)'적 용어를 사용하는 것도 일부러 애써 피하고 있다. 프랑스 사상가 J-F. 리오타르가 말한 일종의 '거대 서사'에 대한 거부이고 회피이다.

그렇다고 해서 개별적인 작가론으로 접근하는 것도 아니다. 〈재발견〉은 건축을 건축가의 개인적인 창조의 산물이라거나 하나의 주도적 시대흐름의 반영물로 보는 것에 동의하지 않는다.

〈재발견〉은 '작가론'적인 미시적인 접근과 거시적인 '양식론' 사이에서 중간적 접근을 제안한다. 이런 관점에서 앞서의 '패러다임'은 저자와 같이 '다원주의'를 탈근대성의 핵심으로 파악한 사상가 지안니 바티모가 말하는 소위 '약한 사고'처럼 이해할 필요가 있다.

각기 '건축적 사고의 모형'은 고정된 것이 아니라 시대와 환경에 따라 서로가 영향을 주고 받으면서 수정, 확장되는 것이다. 이러한 접근법은 '해체주의 건축' 이후에 특정한 하나의 경향이 주도적이지 않은 현대건축의 흐름을 살펴보는데 도움이 된다.

내용상으로는〈사고론〉이 80년대 소위 포스트모더니즘 시기까지의 근현대건축가를 다루고 있다면, 〈재발견〉은 해체주의 시기와 이후의 작품들이 중요하게 다루어지고 있다. 결과적으로 80년대 후반, 90년대 초반이 중요한 변곡점이 되고 있다.

중간에 쓰여진 〈수용미학〉은 사용자에 대한 고려를 어떻게 건축에 반영하고 활성화할 것인가하는 문제의식 속에서 프랭크 게리, 피터 아이젠만, 베르나르 츄미, 렘 콜하스, 스티븐 홀, 안도 타다오 등을 '생소화(낯설게 하기) 수법', '미정성의 구조', '신체의 중심성' 개념을 통해 발전시켰다. 안도 타다오와 스티븐 홀을 제외하면 많은 부분 소위 '해체주의 건축'(아이젠만과 츄미를 제외한 본인들은 부인하고 있지만) 이라 분류되는 건축가들이 주를 이루고 있다.

하지만 〈재발견〉에서 게리는 '심상의 표현과 연상의 건축', 아이젠만은 '기하학적 질서와 개념의 건축', 츄미는 '신체의 중심성과 지각의 건축', 콜하스는 '프로그램의 해석과 리얼리티의 건축'에 각각 포함된다. 이는 〈재발견〉이 얼마나 기존의 '이즘'적 분류법과 무관한 다른 식의 건축적 해석과 분류를 하는지를 보여주는 단적인 사례이다.

사실 현대건축에서 60년대 후반부터 시작되는 포스트모더니즘이나, 이후 해체주의 건축은 일정부분 과대포장된 측면이 있다. 건축적으로 비약적인 혁신적 변화가 있었던 것은 아니었다.

이 시기에 사회적으로는 '소품종 대량생산'이라는 소위 '포드주의' 체계에서 생산이 과잉되고 68운동, 중동전쟁의 여파로 세계적인 소비침체가 이어진다. 건축분야에 있어서도 유럽이나 미국의 주택보급률이 110%를 넘어서게 되고 오피스도 과잉공급 되게 된다. 이에 소비자 중심의 다품종 소량생산 체계와 서비스업 확대, 복지의 축소, 규제완화, 금융자본의 확대와 같은 소위 '신자유주의'가 등장한다.

포스트모더니즘 건축은 이러한 세계적 경기침체와 소비진작의 산물이면서 획일적이고 어떤 측면에서는 비인간적인 근대건축에 대한 반발로 볼 수 있다. 하지만 장식적인 파사드와 역사적 형태를 통하여 대중과 소통하려는 애초의 취지와는 다르게 친숙함을 빙자한 인기영합적인 대중주의와 마케팅 수단의 하나인 상업주의의 도구로 변질되는 측면이 있었다.

일정부분 프랑스 철학자 자크 데리다의 신조어인 '해체(Deconstructinon)'와 연관된 해체주의 건축도 결과는 마찬가지였다. 휘어지고, 기울어지고, 파편화되고 불안정한 낯선 형태는 상업적 건축이나 랜드마크적인 미술관이나 박물관의 전유물이 되었다. 하지만 이론적 측면에 있어서는 데리다의 서양의 고질적인 로고스중심주의, 이분법주의 대한 '해체'는 이후의 이론가들과 건축가들에게 큰 영향을 주었다. 예컨대, 형태/프로그램, 구조/장식, 건축가/사용자, 건물/대지, 공간/시간, 채움/비움, 외부/

내부 등의 해체가 그것이다.

90년대 이후의 현대건축은 동구권, 소련의 몰락과 이후 세계화의 물결, 유럽연합(EU)의 출범, 컴퓨터와 인터넷을 비롯한 디지털미디어의 발전, 인간의 무분별한 자연개발과 착취에 따른 생태파괴, 그 결과 쿄토의정서로 대표되는 환경오염 규제와 지속가능성 논의 등과 그 괴를 같이한다. 건축적으로는 도시재생과 도심지 재개발 논의가 활발하게 이루어지던 시기이다
이런 사회 · 경제적 변화속에서〈재발견〉의 1990년대 이후 각기 '건축적 사고 모형' 에서 공통적으로 관류하는 세가지 주제는 '수용(사용자)' 중심 담론, 건축과 자연의 관계(자연의 건축화), 건축의 도시성과 공공성이다.
여기서 '수용(사용자)' 담론과 관련해서 주목할 만한 점은 포스트모더니즘의 그것과는 사뭇 다르다는 것이다. 포스트모더니즘이 이미지와 형태를 중심으로 의미와 기호의 차원에서 사용자를 다룬다면, 〈재발견〉은 공간과 장소를 중심으로 지각과 신체의 차원에서 사용자를 고려한다. 전자가 수동적이고 추상적이며 재현적이라면, 후자의 수용자는 능동적이고 구체적이며 체험이 강조된다.

〈재발견〉1권에서 다루고 있는 첫 번째 '건축적 사고의 모형' 은 역사적-실증주의적 패러다임' 과 관련된 '프로그램의 해석과 리얼리티의 건축' 이다.

그렇다면 건축에 있어서 '리얼리티(reality)' 란 무엇인가. 넓게는 건축행위와 관련된 모든 사회적 조건과 지반을 뜻하고, 좁은 의미로는 '프로그램' 을 구성하는 인간의 생활과 삶 그 자체를 뜻한다고 볼 수 있다.
철학자 질 들뢰즈 식으로 이야기하자면 프로그램의 '기관 없는 신체' 가 리얼리티이다. 그러니까 건축에 있어서 리얼리티의 추구는 건축주의 요구, 건축가의 선입관, 관습, 제도, 법 등에 의해 프로그램이 구성되는 것을 넘어 사람들의 생활의 날 것 그대로 돌아가자는 것이다. 이런 측면에서 카즈요 세지마는 "건물이 지녀야 할 기능적 조건들을 최종적인 공간의 다이아그램으로 배열하고 이것을 실체로 변환하는 작업을 하는데 있어서 우리가 관례적으로 플래닝(plannig)이라고 부르는 관습적인 프로세스를 따르지 않는다" (198쪽)고 말한다. 세지마는 '비-위계적 관계의 질서'라는 개념을 통하여 "건물에 존재하는 전통적인 위계를 제거하고, 파괴" 하면서 "리얼리티에 근거하여 새로운 가능성" 을 찾으려고 한다.

그렇다면 이 같은 건축에 있어서 리얼리티를 어떻게 반영할 것인가. 다시말해 끊임없이 변화하고 생성하는 인간의 생활, 삶, 행위를 어떻게 건축에 담아 낼 것인가하는 문제 말이다.
여기에는 미시적 대응과 거시적 대답이 있을 수 있다. 미시적으로는 베르나르 츄미식의 '사건' 을 건축화하는 방법이 있을 수 있고, 거시적으로는 MVRDV식의 인간행위

들의 평균치인 통계에 주목하고 그것을 건축에 반영하는 방식을 들 수 있다.

일본의 떠오르는 신예 사상가 아즈마 히로키는 《동물화하는 포스트모던》에서 현대사회를 '총 기록 사회' 라고 규정한다. 그것은 모든 것이 데이터베이스화되는 사회이다. 검색엔진, 블로그, 소셜네트워크서비스, 스마트폰 등 디지털미디어를 통해 우리의 일상과 정보가 낱낱이 기록된다. 이렇게 집적된 수 조 단위의 데이터의 분량은 개개인의 의도를 뛰어넘는 무의식적 욕망 패턴의 추출을 가능케 한다.

바로 MVRDV는 아즈마 히로키 식의 데이터베이스화된 통계를 건축적 프로그램으로 전용한다고 볼 수 있다. 심지어 "국가간 경계가 허물어지고 추상적인 데이터 위주로 변해가는 디지털 사회에서 건축을 (데이터) 리서치의 한 유형"(162쪽)으로 간주하기까지 한다.

과거의 건축 유형학이 과거로부터 누적된 시간의 결과물인 유형을 프로그램으로 가져왔다는 측면에서 과거지향적이라면, MVRDV의 작업은 동시대 '데이터' 의 결과물인 통계치를 반영한다는 차원에서 현재적이고 데이터의 변화를 통해서 미래의 경향치를 산출하고 예측하려한다는 측면에서 미래적이라 할 수 있다.

건축물은 현재에 지어지지만 건축물의 수명만큼 살아간다는 측면에서도 미래적이다. 따라서 시간의 흐름, 변화를 건축에 외삽시켜야 한다. 여기에 역설적이게도 공간을 다루는 건축에 시간이 개입한다.

제레미 틸이 『불완전한 건축』에서 지적했듯이 건축에서 (건축가에게) 시간은 항상 대항해야 할 적이고, 제거해야 할 불확실성으로 간주되었다. 그래서 시간을 "미학적인 순간성으로 응축하거나, 회피" 하였다.

아마도 이 문제에 민감했던 건축가는 렘 콜하스 일 것이다. 요코하마 복합개발 프로젝트에서 콜하스는 프로그램의 시간적 변화에 주목한다. 그는 '프로그램적 용암(programmatic lava)'이라 칭한 개념을 통하여 "프로그램의 시간대별 배분으로 이어져 비어있는 공간이 아니라 비어있는 시간을 채워 24시간 내내 고밀도의 상태를 유지함으로서 주어진 도시기반시설을 최대한 활용할 수 있게 하는 시간-프로그램"(152쪽)을 제안한다.

이후 MVRDV는 빌라 VPRO에서 UN Studio는 뉴욕의 웨스트사이드 도시계획에서 이러한 시간 다이어그램과 유사한 방식을 사용한다. 특히 UN Studio의 '심층 플래닝(deep planning)' 기법은 '흐름을 통해 작동하는 사회적 실무행위를 물질로 조직화하는 작업' 인 '시간-기반 플래닝' 으로 현대사회의 유동적인 힘을 반영하려는 시도로 볼 수 있다.(186-187쪽)

이처럼 프로그램은 다양한 층위의 현실에 대한 반영이고 변화가능하고 열려있다는 측면에서 혼돈적이고 미확정적이다. 렘 콜하스는 "혼돈과 미확정을 현대사회의 '리얼리티를 형식화하기 위한 프로세스' 로 인식"(148쪽)한다.

그렇다면 어떻게 이같은 프로그램을 건축화시킬 것이가. 알렉한드로 자에라-폴라의 말을 빌리자면 건축에 있어서 "프로그램은 질료이며, 프로그램에 형태를 부여하는 작업은 형태 부여자(form-giver)로서의 건축가의 고유 임무"(180쪽)가 아니냐 하는 것이다.

건축가들이 프로그램과 형태의 매개물로 도입한 것이 '다이어그램'이다. MVRDV식으로 이야기하면 "주어진 프로그램에 대한 다이어그램적 해석과 재배치가 건물의 형태를 생성"(163쪽)한다는 것이다.

사실 '다이어그램'이 건축에서는 바우하우스를 비롯한 근대건축의 이념적 프로젝트의 설명적, 재현적인 수단으로 이미 쓰인 바 있지만 현대 건축가들은 현실을 수용하는 도구로, 공간과 형태를 생성하는 수단으로 많이 사용한다. 요컨대 현대 건축에서 "'다이아그램'은 디자인 과정에서 다양한 데이터들의 정보를 새롭게 재조직하여 시각적으로 나타내는 의사소통의 도구일 뿐만 아니라, 건축가들의 디자인 착상을 위한 새로운 도구"(55쪽)로 볼 수 있다.

이 같은 현대건축의 생성적 다이어그램에는 프랑스 철학자 질 들뢰즈의 다이어그램 논의에 상당부분 빚을 지고 있다. 들뢰즈는 동료였던 철학자 미셸 푸코를 다룬 저작에서 그리고 화가 프란시스 베이컨을 다룬 저서에서 다이어그램을 논하고 있지만, 자신의 철학체계와 관련한 본격적 논의는 《천개의 고원》에서 시작된다. 이 저작에서 들뢰즈는 "다이어그램 곧 '추상기계'는 어떤 것(심지어 그것이 실재적인 어떤 것이라 할지라도)을 재현하는 기능을 하지 않으며, 오히려 도래할 실재, 새로운 유형의 현실을 구축"하는 것으로 정의한다.

들뢰즈를 직접적으로 원용하는 Un Studio의 벤 반 버클과 캐롤라인 보스도 《Move》에서 "다이어그램은 재현적이지 않다. 기존의 대상이나 상황을 재현하는 것이 아니라, 새로운 것의 생산에서 도구적으로 작용한다"고 주장하며 다이어그램의 생성적 측면을 주목한다.

〈재발견〉의 두 번째 '건축적 사고의 모형'인 '구축성과 구조의 건축'에서 '텍토닉' 논의는 90년대를 통해 활발히 논의되었다.

그 배경을 살펴보면, 60년대부터 80년대까지 주요 흐름이었던 포스트모더니즘, 뉴욕5, 해체주의 건축의 각기 다른 외형적 특성에도 불구하고 차이나는 것들의 공통적 특징이 있다. 하나는 건축을 하나의 언어로 보는 언어학, 기호학적 경향이고 다른 하나는 건축의 형태중심주의 이다.

앞서 언급했듯이 포스트모더니즘은 건축을 형태와 파사드를 통해서 대중과 교류하려는 의사소통을 위한 하나의 언어학적 수단으로 보고, 뉴욕5는 언어학의 통사론에 주목하여 건축을 통사론적인 규칙의 결과물로 본다. 해체주의 건축은 피터 아이젠만처럼 건축을 넓은 의미의 '텍스트'로 간주하거나, 기존의 기하학적이고 중력에 순응하는 안정적인 건축형태를 해체한다.

90년대 건축에 있어서 텍토닉 논의는 바로 이러한 건축의 형태중심주의, 언어적 도구로 보는 관점에 반하여 '진정 건축의 본질이란 무엇인가' 하는 근본적인 질문에 대한 건축계의 대답이라고 볼 수 있다. 또 다른 반작용으로는 형태가 아닌 프로그램에 대한 새로운 천착(〈재발견〉2장 참조)이나 형태에 의한 시각적 강조가 아니라 사용자(신체)의 감각과 체험을 중시하는 현상학적 경향(이 부분에 대해서는 〈수용미학〉참조)을 들 수 있다.

사실 미술계에서도 이러한 논쟁이 60년대 후반에 있었다. 바로 조각적이고 연극적인 '미니멀리즘' 이 회화에서 유행할 때 과연 회화란 무엇인가하는 근원적인 질문이 대두된 적이 있다. 마이클 프리드는 미니멀리즘이 작품('사물')과 관람객의 체험과 상황을 중시한다는 차원에서 미술의 자율성이 훼손되고 회화가 연극이 되었다고 비판하며 클레멘트 그린버그식의 '회화의 평면성' 을 특징으로 하는 순수미술을 주장한다. 반면에 로잘린 크라우스는 회화의 외연 확대라는 측면에서 옹호한다.
포스트모더니즘과 해체주의 건축을 통해서 건축이 대형 벽화가 되고 거대한 조각이 되어갈 때, 건축계에서는 90년대 게복 하투니안의 《Ontololgy of Construction》', 케네스 프램프톤의《Studies in Tectonic Culture》 등이 출간되면서 텍토닉 논의가 본격화 된다.
텍토닉 논의에서 건축은 기본적으로 '구축' 하는 것으로 간주한다. 여기서 구축의 기본이 되는 재료와 물성, 이음매(접합), 구조 등이 중요해진다. 그리고 이 저작들을 통해서 구축성의 선구자로 고프리드 젬퍼나, 칼 뵈티허 같은 건축가가 호출되고, 미스나 카를로 스카르파, 루이스 칸 등이 재조명 된다.

하지만 구축성과 관련해서 〈재발견〉에서 주목하는 건축가들의 텍토닉적 표현은 앞서의 논의들과는 거리가 있다. 다시 말해 장 누벨이나 헤르조그 드 뮤론, 토요 이토의 건축이 새로운 재료나 구조방식을 적극적으로 실험하고 있음에도 구축성이 도드라지는 것은 아니다.
이전의 루이스 칸이나, 카를로 스카르파, 또는 현대의 피터 춤터는 구조재를 노출하고 이음매가 강조되고 물성을 솔직하게 표현하지만 앞서의 건축가들은 오히려 그것을 숨기거나 위장하려고 한다. 그들에게 재료의 솔직한 드러냄이 중요한 것이 아니라 재료를 통해 환기되는 분위기나 사용자가 느끼는 감성이 중요하다. "재료의 구축적 성질 그 자체보다는 재료의 물질성이 주는 지각적인 역할"(394쪽)에 주목하는 것이다.
건축 외피에 있어서도 이전의 모더니즘 건축이 백색의 회벽을 통하여 의미에 침묵하고 있다면, 포스트모더니즘은 파사드나 형태를 통해 의미를 재현하려고 한다. 반면에, 이들의 건축은 재료의 물성이나 구축법, 디지털 조작을 통해 '외부적 조건' (시간, 빛, 소리)에 의해 스스로 변함으로써 의미를 재현하는 것이 아니라 생성한다. 그래서 일종의 인공피부로서 기능하는 외피는 세상과 소통하려는, 상호 반응이 이루어지는 양방향의 '인터페이스' 로 간주된다.

헤르조그 드 뮤론은 재료를 주변의 맥락에서 가져오지만 요셉 보이스를 따라 재료를 우리의 선입관과는 다르게 전혀 다른 방식으로 가공하고 사용한다. 장 누벨은 외피의 일루젼 효과를 통하여 건물의 주변환경(공기나 대지)에로의 사라짐이나 사용자의 감각과 지각의 교란이나 혼돈에 관심이 많다. 재료의 사용이나 텍토닉, 디테일은 모두 그러한 효과 속에서 정당성을 부여 받는다. 토요 이토는 구조와 외피를 통합하여 근대건축의 구조와 외피의 분리를 강조한 것과는 다르게 슬라브와 기둥의 결합, 외피와 구조의 결합에 관심을 가진다. 이로써 내-외부의 경계는 모호해지고 공간은 연속된 흐름을 가진다.

이처럼 90년대 이후 현대건축의 텍토닉적 표현은 이전의 텍토닉 논의를 재해석하며 수정되고 확장되어 간다.

게오르게 루카치는 그의 유명한 〈소설의 이론〉 첫 문장에서 "별이 빛나는 창공을 보고, 갈 수가 있고 또 가야만 하는 길의 지도를 읽을 수 있었던 시대는 얼마나 행복했었던가? 그리고 별빛이 그 길을 훤히 밝혀 주던 시대는 얼마나 행복했던가?"라고 고대 그리스시대의 영광을 떠올리며 총체성을 잃어버린 자신의 시대를 회한의 목소리로 기술한 적이 있다.

도무지 헤아릴 수 없는 수많은 건축적 경향이 혼재하는 21세기 우리 건축계는 루카치의 한탄을 공감하게 한다. 모쪼록 길성호 교수의〈재발견〉이 혼돈의 시대에 밤하늘의 빛나는 별자리처럼 자신의 건축적 길을 떠나는 이들에게 하나의 이정표가 되기를 기대한다.